PRÉCIS

DE

CHIMIE ORGANIQUE.

TOME PREMIER.

Paris. Imprimerie de Bourgogne et Martinet, rue Jacob, 30.

PRÉCIS

DE

CHIMIE ORGANIQUE

PAR

M. CHARLES GERHARDT,

Professeur à la Faculté des Sciences de Montpellier, membre correspondant
de la Société philomatique de Paris, etc.

TOME PREMIER.

PARIS.

CHEZ FORTIN, MASSON ET Cᴵᴱ, LIBRAIRES,
1, PLACE DE L'ÉCOLE-DE-MÉDECINE,
MÊME MAISON, CHEZ L. MICHELSEN, A LEIPZIG.

Juillet 1844.

A

M. le Baron Thénard,

MEMBRE DE L'ACADÉMIE DES SCIENCES, ETC., ETC.

Hommage de respect et de reconnaissance.

CH. GERHARDT.

AVANT-PROPOS.

Depuis quelques années, les annales scientifiques ont à enregistrer un nombre si prodigieux d'expériences et d'analyses, qu'il n'est guère possible, pour qui ne s'occupe de chimie organique que d'une manière accessoire, d'apprécier avec justesse l'état de cette science, ni d'en suivre, à plus forte raison, le développement rapide.

Ce qui, à mon sens, contribue surtout à la rendre si peu accessible, c'est la méthode employée par la plupart des expérimentateurs dans les comptes-rendus de leurs résultats, et qui consiste à envelopper les faits dans un dédale d'hypothèses et de considérations théoriques, tandis qu'ils devraient chercher plutôt à dégager ces faits, à les préciser par un langage simple, et à les comparer avec d'autres du même ordre. Aujourd'hui, quand un chimiste observe une réaction ou analyse un corps nouveau, son premier soin est d'imaginer une petite théorie qui explique les phénomènes d'après les principes électro-chimiques, et il est de mode alors de créer quelque radical hypothétique, afin de pouvoir adapter ces principes au nouveau corps. Jamais la science n'a été le jouet de l'imagination, autant qu'elle l'est aujourd'hui par l'introduction de ces êtres fictifs; et pour peu qu'elle continue de marcher dans cette voie encore quelque temps, elle finira par devenir un chaos inextricable. Ajoutons à cela que bon nombre de chimistes visent surtout à écrire des mémoires très volumineux et à éblouir le lecteur par la variété et l'incohérence des réactions, et l'on comprendra qu'un pareil état de choses doive s'opposer à ce que l'étude de la chimie organique devienne plus générale et plus familière.

L'enseignement dont je suis chargé, depuis quelques années, à la Faculté des sciences de Montpellier, m'a mis dans l'obligation de fixer mes idées sur certains points, que je n'aurais autrement pas osé aborder; cela m'a fourni l'occasion de faire un travail de révision, devant lequel j'aurais peut-être reculé, si, dès le commencement, j'avais été initié à tout le désordre qu'un examen sérieux m'a fait découvrir dans notre système scientifique.

Ce désordre, j'en ai la conviction, est la conséquence naturelle de la méthode vicieuse qui est généralement suivie. Il m'a semblé qu'avant tout il fallait commencer par l'abandonner.

La seule marche qui soit en même temps rigoureuse et facile, qui puisse cadrer avec les opinions individuelles de tous les chimistes, c'est celle qui consiste à exprimer les réactions par des *équations* d'où se trouvent exclus tous les corps purement hypothétiques. Et j'insiste particulièrement sur ce dernier point, car ce n'est point une idée nouvelle que de mettre en équation les corps employés et les corps produits ; mais on en a usé, jusqu'à présent, si arbitrairement, on a tant subordonné les faits de l'expérience aux exigences de la théorie électro-chimique, que ces équations n'ont été absolument qu'imaginaires.

Pour qu'il y ait à la fois de la régularité et de la précision, pour qu'elles puissent conduire à des expressions générales, et, conséquemment, à des lois, il faut nécessairement que le langage des formules soit lui-même régulier et précis. Cette condition est plus importante qu'on ne le pense peut-être, car nos formules sont nos idées.

La notation des formules est quelque chose de purement conventionnel, comme le sont les équivalents chimiques eux-mêmes ; mais, telle qu'elle a été généralement adoptée, elle offre l'inconvénient d'habituer l'esprit à y voir des choses absolues, tandis qu'elle ne devrait exprimer que de simples rapports. Je suis convaincu qu'il faudra, tôt ou tard, la changer tout-à-fait ; pour le moment, il m'a paru nécessaire de mettre au moins de l'ordre dans les conventions établies, et de ramener toutes les formules organiques au même terme de comparaison.

Ce travail m'a conduit à rejeter entièrement la théorie électro-chimique. On sait, d'ailleurs, que sur tant de milliers de corps organiques, pas un seul n'a encore pu être décomposé dans le sens de cette théorie, et que, de plus, quand il s'agit de corps autres que les acides ou les sels, elle ne peut plus s'appliquer d'une manière judicieuse.

Si, dans ce livre, j'ai donné la préférence aux formules brutes, si j'y ai adopté des types chimiques, c'était pour arriver plus facilement à des lois générales indépendantes de toute théorie sur la prédisposition des molécules. Si j'ai

été sobre de formules rationnelles, ce n'est pas, assuré-
ment, que je voyais toute la chimie dans les rapports de
composition entre le carbone, l'hydrogène, l'azote et l'oxygène ; mais il m'a semblé que ces rapports numériques
étaient la seule chose positive sur laquelle tout le monde
puisse s'entendre.

Ces rapports, considérés dans leur ensemble pour tous
les corps organiques, n'avaient pas encore été l'objet des
méditations des chimistes. Je leur ai voué, dans ce livre,
une attention toute spéciale ; et j'ai été assez heureux pour
trouver, à cet égard, des faits extrêmement remarquables.
En comparant entre eux les corps qui présentent quelque
similitude sous le rapport de la composition et des propriétés chimiques, je suis parvenu à établir des *séries homologues*, et ces séries elles-mêmes m'ont conduit à des
formules, à des lois générales. Enfin celles-ci m'ont indiqué
le moyen de classer les substances organiques en familles
naturelles, et cela en les disposant d'après une espèce
d'*échelle de combustion*.

Cette classification, je l'espère, facilitera l'étude de la
chimie organique : comme elle n'est basée que sur des
choses positives, sur des rapports numériques et sur des
analogies de propriétés, elle pourra convenir à toutes les
théories moléculaires. Ensuite, elle a l'avantage de signaler
les lacunes à combler, et d'assigner d'avance une place à
tous les corps qui sont encore à découvrir ; elle en prévoit
même la manière d'être, pourvu qu'on connaisse déjà les
réactions propres à quelques substances de la même série
homologue.

Pour faciliter aux jeunes chimistes les recherches si pénibles du laboratoire, j'ai consacré quelques chapitres aux
effets des réactifs sur les matières organiques ; dans cette

partie de mon livre, j'ai rassemblé toutes nos connaissances touchant les nombreuses métamorphoses dont les matières organiques sont susceptibles, et j'ai cherché à généraliser la manière d'être des agents de nos laboratoires.

Outre ces généralités, ce volume contient la description des six premières familles, divisées en genres et espèces ; je m'occupe en ce moment d'en rédiger les autres ; elles formeront la matière d'un second volume.

Montpellier, le 1er juillet 1844.

Charles GERHARDT.

TABLE DES MATIÈRES

CONTENUES

DANS LE TOME PREMIER.

—

AVANT-PROPOS. VII
NOTIONS PRÉLIMINAIRES. 1

PREMIÈRE PARTIE.

Questions générales.

THÉORIES.. 5
CLASSIFICATION. 17
ÉQUIVALENTS. 47
MODES DE COMBINAISON.. . . . 58
  Combinaison saline.. 59

Phénomènes de substitution
  ou de métalepsie. 60
Substitutions par résidus. . . 64
NOMENCLATURE. 66

DEUXIÈME PARTIE.

Caractères des composés organiques.

SELS. 69
  Basicité. 71
  Emétiques.. 73
  Acides non azotés. 77
  Composition. 78
  Détermination de l'équiva-
    lent. 84
  Propriétés. 84
  Mode de formation.. 87
  Produits de décomposition. . 89
  Acides azotés. 92
Sels copulés. 98
ANHYDRIDES. 106
AMIDES.. 114
ALCALOÏDES. 121
ALCOOLS. 133

ETHERS. 137
ALDÉHYDES.. 146
ACÉTONES. 149
HYDROCARBURES. 150
  Points d'ébullition des hydro-
    gènes carbonés. 155
  Isomérie.. 163
  Tableau des hydrogènes car-
    bonés factices et naturels. 166
GLYCÉRIDES (corps neutres). . 175
SUBSTANCES DE FONCTIONS IN-
  CERTAINES. 184
  Substances neutres fixes. . . *ib.*
  Huiles essentielles. 185
  Résines. 187
  Matières colorantes.. 193

b

TROISIÈME PARTIE.

Métamorphoses par les réactifs.

DES AGENTS OU RÉACTIFS EN GÉ-
NÉRAL. 199
CHALEUR. 205
   Distillation sèche. 208
OXYGÈNE, AIR, NOIR et MOUSSE
DE PLATINE. 212
SOUFRE. 218
CHLORE, IODE, BROME. . . . 219
   Déshydrogénation. 220
   Oxydation. 223
   Brome, iode. . . . . *ib.*
POTASSIUM et SODIUM. . . . 224
POTASSE et SOUDE. 228
   Corps azotés. 233
   Corps sulfurés. 235
   Corps chlorés ou bromés.. . 236
   Formation de corps isomères. 239
AMMONIAQUE. 240
CHAUX et BARYTE. 241
OXYDES DE PLOMB et DE MER-
CURE. 243

PEROXYDES DE PLOMB et DE MAN-
GANÈSE. 245
ACIDE SULFUREUX. 247
ACIDE SULFURIQUE. 248
ACIDE PHOSPHORIQUE. 248
BIOXYDE D'AZOTE. 251
ACIDE NITRIQUE. 252
   Corps chlorés. 256
   Corps sulfurés. 259
ACIDE CHROMIQUE.. 261
ACIDES CARBONIQUE et SULFO-
CARBONIQUE. 262
HYDROGÈNE SULFURÉ et SULFU-
RES EN GÉNÉRAL. 263
CHLORURE DE CALCIUM. 266
CHLORURE DE ZINC. 267
ACIDES HYDROCHLORIQUE et HY-
DROBROMIQUE. 268
PERCHLORURE DE PHOSPHORE. . 270
FERMENTS. . . . . *ib.*

QUATRIÈME PARTIE.

Histoire et Classification.

PREMIÈRE FAMILLE. 280
Genre formène. 283
  — méthol.. 286
  — phosgène. 288
  — formiate. 289
  — sulfométhylate. 291
  — méthionate.. 292
  — cyanure.. . . . . *ib.*
  — cyanogène. 301
  — hydrocyanure. 303
  — cyanate. 305
  — perhydrocyanate. . . 311
  — sulfaméthylane. . . . 312
  — urée. 317
DEUXIÈME FAMILLE. 317
Genre acétène (v. addit.). . . 321
  — éthérilène (v. addit.). 326
  — éthérène (v. addit.). . 329
  — alcool. 332
  — méther.. 338

Genre acétol. 340
  — thionol.. 345
  — élaïle. 346
  — acétate (v. addit.). . . *ib.*
  — formométhol. 354
  — éthylate. 355
  — carbométhylate.. . . . 356
  — oxalate.. 357
  — sulfovinate. 363
  — iséthionate. 366
  — althionate. 368
  — sulfométhol. 369
  — sulfacétate. 370
  — sulfocarbyle. 372
  — éthionate. 373
  — phosphovinate. 374
  — élaïlate. 376
  — uréthylane. 378
  — oxamate. . . . . *ib.*
  — taurine 380

Genre oxamide. 380
— fulminate. 382
—.. thiocarbamate. . . . 385
— percyanure. 387
—.. arsine. 389
— cacoplatyle.. . . . : . 393
— alcargène. 395
TROISIÈME FAMILLE. 403
Genre ptéléène. 406
— acétone. . . . . ib.
— mésitol. 408
— acroléine.. 409
— anile (v. addit.). . . . 411
— méthylal. 412
— formalcool. 413
— acéméthol. 414
—. acrylate. 416
— anilate. 418
— glycérine.. 419
— carbométhol. 420
— carbovinate. . . . . . ib.
— pyruvate.. 422
— mésoxalate. 425
— phosphomésitate. . . . 426
— sulfoglycérate. 427
— uréthane. 428
— cystine.. . . . . ib.
— cyanométhol . . . : . 429
— parabanate 430
— allanturate . . . . . . ib.
— oxalurate. 432
— tricyanure.. 433
— cyanurate. 434
— mellon 436
—. mellonure. 438
—. ammélide. 440
— amméline. 442
— mélamine. 443
QUATRIÈME FAMILLE 447
Genre butyrilène. 451
— butyrène . . . . ib.
— éther. . . . . ib.
— thialol. 464
— butyrate (v. additions). 465
— acétalcool. 468
— pyrogallate 470
— succinide. 472
— maléide. . . . . ib.
— succinate 473
— oxalovinate 477
— oxaméthol. 479
— maléate. 480
— fumarate 485
— mellate. 486
— malate. 489
— tartride. 492

Genre tartrate. 494
— paratartrate. 503
— sulfacévinate 505
—.. sulfosuccinate. 506
— succinidam (v. addit.). 507
— paramide. 508
— — oxaméthane. 510
— aspartate. 511
— succinamide (v. add.). 512
— fumaramide. . . . . . ib.
— asparagine. 513
— cyanalcool. . . . . . . ib.
— dialurate 514
— alloxantine.. 516
— alloxane. 517
— uramile. 521
— thionurate. 523
— murexide. 524
— allantoïne. 526
— cacodyle. 529
— alcarsine 530
CINQUIÈME FAMILLE. 536
Genre valérène. 540
— paramilène 541
— amylol (v. additions).. 543
— pyrogaïol. 544
— valérate. 545
— butyrométhol. 548
— cantharidine . . . . . ib.
— carbalcool. 549
— pyroméconate. 550
— citraconide 551
— pyromucate. 553
— pyrotartrate. . . . . . ib.
— citraconate 555
—. lipate. 558
— croconate. 559
— tartrométhylate. . . . 561
— paratartrométhylate. . 563
— sulfamilate . . . . . . ib.
— nicotine. 565
— xanthoxyde. 567
— urate. 568
SIXIÈME FAMILLE. 570
Genre oléène. . . . . ib.
— benzilène. 571
— mésitylène 572
— benzène. 573
— ptéléol 574
— valérol 575
— phénate.. 576
— caproate. 583
— butyralcool (v. addit). 585
— pyroquinol 586
— quinoïle. 588
— adipate 589

Genre oxalcool. 590
 —   lactide 592
 —   coménate. . . . . . . ib.
 —   mannite. 594
 —   lactate 595
 —   tartrovinate. 598
 —   aconitate 599
 —   citrate. 601
 —   mucate 606
 —   saccharate. 608
 —   platimésitate 609
 —   sulfobenzidate. 610

Genre sulfophénate 611
 —   aniline. . . . . ib.
 —   azobenzide 615
 —   anilam. . . . . ib.
 —   euchronate. 616
 —   polycyanure. 618
 —   paracyanogène 625
ADDITIONS ET CORRECTIONS. . . 626
Genre butyramide (4ᵉ fam.) . 630
 —   carbamilate (6ᵉ fam.) . 633
 —   succiméthol (6ᵉ fam.) . 634
 —   alcosuccinol (6ᵉ fam.) . ib.

FIN DE LA TABLE

DES MATIÈRES CONTENUES DANS LE PREMIER VOLUME.

PRÉCIS

CHIMIE ORGANIQUE.

NOTIONS PRÉLIMINAIRES.

1. Les chimistes ont extrait des matières formant la croûte du globe cinquante-six éléments ou corps simples qui résistent à tous les moyens de décomposition.

A l'aide de quatre seulement d'entre eux, la nature crée les plantes et les animaux ; ce petit nombre lui suffit, dans la plupart des cas, pour façonner les produits si variés de la végétation et de la vie animale. Ces quatre éléments se trouvent dans toutes les parties des êtres organisés et même, à peu d'exceptions près, dans toutes les substances sécrétées par l'économie vivante. Ils ont reçu, à ce titre, le nom d'*éléments organiques*, et comprennent le carbone, l'hydrogène, l'azote et l'oxygène. Quelquefois cependant le soufre, le phosphore, les métaux, etc., s'y associent, de manière à produire des composés voisins des substances minérales par quelques caractères particuliers.

La *chimie organique* a pour objet d'étudier les corps qui résultent de la combinaison de ces éléments, sous le rapport de leurs propriétés, de leur composition, ainsi que des lois qui président à leurs transformations. Comme toutes les matières organiques, sans exception aucune, renferment du carbone, on peut dire qu'elle est la *chimie du carbone*. Elle n'envisage les matières organiques que dans leurs relations purement chimiques, sans tenir compte du rôle qu'elles remplissent dans l'organisation vivante. Considérées sous ce dernier point de vue, ces matières deviennent du ressort de la *chimie physiologique*.

Les parties végétales et animales, les tissus, les sécrétions, les organes des plantes et des animaux sont des mélanges, en pro-

1

portions variables, de matières organiques. La chimie organique enseigne les moyens d'en opérer la séparation et de préparer à l'état de pureté les *principes définis* dont la composition est fixe et parfaitement déterminée. Elle ne trace d'ailleurs l'histoire que de ces principes définis.

Ceux-ci affectent ordinairement une forme géométrique et sont susceptibles de cristalliser, ou bien, lorsqu'ils sont volatils sans décomposition, ils ont la propriété d'entrer en ébullition à une température constante.

2. Dans les êtres vivants, deux ordres de phénomènes s'accomplissent simultanément : les uns, auxquels on assigne la force vitale pour cause première, ne sont qu'imparfaitement connus quant aux lois qui les régissent; les autres, purement chimiques, se dévoilent mieux de jour en jour, et nos connaissances à leur égard seront bientôt assez complètes pour permettre d'en fixer les règles, d'en prévoir même toutes les phases.

Quoique si différentes dans leurs tendances, les deux causes premières des phénomènes organiques ont cela de commun qu'elles sollicitent toutes deux la matière, et lui font subir certaines modifications sous le rapport de la forme, de la composition et des propriétés.

Dans l'être vivant, ces deux forces se font équilibre; elles ne peuvent donc pas agir dans le même sens; elles constituent évidemment deux forces contraires. Si cet état d'équilibre était durable, si l'agent vital n'était jamais vaincu par les forces chimiques, on ne sait trop quelle serait la destinée des êtres organisés; mais sans doute la mort serait impossible, puisque la mort est précisément la cessation de toute résistance de la part de l'organisme contre les influences chimiques.

Cependant cet équilibre ne se rompt pas toujours brusquement. La perturbation est souvent plus ou moins favorisée par certaines causes accidentelles qui provoquent dans l'organisme un état anormal, une maladie, et font triompher localement les affinités chimiques.

Mais, outre ces causes fortuites de désorganisation, il en existe d'autres qui sont permanentes, et, par cela même, nécessaires à la manifestation de la vie. L'équilibre n'est donc jamais parfait dans l'organisme : sans cesse se rompant et se rétablissant alternativement, il éprouve en quelque sorte des oscillations continues. Ce sont elles précisément qui caractérisent la vie.

La manifestation de cet état exige donc une certaine différence dans l'intensité des deux forces contraires par lesquelles la matière est sollicitée ; autrement, si elles étaient parfaitement égales, la matière se trouverait dans un repos absolu, tandis que la vie constitue un état de mouvement.

3. Une des causes chimiques à laquelle il faut attribuer la plus large part dans les perturbations éprouvées par l'économie vivante, c'est, sans contredit, l'atmosphère d'oxygène au sein de laquelle vivent les plantes et les animaux.

Cet oxygène, en effet, tend sans cesse à satisfaire son affinité pour l'hydrogène et pour le carbone des parties organisées. De là l'origine de certaines excrétions végétales et animales, produites par la combustion partielle des substances que l'économie façonne pour la création des organes nécessaires à ses fonctions ; de là l'acide carbonique et l'eau exhalés par la respiration des animaux ; l'acide carbonique et l'eau dégagés pendant la germination des graines et la maturation des fruits ; de là encore l'acide carbonique et l'eau que les fleurs répandent par la combustion lente des huiles essentielles logées dans leurs tissus, et qui deviennent ainsi la source de leurs parfums.

La force vitale et l'affinité chimique font donc, l'une et l'autre, éprouver des modifications à la matière ; mais celles-ci ne s'effectuent pas dans le même sens. La première force s'empare des produits de l'affinité chimique, eau, acide carbonique, ammoniaque, pour créer la fibre ligneuse des plantes, le sang et la matière cérébrale des animaux. L'affinité chimique, au contraire, détruit ces créations ; car, dès que la vie y est éteinte, elles se résolvent peu à peu toutes dans les mêmes principes qui leur avaient donné naissance. Tout ce qui vit, en effet, toutes les plantes, tous les animaux, retournent par la mort à ces formes chimiques.

4. Cette vérité est parfaitement établie par les recherches de la chimie moderne.

Si l'on examine la composition du milieu où vivent les plantes et les animaux, on y retrouve exactement les quatre éléments organiques qui entrent dans leur composition.

L'air et l'eau les renferment sous une forme entièrement propre à l'assimilation. Ces milieux représentent de véritables réservoirs où sont versés sans cesse l'acide carbonique, l'eau et l'ammoniaque, provenant de la destruction des matières organiques par le feu, par la putréfaction ou par d'autres réactions chimiques.

Le cadre de cet ouvrage ne nous permet pas d'exposer ici comment, sous l'influence de la lumière, ces produits de destruction sont fixés et assimilés par les parties vertes des plantes ; comment celles-ci, en véritables appareils réducteurs, décomposent l'acide carbonique, l'eau et l'ammoniaque, pour façonner les substances nécessaires à la vie animale ; comment enfin les animaux fonctionnent dans le plus grand nombre des cas, comme des appareils de combustion, en changeant sans cesse les substances de leur corps en acide carbonique, eau et ammoniaque, qui, à leur tour, vont servir à de nouvelles générations végétales.

Toutes ces belles questions sont du domaine de la chimie physiologique.

PREMIÈRE PARTIE.

QUESTIONS GÉNÉRALES.

THÉORIES.

5. Pour faciliter l'étude de la chimie organique, et en même temps pour en assurer les progrès, il est nécessaire d'établir dès le commencement quelques règles, quelques préceptes généraux qui puissent servir de guide dans ce vaste édifice des composés organiques, et fassent ressortir les relations intimes qui les enchaînent entre eux.

Nous avons dit que le nombre des éléments organiques est extrêmement restreint; mais le nombre de leurs combinaisons est immense, incalculable.

Pour s'en former une idée exacte, il est absolument nécessaire de suivre un certain ordre, il est indispensable de les classer.

Une bonne classification doit mettre l'esprit à même d'embrasser avec facilité le plus grand nombre de faits ou de lois. En chimie minérale, on s'est laissé guider, sous ce rapport, par la composition des corps, ainsi que par leurs fonctions chimiques. Cette marche est fort convenable, vu le grand nombre d'éléments offerts par le règne inorganique, où chaque corps apporte dans les combinaisons un caractère spécial qui leur imprime un cachet facile à distinguer. Les combinaisons de l'oxygène, du soufre, du chlore, avec les métaux, jouissent, en effet, de propriétés si tranchées, qu'il suffit de connaître l'histoire de quelques oxydes ou sulfures pour prédire les caractères propres à des combinaisons semblables appartenant à d'autres métaux. La classification minérale acquit encore plus de précision lorsqu'on prit aussi en considération les fonctions chimiques des oxydes, des sulfures, des chlorures, en les distinguant en acides, bases, sels, etc.

Cette manière de classer les corps n'est guère applicable en chimie organique, où presque tous les composés renferment les mêmes éléments. Quelquefois l'azote y manque, et l'on pourrait donc tout au plus les diviser en corps azotés et corps non azotés. C'est ce qu'on avait même tenté de faire dans les premiers temps, où l'on croyait que l'azote était le partage exclusif des substances animales ; mais il n'existe aucune différence réelle entre la chimie animale et la chimie végétale. L'origine des composés organiques n'influe en rien sur leur constitution. En considérant le grand nombre de principes végétaux qui renferment de l'azote, on pourrait même dire que cet élément est plus répandu dans les plantes que dans les animaux.

Les fonctions chimiques sont souvent si vagues pour certaines substances organiques, il y en a dont l'acidité ou l'alcalinité est si peu tranchée, qu'il a fallu, pour élargir le cadre de la classification, avoir recours à certains caractères physiques. On a donc distingué des corps gras, des huiles essentielles, des résines, des matières colorantes, distinction d'autant moins sûre, qu'il existe des corps qui sont tout à la fois gras, volatils et acides, ou gras, fixes et neutres, ou volatils, gras et alcalins.

Indépendamment de son irrégularité, cette classification présente l'inconvénient de disséminer des corps étroitement liés par leur constitution ou leur mode de formation. Ainsi, par exemple, elle place l'alcool dans les substances neutres et volatiles, tandis qu'elle range le vinaigre, qui en résulte par une simple oxydation, parmi les acides ; de même, elle éloigne l'indigo incolore, tel qu'on le rencontre dans les végétaux, de l'indigo bleu, considéré comme matière colorante, et ainsi de suite.

6. M. Liebig avait parfaitement senti les vices de cette méthode lorsqu'il inventa sa théorie des *Radicaux composés*. Cette théorie, appliquée souvent d'une manière fort ingénieuse, a rendu à la science d'éminents services, en devenant le point de départ de beaucoup de travaux remarquables. Elle mérite donc que nous l'examinions avec quelques détails.

En chimie minérale, l'oxygène, le soufre, le chlore, se combinent avec les métaux ou avec d'autres corps simples pour former des oxydes, des sulfures, des chlorures ; et comme les caractères de ceux-ci dépendent précisément de l'espèce de métal qu'ils renferment, leur métal a été appelé le radical de la combinaison. Suivant M. Liebig, ce radical serait représenté, dans les substances organiques, non par un seul élément, mais par deux ou par plusieurs. La chimie organique, dit le célèbre chimiste de Giessen, est la chimie des radicaux composés. Exemples :

C^4H^{10}. Radical éthyle $= Ae$.

C^4H^{10}, O. Oxyde d'éthyle ou éther $= AeO$.

C^4H^{10}, O $+ H^2O$. Hydrate d'oxyde d'éthyle ou alcool $= AeO + aq$.

C^4H^{10}, S. Sulfure d'éthyle $= AeS$.

C^4H^{10}, S $+ H^2S$. Sulfhydrate de sulfure d'éthyle ou mercaptan $= AeS + H^2S$.

C^4H^{10}, Cl^2. Chlorure d'éthyle ou éther hydrochlorique $= AeCl^2$.

C^4H^{10}, Br^2. Bromure d'éthyle ou éther hydrobromique $= AeBr^2$.
  etc.

C^4H^6. Radical acétyle $= Ac$.

C^4H^6, O^3. Acide acétique supposé anhydre $= AcO^3$.

C^4H^6, $O^3 + H^2O$. Acide acétique cristallisé $= AcO^3 + H^2O$.

C^4H^6, O $+ H^2O$. Hydrate d'oxyde d'acétyle ou aldéhyde $= AcO + H^2O$.

C^4H^6, H^2. Hydrure d'acétyle ou gaz oléfiant $= AcH^2$.

C^4H^6, Cl^2. Chlorure d'acétyle ou chlorure d'aldéhydène $= AcCl^2$.

C^4H^6, $Cl^2 + H^2Cl^2$. Hydrochlorate de chlorure d'acétyle ou liqueur des Hollandais $= AcCl^2 + H^2Cl^2$.
  etc.

Le radical renferme quelquefois trois éléments :

$C^{14}H^{10}O^2$. Radical benzoïle $= Bz$.

$C^{14}H^{10}O^2$, O. Acide benzoïque supposé anhydre $= BzO$.

$C^{14}H^{10}O^2$, O $+ H^2O$. Hydrate d'oxyde de benzoïle ou acide benzoïque cristallisé $= BzO + H^2O$.

$C^{14}H^{10}O^2$, H^2. Hydrure de benzoïle ou essence d'amandes amères $= BzH^2$.

$C^{14}H^{10}O^2$, Cl^2. Chlorure de benzoïle $= BzCl^2$.
  etc.

Non seulement les radicaux composés s'unissent à des éléments réputés négatifs dans la série électrique, mais ils se combinent aussi avec l'hydrogène ou avec les métaux, de manière à remplir eux-mêmes le rôle des corps électro-négatifs.

Les belles recherches de M. Gay-Lussac sur le cyanogène, gaz composé de carbone et d'azote, et qui s'unit aux métaux à l'instar du chlore et du brome, ont fourni à M. Liebig les premiers matériaux de cette théorie. Elle exige nécessairement l'adoption d'une infinité de composés hypothétiques ; car, sauf le cyano gène, l'oxyde de carbone et le cacodyle de M. Bunsen, aucun autre radical n'a encore été isolé (1), et il n'est même pas probable qu'on y parvienne au moyen des procédés de décomposition qui sont à la disposition du chimiste. L'éthyle, l'acétyle, l'amyle, le benzoïle, etc., sont de pures fictions. Le cyanogène, ainsi que l'oxyde de carbone, envisagé par M. Liebig comme le radical de l'acide oxalique et de quelques autres acides, contient un seul équivalent de chaque élément, et cette simplicité de constitution rend naturellement sa production facile ; mais il n'en est pas ainsi de quelques autres radicaux qu'on a essayé d'isoler ; l'expérience a même prouvé que, dans les cas où l'on avait réussi à séparer les éléments du radical composé, ce prétendu radical ne se comportait plus comme tel. Ainsi, par exemple, le benzile, qui renferme le carbone, l'hydrogène et l'oxygène, dans les mêmes proportions que le radical benzoïle, ne se combine ni avec l'oxygène ni avec les autres corps simples pour former les substances de la série benzoïque. Ajoutons, toutefois, que le cacodyle, considéré par M. Bunsen comme le radical des composés arsenicaux fournis par la liqueur de Cadet, a été réellement isolé par ce savant chimiste, et possède tous les caractères qui conviennent à un véritable radical.

Le fait qu'un groupe de molécules hétérogènes remplace quelquefois la molécule d'un corps simple sans changer les fonctions chimiques de la substance, ne peut certainement plus être sujet à controverse, car l'expérience journalière le démontre. Il n'est même pas besoin d'en chercher la preuve dans les phénomènes organiques, la manière d'être des oxysels et des sels haloïdes en atteste pleinement la vérité. Ainsi, par exemple, l'hydrogène de l'acide hydrochlorique peut être échangé contre des métaux, de manière à former des chlorures métalliques ; et ce même hydrogène, uni dans l'acide sulfurique à un groupe moléculaire com-

(1) Tout récemment encore, M. Voelkel a démontré que le mellon de M. Liebig n'a pas la composition exigée par la théorie. (*Annales de Poggendorff*, LVII, 135.) Nous verrons, en nous occupant de l'action du potassium sur les substances organiques, ce qu'il faut penser de l'éthyle que M. Lœwig prétend avoir isolé.

posé de soufre et d'oxygène, ne cesse pas pour cela de pouvoir s'échanger contre des métaux :

HC*l*. Acide hydrochlorique.
KC*l*. Chlorure de potassium.

$H^2 (SO^4)$. Acide sulfurique.
$\left.\begin{array}{c} H \\ K \end{array}\right\} (SO^4)$. Sulfate de potasse acide.
$K^2 (SO^4)$. Sulfate de potasse neutre.

Mais vouloir conclure de ce fait que le groupe SO^4 puisse exister à l'état libre, qu'on parvienne à l'isoler avec tous les caractères qu'il affecte dans la combinaison elle-même, c'est, ce nous semble, hasarder une hypothèse que rien n'autorise. Avant de connaître les lois qui régissent l'équilibre chimique des corps, nous ne pouvons rien préjuger sur leur constitution intime. Les spéculations qu'on a faites à cet égard, n'ont eu pour effet que de jeter le trouble et la confusion dans la science en la remplissant d'êtres fictifs, qui sont d'autant plus dangereux, que l'habitude de les voir figurer dans le langage scientifique finit par leur supposer une existence réelle.

D'ailleurs M. Liebig lui-même paraît reconnaître les graves défauts de la théorie des radicaux, car il l'a entièrement abandonnée dans le deuxième volume de son Traité pour s'en tenir à l'ancienne marche, en groupant les corps dont il lui restait à faire l'histoire en acides, alcalis, corps gras, huiles essentielles, etc.

Un commençant qui entend parler, par exemple, du chlorure d'éthyle, du sulfate d'oxyde de méthyle, sera nécessairement porté à assimiler ces composés aux chlorures ou aux sulfates de chimie minérale ; il croira que le chlore du chlorure de méthyle se précipite par le nitrate d'argent, en donnant du chlorure d'argent et du nitrate d'oxyde d'éthyle ; que le sulfate d'oxyde de méthyle précipite les sels de baryum comme le font tous les sulfates solubles. Quelles raisons lui alléguer alors de ce que ces chlorures et ces sulfates ne présentent pas les caractères des chlorures et des sulfates qu'il connaît déjà ? Est-ce parce que l'oxyde de méthyle et l'oxyde d'éthyle seraient des bases plus énergiques que l'oxyde d'argent ou de baryum, de manière à ne pas se laisser enlever, par ces derniers, l'acide sulfurique ou le chlore? Mais alors pourquoi ces bases si puissantes ne se combinent-elles pas directement avec les acides ; et pourquoi, d'ailleurs, la quinine, la morphine, la strychnine, tous corps manifestement alcalins, et qui s'y unissent directement, cèdent-elles l'acide sulfurique, l'acide hydrochlorique, etc., par le mélange de leurs combinaisons salines avec des sels de baryte ou d'argent? Il y a là des contradictions fâcheuses que la théorie des radicaux laisse subsister malgré tout, contradictions qui éveillent dans l'esprit du commençant des idées entièrement inexactes sur la nature des combinaisons organiques. Malgré la haute considération dont jouissent des idées que nous avons nous-même contribué à répandre en France par la traduction du Traité de M. Liebig, nous ne craignons pas de déclarer que les radicaux organiques nous paraissent d'une conception trop vague et d'un usage beaucoup trop arbitraire pour qu'il y ait profit pour la science à les conserver ; nous osons même affirmer qu'ils lui portent préjudice en lui ôtant cette précision et cette rigueur dans les principes qui seules lui assurent un avenir durable.

7. La théorie des radicaux composés n'est, comme nous venons de le voir, qu'une théorie secondaire de cette grande doctrine du dualisme, introduite par la chimie de Lavoisier dans la définition de toute combinaison, et généralisée depuis par M. Berzélius dans son système de l'électro-chimie.

Cette doctrine a été vivement attaquée dans certains temps : si nous ne nous trompons, c'est M. Baudrimont (1) qui le premier a cherché à prouver que dans les sels ou les composés ternaires, et dans ceux qui sont plus compliqués, les éléments sont rangés dans un tout autre ordre qu'on le suppose d'après la théorie binaire de M. Berzélius ; qu'il faut les considérer, non pas comme étant produits par la réunion immédiate d'un acide et d'une base, mais simplement par la réunion des éléments qui les constituent. C'est encore M. Baudrimont qui a indiqué, comme une conséquence nécessaire de ce qui précède, que les formules chimiques ne pouvant peindre réellement l'état moléculaire des corps, il

(1) *Introduction à l'étude de la chimie par la théorie atomique,* 1838.

était convenable de les écrire en plaçant les symboles à la suite les uns des autres, et de réunir tous ceux de même nature, sans les scinder, comme l'exigent la nomenclature de Guyton-Morveau et la théorie électro-chimique. Ainsi, par exemple, il faut écrire SH^2O^4 pour exprimer l'acide sulfurique, et non pas $SO^3 + H^2O$. Nous partageons jusqu'à un certain point l'opinion de M. Baudrimont, mais sans repousser comme lui toute idée de prédisposition moléculaire. Nous croyons aussi qu'il serait fort utile d'enrichir les formules de quelques nouveaux signes qui exprimassent des relations autres que de simples rapports de composition.

Les idées de M. Baudrimont ont été combattues dès leur apparition. Voici comment M. Thénard s'exprime à cet égard (1) : « Les chimistes éminents qui se vouent aux recherches de chimie organique n'ont pas d'autre but que de faire disparaître les formules brutes, et de substituer à des formules comme celle-ci : $C^6H^{10}O^4$, qui n'apprend rien, la formule rationnelle $C^2O^3H^8C^4$, H^2O, qui nous apprend que nous avons affaire à de l'éther oxalique. Il est curieux que dans le même moment on ait proposé, tout au contraire, d'abandonner les formules rationnelles de la chimie minérale pour en revenir aux formules brutes, c'est-à-dire à l'enfance de la science.

» Disons-le nettement, ces spéculations sont, pour la plupart, à l'encontre de la marche naturelle de la chimie. Qu'avons-nous appris en chimie générale depuis des siècles, si ce n'est qu'en ce qui touche l'arrangement des molécules des corps, nous ne savons rien du tout ? Il faut donc sur ces matières éviter soigneusement tout système d'idées préconçues pour s'en tenir à celui que l'expérience indique comme étant le plus conforme aux faits. »

Nous partageons entièrement l'opinion de M. Thénard. Mais il nous semble qu'en considérant l'acide sulfurique ordinaire comme un groupe de molécules composées de soufre, d'oxygène et d'hydrogène, et dans lequel ce dernier élément peut être échangé, équivalent par équivalent, pour des métaux, on exprime autant de faits et l'on se renferme bien plus dans l'expérience qu'en disant

(1) *Traité de chimie*, t. V. p. 495.

que cet acide se compose d'eau et d'un corps appelé acide sulfurique anhydre. Cette dernière expression, pour être appliquée à d'autres acides, par exemple à l'acide nitrique ou à l'acide oxalique, nécessite, en effet, l'intervention d'êtres fictifs, ou du moins d'êtres jusqu'à présent inconnus. Encore l'inconvénient n'est-il pas bien grave pour la chimie minérale ; mais toutes les personnes qui s'occupent de recherches de laboratoire savent combien la théorie du dualisme est contraire à la nature des composés organiques, combien elle entraîne d'hypothèses et de contradictions, combien enfin elle apporte d'incertitude dans l'appréciation des moyens propres à opérer les nombreuses métamorphoses dont les matières organiques sont susceptibles.

Nous verrons d'ailleurs plus bas la preuve la plus directe et la plus rigoureuse de l'impossibilité d'admettre l'existence de l'eau dans les acides organiques et des oxydes métalliques dans les sels.

Les formules rationnelles ont beaucoup d'utilité lorsqu'il s'agit de faire ressortir graphiquement certaines analogies de réactions, certains rapports entre des corps de composition différente ; chacun peut les varier à son gré suivant les relations qu'il veut dépeindre ; mais les construire uniquement d'après les idées dualistiques, c'est leur donner une signification étroite et contraire à l'esprit de la science. Il faut laisser aux formules rationnelles la plus grande latitude ; il serait même fort avantageux d'y introduire de nouveaux signes ; mais n'oublions jamais que les formules brutes ou empiriques ont seules une importance sérieuse qu'on ne saurait attacher aux expressions rationnelles, produits éphémères d'une imagination plus ou moins féconde.

On a proposé pour l'alcool six ou sept formules différentes (1) ; chaque auteur cherche, par de nombreuses réactions, à appuyer la sienne, qu'il croit la meilleure, comme si l'on pouvait donner la moindre idée du groupement des molécules en disposant sur le papier, un peu plus à gauche ou à droite, tel ou tel symbole. Chacune de ces formules n'est que l'expression d'une ou

___

(1) M. Dumas le représente par $C^4H^8 + H^4O^2$ et par $C^2H^8 + C^2H^4O^2$; M. Berzélius par (C^2H^6) O ; M. Liebig par (C^4H^{10}) O $+ H^2O$; MM. Zeise et Mitscherlich par $C^4H^{10}O^2 + H^2$; M. Malaguti par $C^4H^6O + H^4 + H^2O$; M. Persoz par $C^2 (H^{12}C^2O^2)^{16}$.

de deux réactions : celles de M. Dumas et de M. Liebig sont construites de manière à faire ressortir la séparation des éléments de l'eau par l'action des acides sur l'alcool ; celle de M. Malaguti fait allusion à l'action du chlore ; celle de M. Persoz a en vue la production de l'oxyde de carbone par l'acide sulfurique, et ainsi de suite. Autant de réactions, autant de formules rationnelles. Il n'y a qu'une seule chose sur laquelle on soit d'accord, c'est la formule empirique de l'alcool ; et en vérité c'est toujours celle qu'il faut choisir dans la discussion des réactions.

Comme on ne peut, par les lettres et les chiffres, exprimer que des relations numériques, il serait peut-être préférable de substituer les *équations* à nos formules rationnelles ; par là le langage chimique gagnerait en précision, et tout le monde s'entendrait.

8. Depuis quelques années, les idées antibinaires ont trouvé beaucoup de partisans en France, surtout parmi les chimistes qui s'occupent spécialement de recherches organiques. Ces chimistes considèrent les combinaisons comme un tout, comme un assemblage de molécules dans lequel une ou plusieurs molécules peuvent être échangées contre d'autres sans que la nature chimique du système entier en soit changée. Ainsi, par exemple, les oxalates représentent un groupe moléculaire que l'on peut figurer graphiquement de la manière suivante (1) :

Oxalate d'hydrogène ou acide oxalique. Oxalate de potasse acide. Oxalate de potasse neutre.

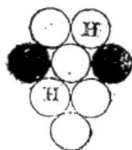

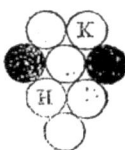

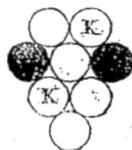

M. Dumas appelle un pareil système de molécules un *type*. Il propose de réunir en un même *genre* tous les composés qui réunissent des formules identiques à des propriétés chimiques semblables. Il range donc en un même genre, ou, ce qui revient au même, il considère comme appartenant au même type chimique, les corps qui renferment le même nombre d'équivalents unis de

(1) Les molécules noires représentent le carbone, les blanches l'oxygène ; K et H expriment le potassium et l'hydrogène.

la même manière, et qui jouissent des mêmes propriétés fondamentales.

L'acide oxalique et tous les oxalates métalliques appartiennent
au même genre ; toutes les *espèces* qui en font partie ont la propriété fondamentale de se décomposer par l'acide sulfurique
concentré en acide carbonique, en oxyde de carbone et en eau,
ou en un oxyde métallique correspondant :

Acide oxalique.	$C^2H^2O^4$	donne	$CO^2 + CO + H^2O$.
O. de potasse neutre.	$C^2K^2O^4$	»	$CO^2 + CO + K^2O$.
O. de plomb.	$C^2Pb^2O^4$	»	$CO^2 + CO + Pb^2O$.
O. de potasse acide.	$C^2(KH)O^4$	»	$CO^2 + CO + (KH)O$.

Non seulement l'hydrogène et les métaux peuvent ainsi se
remplacer dans un type, mais il en est de même quant aux corps
simples, comme l'hydrogène, le chlore, le brome, l'iode, ainsi
que l'oxygène, le soufre et le tellure. Il arrive même très souvent qu'une molécule simple soit remplacée par un assemblage
de molécules composées, sans changer l'aspect chimique du
type. Ces remplacements d'un corps par un autre sans que l'édifice moléculaire change de face, sont plus particulièrement
connus sous le nom de *phénomènes de substitution* ou *de métalepsie*. Nous développerons plus loin les règles qui les concernent.

Ces phénomènes ont donné lieu à beaucoup de discussions, et,
il faut le dire, à beaucoup de malentendus. Les antagonistes des
idées nouvelles, ne pouvant nier les faits de l'expérience, pré-
tendaient que les substitutions n'étaient qu'un cas particulier de
la théorie des équivalents. Ils avaient raison sans doute, puisque
les équivalents forment la base de la chimie entière ; mais la
question principale se réduisait plutôt à savoir, comme le fit
remarquer M. Dumas, *si une combinaison chimique constitue un
édifice simple ou un monument double dans le sens de la théorie
électro-chimique.*

Après avoir développé cette question, M. Dumas complète sa
pensée en ajoutant (1) : « J'admets qu'à travers toutes les substitutions qu'une molécule composée peut éprouver, alors que

(1) Mémoire sur la loi des substitutions et la théorie des types.
Comptes-rendus de l'Académie. 1840, n° 5, p. 149.

ses éléments ont été remplacés successivement par d'autres, tant que la molécule est intacte, les corps obtenus appartiennent toujours à la même *famille naturelle*.

« Quand, par l'effet d'une substitution, un corps est transformé en un autre qui présente les mêmes réactions chimiques, ces deux produits appartiennent à un même genre.

» L'alcool, l'acide acétique hydraté, l'acide chloracétique, appartiennent à la même famille naturelle. L'acide acétique et l'acide chloracétique font partie du même genre.

» Telles sont les bases de la classification naturelle des substances organiques. »

9. M. Laurent a, un des premiers, attaqué la théorie des radicaux permanents, inventés par M. Liebig, pour les remplacer par les *radicaux fondamentaux* et les *radicaux derivés*, imaginés dans l'esprit de la théorie des types. Suivant M. Laurent, on peut, par la pensée, ramener toutes les substances organiques à un radical fondamental composé de carbone et d'hydrogène, et dans lequel l'hydrogène peut être tour à tour remplacé par du chlore, du brome, de l'oxygène, des métaux, etc. Voici comment il formule ses opinions dans sa thèse de docteur, soutenue à la Sorbonne, le 20 décembre 1837 :

« Que l'on imagine, dit-il, un prisme droit à 16 pans, dont chaque base aurait, par conséquent, 16 angles solides et 16 arêtes; plaçons à chaque angle une molécule de carbone, et au milieu de chaque arête des bases une molécule d'hydrogène ; ce prisme représentera le radical fondamental ou $C^{32}H^{32}$. Suspendons au-dessus de chaque base des molécules d'eau, nous aurons un prisme terminé par des espèces de pyramides, la formule du nouveau corps sera : $C^{32}H^{32} + 2H^2O$.

» Par certaines réactions, on pourra, comme en cristallographie, cliver le cristal, c'est-à-dire lui enlever les pyramides ou son eau, pour le ramener à la forme primitive ou fondamentale.

» Mettons en présence du radical fondamental de l'oxygène ou du chlore; celui-ci, ayant beaucoup d'affinité pour l'hydrogène, en enlèvera une molécule : le prisme, privé d'une arête, se détruirait si l'on ne mettait à la place de celle-ci une arête équivalente, soit d'oxygène, soit de chlore, d'azote, etc. On aura donc un prisme à 16 pans (radical dérivé), dans lequel le nombre des angles solides (atomes de carbone) sera à celui des arêtes (atomes de chlore et d'hydrogène) comme 32 : 32.

» L'oxygène ou le chlore qui ont enlevé l'hydrogène ont formé de l'eau ou de l'acide hydrochlorique ; ceux-ci peuvent se dégager ou se suspendre en pyramides au-dessus du prisme dérivé ; par le clivage, on pourra enlever ces pyramides, c'est-à-dire que, par la potasse, par exemple, on pourra enlever la pyramide d'acide hydrochlorique ; mais cet alcali ne pourra s'emparer du chlore qui est dans le prisme, ou bien, s'il le peut, il faudra nécessairement remettre à sa place une autre arête ou un autre équivalent :

$$C^{32}H^{30}Cl^2 + H^2Cl^2,$$

qui peut être enlevé sans substitution.

» Enfin, on peut imaginer un prisme (radical dérivé) qui, pour 32 angles de carbone, renfermerait 8 arêtes d'hydrogène, 8 d'oxygène, 4 de chlore, 4 de brome, 4 d'iode et 4 de cyanogène. Sa forme et sa formule seraient toujours semblables à celles du radical fondamental :

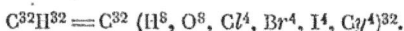

$$C^{32}H^{32} = C^{32} (H^8, O^8, Cl^4, Br^4, I^4, Cy^4)^{32}.$$

Depuis, l'auteur a apporté à cette théorie plusieurs modifications qu'on trouve résumées dans le XIIᵉ volume de la *Revue scientifique*, p. 175.

Il n'est d'ailleurs pas rigoureusement nécessaire, comme le fait remarquer M. Regnault [1], d'adopter toujours l'existence de semblables hydrogènes carbonés. Il est des groupements moléculaires qui tendent à rester constants tant qu'ils ne sont pas soumis à des actions très violentes ; dans certaines circonstances, quand ils sont soumis à une action divellente énergique, ces groupements sont détruits et passent à un autre, lequel à son tour tend à se conserver.

Mais les théories que nous venons de passer en revue n'indiquent pas les relations communes à tous les produits du règne organique ; elles ne nous apprennent pas les liaisons qui existent entre les divers types ou radicaux fondamentaux ; elles n'en-

[1] *Annal. de chim. et de phys.*, t. LXXI, p. 415.

seignent pas d'une manière générale les règles à suivre pour passer d'un type ou d'un radical à un autre ; en un mot, elles ne classent pas les substances organiques en un système complet.

Voyons maintenant si ce classement est possible dans l'état de la science.

CLASSIFICATION.

10. Les plus beaux résultats que la chimie organique ait obtenus dans ces dernières années consistent, sans contredit, dans la reproduction artificielle d'un grand nombre de substances d'origine végétale ou animale.

Aujourd'hui le chimiste n'extrait plus des fourmis l'acide que ces insectes sécrètent et qui porte leur nom ; il trouve plus d'avantage à le préparer avec le sucre, la fécule ou la gomme.

Rarement il extrait encore des oxalis ou des rumex l'acide oxalique employé dans la fabrication des toiles peintes, car le sucre, la fécule ou la gomme peuvent le lui fournir plus promptement et à meilleur compte.

Avec le sang, la corne ou la chair, il fabrique des cyanures, et avec ceux-ci l'urée, ce principe dont l'extraction directe exige des opérations si longues et si repoussantes. Cette même urée, sécrétion des mammifères, il l'obtient par l'acide urique que lui fournissent les excréments des oiseaux, des reptiles et des insectes.

Avec l'acide urique il prépare aussi le principe cristallisable contenu dans la liqueur allantoïque du fœtus de la vache.

Avec la cire, il fait l'acide contenu dans la graisse de mouton.

Cet acide, il le métamorphose en acide de la graisse d'homme et du beurre.

Avec la cire, le blanc de baleine, les huiles grasses de toute espèce, il prépare l'acide du succin, et l'obtient même plus beau et en plus grande quantité que cette résine ne le donne.

Il fait du sucre avec la fécule, le bois, la salicine, la phlorizine ; il produit l'acide du benjoin avec l'essence d'amandes amères ; il prépare l'essence des fleurs d'ulmaire avec le principe cristallisable de l'écorce des saules ; il fabrique les acides de la valériane et du beurre avec les produits de la fermentation du sucre.

11. En présence de ces belles découvertes et de tant d'autres dont la chimie organique s'est enrichie, celui qui ne considérerait que le fait de la reproduction artificielle, sans connaître les procédés, serait tenté d'attribuer au chimiste un pouvoir surnaturel, un pouvoir magique. A le voir ainsi enfanter, dans ses cornues et ses creusets, les créations de la nature vivante, pourquoi, en effet, ne lui accorderait-on pas la puissance de transmuter les métaux et de faire de l'or, ce qui semble bien moins difficile?

Un observateur superficiel pourrait seul se bercer de ce fol espoir.

La plupart de ces imitations portent un caractère commun; en l'appréciant à sa juste valeur, on devinera la marche que la chimie organique doit suivre désormais pour faire de véritables progrès; on sera à même de prédire les résultats que nos procédés de reproduction permettent d'espérer.

Ces procédés sont de deux espèces: ils sont ou *analytiques*, et consistent dans l'emploi des agents de combustion, ou *synthétiques*, et reposent dans l'application des agents de réduction.

Les premiers sont les plus nombreux et les plus familiers aux chimistes. On a reproduit une foule de substances animales ou végétales en faisant agir sur d'autres substances plus carbonées ou plus hydrogénées des réactifs oxygénants tels que l'acide nitrique, l'hydrate de potasse, le chlore aqueux, l'acide chromique. C'est de cette manière que l'on a obtenu l'acide formique, l'acide oxalique, l'urée, l'essence d'ulmaire, l'acide margarique, etc.

A l'aide de ces réactifs, on a donc brûlé ou plutôt simplifié les molécules plus complexes offertes par le règne organique; on a effectué sur elles des combustions graduelles et presque insensibles; on ne leur a enlevé que successivement du carbone à l'état d'acide carbonique, de l'hydrogène à l'état d'eau, de l'azote à l'état d'ammoniaque.

Sous ce rapport, le chimiste a donc suivi une marche entièrement opposée à celle de la végétation. Là l'acide carbonique et l'eau sont réduits; l'oxygène est éliminé, le carbone et l'hydrogène sont maintenus en combinaison avec l'oxygène, seuls ou avec les éléments de l'ammoniaque, suivant que l'économie végétale exige la production d'huiles essentielles, de matières grasses, ligneuses, sucrées, ou de substances albuminoïdes destinées à l'entretien du règne animal.

Sans doute, en appelant à son secours la chaleur ou l'électricité, le chimiste décompose et réduit l'eau, l'acide carbonique, l'ammoniaque, mais cela par des réactions si énergiques, si violentes, et dans des circonstances si peu favorables à l'existence des créations organiques, que ces procédés ne sauraient être comparés aux décompositions calmes et en quelque sorte délicates qui s'accomplissent dans l'organisation végétale.

Il ne faut dès lors pas s'étonner que le chimiste n'ait encore pu produire la matière cérébrale, ni les principes du sang, ni d'autres substances aussi complexes, puisqu'il emploie précisément celles-ci pour y appliquer ses procédés de combustion et pour reproduire ainsi des substances moins carbonées et moins hydrogénées.

12. Pour montrer tout ce que cette vérité offre de fécond, examinons les produits de décomposition de la cire.

La cire des abeilles est une des substances organiques qui renferme le plus de charbon et le plus d'hydrogène; elle se compose de deux corps isomères, la *cérine* et la *myricine*, qui contiennent chacune en 100 parties :

Carbone	80,8
Hydrogène	13,4
Oxygène	5,8

Cette composition peut se représenter par la formule :

$$C^{19}H^{38}O.$$

Une infinité de corps peuvent se fabriquer avec la cire, si on lui enlève successivement une partie du carbone ou de l'hydrogène à l'aide de réactifs oxygénants.

Lorsqu'on la chauffe au bain d'alliage avec de la chaux potassée, elle fixe 1 éq. d'oxygène et se convertit en acide stéarique $C^{19}H^{38}O^2$. L'acide nitrique transforme celui-ci en acide margarique, $C^{17}H^{34}O^2$, et plus tard en acide subérique.

Bouillie avec de l'acide nitrique, la cire donne elle-même, suivant la concentration de cet agent, une série d'acides particuliers parmi lesquels on remarque les acides œnanthylique, adipique, pimélique, succinique, etc.

Ces derniers acides, fondus avec de l'hydrate de potasse, fournissent de l'acide acétique, de l'acide formique, de l'acide valérianique, et ceux-ci à leur tour, de l'acétone, de l'alcargène, de l'acide prussique, des cyanures, de l'urée, etc., etc.

Mais s'agit-il de refaire la cire avec l'acide margarique ou succinique, avec l'acide prussique ou l'urée; s'agit-il de fixer de nouveau sur ces produits le carbone ou l'hydrogène enlevés à la cire sous forme d'acide carbonique ou d'eau, la chimie actuelle s'y refuse entièrement. Les végétaux possèdent encore seuls le secret de reconstituer des molécules si complexes avec les produits de cette combustion.

13. Toutefois il est vrai de dire que la chimie possède un petit nombre de procédés synthétiques à l'aide desquels elle parvient à compliquer certaines molécules ou à y fixer du carbone et de l'hydrogène. Ces procédés méritent d'être soumis à un examen sérieux, et nous nous en occuperons d'une manière spéciale dans la troisième partie de ce livre.

Qu'il nous suffise pour le moment de faire remarquer que certaines molécules organiques sont susceptibles de se doubler ou de se tripler au contact de l'acide sulfurique ou de la potasse, dans des circonstances d'ailleurs encore mal déterminées. Elles fournissent ainsi des composés polymères ayant un équivalent deux ou trois fois plus élevé que les substances d'où ils résultent. Il y a même des corps qui éprouvent cette métamorphose d'une manière spontanée. Ainsi, par exemple, l'aldéhyde se convertit souvent, sans le concours d'aucun réactif, en deux corps polymères dont l'un a une densité de vapeur trois fois plus forte que celle de l'aldéhyde.

M. Deville a vu l'essence de térébenthine $C^{10}H^{16}$ devenir $C^{20}H^{32}$ au contact de l'acide sulfurique; nous avons fait nous-même de semblables observations sur l'essence de poivre et l'essence de citron.

M. Cahours a converti l'essence d'anis, sous l'influence de l'acide sulfurique, en un corps polymère bien moins volatil que cette essence et, partant, d'un équivalent plus élevé; certains chlorures métalliques nous ont conduit à des résultats semblables.

Le même chimiste est parvenu à transformer l'acide sali-cylique $C^7H^6O^3$ en un corps de la composition C^7H^8O par la dé-composition de l'éther méthylique de cet acide au moyen de la baryte caustique.

La formation des éthers, la production de certains corps azotés sous l'influence de l'ammoniaque (Laurent), etc., appar-tiennent aussi à ces phénomènes de synthèse.

Mais, de toutes les réactions, celles qui offrent le plus sou-vent ces sortes de complications se présentent dans la distilla-tion sèche des matières organiques. Là on voit souvent deux, trois ou plusieurs molécules se décomposer pour former un pro-duit dont l'équivalent renferme plus de carbone ou d'hydrogène que la molécule primitive. La paraffine $C^{24}H^{50}$, produit de la distil-lation de la cire $C^{19}H^{38}O$, offre cette particularité remarquable.

14. Quoi qu'il en soit, que les reproductions artificielles se fassent par des procédés de combustion ou par des moyens de réduc-tion, rien ne s'oppose à ce qu'on conçoive toutes les substances organiques comme le résultat de la combustion d'autres plus carbonées et plus hydrogénées, et, réciproquement, comme les produits de la réduction ou de la complication d'autres matières moins carbonées et moins hydrogénées.

En considérant sous ce point de vue l'ensemble des matières organiques, on remarque qu'elles offrent des gradations succes-sives et presque insensibles, *de manière à former une immense échelle* dont les deux extrémités sont occupées, d'une part, au sommet, par la matière cérébrale, l'albumine, la fibrine et les autres substances plus complexes, et d'autre part, au pied, par l'acide carbonique, l'eau et l'ammoniaque, précédés eux-mêmes de l'esprit de bois, de l'acide formique et des corps qui en dé-rivent.

Une infinité d'échelons occupent l'intervalle compris entre ces deux extrémités : le chimiste, en appliquant les réactifs de com-bustion aux substances placées dans les échelons supérieurs, *descend l'échelle,* c'est-à-dire qu'il simplifie peu à peu ces sub-stances, en brûlant successivement une partie de leur carbone et de leur hydrogène. Au contraire, *il remonte l'échelle*, en appli-quant aux substances organiques des procédés de réduction, et en cela il imite en quelque sorte la force réductrice que pos-

sèdent les parties vertes des plantes sous l'influence de la
lumière, et par laquelle celles-ci recomposent des êtres organisés avec les produits de combustion, avec l'eau, l'acide carbonique et l'ammoniaque.

15. Les considérations précédentes conduisent à une appréciation exacte des principes d'après lesquels on peut classer
toutes les substances organiques d'une manière simple et commode, sans avoir besoin de recourir à des hypothèses, mais en
se renfermant strictement dans les limites de l'expérience.

Nous avons déjà fait remarquer que les propriétés chimiques
présentent trop de nuances et ne sont pas toujours assez tranchées
pour qu'on différencie à leur aide tous les composés organiques ; que les dénominations d'acide, de base, de corps indifférent, ne sont pas toujours bien précises ; qu'on éprouve souvent
de l'embarras pour définir le rôle chimique d'une substance, et
qu'il faut s'aider alors par des caractères physiques en distin-
tinguant des résines, des corps gras, des huiles essentielles.

Dans une classification qui coordonne les faits connus et prévoit en même temps tous les cas possibles, qui s'applique conséquemment aussi aux productions futures de la science, on
range les corps suivant leur *parenté chimique*, on les classe sans
égard pour leurs propriétés acides ou alcalines, on les groupe
d'après leur mode de formation ou de décomposition en séries,
ou, pour nous servir de l'expression des naturalistes, en familles
naturelles.

L'idée d'en construire une espèce d'échelle nous semble réaliser
l'espoir que M. Dumas a conçu depuis longtemps d'adapter à la
chimie organique les principes sur lesquels repose la classification en histoire naturelle ; cette disposition, en effet, précise davantage la théorie des types en indiquant les différentes relations
que les corps types présentent entre eux.

Il s'agit dès lors d'établir quelques conventions pour marquer
dans cette échelle la délimitation des séries. Ces conventions ne
doivent porter l'empreinte d'aucune hypothèse ; elles ne peuvent
point se baser sur des formules rationnelles où l'on groupe les
éléments d'après quelque théorie particulière ; il faut qu'elles
satisfassent les chimistes qui professent les idées électro-chimiques comme ceux qui repoussent cette théorie.

Il faut que ces conventions soient assez simples et précises pour que tout chimiste, même le moins habile, puisse, par la connaissance seule de la composition et de l'équivalent d'une substance, assigner à celle-ci la place qui lui convient dans l'échelle.

Il faut enfin que la construction de cette échelle soit telle qu'elle indique, pour chaque corps, quels sont les produits qui peuvent en résulter par voie d'oxydation, et quels sont ceux qu'il peut fournir par voie de réduction.

De cette manière, une substance organique étant donnée, on sera immédiatement fixé sur le parti qu'on en peut tirer pour la reproduction artificielle d'autres substances.

Nous avons fait de nombreux essais pour construire une échelle qui répondît à ces conditions. Après beaucoup de tentatives infructueuses, nous nous sommes enfin arrêté à une disposition fort simple qui nous paraît offrir bien des éléments de succès.

16. Lorsqu'on examine avec attention les séries de combinaisons bien étudiées, on remarque que plusieurs d'entre elles renferment des corps qui se correspondent sous le rapport de la composition, des propriétés et du mode de formation.

Prenons pour exemple les substances que les chimistes ont produites avec l'esprit de bois, l'esprit de vin, l'huile de pommes de terre et l'éthal.

L'esprit de bois renferme CH^4O, l'esprit de vin C^2H^6O, l'huile de pommes de terre $C^5H^{12}O$, l'éthal $C^{16}H^{34}O$. Ils contiennent, tous les quatre, un seul équivalent d'oxygène, et si dans la pensée on joint à cet oxygène la quantité d'hydrogène nécessaire pour former de l'eau, il reste :

$$C : H :: 1 : 2.$$

CH^2 pour l'esprit de bois.
C^2H^4 pour l'esprit de vin.
C^5H^{10} pour l'huile de pommes de terre.
$C^{16}H^{32}$ pour l'éthal ;

c'est-à-dire que pour chacun d'eux on a le rapport de 1 : 2 entre le carbone et l'hydrogène.

Qu'on soumette ces quatre substances à l'influence des mêmes agents chimiques, et ils fourniront des produits doués de propriétés semblables et présentant entre eux les mêmes rapports de composition:

Sous l'influence des agents oxygénants, chacune d'elles perd la même quantité d'hydrogène, fixe la même proportion d'oxygène, et se convertit en un acide particulier.

$$C : H :: 1 : 2.$$

L'esprit de bois devient	CH^2O^2	acide formique.
l'esprit de vin devient	$C^2H^4O^2$	acide acétique.
l'huile de pommes de terre devient	$C^5H^{10}O^2$	acide valérianique.
l'éthal devient	$C^{16}H^{32}O^2$	acide éthalique.

Ces acides jouissent de propriétés semblables, et offrent, pour le carbone et l'hydrogène, le rapport de 1 : 2.

Dissout-on les quatre substances dans l'acide sulfurique concentré, on obtient avec :

$$C : H :: 1 : 2.$$

l'esprit de bois	CH^2	$+ SO^3, H^2O$ acide sulfométhylique.
l'esprit de vin	C^2H^4	$+ SO^3, H^2O$ acide sulfovinique.
l'huile de pommes de terre	C^5H^{10}	$+ SO^3, H^2O$ acide sulfoamilique.
l'éthal	$C^{16}H^{32}$	$+ SO^3, H^2O$ acide sulfocétique.

Ces nouveaux produits se correspondent encore par la composition et par les propriétés chimiques.

Enfin, et nous bornerons-là nos comparaisons, si l'on vient à traiter par les chlorures les quatre substances en question, il en résulte encore quatre corps entièrement semblables :

$$C : H :: 1 : 2.$$

CH^3Cl	ou bien	CH^2	$+ HCl$	hydrochlorate de méthylène.
C^2H^5Cl	—	C^2H^4	$+ HCl$	hydrochlorate d'éthérène.
$C^5H^{11}Cl$	—	C^5H^{10}	$+ HCl$	hydrochlorate d'amilène.
$C^{16}H^{33}Cl$	—	$C^{16}H^{32}$	$+ HCl$	hydrochlorate de cétène.

On voit, d'après cela, qu'il suffirait de connaître la composition, les propriétés et le mode de formation d'un seul produit obtenu soit avec l'esprit de vin, soit avec l'esprit de bois, soit avec tout autre corps semblable, pour deviner la composition, les propriétés et le mode de formation de tous les corps semblables à ce premier produit.

17. Nous appelons *substances homologues* celles qui jouissent des mêmes propriétés chimiques et dont la composition offre certaines analogies dans les proportions relatives des éléments.

Voici quelles sont les substances homologues parmi celles dont nous venons de parler :

SUBSTANCES HOMOLOGUES.	SUBSTANCES HOMOLOGUES.	SUBSTANCES HOMOLOGUES.	SUBSTANCES HOMOLOGUES.
CH^4O. Esprit de bois.	CH^2O^2. Acide formique.	CH^4O^4S. Ac. sulfométhylique.	CH^3Cl. Hydrochl. de méthylène.
C^2H^6O. Esprit de vin.	$C^2H^4O^2$. Acide acétique.	$C^2H^6O^4S$. Acide sulfovinique.	C^2H^5Cl. Hydrochl. d'éthérène.
$C^5H^{12}O$. Huile de pom. de terre.	$C^5H^{10}O^2$. Acide valérianique.	$C^5H^{12}O^4S$. Acide sulfo-amilique.	$C^5H^{11}Cl$. Hydroc. d'amilène.
$C^{16}H^{34}O$. Éthal.	$C^{16}H^{32}O^2$. Acide éthalique.	$C^{16}H^{34}O^4S$. Acide sulfocétique.	$C^{16}H^{33}Cl$. Hydroc. de cétène.

La classification des substances organiques serait extrêmement facile si l'on connaissait tous les corps résultant de la décomposition d'une seule substance dont tous les homologues seraient connus ; mais, malheureusement, nos connaissances présentent à cet égard de nombreuses lacunes.

Tel corps n'offre qu'un ou deux homologues, tel autre est entièrement isolé et n'en présente aucun. .

On connaît, par exemple, une foule d'acides renfermant 2 équivalents d'oxygène, comme l'acide acétique ou formique, et qui contiennent le carbone et l'hydrogène dans le rapport de 1 : 2. Tels sont les acides butyrique, caproïque, caprique, margarique, stéarique, etc. Il est très probable qu'à chacun d'eux correspondent des corps comme l'alcool ou l'esprit de vin, l'acide sulfovinique, etc. ; mais ces produits n'ont pas encore été obtenus, car, à l'heure qu'il est, on ignore les moyens propres à convertir l'acide acétique, produit de l'oxydation de l'alcool, en cet alcool même.

Toutefois les nombreux faits que la science possède permettent, ce nous semble, *de classer les corps homologues d'après leur carbone*, cet élément entrant dans la constitution de toutes les combinaisons organiques, et opposant d'ailleurs le plus de résistance aux réactifs.

D'après cela, l'échelle organique se composerait d'un certain nombre d'échelons dont le rang serait déterminé par le nombre des équivalents de carbone renfermés dans une molécule de substance.

L'esprit de bois, l'acide formique, l'acide sulfométhylique, etc., se placeraient donc au premier échelon qui est le plus inférieur, et dont les composés précèdent immédiatement les substances minérales, eau, acide carbonique, ammoniaque, produits de la destruction de toutes les matières organiques.

L'esprit de vin, l'acide acétique, l'acide sulfovinique, etc., viendraient se ranger au deuxième échelon; l'huile de pommes de terre et ses dérivés au cinquième; l'éthal et ses dérivés au seizième, et ainsi de suite.

De cette manière, on construit une véritable échelle de combustion qui indique le genre de réactifs que le chimiste doit employer dans les essais de reproduction artificielle.

Ce point nous paraît assez important pour que nous l'examinions davantage. Prenons quelques corps bien connus et plaçons-les dans leurs échelons respectifs.

RANG DE L'ÉCHELON.	SUBSTANCES HOMOLOGUES.	SUBSTANCES HOMOLOGUES	SUBSTANCES HOMOLOGUES.	SUBSTANCES DIVERSES.
26	....	....	....	cholestérine.
25				
24	....	....	....	paraffine, cérosie.
23				
22	....	....	....	strychnine.
21	....	....	....	salicine.
20				quinine.
19	cire des abeilles.	acide stéari-que.		
18				
17	....	acide marga-rique.		
16	blanc de baleine.	acide éthali-que.		
15				
14	....	ac. du beurre de muscade		
13	....	acide gras du beurre de coco.		
12	....	ac. gras des baies de laurier.	....	
11				
10	....	....	....	
9	....	ac. caprique.		
8	....	....	ac. subérique.	
7	....	....	ac. pimélique.	
6	....	ac. caproïque	acide adipique.	
5	....	acide valé-rianique.		
4	....	ac. butyriq.	ac. succinique.	
3	....	....	....	
2	aldéhyde	ac. acétique.	acide oxalique.	
1	....	ac. formique.		

Supposons maintenant qu'on veuille savoir ce qui arrive si l'on fait agir sur la cire un réactif de combustion, par exemple l'acide nitrique.

L'inspection de l'échelle indique immédiatement que cet agent ne fournira ni salicine, ni quinine, ni cholestérine, ni paraffine, etc., c'est-à-dire qu'on n'obtiendra aucun des corps placés dans les échelons supérieurs au dix-neuvième, où se trouve la cire elle-même.

Mais si l'on connaît les produits d'oxydation placés plus bas dans l'échelle et fournis dans ces circonstances par un homologue de la cire, il sera aisé d'en déduire ceux qu'on obtiendra avec ce dernier corps.

En effet, sachant que, sous l'influence de l'acide nitrique, le blanc de baleine, par exemple, donne successivement les acides subérique, pimélique, adipique, succinique, etc., tous corps homologues, on peut en conclure que la cire, placée plus haut dans l'échelle organique, donnera encore les mêmes produits d'oxydation. Nous avons nous-même confirmé ce fait par l'expérience directe.

L'aldéhyde est aussi homologue de la cire et du blanc de baleine; mais puisque l'aldéhyde occupe le deuxième échelon, tandis que les produits d'oxydation de la cire et du blanc de baleine sont placés à des échelons supérieurs, il est évident que l'aldéhyde ne fournira, par l'action de l'acide nitrique, ni acide subérique ni acide succinique, mais on obtiendra tout au plus de l'acide oxalique, homologue des acides subérique et succinique.

L'acide stéarique et l'acide margarique sont deux autres corps homologues entre eux. Par l'action de l'acide nitrique, ils ont donné les mêmes produits que la cire et le blanc de baleine; or, puisque les acides gras du beurre de muscade, du beurre de coco et des baies de laurier sont homologues de l'acide stéarique ou margarique, on devra encore obtenir avec eux et l'acide nitrique les acides subérique, pimélique, adipique, etc., ceux-ci occupant des échelons inférieurs à ceux où se trouvent placés les acides du beurre de muscade, du beurre de coco et des baies de laurier. Mais l'acide acétique, autre homologue de l'acide stéarique ou margarique, et qui ne renferme plus les quantités de carbone et d'hydrogène nécessaires à la combustion, ne donnera plus d'acide subérique ou succinique; il fournira de l'acide oxalique, qui est l'homologue des acides subérique et succinique occupant le deuxième échelon.

18. Ces exemples suffisent pour faire ressortir l'utilité de notre échelle.

Il nous reste à exposer les principes d'après lesquels il convient d'en subdiviser les échelons pour y ranger les différents corps homologues.

D'abord, pour la mettre à la portée de tous les chimistes, nous avons dû éviter les hypothèses, de quelque nature qu'elles fussent. Nous avons donc, pour cet usage, rejeté toutes les formules rationnelles pour ne nous en tenir qu'aux formules empiriques qui expriment l'équivalent des substances; mais comme il eût été impossible de les représenter toutes, nous en avons choisi les *espèces normales,* c'est-à-dire les substances qui ne renferment que des éléments organiques (p. 1). Nous verrons plus tard, en nous occupant des différents modes de combinaison, comment on peut dériver de ces espèces normales les substances qui renferment des métaux, du chlore, du brome, du soufre, etc.

Pour faciliter l'emploi de l'échelle, il nous a paru utile de désigner les substances homologues par des formules générales.

Lorsqu'on passe en revue les corps qu'on est en droit de considérer comme homologues, on est frappé d'une circonstance qui mérite toute l'attention des chimistes.

C'est que, *dans les corps homologues, les éléments combustibles, carbone et hydrogène, varient extrêmement quant aux proportions, tandis que l'élément comburant, ainsi que l'azote, y est toujours atomiquement le même.*

Ainsi, par exemple, trois corps renfermant, l'un O^2, l'autre O^4, et le troisième O^6, ou bien N^2, N^4 et N^6, ne seront jamais homologues; tandis que des corps renfermant C, C^2, C^5, C^{16}, ou bien H^4, H^6, H^{12}, H^{34}, pourraient très bien l'être (1).

En désignant, par conséquent, les éléments combustibles par R, sans tenir compte des proportions atomiques de carbone et d'hydrogène, on peut exprimer d'une manière générale :

Par R. — Les hydrogènes carbonés.

Par RO. — Les substances renferment 1 seul équivalent d'oxygène dans leur molécule, telles que certains corps neutres et volatils, les alcools, plusieurs huiles essentielles, etc.

Par RO^2. — Les substances contenant 2 équivalents d'oxygène, telles que certains acides volatils, etc.

(1) Voyez en effet (17) l'esprit de bois, l'esprit de vin, l'huile de pommes de terre, l'éthal, etc.

Par RO^3. — Les substances contenant 3 équivalents d'oxygène; plusieurs acides monobasiques, etc.

Par RO^4. — Les substances contenant 4 équivalents d'oxygène; plusieurs acides bibasiques, etc.

Le maximum d'oxygène qu'on a constaté jusqu'à présent dans les substances organiques est O^{11} et O^{12}; le sucre de canne, la salicine, le glucose, appartiendraient donc aux formules générales RO^{11} et RO^{12}. Quant aux corps azotés, on les représenterait pareillement par RN, RNO, RNO^2, RN^2O^2, etc.

19. Pour que deux ou plusieurs corps soient homologues, il ne suffit pas qu'on puisse les représenter par la même formule générale, R, RO, RO^2, etc., mais il faut encore que R ait la même valeur pour chacun d'eux, c'est-à-dire qu'il y ait entre le carbone et l'hydrogène un rapport atomique semblable.

Pour nous éclairer sur ce point, nous avons cherché parmi les substances bien étudiées celles qui, tout en ayant la même formule générale, se correspondissent aussi dans le rapport du carbone à l'hydrogène. Un grand nombre d'acides monobasiques se sont présentés, dans lesquels les équivalents de carbone sont aux équivalents d'hydrogène comme 1 : 2, savoir :

L'acide	stéarique	$C^{19}H^{38}O^2$
—	anamirtique	$C^{18}H^{36}O^2$
—	margarique	$C^{17}H^{34}O^2$
—	éthalique	$C^{16}H^{32}O^2$
—	. . . . . .	. . . . . .
—	myristique	$C^{14}H^{28}O^2$
—	cocinique	$C^{13}H^{26}O^2$
—	laurique	$C^{12}H^{24}O^2$
—	. . . . . .	. . . . . .
—	caprique	$C^9H^{18}O^2$
—	. . . . . .	. . . . . .
—	caproïque	$C^6H^{12}O^2$
—	valérianique	$C^5H^{10}O^2$
—	butyrique	$C^4H^8O^2$
—	. . . . . .	. . . . . .
—	acétique	$C^2H^4O^2$
—	formique	CH^2O^2

$C : H :: 1 : 2.$

Nous considérons ces corps comme homologues. Le rapport qu'en présentent les éléments combustibles est évidemment celui qui résulte de la réduction d'équivalents égaux d'acide carbonique CO^2 et d'eau H^2O; c'est donc le rapport le plus simple qu'on connaisse, et qui, par cette raison, doit être choisi pour terme de comparaison.

Ce rapport normal n'est cependant pas le plus fréquent dans les combinaisons organiques; dans le plus grand nombre des cas, l'hydrogène y est moindre que 2, et dans les cas où l'hydrogène y est plus grand que 2, cet excès n'est ordinairement que de 2 équivalents (1).

Ces faits méritent de fixer notre attention, car ils peuvent servir à apprécier la probabilité de certaines formules qui n'auraient pas été suffisamment contrôlées par l'expérience; ils prouvent, par exemple, l'invraisemblance des formules comme CH^6, C^2H^{14}, C^7H^{20}, etc.

20. *Lorsque les substances homologues se décomposent en d'autres substances homologues, les premières cèdent ou fixent atomiquement la même quantité d'acide carbonique, d'eau, d'oxygène, etc., quel que soit l'échelon auquel elles appartiennent.*

Ainsi, par exemple, lorsque l'esprit de vin, l'esprit de bois, l'huile de pommes de terre, l'éthal (16), se convertissent en leurs acides respectifs, ils cèdent chacun H^2 en fixant 0, quoique ces corps appartiennent aux 1er, 2e, 5e et 16e échelons.

Lorsque l'esprit de vin, l'huile de pommes de terre, l'éthal, se transforment en hydrogènes carbonés, ils cèdent chacun H^2O.

Lorsque l'esprit de bois, l'esprit de vin, l'huile de pommes de terre, l'éthal, sont soumis à l'action des chlorures, ils cèdent pareillement H^2O en fixant HCl, et ainsi de suite.

On voit, d'après cela, que, s'il existe des substances homologues dans lesquelles on remarque le même rapport géométrique entre le carbone et l'hydrogène, cette identité de rapport ne saurait avoir lieu que pour une seule série de corps homologues, puisque, dans les métamorphoses de ceux-ci en d'autres corps homologues, la fixation ou l'élimination du carbone et de l'hydrogène ne se fait pas dans des rapports géométriques.

Si donc, comme nous l'avons admis précédemment, il y a homologie entre les corps qui offrent le rapport normal de 1 : 2,

(1) Exemples : gaz des marais CH^4, paraffine $C^{24}H^{50}$, alcool C^2H^6O, esprit de bois CH^4O, éther $C^4H^{10}O$, etc.

il peut y avoir homologie entre les corps de même formule générale, où le rapport des éléments combustibles n'est pas géomé-
triquement le même, mais de :

$$
\left.\begin{array}{llll}
1 : 4, & \text{c'est-à-dire} & 1 : (2 + 2) \\
2 : 6 & \text{»} & 2 : (4 + 2) \\
5 : 12 & \text{»} & 5 : (10 + 2) \\
16 : 34 & \text{»} & 16 : (32 + 2) \\
24 : 50 & \text{»} & 24 : (48 + 2)
\end{array}\right\} \text{corps homologues.}
$$

$$
\text{ou bien de } \left.\begin{array}{llll}
2 : 2, & \text{c'est-à-dire} & 2 : (4 - 2) \\
4 : 6 & \text{»} & 4 : (8 - 2) \\
6 : 10 & \text{»} & 6 : (12 - 2) \\
16 : 30 & \text{»} & 16 : (32 - 2)
\end{array}\right\} \text{corps homologues.}
$$

$$
\text{ou bien de } \left.\begin{array}{llll}
4 : 4, & \text{c'est-à-dire} & 4 : (8 - 4) \\
6 : 8 & \text{»} & 6 : (12 - 4) \\
8 : 12 & \text{»} & 8 : (16 - 4) \\
16 : 28 & \text{»} & 16 : (32 - 4)
\end{array}\right\} \text{corps homologues.}
$$

etc.

Pour préciser ces relations, nous conserverons le symbole R
pour le rapport normal 1 : 2. Pour les corps où le rapport des
éléments combustibles est de 1 : >2, R sera affecté d'un exposant indiquant le nombre des équivalents d'hydrogène en excès,
et précédé du signe *plus* (+). Pour les corps où ce rapport est de
1 : < 2, R sera affecté d'un exposant semblable, mais précédé
du signe de la négation (—), afin d'indiquer le nombre des équivalents d'hydrogène en moins.

D'après cela, l'esprit de bois CH^4O, l'alcool C^2H^6O, l'huile
de pommes de terre $C^5H^{12}O$, l'éthal $C^{16}H^{34}O$, sont des corps
homologues de la forme $R^{+2}O$.

Le formométhylal $C^4H^{10}O^3$ et l'acétal $C^8H^{18}O^3$ sont des
corps homologues de la forme $R^{+2}O^3$.

Les acides formique, acétique, valérianique, margarique, butyrique, etc., sont des homologues de la forme RO^2.

Les acides oxalique $C^2H^2O^4$, succinique $C^4H^6O^4$, pimélique
$C^7H^{12}O^4$, subérique $C^8H^{14}O^4$, etc., sont des homologues de la
forme $R^{-2}O^4$.

L'oxamide $C^2H^4N^2O^2$ et la succinamide $C^4H^8N^2O^2$ sont des corps
homologues RN^2O^2.

Le gaz des marais CH^4 et la paraffine $C^{24}H^{50}$ sont des homologues R^{+2}.

Le gaz oléfiant C^2H^4, le quadricarbure de Faraday C^4H^8, l'élaène C^9H^{18} et l'oléène C^6H^{12} de M. Frémy, l'amilène $C^{10}H^{20}$ de M. Cahours, etc., sont des homologues R.

L'acide salicylique $C^7H^6O^3$ et l'acide anisique $C^8H^8O^3$ sont des homologues $R^{-8}O^3$.

Le phénol C^6H^6O et l'anisol C^7H^8O sont des homologues $R^{-6}O$.

Le cuminol $C^{10}H^{12}O$ et l'essence d'amandes amères (1) C^7H^6O sont des homologues $R^{-8}O$.

L'acide cuminique $C^{10}H^{12}O^2$ et l'acide benzoïque $C^7H^6O^2$ sont des homologues $R^{-8}O^2$.

Le benzène C^6H^6 et le cumène C^9H^{12} sont des homologues R^{-6}, et ainsi de suite.

21. Il arrive souvent que certains corps offrent dans leurs éléments combustibles le rapport nécessaire pour être homologues, sans cependant pouvoir être considérés comme tels.

Cela tient à un groupement particulier des éléments sur lequel la science n'a pas encore recueilli assez de lumières.

Ainsi, par exemple, l'éther méthylique C^2H^6O offre exactement la même composition et le même équivalent que l'alcool ordinaire, et cependant ce sont deux corps entièrement différents. L'éther ordinaire $C^4H^{10}O$, quoique appartenant à la forme $R^{+2}O$, n'est pas l'homologue de l'esprit de bois et de l'esprit de vin, car ses propriétés chimiques l'en éloignent entièrement.

Il faudrait donc encore ajouter comme condition de l'homologie l'identité de modification isomère. Nous le répétons, il nous manque à cet égard les renseignements nécessaires pour établir des règles générales.

D'après ce que nous venons de dire sur les rapports qui s'observent entre le carbone et l'hydrogène, on remarque que le nombre des substances homologues diminue à mesure qu'on s'approche du bas de l'échelle, de sorte que tel corps peut avoir son homologue dans tous les échelons placés au-dessus de celui où il se trouve lui-même, sans en avoir dans les échelons in-

_____

(1) Si la formule $C^{26}H^{44}O$ de la cholestérine est exacte, ce corps serait l'homologue du cuminol et de l'essence d'amandes amères. Par la chaux potassée, on devrait donc pouvoir transformer la cholestérine en un acide particulier.

férieurs. Ainsi, par exemple, l'existence dans le premier échelon d'un homologue de l'acide méconique $C^7 H^4 O^7$, ou de l'acide cro-conique $C^5 H^4 O^5$, ou de l'acide mellitique $C^4 H^2 O^4$, est tout-à-fait impossible, puisqu'on obtiendrait pour l'hydrogène une valeur négative. Mais ces homologues peuvent exister pour tous les échelons supérieurs à ceux où sont placés ces acides.

22. Les chimistes devraient principalement porter leur atten-tion sur l'étude des corps homologues. Ce genre de recherches nous paraît aujourd'hui plus profitable pour la science que l'exa-men de certains produits factices obtenus avec des matières or-ganiques et des agents comme le chlore, le brome, l'arsenic, etc. Ces sortes de produits ne se rencontrant ni dans la végétation ni dans l'économie animale, ne peuvent offrir qu'un intérêt secon-daire.

Les tableaux que nous donnons ci-après indiquent les princi-pales substances homologues non azotées que l'on connaît au-jourd'hui. Nous les avons rangées dans le sens de notre échelle de combustion; cette disposition signale en même temps les nombreuses lacunes qu'il nous reste encore à remplir.

Les colonnes verticales renferment des substances homologues; l'hydrogène va en décroissant de gauche à droite depuis le rap-port normal R, et en augmentant depuis ce rapport vers la gauche.

Les formules générales sont notées à la gauche des lignes ho-rizontales par R, RO, RO^2, etc.; les signes inscrits à la tête des colonnes verticales indiquent la valeur de R.

Veut-on savoir si deux substances sont homologues; il faut les chercher dans la même colonne verticale, et voir si la même for-mule générale y correspond.

D'ailleurs il est aisé de voir, sans l'aide des tableaux, si deux ou plusieurs combinaisons qui ont la même proportion d'oxygène et d'azote (la même formule générale à la gauche des lignes hori-zontales) peuvent être homologues, en complétant dans la pensée l'hydrogène qui manque à ces substances pour qu'elles offrent dans les éléments combustibles le rapport normal $1 : 2$. Lors-qu'elles présentent le rapport $1 : < 2$, on ajoute à chacune d'elles les équivalents d'hydrogène nécessaires pour que ce rap-port devienne normal; lorsqu'elles présentent le rapport $1 : > 2$, on retranche de chacune d'elles ces équivalents d'hydrogène. Si elles sont homologues, elles exigeront chacune l'addition ou la soustraction du même nombre d'équivalents.

EXEMPLES. L'inspection des formules de l'acide benzoïque $C^7H^6O^2$, et de l'acide cuminique $C^{10}H^{12}O^2$, indique seulement que ces corps renferment la même proportion d'oxygène. Pour que le rapport fût de 1 : 2 dans l'acide benzoïque, il faudrait y ajouter H^8, de manière à avoir C^7H^{14} ; de même, l'acide cuminique exigerait aussi l'addition de H^8 pour devenir $C^{10}H^{20}$. L'acide benzoïque et l'acide cuminique sont donc des corps homologues.

Le benzène C^6H^6 et le cumène C^9H^{12}, dérivés de ces deux acides, sont à leur tour homologues entre eux, bien que dans l'un le rapport soit de 1 : 1 et dans l'autre de 3 : 4 ; car si l'on ajoute H^6 à chacun d'eux, on a C^6H^{12} et C^9H^{18}, c'est-à-dire le rapport normal 1 : 2.

Dorénavant le mot *famille* sera synonyme d'échelon. Nous dirons donc *première, deuxième, troisième famille,* etc., pour indiquer le rang des échelons ; cette division nous semble entièrement naturelle, car, fondée sur les métamorphoses des corps, elle groupe ensemble ceux qui se tiennent de très près par leur mode de formation ou de décomposition, et fait ressortir les analogies que présentent entre elles des substances d'origine différente ; elle assigne à chaque corps sa place, et prévoit par cela même l'usage dont il est susceptible dans les essais de reproduction.

Les corps appartenant à la même famille ne sont jamais homologues.

Il faut au moins deux familles pour établir des homologies.

Échelle de combustion pour les corps homologues non azotés.

RANG des ÉCHELONS ou FAMILLES.	FORMULES GÉNÉRALES.	$R+2$	R	$R-2$	$R-4$	$R-6$	$R-8$	$R-10$	$R-12$	$R-14$	$R-16$	$R-18$	$R-20$
26.	RO						$C^{26}H^{44}O$ Cholestérine.						
25.	?												
24.	R / RO	$C^{24}H^{50}$ Paraffine. $C^{24}H^{50}O$ Cérosie.											
23.	RO												
22.	?												
21.	ROH									$C^{24}H^{28}O^{11}$ Salicine.			
20.	R / RO RO²						$C^{20}H^{32}$ Colophène; pétrolène.				$C^{20}H^{24}O^{2}$ Anisoïne?		

Échelle de combustion pour les corps homologues non azotés.

FORMULES GÉNÉRALES	R−20	R−18	R−16	R−14	R−12	R−10	R−8	R−6	R−4	R−2	R	R÷2	RANG des ÉCHELONS ou FAMILLES
RO^3				$C^{20}H^{26}O^3$ Hellénine?			$C^{20}H^{32}O^3$ Cérine du liége?	$C^{20}H^{34}O^3$ Acide pyro-lithofelli.					20.(suite)
RO^4									$C^{20}H^{36}O^4$ Acide litho-fellique.				
RO^6							$C^{20}H^{32}O^6$ Acide cérique du liége?						
R RO									$C^{19}H^{34}O.$ Campho-lone de Delalande.	$C^{19}H^{36}O$ Pyrostéarol d'Erdmann	$C^{19}H^{38}O$ Cérine de la cire des abeilles.		19.
RO^2											$C^{19}H^{38}O^2$ Acide stéarique.		
RO^5							$C^{19}H^{30}O^5$ Acide quinovique						
R					$C^{18}H^{21}$ Hellénène.								18.
RO^2	$C^{18}H^{16}O^2$ Métacinna-méine?									$C^{16}H^{34}O^2$ Ac. oléique et élaïdique	$C^{18}H^{36}O^2$ Acide anamirtiq.		

Échelle de combustion pour les corps homologues non azotés.

RANG des ÉCHELONS ou FAMILLES.	FORMULES GÉNÉRALES.	R + 2	R	R — 2	R — 4	R — 6	R — 8	R — 10	R — 12	R — 14	R — 16	R — 18	R — 20
17.	RO			$C^{17}H^{32}O$ Pyromar-garol d'Erdmann.									
	RO^2		$C^{17}H^{34}O^2$ Acide margarique.	$C^{17}H^{32}O^2$ Acide lutyroléique.									
16.	R		$C^{16}H^{32}$ Cétène; huile de vin légère? hévène?				$C^{16}H^{24}$ Cédréne.				$C^{16}H^{16}$ Rétinole.	$C^{16}H^{14}$ Rétistérène.	
	RO	$C^{16}H^{34}O$ Éthal.	$C^{16}H^{32}O$ Cétine.			$C^{16}H^{26}O$ Ess. de cèdre concrète.							
	RO^2		$C^{16}H^{32}O^2$ Acide éthalique.										
	RO^5											$C^{16}H^{14}O^6$ Hématoxy-line?	$C^{16}H^{12}O^6$ Hématacine?
15.	R					$C^{15}H^{24}$ Essence de cubèbes et de copahu?						$C^{15}H^{12}$ Anthracén.	$C^{15}H^{10}$ Succistérè-ne. idria-lène?

Échelle de combustion pour les corps homologues non azotés.

RANG des ÉCHELONS ou FAMILLES.	FORMULES GÉNÉRALES.	R — 20	R — 18	R — 16	R — 14	R — 12	R — 10	R — 8	R — 6	R — 4	R — 2	R	R + 2
15 (suite).	RO									$C^{15}H^{26}O$ Camphre de cubèbes (Blanchet et Sell).			
14.	R			$C^{14}H^{12}$ Stilbène.									
	RO^2		$C^{14}H^{10}O^2$ Benzile.	$C^{14}H^{12}O^2$ Benzoïne.								$C^{14}H^{28}O^2$ Ac. myristique.	
	RO^3			$C^{14}H^{12}O^3$ Ac. benzilique.									
	RO^5			$C^{14}(H^{11}X)O^5$ Ac. nitrostilbasique (La.).			$C^{14}H^{18}O^5$ Olivile.						
13.	RO			$C^{13}H^{10}O$ Benzone.									
	RO^2											$C^{13}H^{26}O^2$ Ac. cocinique.	
12.	R								$C^{12}H^{18}$ Tolène?		$C^{12}H^{22}$ Naphtole.		

Échelle de combustion pour les corps homologues non azotés.

RANG des ÉCHELONS ou FAMILLES.	FORMULES GÉNÉRALES.	$R+2$	R	$R-2$	$R-4$	$R-6$	$R-8$	$R-10$	$R-12$	$R-14$	$R-16$	$R-18$	$R-20$
12(suite),	RO^2		$C^{12}H^2O^2$ Ac. laurique.										
	RO^{11}			$C^{12}H^{22}O^{11}$ Sucre de canne.									
	RO^{12}		$C^{12}H^{24}O^{12}$ Glucose.										
11.	R		$C^{10}H^{20}$ Amilène.	$C^{10}H^{18}$ Menthène.	$C^{10}H^{16}$ Bornéène; ess. de térébenth.	$C^{10}H^{14}$ Cymène; camphogène.		$C^{14}H^{12}O^2$ Eth. cinnamique.	$C^{10}H^8$ Naphtaline.				
10.	R		$C^{10}H^{20}O$ Essence de menthe concrète.	$C^{10}H^{18}O$ Bornéol.	$C^{10}H^{16}O$ Camphre des laurinées.	$C^{10}H^{14}O$ Carvacrol ?	$C^{10}H^{12}O$ Cuminol; badianol.			$C^{10}H^6O^2$ Naphtalol.			
	RO												
	RO^2		$C^{10}H^{20}O^2$ Cristaux d'ess. de térébenth.	$C^9H^{18}O^2$ Ac. camphojique.			$C^{10}H^{12}O^2$ Ac. cuminique.						
	RO^3					$C^{10}H^{14}O^3$ Ac. camphorique anhydre.				$C^{10}H^6O^3$ Ac. chloronaphtaliq.			

Échelle de combustion pour les corps homologues non azotés.

RANG des ÉCHELONS ou FAMILLES.	FORMULES GÉNÉRALES.	R+2	R	R−2	R−4	R−6	R−8	R−10	R−12	R−14	R−16	R−18
10 (suite).	RO^4			$C^{10}H^8O^4$ Ac. s-bacique.	$C^{10}H^{16}O^4$ Ac. camphorique.			$C^{10}H^{10}O^4$ Méconine.				
9.	R		C^9H^{18} Élaène de M. Frémy.	C^9H^{16} Campholène de Delalande.		C^9H^{12} Cumène; rétinylène.						
	RO		$C^9H^{18}O$ Valérone.			$C^9H^{12}O$ Péruvine?		C^9H^8O, Hydrure de cinnamyle.				
	RO^2		$C^9H^{18}O^2$ Ac. caprique.					$C^9H^8O^2$ Ac. cinnamique.	$C^9H^6O^2$ Coumarine.			
	RO^3							$C^9H^8O^3$ Ac. connarique.				
	RO^4						$C^9H^{10}O^4$ Acide vératrique.	$C^9H^8O^4$ Lécanorine.				
	RO^6							$C^9H^8O^6$ Tannin.				
8.	R		C^8H^{16} Naphtène.				C^8H^8 Cinnamène.	C^8H^6 Dracyle?				
	RO											
	RO^2						$C^8H^8O^2$ Orcine?					

Échelle de combustion pour les corps homologues non azotés.

RANG des ÉCHELONS ou FAMILLES.	FORMULES GÉNÉRALES.	$R+2$	R	$R-2$	$R-4$	$R-6$	$R-8$	$R-10$	$R-12$	$R-14$
8 (suite).	RO^3	$C^8H^8O^3$ Acétal.							$C^8H^4O^3$ Ac. phtal. anhydre.	
	RO^4		$C^8H^{10}O^4$ Métaldéhyde ?	$C^8H^{14}O^4$ Ac. subérique.			$C^8H^8O^3$ Acide anisique; formobenzoïque.	$C^8H^6O^4$ Ac. phtalique.		
7.	R					C^7H^8 Benzoène rétinaphte.				
	RO		$C^7H^{14}O$ Butyrone.			C^7H^8O Anisol.	C^7H^6O Hydrure de benzoïle.			
	RO^2			$C^7H^{12}O^2$ Naphte.			$C^7H^6O^2$ Hyd. de salicyle; ac. benzoïque.			
	RO^3						$C^7H^6O^3$ Ac. salicylique.			
	RO^4			$C^7H^{12}O^4$ Ac. pimélique.	$C^7H^{10}O^4$ Ac. térébique.					
	RO^5						$C^7H^6O^5$ Acide gallique.	$C^7H^4O^5$ Ac. ellagique.		

Échelle de combustion pour les corps homologues non azotés.

RANG des ÉCHELONS ou FAMILLES	FORMULES GÉNÉRALES	R + 2	R	R − 2	R − 4	R − 6	R − 8	R − 10	R − 12
7 (suite).	RO⁶								
	RO⁷			C⁷H²O⁶ Acide quinique.				C⁷H⁴O⁷ Acide méconique.	
	RO¹⁰								
6.	R		C⁶H¹² Oléïne de M. Frémy.			C⁶H⁶ Benzène.			
	RO		C⁶H¹²O² Ac. caproique. C⁶H¹²O³ Étaldéhyde	C⁶H¹⁰O Valérol; oxyle de mésityle: métacétone		C⁶H⁶O Phénol et créosote.			
	RO²					C⁶H⁶O² Pyrocatéchine?			
	RO³								
	RO⁴			C⁶H¹⁰O⁴ Acide adipique.	C⁸H⁸O⁴ Ac. lactique concret.				
	RO⁵								
	RO⁶	C⁶H¹⁴O⁶ Mannite.	C⁶H¹²O⁶ Acide lactique.			C⁶H⁶O⁶ Acide aconitique.	C⁶H⁴O⁵ Acide coménique.		

Échelle de combustion pour les corps homologues non azotés.

RANG des ÉCHELONS ou FAMILLES.	FORMULES GÉNÉRALES.	R + 2	R	R — 2	R — 4	R — 6	R — 8	R — 10
6 (suite).	RO^7				$C^6H^8O^7$ Acide citrique.			
	RO^8			$C^6H^{10}O^8$ Ac. mucique et saccharique.				
5.	R		C^5H^{10} Paraméléne de M. Balard. $C^5H^{10}O$ Valéraldéhyde.					
	RO	$C^5H^{12}O$ Huile de pommes de terre.						
	RO^2		$C^5H^{10}O^2$ Ac. valérianique.					
	RO^3					$C^5H^4O^3$ Acide pyroméconi.; citracon. anhydre.		
	RO^4				$C^5H^6O^4$ Ac. lipique.			
	RO^5						$C^5H^2O^5$ Acide croconique.	

Échelle de combustion pour les corps homologues non azotés.

RANG des ÉCHELONS ou FAMILLES.	FORMULES GÉNÉRALES.	$R + 2$	R	$R - 2$	$R - 4$	$R - 6$
	R	....	C^4H^8 Quadricarbure de Faraday.			
	RO	$C^4H^{10}O$ Éther.	....			
4.	RO²		$C^4H^8O^2$ Ac. butyrique.	$C^4H^6O^4$ Ac. succinique.	$C^4H^4O^3$ Ac. succinique anhydre.	$C^4H^2O^4$ Ac. mellitique.
	RO³	$C^4H^{10}O^3$ Formiomé-thylal.				
	RO⁴			$C^4H^6O^5$ Acide mali-que.	$C^4H^4O^4$ Ac. fumarique et maléique.	
	RO⁵			$C^4H^6O^6$ Ac. tartri-que.	$C^4H^4O^5$ Acide tartrique anhydre.	
	RO⁶					
3.	RO		C^3H^6O Acétone.	C^3H^4O Aldéhyde mésitique.		
	RO²	$C^3H^8O^2$ Méthylal.				

Échelle de combustion pour les corps homologues non azotés.

RANG des ÉCHELONS ou FAMILLES.	FORMULES GÉNÉRALES.	$R+2$	R	$R-2$	$R-4$
3 (suite).	RO^3	$C^3H^8O^3$ Glycérine.	....	$C^3H^4O^3$ Acide pyrotartrique.	
2.	R	C^2H^6 Acétène (éthyle de M. Lœwig).	C^2H^4 Gaz oléfiant.		
	RO	C^2H^6O (a) alcool. (b) méther.	C^2H^4O Aldéhyde.		
	RO^2		$C^2H^4O^2$ Ac. acétique		
	RO^4			$C^2H^2O^4$ Ac. oxalique.	
1.	R	CH^4 Gaz des marais.	....		
	RO	CH^4O Esprit de bois.	CH^2O^2 Acide formique.	CO Oxyde de carbone.	
	RO^2			CO^2 Acide carbonique gazeux.	

Sans doute les progrès de la science modifieront les disposi-
tions de cette échelle, mais nous croyons que la base en restera.

Les chimistes qui s'occupent de travaux de recherches s'en
serviront avec profit, car ils y trouveront des relations qu'aucune
théorie n'est capable de leur indiquer.

Aux personnes qui se livrent à l'étude de la chimie organique,
cette échelle offrira une marche méthodique, sûre et commode,
pour leur apprendre en peu de temps l'histoire des composés
organiques, dont le nombre va, pour ainsi dire, jusqu'à l'infini.

Enfin, comme la construction de cette échelle ne repose que
sur des faits, sur des relations numériques positives, nous
croyons qu'elle forme une excellente base pour la classification
rationnelle des composés organiques.

La quatrième partie de notre livre est spécialement consacrée
à cette classification.

ÉQUIVALENTS.

23. De toutes les théories inventées, par les chimistes, la seule
dont la vérité soit incontestable, c'est, sans contredit, la théorie
des équivalents ou des proportions multiples, suivant lesquelles
les corps se combinent en poids ou en volumes. Sous ce rapport,
tous les savants sont d'accord quant aux faits de l'expérience, mais
ils diffèrent dans l'interprétation philosophique des phénomènes.
Depuis la découverte de la loi de M. Gay-Lussac sur les combinaisons des gaz, la théorie atomique, qui n'est qu'un commen-
taire de celle des équivalents, a été souvent modifiée on peut dire
d'une manière fort arbitraire ; car, à l'heure qu'il est, notre système scientifique présente à cet égard une confusion extrême.
Qu'on se rappelle, en effet, les anomalies nombreuses touchant
la signification des mots *atome, équivalent* et *volume :* tantôt atome
et équivalent sont synonymes, tantôt 2 atomes (1 atome double
de M. Berzélius) font un seul équivalent, tantôt enfin un volume
correspond à un atome, tandis que dans d'autres cas il faut plusieurs volumes pour constituer l'atome d'un corps simple.

La gravité de ces divergences a été comprise d'un grand nombre de savants qui, se dégageant de toute préoccupation théo-
rique, renoncent aujourd'hui à l'emploi des atomes dans les for-

mules écrites pour ne se servir, à l'exemple des chimistes anglais, que des équivalents déduits de la composition de l'eau. Ils considèrent ce corps comme renfermant équivalents égaux d'hydrogène et d'oxygène HO, et mettent, par conséquent, égal à 12,5 le poids de l'équivalent de l'hydrogène, celui de l'oxygène étant 100. Mais ils n'aplanissent qu'une partie des difficultés, puisque les mêmes anomalies persistent toujours relativement aux volumes, dont les proportions, dans les combinaisons chimiques, sont cependant une chose tout aussi constante et tout aussi simple que les proportions en poids.

Il est d'autant plus nécessaire de fixer nos idées sur ce point, que la chimie organique possède dans la détermination de la densité de vapeur un puissant moyen de contrôler la composition des substances, et que ce moyen est souvent le seul praticable dans l'examen de certains corps indifférents, tels que les hydrogènes carbonés, les huiles essentielles, etc.

C'est surtout dans l'intérêt de la chimie organique, dont les créations se multiplient d'une manière si prodigieuse, qu'il importe de donner à la science des règles précises. Nous sommes déjà riches en faits, mais nous le serions encore davantage si tous ces faits se rattachaient entre eux par des lois simples, par des rapports faciles à concevoir. On se préoccupe généralement beaucoup trop de la constitution intime des corps; on cherche à grouper les formules d'après certaines hypothèses sujettes à de nombreuses contestations; et cependant la seule chose qu'on puisse saisir avec certitude, ce sont des rapports de composition, des lois de transformation.

24. Nous avons signalé il y a quelque temps une singulière anomalie que les chimistes ont introduite dans la notation des formules (1).

En chimie minérale, ils ont pris pour terme de comparaison, auquel tous les équivalents se rapportent, un poids de 100 oxygène, tandis qu'en chimie organique ils ont adopté pour le même usage un poids de 200. Ils ont donc attribué à l'équivalent de l'oxygène organique un poids double de celui de l'oxygène minéral.

Nous nous sommes aperçu de cette erreur en analysant un

(1) *Annal. de chim. et de phys.*, 3ᵉ série, t. VII, p. 129, et t. VIII, p. 238.

grand nombre de réactions organiques, dans lesquelles nous avons toujours vu intervenir, lorsqu'il s'agissait de l'acide carbonique et de l'eau, C^2O^4 et H^4O^2, c'est-à-dire des quantités doubles de celles qu'on considère comme équivalents en chimie minérale. Ce fait s'accordait avec cette autre circonstance que dans toutes les formules organiques suffisamment contrôlées par l'expérience (1), les équivalents de carbone et d'oxygène étaient représentés par des nombres pairs, et les équivalents d'hydrogène par des nombres divisibles par 4.

Il est inutile que nous rapportions ici tous les arguments que nous avons fait valoir pour prouver le désaccord qui règne aujourd'hui entre les formules minérales et les formules organiques.

D'ailleurs, de quelque manière qu'on interprète ces anomalies, on ne pourra, en définitive, opter qu'entre les deux conclusions suivantes : ou H^4O^2 et C^2O^4 représentent un seul équivalent, ou ils en expriment deux. Dans la première supposition, il faudrait donc doubler les formules de chimie minérale afin de les faire accorder avec les formules organiques : c'est ce que nous avions d'abord proposé de faire. Dans l'autre hypothèse, il faudrait, au contraire, prendre la moitié de la plupart d'entre les formules organiques : nous nous sommes aujourd'hui décidé pour ce dernier parti.

25. On s'explique aisément comment ces erreurs se sont glissées dans la science.

Considérant l'eau comme composée d'équivalents égaux de chaque élément, on en avait tiré cette conséquence que les oxydes métalliques correspondants et ayant une composition semblable devaient s'exprimer par la formule générale MO.

Pour déterminer les équivalents des substances organiques, on a dû nécessairement commencer par l'analyse des sels, car les équivalents des substances neutres n'ont été établis qu'à l'aide de considérations basées sur les réactions. Ainsi, par exemple, la connaissance de l'équivalent de l'acide acétique a permis d'en déduire celui de l'alcool, etc. On a donc analysé de l'acétate d'argent ; de la quantité de métal obtenue à l'analyse, on a déduit celle de l'oxyde d'argent *supposé* dans le sel ; et, envisageant cette

_____

(1) Et représentées par quatre volumes de vapeur.

quantité comme un équivalent, on en a déduit celui de la matière organique.

Cette manière de procéder eût été rigoureuse s'il n'existait que des acides monobasiques, mais aujourd'hui elle ne peut plus suffire; elle renferme aussi une hypothèse en ce qu'elle suppose la préexistence de l'eau dans les acides et celle des oxydes métalliques dans les sels. Elle groupe donc d'avance les éléments de tout acide ou sel organique en deux parties, l'acide anhydre et l'oxyde, c'est-à-dire que pour chaque acide en particulier, elle est obligée de créer une nouvelle hypothèse, d'inventer l'existence d'un corps inconnu; car sur les cent et quelques acides organiques aujourd'hui connus, à peine s'il y en a quatre ou cinq capables de perdre les éléments de l'eau de manière à se prêter à cette théorie.

Or, c'est précisément cette suite d'hypothèses qui a jeté le trouble dans la chimie. Si l'on avait considéré atomes et équivalents comme synonymes, et qu'on n'eût pas cherché à construire les éléments des oxydes dans les formules des sels organiques, celles-ci ne seraient pas de moitié trop fortes. En effet, l'eau et les oxydes correspondants étant considérés comme M^2O, et non pas comme MO, la marche la plus naturelle à suivre eût été de considérer comme équivalent de la matière organique, par exemple, dans le cas de l'acide acétique, la quantité de sel qui renfermait un seul équivalent de métal :

Acide acétique	$C^2H^4O^2$
Acétate d'argent	$C^2(H^3Ag)O^2$
Acide chloracétique	$C^2(HCl^3)O^2$
Chloracétate d'argent	$C^2(AgCl^3)O^2$.

Mais, au lieu de cela, on a toujours pris pour base une quantité de métal double de celle qui figure dans les formules précédentes, de sorte que les formules sont devenues nécessairement trop fortes, comme celles-ci :

Acide acétique	$C^4H^8O^4$
Acétate d'argent	$C^4(H^6Ag^2)O^4$
Acide chloracétique	$C^4(H^2Cl^6)O^4$
Chloracétate d'argent	$C^4(Ag^2Cl^6)O^4$ (1).

(1) Remarquons toutefois que Ag^2 est exprimé par tous les chimistes par Ag équivalant à H^2.

D'ailleurs, la chimie minérale elle-même présente à cet égard des anomalies nombreuses; et tandis que les sulfates, les carbonates, et en général les sels formés par des acides bibasiques, sont bien représentés, les formules des nitrates, des chlorures, des bromures, de la plupart des métaux, etc., devraient être dédoublées.

Supposons un moment qu'on ait connu le chlore avant l'oxygène; on aurait naturellement déduit de la composition de l'acide hydrochlorique les équivalents des corps simples, de la même manière qu'on les a dérivés de la composition de l'eau. Alors, quoi de plus naturel que de dire : nous appellerons équivalent la quantité d'hydrogène qui s'unit à 100 chlore? on aurait donc obtenu le nombre 2,77, qui correspondrait à l'atome de l'hydrogène dans notre notation actuelle, car :

$$100 \, : \, 2,77 \, : : \, 225 \, : \, 6,25 \, ;$$

ce qui veut dire que 6,25 serait devenu l'équivalent de l'hydrogène. Plus tard, en analysant l'eau et voyant que l'hydrogène se combinait avec l'oxygène dans le rapport de 2 à 1 volume, tandis que dans l'acide hydrochlorique ce rapport était de 1 : 1, on aurait donc admis dans l'eau 2 équivalents d'hydrogène pour 1 d'oxygène, comme nous l'admettons nous-même. Si l'eau oxygénée HO eût été découverte avant l'eau H^2O, le raisonnement eût encore été le même.

26. Voici en définitive les changements qu'il nous a paru utile d'introduire dans la notation des formules.

(*a*) Nous considérons l'eau $H^2O = 2$ vol. de vapeur, comme composée de 2 équivalents ou atomes ou volumes d'hydrogène, et de 1 équivalent ou atome ou volume d'oxygène. De même, l'acide hydrochlorique $HCl = 2$ vol. de vapeur est envisagé comme une combinaison de 1 équivalent ou atome ou volume d'hydrogène, et de 1 équivalent ou atome ou volume de chlore. La composition de l'eau ne correspond donc pas à celle de l'acide hydrochlorique.

D'après cela, *volumes, atomes* et *équivalents* deviennent synonymes pour les corps simples.

Il résulte aussi de là que *les densités des gaz simples sont proportionnelles à leurs équivalents.* Dans nos théories actuelles cette proportionnalité présente beaucoup d'exceptions ; elle existe, par exemple, pour les corps suivants :

> Hydrogène et azote,
> Hydrogène et chlore,
> Hydrogène et brome,
> Hydrogène et iode ;

et par conséquent aussi pour ceux-ci :

> Azote et chlore,
> Azote et brome,
> Azote et iode,
> Chlore et brome,
> Chlore et iode,
> Brome et iode.

Mais, par contre, on ne l'observe pas pour d'autres, comme :

> Oxygène et azote,
> Oxygène et hydrogène,
> Oxygène et chlore,
> Oxygène et brome,
> Oxygène et iode, etc.

Ces exceptions disparaissent par l'adoption des nouveaux équivalents ; car alors on a, par exemple, pour l'oxygène et l'hydrogène :

$$100 : 6,25 :: 1,105 : 0,0685.$$

(b) Nous dédoublons les formules organiques ou minérales représentées par 4 volumes de vapeur, de manière à exprimer leur équivalent par 2 volumes.

Cette mesure concerne, entre autres, l'ammoniaque, dont l'équivalent comparé à ceux de l'eau H_2O et de l'acide carbonique CO_2, est $NH_3 = 2$ volumes.

(c) Pour donner aux oxydes métalliques qui correspondent à l'eau H_2O, une formule équivalente, nous dédoublons les nombres par lesquels on représente l'équivalent de la plupart des métaux.

D'après cela, on écrira K_2O, Na_2O, Pb_2O, Ag_2O au lieu de KO, NaO, PbO, AgO ; et, par la même raison, on exprimera le peroxyde de fer, l'oxyde d'antimoine, etc., par Fe^4O^3, Sb^4O^3, au lieu de Fe^2O^3, Sb^2O^3, etc.

Cette manière de formuler ne permet pas d'appliquer la théorie électro-chimique aux combinaisons organiques, attendu que la préexistence de l'eau et des oxydes métalliques, dans les acides et les sels, devient entièrement impossible; car on a, par exemple, dans les sels monobasiques :

Acide acétique	$C^2H^4O^2$
Acide chloracétique	$C^2(HCl^3)O^2$
Acétate d'argent	$C^2(AgH^3)O^2$
Chloracétate d'argent	$C^2(AgCl^3)O^2$

On conçoit l'impossibilité d'y construire les éléments de l'eau ou de l'oxyde d'argent, puisque ces corps renferment H^2O et Ag^2O.

Les changements que nous proposons ont l'avantage, tout en simplifiant la théorie chimique, de l'établir sur des bases plus précises; ils permettent également d'introduire plus d'uniformité dans les formules, dont la notation est si variable, suivant que les symboles expriment des équivalents ou des atomes.

Cette nouvelle notation trouvera sans doute de l'opposition auprès de quelques chimistes, car l'habitude fait loi dans les sciences aussi bien que dans les choses simples de la vie; mais aux esprits éclairés qui prendront la peine de l'examiner, elle paraîtra certainement logique et de nature à exercer une influence heureuse sur les progrès de la science; car cette notation démontre entre les substances organiques des relations fort importantes, faciles à saisir à première vue, et que certainement nos anciennes formules sont loin d'indiquer.

Voici les équivalents des principaux corps simples qui figurent dans les combinaisons organiques :

* Oxygène	O	100	
Hydrogène	H	6,25	(Dumas et Stas, Erdmann et Marchand).
* Carbone	C	75	(les mêmes).
Phosphore	P	196,4	
* Soufre	S	200	
Iode	I	787,5	
Brome	Br	490	

Chlore	Cl	225 (Marignac, Erdmann et Marchand).
Fluor	F	110
Azote	N	87,5 (Erdmann et Marchand).
Potassium	K	245
Sodium	Na	145,45
Baryum	Ba	425 (Salvetat).
Strontium	Sr	275 (Salvetat).
Calcium	Ca	125 (Dumas et Stas, Erdmann et Marchand, Salvetat).
Antimoine	Sb	403,25
Plomb	Pb	650 (Erdmann et Marchand).
Fer	Fe	162,5
Cuivre	Cu	200
Mercure	Hg	625 (Erdmann et Marchand).
Argent	Ag	687,5 (Erdmann et Marchand).
Or	Au	621,5
Platine	Pt	618,75

Les équivalents marqués d'un astérisque (*) sont les mêmes que ceux qui sont généralement admis, l'oxygène étant égal à 100. Quant aux autres, nous considérons comme équivalent la moitié du nombre adopté par les chimistes. Ainsi donc, l'atome de l'hydrogène, du phosphore, du brome, du chlore, de l'azote, etc., représentera pour nous le véritable équivalent de ces corps.

27. *Détermination des équivalents.* — La détermination de l'équivalent d'une substance organique offre souvent des difficultés ; les procédés varient beaucoup suivant le rôle chimique des matières ; toutefois on peut réduire ces procédés aux quatre chefs suivants :

(*a*) Remplacement d'un des éléments de la substance organique par un autre élément.

(*b*) Combinaison de la substance avec une autre dont l'équivalent est connu.

(*c*) Détermination de la densité de la substance à l'état de vapeur.

(*d*) Décomposition de la substance en plusieurs produits dont l'équivalent est connu, ou qui offrent une relation simple avec la matière primitive.

Nous ne dirons rien des *procédés de combustion* à l'aide desquels on détermine la proportion des éléments contenus dans une substance, ces procédés se trouvant parfaitement décrits dans plusieurs ouvrages bien connus (1). Mais nous nous permettrons quelques observations sur la marche qu'il convient de suivre, après avoir fait l'analyse élémentaire d'une substance, pour en établir la formule chimique.

L'analyse élémentaire est une opération qui n'exige que de l'exercice pour être exécutée avec succès, et l'élève le moins instruit peut apprendre à la faire sur toute espèce de matière, car ce sont toujours les mêmes manipulations; mais il faut avoir des connaissances théoriques assez étendues pour savoir utiliser convenablement les résultats de cette analyse.

Plusieurs jeunes chimistes de l'école allemande suivent en cela une routine qui nous paraît d'autant plus blâmable, qu'elle n'offre aucune garantie de certitude et ne conduit que fort rarement à des formules exactes. Ils se bornent à brûler la substance et à adopter pour formule celle qui correspond le plus rigoureusement aux rapports atomiques fournis par l'expérience; ils vont même jusqu'à calculer trois ou quatre décimales pour la composition centésimale du corps, sans se rappeler que la première décimale est le plus souvent douteuse. D'autres fois ces chimistes se contentent de précipiter la substance avec de l'acétate de plomb, et souvent même avec de l'acétate basique, sans réfléchir à l'extrême tendance que possède l'oxyde de plomb à former des sels surbasiques, dont la composition varie beaucoup suivant les circonstances où se place l'opérateur.

Nous pensons que les règles suivantes seront suivies avec profit par les personnes qui se livrent à des travaux de laboratoire.

On fait d'abord deux ou trois bonnes combustions de la substance à examiner. En divisant les proportions centésimales de carbone, d'hydrogène, d'oxygène, etc., par leurs équivalents respectifs, on trouve des quotients qui expriment les rapports entre les équivalents de carbone, d'hydrogène, d'oxygène, etc., contenus dans la substance; pour mieux saisir ces rapports, on place le quotient le plus faible égal à **1**, et l'on calcule les autres

(1) DUMAS, *Traité de chimie*, t. V, p. 3. — LIEBIG, *Instruction sur l'analyse des corps organiques.* — WILL et VARRENTRAPP, Nouvelle méthode pour déterminer l'azote des substances organiques, *Revue scientif.*, t. VII, p. 337.

en conséquence. On obtient ainsi une formule qui est souvent la vraie ou qui n'a besoin que d'être doublée, triplée, quadruplée, etc., pour représenter celle-ci.

Lorsque la substance est acide, on la transforme en sel d'argent ou de baryte, c'est-à-dire qu'on déplace un certain nombre d'équivalents d'hydrogène contenus dans la substance par un même nombre d'équivalents de métal (1). L'analyse de ces sels conduit à une nouvelle série de quotients qu'on simplifie comme précédemment, en prenant pour unité le quotient fourni par le métal ; comparant ensuite la nouvelle formule avec la première, on voit combien de fois il faut prendre celle-ci pour qu'elles s'accordent toutes deux.

Exemples :

Quotients obtenus pour l'acide :

$$C : H : O :: 8 : 16 : 1.$$

Quotients obtenus pour le sel d'argent :

$$C : H : Ag : O :: 16 : 31 : 1 : 2.$$

On voit, d'après ces deux séries de quotients, qu'il faudrait au moins doubler la première formule pour avoir 16 : 32 : 2 ; car, puisque 1 équivalent d'argent déplace 1 équivalent d'hydrogène, on aurait alors :

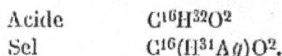

Acide $C^{16}H^{32}O^2$
Sel $C^{16}(H^{31}Ag)O^2$.

Mais ces considérations ne sont pas toujours suffisantes, attendu que 2 équivalents d'argent pourraient très bien déplacer 2 équivalents d'hydrogène :

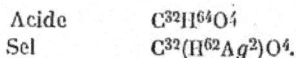

Acide $C^{32}H^{64}O^4$
Sel $C^{32}(H^{62}Ag^2)O^4$.

Il faut alors, pour décider cette question, se diriger par l'examen des caractères de l'acide, par celui de son mode de formation et de décomposition, et par l'analyse d'autres sels.

Si l'acide est volatil sans décomposition, on peut être certain

(1) Voyez, pour plus de détails, DEUXIÈME PARTIE, *Sels*.

qu'un seul équivalent d'argent déplace l'hydrogène ; ajoutons toutefois que la réciproque n'a pas lieu, c'est-à-dire que tous les acides monobasiques ne sont pas volatils sans décomposition.

Dans les substances volatiles neutres ou acides, le chlore et le brome donnent souvent naissance à des déplacements semblables à ceux que les métaux effectuent sur l'hydrogène, de manière à produire des combinaisons chlorées ou bromées dont l'analyse offre également des renseignements utiles à la détermination des équivalents. Remarquons cependant que le chlore et le brome se combinent quelquefois sans rien déplacer, mais cette circonstance ne complique pas la question.

La combinaison de la substance à déterminer avec une autre dont l'équivalent est connu, donne de fort bonnes indications.

Ce procédé s'emploie pour les alcaloïdes organiques, car ces corps s'unissent directement aux acides, sans y rien déplacer ; dans ces essais, il faut bien faire attention à la basicité des acides dont on se sert pour effectuer la combinaison.

La formation des éthers est d'un usage fort commode, lorsqu'il s'agit de déterminer l'équivalent d'un acide organique ; nous exposerons plus loin (1) les circonstances auxquelles on doit prendre garde en se servant de ce procédé.

L'accouplement de certains corps avec l'acide sulfurique est aussi un procédé que nous recommandons à l'attention des praticiens, dans l'examen des hydrogènes carbonés, des huiles essentielles et d'autres corps indifférents. Il peut même servir pour fixer la basicité des acides organiques.

Depuis longtemps on se sert aussi avec avantage de la détermination de la vapeur des substances volatiles sans décomposition (2). Pour que le nombre obtenu par l'expérience s'accorde avec la formule de la substance, il faut *que la somme des densités représentées par les éléments de celle-ci soit sensiblement le double de ce nombre.* On dit alors *que l'équivalent de la substance représente*

_____

(1) Deuxième Partie, *Éthers.*
(2) Voyez la description de ce procédé dans le t. V du *Traité* de M. Dumas.

deux volumes de vapeur. Si, par exemple, la formule de la substance est C^2H^6O, on a :

2 fois la densité de la vapeur du carbone	=	2	×	0,826	=	1,652
6 —	du gaz hydrogène	=	6	×	0,068	=	0,408
1 —	du gaz oxygène	=	1	×	1,105	=	1,105

Somme　　　　3,165

La somme $\dfrac{3,165}{2} = 1,582$ doit se confondre avec le nombre obtenu directement pour la densité de la substance, si la formule adoptée est exacte.

Enfin rien n'est plus sûr, pour déterminer l'équivalent d'une substance, que l'examen de ses produits de décomposition. Les substances fixes et indifférentes ne comportent presque pas d'autre procédé. Il faut, dans ce cas, pour la substance et ses dérivés, pouvoir établir des équations simples et précises qui représentent d'un côté les éléments entrés en décomposition et de l'autre les produits qui en résultent.

MODES DE COMBINAISON.

28. Nous avons essayé plus haut de démontrer que la théorie binaire n'est point applicable aux combinaisons organiques, puisqu'elle entraîne trop d'hypothèses et nécessite la supposition d'un trop grand nombre de substances qui n'ont jamais été obtenues. Toutefois, on ne saurait nier que les molécules organiques renferment quelquefois deux ou plusieurs parties distinctes ; mais il est impossible de préciser graphiquement sur le papier cette différence dans la juxtaposition des molécules. Aussi, dans un ouvrage où notre but principal a été de rassembler des règles et des lois, afin de rendre plus facile pour tout le monde l'étude d'une science qui se développe à pas de géant, nous avons cru devoir nous rallier à l'opinion de M. Dumas, et admettre avec lui que les corps organiques constituent des édifices simples, des types.

Les corps formés par des éléments organiques (p. 1) seront considérés comme autant de *genres.*

Les *espèces* dérivent de ces derniers par la substitution d'autres éléments (métaux, corps haloïdes, etc.), à un ou plusieurs éléments organiques (hydrogène, oxygène).

Nous avons déjà donné plus haut la définition des *familles* (p. 35). D'après cette définition ; une même famille ne peut jamais renfermer deux ou plusieurs *genres homologues ;* dans une série de genres homologues ; chaque genre est le représentant d'une famille particulière.

Voyons maintenant dans quelles réactions un même genre peut donner différentes espèces.

29. *Combinaison saline.* Ce mode de combinaison chimique est jusqu'à présent le mieux déterminé. Il se présente dans les composés qu'on assimile généralement aux sels de chimie minérale, ainsi que dans certaines substances hydrogénées appelées *acides hydratés.* Une combinaison organique offre le caractère salin lorsqu'elle renferme de l'hydrogène ou un métal qui puisse s'échanger pour un autre métal ou pour de l'hydrogène, par voie de double décomposition, d'après les principes énoncés par Berthollet.

L'hydrogène ; le potassium, le sodium, le calcium, le baryum, le plomb, l'argent, et en général tous les métaux dont les oxydes ont une composition correspondante à celle de l'eau (M^2O), peuvent faire de pareils échanges, de manière à se remplacer équivalent par équivalent. Un équivalent d'hydrogène s'échange donc pour l'équivalent d'un autre métal, et réciproquement.

Lorsque l'hydrogène s'échange, par exemple, pour de l'argent, à l'aide de l'oxyde d'argent, cet hydrogène forme avec l'oxygène de celui-ci de l'eau qui s'élimine, tandis que l'argent demeure en place de l'hydrogène. Exemples :

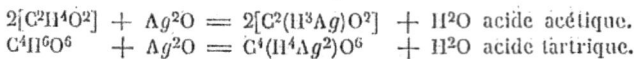

$$2[C^2H^4O^2] + Ag^2O = 2[C^2(H^3Ag)O^2] + H^2O \text{ acide acétique.}$$
$$C^4H^6O^6 + Ag^2O = C^4(H^4Ag^2)O^6 + H^2O \text{ acide tartrique.}$$

Nous reviendrons plus bas sur les principaux caractères des combinaisons salines et sur la définition de quelques termes employés pour les distinguer.

Lorsque la composition des oxydes métalliques ne correspond pas à celle de l'eau, comme c'est le cas des oxydes d'antimoine, de fer, de chrome, ainsi que de certains acides tels que l'acide arsénieux, l'acide borique, composition qui peut s'exprimer d'une manière générale par $M^4O^3 = 2M^2O + O$, l'échange ne peut naturellement point s'effectuer équivalent par équivalent, en sorte qu'il en résulte des composés qui, la plupart du temps, n'offrent plus le caractère salin. Ces composés, parmi lesquels on compte les *émétiques*, seront l'objet d'un examen particulier dans la Deuxième partie. Nous y étudierons aussi les phénomènes connus sous le nom d'*accouplements*, et qui donnent naissance aux *sels copulés*.

30. *Phénomènes de substitution ou de métalepsie.* Outre les substitutions dont il vient d'être parlé, la chimie organique en offre deux autres espèces dans lesquelles certains éléments s'échangent sans altérer le groupement moléculaire de la matière organique.

D'une part, il faut nommer sous ce rapport l'hydrogène, le chlore, le brome et l'iode, et d'autre part, l'oxygène, le soufre, le sélénium et le tellure.

Nous appellerons ces deux groupes de corps les groupes *métaleptiques*, pour les distinguer du groupe *salin*.

Dans chacun des premiers groupes, un élément remplace l'autre équivalent par équivalent. Exemples :

(a) Groupe métaleptique de l'hydrogène.

CH^4.	Formène normal (gaz des marais).
$C(H^3Cl)$.	Formène chloré (chlorure de méthyle).
$C(H^3Br)$.	Formène bromé (bromure de méthyle).
$C(H^3I)$.	Formène iodé.
$C(H^2Cl^2)$.	Formène bichloré.
$C(HCl^3)$.	Formène trichloré (chloroforme).
CCl^4.	Formène quadrichloré, etc.
$C^2H^4O^2$.	Acétate normal (acide acétique).
$C^2(HCl^3)O^2$.	Acétate trichloré (acide chloracétique).

(b) Groupe métaleptique de l'oxygène.

$C^4H^{10}O$.	Éther normal (éther sulfurique).
$C^4H^{10}S$.	Éther sulfuré (sulfure d'éthyle).
$C^4H^{10}Se$.	Éther sélénié.
$C^4H^{10}Te$.	Éther telluré.
C^7H^6O.	Benzoïlol normal (essence d'amandes amères).
C^7H^6S.	Benzoïlol sulfuré (hydrure de sulfobenzoïle de M. Laurent).

En considérant la manière dont ces métalepsies s'effectuent, on comprend pourquoi les substitutions sont équivalentes pour chaque groupe en particulier, et pourquoi un élément pris dans l'un des groupes ne peut pas remplacer, équivalent par équivalent, un élément quelconque pris dans l'autre groupe; car c'est à tort que certains chimistes admettent que l'oxygène puisse, à la manière du chlore, se substituer à l'hydrogène sans troubler le groupement moléculaire des corps, et, partant, leurs propriétés fondamentales.

Le chlore, le brome et l'iode forment avec l'hydrogène des composés qui se correspondent : HCl, HBr, HJ.

De même, l'oxygène, le soufre, le sélénium, le tellure, produisent avec l'hydrogène des combinaisons qui se correspondent entre elles, mais qui diffèrent des précédentes : H^2O, H^2S, H^2Se, H^2Te.

Or, les métalepsies, de même que les échanges salins, sont toujours accompagnées de la formation d'un produit fort simple, tel que l'acide hydrochlorique, l'acide hydrobromique, l'eau, etc. Le chlore ne chasse pas l'hydrogène purement et simplement pour se mettre à sa place, mais il se combine d'abord avec lui, forme de l'acide hydrochlorique, et puis seulement remplit le vide occasionné dans la molécule organique par cette déshydrogénation. Cela nécessite donc pour chaque équivalent d'hydrogène 2 équivalents de chlore :

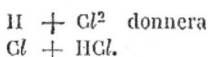

$$H + Cl^2 \text{ donnera}$$
$$Cl + HCl.$$

Mais que l'on fasse, au lieu du chlore, agir de l'oxygène sur la même molécule hydrogénée, on aura :

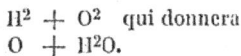

$$H^2 + O^2 \text{ qui donnera}$$
$$O + H^2O.$$

D'où l'on voit que, toutes choses étant égales d'ailleurs, *l'oxygène ne remplace jamais l'hydrogène équivalent par équivalent.*

Cette conclusion se trouve pleinement confirmée par l'expérience. On peut dans un corps neutre, dans un hydrogène carboné, par exemple, enlever successivement tout l'hydrogène et le remplacer par du chlore, du brome ou de l'iode, sans que le rôle chimique des nouveaux produits change; il se produira des composés où ni le chlore, ni le brome, ni l'iode, ne se découvrent à l'aide des réactifs ordinaires (sels d'argent), et qui appartiennent au même type que l'hydrogène carboné lui-même. On peut même dans un système salin, par exemple dans l'acide acétique, remplacer par du chlore tout l'hydrogène, à l'exclusion de celui qui s'échange pour des métaux, sans que le type organique soit altéré. En effet, si l'acide acétique non chloré fournit par l'action des alcalis un corps CH^4 (gaz des marais), l'acide acétique trichloré donnera à son tour, dans les mêmes circonstances, un corps semblable $C(HCl^3)$ ayant 3 équivalents de chlore à la place de 3 équivalents d'hydrogène. Bien plus, on peut de nouveau expulser le chlore de l'acide acétique chloré, remettre de l'hydrogène à sa place, et régénérer ainsi de l'acide acétique ordinaire.

Cette conservation du type primitif est loin de se présenter dans les cas où l'oxygène attaque une matière, forme de l'eau avec son hydrogène, et comble lui-même le vide occasionné par la réaction. En effet, l'acide acétique $C^2H^4O^2$, qui est de l'alcool moins H^2 et plus O, offre des réactions tout autres que ce dernier corps : aussi ne peut-on guère placer dans le même genre ou type l'acide acétique et l'alcool.

Il est donc juste de distinguer, comme nous l'avons fait, deux groupes métaleptiques qui ne sauraient se confondre.

On peut remplacer l'oxygène de certaines matières organiques par du soufre, du sélénium, etc., lorsqu'on fait agir sur elles de l'hydrogène sulfuré, sélénié, ou d'autres sulfures ou séléniures avec le métal desquels l'oxygène puisse se combiner. Il se produit alors de l'eau qui s'élimine, tandis que l'oxygène est remplacé par son équivalent de soufre, de sélénium, etc. :

$$C^7H^6O + H^2S = C^7H^6S + H^2O.$$

L'hydrosulfate d'ammoniaque est plus commode pour ces sulfurations que l'hydrogène sulfuré.

Remarquons toutefois que ces métalepsies ne sont pas toujours forcées ; il peut arriver que le chlore enlève de l'hydrogène sans le remplacer ; on voit aussi le chlore se fixer sur une matière sans rien enlever ; pareils cas s'observent aussi pour l'autre groupe. Cette différence de manière d'être dépend de la constitution intime des molécules, et surtout aussi du rapport dans lequel ses éléments se trouvent combinés. Le même élément, susceptible d'abord d'effectuer un échange salin, peut perdre cette propriété pour devenir métaleptique dès qu'un autre vient se fixer sur la molécule organique ou s'en détacher.

Que l'on considère, par exemple, l'acide acétique $C^2H^4O^2$; ce corps renferme 4 équivalents d'hydrogène, dont un seul est salin; il est impossible d'échanger pour du métal l'un des trois autres; ceux-ci sont, au contraire, métaleptiques; on peut les remplacer par du chlore, tandis que le quatrième équivalent résiste à l'action du chlore, en sorte qu'on a :

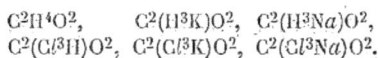

$$C^2H^4O^2, \quad C^2(H^3K)O^2, \quad C^2(H^3Na)O^2,$$
$$C^2(Cl^3H)O^2, \quad C^2(Cl^3K)O^2, \quad C^2(Cl^3Na)O^2.$$

Mais il n'a pas encore été possible d'isoler :

$$C^2Cl^4O^2, \quad C^2K^4O^2, \text{ etc.}$$

Qu'on enlève à cette molécule organique une partie de ses éléments; qu'on en soustraie, par exemple, CO^2 à l'aide d'un alcali, on aura CH^4, qui renfermera tout l'hydrogène contenu dans l'acide acétique. Mais, par cette soustraction, l'hydrogène, d'abord salin, devient à son tour métaleptique; en d'autres termes, l'hydrogène qui d'abord avait pu être remplacé par un métal a perdu cette propriété, et ne s'échange plus que pour des corps placés dans le même groupe métaleptique. Avec le corps CH^4 on peut faire successivement $C(H^3Cl)$, $C(H^2Cl^2)$, $CHCl^3$, CCl^4, mais l'hydrogène ne s'y échange plus pour du métal.

Ainsi que nous venons de le dire, le chlore se fixe quelquefois sur les matières hydrogénées sans enlever d'hydrogène; en cela il ressemble alors à ces oxydes métalliques qui s'unissent directement à certains corps organiques sans opérer d'échange; quelquefois aussi il y a à la fois fixation de chlore et substitution, comme dans ces sels surbasiques formés par l'oxyde de plomb et où l'on remarque une certaine quantité d'oxyde en sus du métal qui remplace l'hydrogène.

Il est important de noter que dans les espèces produites par métalepsie, le chlore, le brome, le soufre, etc., ne sont pas indiqués par les réactifs employés en chimie minérale pour découvrir ces éléments. Ainsi, par exemple, les dissolutions aqueuses ou alcooliques des corps chlorés ou bromés ne sont pas précipitées par les sels d'argent. De même, les corps sulfurés ne précipitent pas les dissolutions métalliques à l'état de sulfures.

Il faut préalablement détruire ces corps pour obtenir des réactions qui y indiquent la présence des éléments minéraux.

31. *Substitutions par résidus.* Les substitutions de plusieurs éléments d'un corps composé à l'hydrogène ou à l'oxygène d'une matière organique, n'ont pas encore fixé l'attention des chimistes autant qu'elles le méritent.

Nous avons essayé, il y a quelques années (1), d'analyser ces phénomènes et de les généraliser par la proposition suivante :

Lorsqu'une substance composée agit sur une matière organique pour y remplacer, soit de l'hydrogène, soit de l'oxygène, cette substitution se fait de telle manière qu'il se sépare, aux dépens du corps réagissant et de la matière organique, un composé fort simple, tel que l'eau, l'acide hydrochlorique, l'acide hydrobromique, etc., *tandis que les éléments restants demeurent en combinaison.*

Supposons qu'un corps fort oxygéné, l'acide nitrique NHO^3, agisse sur une matière hydrogénée, par exemple sur le benzène C^6H^6 : 1 équivalent d'oxygène de l'acide produira, avec 2 équivalents d'hydrogène de la matière organique, 1 équivalent d'eau qui se séparera ; mais le résidu de l'acide demeurera en combinaison avec le résidu du benzène ; on aura donc :

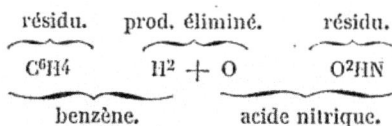

$$\underbrace{C^6H4}_{\text{benzène.}} \quad \overset{\text{prod. éliminé.}}{\overbrace{H^2 + O}} \quad \underbrace{O^2HN}_{\text{acide nitrique.}}$$

Donc (NHO^2), résidu des éléments de l'acide nitrique, remplace H^2. Ce genre de remplacement est assez fréquent, et s'observe quelquefois sur H^4 et même sur H^6, auxquels se substituent alors $(NHO^2)^2$ et $(NHO^2)^3$.

Les partisans de la théorie des substitutions admettent généra-

---

(1) *Annal. de chim. et phys.*, t. LXXII.

lement que N^2O^4 remplace H^2; mais cela ne nous paraît point exact.

Voici d'autres exemples offerts par l'ammoniaque. Cet agent, étant hydrogéné, n'agit naturellement pas sur l'hydrogène des matières organiques, mais il sollicite le chlore ou l'oxygène pour produire de l'acide hydrochlorique HCl ou de l'eau H^2O. Mais comme ces produits ne se correspondent pas dans leur composition, il en résulte que, dans les substitutions par les éléments de l'ammoniaque, on voit tantôt N, tantôt NH, tantôt enfin NH^2 en place des éléments enlevés par l'hydrogène.

Lorsque la matière organique est oxygénée, NH peut remplacer O, puisque 1 équivalent d'ammoniaque NH^3 forme H^2O avec un équivalent d'oxygène, et qu'alors NH forme le résidu. (Voir *Deuxième partie*, AMIDES.)

De même, N^2 peut remplacer O^3, puisque cette quantité d'oxygène exige 6 équivalents d'hydrogène fournis par N^2H^6, ou 2 équivalents d'ammoniaque, et qu'alors le résidu est représenté par N^2.

Enfin, NH^2 peut remplacer Cl par une raison toute semblable (1).

(1) Les recherches de M. Walter sur l'acide sulfocamphorique (*) ont conduit ce chimiste à admettre que *le gaz sulfureux puisse se substituer au carbone.*

Voici le fait observé par M. Walter. Il a vu que l'acide sulfurique concentré dissout à la température de 45 ou 50° l'acide camphorique anhydre, en même temps qu'il se dégage de l'oxyde de carbone parfaitement pur.

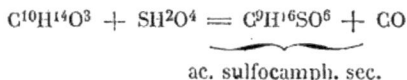

$$C^{10}H^{14}O^3 + SH^2O^4 = C^9H^{16}SO^6 + CO$$

ac. sulfocamph. sec.

Le produit est un acide particulier (copulé), dont les sels sont représentés par

$$C^9(H^{14}M^2)SO^6.$$

Suivant M. Walter, la formule rationnelle de l'acide sulfocamphorique serait :

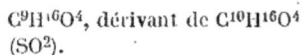

$$C^9H^{16}O^4, \text{ dérivant de } C^{10}H^{16}O^4$$
$$(SO^2).$$

SO^2 remplacerait, selon ce chimiste, 1 équivalent de carbone. Nous ne pensons pas que cette substitution soit réelle; il n'y a, du moins,

(*) *Comptes-rendus hebd. de l'Acad.*, t. XVII, n° 4, p. 157.

Dans les substitutions par les résidus nitriques, on remarque généralement que les fonctions chimiques de la substance primitive ne sont pas changées, de manière qu'il n'y a aucun inconvénient à considérer les produits comme appartenant au même genre ou type.

Il n'en est pas toujours de même pour l'ammoniaque, et comme il arrive d'ailleurs souvent que deux ou trois équivalents de matière organique se décomposent avec elle de manière à donner des produits plus haut placés dans l'échelle organique (1), on serait forcé d'adopter des équivalents fractionnaires, si l'on voulait classer tous ces produits dans le même genre que la matière primitive.

Les combinaisons des alcaloïdes avec les acides organiques seront aussi placés provisoirement dans le même genre, bien qu'il n'y ait point de substitutions dans le sens des précédentes. Plus tard, quand l'histoire des alcaloïdes sera mieux connue, il faudra sans doute changer cette disposition.

NOMENCLATURE.

32. Le nom de toute substance organique devant exprimer à la fois le genre et l'espèce auxquels elle appartient, il serait fort convenable, à notre avis, d'appliquer la nomenclature binôme de Linnée à la dénomination des matières organiques.

Le *genre* s'exprimerait par un nom substantif dont la formation serait entièrement arbitraire, mais qui resterait invariable pour toutes les espèces; il serait bon toutefois de former par une racine commune les noms des genres appartenant à une même famille. En variant les désinences, on distinguerait les divers genres d'une même famille; une même désinence ajoutée à des noms de familles différentes indiquerait les genres homologues. Enfin on

aucune analogie qui autorise à l'admettre; si l'on voulait suivre la théorie de M. Walter, il faudrait plutôt dire que SH^2O^3, *résidu* des éléments de l'acide sulfurique, remplacent C qui a été enlevé par un équivalent d'oxygène de cet acide.

Nous nous occuperons plus tard de cette action de l'acide sulfurique.

(1) Par exemple, l'hydrobenzamide, la benzoïnamide, etc., de M. Laurent.

pourrait aussi, d'une manière semblable, faire allusion au rôle chimique des genres.

Les substantifs terminés en *ate* ou en *ure* désignent des genres salins dans lesquels l'hydrogène peut être échangé contre des métaux. La terminaison *ol* s'applique ordinairement à des substances oxygénées et volatiles, comme, par exemple, aux huiles essentielles ; les corps composés de carbone et d'hydrogène se terminent généralement en *ène*. On a longtemps terminé en *ine* les alcaloïdes végétaux, mais malheureusement cette désinence se rencontre aussi dans les noms de quelques substances neutres (salicine, lactine, phlorizine).

L'*espèce* serait indiquée par un adjectif placé immmédiatement après le nom substantif du genre. Cet adjectif exprimerait le nombre des équivalents de chlore, de brome, d'iode, de fluor remplaçant l'hydrogène (chloré, bichloré, trichloré ; bromé, bibromé ; bromo-bichloré, iodo-bichloré, etc.) ; ou bien le nombre des équivalents de métal remplaçant cet hydrogène dans les genres salins (potassique, bipotassique, tripotassique ; argentique, bi-argentique, tri-argentique, etc.) ; ou bien le nombre des équivalents de soufre, de sélénium, etc., remplaçant l'oxygène (sulfuré, bisulfuré ; sélénié, bisélénié, etc.) ; ou bien enfin, dans les combinaisons des acides avec les alcaloïdes, le nom de ces acides.

Exemples :

Espèces du genre acétate.

Noms systématiques.		*Noms vulgaires.*
Acétate normal	$C^2H^4O^2$.	Acide acétique.
— potassique	$C^2(H^3K)O^2$.	Acétate de potasse.
— argentique	$C^2(H^3Ag)O^2$.	Acétate d'argent.
— trichloré	$C^2(Cl^3H)O^2$.	Acide chloracétique.
— trichloro-potassique	$C^2(Cl^3H)O^2$.	Chloracétate de potasse.
— trichloro-argentique	$C^2(Cl^3Ag)O^2$.	Chl. d'argent.

Espèces du genre formène.

Noms systématiques.		*Noms vulgaires.*
Formène normal	CH^4.	Gaz des marais.
— chloré	$C(H^3Cl)$.	Éther hydrochlorique du méthylène.

—	bichloré	$C(H^2Cl^2)$.	Éther hydrochlorique du méthyl. monochloré.
—	trichloré	$C(HCl^3)$.	Chloroforme.
—	iodo-bichloré	$C(HICl^2)$.	Iodochloroforme.

etc.

Les *espèces normales* sont celles qui ne renferment que des éléments organiques (p. 1) ou dans lesquelles il n'y a point de substitutions.

Notre nomenclature est, comme on le voit, fort simple, et se traduirait facilement dans toutes les langues.

DEUXIÈME PARTIE.

CARACTÈRES DES COMPOSÉS ORGANIQUES.

33. Nous examinerons dans cette partie les principaux groupes de combinaisons organiques classées d'après leurs *fonctions chimiques;* la division que nous y suivrons est tout-à-fait arbitraire et n'a rien de commun avec la véritable classification chimique.

Nous y passerons successivement en revue :

1. Les *sels* (acides, émétiques, etc.).
2. Les *anhydrides* (acides dits anhydres).
3. Les *amides.*
4. Les *alcaloïdes* (bases organiques).
5. Les *alcools.*
6. Les *éthers.*
7. Les *acétones.*
8. Les *hydrocarbures.*
9. Les *glycérides* (corps gras neutres).

Un chapitre spécial sera consacré aux corps, comme les résines et les matières colorantes, sur les fonctions chimiques desquels on ne peut encore rien préciser.

SELS.

34. On appelle *sel* ou *combinaison saline* tout groupe moléculaire qui renferme un certain nombre d'équivalents d'hydrogène ou de métal pouvant être remplacés, directement ou par double décomposition, par un même nombre d'équivalents d'un autre métal ou d'hydrogène.

Cette substitution s'effectue (1) directement lorsqu'à l'aide d'un métal, du potassium, par exemple, on déplace l'hydrogène ; (2) par double décomposition, lorsqu'on enlève l'hydrogène ou le métal du sel (*a*) au moyen d'un oxyde, d'un sulfure, etc., de manière à produire et à éliminer de l'eau ou un autre oxyde, sulfure, etc., et à laisser le métal du premier oxyde ou sulfure à la place de l'hydrogène ou du métal renfermé primitivement dans la matière organique ; (*b*) au moyen d'un autre sel, organique ou minéral, par l'effet d'un simple échange d'hydrogène ou de métal.

Exemples : 2 éq. d'acétate plombique décomposés par 1 éq. d'hydrogène sulfuré donnent 2 éq. d'acétate normal (acide acétique) et 1 éq. de sulfure plombique :

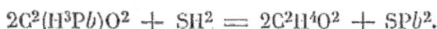

$$2C^2(H^3Pb)O^2 + SH^2 = 2C^2H^4O^2 + SPb^2.$$

Ce même acétate plombique précipité par du sulfate sodique fournit de l'acétate sodique et du sulfate plombique :

$$2C^2(H^3Pb)O^2 + SNa^2O^4 = 2C^2(H^3Na)O^2 + SPb^2O^4.$$

Les équivalents d'hydrogène ou de métal qui peuvent ainsi s'éliminer et se remplacer s'appellent la *base* du sel. Dans le plus grand nombre des cas, on emploie la double décomposition pour en opérer l'échange.

Pour distinguer entre elles les espèces salines appartenant à un même genre, on joint au nom de celui-ci le nom de la base ; ainsi on dit acétate plombique, acétate argentique, etc. ; benzoate calcique, benzoate potassique, benzoate barytique, etc., lorsque ces sels appartiennent aux genres *acétate et benzoate*, etc. Lorsque la base est entièrement constituée par de l'hydrogène, le sel est dit *normal*.

Il est à remarquer que les noms de la plupart des genres salins se reconnaissent à la terminaison *ate* ; quelques uns, il est vrai, ont été terminés en *ure* (cyanure, sulfocyanure), mais le nombre en est bien restreint. Cette anomalie dans la nomenclature tient aux théories particulières émises lors de la découverte de ces sels sur leur constitution chimique.

Les sels à base d'hydrogène sont généralement connus sous le nom d'*acides*, en raison de leur saveur aigre et de la propriété qu'ils possèdent de rougir la teinture de tournesol. C'est à leur aide qu'on prépare le plus grand nombre des sels métalliques, et nous devons leur vouer d'autant plus d'attention qu'ils sont, pour ainsi dire, plus organiques que ceux-ci, car l'hydrogène lui-même est un des quatre éléments organiques. Cet élément joue d'ailleurs plusieurs rôles : tantôt il est basique, comme dans le cas qui nous occupe, tantôt il peut s'échanger pour du chlore ou du brome, tantôt enfin il résiste à toutes les tentatives de substitution ; il n'est même pas rare de voir l'hydrogène affecter ces trois formes dans un seul et même groupe moléculaire.

35. *Basicité.* — Les sels examinés jusqu'à présent varient quant au nombre des équivalents de base ; il en existe à un seul, à deux, à trois équivalents, qui sont représentés soit par de l'hydrogène ou par le même métal, soit par de l'hydrogène et un métal, soit par deux métaux différents.

Dans un *sel unibasique*, la base est représentée par 1 éq. d'hydrogène ou de métal.

Benzoate normal (acide benzoïque)	$C^7H^6O^2$
Benzoates métalliques	$C^7(H^5M)O^2$.
Cyanure normal (acide cyanhydrique)	CHN
Cyanures métalliques	CMN

Les acides oxygénés volatils, ainsi que quelques acides azotés, appartiennent à cette classe.

Dans un *sel bibasique*, il peut arriver que la moitié seulement de la base soit métallique, ou que les deux équivalents de base constituent deux métaux différents.

Tartrate normal (acide tartrique)		$C^4H^6O^6$
—	potassique (crème de tartre)	$C^4(H^5K)O^6$
—	bipotassique (tartrate dit neutre)	$C^4(H^4K^2)O^6$
—	sodico-potassique (sel de Seignette)	$C^4(H^4KNa)O^6$.

Les sels qui, dans cette classe, renferment à la fois de l'hydrogène et un métal, rougissent ordinairement le tournesol, et s'appellent pour cela *sels acides,* par opposition aux *sels neutres,* où toute la base est représentée par un métal. Mais cette dénomination n'offre rien de précis, puisque l'action sur le tournesol dépend nécessairement de la nature de la base.

On compte dans cette classe le plus grand nombre des sels fort oxygénés.

On reconnaît généralement les acides bibasiques à la propriété de s'accoupler avec l'alcool ou l'esprit de bois de manière à donner ce qu'on appelle des *acides copulés* ou *viniques* qui ne saturent qu'un seul équivalent de base (acide tartrovinique, camphovinique, etc.). Les acides unibasiques ne produisent pas de semblables combinaisons.

Les acides bibasiques, comme les acides unibasiques, donnent des éthers neutres; mais la composition de ceux-ci diffère suivant la basicité des acides employés à leur formation (voir plus bas, *Sels copulés* et *Éthers*).

Les *sels tribasiques* que l'on a étudiés sont peu nombreux; il faut y ranger les citrates, les aconitates, les méconates, et probablement aussi les tannates. Comme dans le cas précédent, la base peut être formée par un seul élément ou par des éléments différents :

Méconate normal (acide méconique)	$C^7H^4O^7$
— tripotassique	$C^7(HK^3)O^7$
— bipotassique	$C^7(H^2K^2)O^7$
— potassique	$C^7(H^3K)O^7$.

Dans cet exemple, sur 4 équivalents d'hydrogène contenus dans l'acide, un seul n'est point basique.

Il ne faut pas confondre l'expression *basique*, dans le sens que nous y attachons, avec le même mot employé par la plupart des chimistes pour désigner des sels métalliques renfermant, en sus de la base proprement dite, un ou plusieurs équivalents d'un oxyde métallique, tel que l'oxyde de plomb. Pour éviter toute erreur, nous appellerons ces derniers composés *sels surbasiques*. Exemples tirés des acétates :

Acétate normal	$C^2H^4O^2$
— plombique	$C^2(H^3Pb)O^2$.

Sels surbasiques :

Rapport du métal contenu dans le sel normal au métal de l'oxyde :

$$C^2(H^3Pb)O^2 \quad + \quad Pb^2O \qquad 1 \ : \ 2$$
$$2[C^2(H^3Pb)O^2] + 5Pb^2O. \qquad 1 \ : \ 5.$$

Le premier de ces sels surbasiques est l'acétate surbasique ordinaire, communément appelé tribasique ($\dot{P}b^3\bar{A}$, suivant M. Berzélius), et l'autre l'acétate sexbasique ($\dot{P}b^6\bar{A}$). Pour les désigner d'une manière plus exacte, il conviendrait peut-être d'exprimer dans les noms le rapport du métal contenu dans le sel neutre à celui qui se trouve dans l'oxyde excédant, à peu près de la manière suivante : *acétate de plomb bisurbasique*, *acétate de plomb quintisurbasique*. Les anciennes dénominations se confondent trop facilement avec celles qu'on applique aux sels, à plusieurs équivalents de base, ou *polybasiques*, et qui ne contiennent pas d'oxyde excédant.

On ne sait rien de précis quant à la constitution de ces sels surbasiques ; il serait possible que l'oxyde excédant y jouât un rôle semblable à celui de l'eau de cristallisation dans d'autres sels. La chaux et la baryte en fournissent quelquefois comme l'oxyde de plomb, mais bien plus rarement.

36. *Émétiques.* — Les oxydes métalliques (1) dont la composition ne correspond pas à celle de l'eau, tels que les oxydes de chrome, de fer, d'antimoine, etc. (Cr^4O^3, Fe^4O^3, Sb^4O^3), se comportent avec les acides d'une manière toute particulière ; et l'on peut dire que leurs métaux, échangés contre l'hydrogène de ces acides, ne jouent plus, dans la plupart des cas, le rôle de bases ; du moins il est certain que les sels de cette espèce n'offrent plus les mêmes phénomènes de double décomposition que les sels métalliques obtenus avec les oxydes qui correspondent à l'eau : ainsi, par exemple, l'acide tartrique et le tartrate acide de potassium dissolvent l'oxyde de fer rouge, mais celui-ci n'en est plus précipité par la potasse ou la soude ; il en est de même de l'oxyde d'antimoine contenu dans l'émétique des officines. M. Malaguti a décrit tout récemment de semblables composés obtenus avec l'oxyde de chrome et les acides tartrique, citrique, oxalique, etc.

Par l'ébullition d'un mélange de crème de tartre et d'oxyde d'antimoine, on obtient l'émétique ordinaire :

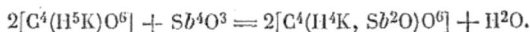

$$2[C^4(H^5K)O^6] + Sb^4O^3 = 2[C^4(H^4K, Sb^2O)O^6] + H^2O.$$

Ce qu'il y a de particulier dans ce genre de réaction, c'est que les oxydes en question ne lâchent pas tout leur oxygène en se décomposant avec l'hydrogène du sel de potassium. Sb^4O^3 est évidemment égal à $2(Sb^2O) + O$, c'est-à-dire à 2 équivalents d'un oxyde correspondant à l'eau, plus 1 équivalent d'oxygène ; or,

---

(1) Il faut se rappeler ici que, pour nous, l'équivalent de la plupart des métaux est la moitié de celui qu'admettent généralement les chimistes, de sorte que Fe^2O, Ag^2O, Pb^2O est pour eux FeO, AgO, PbO ; de même ils expriment Fe^4O^3, Cr^4O^3, Sb^4O^3 par Fe^2O^3, Cr^2O^3, Sb^2O^3, etc.

c'est ce dernier équivalent qui seul opère la formation de l'eau aux dépens de l'hydrogène de la crème de tartre (1), tandis que les éléments restants 2 (Sb^2O) remplacent cet hydrogène. Mais si l'on chauffe le produit à 200°, on observe une nouvelle formation d'eau :

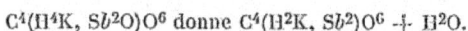

$$C^4(H^4K, Sb^2O)O^6 \text{ donne } C^4(H^2K, Sb^2)O^6 + H^2O.$$

A cette température, l'oxygène que l'antimoine avait entraîné en combinaison s'élimine donc avec 2 équivalents de cette por-tion d'hydrogène qui n'est point basique dans les tartrates ordi-naires : aussi ne voit-on plus dans l'émétique le même nombre d'équivalents que dans ceux-ci, et il est juste de dire qu'il appar-tient à un autre système moléculaire. La singularité de ses réac-tions justifie d'ailleurs cette constitution, et nous nous rangeons volontiers à l'opinion de M. Malaguti en le rayant de la liste des véritables tartrates.

De ce que Sb^4O^3 produit en somme $3H^2O$ en agissant sur la crème de tartre, M. Liebig conclut que Sb^4 est l'équivalent de $3H^2 = H^6$; mais le fait sur lequel ce chimiste s'appuie prouve tout simplement, ce nous semble, qu'on ne peut produire avec tout l'oxygène de 1 équivalent d'oxyde d'antimoine que 3 équiva-lents d'eau, puisque cet oxyde renferme 3 équivalents d'oxygène et que l'eau en renferme un seul; on n'en saurait inférer autre chose.

L'alun présente des rapports tout semblables; Al^4 y remplace H^6.

Nous donnerons le nom générique d'*émétiques* à ces composés produits par les oxydes dont la composition ne correspond pas à celle de l'eau. Plusieurs acides minéraux, d'une constitution semblable, se comportent de la même manière; l'acide arsé-nieux, l'acide borique, etc., donnent en effet naissance à de pa-reils composés.

Dans ces émétiques, l'antimoine, le chrome, le fer, l'arsenic, ne se déplacent pas directement l'un par l'autre, tandis que les autres métaux dont les oxydes ont une composition semblable à celle de l'eau s'y échangent par voie directe. Ainsi, par exemple, lorsqu'on ajoute à la dissolution de l'émétique des offi-

(1) Excepté cependant dans l'émétique citrique.

cines (émétique antimonique à base de potassium) une dissolution de nitrate de plomb ou d'argent, on obtient des précipités
renfermant les mêmes éléments que cet émétique, mais il s'y
trouve de l'argent ou du plomb à la place du potassium :

$C^4(H^4K, Sb^2O)O^6$. Émétique des officines.
$C^4(H^4Ag, Sb^2O)O^6$. Précipité occas. par les sels d'argent.
$C^4(H^4Pb, Sb^2O)O^6$. Précipité occas. par les sels de plomb.

Pour distinguer entre eux les différents émétiques, nous proposons de conserver le nom d'émétique aux composés formés par
l'acide tartrique ; les épithètes antimonique, ferrique, chromique,
arsénieux, etc., indiqueront les oxydes métalliques par lesquels
ils sont formés. Quant aux autres acides, on distinguera leurs
émétiques par les noms *citrémétique, oxalémétique, lactémétique,*
pour indiquer les émétiques des acides citrique, oxalique, lactique, etc. Dès lors on saisira facilement les dénominations suivantes :

Émétique ferrico-potassique (boules de Nancy ?) ;
Émétique borico-potassique (crème de tartre soluble) ;
Émétique antimonico-plombique, etc.

37. Tous les sels organiques renferment, outre la base, au
moins deux autres éléments ; le plus souvent ils en contiennent
trois. Cette partie non basique est composée de carbone, d'hydrogène et d'oxygène, dans le plus grand nombre des acides organiques ; jamais elle ne se compose que de carbone et d'hydrogène ; quelquefois elle est représentée par du carbone et de l'azote,
comme dans l'acide cyanhydrique et les cyanures ; d'autres fois
enfin elle est quaternaire, et comprend le carbone, l'hydrogène,
l'azote et l'oxygène. Le soufre s'y associe aussi quelquefois.

Les types salins de la chimie minérale sont toujours binaires ou
ternaires. Nous considérons comme sels non seulement les acides,
mais aussi certains oxydes, sulfures et chlorures, etc., c'est-à-
dire tous les composés renfermant de l'hydrogène ou des métaux
qui peuvent s'échanger par double décomposition. Exemples :

A. Sels monobasiques.

(a) *Sels binaires.*

Ils comprennent les chlorures, bromures, iodures, fluorures :

Chlorure d'hydrogène HCl
— de potassium KCl
— d'argent $AgCl$
Bromure d'argent $AgBr$, etc.

(b) *Sels ternaires.*

Ils renferment trois éléments, comme les nitrates, les nitrites, les chlorates, etc. :

Nitrate d'hydrogène ou acide nitrique NHO^3
— de potassium NKO^3
— d'argent $NAgO^3$
Nitrite de plomb $NPbO^2$
Chlorate de potassium $ClKO^3$.
Hyposulfate de potassium SKO^3, etc.

B. Sels bibasiques.

Ils renferment deux équivalents de base, composée d'hydrogène ou de métaux :

(a) *Sels binaires.*

Il faut y ranger l'eau et les oxydes correspondants, les sulfures, etc. :

Oxyde d'hydrogène (eau) H^2O
— d'hydrogène et de potassium (hydrate
de potasse) $(KH)O$
— de potassium K^2O
— d'argent Ag^2O
— de plomb Pb^2O
Sulfure d'hydrogène H^2S
— d'hydr. et de potassium $(KH)S$
— de potassium K^2S.

(b) *Sels ternaires.*

Ils comprennent les carbonates, les sulfates, etc. :

Sulfite d'hydrogène (acide sulfureux en dissolution) SH^2O^3
— de potassium et d'hydrog. (sulfite de pot. acide) $S(KH)O^3$
— de potassium (neutre) SK^2O^3
Sulfate d'hydrogène (acide sulfurique à 1 at. d'eau) SH^2O^4
— de potassium et d'hydrogène (sulfate acide) $S(KH)O^4$
— de potassium (neutre) SK^2O^4.

Les hyposulfites sont aussi bibasiques; les sels de MM. Fordos et Gélis sont monobasiques.

38. Les acides organiques engendrés par la végétation ou fabriqués dans nos laboratoires sont ordinairement non azotés, et renferment du carbone, de l'oxygène et de l'hydrogène; ce sont les mieux étudiés, et nous sommes à même de donner sur eux des renseignements plus complets que sur les autres. Voici la liste de ceux dont on possède l'analyse exacte.

TABLE DES ACIDES NON AZOTÉS.

I. ACIDES UNIBASIQUES.

(a) *A 2 équivalents d'oxygène.*

Acide formique	CH^2O^2
— acétique	$C^2H^4O^2$
— pyrogallique	$C^3H^4O^2$ (1)
— butyrique	$C^4H^8O^2$
— valérianique ou phocénique	$C^5H^{10}O^2$
— métagallique	$C^6H^4O^2$?
— caproïque	$C^6H^{12}O^2$
— benzoïque	$C^7H^6O^2$
— rocellique	$C^8H^{16}O^2$ (2)
— cinnamique	$C^9H^8O^2$
— caprique	$C^9H^{18}O^2$
— cuminique	$C^{10}H^{12}O^2$
— campholique	$C^{10}H^{18}O^2$
— laurique	$C^{12}H^{24}O^2$
— cocinique	$C^{13}H^{26}O^2$
— myristique	$C^{14}H^{28}O^2$
— éthalique, cétique ou palmitique	$C^{16}H^{32}O^2$
— butyroléique	$C^{17}H^{32}O^2$
— margarique	$C^{17}H^{34}O^2$
— anamirtique ou stéarophanique	$C^{18}H^{36}O^2$?
— élaïdique	$C^{18}H^{34}O^2$
— oléique	$C^{18}H^{34}O^2$
— métaoléique	$C^{18}H^{34}O^2$?
— stéarique	$C^{19}H^{38}O^2$.

(1) D'après les analyses de M. Stenhouse (*Ann. der Chem. u. Pharm.*, XLV, 1), ce corps serait $C^4H^4O^2$. Aurait-on confondu deux corps sous un même nom?

(2) Ou peut-être plutôt $C^9H^{16}O^2$.

(b) *A 3 équivalents d'oxygène.*

Acide pyrotartrique	$C^3H^4O^3$
— pyroméconique ou pyromucique	$C^5H^4O^3$
— salicylique	$C^7H^6O^3$
— ampélique	$C^7H^6O^3$?
— anisique ou draconique	$C^8H^8O^3$
— coumarique	$C^9H^8O^3$
— benzilique	$C^{14}H^{12}O^3$
— hydroléique	$C^{18}H^{36}O^3$?
— pyrolithofellique	$C^{20}H^{34}O^3$.

(c) *A 4 équivalents d'oxygène.*

Acide térébique	$C^7H^{10}O^4$
— vératrique	$C^9H^{10}O^4$
— lithofellique	$C^{20}H^{36}O^4$.

II. ACIDES BIBASIQUES.

(a) *A 4 équivalents d'oxygène.*

Acide oxalique	$C^2H^2O^4$
— mellitique	$C^4H^2O^4$
— maléique	$C^4H^4O^4$
— fumarique	$C^4H^4O^1$
— succinique	$C^4H^6O^4$
— itaconique	$C^5H^6O^4$
— lipique	$C^5H^6O^4$
— adipique	$C^6H^{10}O^4$ (1)
— pimélique	$C^7H^{12}O^4$
— phtalique	$C^8H^6O^4$
— subérique	$C^8H^{14}O^4$
— camphorique	$C^{10}H^{16}O^4$
— sébacique	$C^{10}H^{18}O^4$
— azoléique ou œnanthylique	$C^{14}H^{28}O^4$.

(b) *A 5 équivalents d'oxygène.*

Acide malique	$C^4H^6O^5$
— croconique	$C^5H^2O^5$
— coménique	$C^6H^4O^5$
— gallique	$C^7H^6O^5$.

(1) C'est l'ancienne formule de M. Laurent ; la composition proposée par M. Bromeis ne s'accorde pas avec l'équivalent 75 du carbone.

(c) *A 6 équivalents d'oxygène.*

Acide mésoxalique	$C^3H^4O^6$
— tartrique	$C^4H^6O^6$
— paratartrique (uvique ou racémique)	$C^4H^6O^6 + \frac{5}{2}$aq.
— lactique.	$C^6H^{12}O^6$
— quinique	$C^7H^{12}O^6.$

(d) *A 7 équivalents d'oxygène.*

Acide anémonique	$C^{15}H^{14}O^7$

(e) *A 8 équivalents d'oxygène.*

Acide mucique	$C^6H^{10}O^8$
— saccharique	$C^6H^{10}O^8$?.

III. ACIDES TRIBASIQUES.

(a) *A 6 équivalents d'oxygène.*

Acide aconitique	$C^6H^6O^6$
— tannique	$C^9H^8O^6.$

(b) *A 7 équivalents d'oxygène.*

Acide citrique	$C^6H^8O^7$
— méconique	$C^7H^4O^7.$

39. *Composition.* — Le tableau précédent fait voir que les proportions de carbone et d'hydrogène varient extrêmement dans les acides sans qu'on puisse rien préciser à cet égard. Il n'en est pas de même de l'oxygène. Cet élément, en effet, qui paraît être dans un rapport défini avec la basicité des acides, ne s'y élève guère à plus de 8 équivalents.

Dans les acides unibasiques, on a trouvé 2, 3 et 4 équivalents.
— bibasiques, 4, 5, 6 et 8.
— tribasiques, 6 et 7.
Le minimum de l'oxyg. contenu dans les ac. unibasiques est de 2 éq.
— — — bibasiques est de 4.
— — — tribasiques est de 6.

On ne connaît aucun acide bien caractérisé ne renfermant qu'un seul équivalent d'oxygène, à moins qu'on ne veuille ranger parmi les acides certaines huiles essentielles qui participent de quelques unes de leurs propriétés.

D'ailleurs, il existe aussi une relation fort curieuse entre l'oxygène de ces acides et leurs produits de décomposition ; voici comment on peut la formuler :

Un acide unibasique soumis à l'action simultanée de la chaleur et d'un oxyde puissant (chaux, baryte), perd un seul équivalent d'acide carbonique, et se transforme en un composé indifférent. Une distillation brusque produit souvent les mêmes effets. Exemples :

L'acide acétique $C^2H^4O^2$ devient $CO^2 + CH^4$. Formène (gaz des marais)
— benzoïque $C^7H^6O^2$ — $CO^2 + C^6H^6$. Benzène.
— cinnamique $C^9H^8O^2$ — $CO^2 + C^8H^8$. Cinnamène.
— cuminique $C^{10}H^{12}O^2$ — $CO^2 + C^9H^{12}$. Cumène.
— salicylique $C^7H^6O^3$ — $CO^2 + C^6H^6O$. Phénol.
— anisique $C^8H^8O^3$ — $CO^2 + C^7H^8O$. Anisol.

Les acides volatils donnent, dans ces circonstances, les réactions les plus nettes ; elles sont peut-être plus complexes pour ceux dont l'équivalent est fort élevé, comme celui des acides gras.

Un acide bibasique peut se dédoubler, par l'action de la chaleur ou sous d'autres influences, en 1 équivalent d'acide carbonique et en un autre acide monobasique, ou bien aussi en 2 équivalents d'acide carbonique et en un corps indifférent, ou en ces mêmes produits plus de l'eau.

L'acide oxalique $C^2H^2O^4$ devient $CO^2 + CH^2O^2$ Acide formique.
— coménique $C^6H^4O^5$ — $CO^2 + C^5H^4O^3$ — pyroméconique.
— gallique $C^7H^6O^5$ — $CO^2 + C^6H^4O^2$ — métagall. $+ H^2O$
— tartrique $C^4H^6O^6$ — $CO^2 + C^3H^4O^3$ — pyrotart. $+ H^2O$
— mucique $C^6H^{10}O^8$ — $CO^2 + C^5H^4O^3$ — pyromuciq. $+ 3H^2O$
— pthalique $C^8H^6O^4$ — $2CO^2 + C^6H^6$ Benzène.

Un acide tribasique peut se dédoubler, par l'action de la chaleur ou sous d'autres influences, en 1 équiv. d'acide carbonique et en un autre acide bibasique, ou bien en 2 équiv. d'acide carbonique et en un acide monobasique, ou peut-être aussi en 3 équiv. d'acide carbonique et en un corps indifférent, avec ou sans eau. Exemples :

Acide aconitique	$C^6H^6O^6$	devient	$CO^2 + C^5H^6O^4$.	Acide itaconique.
— citrique	$C^6H^8O^7$	—	$CO^2 + C^5H^6O^4$.	— itaconiq.$+H^2O$.
— méconique	$C^7H^4O^7$	—	$CO^2 + C^6H^4O^5$.	— coménique.
— —	$C^7H^4O^7$	—	$2CO^2 + C^5H^4O^3$.	— pyroméconique.

On voit d'après cela que la basicité des acides est en raison directe des équivalents d'acide carbonique qu'ils peuvent éliminer avec leur propre oxygène ; en effet :

Un acide unibasique peut éliminer	CO^2
— bibasique —	$2CO^2$
— tribasique —	$3CO^2$.

Ce fait n'exclut pas les cas où les éléments de l'eau se séparent en même temps, ni ceux où l'oxygène des acides s'unit à leur hydrogène pour ne former que de l'eau. Ajoutons d'ailleurs que la règle précédente n'a pas encore été vérifiée sur un assez grand nombre d'acides organiques pour qu'on puisse la considérer comme irrévocable (1).

40. *Détermination de l'équivalent.* — Autrefois, pour déterminer l'équivalent d'un acide, on se bornait à analyser un ou plusieurs de ses sels métalliques ; considérant alors comme équivalent la quantité de métal renfermée dans ceux-ci, on en déduisait la composition de l'acide ou sel hydrogéné. Mais depuis qu'on sait, par les belles recherches de M. Liebig, l'existence d'acides polybasiques, il est devenu nécessaire d'établir ces déterminations sur des bases plus positives : aussi, à moins de posséder déjà à cet égard quelques renseignements particuliers puisés dans les propriétés chimiques ou dans les caractères physiques des acides, ne peut-on plus se fier à l'analyse seule des combinaisons métalliques, et faut-il, autant que possible, multiplier les expériences pour qu'elles se contrôlent réciproquement. Sous ce rapport, d'ailleurs, la science possède des ressources assez nombreuses qui, utilisées avec discernement, conduisent à des résultats très précis. Nous allons passer en revue les procédés les plus usuels.

(a) Analyse des sels. Les sels d'argent, de baryum, de potassium, de sodium, de calcium, de plomb, de cuivre et d'ammoniaque, sont les plus généralement employés.

(1) Voir plus bas, *Sels copulés.*

Les sels d'argent se déterminent avec beaucoup de facilité ; il suffit de les calciner pour avoir un résidu d'argent métallique. Celui-ci est quelquefois carburé ; mais on le purifie aisément en le transformant en nitrate, avec quelques gouttes d'acide nitrique distillé, et en le soumettant ensuite à une nouvelle calcination. Lorsqu'ils sont insolubles, on les prépare par double décomposition à l'aide de l'acétate ou du nitrate d'argent et de la solution d'un sel soluble de l'acide dont on cherche l'équivalent ; bien entendu qu'il faut les mettre à l'abri de la lumière, qui les altère ordinairement un peu. En vertu de sa volatilité, l'ammoniaque est fort commode pour la production d'un sel soluble, car elle peut être chassée par la chaleur si on l'a employée en excès. Lorsque les sels d'argent sont solubles et cristallisables, on les forme avec l'acide et le carbonate d'argent.

On obtient aussi aisément les sels de baryum avec du carbonate de baryte en poudre fine et les acides ; le carbonate précipité est à préférer au carbonate naturel, qui est trop compacte et s'attaque difficilement. Quelquefois aussi on les prépare par double décomposition. Dans tous les cas, on en détermine le baryum à l'état de sulfate. Les sels de baryum solubles ont le plus souvent un aspect nacré et possèdent beaucoup d'amertume.

Le calcium se détermine aussi à l'état de sulfate. L'emploi des sels de plomb présente quelquefois des inconvénients, vu l'extrême tendance de l'oxyde de plomb à produire des sels surbasiques. On peut aussi doser le plomb à l'état de sulfate ; il est également avantageux de le transformer, par la calcination du sel, en un mélange d'oxyde et de métal, de traiter celui-ci par l'acide acétique, qui ne dissout que l'oxyde, et de faire une nouvelle pesée.

Les sels de potassium, de sodium et d'ammoniaque donnent souvent des sels acides, ce qu'il faut prendre en considération. On dose le potassium ou le sodium à l'état de carbonate, de sulfate ou de chlorure, l'ammoniaque en brûlant le sel.

Le cuivre se dose facilement à l'état d'oxyde en calcinant le sel, ajoutant un peu d'acide nitrique au résidu, et calcinant de nouveau.

Dans des cas douteux, surtout dans l'examen des acides fixes, il faut essayer de produire plusieurs sels avec la même base.

(b) Analyse de l'éther. L'alcool, l'esprit de bois, l'huile de pommes de terre, et probablement encore d'autres liquides oxygénés et volatils, se décomposent sous l'influence des acides organiques, en produisant des corps particuliers, indifférents, qui ont reçu le nom d'*éthers* et renferment une partie des éléments de l'alcool, etc., ainsi que de l'acide organique ayant agi sur lui. (Voir plus bas *Ethers*.) Ordinairement on prépare ces produits à l'aide d'un mélange d'acide sulfurique, d'alcool et d'acide organique, mélange qu'on soumet à la distillation ; dans beaucoup de cas on peut employer avec avantage le procédé suivant : on dissout dans l'alcool l'acide qu'on veut éthérifier, puis on sature cette solution par du gaz hydrochlorique ; il se produit ainsi de l'éther hydrochlorique que son extrême volatilité entraîne en grande partie avec le gaz excédant. On chauffe le résidu au bain-marie de manière à chasser l'excès d'alcool et d'éther hydrochlorique, et quand tout a passé, on distille le reste à feu nu ; on obtient ainsi l'éther de l'acide organique. Au moyen de quelques lavages au carbonate de soude, il est débarrassé de la portion d'acide qui n'aurait point été éthérifiée.

L'alcool a pour composition C^2H^6O, l'esprit de bois CH^4O. Dans le cas d'un acide monobasique, l'éther produit renferme les éléments de ces corps, plus ceux de l'acide moins 1 équivalent d'eau. Exemple :

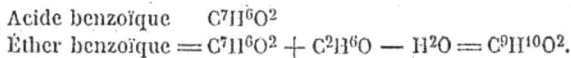

$$\text{Acide benzoïque} \quad C^7H^6O^2$$
$$\text{Éther benzoïque} = C^7H^6O^2 + C^2H^6O - H^2O = C^9H^{10}O^2.$$

On peut admettre que 1 éq. d'oxygène de l'acide forme avec 2 éq. d'hydrogène de l'alcool 1 éq. d'eau qui est éliminée.

Un acide bibasique en s'éthérifiant décompose 2 équivalents d'alcool en séparant $2H^2O$:

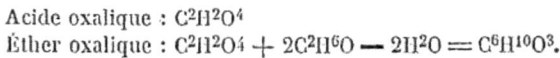

$$\text{Acide oxalique : } C^2H^2O^4$$
$$\text{Éther oxalique : } C^2H^2O^4 + 2C^2H^6O - 2H^2O = C^6H^{10}O^3.$$

Enfin un acide tribasique décompose dans l'éthérification 3 éq. d'alcool et sépare $3H^2O$:

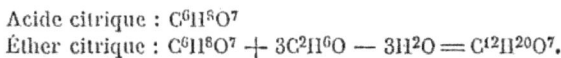

$$\text{Acide citrique : } C^6H^8O^7$$
$$\text{Éther citrique : } C^6H^8O^7 + 3C^2H^6O - 3H^2O = C^{12}H^{20}O^7.$$

Comme ces éthers sont ordinairement volatils, il convient d'en prendre la densité à l'état de vapeur. 2 volumes de vapeur correspondent à 1 équivalent d'éther.

(c) Détermination de la densité des acides en vapeur. Ce procédé ne s'applique nécessairement qu'aux acides volatils. Ceux que l'on a examinés sous ce rapport ont donné 2 volumes de vapeur pour 1 équivalent d'acide. Exemple :

La densité de vapeur de l'acide benzoïque a été trouvée par MM. Dumas et Mitscherlich égale à 4,27 ; or :

$$
\begin{array}{lll}
7 \text{ vol. de vapeur de carbone} & = 7. \; 0,826 & = 5,782 \\
6 \;\; \text{—} \;\; \text{d'hydrogène} & = 6. \; 0,068 & = 0,408 \\
2 \;\; \text{—} \;\; \text{d'oxygène} & = 2. \; 1,105 & = 2,210 \\
\end{array}
$$

$$
\frac{8,400}{2} = 4,20
$$

Dans cet exemple, le calcul s'accorde fort bien avec l'expérience. Suivant M. Dumas, la densité de vapeur de l'acide acétique serait telle que 1 1/2 volume correspondrait à 1 éq. de cet acide. C'est la seule exception qui ait été signalée à la règle que nous venons d'établir.

(d) Examen des produits de décomposition. La meilleure manière de contrôler l'analyse d'un corps et d'en établir la formule chimique, c'est sans contredit l'étude de ses produits de décomposition. Lorsqu'il s'agit d'acides fixes, il faut chercher, en les soumettant à la distillation sèche, à produire des *acides pyrogénés*, car la composition de ceux-ci, comme l'a démontré M. Pelouze, est toujours dans un rapport fort simple avec celle de l'acide primitif ; les acides volatils sans décomposition donnent, dans les mêmes circonstances, et surtout en présence de la chaux ou de la baryte, des hydrogènes carbonés ou des huiles neutres et oxygénées dont l'analyse sert également à vérifier la composition des acides d'où ces corps dérivent. Enfin l'examen des *sels copulés*, formés par l'acide sulfurique et les acides en question ou leurs produits de décomposition, fournit des données assez précises pour contrôler les formules déjà déduites d'autres analyses.

41. *Propriétés.* — Les acides non azotés sont généralement incolores, à l'exception de certains produits noirs ou bruns, connus

sous le nom d'*acide ulmique* ou *humique*, et dont la composition n'est pas bien connue ; il n'est même pas probable que ces derniers corps soient tous entièrement exempts d'azote.

La plupart des acides non azotés sont solides à la température ordinaire et cristallisables ; toutefois il en existe quelques liquides, et ce sont de préférence des acides homologues qui ne renferment que 2 équivalents d'oxygène, et où le carbone et l'hydrodrogène se trouvent dans le rapport de 1 : 2. Les voici :

Acide formique	CH^2O^2
— acétique	$C^2H^4O^2$
—	$C^3H^6O^2$
— butyrique	$C^4H^8O^2$
— valérianique ou phocénique	$C^5H^{10}O^2$
— caproïque	$C^6H^{12}O^2$
—	$C^8H^{16}O^2$
— caprique	$C^9H^{18}O^2$.

La solubilité des acides dans l'eau est dans une certaine relation avec l'élévation de leur équivalent, et surtout avec la proportion d'oxygène renfermée dans celui-ci : ainsi les acides qui dérivent des matières grasses (éthalique, margarique, stéarique, lithofellique, etc.) ont l'équivalent le plus élevé : aussi ne sont-ils pas solubles dans l'eau ; puis viennent les acides dérivés des huiles essentielles et leurs analogues (benzoïque, cuminique, cinnamique, camphorique, etc.). Cette classe d'acides est légèrement soluble dans l'eau froide, et mieux encore dans l'eau bouillante ; comme la précédente, elle se dissout de préférence dans l'alcool. Enfin les acides placés dans les régions inférieures de l'échelle sont solubles dans l'eau. D'ailleurs l'oxygène, à mesure qu'il augmente dans une molécule, augmente aussi sa solubilité ; on voit généralement les acides polybasiques (renfermant de 4 à 8 équiv. d'oxygène) se dissoudre bien mieux dans l'eau que les acides monobasiques ayant sensiblement le même équivalent : ainsi, par exemple, l'acide méconique $C^7H^4O^7$ est bien plus soluble que l'acide benzoïque $C^7H^6O^2$; celui-ci l'est moins que l'acide salicylique $C^7H^6O^3$; l'acide tannique $C^9H^8O^6$ l'est bien plus que l'acide cinnamique $C^9H^8O^2$; ce dernier l'est un peu moins que l'acide coumarique $C^9H^8O^3$. D'ailleurs on rencontre des rapports semblables dans les corps neutres : tandis que les huiles volatiles, par exemple, renferment tout au plus 1 ou 2 éq. d'oxygène, les corps neutres fixes, tels que les sucres, les gommes, la salicine, en contiennent bien plus : aussi ces derniers sont-ils fort solubles dans l'eau. Il est bon de connaître ces relations, car elles peuvent guider quelquefois dans les travaux de recherches.

Les acides organiques rougissent la teinture de tournesol, et d'autant mieux qu'ils sont plus solubles; dans les cas où ils ne se dissolvent pas dans l'eau (les acides gras), ils rougissent légèrement le papier de tournesol quand ils sont en fusion. Ils déplacent généralement l'acide carbonique de ses combinaisons, et dissolvent un grand nombre d'oxydes métalliques avec lesquels ils échangent leur hydrogène basique pour des proportions équivalentes de métal.

Ils offrent, sous l'influence de la chaleur, des réactions qui varient suivant l'élévation de l'équivalent des acides, suivant leur basicité, et nécessairement aussi suivant leur constitution moléculaire. Tantôt les acides se volatilisent et peuvent être sublimés sans se décomposer, tantôt ils donnent naissance à de l'acide carbonique ou à de l'eau, ainsi qu'à de nouveaux produits (39).

Les acides qui se volatilisent sans altération sont unibasiques; toutefois, la réciproque n'a pas lieu, car il y a beaucoup d'acides unibasiques, surtout ceux dont l'équivalent est fort élevé, qui ne peuvent pas être distillés sans se décomposer. Mais tous les acides polybasiques sont fixes, ou du moins la chaleur les modifie toujours, quelquefois, il est vrai, d'une manière presque insensible, en n'en séparant que les éléments de l'eau. (Voir plus bas, *Produits de décomposition*, p. 89.)

Les acides organiques s'*éthérifient* avec une grande facilité; leurs éthers s'obtiennent quelquefois directement : ainsi il se produit de l'éther oxalique si l'on fait tomber goutte à goutte de l'alcool sur de l'acide oxalique maintenu en fusion; on obtient pareillement de l'éther acétique en distillant à plusieurs reprises de l'alcool avec de l'acide acétique; mais, dans la plupart des cas, il est préférable d'employer un mélange d'acide sulfurique et d'acide organique, ou de faire passer un courant de gaz hydrochlorique dans la dissolution de l'acide organique dans l'alcool.

On a préparé avec plusieurs d'entre eux ce qu'on appelle des *sels copulés* (sels viniques) semblables à la combinaison acide obtenue avec l'acide sulfurique et l'alcool ; les acides non azotés polybasiques (oxalique, tartrique, camphorique, etc.) sont jusqu'à présent les seuls qui aient donné de pareilles combinaisons.

42. *Mode de formation.* — On ne sait rien de précis quant à la manière dont les acides organiques se produisent dans la végétation ou dans la vie animale. Presque chaque espèce végétale renferme un acide à elle ou du moins une substance que les réactifs chimiques transforment en un acide particulier ; on est d'ailleurs déjà parvenu à imiter artificiellement le plus grand nombre des acides naturels : ainsi, par exemple, l'acide formique ne s'extrait plus des fourmis ; il y a bien plus d'avantage à le préparer par la distillation d'un mélange d'acide oxalique et de sable, ou bien par celle d'un mélange de sucre ou de fécule et de matières oxydantes. L'acide oxalique lui-même s'obtient par la décomposition des substances organiques ; l'acide aconitique se produit par la décomposition de l'acide citrique, l'acide succinique par l'oxydation de la cire, et ainsi de suite. Il est donc utile de connaître les conditions chimiques dans lesquelles il faut se placer pour produire ces sortes de corps à l'aide des réactifs chimiques.

On peut dire d'une manière générale que l'emploi des agents oxygénants donne toujours des acides ; c'est ce qui a fait admettre à M. Laurent, dans son système, que les acides étaient des radicaux dérivés renfermant de l'oxygène en excès. L'acide nitrique, l'acide chromique, l'hydrate de potasse, le chlore aqueux, le mélange d'acide sulfurique et de peroxyde de manganèse, le peroxyde puce de plomb, tels sont les réactifs qui ont fourni à cet égard les meilleurs résultats.

Le mélange de peroxyde de manganèse et d'acide sulfurique agit d'une manière fort énergique, et donne ordinairement de l'acide formique, le plus simple de la chimie organique ; il ne convient donc pas de l'employer si l'on tient à effectuer des combustions faibles. L'acide nitrique aussi les attaque fortement, mais on peut affaiblir son action en l'étendant de beaucoup d'eau ; les produits varient alors souvent suivant son degré de concentration. C'est avec l'acide nitrique que M. Laurent a obtenu une série de nouveaux acides (adipique, pimélique, lipique, azoléique, etc.) en opérant sur les huiles grasses; avec le même agent M. Bromeis a préparé l'acide margarique de la graisse humaine; l'acide oxalique est le produit constant d'une action énergique de l'acide nitrique sur le sucre, la fécule, la gomme et les substances neutres non volatiles; plusieurs essences donnent elles-mêmes des acides particuliers avec l'acide nitrique. Souvent une partie des éléments de l'acide nitrique reste fixée dans les produits de cette réaction (p. 43).

L'acide chromique (mélange de bichromate de potasse et d'acide sulfurique) exerce souvent une action fort nette, et il est à regretter que ce réactif n'ait pas encore trouvé dans les laboratoires un emploi plus fréquent. L'action de l'acide iodique mériterait aussi d'être examinée.

L'hydrate de potasse, sous ses diverses formes, est un excellent moyen de produire des acides, et nous le préférons à tous les autres, car son action est ordinairement très calme et donne naissance à des acides dont la composition chimique est très rapprochée de celle de la matière décomposée. C'est à son aide qu'on *saponifie* les matières grasses neutres, c'est-à-dire qu'on les transforme en *acides gras* (margarique, stéarique, oléique, myristique, laurostéarique, etc.); il oxyde beaucoup d'essences ans brûler leur carbone, et donne ainsi des acides volatils et monobasiques (valérianique, benzoïque, cinnamique, cuminique, campholique).

Pour les acides fixes et polybasiques, la distillation sèche devient n moyen d'oxydation par lequel on provoque la formation de nouveaux acides qui diffèrent des précédents, d'après les belles observations de M. Pelouze, par les éléments de l'eau ou de l'acide carbonique, ou de l'un et de l'autre à la fois. Ces nouveaux acides ont été désignés sous le nom d'*acides pyrogénés* (tels que les acides pyrocitrique, pyrogallique, pyrotartrique, etc.); mais ils n'offrent rien de particulier sous le rapport des fonctions chimiques. Voici ceux qu'on a le mieux étudiés :

		PRODUITS DE LA DISTILLATION SÈCHE.		DIFFÉRENCE en moins SUR LA MATIÈRE première.
Acide malique	$C^4H^6O^5$	Acide maléique	$C^4H^4O^4$	H^2O
		— fumarique	$C^4H^4O^4$	H^2O
— mucique	$C^6H^{10}O^8$	— pyromucique ou pyroméconique	$C^5H^4O^3$	$CO^2 + 3H^2O$
— méconique	$C^7H^4O^7$	— coménique	$C^6H^4O^5$	CO^2
		— pyroméconique	$C^5H^4O^3$	$2CO^2$
— tartrique	$C^4H^6O^6$	— pyrotartrique	$C^3H^4O^3$	$CO^2 + H^2O$
— citrique	$C^6H^8O^7$	— aconitique	$C^6H^6O^6$	H^2O
		— itaconique	$C^5H^6O^4$	$CO^2 + H^2O$

43. *Produits de décomposition.* — Un acide organique résiste d'autant mieux aux agents chimiques qu'il renferme moins d'oxygène dans sa molécule. Toutefois ce fait n'est pas vrai d'une manière absolue, car l'élévation de l'équivalent occasionne à cet égard de nombreuses modifications que la science n'a pas encore approfondies. Tous les acides volatils sans décomposition sont fort stables; pour ceux qui renferment le même nombre d'équivalents d'oxygène, le plus simple est aussi le plus stable : l'acide formique CH^2O^2 résiste mieux que l'acide acétique $C^2H^4O^2$, celui-ci mieux que l'acide benzoïque $C^7H^6O^2$, etc. De même, si le carbone et l'hydrogène entrent pour la même proportion dans deux acides, celui d'entre eux qui contient le plus d'oxygène est aussi le plus altérable : l'acide salicylique $C^7H^6O^3$ s'attaque bien plus facilement que l'acide benzoïque $C^7H^6O^2$.

Le chlore, le brome et l'acide nitrique donnent avec plusieurs acides d'autres rentrant dans le même type moléculaire. Voici ceux qu'on a ainsi produits (1).

(1) X représente dans ces formules NO^2. Voir *Première partie*, p. 64. Bien que nous n'admettions pas la substitution de NO^2 à H et qu'il nous semble plus rationnel de considérer NHO^2 comme remplaçant H^2, la première notation mérite d'être conservée à cause de sa simplicité.

ESPÈCES NORMALES.	ESPÈCES DÉRIVÉES par SUBSTITUTION.		
Acétate normal (acide acétique) ...	*Acétate trichloré* (acide chloracétique).	$C^2(HCl^3)O^2$.	Dumas.
Valérate normal (acide valérianiq.).	*Valérate trichloré* (a. chlorovalérisique)	$C^5(H^7Cl^3)O^2$.	Dumas et Stas.
le même............	*Valér. quadrichloré* (a. chlorovalérosique)	$C^5(H^6Cl^4)O^2$.	Les mêmes.
Benzoate normal (acide benzoïque).	*Benzoate nitrique* (a. nitrobenzoïque)...	$C^7(H^5X)O^2$.	Mulder.
Cinnamate norm. (acide cinnamique)	*Cinnamate nitrique* (a. nitrocinnamique).	$C^9(H^7X)O^2$.	Mitscherlich.
Salicylate norm. (acide salicylique).	*Salicylate nitrique* (acide indigotique ou nitrosalicylique)...	$C^7(H^5X)O^2$.	Gerhardt.
le même............	*Salicylate bromé* (a. bromosalicylique).	$C^7(H^5Br)O^2$.	Le même.
Anisate normal (acide anisique ou draconique).....	*Anisate nitrique* (acide nitranisique ou nitrodraconésique).	$C^8(H^7X)O^3$.	Cahours, Laurent.
le même............	*Anisate chloré* (acide chlorodraconé-sique)................	$C^8(H^7Cl)O^3$.	Les mêmes.
le même............	*Anisate bromé*	$C^8(H^7Br)O^3$.	Les mêmes.
Phtalate normal (acide phtalique, naphtalique)....	*Phtalate nitrique* (a. nitronaphtalique).	$C^8(H^5X)O^4$.	Laurent, Marignac.

Les acides à 5, 6 et 7 équivalents d'oxygène n'ont pas donné des corps semblables; l'acide nitrique les convertit ordinairement en acide oxalique.

A une température élevée, l'hydrate de potasse attaque les acides organiques et les convertit en d'autres produits plus simples, le plus souvent en dégageant du gaz hydrogène. Les acides suivants, traités par de la potasse fondante, se transforment en acide acétique et acide oxalique :

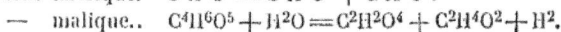

Acide tartrique. $C^4H^6O^6 = C^2H^2O^4 + C^2H^4O^2$.

  —   malique.. $C^4H^6O^5 + H^2O = C^2H^2O^4 + C^2H^4O^2 + H^2$.

Acide succinique. $C^4H^6O^4 + 2H^2O = C^2H^2O^4 + C^2H^4O^2 + 2H^2.$
— citrique.... $C^6H^8O^7 + H^2O = C^2H^2O^4 + 2C^2H^4O^2.$
— mucique... $C^6H^{10}O^8 = C^2H^2O^4 + 2C^2H^4O^2.$

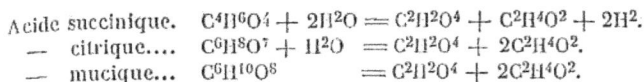

Il est probable que l'acide aconitique est dans le même cas. En faisant fondre de l'acide benzoïque avec de l'hydrate de potasse, on observe, à une température assez élevée, un dégagement abondant d'hydrogène sans que la masse noircisse ; si on la retire du feu assez à temps, et qu'après l'avoir dissoute dans l'eau, on précipite par de l'acide hydrochlorique, on obtient des flocons qui ne sont plus de l'acide benzoïque, mais probablement de l'acide salicylique. Il est évident que les produits de cette réaction varient suivant les conditions de température où se place l'opérateur. Ainsi, par exemple, l'acide élaïdique et l'acide oléique donnent, par la potasse en fusion, de l'acide acétique et de l'acide éthalique ; mais ce dernier, étant lui-même assez complexe, peut donner à son tour de nouveaux produits. Les acides sébacique, pimélique, adipique et subérique, fondus avec de l'hydrate de potasse, se décomposent sans noircir en dégageant du gaz hydrogène. L'acide sulfurique dégage du résidu des acides volatils, parmi lesquels on remarque les acides formique, acétique et valérianique.

Avec la chaux ou la baryte caustique, sous l'influence de la chaleur, on transforme les acides volatils en hydrogènes carbonés ou en essences oxygénées et volatiles, suivant le nombre des équivalents d'oxygène renfermés dans les acides. Les éléments de l'acide carbonique restent alors fixés sur la chaux ou la baryte. C'est par ce mode de décomposition que le benzène, le cumène, le cinnamène, l'anisol, le phénol, etc., ont été obtenus ; il s'effectue d'ailleurs déjà en partie si les acides sont mélangés avec du sable ou avec d'autres impuretés, puis soumis à la distillation sèche. Les acides fixes présentent, dans ces circonstances, des réactions bien plus complexes : ainsi, par exemple, l'acide stéarique donne de la margarone, ainsi qu'un hydrogène carboné liquide. Il fournit déjà ces produits à la simple distillation ; mais dans ce dernier cas on obtient en outre de l'acide margarique, de l'eau et de l'acide carbonique.

L'acide sulfurique concentré dissout les acides organiques, en prenant souvent une teinte rouge. Il se forme ordinairement dans ces circonstances un nouvel acide du genre des *acides copulés*, et qui renferme les éléments de l'acide sulfurique. L'acide sulfurique fumant, et surtout l'acide anhydre, agissent d'une manière bien plus efficace. Lorsqu'on chauffe au bain-marie de l'acide sulfurique concentré avec de l'acide citrique ou tartrique, il se dégage de l'oxyde de carbone, pur au commencement et souillé vers la fin d'acide carbonique, surtout si l'on échauffe trop le mélange ; le résidu est un acide particulier renfermant les éléments de l'acide sulfurique. Un trop grand échauffement du mélange charbonne l'acide organique en développant de l'acide sulfureux et de l'acide carbonique.

Plusieurs acides organiques se décomposent avec l'ammoniaque. Nous parlerons de cette réaction en nous occupant des *amides*.

Trois acides seulement ont été examinés sur leur réaction avec l'acide phosphorique anhydre : l'acide stéarique et l'acide margarique par M. Erdmann, et l'acide campholique par Delalande. Les deux premiers ont été convertis en deux corps neutres et oxygénés, qui diffèrent des acides gras par les éléments de l'eau (voir plus bas *Anhydrides*). Avec l'acide campholique, Delalande a obtenu un hydrogène carboné dont la composition diffère de celle de l'acide par les éléments de l'eau et de l'oxyde de carbone.

44. Acides azotés. — La chimie minérale offre pour l'azote une combinaison hydrogénée et plusieurs oxydes. Ces composés peuvent être considérés comme les matières premières à l'aide desquelles la nature et le chimiste introduisent de l'azote dans les substances organiques. Celles-ci présentent des caractères particuliers suivant que l'ammoniaque ou l'acide nitrique a servi à les former.

On sait que les nitrates produisent une déflagration lorsqu'ils rencontrent du charbon à une température élevée ; de même aussi les matières organiques qui proviennent de l'action de l'acide nitrique sur d'autres corps se décomposent avec explosion, et quelquefois même avec détonation quand on les chauffe. Cette propriété est fort caractéristique, et sous ce rapport aucun composé ne fait exception ; l'effet est surtout très violent dans le cas où l'on chauffe les sels de potasse ou de soude formés par ces *acides nitrogénés*, ou bien aussi leurs sels à base de métaux fort réductibles. Chauffés avec un mélange d'acide sulfurique et de peroxyde de manganèse, ils dégagent des vapeurs nitreuses.

Les *acides ammonigénés* doivent leur origine à l'ammoniaque, et ne se comportent pas ainsi. Tous les acides sécrétés par les plantes et par les animaux appartiennent à cette seconde espèce. Ils dégagent de l'ammoniaque lorsqu'on les fait fondre avec de l'hydrate de potasse; cependant il ne faudrait pas en conclure la préexistence de l'ammoniaque dans ces acides. L'acide prussique et les cyanures rentrent également dans les composés ammonigénés.

45. Voici la liste des acides azotés que les chimistes ont examinés jusqu'à ce jour :

I. ACIDES NITROGÉNÉS.

(a) Monobasiques.

		ORIGINE.	EXPÉRIMENTATEURS.
Acide nitrophénésique............	$C^6H^4N^2O^5$..	Action de l'acide nitrique sur le phénol..	Laurent.
— nitropicrique, carbazotique ou ni-trophénisique............	$C^5H^3N^3O^7$..	Phénol, salicine, indigo, coumarine, etc.	Laurent, Dumas, Marchand.
— chrysolépique, isomère du précé-dent........	$C^6H^3N^3O^7$..	Aloès............	Schuncke.
— nitrobenzoïque........	$C^7H^5NO^4$..	Essence d'amandes amères et acide benzoïq.	Mulder.
— nitrosalicylique ou indigotique..	$C^7H^5NO^5$..	Acide salicylique............	Gerhardt, Marchand.
— chrysammique (1)........	$C^8H^2N^2O^7$..	Aloès............	Schuncke.
— nitro-anisique ou nitrodraconésique.	$C^8H^7NO^5$..	Essence d'anis et d'estragon............	Laurent, Cahours.
— nitrocinnamique............	$C^9H^7NO^4$..	Acide cinnamique............	Mitscherlich.
— nitrophlorétique....	$C^{12}H^{11}NO^6$..	Phlorizine............	Stas.
— lithazofellique....	$C^{20}H^{28}N^2O^7$..	Acide lithofellique............	Malaguti.

(b) Bibasiques.

		ORIGINE.	EXPÉRIMENTATEURS.
Acide fulminique (2)............	$C^2H^2N^2O^2$..	Alcool, nitrate d'argent ou de mercure, et acide nitrique............	»
— nitrophtalique............	$C^8H^5NO^6$..	Naphtaline, chlorures de naphtaline............	Laurent, Marignac.

(1) M. Schuncke, qui a obtenu cet acide par l'action de l'acide nitrique sur l'aloès, le représente par $C^{15}H^4N^4O^{13}$, formule évidemment inadmissible. La nôtre s'accorde fort bien avec les analyses de ce chimiste, et ferait dériver l'acide chrysammique d'un autre non azoté, représenté par $C^8H^4O^3$.

(2) Cette composition est déduite de celle des fulminates, l'acide n'ayant pas encore été isolé.

II. ACIDES AMMONIGÉNÉS.

(a) Monobasiques.

		ORIGINE.	EXPÉRIMENTATEURS.
Acide prussique..	CHN.	Distillation sèche du formiate d'ammoniaque, fermentation de l'amygdaline, cyanures, etc.	Woehler.
— cyanique.	CHNO.	Distillation de l'acide cyanurique.	
— oxamique.	$C^2H^3NO^3$.	Distillation sèche de l'oxalate d'ammoniaque acide.	Balard.
— mellonhydrique.	C^3HN^4.	Décomposition du sulfocyanogène à la chaleur rouge par la potasse.	L. Gmelin.
— parabanique.	$C^3H^2N^2O^3$.	Acide urique ou alloxane et acide nitrique.	Woehler et Liebig.
— oxalurique.	$C^3H^4N^2O^4$.	Produit de décomposition de l'acide parabanique.	Les mêmes.
— dialurique.	$C^4H^4N^2O^4$.	Décomposition de l'alloxantine par l'hydrogène sulfuré.	Les mêmes.
— anthranilique..	$C^7H^7NO^2$.	Indigo et potasse caustique.	Fritzsche.
— isatique. ..	$C^8H^7NO^3$.	Isatine et potasse.	Laurent, Erdmann.
— hippurique.	$C^9H^9NO^3$.	Urine des herbivores; dans celle des carnivores par l'ingestion de l'acide benzoïque ou cinnamique.	Liebig, Ure, Erdmann et Marchand.

	ORIGINE.	EXPÉRIMENTATEURS.
(b) Bibasiques.		
Acide alloxanique.......... $C^4H^4N^2O^5$....	Alloxane et alcalis caustiques.........	Woehler et Liebig.
— aspartique........... $C^4H^7NO^4$....	Asparagine et alcalis caustiques......	»
— urique............ $C^5H^4N^4O^3$ (1)...	Excréments des carnivores, oiseaux, insectes, etc.........	»
— allanturique........ $C^5H^8N^4O^5$....	Décomposition de l'acide urique.....	Pelouze.
— euchronique........ $C^6H^2NO^3$ (?)..	Distillation du mellitate d'ammoniaque..	Woehler.
(c) Tribasiques.		
Acide cyanurique.......... $C^3H^3N^3O^3$...	Distillation de l'urée, de l'ac. urique, etc.	Woehler et Liebig.
— cyanilique........... $C^3H^5N^3O^3$ (?)..	Action de l'acide nitrique sur le mellon..	Liebig.

(1) C'est la formule de l'acide sec; peut-être l'acide gélatineux, à en juger par les sels, renferme $C^5H^6N^4O^4$.

On en connaît encore plusieurs autres dont la composition n'est pas assez bien déterminée pour que nous la donnions ici.

46. Les acides nitrogénés sont ordinairement jaunes ou jaunâtres, et possèdent de l'amertume; rarement ils se subliment sans altération. Ceux qui correspondent à des acides donnant, par la calcination avec de la chaux, un hydrogène carboné et de l'acide carbonique, paraissent produire, dans ces circonstances, de l'acide carbonique ainsi qu'un corps neutre nitrogéné; du moins cette décomposition a été observée pour l'acide nitro-benzoïque. En effet, celui-ci produit de l'acide carbonique et du benzène nitrique de la même manière que l'acide benzoïque se décompose en acide carbonique et en benzène normal.

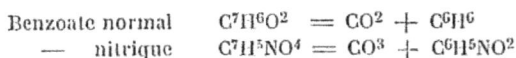

$$\begin{array}{ll} \text{Benzoate normal} & C^7H^6O^2 = CO^2 + C^6H^6 \\ \text{—\quad nitrique} & C^7H^5NO^4 = CO^3 + C^6H^5NO^2 \end{array}$$

Lorsqu'on les chauffe avec une lessive de potasse concentrée, ils deviennent d'un rouge brun foncé.

Les acides nitrogénés qui dérivent des acides non azotés et volatils (benzoïque, cinnamique, salicylique, anisique) offrent la même capacité de saturation que ceux-ci. Il paraît toutefois que cette capacité est indépendante et de la nature chimique du corps d'où les premiers dérivent, et du nombre des équivalents d'acide nitrique fixés par les matières organiques, car nous la voyons la même dans les acides nitro-phénésique et nitro-phénisique, bien que ceux-ci proviennent d'un corps presque indifférent et renferment un nombre différent d'éléments nitriques.

L'acide nitrique le plus concentré est sans action sur l'acide nitro-phénisique; cette stabilité est certainement fort remarquable, et s'explique en quelque sorte si l'on considère que, d'après notre manière de voir (p. 64), tout l'hydrogène s'y trouverait échangé pour les éléments nitriques; en effet :

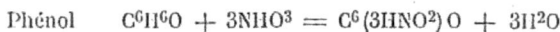

$$\text{Phénol} \quad C^6H^6O + 3NHO^3 = \underbrace{C^6(3HNO^2)O}_{\text{Ac. nitro-phénisique.}} + 3H^2O$$

Quant aux acides ammonigénés, il y en a qui s'obtiennent par la décomposition de certains sels ammoniacaux (*amides acides*).

7

Il en existe aussi qui ne renferment point d'oxygène (acide prussique, acide mellonhydrique).

Les acides azotés sont en général moins stables que ceux qui ne renferment point d'azote. Nous ne possédons pas des données assez précises pour établir des règles générales sur la formation et la basicité des acides azotés.

SELS COPULÉS.

47. Certains acides, minéraux et organiques, en s'unissant à des matières organiques neutres ou déjà acides, produisent des types salins dans lesquels on ne retrouve plus les propriétés des corps entrés en combinaison.

Parmi les acides minéraux, l'acide sulfurique est celui qui offre le plus de tendance à former ce genre de combinaison : il s'unit à des matières organiques de toute espèce, à l'alcool, au ligneux, à la fécule, aux huiles essentielles, aux hydrogènes carbonés et même aux acides organiques, sans que le produit offre les caractères des sulfates. Il suffit, pour faire ressortir cette particularité, de rappeler qu'un pareil produit, qui est lui-même acide et renferme tous les éléments de l'acide sulfurique, au lieu de former avec la baryte le sel insoluble que tout le monde connaît, donne avec la même base un sel fort soluble et souvent cristallisable.

En 1839, dans un Mémoire inséré dans les *Annales de chimie et de physique*, t. LXXII, nous avons proposé de donner à cette combinaison le nom d'*accouplement*, afin de la distinguer des autres formes de combinaison connues en chimie ; le produit lui-même a été appelé *sel copulé*, et la matière organique, s'unissant ainsi à l'acide sulfurique sans le saturer, a reçu le nom de *copule*.

Une étude plus approfondie des sels copulés nous a conduit à quelques règles générales que nous allons examiner.

48. Il n'est presque pas de substance organique qui, dans les circonstances convenables, ne puisse s'accoupler avec l'acide sulfurique. Nous avons fait à cet égard de nombreux essais avec des corps de nature entièrement différente. Toutefois les corps peu oxygénés, et surtout les hydrogènes carbonés, nous ont paru se prêter le mieux à ce genre de réaction.

Lorsqu'on délaie de l'amidon dans de l'acide sulfurique concentré, le mélange rougit en s'échauffant considérablement, mais sans dégager de gaz sulfureux si l'on refroidit un peu la masse ; au bout de quelque temps de contact elle est noire et poisseuse, sans doute par suite de la carbonisation des téguments azotés de la fécule. Elle se dissout entièrement dans l'eau, et fournit, quand on la sature avec de la craie, un sel fort soluble. Le sucre de lait et le sucre ordinaire se comportent d'une manière semblable. On sait d'ailleurs par les recherches de M. Péligot qu'il existe une combinaison copulée d'acide sulfurique et de sucre. Mais les combinaisons de cet acide avec des matières si oxygénées n'offrent point de forme cristalline, de sorte que nous ne les avons pas examinés davantage.

Parmi les matières oxygénées neutres et volatiles, il faut nommer, comme s'accouplant avec facilité, l'alcool, l'esprit de bois, l'huile de pommes de terre, la créosote, le valérol, etc. Mélangés avec de l'acide sulfurique concentré, ces corps s'échauffent ; et si l'on sature ensuite avec du carbonate de baryte ou de chaux, on obtient des sels parfaitement déterminés et solubles dans l'eau. L'analyse démontre que *ces combinaisons renferment tous les éléments d'un équivalent de matière organique et d'un équivalent d'acide sulfurique moins les éléments d'un équivalent d'eau.*

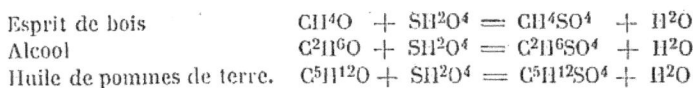

Esprit de bois	$CH^4O + SH^2O^4 = CH^4SO^4 + H^2O$
Alcool	$C^2H^6O + SH^2O^4 = C^2H^6SO^4 + H^2O$
Huile de pommes de terre.	$C^5H^{12}O + SH^2O^4 = C^5H^{12}SO^4 + H^2O$

L'équivalent d'eau est éliminé ; le produit de la combinaison sature un équivalent de base :

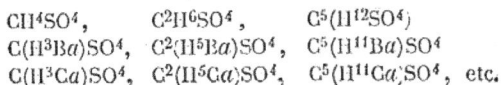

$$CH^4SO^4, \quad C^2H^6SO^4, \quad C^5(H^{12}SO^4)$$
$$C(H^3Ba)SO^4, \quad C^2(H^5Ba)SO^4, \quad C^5(H^{11}Ba)SO^4$$
$$C(H^3Ca)SO^4, \quad C^2(H^5Ca)SO^4, \quad C^5(H^{11}Ca)SO^4, \text{ etc.}$$

On remarque que la basicité de ces produits est moindre que celle de l'acide sulfurique qui est bibasique ; nous verrons tout-à-l'heure que ce fait est général dans les accouplements de ce genre.

Les hydrogènes carbonés se combinent aussi directement avec l'acide sulfurique ; mais pour obtenir des combinaisons copulées,

au lieu de chauffer les hydrogènes carbonés avec de l'acide sulfurique concentré, qui, dans la règle, ne les dissout guère à la
température ordinaire, on fait bien d'employer de l'acide sulfurique fumant, et même, dans les cas où l'équivalent de la
matière organique est fort élevé, de l'acide sulfurique anhydre.
La masse se colore ordinairement en beau rouge. Quand elle est
devenue homogène, on y ajoute de l'eau, et l'on sature par du
carbonate de baryte. Il se produit ainsi un sel soluble qu'on
sépare par le filtre, pour le mettre à cristalliser après en avoir
concentré la solution.

Lorsque l'hydrogène carboné possède un équivalent fort élevé
ou se dissout mal dans l'acide fumant, on le place dans un ballon, et l'on y dirige des vapeurs d'acide sulfurique anhydre, puis
on délaie la masse dans l'eau, et l'on opère comme précédemment.

C'est de cette manière qu'on a obtenu des sels copulés avec
le benzène, le naphtalène, le cumène, le cymène, etc.

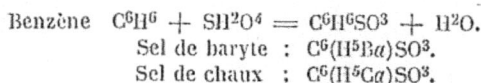

$$\text{Benzène} \quad C^6H^6 + SH^2O^4 = C^6H^6SO^3 + H^2O.$$
$$\text{Sel de baryte} \; : \; C^6(H^5Ba)SO^3.$$
$$\text{Sel de chaux} \; : \; C^6(H^5Ca)SO^3.$$

Dans ce cas aussi, comme dans le précédent, il y a combinaison directe et élimination d'un équivalent d'eau. Le produit
est moins basique que l'acide sulfurique, et ne sature qu'un seul
équivalent de base.

49. Nous avons obtenu nous-même des combinaisons semblables avec les essences de térébenthine, de citron, de poivre, de
copahu, de cubèbes, etc. Ces essences nous ont offert quelques
particularités qu'il importe de signaler.

Lorsqu'on verse quelques gouttes d'acide sulfurique concentré
dans beaucoup d'essence de térébenthine, la masse s'échauffe
considérablement, noircit et produit beaucoup d'acide sulfureux
si l'on ne refroidit pas. Si au contraire on prend beaucoup d'a-
cide sulfurique concentré et qu'on y ajoute l'essence de térébenthine par gouttes, il se produit une solution rouge-brun qui s'é-
chauffe bien moins qu'en opérant d'une manière inverse. L'eau
ajoutée à ce dernier mélange en sépare la modification isomère

décrite par M. Deville sous le nom de térébène. Les autres essences se comportent d'une manière semblable.

On obtient plus aisément un sel copulé avec ces modifications isomères qu'avec les essences elles-mêmes ; en mélangeant les premières avec un acide un peu fumant et chauffant légèrement, nous avons obtenu des composés ayant une composition entièrement semblable à celle des composés précédents. Le térébène, entre autres, $C^{10}H^{16}$, nous a donné $C^{10}H^{16}SO^3$ et $C^{10}(H^{15}Ba)SO^3$. On réussit moins bien avec les essences non modifiées.

50. Les acides organiques, tant fixes que volatils, peuvent aussi fonctionner comme copules.

M. Mitscherlich a décrit un sel copulé d'acide benzoïque ; M. Melsens, un d'acide acétique ; M. Fehling, un autre d'acide succinique. Nous en avons obtenu de semblables avec l'acide citrique, l'acide tartrique et l'acide mucique.

Les acides monobasiques et volatils sont généralement peu attaqués par l'acide sulfurique concentré, même à chaud ; il est donc préférable de les mettre en contact avec de l'acide sulfurique anhydre. C'est de cette manière qu'on a obtenu l'acide sulfo-acétique et l'acide sulfobenzoïque.

Quant aux autres, l'acide sulfurique concentré les dissout à froid par un contact prolongé, et si l'on chauffe le mélange à + 90° ou + 100°, il dégage de l'oxyde de carbone, et plus tard de l'acide carbonique. Le résidu renferme également des sels copulés (1). Les hydrogènes carbonés que nous avons chauffés de la même manière n'ont jamais dégagé de l'oxyde de carbone.

La basicité des produits copulés qui s'obtiennent avec les acides organiques est toujours plus forte que la basicité de ces derniers, mais elle est moindre que la somme des basicités de l'acide organique entré en combinaison et de l'acide sulfurique : ainsi, par exemple, lorsque l'acide benzoïque, qui est monobasique, s'accouple avec l'acide sulfurique, il en résulte une combinaison bibasique ; l'acide succinique bibasique produit dans les mêmes circonstances un acide tribasique (Fehling).

---

(1) Pendant la saturation de ce résidu par le carbonate de baryte, nous avons remarqué, dans le cas de l'acide citrique, un dégagement d'acétone fort abondant.

Quelques matières azotées et neutres s'accouplent aussi avec l'acide sulfurique; l'indigo bleu est dans ce cas.

51. Lorsqu'on examine avec soin la capacité de saturation des sels copulés, on remarque qu'elle présente une liaison étroite avec celle des substances qui se sont accouplées. Nous avons déjà vu qu'elle n'est jamais la même que celle des corps entrés en combinaison.

Par l'accouplement d'un corps neutre avec l'acide sulfurique, il se produit un corps monobasique. L'alcool, l'esprit de bois, les hydrogènes carbonés, l'indigo, se comportent ainsi.

Par l'accouplement d'un acide organique monobasique avec l'acide sulfurique, on obtient un corps bibasique. Les acides acétique et benzoïque en offrent l'exemple.

Par l'accouplement d'un acide organique bibasique, le produit est tribasique.

Enfin par l'accouplement d'un acide organique tribasique, on obtient sans doute un acide corps quadribasique (1).

On peut exprimer ces faits d'une manière générale en disant *que la basicité ou capacité de saturation d'un sel copulé est toujours moindre d'une unité que la somme des basicités appartenant aux deux corps qui se sont accouplés.* En effet, représentant la basicité d'un corps neutre ou indifférent par zéro, celle d'un acide monobasique par 1, celle d'un acide bibasique par 2, etc.; exprimant de même par S la basicité du produit copulé, et par Σ la somme des basicités des corps qui se sont accouplés, on a la formule générale :

$$S = \Sigma - 1.$$

52. L'acide phosphorique, l'acide carbonique, l'acide sulfocarbonique et l'acide arsénique produisent de semblables corps copulés avec les matières organiques et paraissent suivre la même loi quant à la basicité des produits.

L'alcool bouilli avec de l'acide phosphorique sirupeux, puis saturé avec du carbonate de baryte, donne, suivant M. Pelouze,

(1) Voyez, dans le chapitre des *Anhydrides*, quelques observations sur les expériences de M. Walter, concernant l'action de l'acide sulfurique sur l'acide camphorique dit anhydre.

un sel ayant pour composition, à l'état sec (1), $C^4H^{10}Ba^4O^8P^2$, ou bien, par rapport à un seul équivalent d'alcool, $C^2H^5Ba^2O^4P$. Or, comme l'acide phosphorique est tribasique (2), on a, en appliquant la formule précédente :

$$S = (3 + 0) - 1 = 2.$$

En effet, les phosphovinates sont bibasiques.

Il existe plusieurs sels copulés dans lesquels on remarque la présence des éléments de *deux* équivalents d'acide sulfurique; tels sont l'acide méthionique $CH^4S^2O^6$ et l'acide éthionique $C^2H^6S^2O^7$ (3). Bibasiques l'un et l'autre, ils résultent de l'accouplement d'un corps neutre (gaz oléfiant, alcool, etc.) avec l'acide sulfurique. Si l'accouplement s'était effectué avec 1 éq. d'acide, les produits seraient, comme le dit notre loi, monobasiques ; mais un corps déjà monobasique, en s'accouplant avec un nouvel équivalent d'acide sulfurique, donnerait un produit bibasique. On voit donc que les sels copulés à 2 équivalents d'acide sulfurique rentrent également dans la loi que nous venons d'énoncer.

53. Les acides organiques eux-mêmes s'unissent quelquefois à d'autres matières organiques pour produire des composés copulés.

C'est ainsi que les acides oxalique, tartrique et camphorique ont été accouplés avec l'alcool et avec l'esprit de bois. La basicité des produits présente absolument les mêmes relations que celles qui viennent d'être signalées, car les oxalovinates, les tartrovinates et les camphovinates sont monobasiques, tandis que les acides avec lesquels on les prépare sont bibasiques.

On s'explique d'après cela pourquoi les acides monobasiques ne peuvent point donner des sels copulés en s'unissant à des matières neutres ou indifférentes ; car, d'après la loi précédente,

---

(1) Il faut se rappeler que notre équivalent du baryum n'est que la moitié de celui qui est généralement adopté, car nous écrivons l'eau H^2O, la baryte anhydre Ba^2O, l'hydrate de baryte $(BaH)O$.

(2) PH^3O^4 acide phosphorique sirupeux ; PNa^3O^4, $P(Na^2H)O^4$, $P(NH^2)O^4$, sels de soude.

(3) Le méthionate de baryte se représente à l'état sec par $C(H^2Ba^2)S^2O^6$ et l'éthionate par $C^2(H^4Ba^2)S^2O^7$.

on aurait $(1 + 0) - 1$, ce qui donnerait 0 pour capacité de saturation du produit. On comprend dès lors pourquoi on ne peut
accoupler ni l'acide nitrique, ni l'acide hydrochlorique, ni les
acides organiques monobasiques en général, tels que les acides
acétique, formique, benzoïque, etc., et pourquoi ces mêmes
acides, en s'unissant à des matières comme l'alcool ou l'esprit
de bois, ne fournissent jamais que des *éthers neutres,* mais point
d'*acides viniques* ou copulés (1).

54. Il est fort probable qu'un grand nombre d'acides organiques
polybasiques résultent de l'accouplement de plusieurs acides.

On pourrait ranger dans cette classe de combinaisons, que
M. Dumas désigne sous le nom d'*acides conjugués* (2), l'acide tartrique et l'acide citrique; le premier est bibasique et l'autre tribasique. En effet, sous l'influence de l'hydrate de potasse et à
une température élevée, ils se dédoublent tous deux en acétate
et oxalate.

Or, l'acide acétique est monobasique, et l'acide oxalique bibasique; en s'unissant par équivalents égaux, on a :

$$S = (1 + 2) - 1 = 2.$$

L'acide tartrique donne par la potasse 1 équivalent d'acétate et
1 équivalent d'oxalate; étant lui-même bibasique, il possède donc
exactement la capacité de saturation qui correspondrait à une
combinaison copulée d'acide acétique et d'acide oxalique :

$$C^4 H^6 O^6 = C^2 H^4 O^2 + C^2 H^2 O^4.$$

Il y aurait cependant cela d'extraordinaire que le corps copulé
ne renfermerait pas en moins les éléments de 1 éq. d'eau, comme
dans les accouplements obtenus directement.

L'acide citrique fournit, par l'action de la potasse, 2 équivalents d'acétate et 1 équivalent d'oxalate. En considérant 2 équi-

---

(1) Il existe plusieurs corps placés sur la limite des acides et des substances indifférentes, et que quelques chimistes désignent sous le nom
d'acides; tels sont le phénol (ac. phénique, Laurent), l'essence de girofle
(ac. eugénique), l'essence d'ulmaire (ac. salicyleux). Ils diffèrent des
acides proprement dits en ce qu'ils sont incapables de s'éthérifier : aussi
en s'accouplant avec l'acide sulfurique produisent-ils, comme les substances indifférentes, des sels copulés monobasiques.

(2) *Annales de chimie et de physique,* t. V, p. 357.

valents d'acétate comme 1 équivalent d'un acide bibasique, on aurait : $(2 + 2) - 1 = 3$. Les citrates sont en effet tribasiques.

On se sent d'autant plus porté pour cette manière de voir que les acides polybasiques en général peuvent se dédoubler sous l'influence des alcalis en deux acides particuliers. Les acides monobasiques résistent bien mieux à l'action de la potasse en fusion. En chauffant un acide bibasique avec cet agent, on remarque toujours un dégagement d'hydrogène sans que la masse noircisse, et à compter de ce moment on y trouve de nouveaux acides.

Disons donc, pour nous résumer, que les acides organiques polybasiques peuvent être considérés comme des corps copulés formés par les acides en lesquels les alcalis décomposent les premiers à une température élevée.

Les acides bibasiques résulteraient d'après cela de l'accouplement d'un acide bibasique (carbonique, oxalique) avec un acide monobasique (acétique, formique, benzoïque, butyrique, etc.).

Les acides tribasiques pourraient se former par l'accouplement d'un acide bibasique avec un autre acide bibasique ou avec 2 équivalents d'un acide monobasique, et ainsi de suite.

D'ailleurs les acides monobasiques eux-mêmes pourraient résulter de l'accouplement de deux acides monobasiques, puisque $(1 + 1) - 1 = 1$. L'acide élaïdique nous en fournit un exemple : il est monobasique, et donne par la potasse, à une température élevée, de l'acétate et de l'éthalate, tous deux monobasiques.

Cette manière de voir peut offrir quelque utilité dans l'étude des réactions ; mais il convient, ce nous semble, de ne considérer comme sels copulés que ceux qui s'obtiennent directement.

55. Les sels copulés proprement dits sont généralement fort solubles dans l'eau, ce qui permet de les séparer facilement des carbonates et sulfates de chaux ou de baryte formés en même temps dans leur préparation. Ordinairement ils se dissolvent aussi dans l'alcool (du moins les sels de chaux et de baryte) lorsque la copule est formée par un corps très hydrogéné ; si elle est représentée par un corps fort oxygéné (acide tartrique, acide citrique), ces sels sont insolubles dans l'alcool :

Sous l'influence de l'hydrate de potasse et de la chaleur ils mettent ordinairement la copule en liberté : ainsi, par exemple, lorsqu'on chauffe un sulfovinate avec de l'hydrate de potasse fondu, il passe de l'alcool, et l'on a un résidu de sulfate de potasse (Marchand). Suivant M. Laurent, les sulfonaphtalates dégagent du naphtalène dans les mêmes circonstances. Il arrive d'ailleurs souvent que la copule se décompose elle-même au moment de devenir libre.

L'acide nitrique les attaque moins énergiquement que leurs copules, mais il forme les mêmes produits qu'avec celles-ci, en même temps qu'il met en liberté l'acide accouplé; dans le cas de l'acide sulfurique, il se produit alors des sulfates.

Bien entendu, lorsque le corps copulé est formé par deux matières organiques, les réactifs déterminent la formation de deux sortes de produits appartenant, les uns à la copule et les autres à l'acide accouplé.

ANHYDRIDES.

56. Plusieurs acides ou sels à base d'hydrogène, soumis à l'action de la chaleur, perdent les éléments de l'eau et donnent naissance à des substances nouvelles qu'on a désignées sous le nom d'*acides anhydres* (de ἄνευ, sans, et ὕδωρ, eau).

On a remarqué que ce sont de préférence les acides bibasiques qui forment ce genre de produits. Voici les acides qui se sont ainsi comportés :

Acides dits hydratés ou sels à base d'hydrogène.			Acides dits anhydres.
Acide lactique	$C^6H^{12}O^6$	— $2H^2O$	$C^6H^8O^4$
— succinique	$C^4H^6O^4$	— H^2O	$C^4H^4O^3$
— tartrique	$C^4H^6O^6$	— H^2O	$C^4H^4O^5$
— lipique	$C^5H^6O^4$	— H^2O	$C^5H^4O^3$
— itaconique	$C^5H^6O^4$	— H^2O	$C^5H^4O^3$
— gallique	$C^7H^6O^5$	— H^2O	$C^7H^4O^4$ (1)
— phtalique	$C^8H^6O^4$	— H^2O	$C^8H^4O^3$
— camphorique	$C^{10}H^{16}O^4$	— H^2O	$C^{10}H^{14}O^3$.

Ces produits ne méritent pas le nom d'acides, car ils n'ont plus la propriété d'échanger de l'hydrogène pour du métal; leur solution ne rougit pas le tournesol, ne fait pas effervescence avec les carbonates, et il faut une ébullition souvent assez prolongée

(1) Acide ellagique (Robiquet).

avec de l'eau pour les rendre acides, en y ramenant les éléments de l'eau qui s'en étaient séparés.

D'ailleurs, outre les substances consignées comme acides anhydres dans la liste précédente, il en existe plusieurs autres formées dans de semblables circonstances, mais qu'on n'a pas ainsi dénommées parce qu'elles ne s'assimilent plus l'eau par l'ébullition avec ce liquide et que d'ailleurs elles échangent aussi de l'hydrogène pour du métal. Dans ce cas est, par exemple, l'acide aconitique obtenu par la distillation sèche de l'acide citrique, ainsi que l'acide fumarique formé par celle de l'acide malique. Ces produits présentent les mêmes rapports de formation que les acides dits anhydres :

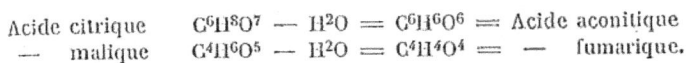

$$\text{Acide citrique} \quad C^6H^8O^7 - H^2O = C^6H^6O^6 = \text{Acide aconitique}$$
$$\text{— malique} \quad C^4H^6O^5 - H^2O = C^4H^4O^4 = \text{— fumarique.}$$

L'acide aconitique et l'acide fumarique sont franchement acides.

On voit quelles contradictions se présentent ici dans la théorie électro-chimique : elle considère comme acides anhydres des substances qui ne sont plus acides par la raison seule que les premiers engendrent de véritables acides par la fixation des éléments de l'eau, et elle n'applique pas cette dénomination à des substances qui la méritent sous tous les rapports. Ne faudrait-il pas, en raisonnant ainsi, considérer le camphre des laurinées comme un acide anhydre? car ce corps fixe les éléments de l'eau à une température élevée et produit une substance franchement acide (acide campholique de Delalande).

Remarquons bien que tous les acides anhydres de la liste précédente sont obtenus avec des sels *bibasiques* à base d'hydrogène. Comme l'eau H^2O renferme 2 équivalents d'hydrogène, c'est donc tout l'*hydrogène basique* qui s'élimine sous cette forme lorsque les sels (acides) en question sont soumis à l'action de la chaleur. On ne connaît aucun acide monobasique qui fournisse de pareils produits ; les acétates, benzoates, formiates, cuminates, cinnamates, etc., n'en donnent pas. Ce fait mérite d'être noté, car il démontre combien la théorie électro-chimique est en défaut lorsqu'il s'agit de l'appliquer d'une manière rigoureuse aux composés organiques.

Pour nous, il n'y a donc pas d'acides anhydres dans le sens de cette théorie; il existe bien des corps susceptibles de perdre ou de fixer les éléments de l'eau dans des circonstances favorables, mais les produits n'appartiennent plus au même genre, les produits ne sont pas nécessairement acides; il y en a qui le sont, d'autres qui ne le sont guère, par des raisons que la science n'a pas encore approfondies.

Nous donnerons le nom générique d'*anhydrides* aux substances neutres qui résultent des sels à base d'hydrogène par élimination de l'eau, et qui ont la propriété de fixer de nouveau cette eau lorsqu'on fait bouillir leur dissolution. Nous dirons *camphoride, succinide, phtalide* pour désigner les anhydrides des acides camphorique, succinique, phtalique, etc.

Les anhydrides sont aux sels à base d'hydrogène, d'où ils résultent, ce que les amides sont à leurs sels ammoniacaux respectifs. En effet, on remarque des relations semblables entre le phtalide (acide phtalique dit anhydre) et le phtalate à base d'hydrogène (acide phtalique dit hydraté) qu'entre la phtalamide (Laurent, Marignac) et le phtalate d'ammoniaque.

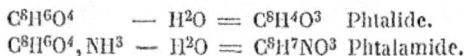

$$C^8H^6O^4 \quad - H^2O = C^8H^4O^3 \quad \text{Phtalide.}$$
$$C^8H^6O^4, NH^3 - H^2O = C^8H^7NO^3 \quad \text{Phtalamide.}$$

57. Les anhydrides exigent souvent une ébullition prolongée dans l'eau pour fixer de nouveau les éléments de ce corps. Le camphoride ne s'hydrate pas par une ébullition de douze heures (Malaguti); mais si l'on continue ce traitement encore pendant quelques heures, cet anhydride finit par se dissoudre (Laurent). Les sels qui résultent de cette hydratation ont la même composition que les sels primitifs, mais il n'y a pas toujours identité complète : ainsi, d'après M. Malaguti, les sels obtenus par le camphoride bouilli se distinguent des camphorates ordinaires par la forme et par un grand nombre de propriétés. En dissolvant le camphoride dans l'ammoniaque carbonatée ou caustique et évaporant à une douce chaleur, on obtient un liquide sirupeux qui se prend bientôt en une masse cristalline ayant la même composition que le camphorate biammoniacal ($C^{10}H^{16}O^4, 2NH^3$). Ces cristaux fondent à 100° et se dissolvent aisément dans l'eau;

les acides n'en précipitent pas de camphoride, mais ils mettent en liberté une masse acide et résinoïde. De même le sel de potasse du camphoride bouilli présente une autre forme cristalline que le camphorate de potasse ordinaire.

M. Crasso a observé des phénomènes semblables entre l'itaconate d'hydrogène et l'itaconide ; ce dernier donne par l'ébullition un sel d'hydrogène (acide citraconique hydraté) dont les propriétés diffèrent de l'itaconate. Il en est de même des sels métalliques.

Ces faits viennent entièrement à l'appui de notre opinion sur la nature chimique des soi-disant acides anhydres.

58. Les anhydrides sont généralement insolubles dans l'eau, ou du moins ne s'y dissolvent pas sans s'acidifier. Le contact des alcalis les altère également.

Ils absorbent le gaz ammoniac sec. L'itaconide donne dans ces circonstances une masse diaphane, friable, déliquescente, très soluble dans l'alcool et renfermant $C^5H^4O^3$, NH^3. Dissoute dans l'eau et abandonnée à l'évaporation spontanée, cette combinaison donne des cristaux lamellaires ($C^5H^6O^4$, NH^3, citraconate d'ammoniaque de M. Crasso).

Le succinide se décompose lorsqu'on le chauffe dans le gaz ammoniac ; il se dégage de l'eau, et le produit final constitue des rhomboèdres blancs et sublimables auxquels M. d'Arcet a donné le nom de succinamide (bisuccinamide d'après M. Liebig), mais qu'il ne faut pas confondre avec la succinamide obtenue avec l'ammoniaque et l'éther succinique (1). Ces rhomboèdres renferment les éléments de 1 éq. de succinide et de 1 éq. d'ammoniaque moins ceux de 1 éq. d'eau. Dissous dans l'eau et abandonné à l'air, ce corps donne de nouveaux cristaux renfermant 1 éq. d'eau de plus ; la solution de ce composé est sans action sur les sels métalliques ; les sels de plomb n'en sont pas même précipités.

Il est aisé de remarquer qu'il existe une grande différence de composition et de propriétés entre ces produits et les sels ammoniacaux des acides d'où ils dérivent.

(1) Cette dernière succinamide est l'homologue de l'oxamide.

Les anhydrides n'ont d'ailleurs pas encore été convenablement étudiés.

59. M. Walter a examiné l'action de l'acide sulfurique sur le camphoride. Ce dernier s'y dissout, et si l'on chauffe le mélange au bain-marie, il se produit un dégagement d'oxyde de carbone parfaitement pur. L'eau dissout le résidu qui constitue un acide particulier du genre de ceux que nous avons appelés *copulés* (p. 98). En saturant la solution par du carbonate de baryte, on obtient un sel de baryte à 2 équivalents de base.

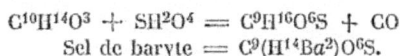

$$C^{10}H^{14}O^3 + SH^2O^4 = C^9H^{16}O^6S + CO$$
$$\text{Sel de baryte} = C^9(H^{14}Ba^2)O^6S.$$

Le dégagement de l'oxyde de carbone est fort remarquable. On sait que les acides proprement dits, les hydrogènes carbonés, les alcools, etc., éliminent les éléments de l'eau dans les accouplements de ce genre, et que la capacité de saturation des sels copulés est *moindre* d'une unité que la somme des capacités des corps entrés en combinaison (p. 102). Cette loi n'est pas applicable au cas qui nous occupe, car le produit résultant de l'accouplement d'un acide bibasique et d'un corps neutre devrait être monobasique, et nous voyons au contraire qu'il a conservé une capacité de saturation *égale* à la somme des capacités des corps accouplés. Mais remarquons aussi que le produit de M. Walter a conservé *tout l'hydrogène* des corps réagissants; il ne s'y est fait aucune élimination d'eau, et comme l'hydrogène constitue l'élément basique sur lequel se font les échanges métalliques, il n'y a donc pas lieu de s'étonner de cette particularité : aussi les expériences de M. Walter ne mettent pas notre loi en défaut.

Il serait intéressant d'examiner sous le même point de vue la manière d'être du succinide, le succinate d'hydrogène obéissant entièrement à cette loi en s'accouplant avec l'acide sulfurique.

60. Il paraît que les acides monobasiques peuvent perdre les éléments de l'eau lorsqu'on les soumet à l'action de l'acide phosphorique anhydre. M. Erdmann (1) a fait à cet égard quelques expériences avec l'acide stéarique et l'acide margarique. Il a vu

_____

(1) *Journ. f. prakt. Chem.*, t. XXV, p. 497.

que ces deux corps perdent les éléments de H^2O, en donnant des substances grasses indifférentes (1).

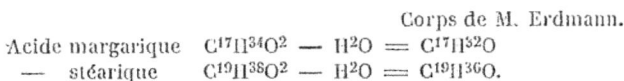

Corps de M. Erdmann.

Acide margarique $C^{17}H^{34}O^2 - H^2O = C^{17}H^{32}O$
—   stéarique $C^{19}H^{38}O^2 - H^2O = C^{19}H^{36}O.$

Delalande (2) a soumis à la même réaction l'acide campholique ; il a obtenu un hydrogène carboné, et, à ce qu'il paraît, de l'oxyde de carbone.

AMIDES.

61. On a tant abusé du mot *amide* qu'il est nécessaire que nous cherchions à préciser la nature des corps à laquelle cette dénomination peut convenir.

Remontons d'abord à la découverte de la première substance à laquelle ce nom a été appliqué.

M. Dumas a observé que si l'on soumet à la distillation sèche de l'oxalate biammoniacal (oxalate d'ammoniaque neutre), ce sel devient opaque et laisse d'abord dégager de l'eau et de l'ammoniaque ; puis les parties qui avoisinent les parois de la cornue fondent, se tuméfient et finissent par disparaître en laissant un résidu charbonneux. La distillation est accompagnée d'un dégagement d'oxyde de carbone, d'acide carbonique et de cyanogène ; lorsqu'elle est achevée, on trouve dans le récipient de l'eau fortement chargée de carbonate d'ammoniaque et tenant en suspension de l'*oxamide*. Si l'on considère les produits gazeux comme provenant d'une décomposition secondaire de l'oxamide elle-même, car elle ne se volatilise pas sans s'altérer, on peut exprimer la réaction par l'équation suivante :

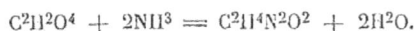

$$C^2H^2O^4 + 2NH^3 = C^2H^4N^2O^2 + 2H^2O.$$

Si l'on prend de l'oxalate ammoniacal (oxalate d'ammoniaque

(1) Les formules que l'auteur développe de ses analyses ne nous paraissent pas exactes. Les nôtres donnent pour le produit de l'acide margarique : carbone 80,9, et hydrogène 12,7 ; analyse : carb. 79,5 — 80,3, et hydrog. 12,7. Pour le produit de la stéarique, notre formule exige carbone 84,4 et hydr. 12,85 ; analyses : carbone 80,2 — 84,0 — 84,1, hydr. 13,0 — 12,9, — 12,9.

(2) *Annal. de chim. et de phys.*, t. I, 3ᵉ série, p. 125.

acide, bioxalate), on obtient, suivant M. Balard (1), un produit analogue, l'*acide oxamique*, dont la production est entièrement semblable à celle de l'oxamide :

$$C^2H^2O^4 + NH^3 = C^2H^3NO + H^2O.$$

Les produits précédents se forment évidemment en ce que l'hydrogène de l'ammoniaque agit sur l'oxygène de la matière organique pour former de l'eau qui s'élimine, tandis que les éléments restants demeurent en combinaison. L'oxalate biammoniacal, renfermant 2 équivalents d'ammoniaque, élimine 2 équivalents d'eau ; l'oxalate ammoniacal, n'en contenant qu'un seul, met en liberté un seul équivalent d'eau.

Les produits dont nous parlons ont la propriété de s'assimiler dans certaines circonstances l'eau qui s'en était séparée, et de régénérer ainsi des sels ammoniacaux. L'oxamide éprouve cette transformation quand on la chauffe avec un alcali ou avec un acide, ou bien qu'on expose sa dissolution à une température supérieure à 100". Il suffit même d'une très petite quantité d'acide oxalique pour transformer beaucoup d'oxamide en oxalate biammoniacal ; dans ce cas l'effet de l'acide oxalique ressemble à celui des ferments. En raison de son affinité pour l'ammoniaque, l'acide oxalique détermine la régénération d'une quantité correspondante d'oxamide ; mais ce mouvement moléculaire s'étend aussitôt, par un effet de contact, à toute la masse, de sorte que toute l'oxamide régénère alors le sel biammoniacal. L'acide oxamique de M. Balard se comporte d'une manière semblable, en régénérant de l'oxalate ammoniacal.

M. Woehler a obtenu des produits analogues par la distillation sèche du mellitate ammoniacal (dit sel acide) qui lui a fourni la *paramide*, d'après l'équation suivante (2) :

$$C^4H^2O^4 + NH^3 = C^4HNO^2 + 2H^2O.$$

La paramide est capable de régénérer la substance d'où elle

---

(1) *Annal. de chim. et de phys.*, 3ᵉ série, t. IV, p. 93.

(2) *Annal. de chim. et de phys.*, 3ᵉ série, t. II, p. 73. M. Woehler a encore obtenu d'autres produits dans cette réaction, parmi lesquels on remarque l'*acide euchronique*, dont la composition n'est pas encore bien établie.

dérive. Lorsqu'on soumet le formiate ammoniacal à l'action de la chaleur, il se produit de l'acide prussique :

$$CH^2O^2 + NH^3 = CHN + 2H^2O.$$

L'acide prussique lui-même peut se convertir de nouveau en formiate d'ammoniaque.

Voilà donc *des corps neutres ou acides qui naissent par l'action de l'ammoniaque sur des matières organiques par suite de l'élimination des éléments de l'eau, et qui sont capables de régénérer ces matières par une nouvelle fixation des éléments de l'eau.* Telle est la définition que nous proposons d'appliquer aux amides ; nous verrons plus tard que leur formation et leur manière d'être ressemblent entièrement à celles des éthers ; dans ceux-ci les éléments de l'ammoniaque sont représentés par ceux d'un alcool.

62. Plusieurs chimistes admettent dans les amides l'existence d'un radical particulier, *l'amidogène* NH^2 ou N^2H^4. Si l'on considère la manière dont ces corps se forment, on trouve cette hypothèse dénuée de fondement ; il eût été plus rationnel d'assigner à ce radical la formule NH (1), car ce serait alors de l'ammoniaque qui aurait perdu H^2 pour former de l'eau avec O de l'acide, comme l'indiquent les formules suivantes :

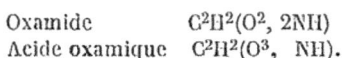

Oxamide $C^2H^2(O^2, 2NH)$
Acide oxamique $C^2H^2(O^3, NH)$.

Mais cette dernière hypothèse nous paraît elle-même peu conforme aux faits ; elle est du moins entièrement inutile, car nous verrons tout-à-l'heure que l'ammoniaque, suivant le nombre des équivalents de matière organique qu'elle décompose, cède tantôt H ou H^2, tantôt tout son hydrogène, de manière à laisser pour résidu NH^2, NH, ou seulement de l'azote.

63. La distillation sèche n'est pas le seul moyen d'obtenir des amides. On peut en produire en laissant les éthers de certains acides en contact avec une dissolution d'ammoniaque.

Les éthers renferment les éléments d'un alcool et ceux d'un acide (sel à base d'hydrogène) moins les éléments de l'eau. Nous venons de voir que l'ammoniaque, en agissant sur des corps

(1) Imide de M. Laurent.

oxygénés, détermine aux dépens de son propre hydrogène la formation et l'élimination de l'eau.

Or, dans l'action de l'ammoniaque sur un éther, cette eau, au moment de se séparer, se fixe sur les éléments alcooliques de l'éther et régénère l'alcool qui se sépare, tandis que les éléments restants, tant de l'éther que de l'ammoniaque, demeurent en combinaison.

Ainsi, toutes les fois que l'ammoniaque produit une amide en agissant sur un éther, on observe un dégagement d'alcool. Cet alcool renferme les éléments de l'eau qui serait mise en liberté si l'ammoniaque, au lieu d'agir sur l'éther, décomposait l'acide correspondant à celui-ci.

Prenons quelques exemples. Si l'on abandonne l'éther succinique (1) avec deux fois son volume d'une dissolution d'ammoniaque concentrée, on obtient des cristaux grenus, parfaitement blancs et solubles dans l'eau bouillante. Ce produit renferme $C^4H^8N^2O^2$:

$$C^8H^{14}O^4 \quad + \quad 2NH^3 \quad = \quad C^4H^8N^2O^2 \quad + \quad 2C^2H^6O$$

Éther succin.   Ammon.   Succinamide   Alcool.

L'oxamide, dont nous avons déjà parlé, se produit aussi par l'éther oxalique (2) et un excès d'ammoniaque :

$$C^6H^{10}O^4 \quad + \quad 2NH^3 \quad = \quad C^2H^4N^2O^2 \quad + \quad C^2H^6O.$$

Éther oxal.   Ammon.   Oxamide   Alcool.

L'acide oxalique et l'acide succinique, l'éther oxalique et l'éther succinique, l'amide oxalique et l'amide succinique sont des corps homologues.

M. Hagen a obtenu par le même procédé la fumaramide. Lorsqu'on place dans un flacon bouché un volume d'éther salicylique de l'esprit de bois (saliméthol normal G.) et 5 ou 6 volumes d'une dissolution d'ammoniaque, cet éther se dissout

(1) Pour comprendre cette réaction, il faut savoir que l'acide succinique est bibasique et renferme $C^4H^6O^4$; que son éther est $= C^4H^6O^4 + 2C^2H^6O - 2H^2O = C^8H^{14}O^4$.

(2) L'acide oxalique est bibasique $C^2H^2O^4$; son éther renferme conséquemment $C^2H^2O^4 + 2C^2H^6O - 2H^2O = C^6H^{10}O^4$.

complétement dans l'espace de quelques jours. En évaporant la masse à siccité, on obtient un résidu cristallin qui fournit par la sublimation des aiguilles de salicylamide (Cahours). Cette substance est acide comme l'acide oxamique. La réaction ne s'accomplit souvent qu'au bout d'un temps fort long, si l'on abandonne ensemble les éthers et l'ammoniaque.

64. *Améthanes.* — Outre les amides, nous devons à M. Dumas la découverte d'une nouvelle classe de composés qui appartiennent à la fois aux éthers et aux amides.

Si, au lieu de mélanger l'éther oxalique avec un excès d'ammoniaque, on ajoute cet alcali par petites portions à la dissolution alcoolique de l'éther, jusqu'à ce qu'il se sépare une poudre blanche, puis qu'on filtre le mélange, il se produit un dégagement d'alcool, et l'on obtient, par l'évaporation, des cristaux d'un corps particulier que M. Dumas appelle *oxaméthane* $C^4H^7NO^3$.

La formation de ce corps est aisée à comprendre, si l'on se rappelle celle de l'oxamide. Celle-ci renfermant *deux* équivalents d'azote, s'est évidemment formée sous l'influence de *deux* équivalents d'ammoniaque qui ont déterminé l'élimination de *deux* équivalents d'alcool. Mais l'oxaméthane ne renferme qu'*un seul* équivalent d'azote : il s'est donc formé par l'action d'*un seul* équivalent d'ammoniaque qui a mis en liberté *un seul* équivalent d'alcool :

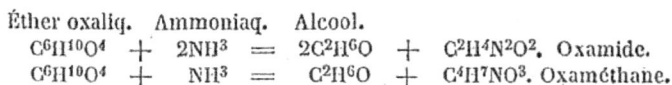

Éther oxaliq.   Ammoniaq.   Alcool.

$$C^6H^{10}O^4 \; + \; 2NH^3 \; = \; 2C^2H^6O \; + \; C^2H^4N^2O^2. \text{ Oxamide.}$$
$$C^6H^{10}O^4 \; + \; NH^3 \; = \; C^2H^6O \; + \; C^4H^7NO^3. \text{ Oxaméthane.}$$

On voit d'après cela que l'oxaméthane est l'intermédiaire entre l'amide oxalique neutre et l'éther oxalique neutre.

L'*amide oxalique*, l'*améthane oxalique*, l'*éther oxalique*, renferment le résidu d'un équivalent d'acide oxalique (bibasique), ainsi que

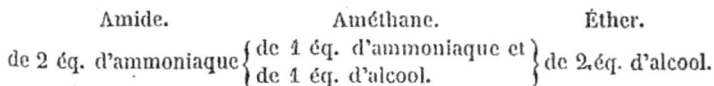

Amide.	Améthane.	Éther.
de 2 éq. d'ammoniaque	de 1 éq. d'ammoniaque et de 1 éq. d'alcool.	de 2 éq. d'alcool.

L'oxaméthane se convertit en alcool et oxamide par l'action

d'une dissolution d'ammoniaque, ce qui justifie entièrement notre opinion sur la constitution de ce corps. On a en effet :

$$C^4H^7NO^3 \quad + \quad NH^3 \quad = \quad C^2H^6O \quad + \quad C^2H^4N^2O^2$$

Oxaméthane   Ammon.   Alcool.   Oxamide.

Quand on dirige un courant de gaz ammoniac dans l'éther oxalique de l'esprit de bois (oxaméthol normal G.), il se produit de l'*oxaméthylane* dont la constitution et la formation correspondent à celles de l'oxaméthane. L'éther sulfurique de l'esprit de bois (sulfaméthol normal G.) donne un produit semblable que MM. Dumas et Péligot appellent *sulfaméthylane*.

Nous proposons de donner le nom générique d'*améthanes* à ces produits, qui promettent de devenir nombreux; on ne les obtient probablement qu'avec les acides bibasiques, c'est-à-dire avec ceux dont les éthers renferment les éléments de 2 équivalents d'alcool. Il serait intéressant d'entreprendre quelques recherches sur ce sujet avec les éthers succinique, pimélique, adipique, subérique, qui tous sont homologues de l'éther oxalique.

65. L'ammoniaque gazeuse décompose plusieurs corps oxygénés neutres avec lesquels, comme dans les cas précédents, elle forme de l'eau aux dépens de son propre hydrogène, tandis que l'azote reste fixé sur la substance organique.

Ainsi, par exemple, lorsqu'on abandonne l'essence d'amandes amères pure (benzoïlol normal G.) avec une dissolution d'ammoniaque, elle dépose au bout de quelques heures une croûte cristalline qui cède à l'alcool des octaèdres à base rectangulaire auxquels M. Laurent (1) a donné le nom d'*hydrobenzamide* $C^{21}H^{18}N^2$. La réaction est celle-ci :

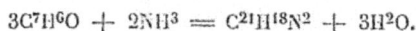

$$3C^7H^6O + 2NH^3 = C^{21}H^{18}N^2 + 3H^2O.$$

Ce qu'il y a de remarquable dans cette réaction, c'est que l'ammoniaque, au lieu de décomposer un seul équivalent de matière organique, comme dans les cas précédents, en attaque 3 équivalents. Il paraît donc que lorsque l'ammoniaque ren-

(1) *Annal. de chim. et de phys.*, t. LXII, p. 23. — T. LXV, p. 184. —T. LXVI, page 493. — Voyez aussi ROCHLEDER, *Revue scientifique*, t. VIII, p. 176.

contre des corps neutres elle tend à se décomposer avec tout leur oxygène. Effectivement, dans le cas qui nous occupe, nous avons tout l'hydrogène H^6 de 2 équivalents d'ammoniaque en décomposition avec O^3 de 3 équivalents d'essence, d'où résultent nécessairement 3 équivalents d'eau, tandis que les éléments restants demeurent en combinaison.

Suivant M. Laurent, l'acide hydrochlorique transforme de nouveau l'hydrobenzamide en essence et ammoniaque. Ce fait a été contesté par d'autres chimistes.

Il serait important de soumettre cette question à un examen attentif pour savoir définitivement s'il faut classer parmi les amides le produit de M. Laurent et de tant d'autres semblables.

L'essence de cannelle (1) (cinnamol normal G.), l'essence d'ulmaire (2) (salicylol normal G.), plusieurs isomères de l'essence d'amandes amères (benzoïne, benzoïline), se comportent de la même manière.

Comme N^2 vient remplacer O^3 dans les réactions précédentes, MM. Millon et Bineau ont été conduits à admettre que l'équivalent de l'azote était les 2/3 de celui qui est généralement admis. Nous ne partageons pas cette opinion.

Nous avons déjà fait remarquer que les acides dits anhydres (page 58) paraissent donner des composés semblables aux amides.

Ajoutons aussi que certains corps à la fois azotés et oxygénés se comportent avec l'ammoniaque comme les matières non azotées : ainsi, par exemple, lorsqu'on dissout l'isatine dans l'alcool absolu et bouillant et qu'on sature le liquide par du gaz ammoniac, il se dépose des cristaux brun-jaunâtre que M. Laurent appelle *imésatine;* d'ailleurs, suivant le degré de concentration de la solution d'isatine, il se forme des produits dont la composition varie :

$$C^8H^5NO^2 \ + \ NH^3 \ = \ C^8H^6N^2O \ + \ H^2O.$$
Isatine   Ammon.   Imésatine   Eau.

Si l'on abandonne dans un lieu chauffé à 40 ou à 50° une disso-

<hr/>

(1) Laurent, *Comptes-rendus de l'Académie des sciences*, t. XII, p. 1195.

(2) *Annal. de chim. et de phys.*, 3e série, t. 1, p. 493.

lution alcoolique d'isatine mélangée d'ammoniaque liquide, il se forme un dépôt de cristaux bruns ou verdâtres appelés *imasatine* par M. Laurent. Ils renferment $C^{16}H^{11}N^3O^3$, et se produisent par la réaction de 2 éq. d'isatine et de 1 éq. d'ammoniaque :

$$2C^8H^5NO^2 \quad + \quad NH^3 \quad = \quad C^{16}H^{11}N^3O^3 \quad + \quad H^2O.$$
   Isatine   Ammon.   Imasatine   Eau.

On trouve dans l'intéressant travail de M. Laurent sur l'indigo (1) la description de plusieurs autres corps semblables.

66. Il n'a été question jusqu'à présent que de la manière d'être de l'ammoniaque avec les corps oxygénés ; nous avons donc à dire encore quelques mots des corps qui renferment du chlore ou du brome.

L'ammoniaque se comporte autrement avec le benzoïlol chloré qu'avec l'espèce normale du même genre (65). Lorsqu'on traite le premier corps par l'ammoniaque gazeuse, il se dégage de l'acide hydrochlorique qui se combine avec l'excédant de celle-ci, en même temps que NH^2, résidu des éléments de l'ammoniaque, reste à la place du chlore enlevé :

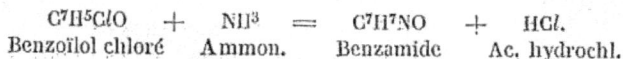

$$C^7H^5ClO \quad + \quad NH^3 \quad = \quad C^7H^7NO \quad + \quad HCl.$$
Benzoïlol chloré   Ammon.   Benzamide   Ac. hydrochl.

Bouilli avec une dissolution de potasse, le produit donne du benzoate de potasse et de l'ammoniaque. Ce même produit s'obtient, suivant M. Deville, en laissant longtemps de l'ammoniaque alcoolisée en contact avec de l'éther benzoïque.

Il est donc juste de compter aussi parmi les amides les substances qui sont le résultat d'une fixation des éléments de l'ammoniaque et d'une élimination d'acide hydrochlorique.

D'après cela, l'uréthane et l'uréthylane de MM. Dumas et Péligot (2) sont de véritables amides.

L'uréthane résulte de l'action de l'ammoniaque sur l'éther chloroxicarbonique. La réaction est si vive que le mélange entre en ébullition en produisant quelquefois une sorte d'explosion ; outre l'uréthane, il ne se produit que du sel ammoniac.

---

(1) *Annal. de chim. et de phys.*, 3ᵉ série, t. III, p. 483.
(2) *Annal. de chim. et de phys.*, t. LIV, p. 225.

Cette réaction se conçoit aisément, car

$$C^3H^5ClO^2 \quad + \quad NH^3 \quad = \quad C^3H^7NO^2 \quad + \quad HCl.$$
Éther chloroxic.   Ammon.   Uréthane   Ac. hydr.

Ni l'éther chloroxicarbonique ni l'uréthane ne fournissent d'alcool lorsqu'on les traite à chaud par une lessive de potasse, comme les autres éthers ; mais ce fait est entièrement dans la règle, puisque dans la formation de ceux-ci il s'élimine H^2O, tandis qu'il se dégage de l'acide hydrochlorique dans l'éthérification de l'alcool par le gaz chloroxicarbonique, ainsi que dans la décomposition du nouvel éther par l'ammoniaque. Pour régénérer de l'alcool avec ces deux produits, il faudrait évidemment les soumettre à l'action du gaz hydrochlorique, c'est-à-dire qu'il faudrait leur ramener les éléments éliminés. La formation de l'uréthylane par l'esprit de bois est entièrement semblable.

Il est à remarquer que l'ammoniaque ne porte pas toujours son action sur le chlore ou le brome des substances organiques, lorsqu'elles renferment en même temps de l'oxygène. M. Piria (1) a reconnu ce fait dans ses recherches sur l'essence d'ulmaire (salicylol normal G.). Lorsque ce corps est chloré ou bromé, l'ammoniaque attaque néanmoins son oxygène :

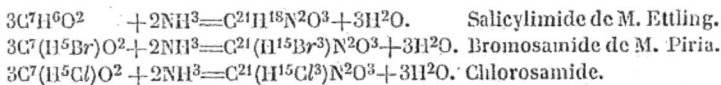

$3C^7H^6O^2 \quad + 2NH^3 = C^{21}H^{18}N^2O^3 + 3H^2O.$ Salicylimide de M. Ettling.
$3C^7(H^5Br)O^2 + 2NH^3 = C^{21}(H^{15}Br^3)N^2O^3 + 3H^2O.$ Bromosamide de M. Piria.
$3C^7(H^5Cl)O^3 + 2NH^3 = C^{21}(H^{15}Cl^3)N^2O^3 + 3H^2O.$ Chlorosamide.

M. Laurent a fait de semblables observations sur les espèces chlorées et bromées du genre isatine (2).

(1) *Annal. de chim. et de phys.*, t. LXIX, p. 309.
(2) *Ibid.*, 3ᵉ série, t. III, p. 483.

Si l'on fait agir du gaz ammoniac sur de l'éther oxalique perchloré $C^6Cl^{10}O^4$, il se produit, selon M. Malaguti (*Annal. de chim. et de phys.*, t. LXXIV, p. 304), du sel ammoniac et du chloroxaméthane $C^4Cl^5H^2NO^3$, qui est de l'oxaméthane renfermant 5 éq. de chlore en place de 5 éq. d'hydrogène. Mais que deviennent l'oxygène et le carbone que ce produit renferme de moins que l'éther oxalique ? L'éther oxalique donne de l'alcool en même temps qu'il fournit de l'oxaméthane ; quel est le corps qui se sépare dans la réaction de l'ammoniaque sur l'éther chloroxalique ? M. Malaguti ne nous le dit pas : $C^6Cl^{10}O^4 + NH^3$ donne $C^6Cl^{10}O^4H^3N$; en en défalquant les éléments du chloroxaméthane $C^4Cl^5O^3NH^2$, il reste C^2Cl^5OH,

67. Disons en résumé que : (a) *dans le cas où l'ammoniaque porte son action sur le chlore lui-même des corps chlorés*, ceux-ci cèdent Cl qui forme HCl avec H de l'ammoniaque, tandis que NH², résidu des éléments de l'ammoniaque, reste fixé sur la matière organique ; (b) *dans le cas où l'ammoniaque porte son action sur l'oxygène des matières organiques*, il se sépare toujours de l'eau aux dépens de l'hydrogène de l'ammoniaque et à ceux de l'oxygène de la substance organique, tandis que NH ou N demeure en place de l'oxygène enlevé, suivant le nombre des équivalents de substance et d'ammoniaque entrés en décomposition.

Les produits de cette réaction s'appellent amides, lorsqu'ils sont capables, en fixant de nouveau l'eau ou l'acide hydrochlorique, de régénérer les substances qui leur ont donné naissance.

Cette régénération s'effectue ordinairement avec le concours des acides ou des alcalis minéraux.

Les amides sont tantôt neutres, tantôt acides ; dans ce dernier

qui représenterait, il est vrai, les éléments d'un alcool quintichloré C²(HCl⁵)O, mais ce corps n'a pas été isolé ; d'ailleurs il n'est pas probable que l'ammoniaque donne les mêmes produits avec l'éther oxalique normal et l'éther oxalique chloré, car l'eau H²O et l'acide hydrochlorique HCl ne se correspondent pas dans leur composition. L'oxaméthane et le chloroxaméthane seraient isomorphes, suivant M. de la Provostaye ; mais M. G. Rose n'admet point cette isomorphie.

En projetant par petites portions l'éther chloroxalique dans l'ammoniaque liquide, on observe un bruissement semblable à celui d'un corps incandescent qu'on plongerait dans l'eau ; il se précipite de l'oxamide en poudre blanche, et le liquide retient un sel chloré à base d'ammoniaque.

L'action de l'ammoniaque liquide sur le chloroxaméthane lui-même diffère de celle que l'oxaméthane éprouve dans les mêmes circonstances ; ce dernier, en effet, donne de l'alcool et de l'oxamide (64).

Mais le chloroxaméthane se décompose avec un équivalent d'eau, et fournit alors du chloroxalovinate d'ammoniaque :

$$C^4(Cl^5H^2)O^3N + H^2O = C^4Cl^5HO^4, NH^3.$$

Cette différence de réaction semble bien indiquer qu'il ne se dégage pas, dans la formation du chloroxaméthane, un composé chloré appartenant au même type que l'alcool ; il serait même fort possible, d'après cela, que l'oxaméthane et le chloroxaméthane, quoique pouvant dériver l'un de l'autre par substitution, n'appartinssent pas au même groupe moléculaire.

cas elles ont la propriété d'échanger une certaine quantité d'hydrogène pour du métal.

L'étude des amides mérite de fixer l'attention des chimistes d'une manière toute particulière, car elle promet de donner la clef de la constitution de ces nombreuses substances azotées qu'engendre la végétation. Elle nous apprendra peut-être un jour à faire de l'indigo, de la quinine ou de la morphine, sans extraire ces produits des plantes. Toutefois, dans l'état de la science, il serait peu convenable de considérer comme amides les matières azotées dont on ne connaît pas l'origine.

ALCALOÏDES.

68. Nous donnons le nom d'*alcaloïdes*, de *bases organiques* ou d'*alcalis végétaux*, à des substances azotées capables, à la manière de l'ammoniaque, de s'unir directement aux sels à base d'hydrogène (acides) ou de métaux, et de former avec eux des combinaisons définies. Bien qu'aucun échange ne s'effectue par la rencontre d'un sel et d'un alcaloïde, le produit porte néanmoins aussi le nom de sel, à cause des nombreuses analogies qu'il présente avec les combinaisons salines proprement dites.

C'est que, dans les sels formés par les alcaloïdes, on peut, à volonté, déplacer le sel hydrogéné (l'acide) ou métallique par un autre sel, ou l'alcaloïde par un autre alcaloïde. Ce caractère est d'ailleurs aussi propre aux sels ammoniacaux.

Exemple. La strychnine $C^{22}H^{24}N^2O^2$ est un alcaloïde qui se combine directement avec le nitrate d'hydrogène NHO^3, pour former :

$C^{22}H^{24}N^2O^2$, NHO^3. Strychnine nitrique ou nitrate de strychnine.

Mais ce même alcaloïde s'unit aussi au nitrate d'argent de manière à produire :

$C^{22}H^{24}N^2O^2$, $NAgO^3$. Strychnine argento-nitrique ou nitrate de strychnine et d'argent (1).

Lorsque les sels auxquels s'unissent les alcaloïdes sont polyba-

_____

(1) Regnault, *Répertoire de chimie*, t. V, p. 85.

siques, plusieurs équivalents d'alcaloïde peuvent se combiner avec eux, et l'on peut alors obtenir différents produits que l'on a désignés sous le nom de sel neutre, de sel basique et de sel acide : ainsi, par exemple, le sulfate d'hydrogène ou acide sulfurique se combine avec la quinine en deux proportions différentes :

$C^{20}H^{24}N^2O^2$, SH^2O^4.   Quinine sulfurique, dite sulfate neutre ou bisulfate de quinine.

$(C^{20}H^{24}N^2O^2)^2$, SH^2O^4. Quinine semi-sulfurique, dite sulfate basique.

Ces combinaisons ressemblent aux composés ammoniacaux suivants :

NH^3, SH^2O^4.   Sulfate d'ammoniaque acide, ou bisulfate d'ammoniaque.

$(NH^3)^2$, SH^2O^4. Sulfate d'ammoniaque neutre.

L'ammoniaque, en effet, est le type des alcaloïdes : seulement on ne peut pas la ranger parmi les substances organiques, puisqu'elle ne renferme pas de carbone ; elle s'unit directement aux sels à base d'hydrogène (oxacides hydratés et hydracides), sans rien déplacer, ce qui a fait inventer à Ampère son ingénieuse théorie de l'ammonium, et à M. Regnault sa loi de la saturation pour les alcalis végétaux ; mais la théorie et la loi deviennent superflues si, adoptant notre définition des alcaloïdes, on les considère *comme des substances azotées capables de se combiner directement aux sels sans en détruire le caractère salin.* Un corps possède le caractère salin lorsqu'il renferme de l'hydrogène ou un métal pouvant être échangé à volonté pour un autre métal.

Cette définition nous semble justifiée par la propriété que possèdent les alcaloïdes de s'unir non seulement aux acides, mais encore aux sels métalliques.

On a cru pendant longtemps que les alcalis végétaux contenaient de l'ammoniaque dans leurs éléments, et devaient à elle leurs propriétés basiques ; mais M. Regnault a démontré que la proportion d'azote est fort variable dans ces substances, et n'influe en rien sur la quantité d'acide saturée par elles.

69. La plupart des alcaloïdes se rencontrent tout formés dans

les végétaux ; un seul, l'urée, s'élabore dans l'économie animale. Dans ces dernières années on est parvenu à produire artificiellement, outre l'urée, plusieurs alcaloïdes nouveaux, et tout porte à espérer que bientôt la quinine, la narcotine, la morphine ne s'extrairont plus des quinquinas ou de l'opium, mais s'obtiendront dans nos laboratoires à l'aide de substances plus communes occupant le haut de l'échelle organique.

Les alcaloïdes sont ordinairement solides et cristallisables ; mais il y en a plusieurs, surtout les alcaloïdes non oxygénés, qui sont liquides à la température ordinaire, et même volatils lorsque leur équivalent n'est pas fort élevé. Nous avons déjà dit qu'ils contiennent tous de l'azote ; de même on y rencontre toujours du carbone et de l'hydrogène.

En dissolution aqueuse ou alcoolique, les alcaloïdes ramènent au bleu le tournesol rougi par les acides, et verdissent le sirop de violette ; il y en a toutefois dont les propriétés alcalines sont si faibles qu'ils n'exercent aucune action sur les couleurs végétales.

Les alcaloïdes, en s'unissant aux sels à base d'hydrogène, en font ordinairement disparaître la réaction acide ; ils saturent donc les acides. Les composés qui en résultent se comportent comme des sels ordinaires et obéissent immédiatement à l'action des réactifs propres à y déceler le sel hydrogéné et l'alcaloïde : ainsi, par exemple, lorsqu'on ajoute une dissolution de potasse à du sulfate de quinine, la quinine est mise en liberté, et il en résulte du sulfate de potasse : cela prouve donc que les alcalis minéraux font éprouver aux sels d'alcaloïdes une action double ; non seulement ils séparent l'alcaloïde d'avec son acide, mais encore ils éliminent l'hydrogène basique de ce dernier pour mettre du métal à la place :

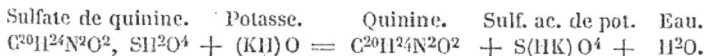

Sulfate de quinine.   Potasse.   Quinine.   Sulf. ac. de pot.   Eau.

$$C^{20}H^{24}N^2O^2, SH^2O^4 + (KH)O = C^{20}H^{24}N^2O^2 + S(HK)O^4 + H^2O.$$

Par un excès d'alcali on a en outre :

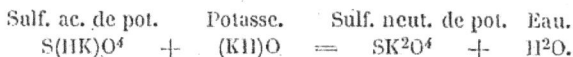

Sulf. ac. de pot.   Potasse.   Sulf. neut. de pot.   Eau.

$$S(HK)O^4 + (KH)O = SK^2O^4 + H^2O.$$

Les alcaloïdes ont une saveur amère et fort âcre qui passe même dans leurs sels. Plusieurs d'entre eux agissent sur l'économie animale d'une manière fort énergique, et même à petite dose, en véritables poisons.

Plus les alcaloïdes sont oxygénés, mieux ils se dissolvent dans l'eau ; l'alcool les dissout très facilement à chaud, et, par le refroidissement, en abandonne une partie sous forme de cristaux plus ou moins déterminables.

Leurs combinaisons sont généralement solubles dans l'eau lorsqu'elles renferment des sels à base d'hydrogène ; si la base de ces sels est métallique, leur combinaison avec l'alcaloïde est ordinairement peu soluble dans l'eau froide, et plus soluble dans ce liquide à chaud.

Les combinaisons des alcaloïdes sont précipitées par l'infusion de noix de galle.

Les hydrochlorates des alcaloïdes précipitent ordinairement le bichlorure de platine en produisant une combinaison double de couleur orangée qui se dissout quelquefois dans l'eau bouillante et se dépose par le refroidissement à l'état cristallin. Ces combinaisons doubles s'obtiennent très facilement et peuvent servir à la détermination de l'équivalent des alcaloïdes ; en effet, par la calcination elles laissent du platine métallique pur, et comme la combinaison double se représente d'une manière générale par

$$A,\ HCl + PtCl^2,$$

A exprimant 1 équivalent d'alcaloïde, il est aisé d'en déduire ce dernier. Remarquons toutefois qu'il existe quelques alcaloïdes qui fixent 2 équivalents de bichlorure de platine.

Le bichlorure de mercure donne des composés semblables. Dans quelques cas, on peut aussi employer avec avantage le nitrate d'argent : lorsqu'on mélange une dissolution alcoolique d'un alcaloïde avec une dissolution alcoolique de nitrate d'argent, on obtient un précipité contenant

$$A + NAgO^3,$$

et qui fournit aussi de l'argent métallique quand on le calcine.

On ne sait rien de précis sur la manière dont le chlore, l'iode, l'acide nitrique, etc., transforment les alcaloïdes; l'étude de ces corps est encore fort arriérée. On a observé que le chlore précipite en blanc les dissolutions des sels de strychnine, mais l'analyse du produit n'a pas encore été faite. Le brome se comporte d'une manière semblable avec les sels d'aniline en fournissant un produit dérivé de l'aniline par substitution (1).

L'acide nitrique colore en rouge certains alcaloïdes comme la brucine et la morphine. Les produits que la brucine fournit dans ces circonstances renferment les éléments de la vapeur nitreuse.

La potasse en fusion attaque les alcaloïdes; nous avons décomposé par cet agent la quinine, la cinchonine et la strychnine en un nouvel alcaloïde liquide, la *quinoléine*, qui offre beaucoup d'analogie avec les alcaloïdes de la ciguë et du tabac. Il serait intéressant d'examiner d'autres alcaloïdes sous le même point de vue.

En chauffant la narcotine avec un mélange de peroxyde de manganèse et d'acide sulfurique, MM. Liebig et Woehler ont transformé cet alcaloïde en un acide cristallisable qui paraît renfermer $C^{10}H^{10}O^5$ ou $C^{20}H^{20}O^{10}$. Le travail de ces chimistes sur ce sujet n'a pas encore été publié.

70. Les alcaloïdes solides et insolubles qui se rencontrent dans les plantes s'obtiennent aisément en épuisant les parties où ils se trouvent, par un acide étendu qui puisse former avec l'alcaloïde une combinaison soluble; pour cela on emploie ordinairement de l'acide hydrochlorique ou de l'acide sulfurique; on concentre ensuite les extraits, et on les précipite par de la chaux, par de l'ammoniaque ou par du carbonate de soude. On obtient l'alcaloïde à l'état de pureté en faisant dissoudre le précipité dans l'alcool et abandonnant à cristallisation; s'il était coloré, il faudrait le combiner de nouveau avec un acide, et traiter la dissolution par du charbon animal.

Lorsque l'alcaloïde est liquide et volatil, on opère comme précédemment; mais au lieu de précipiter par l'alcali minéral, on distille la combinaison avec de la potasse. C'est à peu près de cette manière qu'on a obtenu l'alcaloïde du tabac et de la ciguë.

(1) Aniline C^6H^7N; bromaniloïde de M. Fritzsche $C^6 (H^4 Br^3) N$. *Bulletin physico-math. de l'Acad. de St-Pétersb.*, t. 1, p. 29.

Comme la potasse décompose certains alcaloïdes fixes en d'autres alcaloïdes liquides et volatils, il est à supposer que la nicotine et la conine ne sont que les produits de décomposition d'un alcaloïde fixe renfermé dans le tabac et dans la ciguë.

71. Les alcaloïdes factices ont été obtenus dans des circonstances assez variées que nous résumerons de la manière suivante :

(*a*) Décomposition des sels ammoniacaux. On doit à M. Woehler la découverte de la transformation si curieuse du cyanate d'ammoniaque en urée. Lorsqu'on fait bouillir la solution aqueuse de ce sel, il s'en dégage de l'ammoniaque, et les éléments restants demeurent en combinaison à l'état d'urée :

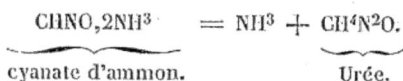

$$CHNO,2NH^3 \quad = NH^3 + CH^4N^2O.$$

$$\underbrace{}_{\text{cyanate d'ammon.}} \qquad \underbrace{}_{\text{Urée.}}$$

Le cyanate d'ammoniaque sulfuré (sulfo-cyanure d'ammonium) fournit également un alcaloïde par la distillation sèche :

$$\overbrace{}^{\text{Mélamine.}}$$

$$3(CHNS,NH^3) = 3H^2S + \quad C^3H^6N^6.$$

Le nouvel alcaloïde peut se transformer, sous l'influence des acides concentrés, en deux autres, *amméline* et *mélamine :*

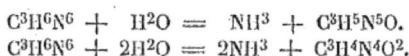

$$C^3H^6N^6 + H^2O = NH^3 + C^3H^5N^5O.$$
$$C^3H^6N^6 + 2H^2O = 2NH^3 + C^3H^4N^4O^2.$$

Lorsque, suivant MM. Laurent et Hoffmann, on expose du phénol ammoniacal C^6H^6O,NH^3 à une température de 200° dans un tube scellé à la lampe, il se produit de l'eau et un alcaloïde particulier, l'*aniline*, le même que celui qui a été obtenu par l'indigo et par l'huile du goudron de houille :

$$C^6H^6O + NH^3 = C^6H^7N + H^2O.$$

(*b*) Décomposition d'un acide azoté. M. Fritzsche a remarqué que l'acide anthranilique, produit de la décomposition de l'indigo par la potasse, se convertit par une distillation brusque en ani-

line en perdant tout simplement les éléments de l'acide carbonique (1) :

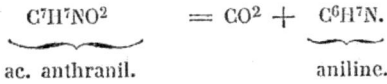

$$C^7H^7NO^2 \qquad = CO^2 + C^6H^7N.$$

$\underbrace{\qquad\qquad}$ ac. anthranil. $\qquad\qquad$ aniline.

On remarque entre le nouvel alcaloïde et l'acide azoté d'où il
dérive les mêmes rapports qu'entre certains hydrogènes carbonés (benzène, cinnamène, cumène) et les acides non azotés
correspondants.

(c) Décomposition d'un alcaloïde par la potasse. La quinine,
la cinchonine, la strychnine dégagent un alcaloïde liquide lorsqu'on les fait fondre avec la potasse; la cinchonine se comporte
dans ces circonstances de la manière la plus nette.

Voici comment il faut représenter cette réaction (2) :

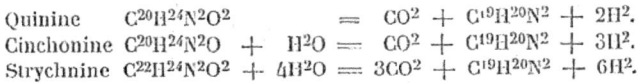

Quinine $C^{20}H^{24}N^2O^2 \qquad = CO^2 + C^{19}H^{20}N^2 + 2H^2.$
Cinchonine $C^{20}H^{24}N^2O + H^2O = CO^2 + C^{19}H^{20}N^2 + 3H^2.$
Strychnine $C^{22}H^{24}N^2O^2 + 4H^2O = 3CO^2 + C^{19}H^{20}N^2 + 6H^2.$

Dans cette décomposition la potasse caustique fixe donc de l'acide
carbonique en même temps que de l'hydrogène se dégage à l'état
de gaz.

Cette réaction, appliquée à la codéine et au piperin, n'a pas
donné le même alcaloïde, et cela par la raison que ces deux corps
renferment $C^{17}H^{19}NO^3$ et $C^{18}H^{21}NO^3$, c'est-à-dire qu'ils sont placés
dans l'échelle organique plus bas que la quinoléine.

(d) Décomposition de substances nitrogénées par l'hydrogène
sulfuré. Cette réaction, observée par M. Zinin (3), sera sans

---

(1) Lorsqu'on distille doucement de l'acide hippurique avec de la
baryte caustique, il passe un liquide ayant l'odeur du benzène, sans
aucune trace d'ammoniaque. Ce liquide, mis en contact avec de l'acide
hydrochlorique, se convertit immédiatement en paillettes blanches ; ce
n'est donc pas du benzène; mais cette expérience ne réussit pas toujours, car le mélange s'échauffe souvent au point de partir tout d'un
coup, en fournissant beaucoup d'ammoniaque. Si l'on soumet à la distillation la liqueur qui se concrète avec l'acide hydrochlorique, elle se convertit en benzène et ne se solidifie alors plus. Faute de matière, nous
n'avons pu examiner ce nouveau produit.

(2) *Revue scientifique*, t. X, p. 200.

(3) *Ibid.*, t. XII, p. 285.

doute féconde en beaux résultats. Lorsqu'on fait passer de l'hydrogène sulfuré dans une dissolution alcoolique de naphtalène
nitrique (nitro-naphtalase de M. Laurent) chauffée légèrement, il
se dépose des cristaux de soufre en même temps que le liquide,
d'abord d'un jaune clair, rougit et finit par devenir verdâtre. Si
au bout de quelque temps on décante la solution du précipité et
qu'on en chasse l'alcool par la distillation, il se sépare une huile
qui se concrète par le refroidissement. Cette huile est un nouvel
alcaloïde auquel M. Zinin donne le nom de *naphtalidame*. On
l'obtient encore plus aisément en mettant 1 p. du corps nitré
dans 10 p. d'alcool concentré, saturant le liquide par de l'ammoniaque et traitant enfin par de l'hydrogène sulfuré. Le même
chimiste a reproduit par une opération semblable l'aniline de
M. Fritzsche, en décomposant le benzène nitrique.

Ces réactions s'effectuent d'après les équations suivantes :

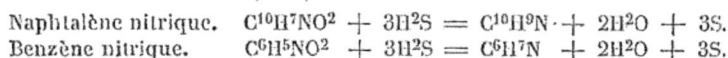

Naphtalène nitrique. $C^{10}H^7NO^2 + 3H^2S = C^{10}H^9N + 2H^2O + 3S.$
Benzène nitrique. $C^6H^5NO^2 + 3H^2S = C^6H^7N + 2H^2O + 3S.$

Il serait intéressant d'examiner sous le même point de vue des
espèces renfermant plusieurs équivalents d'éléments nitriques,
ainsi que celles qui dérivent d'un acide.

Peut-être parviendrait-on à reproduire par le même procédé
la nicotine et la conine. Ces alcalis contenant C^5H^7N et $C^8H^{17}N$ (1)
pourraient s'obtenir avec les espèces nitriques des hydrogènes
carbonés C^5H^6 et C^8H^{16} (naphtène de MM. Pelletier et Walter ?)

(e) Combinaison de l'ammoniaque avec une huile essentielle
sulfurée. Lorsqu'on sature de l'essence de moutarde avec du gaz
ammoniac, il se produit des cristaux qui possèdent des propriétés
basiques (Varrentrapp et Will) (2). Ces cristaux ont reçu le nom
de *thiosinamine*.

$$C^8H^{10}N^2S^2 + 2NH^3 = C^8H^{16}N^4S^2.$$

(f) Désulfuration d'un alcaloïde sulfuré. MM. Robiquet et

(1) Suivant MM. Barral et Ortigosa C^5H^8N et $C^8H^{16}N.$
(2) *Traité de chimie organique*, par M. Liebig. — Notre traduction,
t. II, p. 571.

Bussy ont remarqué qu'en traitant la thiosinamine par de l'oxyde de plomb hydraté, on obtient un nouvel alcaloïde cristallisable qui ne renferme plus de soufre. C'est la *sinamine* de MM. Varrentrapp et Will.

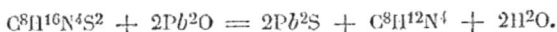

$$C^8H^{16}N^4S^2 + 2Pb^2O = 2Pb^2S + C^8H^{12}N^4 + 2H^2O.$$

Dans cette réaction il y a donc formation d'eau et d'un sulfure métallique.

(*g*) Désulfuration d'une huile essentielle sulfurée. Lorsqu'on traite, suivant M. Simon, l'essence de moutarde par un alcali minéral ou par de l'oxyde de plomb hydraté, il se produit un alcaloïde particulier, la *sinapoline*, ainsi que du sulfure de carbone ; ce dernier, à son tour, sous l'influence de l'eau, se dédouble en sulfure et en carbonate.

$$C^8H^{10}N^2S^2 + H^2O = C^7H^{12}N^2O + CS^2.$$

On pourrait encore ajouter aux cas précédents la distillation sèche des matières azotées (animales) seules ou avec de la potasse. L'*huile de Dippel* est en effet un mélange d'ammoniaque et de plusieurs alcaloïdes parmi lesquels on remarque l'aniline (cristalline de M. Unverborben). Dans les produits de la distillation du charbon de terre on rencontre également de l'aniline (kyanol de M. Runge). L'indigo fournit directement de l'aniline quand on le distille avec de la potasse.

72.   *Table des alcaloïdes qui ont été analysés.*

NOMS.	FORMULE.	ORIGINE.	EXPÉRIMENTATEURS.
Ammélide	$C^3H^4N^4O^2$ (1)	Décomposition de la mélamine ou de l'amméline par les acides concentrés	Liebig.
Ammeline	$C^3H^5N^5O$	Décomposition de la mélamine par les acides concentrés	Liebig.
Aniline (cristalline, kyanol, benzidame).	C^6H^7N.	Décomposition de l'indigo par la potasse, huile du goudron de houille, etc.	Fritzsche, Zinin, Hoffmann.
Aricine	$C^{20}H^{24}N^2O^3$ (?).	Quinquina d'Arica.	Pelletier.
Atropine	$C^{17}H^{23}NO^3$ (?)	Belladone (*Atropa Belladona*).	Liebig.
Berbérine	$C^{21}H^{26}NO^8$ (?)	Écorce de l'épine-vinette (*Berberis vulgaris*).	Kemp.
Brucine	$C^{22}H^{26}N^2O^4$ (?).	Fausse angusture et autres strychnos	Regnault, Liebig.
Caféine (guaranine, théine)	$C^8H^{10}N^4O^2$	Café, thé, fruit de *Paullinia sorbilis*, etc.	Pfaff, Liebig.
Chélidonine	$C^{20}H^{26}N^3O^3$ (?).	Grande chélidoine (*Chelidonum majus*)	Will.
Cinchonine	$C^{20}H^{24}N^2O$.	Quinquinas bruns et gris.	Liebig, Regnault, Gerhardt.
Cinchovatine	$C^{23}H^{28}N^2O^4$ (2)	Quinquina Jaën.	Manzini.
Codéine	$C^{18}H^{21}NO^3$ (3)	Opium.	Regnault, Gerhardt.
Conine	$C^8H^{17}N$ (4).	Ciguë (*Conium maculatum*).	Origosa.

(1) Notre formule.
(2) *Idem.*
(3) *Idem.*
(4) *Idem.*

Table des alcaloïdes qui ont été analysés.

NOMS.	FORMULE.	ORIGINE.	EXPÉRIMENTATEURS.
Corydaline	$C^{17}H^{22}NO^5$ (?)	Racines de *Corydalis bulbosa* et de *C. fabacea*.	Fr. Doebereiner.
Delphine	Inconnue.	Graines de staphysaigre.	Couerbe.
Émétine	Inconnue.	Plusieurs variétés d'ipécacuanha.	Pelletier.
Harmaline	$C^{24}H^{26}N^2O$.	Graines de *Peganum harmala*.	Varrentrapp et Will.
Jervine	$C^{30}H^{46}N^2O^2$ (?)	Racine d'ellébore blanc (*Veratrum album*).	Will.
Leucole	C^9H^7N.	Huile du goudron de houille.	Hoffmann.
Mélamine	$C^{31}H^6N^6$	Décomposition du sulfo-cyanhydrate d'ammoniaque par la chaleur.	Liebig.
Ménispermine	$C^{18}H^{24}N^2O^2$ (?).	Coque du Levant.	Pelletier et Couerbe.
Morphine	$C^{17}H^{20}NO^3$ (?)	Suc laiteux de l'opium, du pavot, etc.	Regnault, Liebig.
Naphtalidame	$C^{10}H^9N$	Décomposition du naphtaléine nitrique par l'hydrogène sulfuré	Zinin.
Narcéine	$C^{24}H^{20}NO^6$ (?)	Opium.	Couerbe.
Narcotine	$C^{29}H^{20}NO^6$ (?)	Opium.	Liebig.
Nicotine	C^5H^7N (1).	Feuilles de tabac.	Barral, Ortigosa.
Pseudo-morphine	$C^{14}H^{18}NO^{12}$ (?).	Opium.	Pelletier.
Pipérine	$C^{17}H^{19}NO^3$.	Poivre.	Regnault, Gerhardt.
Quinine	$C^{20}H^{24}N^2O^2$.	Quinquinas véritables.	Liebig, Regnault, Gerhardt.
Quinoléine	$C^{19}H^{20}N^2$.	Décomposition de la quinine, de la cinchonine et de la strychnine par la potasse.	Gerhardt.

(1) Notre formule.

Table des alcaloïdes qui ont été analysés.

NOMS.	FORMULE.	ORIGINE.	EXPÉRIMENTATEURS.
Sabadilline	$C^{20}H^{28}N^2O^6$ (?).	Graine de cévadille	Couerbe.
Sinammine	$C^8H^{12}N^4$.	Décomposition de la thiosinamine par l'oxyde de plomb hydraté.	Varrentrapp et Will.
Sinapoline	$C^7H^{12}N^2O$.	Décomposition de l'essence de moutarde par les alcalis.	les mêmes.
Solanine	Inconnue.	Solanées.	Blanchet.
Staphysaïne	$C^{16}H^{23}NO$ (?).	Graines de staphysaigre.	Couerbe.
Strychnine	$C^{22}H^{24}N^2O^4$ (1)	Fève de Saint-Ignace, noix vomique.	Liebig, Regnault, Gerhardt.
Thébaïne	Incertaine.	Opium.	Kane.
Théobromine	$C^9H^{10}N^6O^2$ (?)	Graines de cacao.	Woskresensky.
Thiosinamine	$C^8H^{16}N^4S^2$.	Combinaison d'ammoniaque et d'essence de moutarde.	Varrentrapp et Will.
Urée	CH^4N^2O.	Décomposition du cyanate d'ammoniaque; urine des mammifères.	Woehler, Liebig, Dumas.
Vératrine	Incertaine.	Graine de cévadille (*Veratrum officinale*).	Couerbe.

(1) Notre formule.

ALCOOLS.

73. On appelle *alcool* toute substance organique non azotée et neutre, capable, dans certaines circonstances, d'abandonner les éléments d'un équivalent d'eau pour se convertir en un carbure d'hydrogène, et d'échanger H^2 contre O pour devenir un acide monobasique.

L'alcool ordinaire, produit de la fermentation du sucre, est le corps type de cette classe de combinaisons. Sa formule est : $C^2H^6O = 2$ vol. de vapeur. L'acide sulfurique concentré lui enlève H^2O, et le convertit en gaz oléfiant; les agents oxygénants le transforment en acide acétique $C^2H^4O^2$.

C^2H^6O. Alcool.
$C^2H^6O - H^2O = C^2H^4$. Gaz oléfiant.
$C^2H^6O - H^2 + O = C^2H^4O^2$. Acide acétique.

Il existe un autre corps type dérivant des alcools, c'est l'alcool déshydrogéné ou, par abréviation, aldéhyde, résultat d'une oxydation incomplète.

$C^2H^6O - H^2 = C^2H^4O$. Aldéhyde.

Ce dernier corps constitue un terme intermédiaire entre l'alcool et l'acide.

Les alcools peuvent être considérés comme des chefs de famille, en tant qu'à leur aide on produit des séries de combinaisons très nombreuses. « Découvrir ou caractériser un alcool, disent » MM. Dumas et Stas, c'est enrichir la chimie organique d'une » série de produits analogues à ceux que représente en chimie » minérale la découverte d'un métal nouveau. » Malheureusement le nombre de ceux qu'on connaît aujourd'hui est encore fort restreint, car on n'a pas encore trouvé le moyen de convertir les acides en leurs alcools respectifs; mais il est à supposer qu'il correspond à chaque acide un alcool, un aldéhyde, un carbure d'hydrogène, c'est-à-dire que chaque famille possède son alcool.

(1) *Annal. de chim. et de phys.*, t. LXXIII, p. 114.

En fait d'alcools, on peut admettre aujourd'hui :

1. Le *méthol* (esprit de bois) ou alcool de la première famille . . . . $CH^4O = (CH^2) + H^2O.$

2. L'*alcool* ordinaire (esprit de vin) ou alcool de la deuxième famille. . . . . . . $C^2H^6O = 2(CH^2) + H^2O.$

3. L'*amylol* (huile de pommes de terrre) ou alcool de la cinquième famille . . . . $C^5H^{12}O = 5(CH^2) + H^2O.$

4. L'*éthal* ou alcool de la seizième famille. $C^{16}H^{34}O = 16(CH^2) + H^2O.$

5. La *cérosie* ou alcool de la vingt-quatrième famille. . . . . $C^{24}H^{50}O = 24(CH^2) + H^2O.$

Tous ces corps appartiennent évidemment à la formule générale $R + ^2O$, car ils renferment les éléments combustibles dans le rapport de $1 : 2$, plus la quantité d'hydrogène nécessaire pour former de l'eau avec l'oxygène.

Des cinq alcools que nous venons de nommer, un seul se rencontre dans la nature, c'est la cérosie, matière cireuse particulière que M. Avequin a extraite de la canne à sucre. Les quatre autres sont des produits factices : l'alcool de la première famille est un produit de la distillation du bois ; l'alcool de la deuxième se forme dans la fermentation du sucre ; l'alcool de la cinquième se rencontre dans les produits de la fermentation du moût de pommes de terre et de marc de raisin ; enfin l'alcool de la seizième famille s'obtient avec le blanc de baleine.

Lorsqu'on les soumet à l'action de l'acide sulfurique, du chlorure de zinc ou de l'acide phosphorique et d'une température élevée, ils perdent les éléments d'un équivalent d'eau, et donnent des hydrogènes carbonés ; toutefois, l'esprit de bois et la cérosie n'ont pas encore fourni les carbures correspondants (méthylène de MM. Dumas et Péligot). Dans le principe, cette réaction a fait considérer les alcools comme des hydrates d'hydrogène carboné, constitués de la manière suivante :

Méthol ou bihydrate de méthylène $C^2H^4, 2H^2O$

Alcool ou bihydrate d'éthérène $C^4H^8, 2H^2O.$

Amylol ou bihydrate d'amilène $C^{10}H^{20}, 2H^2O.$

Éthal ou bihydrate de cétène $C^{32}H^{64}, 2H^2O.$

Il ne faudrait pas attacher un sens trop exclusif à cette manière de représenter les alcools; car il y a une foule d'autres corps qui sont capables de céder les éléments de l'eau, sous l'influence de certains agents, sans que pour cela l'eau y préexiste toute formée.

La théorie de M. Liebig, qui exprime les alcools par des hydrates d'oxydes de radicaux inconnus (éthyle, méthyle, etc.), est une application fort heureuse des principes électro-chimiques aux combinaisons organiques; mais elle a l'inconvénient de ne pouvoir s'étendre qu'à un nombre de composés trop restreint.

74. Le méthol et l'alcool ordinaire sont solubles dans l'eau; ils dissolvent avec facilité les trois autres alcools; tous les cinq se mélangent aisément avec l'éther.

Ils sont volatils sans décomposition; la densité de leur vapeur correspond à 2 volumes. Un équivalent fort élevé pourrait cependant s'opposer à la volatilité des alcools.

La potasse liquide ne les attaque presque point, et il faut une ébullition prolongée, ainsi que le contact de l'air, pour qu'elle agisse sur les deux premiers; mais lorsqu'on les chauffe avec de la chaux potassée, ils dégagent de l'hydrogène, et fournissent les sels des acides correspondants, ainsi que MM. Dumas et Stas l'ont démontré. Il est à remarquer toutefois que cette expérience n'a pas encore été faite avec la cérosie.

75. Lorsqu'on considère la manière dont l'éthal a été obtenu, on a tout lieu d'espérer qu'un procédé semblable conduira un jour à la découverte d'autres alcools. Pour obtenir l'éthal, MM. Dumas et Péligot font fondre du blanc de baleine à une douce chaleur, et y ajoutent ensuite de la potasse hydratée, en poudre grossière, en agitant le mélange. La combinaison s'opère aisément avec dégagement de chaleur. Dès que la masse est devenue solide, on la dissout dans l'eau, et l'on traite la dissolution filtrée par un excès d'acide hydrochlorique étendu et bouillant. La couche huileuse qui vient surnager est remise au même traitement par la potasse, afin de saponifier tout le blanc de baleine qui aurait échappé à la décomposition. On reprend ensuite la masse par l'eau et l'acide hydrochlorique bouillant, et l'on met en digestion avec du lait de chaux la matière grasse mise en liberté par ce dernier. On obtient ainsi un mélange d'éthalate de chaux et d'éthal, qu'on épuise à froid par de l'alcool, après l'avoir desséché. La dissolution alcoolique dépose l'éthal par l'évaporation;

on peut le purifier en le soumettant à la distillation et en le redissolvant dans l'éther.

La potasse caustique, en agissant sur le blanc de baleine, produit un mélange d'éthalate de potasse et d'éthal, d'après l'équation suivante :

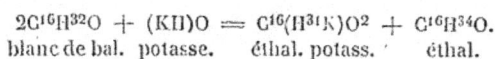

$$2C^{16}H^{32}O + (KH)O = C^{16}(H^{31}K)O^2 + C^{16}H^{34}O.$$
$$\text{blanc de bal.} \quad \text{potasse.} \quad \text{éthal. potass.} \quad \text{éthal.}$$

Si, au lieu de procéder comme il vient d'être dit, on chauffait le blanc de baleine avec la potasse à une température fort élevée, il ne se produirait plus d'éthal, car l'hydrogène qui est nécessaire pour produire ce dernier corps, se dégagerait à l'état de gaz.

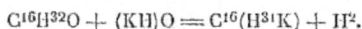

$$C^{16}H^{32}O + (KH)O = C^{16}(H^{31}K) + H^2.$$

Il est très probable que le procédé de MM. Dumas et Péligot sera utilisé avec avantage dans d'autres circonstances. Nous avons fait à cet égard quelques expériences avec la cire des abeilles, corps homologue du blanc de baleine, et tout nous porte à croire qu'elle a été véritablement convertie en stéarate et en un alcool particulier.

76. Les acides produisent, avec les alcools, des combinaisons particulières que nous décrirons plus bas sous le nom d'*éthers*.

Les acides minéraux polybasiques, surtout l'acide sulfurique, ainsi que quelques acides organiques, produisent aussi avec les alcools des combinaisons copulées, connues sous le nom d'*acides viniques*.

Les agents oxygénants attaquent les alcools avec énergie, en produisant des corps dont la nature varie extrêmement suivant les circonstances.

Le chlore et le brome, en agissant sur les alcools, paraissent enlever d'abord une certaine quantité d'hydrogène sans la remplacer, pour produire ainsi des aldéhydes. Mais, par un contact prolongé, l'hydrogène de ces derniers s'échange peu à peu contre un même nombre d'équivalents de chlore ou de brome, de manière à donner des corps chlorés ou bromés, appartenant au même type que l'aldéhyde.

L'ammoniaque ne paraît exercer aucune action sur les alcools.

ÉTHERS.

77. Les acides minéraux et organiques, ainsi que certains chlo-rures, bromures, etc., métalliques, ont la propriété de produire, avec les alcools, des substances particulières, neutres et vola-tiles, qui ont été appelées *éthers*.

On a confondu sous ce nom des corps de constitution et de propriétés entièrement différentes, si bien qu'en le conservant pour ceux qui sont les plus nombreux et qui offrent les carac-tères les mieux tranchés, pour ceux, par exemple, que les alcalis transforment en sel et en alcool, il faudra rayer de la liste des éthers la substance vulgairement appelée ainsi.

Il est donc nécessaire de fixer nos idées à cet égard, et de dé-gager la science de ce qu'elle offre de purement hypothétique.

78. Voyons d'abord comment la théorie binaire groupe les différentes variétés d'éthers.

Elle distingue des *éthers simples* et des *éthers composés*. Ces der-niers se subdivisent encore en éth. c. du premier genre et en éth. c. du deuxième.

Les éthers simples sont assimilés aux oxydes, chlorures, sul-fures, etc., métalliques :

$(C^4H^{10})O$, éther ordinaire, oxyde d'éthyle.
$(C^4H^{10})Cl^2$, éther hydrochlorique, chlorure d'éthyle.
$(C^4H^{10})Br^2$, éther hydrobromique, bromure d'éthyle, etc.

Dans cette première classe se rangeraient donc, outre l'éther ordinaire, tous les produits de l'action des hydracides minéraux sur l'alcool.

La seconde classe comprend les éthers qui naissent sous l'in-fluence des acides oxygénés, et qui sont comparés aux sels oxy-génés de la chimie minérale. Ceux du premier genre renferment les sels simples, et ceux du deuxième les sels doubles.

$(C^4H^{10})O, N^2O^3$, éther nitreux, nitrite d'oxyde d'éthyle.
$(C^4H^{10})O, C^4H^6O^3$, éther acétique, ou acétate d'oxyde d'éthyle.
$(C^4H^{10})O, SO^3 + SO^3, H^2O$, sulfate double d'oxyde d'éthyle et d'eau, acide
sulfo-vinique.
$(C^4H^{10})O, SO^3 + SO^3, Ba^2O$, sulfate double d'oxyde d'éthyle et de baryte,
sulfo-vinate de baryte, etc.

Ces différentes espèces d'éthers ne présentent pas les mêmes propriétés ; d'ailleurs, comme nous l'avons déjà fait observer (page 9), le chlore ni le brome ne sont dans ces soi-disant chlorures ou bromures sous la même forme que dans les chlorures ou bromures de la chimie minérale (p. 63) ; car les sels d'argent n'en accusent pas la présence, et il faut détruire la matière organique pour trouver ces éléments. De même, les éthers comparés aux oxysels ne se comportent pas non plus comme tels ; dans les sels doubles, un seul oxyde peut être déplacé, et, chose remarquable, l'acide sulfurique, qui forme avec la baryte un sel entièrement insoluble, n'est pas précipité par cette dernière dans les sulfates doubles dont nous parlons. Cette théorie exclut d'ailleurs plusieurs produits, tels que l'*huile douce de vin*, l'*huile de vin légère*, qui accompagnent souvent l'éther dans sa formation.

79. Si l'on analyse avec soin tous les cas qui se présentent dans l'action des acides sur les alcools, on peut les ramener aux trois chefs suivants :

a. Combinaison de l'alcool avec l'acide, et production d'un *éther*, en même temps que les éléments de l'eau sont éliminés.

b. Combinaison de l'alcool avec l'acide, et production d'un *sel copulé*, en même temps que les éléments de l'eau sont éliminés.

c. Décomposition des produits précédents à une certaine température, et production de corps pyrogénés.

80. *Premier cas.* — Tous les acides, minéraux ou organiques, mis en présence d'un alcool, dans des circonstances convenables, sont capables de le convertir en éthers.

Nous réservons ce nom aux produits neutres qui ont la propriété de fournir, sous l'influence d'une dissolution bouillante de potasse caustique, un alcool et un sel de potasse.

Quant aux acides minéraux, il suffit de chauffer avec eux l'alcool dans un appareil distillatoire, ou, lorsqu'ils sont gazeux (acide hydrochlorique, hydrobromique, etc,), de les y diriger sous cette forme. Les acides organiques sont ordinairement trop faibles pour opérer la réaction dans les mêmes conditions ; on obtient bien une petite quantité d'éther en distillant un mélange d'acide acétique et d'alcool, ou en faisant tomber l'alcool goutte à goutte sur de l'acide oxalique échauffé (Guérin) ; mais, dans le plus grand nombre des cas, il est préférable de distiller un sel métallique, appartenant au même genre que l'acide organique, avec un mélange d'acide sulfurique et d'alcool, ou bien aussi de faire passer un courant de gaz hydrochlorique dans une dissolution de l'acide organique dans l'alcool (p. 83).

Les perchlorures d'étain, de phosphore et d'antimoine s'emploient souvent avec avantage en place de l'acide hydrochlorique pour obtenir des éthers hydrochloriques.

Voici maintenant comment on peut énoncer d'une manière générale la formation des véritables éthers : *l'alcool s'unit directement à l'acide en même temps que les éléments de l'eau s'éliminent.*

Si l'acide est monobasique, 1 éq. d'acide se combine avec un éq. d'alcool, et il s'en sépare un éq. d'eau; s'il est bibasique, 1 éq. d'acide se combine avec deux éq. d'alcool, et il s'en sépare deux éq. d'eau; s'il est tribasique, 1 éq. d'acide se combine avec trois éq. d'alcool, et il s'en sépare trois éq. d'eau, et ainsi de suite.

Exemples. L'acide nitrique, l'acide hydrochlorique, l'acide formique, l'acide acétique, sont monobasiques :

	Alcools.	Acides.	Éthers prod.	Eau.
Méthol et ac. nitrique,	CH^4O +	NHO^3	= CH^3NO^3 +	H^2O.
Méthol et ac. hydrochl.,	CH^4O +	HCl	= CH^3Cl +	H^2O.
Alcool et acide formique,	C^2H^6O +	CH^2O^2	= $C^3H^6O^2$ +	H^2O.
Alcool et ac. acétique,	C^2H^6O +	$C^2H^4O^2$	= $C^4H^8O^2$ +	H^2O,

L'acide sulfurique, l'acide oxalique, l'acide camphorique, sont bibasiques :

	Alcools.	Acides.	Éthers prod.	Eau.
Méthol et ac. sulfurique	$2(CH^4O)$ +	SH^2O^4 =	$C^2H^6SO^4$ +	$2H^2O$.
Alcool et ac. oxalique	$2(C^2H^6O)$ +	$C^2H^2O^4$ =	$C^6H^{10}O^4$ +	$2H^2O$.
Alcool et ac. camphorique	$2(C^2H^6O)$ +	$C^{10}H^{16}O^4$ =	$C^{14}H^{24}O^4$ +	$2H^2O$.

L'acide citrique est tribasique :

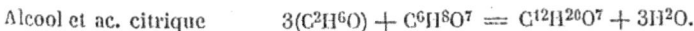

Alcool et ac. citrique	$3(C^2H^6O)$ +	$C^6H^8O^7$ =	$C^{12}H^{20}O^7$ + $3H^2O$.

On voit d'après cela que les éthers renferment une partie des éléments d'un alcool, plus une partie des éléments d'un acide; on ignore sous quelle forme tous ces éléments se trouvent groupés dans la molécule éthérée; on ne saurait démontrer d'où se forme l'eau qui s'élimine, si c'est par l'alcool ou par l'acide, ou plutôt par l'hydrogène de l'alcool et par l'oxygène de l'acide. Il est très probable toutefois que l'éther renferme le carbone sous deux formes bien distinctes; car lorsqu'on décompose l'éther par un alcali, il fournit toujours deux produits : un alcool et un sel appartenant au même genre que l'acide employé à la formation de l'éther. En effet, on a, par exemple :

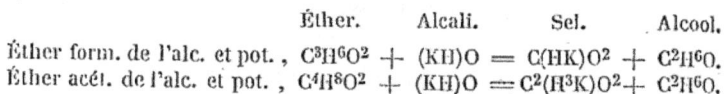

	Éther.	Alcali.	Sel.	Alcool.
Éther form. de l'alc. et pot.,	$C^3H^6O^2$ +	(KH)O =	$C(HK)O^2$ +	C^2H^6O.
Éther acét. de l'alc. et pot.,	$C^4H^8O^2$ +	(KH)O =	$C^2(H^3K)O^2$ +	C^2H^6O.

Ainsi donc, par l'action des alcalis hydratés, *les éthers régénèrent leurs alcools respectifs*, ce qui forme la propriété fondamentale du groupe de corps dont nous nous occupons.

Dans la formation des éthers, on voit s'unir entre eux deux genres (un alcool et un genre salin), et éliminer en même temps un nouveau genre (un oxyde de la forme M^2O).

Dans la décomposition opérée par les alcalis, il faut évidemment que le genre éliminé soit fixé de nouveau sur l'éther, pour qu'il puisse régénérer les deux genres aux dépens desquels il a été formé.

Cette vérité nous explique pourquoi les substances appelées *éther chloroxicarbonique*, *uréthane*, *uréthylane*, etc., et que M. Liebig range dans les combinaisons éthyliques d'une constitution incertaine, ne fournissent point d'alcool lorsqu'on les traite par une lessive de potasse. En effet, ces produits ne doivent pas leur origine à un genre salin (acide) renfermant de l'hydrogène qui puisse être échangé pour des métaux; mais ils résultent de l'action d'un corps chloré (gaz phosgène, gaz chloroxicarbonique) sur l'alcool; celui-ci cède de l'hydrogène à une partie du chlore du gaz réagissant, et il se produit ainsi de l'acide hydrochlorique qui se sépare, tandis que les éléments restants demeurent en combinaison :

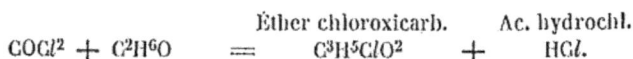

			Éther chloroxicarb.		Ac. hydrochl.
$COCl^2$ +	C^2H^6O	=	$C^3H^5ClO^2$	+	HCl.

Ce nouveau produit, soumis à l'influence du gaz ammoniac, donne à son tour :

$$C^3H^5ClO^2 \quad + \quad NH^3 \quad = \quad \overset{\text{Uréthane.}}{C^2H^7NO^2} \quad + \quad \overset{\text{Ac. hydrochl.}}{HCl.}$$

On conçoit donc pourquoi ces produits, *auxquels il manque les éléments de l'acide hydrochlorique* pour régénérer les substances qui leur ont donné naissance, ne les régénèrent pas si on les fait bouillir avec une lessive de potasse. Il faudrait plutôt les soumettre à l'action du gaz hydrochlorique, et alors il y aurait certainement plus de chance à reproduire l'alcool et le gaz phosgène, ainsi que l'ammoniaque.

81. Les éthers se comportent tout différemment lorsque, au lieu de les attaquer par des alcalis hydratés, on les soumet à l'action d'une base anhydre, telle que la chaux ou la baryte.

M. Cahours a fait à cet égard quelques expériences avec l'éther salicylique de l'esprit de bois. Ce corps ne régénère pas l'esprit de bois lorsqu'on y fait agir la baryte à une température élevée, mais il cède à cette base les éléments de l'acide carbonique, tandis que les éléments restants demeurent en combinaison, et passent, à la distillation, à l'état d'une huile oxygénée, identique avec celle qu'on obtient en soumettant au même traitement l'acide anisique cristallisé, isomère de l'éther salicylique de l'esprit de bois.

$$C^8H^8O^3 = CO^2 + C^7H^8O$$

82. Les éthers sont volatils sans décomposition, comme les alcools d'où ils sont formés; leur molécule présente, comme celle des alcools, 2 volumes de vapeur. Toutefois, lorsque les acides dont ils renferment les éléments, ne résistent pas à l'action de la chaleur sans se décomposer, il arrive quelquefois que les éthers ne soient eux-mêmes pas volatils sans décomposition.

M. Hermann Kopp a établi quelques rapports fort intéressants entre le point d'ébullition des éthers et celui des acides d'où ils dérivent. Il a remarqué que le point d'ébullition d'un acide est en général de 45° c. plus élevé que celui de l'éther correspondant, pour les cas de l'alcool ordinaire; et que ce point d'ébullition diffère de 63° pour les éthers dérivés du méthol. De même, il a vu que le point d'ébullition d'un éther dérivé de l'alcool ordinaire est, à la pression moyenne, inférieur de 18° c. au point d'ébullition de l'éther correspondant qui dérive du méthol ou esprit de bois.

Ce même savant a signalé en outre quelques relations fort intéressantes qui se rapportent aux densités des éthers à l'état liquide. Suivant lui, le volume atomique (1) d'un acide organique est à peu près de 534 unités plus petit que le volume atomique de l'éther dérivant de l'alcool, et qui correspond à cet acide. A l'aide de cette loi, on peut calculer la densité d'un éther si l'on connaît celle de l'acide correspondant, et réciproquement. Quant aux éthers dérivés du méthol, le volume atomique de l'acide correspondant est à peu près de 300 unités moindre que celui de l'éther. Enfin il résulte des deux propositions précédentes que le volume atomique de tout éther dérivé de l'alcool est de 234 unités plus grand que le volume atomique de la combinaison méthylique correspondante (2).

83. Sous l'influence du chlore ou du brome, les éthers échangent leur hydrogène pour du chlore ou du brome, et développent de l'acide hydrochlorique ou hydrobromique. MM. Laurent, Malaguti, Regnault, et d'autres chimistes, ont fait de nombreuses expériences sur ce genre de réaction.

L'éther formé par l'alcool et l'acide pyromucique $C^5H^4O^3$, présente une particularité remarquable : il fixe 4 éq. de chlore sans que de l'hydrogène se sépare de ses éléments (Malaguti).

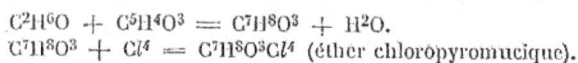

$$C^2H^6O + C^5H^4O^3 = C^7H^8O^3 + H^2O.$$
$$C^7H^8O^3 + Cl^4 = C^7H^8O^3Cl^4 \text{ (éther chloropyromucique)}.$$

Ce produit chloré s'échauffe considérablement au contact de la potasse caustique ; il se colore alors en abandonnant un dépôt caillebotteux, qui disparaît dans l'eau à l'aide de la chaleur. La dissolution développe des vapeurs d'alcool, et renferme beaucoup de chlorure de potassium, mais il ne s'y trouve point d'acide pyromucique.

_____

(1) On obtient le volume atomique d'un corps en divisant son poids atomique (équivalent) par sa densité.

(2) *Revue scientif.*, t. VIII, p. 281.

Il est aussi quelques éthers qui peuvent échanger de l'hydrogène pour du métal : de ce nombre est l'éther salicylique, qui s'unit directement à la potasse, comme le font les acides ou certaines huiles essentielles oxygénées. Les éthers formés par des acides à 3 éq. d'oxygène, paraissent en général se comporter ainsi (Cahours). D'ailleurs les alcools sont eux-mêmes dans ce cas; seulement les combinaisons métalliques qu'ils produisent sont fort peu stables.

84. La nomenclature dont nous nous sommes servi jusqu'à présent pour désigner les éthers, est assez claire pour qu'on l'ait saisie sans difficulté. En disant éther salicylique du méthol ou esprit de bois, éther formique de l'alcool, etc., nous avions en vue l'éther qui se produit par l'acide salicylique et l'esprit de bois, par l'acide formique et l'alcool, etc. Mais ces dénominations sont trop longues pour être conservées dans notre système.

Nous aurions voulu, comme tous les chimistes, représenter les éthers par deux parties, afin d'en rappeler la propriété fondamentale. Cette manière de les formuler serait fort avantageuse si elle n'entraînait pas certaines hypothèses relativement au mode de groupement des éléments; on peut en faire usage lorsqu'on envisage les éthers isolément; mais elle présente beaucoup d'inconvénients dans un système général où l'on fait abstraction de la prédisposition des éléments pour n'en considérer que les relations atomiques.

Chaque éther appartenant à un genre particulier, nous classerons ces corps suivant la formule brute de leur équivalent, comme nous l'avons fait pour les autres substances organiques : ainsi, par exemple, l'éther formique de l'alcool ordinaire $C^3H^6O^2$, sera rangé au troisième échelon dans les combinaisons de la forme RO^2; l'éther acétique du même alcool $C^4H^8O^2$, figurera pareillement au quatrième échelon dans les combinaisons RO^2, etc.

Nous considérerons les éthers formique, acétique, oxalique, etc., de l'alcool, comme des espèces normales appartenant aux genres formalcool, acétalcool, oxalcool, etc.; de même, les mêmes éthers dérivés de l'esprit de bois, comme des espèces normales appartenant aux genres forméthol, acéméthol, oxaméthol, etc.

Comme les éthers produits par les hydracides minéraux fournissent sous l'influence du chlore les mêmes produits que certains hydrogènes carbonés (par exemple, gaz des marais), il nous semble convenable de les classer dans le même genre que ces derniers (voy. QUATRIÈME PARTIE, g. *formène* et *acétène*). Les éthers nitriques seront classés dans le même genre que leurs alcools respectifs (voy. *Substitut. par résidus*).

85. *Deuxième cas.* — Les acides polybasiques peuvent produire des sels copulés avec les alcools; ces acides s'unissent directement aux alcools, comme dans le cas précédent, en même temps que les éléments de l'eau sont mis en liberté ; mais dans les produits combinés les proportions ne sont pas les mêmes que dans les éthers neutres.

Ainsi, par exemple, tandis qu'un acide bibasique, pour former un éther, s'unit à 2 équivalents d'alcool, et élimine 2 équivalents d'eau, ce même acide, lorsqu'il forme un sel copulé, ne se combine qu'à un seul équivalent d'eau. Les combinaisons du méthol avec l'acide sulfurique mettent ce point en évidence :

Éther neutre :

$$2CH^4O + SH^2O^4 = 2H^2O + C^2H^6SO^4 \text{ sulfométhol normal.}$$

Sel copulé ou vinique :

$$CH^4O + SH^2O^4 = H^2O + CH^4SO^4 \text{ sulfométhylate normal.}$$

D'ailleurs, si la loi que nous avons énoncée plus haut sur la capacité de saturation des acides copulés, est conforme à la vérité, il ne serait guère possible qu'un acide monobasique produisît de pareils composés avec l'alcool; car ce dernier étant neutre, donnerait avec un acide monobasique $(0+1) - 1 = 0$, c'est-à-dire un corps neutre. En effet, on n'a encore obtenu que des éthers neutres avec les acides monobasiques, tels que les acides nitrique, formique, acétique, benzoïque, anisique, stéarique, etc., tandis que tous les sels copulés, dits *viniques*, ont été obtenus avec les acides sulfurique, carbonique, oxalique, camphorique, tartrique, etc., qui sont bibasiques.

Nous avons déjà fait remarquer que la basicité de ces sels copulés est moindre d'une unité que celle des acides qui les produisent : conséquemment, les sulfovinates, les sulfométhylates, les sulfoamilates, les camphovinates, etc., ne satureront qu'un équivalent de base.

Il est possible que certains éthers ne soient que le produit de la décomposition des sels copulés correspondants. Les expériences qu'on possède touchant l'action de l'acide sulfurique sur l'esprit de bois semblent justifier cette opinion. En effet, quand on mélange de l'acide sulfurique concentré avec cet alcool, il se produit immédiatement du sulfométhylate, et celui-ci fournit par la distillation du sulfométhol et de l'acide sulfurique :

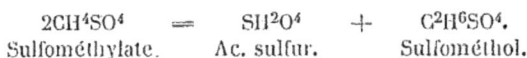

$$2CH^4SO^4 \quad = \quad SH^2O^4 \quad + \quad C^2H^6SO^4.$$

Sulfométhylate.   Ac. sulfur.   Sulfométhol.

Au reste, ce dernier fournit de nouveau du sulfométhylate et de l'esprit de bois quand on le fait bouillir avec de l'eau.

On ne connaît pas à l'état libre l'homologue du sulfométhol pour le genre alcool ; car, par l'ébullition du sulfovinate normal, qui est l'homologue du sulfométhylate, le sulfalcool se détruit, à ce qu'il paraît, et l'on obtient la substance $C^4H^{10}O$, vulgairement appelée éther sulfurique ; ce dernier est un des produits secondaires dont nous allons nous occuper.

86. *Troisième cas.* — Lorsque les produits de la combinaison d'un alcool avec les acides ou avec certains chlorures, bromures ou fluorures métalliques, sont soumis à l'action d'une température élevée, il en résulte des produits dont la nature varie suivant la nature des corps réagissants, suivant le degré de chaleur, et suivant les proportions du mélange.

À part les composés minéraux, tels que l'eau, l'acide hydrochlorique, l'acide carbonique, etc., qui se produisent dans cette réaction, on y remarque surtout des hydrogènes carbonés liquides ou gazeux, ainsi que des huiles neutres et oxygénées, parmi lesquelles l'éther ordinaire est une des principales lorsqu'on opère avec l'esprit de vin.

Peu de substances ont eu, autant que l'éther, les honneurs de la discussion. Les chimistes ont beaucoup écrit sur la formation et la constitution de ce corps; et cependant, à voir le résultat de leurs querelles, on est obligé de convenir qu'en définitive elles n'ont abouti qu'à nous apprendre les meilleures conditions pour obtenir l'éther, sans en définir la vraie nature chimique.

En comparant la formule de l'éther $C^4H^{10}O$ (2 vol.) avec celle de l'alcool C^2H^6O (2 vol.), on remarque que le premier résulte de la décomposition d'au moins deux molécules d'alcool, et qu'il renferme toujours assez de carbone et d'hydrogène pour fournir de nouveau de l'alcool ou ses dérivés, par l'action des agents de combustion. M. Liebig a remarqué, en effet, que dans la préparation de l'acide iséthionique par l'éther pur et l'acide sulfurique anhydre, il se dégage des vapeurs d'alcool lorsqu'on fait bouillir la solution acide; nous-même, en nous occupant de l'action de l'acide sulfurique concentré sur l'éther, nous avons remarqué qu'en portant à 100° un mélange de parties égales d'acide sulfurique et d'éther, et saturant ensuite le mélange par la baryte, on obtient du sulfovinate barytique parfaitement pur, et identique avec celui que l'on obtient directement avec l'alcool.

Ce qu'on a appelé *huile douce de vin* (sulfate double d'oxyde d'éthyle et d'éthérole, Liebig) est un produit de décomposition de l'éther lui-même, sous l'influence de l'acide sulfurique concentré, lorsqu'on élève trop la température du mélange. L'*huile de vin légère* résulte de la décomposition de l'huile douce. D'ailleurs non seulement l'acide sulfurique donne avec l'alcool de pareils et d'autres produits, mais on en obtient encore avec le chlorure de zinc, les chlorures d'étain, le fluorure de silicium, le fluorure de bore, etc.

Ces cas particuliers ne sauraient trouver place ici.

ALDÉHYDES.

87. Ce nom s'applique, comme nous venons de le voir (73), à des substances neutres qui ont la propriété de se transformer directement en acides monobasiques par la fixation pure et simple d'un équivalent d'oxygène.

Les aldéhydes dérivés des alcools sont homologues entre eux, mais on en connaît plusieurs autres qui s'éloignent des précédents par les proportions de leurs éléments.

Plusieurs aldéhydes se rencontrent dans les végétaux comme huiles essentielles : on en trouve, par exemple, dans l'essence de cannelle, de cumin, d'ulmaire, etc. L'essence d'amandes amères constitue aussi un aldéhyde.

Aldéhydes.	*Acides.*
C^7H^6O. Benzoïlol (dans l'ess. d'am. am.).	$C^7H^6O^2$. Ac. benzoïque.
$C^7H^6O^2$. Salicylol (dans l'ess. d'ulmaire).	$C^7H^6O^3$. Ac salicylique.
C^9H^8O. Cinnamol (dans l'ess. de cannelle).	$C^9H^8O^2$. Ac. cinnamique.
$C^{10}H^{12}O$ Cuminol (dans l'ess. de cumin).	$C^{10}H^{12}O^2$. Acide cuminique.

Au moyen de l'hydrate de potasse ou de la chaux potassée, on peut opérer la transformation de ces aldéhydes en leurs acides respectifs. Il serait intéressant d'examiner sous ce rapport toutes les huiles essentielles oxygénées. Comme les essences naturelles renferment ordinairement aussi un hydrogène carboné, il faudrait opérer sur les produits les moins volatils de la distillation de ces essences. En opérant dans un bain d'huile, et chauffant jusqu'à ce que le point d'ébullition du liquide fût constant, on serait à peu près certain d'avoir pur le principe oxygéné des huiles essentielles.

Les aldéhydes se transforment aussi en acides sous l'influence de l'acide nitrique et de l'acide chromique.

Le chlore et le brome donnent avec eux des espèces chlorées ou bromées, dérivées du même type.

88. On connaît deux aldéhydes, le benzoïlol (essence d'amandes amères) et le salicylol (essence d'ulmaire), dont la formation est assez curieuse pour que nous en parlions.

Ces deux essences ne préexistent pas dans les parties végétales d'où on les extrait, mais elles sont le résultat d'une réaction particulière éprouvée par deux principes fixes et neutres, l'amygdaline et la salicine.

Les amandes amères contiennent de l'amygdaline, principe cristallisable qu'on peut en extraire au moyen de l'alcool ; elles renferment en outre un principe albuminoïde (*émulsine* de MM. Wœhler et Liebig, *synaptase* de Robiquet), qui a la propriété d'agir en véritable ferment lorsqu'il est mis en contact avec l'amygdaline, en présence de l'eau. Quand les amandes amères sont bien sèches, elles n'offrent aucune odeur; mais, dès qu'on les humecte, on remaque une odeur d'acide prussique, et les amandes fournissent alors à la distillation du benzoïlol mélangé de cet acide.

Dans cette réaction l'amygdaline se dédouble en plusieurs composés; les éléments du ferment ne prennent aucune part à la formation de ces nouveaux produits; en effet, l'amygdaline, en fixant tout simplement 2 équivalents d'eau, se convertit en benzoïlol, acide prussique et sucre de raisin :

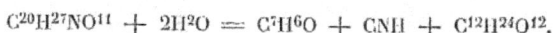

$$C^{20}H^{27}NO^{11} + 2H^2O = C^7H^6O + CNH + C^{12}H^{24}O^{12}.$$

Quant au salicylol, il ne préexiste pas non plus, dit-on, dans les fleurs d'ulmaire (*Spiraea ulmaria*). M. Piria l'a aussi obtenu en faisant agir de l'acide chromique sur la salicine.

Il est fort probable que plusieurs autres huiles essentielles obtenues par la distillation de certaines parties végétales avec de l'eau ne sont que des produits de décomposition semblables à l'essence d'amandes amères, et ne préexistent pas dans ces parties.

L'huile de pommes de terre ou de marc de raisin (amylol) est un alcool qui se produit d'une manière semblable dans la fermentation du sucre.

M. Buechner a également observé que la petite centaurée, dont l'herbe est entièrement inodore, subit une espèce de fermentation quand on la délaie dans l'eau et qu'on l'expose à une température un peu élevée. Cette fermentation s'annonce par une odeur pénétrante. En distillant ensuite l'infusion, on en retire une essence extrêmement volatile, qui irrite beaucoup les yeux, de manière à provoquer des larmes.

89. Les aldéhydes paraissent avoir une grande tendance à former des composés isomères.

Du moins, on sait que l'acétol ou aldéhyde acétique se transforme spontanément, à la longue, en deux autres corps, qui possèdent la même composition que lui; l'un d'eux, le métaldéhyde, est solide à la température ordinaire, et se volatilise à 120° sans fondre, tandis que l'aldéhyde bout déjà à 21°,8 c.; l'autre, l'élaldéhyde, est liquide, bout à 94°, et paraît avoir un équivalent trois fois plus élevé que l'aldéhyde, à en juger par la densité de sa vapeur.

Le benzoïlol a également fourni deux isomères : la benzoïne, observée par Stange, et dont la molécule est sans doute double de celle du benzoïlol, et la benzoïline (hydrure de benzoïline), découverte récemment par M. Laurent. Cet état d'isomérie se remarque même dans certains dérivés du benzoïlol; car, de même que celui-ci fournit, sous l'influence de l'ammoniaque, de l'hydrobenzamide, les isomères du benzoïlol donnent, dans les mêmes circonstances, des isomères de l'hydrobenzamide (benzoïnamide, benzhydramide et hydrure d'azobenzoïline de M. Laurent).

Quant au cinnamol (hydrure de cinnamyle ou essence de cannelle), son isomère a été trouvé par M. Frémy dans le baume du Pérou. Ce chimiste a donné à ce composé isomère le nom de métacinnaméine.

Enfin la cire d'abeilles offre un exemple semblable : elle renferme deux composés isomères, appelés par M. John cérine et myricine. La cérine est le véritable aldéhyde stéarique. La myricine, sans doute, est à cet aldéhyde ce que la benzoïne ou la benzoïline est à l'essence d'amandes amères.

ACÉTONES.

90. Lorsqu'on soumet à la distillation sèche l'acétate de chaux ou de baryte, on obtient du carbonate, ainsi qu'un liquide neutre et volatil, qui renferme dans sa molécule plus d'équivalents de carbone que le g. acétate, et dont la propriété caractéristique est de fournir de nouveau de l'acide acétique par l'action de l'acide chromique. Ce liquide a reçu le nom d'*acétone*. L'acide acétique lui-même en fournit lorsqu'on dirige sa vapeur à travers un tube chauffé au rouge sombre.

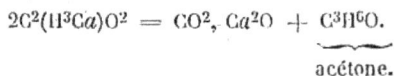

$$2C^2(H^3Ca)O^2 = CO^2, Ca^2O + \underbrace{C^3H^6O}_{\text{acétone.}}$$

L'acétone se forme donc aux dépens de deux molécules d'acétate; c'est un produit de réduction. Il représente un corps type qui paraît se produire dans la distillation de beaucoup de sels de chaux ou de baryte. Du moins on en a déjà obtenu de semblables avec les benzoates, valérates, butyrates, margarates et stéarates, ainsi qu'avec quelques sels bibasiques, tels que les camphorates, succinates et subérates :

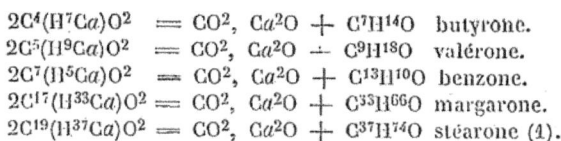

$$2C^4(H^7Ca)O^2 = CO^2, Ca^2O + C^7H^{14}O \quad \text{butyrone.}$$
$$2C^5(H^9Ca)O^2 = CO^2, Ca^2O + C^9H^{18}O \quad \text{valérone.}$$
$$2C^7(H^5Ca)O^2 = CO^2, Ca^2O + C^{13}H^{10}O \quad \text{benzone.}$$
$$2C^{17}(H^{33}Ca)O^2 = CO^2, Ca^2O + C^{33}H^{66}O \quad \text{margarone.}$$
$$2C^{19}(H^{37}Ca)O^2 = CO^2, Ca^2O + C^{37}H^{74}O \quad \text{stéarone (1).}$$

Jusqu'à présent l'acétone acétique est le seul corps de ce genre qui ait été un peu étudié. Toutefois le travail de M. Kane sur ce sujet offre encore quelques lacunes qui nécessitent de nouvelles recherches.

Quant aux acétones des sels bibasiques (camphorates, succinates, subérates), on ne sait rien de positif touchant leur constitution (2).

HYDROCARBURES.

91. Les hydrogènes carbonés naissent dans une foule de circonstances. La végétation en produit un grand nombre; car beaucoup d'*huiles essentielles*, comme, par exemple, celles de térébenthine, de citron, de copahu, de cubèbe, etc., ne renferment que du carbone et de l'hydrogène; et même, lorsque ces huiles contiennent aussi de l'oxygène, elles ne constituent pas des principes uniques, mais renferment ordinairement un hydrogène carboné, en même temps qu'un principe oxygéné. Cet état de mélange fait beaucoup varier le point d'ébullition des huiles

- (1) Cette formule diffère de celle de M. Bussy, calculée sur l'ancien poids atomique du carbone. La nôtre exige : carbone 83,1, hydrogène 13, 8, qui s'accorde avec les analyses de ce chimiste. Il en est de même de la margarone.

(2) Voir quelques renseignements sur la subérone (ou hydrure de subéryle de M. Boussingault) dans les *Annal. der Chem. u. Pharm.* t. XXXIX, p. 166.

essentielles qu'on retire des plantes ; car la combinaison hydro-
carbonée est ordinairement bien plus volatile que le composé
qui l'accompagne, de sorte que la température à laquelle les
essences entrent en ébullition dépend des proportions dans lesquelles les deux principes se trouvent mélangés. A la distillation,
l'hydrocarbure passe dans les premières portions, en entraînant
une certaine quantité de l'autre principe, de sorte que par ce moyen
seul il n'est guère possible d'en opérer la séparation complète. Il
faut alors avoir recours à un procédé chimique, qui consiste à
traiter les essences par de la potasse caustique : tantôt celle-ci
s'empare, déjà en solution aqueuse, de la partie oxygénée,
comme c'est le cas de l'essence de girofle et de l'essence d'ulmaire ;
tantôt elle ne l'attaque qu'à l'état de fusion, et alors elle acidifie
quelquefois l'huile oxygénée à ses propres dépens en déterminant un dégagement d'hydrogène (essence de cumin, essence
de cannelle).

Dans notre Mémoire sur les huiles essentielles (1), M. Cahours
et moi, nous avons décrit un procédé à l'aide duquel on parvient ainsi à dédoubler avec facilité un grand nombre d'huiles
essentielles. On fait fondre, dans une cornue tubulée, de la
potasse caustique ; la tubulure de la cornue est fermée par un
bouchon traversé par un tube effilé. Au moyen d'une pipette on
fait arriver l'essence à travers le tube sur la potasse en fusion,
qui s'empare alors de l'huile oxygénée et laisse distiller l'hydrocarbure. Il suffit de rectifier celui-ci deux ou trois fois sur la
potasse pour l'avoir pur. Ce procédé, il est vrai, ne s'applique
pas à toutes les huiles essentielles, car toutes ne s'acidifient pas
au contact de la potasse ; mais du moins, dans ces circonstances,
la plupart d'entre elles sont résinifiées dans leur partie oxygénée,
ce qui permet à l'hydrogène carboné de se dégager. Plusieurs
essences, comme celles de carvi, par exemple, fixent sur la
potasse leur partie oxygénée sans qu'elle s'altère, et, dans ce
cas aussi, l'hydrogène carboné peut être recueilli. S'agit-il de se
procurer la partie oxygénée elle-même, on maintient l'huile
essentielle à la température de 200° dans un bain d'huile, jusqu'à
ce que toute ébullition ait cessé ; l'hydrogène carboné, bouillant

---

(1) *Annal. de chim. et de phys.*, t. I, 3e série.

ordinairement vers 160°, passe à la distillation en entraînant une bonne portion de l'huile oxygénée.

93. La distillation sèche des matières organiques non azotées, soit seules, soit avec de la chaux, de la baryte caustique, du chlorure de zinc ou de l'acide phosphorique anhydre, fournit des hydrogènes carbonés. On en rencontre beaucoup dans les produits de la distillation du goudron de houille, des résines, de la cire, des matières grasses, etc.

Les hydrogènes carbonés ont été fort négligés jusqu'à présent par un grand nombre de chimistes, et cependant peu de corps se prêtent avec autant de facilité à l'action des divers réactifs; les acides, les alcools, les aldéhydes, présentent avec eux des rapports de composition bien définis, et il n'est pas rare de voir les hydrogènes carbonés servir de lien entre deux familles : ainsi, par exemple, le gaz des marais ou formène CH^4, rattache directement la première famille à la deuxième ; résultant lui-même de la décomposition de l'acide acétique par les alcalis, ce gaz peut échanger son hydrogène pour du chlore, et fournir ainsi le chloroforme $C(HCl^3)$ que les acides convertissent en acide formique CH^2O^2.

Il est d'usage en France de terminer en *ène* les noms des hydrogènes carbonés.

94. Le formène, l'éthérène et le quadricarbure de Faraday sont gazeux à la température ordinaire; les autres sont liquides, et quelques uns d'entre eux solides, comme, par exemple, la naphtaline, la paraffine.

Ils sont incolores, fort solubles dans l'alcool et l'éther, et pour la plupart insolubles dans l'eau. Ils ont ordinairement de l'odeur qui, chez les hydrogènes carbonés naturels, est quelquefois agréable et suave; la plupart des produits factices possèdent une odeur empyreumatique. Les hydrocarbures naturels se dissolvent légèrement dans l'eau, en lui communiquant leur odeur (*eaux distillées*) : toutefois les essences oxygénées s'y dissolvent bien mieux.

Il paraît que l'odeur des hydrocarbures, du moins celle des produits naturels, est une conséquence de l'action que l'air exerce sur eux; cet agent en est absorbé, et l'on remarque que les essences sentent d'autant plus fort qu'elles s'oxygènent plus vite. Lorsqu'on distille de semblables hydrogènes carbonés sur de la chaux récemment calcinée, et dans le vide ou dans un courant d'acide carbonique, ils donnent un produit qui n'a point d'odeur, si bien qu'il est difficile de distinguer entre elles, après les avoir ainsi traitées, l'essence de citron d'avec l'essence de térébenthine ou de genièvre (1); mais le contact de l'air suffit pour rendre à ces essences l'odeur forte qui les caractérise à l'état naturel.

Les hydrogènes carbonés liquides réfractent beaucoup la lumière; ils sont plus légers que l'eau, et volatils sans décomposition, du moins à l'abri du contact de l'air.

Beaucoup de résines, la colophane, par exemple, sont les produits de l'oxydation d'un hydrogène carboné: aussi, par la distillation sèche, donnent-elles ordinairement des hydrocarbures à côté d'autres produits.

La volatilité des hydrogènes carbonés permet, dans la plupart des cas, d'en prendre la densité à l'état de vapeur, ce qui donne la valeur de leur équivalent chimique. Deux volumes de vapeur représentent cet équivalent.

Les hydrogènes carbonés naturels se combinent directement avec le gaz hydrochlorique, et forment ce qu'on a appelé des *camphres artificiels*, tantôt solides, tantôt liquides; mais ces combinaisons ne sont pas de véritables hydrochlorates, car l'acide n'y est pas décelé par les sels d'argent. Le gaz hydrobromique produit des composés semblables.

Il y en a qui, dans certaines circonstances, fixent les éléments de l'eau, et se convertissent ainsi en substances concrètes, également camphrées; telles sont, par exemple, les dépôts cristallins qu'on observe quelquefois dans les essences de térébenthine, de basilic, de valériane, etc.

La potasse caustique n'exerce pas d'action sur eux; l'ammoniaque non plus. L'acide sulfurique donne souvent avec eux des acides copulés.

L'action de l'acide nitrique varie suivant son état de concentration; les essences se résinifient pour la plupart si l'acide est concentré, et donnent en même temps de l'acide oxalique; quelquefois elles donnent aussi d'autres acides. Les hydrocarbures

(1) Liebig, *Traité de chimie*, t. II, p. 308.

nés sous l'influence de la chaleur sont généralement plus stables
que les essences naturelles, ne donnent pas de résine, et produisent des composés renfermant les éléments nitriques à la place
d'une certaine quantité d'hydrogène.

Le chlore, le brome et l'iode peuvent se combiner avec eux.

95. Il paraît que certains hydrogènes carbonés sont capables de donner, avec les acides, des combinaisons neutres semblables aux éthers. Le benzène, en effet, donne avec l'acide sulfurique un composé connu sous le nom de *sulfobenzide*, et dont
la composition offre la plus grande analogie avec celle du sulfométhol (sulfate de méthylène). Lorsqu'on fait arriver des vapeurs
d'acide sulfurique anhydre sur le benzène, il se produit un
liquide visqueux d'où l'eau sépare la sulfobenzide sous forme
cristalline.

Ce corps renferme $C^{12}H^{10}SO^2$; 1 équivalent de benzène=2 vol.,
contient C^6H^6. Il manquerait donc à la sulfobenzide les éléments
de *deux* équiv. d'eau pour reconstituer *deux* équiv. de benzène
et 1 équiv. d'acide sulfurique hydraté :

$$2C^6H^6 + SH^2O^4 = C^{12}H^{10}SO^2 + 2H^2O.$$

Or l'acide sulfurique est un acide bibasique. On sait (p. 139)
que, pour former un éther, les acides bibasiques se décomposent
avec *deux* équiv. d'alcool, en éliminant *deux* équiv. d'eau. On a
donc pour le sulfométhol :

$$2CH^4O + SH^2O^4 = C^2H^6SO^4 + 2H^2O.$$

Cette analogie entre le sulfobenzide et le sulfométhol se trouve
en outre appuyée par l'existence de l'acide sulfobenzidique et de
l'acide sulfométhylique, dont la formation est entièrement semblable, car on a :

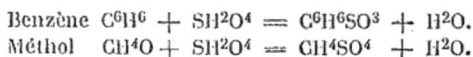

$$\text{Benzène } C^6H^6 + SH^2O^4 = C^6H^6SO^3 + H^2O.$$
$$\text{Méthol } CH^4O + SH^2O^4 = CH^4SO^4 + H^2O.$$

Enfin, la formation du benzène nitrique (nitrobenzide) est soumise à la même loi que celle du méthol nitrique (nitrate de méthylène) par l'acide nitrique, qui, comme on sait, est monobasique :

Benzène. $C^6H^6 + NHO^3 = C^6H^5NO^2 + H^2O$.
Méthol. $CH^4O + NHO^3 = CH^3NO^3 + H^2O$.

96. Il est assez difficile de déterminer d'une manière précise l'équivalent des hydrogènes carbonés qui ne résultent pas d'une réaction assez nette pour nous guider à cet égard. On déduit ordinairement cet équivalent de la densité des corps à l'état de vapeur, et l'on considère alors comme équivalent la formule qui correspond à 2 volumes de vapeur; voilà du moins la marche qu'on a suivie pour le plus grand nombre des hydrogènes carbonés, l'expérience ayant prouvé qu'elle donne des résultats assez exacts. Les combinaisons de ces corps avec l'acide hydrochlorique ne peuvent pas se réaliser dans tous les cas ; sous ce rapport, d'ailleurs, on n'a pas établi de règle bien fixe, et les chimistes, par une espèce de convention tacite, choisissent tantôt l'un, tantôt l'autre procédé, suivant que le permet la nature du corps. La transformation des hydrogènes carbonés en sels copulés nous paraît le meilleur moyen d'en déterminer l'équivalent par l'analyse.

Lorsqu'on compare l'équivalent d'un hydrogène carboné avec son point d'ébullition, on est frappé de voir celui-ci s'élever à mesure que l'équivalent s'accroît; cette circonstance devient très sensible pour des corps dont les équivalents présentent entre eux de grandes différences, mais on y observe quelquefois des anomalies dont voici l'explication. Qu'on prenne deux hydrogènes carbonés renfermant l'un et l'autre le même nombre d'équivalents de carbone dans leur molécule, on verra que celui qui contient le plus d'hydrogène bouillira à la température la plus basse. D'un autre côté, qu'on compare de la même manière deux carbures contenant un même nombre d'équivalents d'hydrogène, mais dont le carbone diffère, le plus carboné aura le point d'ébullition le plus élevé. Exemples :

		Point d'ébull.		
Oléène	C^6H^{12}	à	55°	(Frémy).
Benzène	C^6H^6	à	86°	(Mitscherlich).

Amilène	$C^{10}H^{20}$	à	160°	(Cahours).
Naphtalène	$C^{10}H^8$	à	212°	(Laurent).

Oléène	C^6H^{12}	à	55°	(Frémy).
Cumène	C^9H^{12}	à	144°	(Cahours et Gerhardt).

Rétinaphtène	C^7H^8	à	108°	(Pelletier et Walter).
Naphtalène	$C^{10}H^8$	à	212°	(Laurent).

Il paraît que le point d'ébullition des hydrogènes carbonés est soumis à une loi fort simple, d'après laquelle il s'élèverait ou s'abaisserait d'un certain nombre de degrés suivant le nombre des équivalents de carbone ou d'hydrogène renfermés dans leur équivalent.

Nous avons réuni dans les deux tableaux suivants quelques hydrogènes carbonés avec l'indication de leur point d'ébullition. D exprime la différence entre les équivalents d'hydrogène de deux carbures, δ celle qu'on a constatée entre leurs points d'ébullition ; de même D' représente la différence relative aux équivalents de carbone, et δ' celle des points d'ébullition pour ce second cas.

Premier cas. — Hydrogènes carbonés renfermant dans leur molécule le même nombre d'équivalents de carbone :

FORMULES CORRESPONDANT À 2 VOLUMES DE VAPEUR.		D	POINTS D'ÉBULLITION.		δ	δ/D
Oléïne	C^6H^{12}	6	Frémy	55°	31	—5°,1
Benzène	C^6H^6		Mitscherlich	86°		
Amilène	$C^{10}H^{20}$	12	Cahours	160°	52	—4°,3
Naphtaline	$C^{10}H^{18}$		Laurent	212°		
Naphtaline	$C^{10}H^{8}$	6	Laurent	242°	37	—6°,1
Cymène	$C^{10}H^{14}$		Cahours et Gerhardt	175°		
Cymène	$C^{10}H^{14}$	2	Cahours et Gerhardt	175°	15	—7°,5
Essence de térébenthine	C^9H^{16}		Notre détermination	160°		
Élaène	C^9H^{18}	6	Frémy	110°	34	—5°,6
Cumène	C^9H^{12}		Cahours et Gerhardt	144°		
Naphte	C^7H^{12}	4	Pelletier et Walter	88°	20	—5°
Rétinaphte	C^7H^8		Les mêmes	108°		
					Moyenne.	—5°,7

Ce tableau fait voir que de deux hydrogènes carbonés renfermant le même nombre d'équivalents de carbone, celui qui contient n équivalents d'hydrogène de plus que l'autre entre en ébullition à une température qui est de n fois 5,7 degrés plus basse que le point d'ébullition de cet autre hydrogène carboné.

Deuxième cas. — Hydrogènes carbonés renfermant dans leur molécule le même nombre d'équivalents d'hydrogène :

FORMULES CORRESPONDANT A 2 VOLUMES DE VAPEUR.		D'	POINTS D'ÉBULLITION.		δ'	$\dfrac{\delta'}{D'}$
Cinnamène	C^8H^8	4	Cahours et Gerhardt	140°	32	+ 32°
Rétinaphtène	C^7H^8		Pelletier et Walter	108°		
Naphtène	C^8H^{16}	2	Les mêmes	115°	45	+ 27°,5
Essence de térébenthine	$C^{10}H^{16}$		Notre détermination	160°		
Rétinaphtène	C^7H^8	3	Pelletier et Walter	108°	104	+ 31°,3
Naphtalène	$C^{10}H^8$		Laurent	212°		
Naphtaline	$C^{10}H^8$	2	Le même	212°	72	+ 36°
Cinnamène	C^8H^8		Cahours et Gerhardt	140°		
Oléène	C^6H^{12}	3	Frémy	55°	89	+ 29°,6
Cumène	C^9H^{12}		Cahours et Gerhardt	144°		
					Moyenne.	+ 31°,4

Il résulte de ce tableau que de deux hydrogènes carbonés contenant le même nombre d'équivalents d'hydrogène, celui qui renferme n équivalents de carbone de plus que l'autre entre en ébullition à une température supérieure de n fois 31,4 degrés au point d'ébullition de cet autre hydrogène carboné.

Il est évident que les valeurs que nous avons données pour $\frac{\delta}{D}$ et $\frac{\delta'}{D'}$ ne sont qu'approximatives, puisque les expériences d'où elles se déduisent ne sont elles-mêmes pas bien exactes, car les indications des différents auteurs varient souvent de 10 et même de 20° pour un seul et même corps. Comme les valeurs en question sont numériquement assez fortes pour être utilisées dans l'appréciation de la composition d'un hydrogène carboné, il nous a paru intéressant de les fixer d'une manière plus précise, en déterminant nous-même le point d'ébullition de quelques hydrogènes carbonés d'une composition connue. Nous n'avions qu'un petit nombre de corps à notre disposition ; néanmoins nous croyons nos résultats susceptibles de trouver de nombreuses applications, si de nouvelles expériences viennent les confirmer. Les points d'ébullition consignés dans les mémoires que nous avons consultés nous ont généralement paru trop bas ; cette erreur provient sans doute de ce qu'on avait simplement plongé la boule du thermomètre dans le liquide bouillant sans maintenir pareillement la tige de l'instrument dans la vapeur chaude.

Voici les points que nous avons observés (1) :

Essence de térébenthine	160°
Cumène	153°
Cymène	175°
Benzoène de M. Deville	114°
Naphtalène	224°

(1) Ces observations ne sont pas rigoureusement exactes, car les liquides s'altèrent légèrement par une longue ébullition. Les corrections à faire relativement aux pressions auxquelles les degrés ont été pris peuvent être entièrement négligées, comme nous nous en sommes convaincu. D'ailleurs on sait qu'à des températures si élevées les thermomètres ne donnent plus des indications bien précises, et qu'il faut ramener celles-ci aux degrés du thermomètre à air.

Ces observations donnent :

$$\text{Pour l'hydrogène } \quad \frac{\delta}{D} = -7,5,$$

$$\text{Pour le carbone } \quad \frac{\delta'}{D'} = +35,5;$$

ce qui veut dire que, pour chaque équivalent d'hydrogène que la molécule d'un hydrogène carboné prendrait en sus, son point d'ébullition s'*abaisserait* de 7,5 degrés, et que pour chaque équivalent de carbone qui s'y fixerait, ce point s'*élèverait* au contraire de 35,5 degrés.

Ces valeurs sont un peu plus fortes que celles qu'on déduit des observations consignées dans les différents mémoires qui traitent de ces corps ; mais les nôtres nous paraissent plus exactes, nous étant placé dans de meilleures conditions.

Dans tous les cas, ces valeurs, quoique seulement approximatives, sont toujours assez exactes pour être utilisées avec avantage lorsqu'il s'agit du choix d'une formule pour un hydrogène carboné. On peut rapporter tous les points d'ébullition à celui de l'essence de térébenthine $C^{10}H^{16}$. Exemple : le cumène a pour formule C^9H^{12} ; il renferme 1 éq. de carbone de moins que l'essence de térébenthine ; il faut donc retrancher de 160° (point d'ébullition de l'essence) 1 fois 35,5 ; restent 124°,5 ; mais le cumène contient aussi 4 éq. d'hydrogène de moins que l'essence, de sorte qu'il faut ajouter à ce reste 4 fois 7°,5, puisque la diminution de l'hydrogène dans une molécule en élève le point d'ébullition : 124° + 4.7,5 = 154°,5. Or, par l'observation directe, nous avons trouvé 153° pour le point d'ébullition du cumène.

Nous aurions donné à ce travail toute l'extension qu'il mérite, si nous avions été convenablement outillé pour ce genre de recherches et que nous eussions eu à notre disposition assez d'hydrogènes carbonés d'une composition connue. D'ailleurs nous avons été aussi beaucoup arrêté par l'examen de quelques essences hydrocarbonées, comme celles de citron et de poivre, qui, réputées isomères de l'essence de térébenthine et ayant comme elle la même densité de vapeur, bouillaient néanmoins à une température différente. Nous avons enfin découvert que l'essence de citron et celle de poivre renferment toutes deux un principe oxygéné particulier qui en élève nécessairement le point d'ébullition. Ce principe ne s'y trouvant qu'en petite quantité, n'avait pas été remarqué jusqu'à présent, d'autant plus que les anciennes analyses de ces essences avaient été calculées sur l'ancien poids atomique du carbone (1).

Voici comment on peut mettre ce fait en évidence : que l'on prenne de l'essence de citron convenablement rectifiée et desséchée sur du chlorure de calcium fondu, et qu'on y fasse fondre un fragment de potasse caustique; on le voit alors s'entourer d'une espèce de sédiment brun et floconneux tant que l'on chauffe, et sans que la liqueur brunisse. En répétant cette opération plusieurs fois, on arrive à un point où l'essence n'est plus attaquée. Elle présente alors une odeur citronnée bien plus franche et bien plus suave. Le potassium métallique est encore plus avantageux pour arriver à ce résultat. Nous avons desséché l'essence à plusieurs reprises avant de la mettre en contact avec ce métal; celui-ci y ternit et développe de légères bulles d'hydrogène; quand on chauffe le liquide, ces bulles deviennent bien plus nombreuses sans que toutefois le dégagement en devienne tumultueux. Le liquide prend une teinte rouge-brun, et après plusieurs rectifications sur le potassium, l'essence n'en est plus attaquée et présente une odeur citronnée fort agréable. Il est probable que les essences de bergamote, de limette, d'orange, etc., celles des aurantiacées en général, renferment toutes le même hydrogène carboné et ne diffèrent dans l'odeur que par la présence de principes oxygénés particuliers. L'essence de poivre nous a donné par la même opération un liquide encore poivré, mais infiniment plus suave que l'essence brute.

Le potassium n'attaque point les hydrogènes carbonés purs; il ne déplace l'hydrogène d'une matière organique qu'autant que celle-ci renferme déjà de l'oxygène.

On a tort conséquemment de considérer comme des principes uniques les essences de poivre, de citron, et sans doute encore

(1) Nous avons fait une douzaine d'analyses d'essence de citron bien rectifiée et desséchée, et pas une seule ne nous a donné le compte de carbone et d'hydrogène exigé par le calcul d'après le nouveau poids atomique. Ces analyses s'accordent toutes avec celles de M. Dumas et conduisent bien à la formule $C^{10}H^{16}$, si l'on prend pour base l'ancien poids atomique du carbone.

beaucoup d'autres qui figurent dans les Traités, comme hydrogènes carbonés.

Ces faits méritent d'être signalés à l'attention des chimistes ; nous regrettons de ne les avoir pas connus plus tôt, pour en profiter dans la détermination des points d'ébullition. Celui qui voudrait s'occuper de ce sujet ferait bien dans tous les cas de choisir de préférence des hydrogènes carbonés factices appartenant à des séries bien connues.

97. *Isomérie.* — Sous l'influence de plusieurs agents, et particulièrement sous celle de l'acide sulfurique concentré, les hydrogènes carbonés éprouvent des transpositions moléculaires de manière à produire des composés isomères, doués de propriétés nouvelles.

M. Deville a mis ce fait en évidence dans ses recherches sur l'essence de térébenthine. Il a vu que cette essence, mélangée avec un peu d'acide sulfurique et soumise à la distillation, fournit deux nouvelles essences possédant la même composition en centièmes que l'essence primitive, mais jouissant de propriétés différentes. Voici comment il opère : dans un ballon constamment refroidi, il mêle de l'essence de térébenthine avec la plus faible portion possible d'acide sulfurique (il suffit de 1/20 du poids de l'essence), de manière que le produit, après avoir été vivement agité, soit rouge et visqueux. La masse ayant été abandonnée pendant vingt-quatre heures, on trouve au fond du ballon un dépôt noir fortement chargé d'acide en excès. On décante le liquide rouge et visqueux qui surnage, et on le soumet à la distillation. Après quelques bulles de gaz sulfureux, ce liquide devient incolore et donne en premier lieu une huile qui présente l'odeur du thym et possède la même densité et le même point d'ébullition que l'essence de térébenthine ; quand la production de cette première huile a cessé, on chauffe plus fort, et il passe alors une huile moins fluide qui bout à 310° et dont la molécule est double de celle de l'essence de térébenthine. M. Deville appelle la première huile *térébène* et l'autre *colophène*.

Nous avons observé nous-même des phénomènes semblables avec l'essence de citron et l'essence de poivre.

Il paraît que l'acide sulfurique commence par se combiner directement avec ces essences, lorsqu'on les met en contact avec lui, car le mélange s'échauffe considérablement. Lorsqu'on fait tomber quelques gouttes d'essence de térébenthine dans beaucoup d'acide sulfurique, et qu'on ajoute de l'eau au mélange, il se sépare une huile présentant l'odeur du thym et qui, à ce qu'il paraît, n'est autre chose que le térébène de M. Deville. C'est peut-être par ce moyen qu'on parviendrait à transformer en térébène de fortes quantités d'essence sans avoir recours à la distillation.

D'ailleurs, dans tous les essais que nous avons faits avec les hydrogènes carbonés pour la production des sels copulés, de semblables phénomènes se sont présentés.

Les huiles essentielles oxygénées se comportent aussi d'une manière semblable : l'essence d'anis, mélangée d'abord avec de l'acide sulfurique, puis avec beaucoup d'eau, sépare une masse caillebotteuse (*anisoïne*) isomère de cette essence, mais jouissant de tout autres propriétés. L'essence d'estragon nous a aussi donné le même produit isomère, ce qui confirme l'opinion énoncée par nous, l'année dernière, sur l'identité du principe oxygéné contenu dans l'essence d'anis et dans l'essence d'estragon.

Il existe une foule d'essences hydrocarbonées qui ont la même composition que l'essence de térébenthine, et il est possible qu'on parvienne à les transformer les unes dans les autres, en faisant usage de la réaction précédente.

Le gaz oléfiant a aussi ses isomères ; l'éthérine et l'éthérol (huile de vin légère) sont à ce gaz ce que le colophène est à l'essence de térébenthine. L'amilène de M. Cahours et le paramilène de M. Balard présentent entre eux les mêmes rapports ; le premier hydrogène carboné résulte de l'action de l'acide phosphorique anhydre sur l'huile de pommes de terre : sa formule se représente par $C^{10}H^{20} = 2$ vol. de vapeur ; l'autre est le résultat de l'action du chlorure de zinc sur cette huile, mais il ne renferme que $C^5H^{10} = 2$ vol. de vapeur.

98. M. Deville est parvenu à transformer l'essence de térébenthine en essence de citron. Voici comment : lorsqu'on abandonne un mélange d'essence de térébenthine, d'alcool et d'acide nitrique, il s'y produit au bout d'un certain temps des cristaux que M. Wiggers a reconnus pour être une combinaison d'essence de térébenthine et de 2 éq. d'eau. Les essences de citron et de

bergamote se comportent d'une manière semblable, suivant M. Deville.

Lorsqu'on traite ces cristaux par de l'acide hydrochlorique, ils perdent les éléments de l'eau en fixant ceux de l'acide hydrochlorique ; le produit est identique avec le camphre artificiel d'essence de citron. Enfin, quand on distille celui-ci avec du potassium, il se produit une essence qui a tous les caractères de l'huile essentielle de citron.

$C^{10}H^{16}$. Essence de térébenthine.

$C^{10}H^{16} + 2H^2O = C^{10}H^{20}O^2$. Cristaux de M. Wiggers (1).

$C^{10}H^{20}O^2 + 2HCl = 2H^2O + C^{10}H^{18}Cl^2$. Camphre artificiel de citron.

$C^{10}H^{18}Cl^2 + K^2 = H^2 + 2KCl + C^{10}H^{16}$. Essence de citron.

(1) Ou plutôt $C^{10}H^{20}O^2 +$ aq. L'eau de cristallisation se dégage par la sublimation.

99. *Tableau des hydrogènes carbonés, factices et naturels.*

(Les formules marquées d'un astérisque (*) n'ont point été contrôlées par la détermination de la densité de vapeur.)

HYDROCARBURES.	POINT D'ÉBULLITION.	FORMULE correspondant à 2 volumes DE VAPEUR.	ORIGINE.	OBSERVATEURS.
1. Formène (gaz des marais, des acétates)..	gazeux	CH^4	Gaz des eaux stagnantes; distillation sèche des acétates avec les alcalis, etc.	Dumas et Stas, Persoz.
2. Éthérène (hydrogène bicarboné, gaz oléfiant).	gazeux	C^2H^4	Action de l'acide sulfurique sur l'alcool, etc.	»
3. Butyrène (quadricarbure de Faraday, diétryle de M. Berzélius).	au-dessous de 0°	C^4H^8	Décomposition des huiles grasses à la chaleur rouge.	Faraday.
4. Paramilène	35°	C^5H^{10}	Action du chlorure de zinc sur l'huile de pommes de terre.	Balard.
a. Caoutchène	14°,5 ?	*C^5H^{10}	Distillation sèche du caoutchouc.	Bouchardat.
5. Benzène (benzine, benzole)	86° calc. 93°	C^6H^6	Décomposition de l'acide benzoïque par la chaux, des huiles grasses par la chaleur rouge, etc.	Mitscherlich.

4 a. Suivant M. Bouchardat, le caoutchène est isomère du gaz oléfiant ; ce chimiste n'en a pas déterminé la densité de vapeur ; mais comme le point d'ébullition de ce corps est extrêmement bas, plus élevé toutefois que celui du quadricarbure de M. Faraday, la formule C^5H^{10} nous a paru offrir de la vraisemblance. Il serait même possible que le paramilène et le caoutchène fussent identiques.

HYDROCARBURES.	POINT D'ÉBULLITION.	FORMULE correspondant à 2 volumes DE VAPEUR.	ORIGINE.	OBSERVATEURS.
6. Mésitylène	135° ?	C^6H^8 . .	Décomposition de l'acétone par l'acide sulfurique.	Kane, Plantamour.
a. Bicarbure de Faraday (triple de M. Berzélius) .	85°,5 . . .	C^6H^8 . .	Décomposition des huiles grasses à la chaleur rouge.	Faraday.
7. Oléène	55°, calc. 48° .	C^5H^{12} .	Distillation sèche de l'acide hydroléique. . .	Frémy.
8. Benzoïne	114°,calc. 113°,5	C^7H^8 . .	Distillation sèche du baume de Tolu . . .	Deville.
a. Rétinaphte . . .	108° ? . .	C^7H^8 . .	Distillation sèche de la colophane. . .	Pelletier et Walter.
9. Naphte	88° . . .	$C^{12}H^{12}$.	Dans le naphte naturel. . .	Les mêmes.
10. Dracyle	125 à 127° . .	C^8H^6 ? .	Distillation sèche du sang-dragon.	Glenard et Boudault.
11. Cinnamène (cinnamomine) . . .	140°, calc. 149° .	C^8H^8 .	Décomposition de l'acide cinnamique par la baryte ou la chaux. . . .	Cahours et Gerhardt.
a. Styrole (ess. de styrax).	»	* C^8H^8 .	Dans le styrax liquide. . . .	Simon, Marchand.
12. Naphtène. . . .	115° . . .	C^8H^{16}	Dans le naphte naturel. . .	Pelletier et Walter.

6 a. M. Faraday avait obtenu pour la densité de vapeur de cet hydrogène carboné les nombres 2,975 — 3,027 ; la formule que nous admettons, et qui d'ailleurs a déjà été proposée par M. Lœwig (*Chem. der organ. Verbind.* II, 142), exigerait 2,5. Cette formule s'accorderait aussi avec le point d'ébullition du soi-disant bicarbure.

8. D'après notre propre détermination, le benzoïne de M. Deville bout à 114°.

9. MM. Pelletier et Walter assignent au naphte la composition $C^{14}H^{26}$, ce qui, dédoublé, ferait C^7H^{13} ; mais la formule C^7H^{12} offre plus de probabilité et s'accorderait avec le point d'ébullition du naphte.

10. Par la distillation sèche du sang-dragon, MM. Glenard et Boudault (*Comptes-rendus hebd. de l'Ac.*, t. XVII, p. 504, 11 sept. 1843) ont obtenu, entre autres produits, un hydrogène carboné auquel ils assignent la formule $C^{16}H^{10} = 4$ vol. de vapeur (densité trouvée 3,7 pour la vapeur) ; d'après nos équivalents il faudrait l'exprimer par C^8H^5, mais cette formule ne saurait être exacte.

HYDROCARBURES.	POINT D'ÉBULLITION.	FORMULE correspondant à 2 volumes DE VAPEUR.	ORIGINE.	OBSERVATEURS.
13. *Cumène*	151°,6	C^9H^{12}	Décomposition de l'acide cuminique par la baryte ou la chaux	Cahours et Gerhardt.
a. *Rétinylène*	150°	C^9H^{12}	Distillation sèche de la colophane	Pelletier et Walter.
14. *Campholène*	135°	C^9H^{16}	Décomposition de l'acide campholique par l'acide phosphorique anhydre	Delalande.
15. *Elaène*	110°, calc. 109°,5	C^9H^{18}	Distillation sèche de l'acide hydroléique	Frémy.
16. *Naphtaline* (naphtaline)	221°	$C^{10}H^{18}$	Goudron du gaz de l'éclairage par la houille, etc.	Dumas, Laurent.
17. *Cymène* (camphogène)	175°	$C^{10}H^{14}$	Essence de cumin naturelle ; décomposition du camphre des laurinées par l'acide phosphorique anhydre	Dumas, Cahours et Gerhardt.
18. *Térébenthène* (essence de térébenthine)	160°	$C^{10}H^{16}$	Produit naturel des diverses variétés de *Pinus*	Blanchet et Sell, Dumas.

14. Delalande a obtenu cet hydrogène carboné en distillant l'acide campholique sur de l'acide phosphorique anhydre ; il paraît qu'il s'y produit en même temps de l'oxyde de carbone, car :

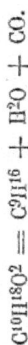

$$C^{10}H^{18}O^2 = C^9H^{16} + H^2O + CO.$$

La densité de ce corps à l'état de vapeur a été trouvée égale à 4,353 ; la formule adoptée par l'auteur exige 4,344.

17. Le cymène, hydrocarbure renfermé dans l'essence de cumin, présente les mêmes caractères chimiques que le camphogène obtenu par MM. Dumas et Delalande en distillant le camphre avec de l'acide phosphorique anhydre. Toutefois il existe une certaine différence dans l'odeur de ces deux produits ; le produit naturel possède une odeur suave et citronnée, tandis que celle du camphogène est plutôt empyreumatique.

HYDROCARBURES.	POINT D'ÉBULLITION.	FORMULE correspondant à 2 volumes DE VAPEUR.	ORIGINE.	OBSERVATEURS.
18 a. *Térébène.*	156°	$C^{10}H^{16}$.	Action de l'acide sulfurique sur l'essence de térébenthine.	Deville.
b. *Camphilène* (camphène de M. Dumas).	156°	$C^{10}H^{16}$.	Décomposition par la chaux du camphre artificiel solide de l'essence de térébenthine.	Blanchet et Sell, Soubeiran et Capitaine.
c. *Térébilène.*	156°	$C^{10}H^{16}$.	Décomposition par la chaux du camphre liquide de l'essence de térébenthine.	Deville.
d. *Citronène* (essence de citron).	165 à 175°	$C^{10}H^{16}$.	Dans les fruits de *Citrus medica.*	Blanchet et Sell, Soubeiran et Capitaine.
e. *Citrène.*	165°	$C^{10}H^{16}$.	Distillation du camphre solide d'essence de citron sur la chaux.	Cahours, Soubeiran et Capitaine.
f. *Citrilène.*	168 à 175°	*$C^{10}H^{16}$.	Distillation du camphre liquide d'essence de citron sur la chaux.	Soubeiran et Capitaine.
g. *Essence de cédrat, d'orange.*	180°?	$C^{10}H^{16}$.	Dans le fruit de *Citrus Aurantium*, etc.	Les mêmes.
h. *Bergaptène.*	195°?	*$C^{10}H^{16}$.	Dans l'essence de bergamote (*Citrus Limetta bergamium*).	Les mêmes.

18 *e* et *f.* La densité de la vapeur du citrilène n'a pas été prise ; il n'est d'ailleurs pas établi qu'il y ait une différence chimique entre le citrène et le citrilène.

18 *g.* L'essence d'orange et de cédrat est probablement identique avec l'essence de citron, ou du moins elle renferme le même hydrogène carboné.

18 *h.* L'essence de bergamote n'est pas un principe unique : la partie la plus volatile donne avec l'acide hydrochlorique un camphre liquide qui possède la même composition que celle du camphre de citron, ce qui paraît indiquer que l'hydrogène carboné de l'essence de bergamote a la même composition que celui de l'essence de citron.

HYDROCARBURES.	POINT D'ÉBULLITION.	FORMULE correspondant à 2 volumes de VAPEUR.	ORIGINE.	OBSERVATEURS.
48 i. Essence de sabine . .	155°	$C^{10}H^{16}$ . .	Dans les baies de sabine (*Juniperus Sabina*) . .	Dumas ; Laurent.
j. — de genièvre.	155°	$C^{10}H^{16}$ . .	Dans les baies du genévrier	Soubeiran et Capitaine.
l. — de poivre (*Piper nigrum*).	167°,5 ?. .	$C^{10}H^{16}$ . .	Dans le poivre (*Piper nigrum*).	Dumas, Soubeiran et Capitaine.
m. — de bouleau.	156°.	$C^{10}H^{16}$ . .	Dans l'écorce de bouleau (*Betula alba*). . .	Sobrero.
n. — d'élémi. . .	166 à 174° . .	$C^{10}H^{16}$ . .	Dans la résine d'*Amyris elemifera*. . . .	Stenhouse, Deville.
o. — de persil. . .	160 à 170° . .	*$C^{10}H^{16}$ . .	Dans les graines de persil (*Apium petroselinum*).	
p. Cariophyllène. . . .	142 à 143° . .	*$C^{10}H^{16}$ . .	Dans l'essence de girofle (*Caryophyllus aromaticus*).	Lœwig et Weidmann.
q. Bornééne.	156°	$C^{10}H^{16}$ . .	Dans l'essence de valériane (*Valeriana officinalis*) et par la distillation du camphre de Bornéo avec l'acide phosphorique anhydre	Etling.
r. Carvène.	173°	$C^{10}H^{16}$ . .	Dans l'essence de carvi (*Carum Carvi*) . .	Pelouze, Gerhardt. Schweizer.

18 o. MM. Lœwig et Weidmann ont trouvé dans l'essence de persil rectifiée 88,04 carbone et 11,88 hydrogène, ce qui paraît conduire à la formule de l'essence de térébenthine, surtout si l'on considère le point d'ébullition du produit, que les auteurs placent entre 160 et 170°.

18 p. Nous appelons *caryophyllène* l'hydrogène carboné contenu dans l'essence de girofle ; M. Ettling en a fait l'analyse sans en déterminer la densité de vapeur.

HYDROCARBURES.	POINT D'ÉBULLITION.	FORMULE correspondant à 2 volumes DE VAPEUR.	ORIGINE.	OBSERVATEURS.
18 s. *Anthémène*	»	* $C^{10}H^{16}$ ..	Dans l'essence de camomille romaine (*Anthemis nobilis*).	Gerhardt.
t. *Caoutchine*.	171°,5	$C^{10}H^{16}$ ...	Distillation sèche du caoutchouc.	Himly.
19. *Menthène*.	163°;calcul. 145°	$C^{10}H^{18}$ ...	Décomposition de l'essence de menthe con-crète (*Mentha piperita*) par l'acide phos-phorique anhydre	Walter.
20. *Amilène*......	vers 160° ...	* $C^{10}H^{20}$ ..	Décomposition de l'huile de pommes de terre par l'acide phosphorique anhydre	Cahours.
21. *Tolène*.	170°	* $C^{12}H^{18}$? ..	Dans l'essence du baume de Tolu	Deville.
22. *Naphtole*.	190°	$C^{12}H^{22}$ ..	Dans le naphte naturel.	Pelletier et Walter.
23. *Schcererite* (solide) .	200°	* $C^{12}H^{24}$? ..	Produit naturel trouvé dans des lignites près d'Utznach en Suisse.	Kraus.
24. *Stilbène*.	calc. 332° ...	$C^{14}H^{12}$ ..	Distill. sèche de l'hydrure de sulfobenzoïle.	Laurent.
25. *Idrialène*.	?	* $C^{15}H^{10}$ ..	Mine d'Idria	Laurent.
a. *Succistérène* . .	?	* $C^{15}H^{10}$ ..	Distillation sèche de l'ambre jaune.	Pelletier et Walter.

18 s. L'essence de camomille romaine renferme un hydrogène carboné qui nous paraît se rattacher aux corps précédents.

21. La formule du tolène nous paraît extrêmement douteuse.

23. Nous en dirons autant de celle de la schéérérite ; en considérant le point auquel ce corps entre en ébullition et l'analyse de M. Kraus, d'après laquelle il renfermerait les mêmes proportions que le gaz oléfiant, on pourrait admettre provisoirement la formule $C^{12}H^{24}$.

25. La densité de ces deux corps n'a pas été prise. MM. Pelletier et Walter croient que le succistérène est identique avec l'idrialène.

HYDROCARBURES.	POINT D'ÉBULLITION.	FORMULE correspondant à 2 volumes DE VAPEUR.	ORIGINE.	OBSERVATEURS.
26. Anthracène (paranaphtaline).	au-dessus de 300°	$C^{15}H^{12}$	Goudron du gaz de l'éclairage par la houille.	Dumas, Laurent.
a. Pyrène.	au-dessus de 180°	* $C^{15}H^{12}$?	Goudron du gaz de l'éclairage par la houille.	Laurent.
27. Hellénène.	290°	* $C^{15}H^{20}$ ou C^8H^{24},	Décomposition de l'essence d'anée concrète par l'acide phosphorique anhydre	Gerhardt.
28. Copahuène (essence de copahu).	260°	* $C^{15}H^{24}$	Dans le baume de copahu (Copaifera multijuga Mart.).	Blanchet.
a. Cubébène (essence de cubèbes).	260°	* $C^{15}H^{24}$	Dans les cubèbes (Piper Cubeba).	Soubeiran et Capitaine.
b. Fœniculène.	185° ?	* C^5H^{24}	Dans l'essence de fenouil (Anethum Fœniculum).	Cahours.
29. Rétistérène (métanaphtaline).	325°	* $C^{16}H^{14}$	Dernier produit de la distillation sèche des résines, appelé matière grasse.	Pelletier et Walter.
30. Rétinole.	238°	$C^{16}H^{16}$	Idem.	Les mêmes.

27. Depuis la publication de notre travail sur l'hellénène, nous avons repris les analyses de l'hydrogène carboné qu'on obtient avec ce corps et l'acide phosphorique anhydre. On trouve exactement à l'analyse le rapport du carbone à l'hydrogène :: 3 : 4. Le point d'ébullition de l'hellénène et sa combinaison avec l'acide sulfurique paraissent conduire à l'équivalent $C^{15}H^{20}$.

28 et 28 a. Les formules $C^{15}H^{24}$ nous paraissent justifiées par le point 260° auquel ces deux essences entrent en ébullition; d'ailleurs leur densité à l'état de vapeur n'a pas été prise.

b. Nous appelons fœniculène l'hydrogène carboné contenu dans l'essence de fenouil et qui, selon M. Cahours, produit une combinaison cristallisée avec le bioxyde d'azote.

HYDROCARBURES.	POINT D'ÉBULLITION.	FORMULE correspondant à 2 volumes DE VAPEUR.	ORIGINE.	OBSERVATEURS.
31. Cédrène.	248°	$C^{16}H^{24}$	Décomposition de l'essence de cèdre concrète par l'acide phosphorique anhydre; essence de cèdre liquide.	Walter.
32. Éthérole (huile de vin légère).	280°	* $C^{16}H^{32}$?	Décomposition de l'huile pesante de vin par l'eau.	Sérullas, Marchand.
a. Éthérine (stéaroptène de l'huile de vin).	260°	* $C^{16}H^{32}$?	Idem.	Le même.
b. Cétène.	vers 275°	* $C^{16}H^{32}$	Distillation sèche de l'éthal, etc.	Dumas et Péligot, Smith.
c. Hévéène.	315°	$C^{16}H^{32}$	Distillation sèche du caoutchouc.	Bouchardat.
d. Pyrosthécérite.	?	?	Distillation sèche du schéérérite.	Kraus.
e. Ozokérite.	300°	* $C^{16}H^{32}$?	Dans certains schistes argileux de l'Autriche.	Malaguti.
f. Cire de l'ozokérite.	300°	** $C^{16}H^{32}$?	Distillation sèche de l'ozokérite.	Le même.
g. Ess. concrète de roses.	vers 300°	** $C^{16}H^{32}$?	Essence de roses naturelle.	Th. de Saussure, Blanchet.
33. Chrysène.	au-dessus de 235°	* $C^{18}H^{12}$	Dans le goudron du gaz de l'éclairage par la houille.	Laurent.
34. Colophène.	310°	$C^{20}H^{32}$	Action de l'acide sulfurique sur l'essence de térébenthine, etc.	Deville.

32 et 32 a. En considérant le point d'ébullition élevé des produits de Sérullas et de M. Marchand, nous avons cru devoir leur assigner la formule $C^{16}H^{32}$ qui en ferait des isomères du gaz oléfiant. Ce point d'ailleurs serait à vérifier par la détermination de leur densité à l'état de vapeur. Peut-être l'huile de vin légère est-elle identique avec le cétène.

33. Notre formule du chrysène est de moitié plus forte que celle de M. Laurent, eu égard au point d'ébullition de ce corps.

34. La composition du colophène se déduit de celle de la colophane; reste à savoir d'ailleurs si ces deux substances sont réellement différentes.

HYDROCARBURES.	POINT D'ÉBULLITION.	FORMULE correspondant à 2 volumes DE VAPEUR.	ORIGINE.	OBSERVATEURS.
a. Colophilène.	?	* $C^{20}H^{32}$	Décomposition par la chaux de la combinaison du colophène et de l'acide hydrochlorique.	
b. Pétrolène.	280°	$C^{20}H^{32}$	Dans les bitumes du département du Bas-Rhin.	Deville.
c. Huile douce de vin de M. Regnault.	285°	$C^{20}H^{32}$	Fabrication en grand de l'éther.	Boussingault.
35. Saponine.	?	?	Distillation sèche des stéarates, des margarates, etc.	Regnault.
36. Paraffine.	entre 370 et 380°	$C^{24}H^{50}$	Distillation sèche de la cire, etc.	Mischerlich. Léwy.

34 b et c. L'huile douce de vin extraite par M. Regnault du résidu de la fabrication de l'éther est identique, selon ce chimiste, avec le pétrolène de M. Boussingault.

35. Par la distillation du stéarate ou du margarate de chaux, on obtient une substance cristalline (margarone) nageant dans un liquide hydrocarboné (saponine de M. Mitscherlich), dont on ignore la composition exacte.

36. M. Léwy calcule de ses analyses de la paraffine deux formules : $C^{20}H^{42}$ et $C^{24}H^{50}$. La dernière nous paraît exprimer l'équivalent de la paraffine, si l'on considère le point d'ébullition de cette substance.

On a trouvé dans certains lignites et tourbes un carbure d'hydrogène semblable à la paraffine, et à laquelle on a donné le nom de *hartite* (SCHROEDER, *Annal. de Poggend.*, t. LIX, p. 44); le rapport de ses éléments est comme 3 : 5 ; mais ne connaissant pas le point d'ébullition ni la densité de vapeur de ce corps, on n'en saurait établir l'équivalent.

Il faut en dire autant de la *téhorétine* et de la *phyllorétine* (REENSTRUP, *Journ. f. prakt. Chem.*, t. XX, p. 461) et du *fehtélite* (FIKENTSCHER, *Ann. der Chemie u. Pharm.*, t. XXXVII, p. 304).

Tous ces hydrogènes carbonés sont solides, ce qui dénote un équivalent fort élevé.

GLYCÉRIDES.

100. La nature chimique des *graisses* et des *huiles grasses neutres* a été parfaitement éclaircie par les beaux travaux de M. Chevreul (1). Ces corps constituent des groupes moléculaires, non azotés, dans lesquels on distingue toujours deux parties distinctes : l'une appartenant à un acide particulier ; l'autre, à une substance neutre et fixe, qui a reçu le nom de *glycérine* ou de *principe doux des huiles*.

Les chimistes qui, après M. Chevreul, se sont occupés de ces matières, eurent une tâche très facile, puisqu'il ne leur restait plus qu'à soumettre aux procédés d'analyse, devenus plus simples, sinon plus rigoureux, les substances que l'illustre académicien leur avait appris à préparer et à purifier. Depuis lors les formules des matières grasses et des acides gras eux-mêmes ont éprouvé bien des changements ; mais on s'est généralement accordé à dire que les substances grasses neutres étaient des combinaisons semblables aux sels, composées d'un acide supposé anhydre et d'un oxyde basique (*oxyde de glycéryle*, Liebig).

Les glycérides (nous désignerons ainsi indistinctement les corps gras, liquides et concrets) ont la propriété de se décomposer par la potasse, ainsi que par d'autres oxydes métalliques en présence de l'eau ; cette décomposition est connue sous le nom de *saponification*, et le produit sous celui de *savon*. La théorie des radicaux explique la réaction en disant que l'acide des corps gras échange l'oxyde de glycéryle pour l'oxyde métallique, en même temps que l'oxyde de glycéryle, devenu libre, s'empare des éléments de l'eau pour former un hydrate, c'est-à-dire de la glycérine : ainsi, par exemple, la stéarine se composant d'acide stéarique anhydre et d'oxyde de glycéryle, donnerait, par la saponification, du stéarate de potasse et de l'hydrate d'oxyde de glycéryle.

Plusieurs chimistes, parmi lesquels il faut citer M. Stenhouse et M. Playfair, ont reconnu que cette interprétation ne s'accorde

(1) *Recherches sur les corps gras d'origine animale;* Paris, 1823.

pas avec l'expérience, ce qui les a conduits à dédoubler l'équivalent de la glycérine établi par M. Pelouze. Cet équivalent se
trouve contrôlé par la composition des sulfo-glycérates, ainsi
que par la décomposition de la glycérine en formiate et en
acétate sous l'influence de la chaux potassée (Dumas et Stas).
Comme d'ailleurs il ne se dégage aucun gaz dans la saponification, il faut évidemment que les produits de la saponification
renferment tout le carbone des glycérides.

*Tout glycéride renferme les éléments de 2 équiv. d'acide et
1 équiv. de glycérine, moins 3 équiv. d'eau.* Nous ne disons pas
que les éléments de l'acide y préexistent comme tel, car les
réactifs employés dans la double décomposition des sels n'en
indiquent nullement la présence; les analyses qui ont été faites
prouvent seulement que tout corps gras neutre a besoin de fixer
les éléments de 3 équiv. d'eau pour se transformer en 1 équiv. de
glycérine et en 2 équiv. d'acide. On ignore la manière dont ces
deux parties sont disposées dans la molécule grasse; mais tout
annonce que le carbone au moins y affecte deux formes distinctes.
Pour plus de clarté, prenons un exemple.

La glycérine est $C^3H^8O^3$; l'acide stéarique est $C^{19}H^{38}O^2$; la
stéarine se représente par :

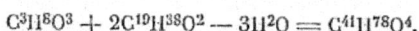

$$C^3H^8O^3 + 2C^{19}H^{38}O^2 - 3H^2O = C^{41}H^{78}O^4.$$

Dans la saponification, il se fixe $3H^2O$, et l'on obtient de la
glycérine et du stéarate.

Cette réaction offre une certaine analogie avec celle qui s'accomplit dans la décomposition des éthers composés; l'éther stéarique, par exemple, est :

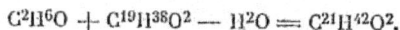

$$C^2H^6O + C^{19}H^{38}O^2 - H^2O = C^{21}H^{42}O^2.$$

Par l'action des alcalis, cet éther fixe H^2O, et il se produit de
l'alcool et du stéarate.

Mais la ressemblance n'est point parfaite, puisque les glycérides
exigent l'intervention de $3H^2O$ pour donner 1 équivalent de
glycérine et 2 équivalents d'acide, tandis que les éthers des acides
unibasiques se décomposent avec H^2O, et fournissent 1 équiv. d'alcool et 1 équiv. d'acide.

MM. Pelouze et Gélis prétendent avoir obtenu artificiellement la butyrine (1), l'un des glycérides du beurre, en chauffant légèrement un mélange d'acide butyrique, de glycérine et d'acide sulfurique concentré, et l'étendant ensuite d'une grande quantité d'eau. On voit alors se séparer de la liqueur une huile légèrement jaunâtre, qui, lavée avec de l'eau, et saponifiée par de la potasse caustique, fournit de l'acide butyrique et de la glycérine. La formation de ce produit a lieu à la température ordinaire, lorsqu'on fait passer un courant de gaz hydrochlorique dans un mélange de glycérine et d'acide butyrique. L'eau sépare aussitôt de ce mélange une quantité considérable de la matière grasse neutre.

Il n'est d'ailleurs pas encore prouvé par l'analyse que ce produit factice soit identique avec la butyrine du beurre.

Toutes les matières grasses ne sont pas des glycérides. Il existe une foule de substances, grasses au toucher comme ceux-ci, mais qui cependant offrent de tout autres caractères chimiques. Ainsi il y a des acides gras, des aldéhydes gras, des hydrocarbures gras, des éthers gras, etc.; c'est que le mot *gras* n'exprime point une fonction chimique comme, par exemple, le mot *acide*. Ce qu'on peut affirmer de plus général, c'est que les substances grasses au toucher renferment une forte proportion de carbone et d'hydrogène, peu ou point d'oxygène comparativement à ces deux éléments, et qu'elles offrent un équivalent assez élevé. Une circonstance fort remarquable dans la composition des matières grasses est que le rapport des équivalents de carbone à ceux d'hydrogène s'y maintient sensiblement comme 1 : 2. Beaucoup d'acides gras présentent ce rapport d'une manière fort exacte.

Les substances connues sous le nom fort impropre de *corps gras non saponifiables*, telles que la cire, la cholestérine, le blanc de baleine, l'ambréine, etc., ne donnent pas de glycérine par l'action des alcalis, mais elles en sont attaquées en donnant des produits particuliers.

101. Voici la liste des glycérides connus aujourd'hui.

(1) *Revue scientifique*, t. XIII, p. 444.

	FORMULES.	ORIGINE.	OBSERVATEURS.
Butyrine.	Non analysée.	Beurre.	Chevreul, Bromeis.
Butyroléine.	Idem.	Idem.	Bromeis.
Caproïne.	Idem.	Idem.	Chevreul.
Cévadine.	Idem.	Graine de cévadille.	Pelletier et Caventou.
Cocostéarine.	Idem.	Beurre de coco.	Bromeis.
Crotonine.	Idem.	Huile des graines de pignon d'Inde.	Pelletier et Caventou.
Élaïdine.	$C^{39}H^{70}O^4$	Action de l'acide hyponitrique sur l'o-léine.	Meyer.
Hircine.	Non analysée.	Suif.	Chevreul.
Laurostéarine ou laurine.	$C^{27}H^{50}O^4$	Baies de laurier.	Chevreul.
Margarine.	$C^{37}H^{70}O^4$	Graisse humaine, beurre, beaucoup de graisses végétales, etc.	Marsson.
Margaritine.	Non analysée.	Huile de ricin.	Chevreul, Bromeis.
Myristine.	$C^{31}H^{58}O^4$	Fruits du muscadier.	Bussy et Lecanu.
Oléine.	$C^{39}H^{70}O^4$	Huiles grasses de toute espèce.	Playfair.
Oléoricine.	Non analysée.	Huile de ricin.	Warrentrapp.
Palmine.	Idem.	Action de l'acide hyponitrique sur l'huile de ricin.	Bussy et Lecanu.
Palmitine ou éthaline	$C^{35}H^{66}O^4$	Huile de palme (du brou de l'*Avoïra Elaïs*) , cire du Japon.	Boudet.
Phocénine.	Non analysée.	Huile de marsouin, de dauphin, etc.	Frémy, Stenhouse, Meyer.
Ricinine.	Idem.	Huile de ricin.	Chevreul.
Stéarine.	$C^{41}H^{78}O^4$	Graisses solides, etc.	Bussy et Lecanu.
Stéarophanine ou anamirtine.	$C^{39}H^{74}O^4$	Coque du Levant.	Chevreul, Redtenbacher. Francis.

102. Les glycérides sont incolores, insolubles dans l'eau, solubles, au contraire, dans l'alcool, et mieux encore dans l'éther. Ceux qui sont solides cristallisent dans ces derniers véhicules. Les glycérides liquides sont ordinairement odorants, et fournissent par la saponification des acides gras liquides qui ont la même odeur.

Ils n'ont aucune action sur les papiers réactifs. Lorsqu'on les chauffe au contact de l'air, ils s'altèrent peu à peu, surtout si on les fait bouillir ; il paraît néanmoins qu'ils peuvent être distillés dans le vide (Chevreul). Les glycérides se rencontrent rarement dans la nature à l'état de pureté. Les graisses solides et les huiles grasses sont ordinairement un mélange d'au moins deux glycérides. On appelle quelquefois *beurres* certains mélanges de glycérides liquides et solides, ayant à la température ordinaire une consistance onctueuse (beurre ordinaire, beurre de cacao, etc.).

L'action que l'air exerce sur eux les a fait diviser en *huiles grasses siccatives* et en *huiles grasses non siccatives*. Les premières ont la propriété d'attirer promptement l'oxygène de l'air, et de produire ainsi des substances résinoïdes et poisseuses qui, répandues en couches minces, possèdent de la transparence. Les produits de cette dessiccation sont ordinairement insolubles dans l'eau, l'alcool et l'éther. Pendant leur formation, on observe un léger dégagement d'acide carbonique. Ces huiles siccatives (de noix, de chènevis, de lin, d'œillet, etc.) s'emploient dans la préparation des vernis et de l'encre d'imprimerie. Lorsqu'elles offrent à l'oxygène une grande surface, dans le cas, par exemple, où elles imprègnent des matières poreuses et combustibles, comme du papier et du coton, elles absorbent l'oxygène avec une si grande avidité qu'il en résulte souvent une chaleur assez forte pour enflammer ces matières.

Les huiles non siccatives, parmi lesquelles on compte le plus grand nombre des huiles grasses végétales, ne se dessèchent pas à l'air; mais, d'un autre côté, elles ont la propriété, du moins celles qui renferment de l'oléine, de se solidifier au contact du protonitrate de mercure ou plutôt de l'acide hyponitrique, en donnant ainsi un glycéride qui est connu sous le nom d'*élaïdine*, et qui se convertit par la saponification en *acide élaïdique*. Il ne paraît se passer aucune décomposition dans ce passage de l'oléine à l'état solide; du moins l'analyse conduit à admettre comme isomères l'oléine et l'élaïdine, ainsi que l'acide oléique et l'acide élaïdique. On ne connaît pas la constitution du glycéride liquide contenu dans les huiles siccatives; il se saponifie comme l'oléine, et les acides minéraux séparent du savon un acide gras liquide, dont les caractères diffèrent entièrement de ceux de l'acide oléique ordinaire.

Les glycérides se conservent fort bien à l'état de pureté; mais lorsqu'ils sont souillés de tissu cellulaire ou de matière parenchymateuse provenant des parties animales ou végétales d'où ils ont été extraits, ils deviennent peu à peu acides au contact de l'air, en prenant une odeur et une saveur fort désagréables. Cette altération est connue sous le nom de *rancissement des corps gras;* elle s'établit en eux par suite de la putréfaction qu'éprouvent les débris organisés qui, en véritables ferments, communiquent, au moment de se décomposer, l'ébranlement de leurs molécules aux matières grasses elles-mêmes. Celles-ci rancissent d'autant plus promptement qu'elles contiennent plus de matières étrangères; tantôt, comme dans l'huile de palme, il se produit alors tout simplement de la glycérine et l'acide gras dont le glycéride renfermait les éléments; tantôt aussi le phénomène est plus complexe, et entraîne la formation de produits particuliers. On peut enlever ces derniers en épuisant l'huile rance par l'eau bouillante et en la traitant à froid par une dissolution faible de potasse caustique.

La chaleur fait fondre les glycérides solides; leur point de fusion est ordinairement moins élevé que celui des acides qui leur correspondent : ainsi, par exemple, la palmitine fond à 48°, et l'acide palmitique à 60°; la stéarine fond à 44°, et l'acide stéarique à 70°; la myristine entre en fusion à 31°, et l'acide myristique à 49°; un thermomètre qu'on plonge dans la margarine en fusion descend à 41° et remonte à 49°; l'acide margarique de son côté fond à 60°. Cette règle d'ailleurs ne paraît pas être générale; car, suivant M. Marsson, la laurostéarine fond à 44 ou 45°, tandis que le point de fusion de l'acide laurostéarique est compris entre 42 et 43°.

Les glycérides dissolvent, surtout à chaud, le soufre, le sélénium et le phosphore. Ils sont attaqués par le chlore et par le brome, en donnant naissance à des combinaisons chlorées ou bromées, dont l'étude reste encore à faire. L'iode s'y dissout aussi en leur communiquant une teinte brune, qui disparaît au bout de quelque temps.

103. A l'exception de l'élaïdine et de la palmine, tous les glycérides actuellement connus sont des produits naturels préparés par les plantes ou par l'économie animale. Chez les animaux, ils remplissent ordinairement les cavités du tissu cellulaire, et constituent ce que les anatomistes appellent le tissu adipeux; dans le règne végétal, ils occupent de préférence la graine, et surtout l'enveloppe charnue de la graine, comme, par exemple, dans les olives, d'où on les extrait au moyen de la presse.

Le plus souvent ils se rencontrent dans la nature à l'état de mélanges, en proportions fort variables. Les huiles grasses contiennent en forte dose un glycéride liquide, qui est ordinairement représenté par l'oléine; mais quand on les refroidit fortement, elles prennent une consistance onctueuse, et fournissent un dépôt cristallin de margarine, de stéarine ou d'un autre glycéride concret, que l'oléine maintient en dissolution à la température ordinaire. Les graisses solides ne sont elles-mêmes jamais exemptes d'oléine, et il est même assez difficile de les en purifier complétement à l'aide de la presse.

Nous avons déjà dit que l'oléine se convertit par le contact de l'acide hyponitrique en un glycéride concret; cette propriété peut être mise à profit pour reconnaître la falsification d'une huile non siccative (par exemple d'olive) par une huile siccative (de lin, de chènevis), dont le glycéride liquide ne se concrète pas dans les mêmes circonstances; mais elle ne fournit aucune indication précise dans les cas où la première se trouverait mélangée avec une autre huile renfermant, comme elle, de l'oléine ordinaire. La saponification des huiles suspectes et l'examen des acides produits conduisent alors à des résultats plus certains.

L'huile de ricin (des graines du *Ricinus communis*) renferme un glycéride liquide, qui se concrète pareillement par l'acide hyponitrique; mais le produit (*palmine* de M. Boudet) diffère de l'élaïdine; cette même huile se solidifie aussi par le gaz sulfureux.

104. Les glycérides ne sauraient, sans se décomposer, être

soumis à une température élevée; ils entrent en ébullition à un degré très supérieur au point de fusion du plomb, et se colorent alors en dégageant de l'acide carbonique, des gaz inflammables, ainsi qu'une substance fort volatile, dont la vapeur incommode beaucoup les yeux et la respiration, et à laquelle M. Brandes a donné le nom d'*acroléine* (1). Les produits de cette décomposition varient d'ailleurs suivant la durée de l'ébullition et la nature du glycéride; le résidu présente, après le refroidissement, une consistance onctueuse, et, s'il provient d'une huile siccative, l'alcool, l'éther et les huiles ne le dissolvent plus; de même, il se résinifie alors à l'air avec beaucoup de rapidité. C'est sur ce caractère qu'est fondée la fabrication du vernis à l'huile.

Dans cette décomposition, le glycéride se détruit entièrement; l'acroléine qu'il fournit provient des éléments de la glycérine, car les acides obtenus par la saponification des glycérides n'en donnent point. La chaleur met aussi en liberté des acides, non pas précisément ceux qui correspondent aux glycérides soumis à son influence, mais d'autres provenant d'une décomposition secondaire : ainsi, par exemple, lorsqu'on distille du suif qui est en majeure partie composé de stéarine, il passe de l'acide margarique : c'est que ce dernier est un produit de l'oxydation de l'acide stéarique, ou du moins il représente les éléments de l'acide stéarique, moins C^2H^4. Les corps gras qui renferment de l'oléine donnent, dans les mêmes circonstances, de l'acide sébacique, qu'on peut extraire du produit distillé au moyen de l'eau bouillante, où il cristallise par le refroidissement en aiguilles confuses; l'huile de ricin n'en fournit point, car elle renferme un glycéride liquide différent de l'oléine ordinaire.

Les produits qui passent à la distillation des huiles grasses sont acides et se dissolvent en grande partie dans les alcalis; mais ils laissent, surtout ceux qu'on obtient vers la fin de l'opération, une certaine quantité d'un hydrogène carboné qui y est insoluble, et dont la composition varie suivant la nature des glycérides décomposés et l'intensité de la chaleur. Ils renferment, outre l'acide margarique, un acide fluide, qui pourrait bien être l'acide buty-

(1) Suivant les recherches de M. Redtenbacher, l'acroléine est un véritable aldéhyde; sa composition se représente par les éléments de la glycérine moins ceux de 2 éq. d'eau = C^3H^4O.

roléique, le même qu'on obtient par la saponification du beurre.

Lorsqu'on fait passer la vapeur des corps gras à travers un tube chauffé au rouge, ainsi que cela se pratique dans certaines usines à gaz, ils se résolvent en plus grande partie en oxyde de carbone et en hydrogènes carbonés ; la réaction est surtout bien complète à la température du rouge naissant. Nous devons à M. Faraday de connaître la composition exacte de ces produits ; il y a constaté deux hydrocarbures gazeux, le gaz oléfiant et le gaz des marais, et trois autres, que l'on parvient à condenser par une forte pression ou en les faisant absorber par de l'acide sulfurique concentré ou par de l'huile d'olive. L'un d'eux (*bicarburet of hydrogen*) se concrète à 0°, fond à 15°,5, et bout à 85°,5 ; sa vapeur pèse 2,752 à 15°,6 ; nous lui avons assigné la formule C^6H^8 (voir la table des hydrogènes carbonés, p. 167). Le second (*quadricarburet of hydrogen*) se condense à — 18°, et bout au-dessous de 0° ; sa composition C^4H^8 et ses propriétés en font l'homologue du gaz oléfiant ; enfin le troisième possède tous les caractères et la composition du benzène C^6H^6.

105. Nous avons déjà parlé de l'action des alcalis sur les glycérides (p. 175) et de la formation des savons. Non seulement la potasse, la soude, et en général les alcalis solubles en opèrent la saponification ; mais encore les oxydes métalliques eux-mêmes, si on les fait agir avec le concours de l'eau : ainsi, par exemple, la litharge bouillie avec un mélange d'eau et d'huile d'olive change peu à peu de nature, et finit par se transformer en une masse emplastique, qui n'est autre chose qu'un savon à base de plomb (*emplâtre simple* des officines), c'est-à-dire un mélange d'oléate et de margarate de plomb. La soude et la potasse sont le plus généralement employés pour la fabrication des savons ordinaires, au moyen des huiles et des graisses solides.

Lorsqu'on traite les glycérides par de l'acide sulfurique concentré, celui-ci les décompose, en s'emparant des éléments de la glycérine pour produire de l'acide sulfoglycérique. Les acides gras, mis en liberté, s'unissent également à l'acide sulfurique, mais seulement d'une manière transitoire, car l'eau décompose la combinaison en donnant de nouveaux acides qui ont été plus particulièrement étudiés par M. Frémy (1).

(1) *Annal. de chim. et de phys.*, t. LXV, p. 113.

L'acide nitrique donne avec les glycérides des produits qui varient suivant la composition de ceux-ci et suivant l'énergie de la réaction ; on obtient à la fois des dérivés de la glycérine (acide oxalique) et des acides qui correspondent aux acides gras des glycérides. Nous devons à M. Laurent (1) la connaissance exacte des produits de l'oxydation de l'acide oléique. Quelques années plus tard, M. Bromeis (2) a obtenu les mêmes composés avec l'acide stéarique. De son côté, M. Tilley (3) a examiné quelques produits obtenus par l'action de l'acide nitrique sur l'huile de ricin.

M. Lassaigne (4) a signalé la formation d'une substance particulière, azotée, neutre et cristallisable, dans l'action de l'ammoniaque sur l'huile d'olive ; ce produit mériterait d'être étudié.

SUBSTANCES DE FONCTIONS INCERTAINES.

106. *Substances neutres fixes.* — L'oxygène et en partie aussi l'azote tendent en général à diminuer la volatilité des substances organiques. Une matière organique qui n'est pas susceptible de se volatiliser sans décomposition renferme ordinairement une proportion assez forte d'oxygène ou d'azote. Toutefois l'élévation de l'équivalent des substances organiques influe aussi beaucoup sur la manière dont elles se comportent sous l'influence de la chaleur.

Le sucre, la fécule, les gommes, le principe ligneux, la salicine, renferment de 10 à 12 équivalents d'oxygène dans leur molécule, et se décomposent si on les porte à une température élevée.

De même aussi, l'albumine, la fibrine, la caséine, qui, outre l'oxygène, renferment une forte proportion d'azote, ne résistent pas non plus à l'action de la chaleur.

Mais il est fort difficile d'établir sur ces corps quelques règles

(1) *Annal. de chim. et de phys.*, t. LXVI, p. 154.
(2) *Revue scientif.*, t. II, p. 320, et VI, p. 1.
(3) *Philos. Magaz. and Journ. of science*, 3ᵉ série, juin 1841, p. 417, et *Revue scientif.*, t. VI, p. 233.
(4) *Comptes-rendus hebd. de l'Acad. des sciences*, t. XVI, p. 390.

générales, par rapport à leur composition ou à leur mode de formation. Plusieurs d'entre eux renferment l'hydrogène et l'oxygène dans les proportions nécessaires pour former de l'eau, et ce sont surtout les principes qui jouent un rôle important dans la végétation.

Les résines ne renferment que peu d'oxygène, comparativement aux autres éléments; mais leur équivalent est assez élevé, de sorte qu'elles ne résistent pas à l'action de la chaleur sans se décomposer en huiles volatiles.

Une chose qui nous paraît bien démontrée, c'est que *les substances fixes, et conséquemment fort oxygénées, s'attaquent plus facilement par les réactifs* que les autres substances organiques; de sorte qu'en attaquant, par exemple, le sucre ou la fécule par des agents oxygénants, on descend l'échelle bien plus rapidement qu'en opérant sur des matières grasses ou sur des huiles essentielles. C'est que l'oxygène des matières fixes s'ajoutant à celui qu'on leur présente dans le réactif, il en résulte une somme d'affinités assez énergiques pour en déterminer la combustion ou le dédoublement d'une manière brusque.

Ainsi, par exemple, le sucre de canne, qui renferme $C^{12}H^{22}O^{11}$, se convertit très promptement en acide oxalique $C^2H^2O^4$ sous l'influence des corps oxygénants, tandis que les corps gras n'en fournissent que par un traitement prolongé avec l'acide nitrique. On peut évaluer d'une manière approximative la résistance qu'opposent les matières organiques à l'action des corps oxygénants, en cherchant combien il faut y ajouter d'oxygène pour transformer tout le carbone en acide carbonique et tout l'hydrogène en eau; la matière qui exige le plus d'oxygène est aussi la plus stable.

Un équivalent de sucre $C^{12}H^{22}O^{11}$ exige 24 équivalents d'oxygène; 1 équivalent d'acide stéarique $C^{19}H^{38}O^2$ 55 équivalents; 1 équivalent de paraffine $C^{24}H^{50}$ demande 76 équivalents.

Cette circonstance contribue beaucoup à rendre l'étude des matières fixes plus difficile que celle des matières volatiles et peu oxygénées (1).

107. *Huiles essentielles.* — Nous avons déjà fait remarquer

_____

(1) Voir, dans la TROISIÈME PARTIE, *Ferments* (191).

(p. 151) que les huiles essentielles qu'on rencontre dans les plantes sont ordinairement des mélanges de plusieurs principes particuliers. Le plus souvent elles contiennent un hydrogène carboné, qui passe le premier à la distillation, plus ou moins mélangé d'une huile oxygénée et moins volatile. Quelquefois cette partie oxygénée se concrète à une basse température, de sorte qu'en plaçant les huiles essentielles dans de la glace, on les voit souvent déposer des cristaux incolores, appelés indistinctement *camphres* ou *stéaroptènes*.

Mais on peut dire qu'il n'existe aucune différence chimique entre les essences liquides et celles qui se solidifient par le froid. Plusieurs camphres se produisent aussi par le contact de l'humidité avec les essences.

A part les aldéhydes, les alcools et quelques hydrogènes carbonés, les huiles essentielles sont en général fort peu examinées.

Plusieurs plantes, les crucifères surtout, fournissent des huiles essentielles sulfurées lorsqu'on les distille avec de l'eau ; on en a obtenu avec le raifort (*Cochlearia armoracea*), les feuilles de cochléaria (*Cochlearia officinalis*), l'ail (*Allium sativum*), les ognons (*Allium Cepa*), l'assa-fœtida, les feuilles de *Lepidium latifolium*, les fleurs femelles du houblon (*Humulus lupulus*), le poivre d'eau (*Polygonum Hydropiper*), l'*Arum maculatum*, etc.

L'essence de moutarde noire est la seule essence sulfurée qui ait été examinée ; elle ne renferme pas d'oxygène, mais du soufre et de l'azote ($C^8H^{10}N^2S^2$). Cette essence ne préexiste pas dans la graine ; mais, suivant les expériences de M. Bussy, celle-ci renferme une combinaison particulière, le *myronate de potasse*, qui, sous l'influence de l'eau et d'un principe albuminoïde, la *myrosine*, semblable à l'émulsine des amandes amères (p. 147), entre en fermentation, et fournit alors de l'acide sulfocyanhydrique, ainsi que de l'huile essentielle. La graine de moutarde blanche ne renferme pas de myronate de potasse, et ne donne pas d'huile essentielle, bien qu'il s'y trouve de la myrosine comme dans la moutarde noire.

Il est impossible, dans l'état de la science, de préciser le rôle chimique que remplit l'essence de moutarde. Elle se combine avec l'ammoniaque sans donner un sel ammoniacal, mais en produisant un alcaloïde particulier; ce dernier, et l'essence elle-même, fournissent de nouveaux alcaloïdes lorsqu'on leur enlève le soufre à l'aide de l'oxyde de plomb ou de mercure (Voyez TROISIÈME PARTIE).

108. Disons, en résumé, que les chimistes ont donné le nom d'*essences* ou d'*huiles essentielles* à des substances volatiles et odorantes, composées de carbone et d'hydrogène seulement, ou de carbone, d'hydrogène et d'une quantité d'oxygène assez faible, ou quelquefois de carbone, d'hydrogène, d'azote et de soufre.

Ordinairement une huile essentielle ne renferme pas au-delà de 2 équivalents d'oxygène, tandis que le nombre des équivalents varie beaucoup pour les deux autres éléments.

Si l'on veut ranger l'alcool et l'esprit de bois parmi les huiles essentielles, on peut dire que la solubilité de ces huiles dans l'eau diminue à mesure que leur équivalent augmente; elles se dissolvent en général infiniment mieux dans l'alcool, l'esprit de bois et l'éther que dans l'eau.

Les huiles essentielles oxygénées sont souvent solides à la température ordinaire (camphre des laurinées), surtout si leur équivalent est élevé, et même alors elles prennent quelquefois un aspect gras (essence de cèdre concrète).

D'ailleurs le nom d'huile essentielle ne désigne pas une fonction chimique; car il existe des essences légèrement acides, des essences fonctionnant à la manière des aldéhydes, des alcools, etc., tout comme il y a des corps gras acides et des corps gras dont les propriétés chimiques ressemblent à celles de l'aldéhyde ou de l'alcool.

Il convient toutefois de conserver le nom d'huiles essentielles, puisqu'il rappelle des substances volatiles ayant beaucoup de caractères communs; ces corps tiennent, pour ainsi dire, le milieu entre les substances aqueuses volatiles et certains corps gras neutres, quant à l'élévation de l'équivalent. La cire et la cholestérine ne sont, à proprement parler, que des essences bien plus carbonées et plus hydrogénées que les substances auxquelles on donne généralement ce nom.

109. *Résines.* —Bien que les résines soient extrêmement répan-

dues dans le règne végétal, bien qu'il n'y ait presque pas de plante qui n'en renferme, ces corps sont peut-être les moins étudiés de tous les groupes organiques. C'est que les résines affectent rarement une forme bien déterminée, de sorte qu'il est difficile de se les procurer assez pures pour l'analyse.

Elles proviennent ordinairement de l'action exercée par l'oxygène atmosphérique sur des huiles essentielles sécrétées par les végétaux, et il est même probable que ceux-ci ne les préparent pas directement. Quelquefois on les rencontre à l'état de mélange avec les essences, et elles constituent alors ce qu'on appelle des *baumes*. En été, ces mélanges se ramollissent au soleil et suintent à travers les fissures des arbres. On fait bouillir ces baumes avec de l'eau, de manière à chasser toute la partie volatile et à n'avoir pour résidu que de la résine. Lorsque les résines n'exsudent pas d'elles-mêmes, on met la partie végétale qui les renferme en digestion avec de l'alcool, qui s'en charge alors, ainsi que d'autres substances. Si l'on ajoute de l'eau à la solution et qu'on la chauffe pour éloigner l'alcool, la résine vient surnager à l'état fondue.

Les résines sont en général solubles dans l'alcool et insolubles dans l'eau, ce qui les distingue des gommes, qui, en qualité de corps fort oxygénés, se dissolvent assez bien dans l'eau et résistent à l'action de l'alcool; l'eau rend laiteuse la solution alcoolique des résines. Les résines sont également fusibles; elles sont ordinairement jaunes ou brunes, et présentent souvent aussi d'autres teintes. Rarement elles cristallisent.

Elles deviennent électriques par le frottement. Elles se dissolvent dans l'éther, les huiles essentielles, ainsi qu'à chaud dans les huiles grasses.

110. La colophane peut être considérée comme le type des résines; on peut la dédoubler en deux principes particuliers, qui ont reçu le nom de *résine-alpha* et *résine-béta* (acide pinique et acide sylvique). De ces deux principes, l'un renferme *moins* d'hydrogène qu'il n'y en aurait dans de l'essence de térébenthine sur laquelle 2 équivalents d'oxygène se seraient fixés. Cette particularité, signalée par M. Liebig, conduit à supposer que, dans la formation des résines, l'oxygène de l'air ne se borne pas toujours à se fixer sur les huiles essentielles,

mais qu'il brûle aussi une certaine proportion de leur hydrogène.

2 éq. d'essence de térébenthine étant $C^{20}H^{32}$,

la résine-alpha (ac. pinique) serait donc $C^{20}H^{32}O^2$ (1),

et la résine-béta (ac. sylvique) $C^{20}H^{30}O^2$ (2).

Les analyses de ces résines ont d'ailleurs besoin d'être reprises avec soin, et il est impossible, dans l'état actuel de la science, de décider du degré de confiance qu'elles méritent.

Les résines se produisent aussi très souvent par l'action de l'acide nitrique sur des huiles essentielles et sur d'autres substances hydrogénées. Ainsi, lorsqu'on fait bouillir de l'essence de térébenthine, de citron, de girofle, de cubèbe, etc., avec de l'acide nitrique étendu, ces essences se résinifient, mais les produits n'ont pas la même composition que les résines naturelles; ils renferment les éléments de l'acide nitrique, ce qu'on peut aisément démontrer en soumettant à la distillation les résines factices; elles dégagent alors des vapeurs nitreuses.

111. Parmi les résines qui ont été analysées, nous citerons :

La *colophane* (Unverdorben, Blanchet et Sell, Liebig, H. Rose, Trommsdorff).

La *térébenthine* du *Pinus maritimus* des environs de Bordeaux. M. Laurent en a extrait l'*acide pimarique*, qui, dit-il, est isomère de la colophane.

La *résine de copahu*. Elle renferme, suivant M. Rose, $C^{20}H^{32}O^2$ ou peut-être plutôt $C^{30}H^{48}O^3$, et présenterait conséquemment la même composition en centièmes que le camphre des laurinées; ce serait donc de l'essence de copahu $2C^{15}H^{24} = C^{30}H^{48}$, plus de l'oxygène.

M. Fehling a extrait du baume de copahu une autre résine renfermant $C^{20}H^{30}O^4$ ou peut-être plutôt $C^{30}H^{44}O^6$.

La *résine élémi*. Elle paraît contenir deux principes résineux, ayant la même composition que le camphre des laurinées (H. Rose).

La *bétuline*, ou résine de l'écorce de bouleau : $C^{10}H^{16}O^2$ ou $C^{20}H^{32}O^4$, suivant M. Hess.

---

(1) Elle renferme, suivant M. Rose, 10,4 hydrogène ; le calcul en exige 10,5.

(2) M. Trommsdorff y a trouvé 9,8 hydrogène.

La *résine de Tolu*. La résine renfermée dans le baume de Tolu contient, suivant M. Deville : $C^{18}H^{20}O^5$.

Le *benjoin*. M. Van der Vliet y distingue trois principes rési neux particuliers.

La *résine de Pasto* : $C^{16}H^{16}O^2$ ou $C^{20}H^{32}O^4$ (Boussingault).

La composition des résines se trouve nécessairement dans un rapport défini avec celle des corps d'où elles résultent.

M. Deville a fait à cet égard deux observations fort remarquables qui rendent bien compte de la formation des résines. Selon ce chimiste, la colophane donne, par la distillation sèche, un hydrogène carboné (colophène), isomère de l'essence de térébenthine; la résine de Tolu fournit de l'éther benzoïque dans les mêmes circonstances. Si l'on examine les formules de ces produits, on remarque que les résines sont des corps oxygénés auxquels correspondent les huiles volatiles qu'on en retire par la distillation :

Colophane	$C^{20}H^{32}O^2$.	Colophène	$C^{20}H^{32}$ (2 vol.).
Résine de Tolu	$C^{18}H^{20}O^5$.	Éther benzoïque	$C^{18}H^{20}O^4$ (2 éq.).

Remarquons aussi que M. Cahours avait obtenu antérieurement, par la distillation du benjoin privé d'acide benzoïque, une huile dont la composition ressemble beaucoup à celle de l'éther benzoïque, et qui n'est probablement pas autre chose.

Sans doute, comme le fait remarquer M. Dumas, cet éther a pour origine les liquides sucrés du végétal, liquides dont la fermentation a fourni l'alcool naissant à l'acide benzoïque libre qui existe dans le baume de Tolu ou dans le benjoin. Par une oxydation ultérieure, cet éther s'est alors transformé en résine.

M. Deville (1) a obtenu, par la distillation sèche de la résine de gaïac, une huile qui offre la plus grande analogie avec la créosote. M. Émile Kopp a recueilli du phénol parmi d'autres produits dans la distillation sèche du benjoin (2). De leur côté, MM. Glénard et Boudault (3) ont décrit un hydrogène carboné particulier, le *dracyle*, qui se forme dans la distillation sèche

(1) *Comptes-rendus de l'Acad.*, t. XVII, 1843, p. 1143.
(2) *L'Institut*, 1843, n° 517, p. 400.
(3) *Revue scientif.*, t. XV.

du sang-dragon ; ils lui assignent la composition $C^{16}H^{10}$, formule qui nous semble devoir s'exprimer par C^8H^6.

Il paraît, d'après ce qui précède, que, dans la résinification, l'oxygène de l'air exerce son action sur deux ou plusieurs molécules d'huile essentielle, tantôt en s'y fixant simplement, tantôt en en brûlant aussi une certaine quantité d'hydrogène.

112. Les résines ont peu d'affinité pour les acides. Les acides minéraux concentrés les altèrent à chaud. L'acide sulfurique les dissout à froid sans les décomposer ; l'eau trouble la solution ; mais quand on chauffe le mélange, il se développe du gaz sulfureux, et l'on obtient un résidu charbonneux.

L'acide nitrique les attaque et donne des produits dont la nature diffère suivant la durée et l'énergie de la réaction. Il se produit ordinairement des matières jaunes, amères et azotées, et souvent aussi de l'acide oxalique.

M. Unverdorben a démontré que certaines résines peuvent se combiner avec les alcalis et avec d'autres oxydes métalliques pour former ce qu'on appelle des *résinates* ou des *savons de résine*. L'ammoniaque elle-même produit de semblables combinaisons. Celles-ci sont décomposées par les acides.

C'est sur cette propriété de se combiner avec les alcalis que l'on a distingué les résines en *négatives* et *positives*. Ainsi, par exemple, les résines négatives ou acides (comme celles de la colophane) rougissent, en solution alcoolique, les couleurs végétales. Les résines positives ou indifférentes ne se combinent pas avec les oxydes métalliques, et n'exercent aucune action sur les couleurs végétales.

Les savons de résine ne sont pas précipités par le sel marin, comme les savons formés par les corps gras ; leurs solutions ne forment pas d'émulsion quand on les concentre, mais elles moussent d'ailleurs comme l'eau de savon ordinaire.

113. Nous avons déjà dit que les résines naturelles sont des mélanges de plusieurs principes. On s'est contenté longtemps, pour en opérer la séparation, de traiter les résines successivement par divers solvants, tels que l'alcool, l'éther, le pétrole, l'essence de térébenthine, etc. M. Unverdorben, qui s'est occupé d'un travail fort étendu sur ces corps, a introduit d'autres procédés qu'on peut souvent employer avec succès. Il a

fait voir qu'on peut effectuer la séparation des principes résineux dissous dans le même véhicule, en y ajoutant certaines solutions métalliques. Ainsi, par exemple, lorsqu'on ajoute de l'acétate de cuivre à la solution alcoolique d'une résine naturelle, l'un des principes se précipite en combinaison avec du cuivre, tandis que l'autre reste en dissolution.

On différencie ordinairement les principes résineux extraits d'une même résine naturelle par les lettres de l'alphabet grec *alpha*, *béta*, *gamma*, etc.

114. Les résines ne sont point volatiles. Soumises à l'action d'une chaleur élevée, elles se décomposent en donnant de l'acide carbonique, de l'eau, ainsi que des huiles volatiles, dont la composition varie suivant la température.

Lorsqu'on distille, suivant M. Frémy, de la colophane, il passe de l'eau, un peu d'essence de térébenthine, ainsi qu'une huile peu fluide et jaune, incolore et sans saveur, et que la rectification rend incolore. M. Frémy la désigne sous le nom de *résinéine*. Elle renferme, suivant lui, $C^{20}H^{30}O$, c'est-à-dire $C^{20}H^{32}O^2 — H^2O$. En distillant les résines avec de la chaux, le même chimiste a obtenu la *résinone* $C^{29}H^{46}O$, et la *résinéone* $C^{20}H^{36}O^2$:

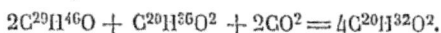

$$2C^{29}H^{46}O + C^{20}H^{36}O^2 + 2CO^2 = 4C^{20}H^{32}O^2.$$

Lorsque la colophane est exposée à une chaleur rouge dans des appareils à gaz, elle donne plusieurs produits hydrogénés, parmi lesquels MM. Pelletier et Walter ont reconnu :

<p style="text-align:center">le rétinole $C^{16}H^{16}$;
le <i>rétistérène</i> $C^{15}H^{12}$;
le <i>rétinylène</i> $C^{9}H^{12}$;
et le <i>rétinaphte</i> $C^{7}H^{8}$.</p>

Il est évident que l'on devra obtenir encore d'autres hydrogènes carbonés, suivant la nature des résines soumises à l'action de la chaleur.

Le benzoène C^7H^8 de M. Deville est aussi un produit de la distillation sèche de la résine de Tolu.

Lorsqu'on fait fondre de la colophane, et qu'on y ajoute une lessive de potasse concentrée, la masse se boursoufle en même temps que des vapeurs d'eau se développent. Si les proportions employées sont convenables, le produit est dur, et se dissout complétement dans l'huile de lin et dans l'eau. Cette composition s'emploie pour l'encollage des papiers, ainsi que pour la fabrication de l'encre d'imprimerie.

Les résines ont d'ailleurs beaucoup d'usages. Plusieurs d'entre elles s'emploient en médecine. Leurs dissolutions dans l'alcool, l'essence de térébenthine ou les huiles grasses siccatives, fournissent les différentes espèces de *vernis* qu'on rencontre dans le commerce. Par la distillation sèche, elles fournissent des produits inflammables doués d'un fort pouvoir éclairant, ce qui les rend par conséquent très propres à la fabrication du gaz de l'éclairage.

M. Johnston a analysé un grand nombre de résines (1); mais comme les formules qu'il en déduit sont entièrement arbitraires, il nous semble inutile de les reproduire.

115. *Matières colorantes.* — La couleur ne constitue pas un caractère chimique; nous pourrions donc nous dispenser de parler des matières colorantes d'une manière particulière, si quelques unes d'entre elles ne présentaient pas une certaine communauté de propriétés.

Ces corps, d'ailleurs, ne sont encore que fort peu étudiés, et il n'y a que l'indigo sur lequel nous possédions des notions exactes.

Les parties végétales doivent leur coloration à des substances non azotées et à des substances azotées. L'industrie emploie aussi quelques produits qui se trouvent dans les plantes à l'état incolore et qui n'acquièrent de la couleur que par certains traitements.

On attribue généralement la coloration verte des feuilles, des jeunes tiges et des fruits non mûrs des phanérogames à une matière résinoïde à laquelle M. Berzélius a donné le nom de chlorophylle; mais on n'en connaît pas la composition ni les rapports

(1) *Philos. Trans.*, part. I, II, 1839; part. IV et V, 1840. — *Annal. der Chem. u. Pharm.*, t. XLIV, p. 328. — *Revue scientifique*, t. XV.

qu'elle présente avec d'autres corps. Cette substance rougit en automne avant la chute des feuilles.

La matière colorante de certaines fleurs, comme les roses, les coquelicots, les giroflées, s'extrait au moyen de l'alcool. Elle change de nuance au contact des alcalis et même de l'acétate de plomb; de rouge qu'elle était, elle devient alors verte ou bleue. La lumière la blanchit; le chlore agit de même.

Plusieurs plantes fournissent des matières colorantes jaunes ou rouges, ne contenant pas d'azote. La racine de *Curcuma longa* renferme un corps semblable, et s'emploie pour cela dans la teinture des laines et de la soie; on s'en sert aussi quelquefois dans les laboratoires pour teindre des papiers réactifs destinés à indiquer les matières alcalines. Celles-ci, en effet, font passer au rouge brun le principe jaune du curcuma.

Les semences de *Bixa orellana* et de *Metella tinctoria* fournissent pareillement le rocou; la gaude (*Reseda luteola*) renferme un principe jaune cristallisable (lutéoline) qui se sublime en aiguilles, suivant M. Chevreul. Le carthame (*Carthamus tinctorius*), le bois jaune (*Morus tinctoria*), la graine d'Avignon, fruit de quelques rhamnées, le safran (*Crocus sativus*), etc., servent dans la teinture en jaune ou en rouge.

La garance (*Rubia tinctorium*), la plus importante peut-être des racines tinctoriales, a été l'objet d'un grand nombre de travaux exécutés en grande partie dans des vues industrielles : aussi ne possède-t-on que fort peu de données scientifiques sur l'*alizarine*, principe cristallisable que MM. Robiquet et Colin ont découvert dans la garance.

Des recherches sur ce corps offriraient un haut intérêt pour la science et pour l'industrie.

116. Au contact de la lumière, en présence de l'humidité surtout, la plupart des matières colorantes blanchissent en absorbant de l'oxygène; cette altération est surtout prompte lorsqu'elles sont dissoutes dans une lessive alcaline.

Plusieurs matières colorantes se combinent avec les alcalis en changeant ordinairement de nuance; les jaunes deviennent alors brunes, et les rouges prennent une teinte violacée, bleue ou verte.

Beaucoup d'entre elles blanchissent au contact de l'hydrogène sulfuré ou de l'hydrogène pur dégagé par un mélange de zinc et d'acide. Elles fixent alors, à ce qu'il paraît, de l'hydrogène, du moins il en est ainsi de l'indigo ; exposées de nouveau à l'air, après avoir été décolorées, elles reprennent leur teinte primitive, en absorbant de l'oxygène.

L'acide sulfureux agit d'une manière semblable. On sait, par exemple, qu'on peut enlever du linge les taches de cerises ou d'autres fruits en les humectant légèrement et en y dirigeant ensuite le gaz qui émane d'une allumette enflammée. Dans ces circonstances, le gaz sulfureux décompose l'eau ; l'hydrogène se fixe sur la matière colorante et en détruit la teinte, en même temps que l'oxygène convertit l'acide sulfureux en acide sulfurique. Celui-ci se combine alors avec le nouveau produit, de sorte qu'il faut avoir bien soin de laver le linge détaché pour qu'il ne soit pas percé à la longue, par l'action corrosive de l'acide sulfurique sur la fibre ligneuse : aussi, sans cette précaution, la tache finirait par reparaître, la matière décolorée absorbant l'oxygène de l'air.

Le chlore détruit aussi les matières colorantes ; mais l'action blanchissante de cet élément n'est pas à comparer à celle du gaz sulfureux ou de l'hydrogène sulfuré. Le chlore, en effet, se porte sur l'hydrogène pour former de l'acide hydrochlorique, en même temps qu'un certain nombre d'équivalents de chlore se substituent à l'hydrogène enlevé. Les substances décolorées par le chlore ne reprennent donc plus leur teinte primitive par l'exposition à l'air.

Beaucoup de matières colorantes forment avec l'alumine ce qu'on appelle des *laques*. Lorsqu'on dissout une matière colorante dans de l'eau alunée et qu'on précipite le liquide par un alcali, celui-ci entraîne la matière tinctoriale en même temps que l'alumine. Ces laques sont employées dans la peinture. On en obtient de semblables avec des dissolutions d'étain ou de plomb.

On sait que le charbon animal décolore les teintures en retenant dans ses pores la matière tinctoriale. Cette décoloration est favorisée par la présence d'un acide ; les alcalis, au contraire, enlèvent au charbon la matière colorante.

117. Mais hâtons-nous de donner quelques notions·plus pré-

cises sur l'indigo, l'orseille, la phlorizéine et le bois de Campêche.

Aucune de ces matières colorantes ne se trouve toute formée dans les plantes.

Les diverses variétés de *nerium*, d'*isatis* et d'*indigofera* renferment un principe azoté et incolore qui fournit l'indigo bleu par une espèce de fermentation qu'on fait subir au suc de ces plantes.

Cet indigo bleu est un principe cristallisable parfaitement bien défini ; il renferme C^8H^5NO, et a été l'objet de plusieurs travaux fort remarquables, parmi lesquels il faut citer surtout ceux de MM. Dumas (1), Erdmann (2) et Laurent (3). Cette matière se décolore dans toutes les réactions désoxydantes ; lorsqu'on la met en contact avec des substances putréfiées ou avec des protosels de fer ou d'étain, en présence d'un alcali soluble, elle perd sa couleur bleue et se dissout parfaitement dans le liquide alcalin.

Les opérations de la *cuve*, exécutées en grand dans les teintureries, n'ont d'autre but que de décolorer ainsi l'indigo bleu et de le rendre soluble.

Une dissolution alcaline de sucre de raisin réduit aussi ce corps ; M. Fritzsche a employé avec avantage un mélange alcoolique de sucre de raisin et de potasse pour réduire l'indigo bleu et pour l'obtenir ensuite, par l'exposition à l'air, à l'état cristallisé.

Dans toutes ces réductions, l'indigo bleu fixe de l'hydrogène en devenant C^8H^6NO. Ce composé, qui bleuit très rapidement à l'air, peut s'isoler si l'on précipite, à l'abri de l'air, par de l'acide hydrochlorique, la solution alcaline de l'indigo réduit.

Les chimistes qui ont étudié l'indigo l'ont converti en plusieurs substances placées dans la même famille, c'est-à-dire renfermant le même nombre d'équivalents de carbone. On y remarque particulièrement deux séries dont l'une correspond à

(1) *Annal. de chim. et de phys.*, t. LXIII, p. 265 ; 3ᵉ série, t. II, p. 208.

(2) *Ib.*, 3ᵉ série, t. III, p. 355.. — *Revue scientifique*, t. I, p. 409; IV, p. 316 ; VII, p. 1.

(3) *Ann. de chim et de phys.*, 3ᵉ série, t. III, p. 371 et 462.

l'indigo bleu, et l'autre, renfermant un équivalent d'hydrogène de plus, à l'indigo blanc ou réduit (1).

Il existe dans certaines plantes des substances incolores, cristallisables et non azotées, qui, sous l'influence simultanée de l'air, de l'humidité et de l'ammoniaque, se convertissent en de belles matières colorantes en fixant de l'azote et en perdant leur propriété de cristalliser. On n'en connaît encore que trois : l'orcine, la phlorizine et l'hématine. La première fut découverte en 1829 par Robiquet dans une variolaire (*Variolaria dealbata*). Ce chimiste fit voir, à cette époque, que l'orcine est la source unique du principe colorant de l'orseille de terre ; il étudia les conditions de sa transformation en matière tinctoriale, et reconnut qu'elle ne s'opère que sous l'influence de l'eau, de l'oxygène et de l'ammoniaque. Cette observation est tout-à-fait d'accord avec la fabrication de l'orseille, qui consiste principalement à faire macérer les lichens dans des cuves en bois, soit avec de l'urine putréfiée, soit avec de l'ammoniaque elle-même. Chacune de ces influences, prise isolément, ne mène à aucun résultat. Robiquet a également constaté que cette réaction ne développe pas d'acide carbonique.

M. Stas (2) a vu, de son côté, que lorsqu'on soumet la phlorizine cristallisée à un courant de gaz ammoniac, elle se fond, absorbe 11 à 12 pour cent de ce gaz, et, la saturation faite, se prend en une masse incolore. Ce produit, abandonné à l'air sec, n'offre aucun phénomène particulier ; mais vient-on à saturer l'air d'humidité ou à mouiller ce composé, on remarque alors que la phlorizine se fonce en couleur ; de jaune serin elle devient peu à peu orangée, puis rouge, puis pourpre, et enfin d'un bleu foncé. Pendant cette action, il y a une forte absorption d'oxygène. Dans la dissolution des produits, les acides déterminent la formation d'un précipité rouge, appelé *phlorizéine* par M. Stas.

Enfin, M. Erdmann (3) a fait des observations semblables sur la matière colorante rouge du bois de Campêche. Ce bois renferme un principe incolore, non azoté et cristallisable (héma-

---

(1) Voyez, dans la QUATRIÈME PARTIE, la *Huitième famille*.
(2) *Annal. de chim. et de phys.*, t. LXIX, p. 367.
(3) *Revue scientifique*, t. X, p. 340.

tine, hématoxyline), qui, sous l'influence simultanée de l'ammoniaque et de l'oxygène, devient d'un beau rouge : c'est, comme pour les deux cas précédents, une combinaison d'ammoniaque avec un produit particulier, que M. Erdmann nomme hématéine.

Les formules qu'on a adoptées pour expliquer la formation de ces trois matières tinctoriales sont loin d'être satisfaisantes. Suivant les analyses de M. Schunck, qui ont donné le plus de carbone, on aurait pour :

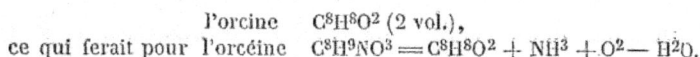

$$\text{l'orcine} \quad C^8H^8O^2 \text{ (2 vol.)},$$
$$\text{ce qui ferait pour l'orcéine} \quad C^8H^9NO^3 = C^8H^8O^2 + NH^3 + O^2 - H^2O.$$

Les formules calculées par M. Stas pour la phlorizine et la phlorizéine ont également besoin d'être corrigées.

D'après cela, l'orcine fixerait 2 équivalents d'oxygène, ainsi qu'un équivalent d'ammoniaque en même temps qu'un équivalent d'eau serait mis en liberté.

L'hématoxyline ne se comporte pas tout-à-fait de la même manière. Le produit de l'action de l'ammoniaque et de l'air n'en diffère que par de l'hydrogène :

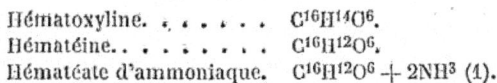

$$\text{Hématoxyline.} \ldots \ldots \quad C^{16}H^{14}O^6.$$
$$\text{Hématéine.} \ldots \ldots \quad C^{16}H^{12}O^6.$$
$$\text{Hématéate d'ammoniaque.} \quad C^{16}H^{12}O^6 + 2NH^3 \text{ (1).}$$

Tous ces produits ont besoin d'être soumis à de nouvelles études avant qu'on en puisse fixer la composition d'une manière définitive.

(1) Voir QUATRIÈME PARTIE, *Seizième famille*.

TROISIÈME PARTIE.

MÉTAMORPHOSES PAR LES RÉACTIFS.

DES AGENTS OU RÉACTIFS EN GÉNÉRAL.

118. Le chimiste métamorphose les substances organiques en les mettant en contact avec des agents qui manifestent de l'affinité pour leurs éléments, et tendent à produire avec eux de l'acide carbonique, de l'eau et de l'ammoniaque, c'est-à-dire les substances minérales auxquelles les matières organiques doivent leur origine. C'est à l'aide de ces *agents de combustion* que le plus grand nombre des reproductions artificielles ont été effectuées ; ils fixent de l'oxygène sur les molécules organiques, et les simplifient ordinairement en en brûlant du charbon et de l'hydrogène. Ainsi toute substance occupant une place quelconque dans l'échelle se convertit, sous l'influence de ces agents, soit en un corps plus oxygéné, soit en des produits moins carbonés et moins hydrogénés placés plus bas dans l'échelle.

Parmi ces agents, il faut surtout nommer : l'oxygène libre ou l'air atmosphérique, l'acide nitrique, l'acide chromique, la potasse et la soude caustiques, la chaux et la baryte caustiques, le mélange de peroxyde de manganèse et d'acide sulfurique, le peroxyde puce de plomb, le chlore aqueux, etc. La chaleur seule (la distillation sèche), les ferments, le noir ou la mousse de platine, déterminent souvent des effets semblables.

Les *agents de réduction* ont été moins étudiés que les précédents ; ils fixent de l'hydrogène ou enlèvent du chlore, du brome, de l'oxygène, etc. Il faut nommer sous ce rapport l'hydrogène naissant (par le zinc métallique, l'eau et l'acide sulfurique), le potassium et le sodium, le gaz sulfureux, l'hydrogène sulfuré, l'ammoniaque.

119. On ne connaît encore aucun moyen de carburation qui soit d'une application générale.

En décomposant l'ammoniaque par le charbon à une température élevée, on peut produire de l'acide prussique (Langlois) et conséquemment de l'acide formique.

Lorsqu'on dissout la fonte dans de l'acide sulfurique, il se dégage de l'hydrogène chargé de la vapeur d'une huile carburée qui, suivant M. Schroetter, présente quelque analogie avec le naphte naturel; le gaz étant absorbé par de l'acide sulfurique concentré, cette huile s'y dissout et l'eau l'en sépare de nouveau. L'auteur lui assigne la composition du gaz oléfiant, mais il n'avait pas eu assez de matière pour l'étudier convenablement (1).

Dans la préparation du potassium, on obtient aussi des sels renfermant des éléments organiques (*croconates* et *rhodizonates*).

Mais ces sortes de carburations sont fort rares, et aucune règle ne permet de les prévoir.

Toutefois, on peut obtenir une foule de composés dont la molécule renferme plus d'équivalents de carbone que la molécule du corps d'où ils résultent par décomposition, ce qui semblerait faire croire que les carburations sont aussi fréquentes que les combustions.

Ainsi, par exemple, si l'on chauffe l'esprit de bois avec de l'acide sulfurique concentré, il passe un gaz qui, à volume égal, renferme plus de carbone que l'esprit de bois; en effet, ce dernier renferme CH^4O et le gaz méthylique C^2H^6O.

L'alcool C^2H^6O et l'éther ordinaire $C^4H^{10}O$ présentent entre eux des rapports semblables.

De même aussi l'acétone C^3H^6O est plus carboné que l'acide acétique $C^2H^4O^2$, d'où il dérive; la naphtaline $C^{10}H^8$ l'est plus que le benzoate de chaux $C^7(H^5Ca)O^2$; l'acide cyanurique $C^3H^3N^3O^3$ l'est plus que l'urée CH^4N^2O, etc.

_____

(1) *Annal. der Chem. u. Pharm.*, t. XXXIX, p. 302.

Ces *complications* sont fort naturelles et se conçoivent aisément.

En effet, le gaz méthylique et l'éther résultent de la décomposition de *deux* molécules d'esprit de bois et d'alcool :

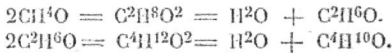

$$2CH^4O = C^2H^8O^2 = H^2O + C^2H^6O.$$
$$2C^2H^6O = C^4H^{12}O^2 = H^2O + C^4H^{10}O.$$

A proprement parler, le gaz méthylique et l'éther renferment donc encore les éléments d'un équivalent de la substance d'où on les obtient, plus le résidu d'un autre équivalent sur lequel la décomposition s'est effectuée. L'éther renfermerait donc $(C^2H^6O + C^2H^4)$, et en effet, sous l'influence de l'acide sulfurique, il donne du sulfovinate comme l'alcool lui-même, et ce sulfovinate régénère de l'alcool par l'action des alcalis caustiques ; de même, sous l'influence du chlore, l'éther fournit comme l'alcool (Malaguti), entre autres produits, du chloral et de l'aldéhyde.

Le raisonnement est le même pour l'acétone ; *deux* équivalents d'acide acétique interviennent dans sa formation, de sorte qu'on a :

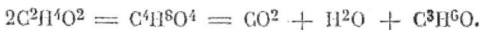

$$2C^2H^4O^2 = C^4H^8O^4 = CO^2 + H^2O + C^3H^6O.$$

Ainsi donc, dans la production de l'acétone, une partie de l'hydrogène et du carbone de 2 éq. d'acide acétique se brûlent aux dépens de l'oxygène contenu dans la matière organique ; mais l'acétone conserve intégralement tout le carbone et l'hydrogène nécessaire pour donner, par une nouvelle oxydation, *un seul* équivalent d'acide acétique. MM. Dumas et Stas ont constaté, en effet, qu'en distillant l'acétone avec un mélange de chromate de potasse et d'acide sulfurique, on obtient de l'acide acétique. Si une seule molécule d'acide acétique se décomposait pour former de l'acétone et dégageait conséquemment de l'acide carbonique et de l'eau, on ne concevrait pas que par l'effet d'un agent comburant comme l'acide chromique, cet acide acétique, déjà brûlé en partie, pût se carburer pour régénérer de l'acide acétique.

Lorsqu'on distille du benzoate de chaux, il passe, entre autres produits, de la naphtaline (Péligot) plus carburée que le benzoate. Celle-ci, à la suite d'une série de décompositions, donne un acide que la chaux caustique convertit en benzène (Marignac). La naphtaline résulte donc aussi de la décomposition de plusieurs molécules de benzoate (1).

La subérone (hydrure de subéryle de M. Boussingault) paraît être dans le même cas; du moins on sait qu'elle régénère de l'acide subérique par l'action des oxydants.

Il faut en dire autant du stilbène $C^{14}H^{12}$ obtenu par M. Laurent (2), comme produit de décomposition du benzoïlol sulfuré C^7H^6S; car cet hydrogène carboné fournit du benzoïlol ou du benzoate par l'action de l'acide chromique.

Cette réunion de plusieurs molécules en une seule s'effectue souvent spontanément, et sans causes bien apparentes. L'aldéhyde en offre l'exemple (p. 148).

L'acide sulfurique concentré, la potasse caustique, etc., provoquent souvent de semblables groupements, sans que les éléments de ces agents entrent dans la composition des nouveaux produits.

Enfin la formation des éthers obtenus avec un alcool et un acide organique peut aussi être considérée comme une semblable complication; car les éthers donnent toujours deux produits appartenant l'un à l'acide et l'autre à l'alcool.

Ces complications se présentent en général dans la distillation sèche des matières fixes, lorsque celles-ci ne renferment pas leurs éléments dans les proportions convenables pour produire des substances volatiles (acide carbonique, eau, ammoniaque, hydrogènes carbonés, huiles oxygénées volatiles, etc.), capables de résister à la température où s'effectue la décomposition. Alors deux, trois ou plusieurs molécules de substance coopèrent à la formation de ces produits volatils, et si parmi ces produits il y en a dont l'équivalent est plus carboné que la molécule primi-

_____

(1) Peut-être la potasse fondante convertirait-elle l'acide phtalique en acide benzoïque, car :

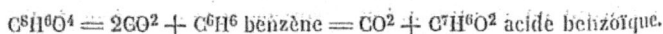

$$C^8H^6O^4 = 2CO^2 + C^6H^6 \text{ benzène} = CO^2 + C^7H^6O^2 \text{ acide benzoïque.}$$

(2) *Comptes-rendus de l'Acad.*, t. XVI, p. 856.

tive, *ceux-ci peuvent, par les oxydants, régénérer la matière pri-mitive ou l'un de ses plus proches dérivés.*

120. Parmi les réactifs susceptibles de fixer de l'*azote* sur les matières organiques, il faut surtout nommer l'ammoniaque et l'acide nitrique.

Lorsqu'une matière organique renferme de l'azote, elle dégage ordinairement de l'ammoniaque lorsqu'on la distille seule ou qu'on la chauffe avec des alcalis. Cette ammoniaque se reconnaît déjà à l'odeur ou aux vapeurs blanches qu'elle occasionne lors-qu'on maintient par-dessus une baguette humectée d'acide hydro-chlorique; mais ces moyens de déterminer la présence de l'azote dans une substance organique deviennent presque impraticables lorsqu'on n'a à sa disposition que des quantités minimes ou presque impondérables de la substance à examiner. M. Las-saigne (1) a proposé d'employer dans ce dernier cas un procédé qui paraît être très convenable. Ce procédé repose sur la facilité avec laquelle se forme le cyanure de potassium lorsqu'on calcine au rouge obscur, et à l'abri de l'air, du potassium en excès avec une matière organique même très peu azotée. Le produit de cette calcination étant délayé dans quelques gouttes d'eau distillée froide, donne une liqueur alcaline qui, mêlée à un sel ferroso-ferrique soluble, occasionne un précipité bleu-verdâtre ou jau-nâtre que le contact de quelques gouttes d'acide hydrochlorique pur rend d'un beau bleu.

M. Lassaigne prescrit de faire cette opération de la manière suivante : on emploie un petit tube creux de verre long de 2 1/2 centimètres sur 1 1/2 millimètre de diamètre ; au fond de ce tube, bouché à l'une de ses extrémités, on met un petit mor-ceau de potassium de la grosseur d'un grain de millet environ; on le tasse légèrement avec un bout de fil de platine, puis on projette dessus la matière à calciner. Dans quelques circon-stances où la matière est volatile, il faut la placer au-dessous du potassium, pour que les produits de la décomposition par la chaleur puissent réagir sur lui et produire du cyanure. Ces dis-positions étant faites, on saisit le tube près de son extrémité ouverte, avec une pince, et on le chauffe peu à peu à la flamme

(1) *Comptes-rendus de l'Acad.*, t. XVI, p. 387.

d'une lampe à esprit de vin, jusqu'à ce que l'excès de potassium soit volatilisé à travers la matière organique carbonisée. On reconnaît facilement ce point à la vapeur verdâtre qui se montre à quelque distance de la partie chauffée. Après avoir porté au rouge obscur la partie du tube où était contenu le mélange, on retire le tube de la flamme et on le laisse refroidir. Pour enlever le produit de la calcination, on coupe le petit tube en deux parties par un trait de lime ; on les met dans une petite capsule de porcelaine, et l'on y verse quatre ou cinq gouttes d'eau distillée pour dissoudre par l'agitation le cyanure formé. La liqueur qui en résulte, décantée du résidu charbonneux, ou essayée sans décantation avec une goutte de sulfate ferroso-ferrique, produit immédiatement un précipité verdâtre sale, qui, étant mis en contact avec une goutte d'acide hydrochlorique, devient d'un beau bleu foncé, si la matière essayée contient de l'azote, même en petite quantité. Dans le cas contraire, le précipité d'hydrate d'oxyde de fer occasionné par l'addition du sel ferreux se redissout entièrement sans produire aucune coloration bleue.

121. Pour fixer les éléments de l'eau sur les matières organiques, on emploie la potasse ou la soude caustiques ; certains hydrogènes carbonés s'hydratent lorsqu'on les abandonne en dissolution dans un mélange d'alcool et d'acide nitrique (Wiggers, Deville).

L'effet contraire, la déshydratation, est provoqué par l'acide sulfurique, l'acide phosphorique anhydre, le chlorure de zinc, le chlorure de calcium.

A l'aide du chlore gazeux, des chlorures de phosphore, d'antimoine et de platine, on fixe du chlore sur les matières organiques ou on leur enlève de l'hydrogène. L'iode et le brome produisent des effets semblables.

Le soufre, l'hydrogène sulfuré, l'hydrosulfate d'ammoniaque, le sulfure de carbone et quelques sulfures métalliques, s'emploient pour sulfurer les corps. A l'aide des alcalis hydratés, des oxydes de plomb et de mercure, on enlève le soufre des matières organiques.

Enfin on emploie encore plusieurs autres agents, tels que les acides hydrochlorique, hydrobromique, arsénieux, le bioxyde d'azote, etc.

Examinons maintenant ce qu'on sait de plus général touchant la manière d'être de ces divers agents.

CHALEUR.

122. Les corps organiques éprouvent de la part de la chaleur des modifications qui varient suivant la nature et la proportion des éléments qu'ils renferment.

Lorsque les substances organiques se vaporisent par l'action de la chaleur, sans éprouver de changement dans leur composition, elles sont dites *volatiles*, par opposition aux matières *fixes*, qui s'altèrent quand on les chauffe à une certaine température, de manière à fournir des produits nouveaux : toutefois cette différence n'est pas toujours bien tranchée.

Les matières volatiles émettent déjà des vapeurs de leur surface avant d'entrer en ébullition ; dès qu'elles se sont mises à bouillir, le thermomètre s'y maintient au même degré, si elles sont chimiquement pures et que le contact de l'air ne les altère pas.

Nous avons déjà appelé l'attention du lecteur sur les relations que présente la composition des hydrogènes carbonés avec leur point d'ébullition (pag. 96). De semblables rapports existent sans doute pour tous les corps volatils ; mais il serait difficile aujourd'hui de les formuler d'une manière précise.

Cependant on peut affirmer d'une manière générale que l'oxygène tend à diminuer la volatilité des corps , c'est-à-dire que de deux corps appartenant à une même famille, celui qui renferme le plus d'oxygène, toutes choses étant égales d'ailleurs , bouillira aussi à la température la plus élevée : ainsi, par exemple, l'aldéhyde bout bien avant l'acide acétique ; l'essence d'amandes amères est plus volatile que l'acide benzoïque, le cuminol se volatilise plus tôt que l'acide cuminique, etc.

On conçoit dès lors que si l'oxygène se fixe en forte proportion sur une molécule, il arrive parfois que le point où la matière se réduirait en vapeur soit plus élevé que celui où elle se décompose ; en d'autres termes, que la molécule perde la propriété de se volatiliser, et rentre ainsi dans la classe des corps fixes.

L'expérience vient entièrement à l'appui de cette proposition. Les substances volatiles sans décomposition sont ou exemptes d'oxygène, ou composées d'un nombre très faible d'équivalents d'oxygène. L'alcool, les éthers, les acétones, les huiles essentielles sont dans ce cas.

Les acides présentent le même caractère : lorsqu'ils sont volatils, ils renferment 2 ou 3 équivalents d'oxygène, et, au-delà de ce chiffre, ils ne résistent pas à la chaleur sans se décomposer (1). Ces acides volatils sont tous monobasiques.

Cependant une autre circonstance influe encore sur la volatilité d'un corps : c'est l'élévation de son équivalent. Qu'on prenne, en effet, plusieurs corps, chimiquement semblables, et renfermant le même nombre d'équivalents d'hydrogène ; celui d'entre eux qui aura l'équivalent le plus élevé sera en même temps le moins volatil, et pourra même être fixe. Voici quelques acides homologues de la forme RO^2 :

Acide formique	CH^2O^2	bout à	98°,5 (Liebig).
— acétique	$C^2H^4O^2$	—	120° (Liebig).
— butyrique	$C^4H^8O^2$	—	164° (Pelouze et Gélis).
— valérianique	$C^5H^{10}O^2$	—	175° (Dumas et Stas).
— caproïque	$C^6H^{12}O^2$	—	au-dessus de 100° (Chevreul).
— caprique	$C^9H^{18}O^2$	—	?
— laurostéarique	$C^{13}H^{26}O^2$	—	?
— myristique	$C^{14}H^{28}O^2$	—	?
— éthalique	$C^{16}H^{32}O^2$	distille sans altération.	
— margarique	$C^{17}H^{34}O^2$	se décompose en partie.	
— anamirtique	$C^{18}H^{36}O^2$	se décompose en partie ?	
— stéarique	$C^{19}H^{38}O^2$	se décompose totalement.	

En résumé, disons donc que, plus une matière est oxygénée et plus son équivalent est élevé, moins aussi elle est volatile. La proportion centisémale d'oxygène contenue dans une substance ne décide pas de cette propriété.

123. Il est fort utile de déterminer la densité de la vapeur des

_____

(1) Il existe plusieurs acides bibasiques à 4 éq. d'oxygène (camphorique, succinique, etc.) que l'on considère ordinairement comme volatils ; mais ils perdent, en se volatilisant, 1 équivalent d'eau en se transformant en anhydrides.

substances volatiles sans décomposition, surtout de celles qui sont d'une nature indifférente, comme les huiles essentielles ou les hydrogènes carbonés, dont il est difficile de contrôler la formule par d'autres moyens. La densité qu'on obtient pour ces substances par l'expérience représente sensiblement *la moitié* de la somme des densités particulières à chacun de leurs éléments (1). On dit alors que leur équivalent exprime 2 volumes de vapeur.

Toutefois, M. Dumas a signalé à cet égard une exception (2) offerte par l'acide acétique, et qui est jusqu'à présent la seule qu'on connaisse en chimie organique. L'expérience lui a donné, en deux fois, pour la densité de cet acide, les nombres 2,77 et 2,74 (3), tandis que le calcul $\dfrac{C^2H^4O^2}{2}$ donne 2,07. Il y a donc là, entre le calcul et les résultats d'un si habile expérimentateur, une différence trop grande pour être purement fortuite ; peut-être cependant parviendrait-on à la diminuer en appliquant aux calculs les nouveaux coefficients pour la dilatation des gaz et du verre, ainsi que les nouveaux résultats pour les densités de l'acide carbonique, de l'oxygène et de l'hydrogène, et surtout aussi en prenant à une température un peu plus élevée la densité de la vapeur.

124. On voit, par ce qui précède, que les substances fixes et non volatiles renferment généralement beaucoup d'oxygène ; cette fixité augmente encore davantage lorsque l'azote vient s'associer à cet élément.

---

(1) D'après la notation ancienne, où beaucoup de formules sont de moitié trop fortes, la densité trouvée représente le quart de cette somme : aussi dit-on que les formules expriment 4 volumes de vapeur.

(2) Thèse pour le concours de l'École de Médecine. — *Annal. der Chem. u. Pharm.*, t. XXVII, p. 138.

(3) Ce nombre a été déduit des données suivantes :

Excès de poids du ballon . . 0,317.
Température de la vapeur. 150° c.
Température de l'air . . . 18°.
Baromètre. . . . . 0,760.
Capacité du ballon. . . . . 299 c. c.
Air restant. 0,

Le sucre, l'amidon, les gommes, le ligneux, la salicine, renferment beaucoup d'oxygène, et se décomposent à la distillation d'une manière complète ; l'albumine, la fibrine, la gélatine, qui sont en même temps fort azotées, ne résistent pas non plus à la chaleur.

De même les acides fixes et polybasiques renferment plus d'oxygène que les acides volatils ; les premiers en contiennent au moins 4 équivalents. D'ailleurs un acide peut être fixe sans saturer plusieurs équivalents de base, et cela dans le cas où son équivalent serait fort élevé.

Ce sont donc les matières fixes que la chaleur métamorphose de la manière la plus complète ; elle donne avec elle des *produits pyrogénés*.

125. *Distillation sèche.* — Toutes les matières fixes qu'on soumet à l'action de la chaleur dégagent des substances volatiles et finissent par laisser un résidu de charbon. Ce résidu est d'autant plus abondant que la matière est plus oxygénée : ainsi, par exemple, lorsqu'on distille de la cire ou des matières grasses, il reste dans la cornue bien moins de charbon que n'en laisse le sucre, le bois ou la fécule. Ce fait semble bien paradoxal si l'on considère les formules de la cire $C^{19}H^{38}O$ et du sucre $C^{12}H^{22}O^{11}$, où l'on voit figurer le plus de carbone pour la cire ; mais il faut se rappeler que cette dernière substance ne renfermant qu'un seul équivalent d'oxygène, serait sans doute volatile sans décomposition si son équivalent n'était pas si élevé, tandis qu'il n'existe pas un seul corps ayant 11 équivalents d'oxygène dans sa molécule, et qui soit capable de se volatiliser.

Les produits de la distillation sèche sont, en fait de matières inorganiques, l'eau, l'acide carbonique pour les corps renfermant du charbon, de l'hydrogène et de l'oxygène, auxquels produits vient se joindre l'ammoniaque pour les corps azotés, et l'hydrogène sulfuré pour les matières qui contiennent du soufre. Ces produits inorganiques sont accompagnés le plus souvent d'hydrogènes carbonés, gazeux, liquides ou solides, ainsi que d'autres produits neutres ou acides dont la nature diffère suivant les corps soumis à la distillation sèche.

Le gaz des marais, le gaz oléfiant, le benzène, la naphtaline, la paraffine, sont les hydrogènes carbonés qui s'obtiennent le plus communément dans ces circonstances.

L'acide acétique est aussi un produit très fréquent de la distillation sèche.

M. Liebig distingue trois périodes dans cette réaction. Dans la première il se forme de l'acide carbonique, de l'eau, des liquides inflammables et solubles dans l'eau, ainsi que des acides à radicaux plus simples, c'est-à-dire placés dans un rang inférieur de l'échelle organique. Dans la seconde période, on obtient des corps qui résultent de la décomposition des produits de la première période : l'oxygène des acides s'unissant à une certaine quantité de leur hydrogène et de leur carbone, donne naissance à de l'oxyde de carbone, à de l'acide carbonique, à de l'eau ; ordinairement du carbone est mis en liberté, tandis qu'une autre portion reste combinée avec l'hydrogène excédant pour produire des hydrogènes carbonés liquides ou solides. Enfin, dans la dernière période, on n'obtient, suivant M. Liebig, que du charbon et un mélange de gaz composé principalement d'acide carbonique, d'oxyde de carbone, de gaz oléfiant et de gaz des marais. Les substances azotées donnent, dans la première période, de l'ammoniaque et quelquefois de l'acide cyanique ; dans la dernière période, elles dégagent du cyanogène ou de l'acide prussique.

Cette manière dont M. Liebig exprime le phénomène de la distillation sèche n'est cependant pas assez générale ; il est même fort difficile de la préciser davantage, car les produits sont extrêmement variables. D'ailleurs, pour bien éclaircir ce point, il faudrait opérer à une température constante, dans des bains construits à cet effet, et non pas à feu nu, comme on le fait habituellement.

Voici, toutefois, comment on pourrait résumer ces faits. Comme, dans une matière non azotée, la proportion de l'oxygène détermine le degré de volatilité de la molécule, il en résulte qu'en chauffant une matière fixe de manière à l'altérer, on dispose cet oxygène à se porter sur le carbone ou sur l'hydrogène de la matière. Il se forme alors de l'acide carbonique, de l'oxyde de carbone ou de l'eau, substances volatiles qui passent, tandis qu'on a pour résidu un produit capable de résister à la température où il s'est formé.

14

Mais si l'on outre-passe cette température, le produit, s'il n'est pas lui-même volatil, éprouve une nouvelle altération et se métamorphose à son tour.

Le produit de cette métamorphose, obligé de satisfaire aux conditions de la température, parcourt une troisième série de transformations, et ainsi de suite.

De sorte que les produits de la distillation sèche d'une même substance peuvent extrêmement varier, suivant le degré de température où on la chauffe, et suivant qu'on maintient ce degré plus ou moins longtemps ; car en modifiant les circonstances de l'opération, on provoque un plus grand nombre de métamorphoses, et, par là, on détermine le plus souvent la formation de corps plus compliqués (119), en forçant plusieurs équivalents de matière à se décomposer, un seul équivalent ne fournissant pas les éléments nécessaires à la formation des produits volatils, tels que l'eau ou l'acide carbonique.

Souvent la distillation sèche est donc à la fois un acte de complication et un acte de combustion effectuée dans les conditions les plus défavorables : aussi peut-on la rendre plus nette en mélangeant avec les substances organiques, avant de les distiller, de la baryte, de la chaux ou de la potasse, qui fixent l'acide carbonique produit par la combustion, opérée aux dépens de l'oxygène de la matière elle-même.

Dès que cet oxygène est épuisé, dès que tout a servi à former de l'eau, de l'acide carbonique, de l'acide acétique, ou des huiles volatiles, alors paraissent les hydrogènes carbonés ; les moins volatils passent ordinairement les derniers.

Les acides organiques polybasiques donnent à la distillation sèche de nouveaux acides placés plus bas dans l'échelle, et qui diffèrent des premiers par les éléments de l'eau ou de l'acide carbonique. Nous nous sommes déjà étendu sur ce point en parlant de la basicité des acides organiques. (39).

Les substances organiques qui se volatilisent sans altération dans les circonstances ordinaires sont modifiées par la chaleur, si l'on en dirige la vapeur à travers un tube chauffé au rouge sombre. C'est en soumettant l'essence de térébenthine à ce mode de décomposition que MM. Gay-Lussac et Larivière (1) ont obtenu plusieurs huiles dont quelques unes sont plus volatiles que l'essence et d'autres moins. Les essences oxygénées, comme celle de lavande, ont donné dans les mêmes circonstances une grande quantité d'acide acétique. Les auteurs de ces observations n'ont pas encore publié leur travail.

M. Félix d'Arcet (2) a fait passer la vapeur de quelques corps oxygénés sur du fer incandescent; l'acide benzoïque a fourni du benzène, et le camphre ordinaire un hydrogène carboné ayant la même composition que celui-ci, mais bouillant à une température bien plus élevée (140°).

126. Non seulement les matières fort oxygénées ou fort azotées fournissent à la distillation sèche les produits les plus variés, mais elles s'attaquent aussi le plus facilement par les réactifs chimiques. Il est rare de rester dans le même échelon, lorsqu'on attaque de semblables matières par un agent oxygénant; en les mettant en contact avec des substances qui leur amènent un surcroît d'oxygène, on descend ordinairement l'échelle d'une manière assez brusque. Avec du sucre ou de la fécule (12ᵉ échelon), on fait directement de l'acide formique ou de l'acide oxalique (2ᵉ échelon), tandis qu'avec les corps gras ou les essences, on peut parcourir pas à pas plusieurs échelons avant d'arriver à ces produits si simples. C'est là aussi en partie la cause pour laquelle les matières volatiles et peu oxygénées ont été généralement mieux étudiées que les substances fixes et fort oxygénées; avec celles-ci, en effet, les réactions ne se poursuivent pas avec autant de facilité.

Si l'on veut empêcher cet oxygène des matières fixes d'opérer en elles une combustion trop brusque, il faut avoir recours à des agents moins énergiques, tels que les ferments (3) ou peut-être aussi le noir de platine.

---

(1) *Comptes-rendus de l'Académie des Sciences*, t. XII, p. 125.
(2) *L'Institut*, 1835, n° 105.
(3) C'est ainsi que MM. Pelouze et Gélis ont transformé le sucre en acide butyrique.

OXYGÈNE, AIR, NOIR ET MOUSSE DE PLATINE.

127. Lorsque les substances organiques sont pures, privées d'eau et à l'abri du contact de l'air, il est rare qu'elles s'altèrent seules, sans l'intervention d'un agent chimique qui sollicite l'un ou l'autre de leurs éléments.

Mais un grand nombre d'entre elles se décomposent si elles sont placées sous l'influence simultanée de l'air et de l'humidité. Ordinairement on dit alors que ces substances *se décomposent spontanément*, expression sans doute fort impropre, puisque cette altération ne s'établit guère sans l'action préalable de l'eau ou de l'oxygène.

En effet, la fermentation qui s'établit dans les sucs végétaux abandonnés à l'air, l'aigrissement du lait et sa coagulation qui en est la conséquence, la blétissure et la putréfaction des fruits, tous ces phénomènes et beaucoup d'autres qui sont considérés comme des décompositions spontanées, ont pour cause première l'action comburante que l'air exerce sur certaines parties contenues dans ces matières. Le suc végétal le plus sujet à s'altérer se conserve parfaitement à l'abri de l'air, tant que l'organe ou le tissu qui le renferme résiste à son action ; mais ce suc se corrompt dès qu'une seule bulle d'air est mise en contact avec lui.

Aussi M. Liebig a-t-il précisé davantage ce genre de décomposition en le désignant sous le nom de *combustion lente* ou d'*érémacausie*. La plupart des phénomènes de pourriture rentrent dans cette classe de décompositions.

128. Parmi les substances capables de s'attaquer ainsi au contact de l'air, il faut surtout nommer les huiles essentielles, les glycérides ou corps gras neutres, et surtout les substances à la fois fort azotées et oxygénées, d'une constitution très complexe.

Nous avons déjà fait remarquer avec quelle promptitude les huiles essentielles fixent l'oxygène de l'air et perdent leur volatilité en se transformant en résines. Plusieurs d'entre elles s'acidifient dans ces circonstances, surtout si elles sont humides. C'est ainsi que l'essence d'amandes amères se convertit en acide benzoïque, l'essence de cannelle en acide cinnamique, l'essence de cumin en acide cuminique, l'essence de valériane en acide valérianique, l'essence de térébenthine en acide formique.

Quant aux matières grasses, celles qui sont connues sous le nom d'*huiles siccatives* (102) se résinifient également à l'air, ce qui les fait employer à la préparation des vernis. A l'état de parfaite pureté, les huiles grasses non siccatives ne paraissent pas s'altérer à l'air; mais comme, à l'état brut, elles renferment toujours des parties étrangères azotées et fort altérables, celles-ci leur communiquent la propriété de se décomposer à l'air et les font rancir.

Les corps azotés faisant partie de l'organisation animale, la fibrine, l'albumine, la caséine, sont, sans contredit, de ceux sur lesquels l'air exerce l'action la plus prompte et la plus énergique. La présence de l'eau favorise singulièrement cette décomposition. Qui ne sait, en effet, avec quelle facilité le sang et le blanc d'œuf se putréfient au contact de l'air? Qui ne sait aussi avec quelle promptitude, dans les chaleurs de l'été surtout, le lait, alcalin au sortir du pis, devient acide et se coagule?

Mais ce que ces substances azotées offrent, sans doute, de plus remarquable, c'est *la propriété de communiquer leur état de décomposition aux substances qui se trouvent en contact avec elles.* En effet, elles sont capables d'exciter de semblables décompositions dans des substances qui, seules, ne s'altéreraient ni dans l'air ni dans l'eau. Ces substances azotées sont ce qu'on appelle des *ferments*. Nous examinerons plus loin les questions relatives à ces sortes d'agents.

129. Les combustions lentes ont rarement pour effet de dédoubler les matières organiques d'une manière bien brusque. Il arrive très souvent que l'oxygène se fixe directement sur elles sans qu'il se forme ni eau ni acide carbonique (formation des acides benzoïque, cuminique et cinnamique).

D'autres fois cet oxygène forme de l'eau avec une partie de l'hydrogène : c'est ce qui arrive, par exemple, lorsque l'indigo blanc et incolore, tel qu'il se rencontre dans les diverses variétés d'*isatis*, de *nerium* et d'*indigofera*, arrive au contact de l'air : de C^8H^6NO qu'il était, il devient alors C^8H^5NO ou indigo bleu.

Souvent l'acide carbonique est aussi un produit des combustions lentes. M. Scherer introduisit de la fibrine fraîche et bien lavée dans un tube gradué placé sur le mercure et rempli de 198 c. c. d'oxygène ; au bout de quinze jours, 68 c. c. de ce gaz étaient disparus et se trouvaient remplacés par 50 c. c. d'acide carbonique.

M. de Saussure a constaté, de son côté, que la combustion lente des huiles siccatives, leur transformation en vernis, est également accompagnée d'un dégagement d'acide carbonique.

Le ligneux pur se conserve longtemps dans l'air sec ou sous l'eau sans éprouver d'altération ; mais lorsqu'il est humide, il se détériore promptement au contact de l'atmosphère. M. de Saussure a vu qu'il convertit alors l'oxygène ambiant en acide carbonique. Cette combustion continue insensiblement, et le ligneux finit par se convertir entièrement en une matière friable tantôt brune, tantôt noire, qui, suivant son aspect, porte le nom de *pourri*, d'*humus* ou d'*acide ulmique*.

Lorsqu'on évapore à l'air certains sucs végétaux, il se dépose souvent des flocons bruns ou noirâtres qu'on a désignés sous le nom de *substance extractive*. C'est sans doute un produit analogue au précédent et formé par l'action de l'air sur les principes sucrés ou féculents de ces sucs.

D'ailleurs, la composition de ces substances brunes ou noires provenant de la pourriture des parties végétales, varie jusqu'à l'infini ; à moins de les produire dans des conditions spéciales et bien déterminées (1), on ne les obtient jamais d'une composition constante. M. Hermann a observé que certaines variétés d'humus renferment de l'azote.

Quoi qu'il en soit, il est fort probable que les lignites, les houilles, les parties organiques du terreau, peut-être aussi les résines fossiles et les diamants, doivent leur origine à de semblables combustions lentes, opérées avec le concours de l'eau.

Si l'on considère combien ces produits sont carbonés et qu'on les compare d'un autre côté avec le ligneux d'où ils résultent sans doute, on est porté à croire que, dans ces combustions lentes, l'oxygène de l'air se porte directement sur l'hydrogène du bois pour former de l'eau, tandis qu'une partie de l'oxygène

(1) Comme, par exemple, l'acide sacchulmique de M. Malaguti, obtenu par l'ébullition du sucre avec de l'acide sulfurique étendu.

déjà contenu dans le bois s'élimine avec une proportion correspondante de carbone, sous forme d'acide carbonique. M. Liebig
a fait, sous ce rapport, des rapprochements fort curieux (1).

130. Les combustions lentes sont surtout favorisées par la
présence des alcalis et des terres alcalines. L'alcool pur se conserve indéfiniment; mais lorsqu'on y ajoute de la potasse, le
mélange rougit et il s'y produit peu à peu de la résine. Le tannin
et l'acide gallique présentent des phénomènes semblables.

La chaleur et l'humidité les accélèrent pareillement.

Dans un sol humide, perméable à l'air et contenant à la fois
du calcaire, la pourriture des parties végétales ou animales s'accomplit nécessairement d'une manière bien plus prompte que
dans un terrain d'où ces conditions sont exclues.

Il existe, d'un autre côté, des substances qui entravent la
combustion lente, qui s'opposent conséquemment à la pourriture. Parmi ces *substances antiseptiques*, il faut ranger les acides
minéraux, les huiles empyreumatiques, la créosote, les substances aromatiques, les sels mercuriels, etc. Plusieurs de ces
agents produisent des combinaisons insolubles dans l'eau avec
les substances susceptibles de se pourrir, et c'est sans doute à
cette propriété qu'ils doivent leur efficacité.

131. *Action du noir ou de l'éponge de platine.* — De tous les
agents qui favorisent la combustion lente, le platine métallique,
pris dans un état d'extrême division, est le plus digne d'attention.

C'est à M. Edmond Davy que l'on doit cette découverte fort
curieuse, que la mousse ou éponge de platine, obtenue par la
calcination du chloroplatinate d'ammoniaque, a la propriété
d'enflammer certains gaz, comme l'hydrogène, et d'exercer
même une action oxygénante sur plusieurs liquides organiques.
M. Doebereiner fit connaître plus tard un produit encore plus
divisé, le *noir de platine* (platinmohr, oxyphorisches platin),
qu'on prépare en faisant bouillir du chlorure de platine avec l'alcool, et qui paraît agir d'une manière encore plus efficace.

Lorsqu'on place dans un large bocal une couche d'alcool et
qu'on suspend par-dessus quelques verres de montre renfermant

_____

(1) *Traité de chimie*, Introduction, p. LIII.

du noir de platine, celui-ci détermine bientôt l'oxydation des vapeurs alcooliques. Le vase étant abandonné dans un endroit chaud, le liquide devient fort acide au bout de quelques jours, et l'on y trouve alors de l'acide acétique, de l'aldéhyde et de l'acétal (*Sauerstoffaether* de M. Doebereiner).

Si l'on met du noir de platine en contact avec une petite quantité d'alcool, ce liquide s'échauffe jusqu'à l'incandescence, et met ainsi le feu à l'alcool, qui se convertit en eau et en acide carbonique.

Enfin, si l'on fait brûler l'alcool au moyen d'une mèche autour de laquelle on a placé un fil de platine très mince et tourné en spirale, et qu'on éteigne subitement la flamme, le fil de platine reste incandescent tant qu'il y a de l'alcool. La combustion de la vapeur d'alcool continue, mais elle est incomplète, et, outre l'acide carbonique et l'eau, il se produit un mélange acide dont la composition n'est pas encore bien établie, et qui figure dans les traités de chimie sous les noms d'*acide lampique, aldéhydique* ou *acéteux*.

L'esprit de bois résiste bien mieux que l'alcool à cette oxydation effectuée par le platine; toutefois il finit par se transformer en acide formique.

M. Cahours a observé qu'en échauffant le noir de platine et en y versant goutte à goutte de l'huile de pommes de terre, en quantité seulement suffisante pour l'imbiber, celle-ci se convertit en acide valérianique.

En ne considérant que le produit le plus oxygéné de ces réactions, on remarque que, si l'on évite de porter le platine à l'incandescence, celui-ci se borne à brûler une certaine quantité d'hydrogène qu'il remplace par de l'oxygène, sans attaquer le carbone; on a en effet :

		Produits de l'act. du noir de platine.
Esprit de bois.	C^2H^4O.	$C^2H^2O^2$.
Alcool.	C^2H^6O	$C^2H^4O^2$.
Huile de pommes de terre.	$C^5H^{12}O$	$C^5H^{10}O^2$.

On voit, d'après cela, que le noir de platine convertit les alcools en leurs acides correspondants.

132. MM. Millon et Reiset (1) ont observé que si, dans un appareil convenablement disposé, on fait arriver l'oxygène sur un mélange intime de mousse de platine et de substance organique, on obtient ainsi de véritables combustions à des températures peu élevées.

A + 160°, l'acide tartrique fournit déjà de l'eau et de l'acide carbonique; au-dessous de 250°, le poids de l'acide carbonique et de l'eau représente, à 2 centièmes près, la composition élémentaire de l'acide. L'acide paratartrique et le sucre se comportent d'une manière semblable. Le beurre, l'huile d'olive, l'acide stéarique et la cire brûlent vers 100°, et leur combustion est complète déjà au-dessous de 200°. L'acide stéarique et la cire s'enflamment même d'une manière brillante dans le courant d'oxygène à + 280°.

Chose remarquable, la pierre ponce et le charbon de bois agissent comme le platine. Ces trois corps ne possèdent pas une activité absolue, mais ils agissent à divers degrés sur la même substance, et peuvent être, à l'égard de plusieurs substances, les uns actifs, les autres inertes.

Lorsqu'on fait arriver l'alcool ou l'éther, réduits en vapeur, dans deux tubes plongeant dans un même bain d'alliage, l'un rempli de pierre ponce pulvérisée, l'autre de mousse de platine, l'alcool et l'éther distillent sur la pierre ponce à 300° et au-dessus sans décomposition; tandis que du côté du platine on obtient un dégagement gazeux abondant à partir de 220°. Quant à l'acide acétique, il distille intact sur la pierre ponce, tandis qu'il est entièrement décomposé par la mousse de platine. Vient-on à élever la température de manière à amener la décomposition du côté de la pierre ponce, on obtient de part et d'autre des gaz qui diffèrent complétement.

Ces phénomènes, fort remarquables sans doute, ne sauraient s'expliquer dans l'état actuel de la science : les uns y voient un simple *effet de contact,* les autres l'attribuent à une force particulière appelée *catalytique* par M. Berzélius. Mais convenons plutôt, avec M. Liebig, que ces mots n'avancent en rien la question.

(1) *Comptes-rendus de l'Acad.*, t. XVI, 1843, n° 22, p. 1190.

SOUFRE.

133. L'action de cet élément sur les substances organiques n'a pas encore été étudiée d'une manière complète.

Il paraît qu'il peut, à l'instar de l'oxygène, se combiner directement avec certains corps; du moins on sait qu'en faisant fondre du cyanure de potassium avec de la fleur de soufre, on obtient un composé sulfuré :

$$CK\dot{N} + S = CKNS \text{ (sulfocyanure de potassium)}.$$

CHLORE, IODE, BROME.

134. *Chloruration.* — Certains hydrogènes carbonés s'unissent directement au chlore gazeux sans décomposition; la *liqueur des Hollandais* est l'exemple le plus anciennement connu de cette espèce de combinaison. Certains corps déjà chlorés ont aussi quelque tendance à s'unir à de nouvelles proportions de chlore.

Voici les chlorures qui ont été ainsi obtenus :

Éthérène. $C^2H^4 + Cl^2 = C^2H^4Cl^2$, éthérilène bichloré (liqueur des Hollandais).

Butyrène. $C^4H^8 + Cl^2 = C^4H^8Cl^2$, butyrilène bichloré (chlorure de ditétryle, Berzélius).

Élaène. $C^9H^{18} + Cl^2 = C^9H^{18}Cl^2$, élaïlène bichloré (obtenu par M. Frémy).

Ces trois hydrogènes carbonés, ainsi que leurs chlorures, sont homologues entre eux.

Benzène. $C^6H^6 + Cl^6 = C^6H^6Cl^6$, benzilène sexchloré (chlorure de benzine, Mitscherlich).

Naphtalène. $C^{10}H^8 + Cl^2 = C^{10}H^8Cl^2$, naphduène bichloré (sous-chlorure de naphtaline, Laurent).

Naphtalène. $C^{10}H^8 + Cl^4 = C^{10}H^8Cl^4$, naphtessarène quadrichloré (chlorure de naph., Laurent).

Stilbène. $C^{14}H^{12} + Cl^2 = C^{14}H^{12}Cl^2$, stilbilène bichloré (chlorure de stilbène, Laurent).

Suivant M. Regnault, il faut employer du chlore humide

pour la préparation de la liqueur des Hollandais; le chlore sec et le gaz oléfiant ne se combinent pas, à ce qu'il paraît. Le même composé s'obtient plus facilement encore à l'aide du perchlorure d'antimoine.

Il est remarquable dans ces composés de voir le chlore se fixer par nombres pairs; tous ces chlorures, en effet, renferment Cl^2, Cl^4 ou Cl^6. Cette particularité se trouve dans un rapport intime avec la décomposition qu'ils éprouvent sous l'influence d'une solution alcoolique de potasse. Cet agent en sépare les éléments de l'acide hydrochlorique (Laurent), de manière qu'il reste pour résidu des composés qu'on peut considérer comme appartenant au même type que les hydrogènes carbonés primitifs :

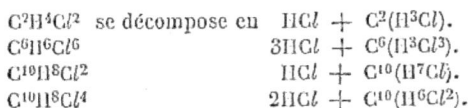

$$C^2H^4Cl^2 \text{ se décompose en } HCl + C^2(H^3Cl).$$
$$C^6H^6Cl^6 \qquad\qquad 3HCl + C^6(H^3Cl^3).$$
$$C^{10}H^8Cl^2 \qquad\qquad HCl + C^{10}(H^7Cl).$$
$$C^{10}H^8Cl^4 \qquad\qquad 2HCl + C^{10}(H^6Cl^2).$$

Quelquefois ce dédoublement s'effectue déjà par la distillation des chlorures, seuls ou sur de la chaux.

Dans son travail sur le baume de Tolu, M. Deville a décrit (1) plusieurs composés chlorés qui paraissent également dériver d'un corps déjà chloré, semblable à ceux que l'action de la potasse ou de la chaleur fait naître des chlorures précédents.

Les composés obtenus par M. Regnault en faisant réagir le chlore sur la liqueur des Hollandais ou sur les produits de sa décomposition par la potasse appartiennent également à cette classe de corps.

Beaucoup de chimistes considèrent les produits que la potasse dédouble ainsi comme des hydrochlorates semblables aux sels formés par les alcaloïdes; mais ces derniers en diffèrent essentiellement en ce que l'acide hydrochlorique peut y être remplacé par d'autres acides, et que d'ailleurs le chlore y est indiqué par les sels d'argent, ce qui n'a pas lieu pour les corps précédents.

Suivant M. Malaguti, l'éther pyromucique, sous l'influence du

_____

(1) _Annal. de chim. et de phys._, 3ᵉ série, t. III, p. 173.

chlore, se comporte entièrement comme les hydrogènes carbonés dont nous venons de parler (83).

Dans aucun de ces composés chlorés, le chlore n'est indiqué par les réactifs ordinaires; pour en constater la présence, il faut détruire la substance organique en l'attaquant, par exemple, par de l'acide nitrique. Alors seulement les sels d'argent déterminent dans la solution la formation du chlorure d'argent. Lorsqu'on enflamme ces composés chlorés, ils brûlent avec une flamme verte sur les bords.

La même chose s'observe pour tous les composés organiques où il entre du chlore. Les hydrochlorates formés par les alcaloïdes sont les seuls qui précipitent le chlore par les sels d'argent.

135. *Déshydrogénation.* — La plupart des substances organiques perdent de l'hydrogène sous l'influence du chlore, en donnant un dégagement d'acide hydrochlorique. C'est à une réaction semblable qu'il faut attribuer la propriété que possède le chlore de désinfecter l'air, car il le dépouille des substances hydrogénées, des émanations putrides, des miasmes qui, entraînés dans le torrent de la circulation par l'intermédiaire du poumon, déterminent dans le sang une véritable fermentation. L'action blanchissante du chlore sur les tissus végétaux repose aussi sur les mêmes principes.

Il est certains corps qui cèdent de l'hydrogène au chlore sans que cet élément se fixe dans la combinaison (benzoïne); d'autres, au contraire, qui, après avoir été déshydrogénés, retiennent, à la place de l'hydrogène enlevé, un même nombre d'équivalents de chlore. Le plus souvent la réaction est complexe, et l'on obtient alors pour résultat final un composé chloré dans lequel du chlore s'est fixé ou *substitué* (30) à la place de l'hydrogène, en même temps qu'il y a eu chloruration directe sans substitution, comme dans le cas précédent.

L'action du chlore sur le gaz des marais (1) et sur quelques produits éthérés offre quelques particularités dignes d'attention. On peut mêler le chlore et le gaz des marais en toutes proportions sans qu'il y ait d'action immédiate; mais 1 vol. de gaz des marais

_____

(1) Dumas, *Annal. de chim. et de phys.*, t. LXXIII, p. 94.

et 3 vol. de chlore produisent bientôt, même à la lumière diffuse, une violente explosion ; les vases sont brisés , et il y a dépôt de charbon. Quand on a soin de mêler le gaz des marais avec un volume égal au sien d'acide carbonique, on peut y ajouter le chlore sans danger; l'action plus modérée se passe sans explosion, et il se dépose un liquide huileux qui n'est autre chose que le chlorure de carbone $C Cl^4$ (formène perchloré G.). Voici le procédé indiqué par M. Dumas pour la préparation de ce dernier : on réunit un flacon d'un litre plein de gaz des marais avec un flacon de 3 litres plein de chlore, au moyen d'un bout de tube étroit assujetti avec un peu de terre glaise qui sert à boucher les flacons dont les goulots s'appliquent l'un contre l'autre ; l'appareil est exposé au soleil , debout, le flacon de chlore en bas, celui de gaz carburé en haut. Le mélange s'opère très lentement , et la réaction se fait elle-même avec beaucoup de lenteur.

Ce procédé sera sans doute utilisé avec avantage dans d'autres occasions.

Suivant M. Regnault (1), l'action du chlore sur l'éther hydrochlorique de l'esprit de bois (formène chloré G.) est tout-à-fait nulle sous l'influence de la lumière diffuse , mais elle s'établit bientôt au soleil. Ce chimiste a obtenu successivement les produits suivants :

	Ébullition.	Densité.
CH^2Cl^2.	30°,5.	1,344 à 18°.
$CHCl^3$.	64°.	1,491 à 17°.
CCl^4.	78°.	1,599.

Ces produits, traités par une dissolution alcoolique de potasse, n'abandonnent pas d'acide hydrochlorique; ils s'altèrent néanmoins par une ébullition longtemps prolongée avec cette dissolution ; mais, dans ce cas, ils subissent une décomposition complète ; c'est ce qui arrive principalement avec le composé trichloré, qui , dans ces circonstances, se transforme en acide formique.

Le même chimiste a examiné l'action du chlore sur l'éther

(1) *Annal. de chim. et de phys.*, t. LXXI, p. 377.

hydrochlorique de l'alcool (acétène chloré G.). Voici comment il opère : il chauffe dans un grand ballon un mélange d'acide hydrochlorique et d'alcool, dirige le gaz dans un premier flacon renfermant un peu d'eau , puis dans un second contenant de l'acide sulfurique, enfin dans un troisième renfermant de l'eau; de là le gaz se rend dans un ballon à tubulures et à pointe dans lequel on fait arriver en même temps le chlore. La pointe du ballon est engagée dans un flacon où se condense une portion du produit; l'autre partie se rend dans un flacon à moitié rempli d'eau et refroidi, qui retient en même temps l'acide hydrochlorique produit en très grande abondance. Le ballon où se réunissent les deux gaz est exposé au soleil, au moins au commencement de l'expérience ; car une fois que la réaction est établie, elle continue à l'ombre , et ne s'arrête même pas quand le jour vient à tomber. C'est à l'aide de cet appareil que M. Regnault a successivement obtenu les produits suivants :

	Ébullition.	Densité.
$C^2(H^4Cl^2)$.	64°.	1,474 à 17°.
$C^2(H^3Cl^3)$.	75°.	1,372 à 16°.
$C^2(H^2Cl^4)$.	102°.	1,530 à 17°.
$C^2(HCl^5)$.	146°.	1,644.
C^2Cl^6.	se décompose par la chaleur en chlore et	
C^2Cl^4.	122°.	1,619.

On remarque que le point d'ébullition s'élève dans ces produits et que leur densité augmente à mesure que le chlore vient y remplacer un plus grand nombre d'équivalents d'hydrogène.

Un grand nombre d'autres substances volatiles ont donné des résultats semblables (1). (Voyez, page 60, *Phénomènes de substitution.*)

L'action du chlore est plus ou moins complète , suivant qu'on opère à la lumière diffuse ou aux rayons solaires directs ; généralement la chloruration est d'autant plus complète que l'insolation est plus forte.

Le chlore attaque aussi les substances nitrogénées formées sous l'influence de l'acide nitrique.

(1) Voir les Mémoires de MM. Laurent , Dumas, Malaguti, Regnault, Cahours , Leblanc , etc.

136. *Oxydation.* — Il est des corps que le chlore gazeux n'attaque à aucune température, mais qui en sont décomposés sous l'influence de l'humidité. L'indigo bleu, par exemple, est dans ce cas. Il se fixe d'abord de l'oxygène sur la matière organique, par suite de la décomposition de l'eau, et alors la chloruration paraît marcher comme dans les cas précédents.

La formation de l'isatine chlorée et bichlorée obtenue par M. Erdmann avec l'indigo bleu rentre dans ce cas. L'indigo bleu étant C^8H^5NO, il fixe d'abord O en devenant isatine $C^8H^5NO^2$, et alors celle-ci donne l'isatine monochlorée $C^8(H^4Cl)NO^2$ et l'isatine bichlorée $C^8(H^3Cl^2)NO^2$.

C'est aussi de cette manière que s'explique la formation de l'éther acétique par le chlore et l'alcool (Dumas).

Il paraît que les corps azotés, ainsi que les substances fort oxygénées, sont surtout susceptibles de s'oxygéner par le chlore humide. La gomme, le ligneux, la mannite, semblent rentrer dans ce cas; toutefois on ne saurait à cet égard donner des règles précises.

Les produits obtenus par M. Mulder et par d'autres chimistes hollandais, dans l'action du chlore sur l'albumine, la fibrine, la protéine, etc., et que ces chimistes considèrent comme des chlorites, résultent sans doute d'une oxydation semblable.

137. *Brome, iode.* — Le brome est plus commode que le chlore pour produire des corps dérivés par substitution; il détermine des réactions tout aussi nettes et paraît même donner plus souvent des corps cristallisés. Comme le chlore, il s'unit directement à certains hydrogènes carbonés (éthérène, cinnamène) en produisant des composés qui s'attaquent par la potasse alcoolique (134). Il paraît, toutefois, que les substances hydrogénées ne sont pas attaquées sous l'influence prolongée du brome autant que par le chlore : ainsi, par exemple, l'éthérène peut perdre tout son hydrogène et se convertir en chlorure de carbone, tandis que le brome ne produit pas de bromure correspondant.

M. Laurent a fait connaître à cet égard quelques particularités intéressantes. Il a vu que le chlore, en s'unissant au naphtalène $C^{10}H^8$, produit d'abord les corps $C^{10}H^8Cl^4$ et $C^{10}H^8Cl^2$ que la potasse dédouble en $C^{10}(H^6Cl^2) + 2HCl$ et $C^{10}(H^7Cl) + HCl$, tandis que le brome produit immédiatement $C^{10}(H^7Br)$ et $C^{10}(H^6Br^2)$ que la potasse n'attaque plus (1), ou bien $C^{10}H^6Br^6$ que la potasse dédouble en $C^{10}(H^4Br^4)$ et $2HBr$.

Le brome s'unit quelquefois aux corps déjà bromés ou chlorés, soit en se substituant à de l'hydrogène, soit en se fixant directement sans substitution. Suivant M. Laurent, le naphtalène bichloré $C^{10}(H^6Cl^2)$ donne par le brome le composé $C^{10}(H^5Cl^2Br)$; le naphtalène bibromé $C^{10}(H^6Br^2)$ produit pareillement $C^{10}H^6Br^6$.

Certains corps bromés sur lesquels le brome s'est fixé sans substitution, et qui sont attaqués par la potasse alcoolique, ont la propriété de dégager du brome et de l'acide hydrobromique lorsqu'on les soumet à la distillation sèche; on sait que les corps chlorés correspondants ne dégagent que de l'acide hydrochlorique (Laurent).

Quant à l'iode, ses combinaisons avec les matières organiques sont bien moins stables que celles du chlore et du brome : ainsi, par exemple, l'éthérilène biiodée $C^2(H^4I^2)$ se décompose à la longue en abandonnant de l'iode; cette décomposition est surtout favorisée par la chaleur. Le formène triiodé $C(HI^3)$ se décompose à 120° en charbon, iode et acide hydriodique.

Il paraît aussi que le chlore et le brome peuvent déplacer l'iode de ses combinaisons; c'est du moins ce qui se présente dans les expériences de M. Bouchardat relativement à l'action du brome et du bichlorure de mercure sur le formène triiodé, qui produit dans ces circonstances du formène iodo-bichloré et du formène bromo-biiodé.

POTASSIUM ET SODIUM.

138. Ces métaux n'attaquent pas les hydrogènes carbonés, mais ils décomposent les substances oxygénées en en dégageant de l'hydrogène. On emploie quelquefois le potassium pour priver d'humidité les carbures d'hydrogène liquides qu'on a de la peine à dessécher au moyen du chlorure de calcium fondu.

Au contact de l'eau, le potassium n'en déplace que la moitié de l'hydrogène, pour former de l'hydrate de potasse; en effet :

$$H^2O + K = (KH)O + H.$$

(1) *Revue scientif.*, t. XII, p. 193.

Une décomposition semblable s'effectue lorsque le potassium agit sur les acides organiques ou sur certaines huiles essentielles oxygénées. Dans l'acide acétique, par exemple, il ne déplace que le quart de l'hydrogène :

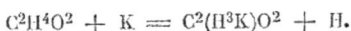

$$C^2H^4O^2 + K = C^2(H^3K)O^2 + H.$$

De même, il n'en expulse qu'un seul équivalent dans les huiles essentielles ; les combinaisons qui en résultent sont ordinairement très peu stables. M. Cahours et moi en avons décrit une semblable dans notre travail sur l'essence de cumin (1) : à froid le potassium agit peu sur le cuminol, mais par l'échauffement la réaction devient brusque et tumultueuse. Il en résulte une masse gélatineuse que l'eau décompose de nouveau en cuminol et potasse :

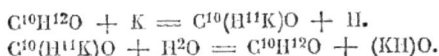

$$C^{10}H^{12}O + K = C^{10}(H^{11}K)O + H.$$
$$C^{10}(H^{11}K)O + H^2O = C^{10}H^{12}O + (KH)O.$$

L'alcool ordinaire se comporte d'une manière semblable ; suivant M. Liebig, le métal l'attaque vivement à 50° en développant de l'hydrogène pur :

$$C^2H^6O + K = C^2(H^5K)O + H.$$

La nouvelle combinaison se dissout dans l'alcool et s'y prend peu à peu en gros cristaux transparents ; on peut la conserver dans le vide, mais l'eau la décompose en alcool et hydrate de potasse. Le sodium produit, dans les mêmes circonstances, de grosses lamelles (2).

M. Loewig (3) a publié quelques recherches concernant l'action du potassium sur l'alcool, l'esprit de bois, l'acétone et la valérone, ainsi que sur quelques éthers composés ; mais une

(1) *Annal. de chim. et de phys.*, 3e série, t. I.
(2) BERZÉLIUS, *Lehrbuch der Chemie*, t. VIII, p. 364. M. Guérin-Varry a fait sur ce sujet quelques expériences qui s'écartent des précédentes ; mais il est très probable que les cristaux décrits par lui comme de l'hydrate de potasse n'étaient autre chose que l'*Aethyloxyd-Kali* de M. Liebig.
(3) *Annales de Poggendorff*, t. XLII, p. 42. — *Répertoire de chimie*, t. IV, p. 68.

15

grande partie de ses résultats a été réfutée par d'autres chimistes. Suivant lui, l'esprit de bois ne développerait aucun gaz sous l'influence du potassium, bien que la réaction soit assez vive. M. Boeckmann affirme, au contraire[1], qu'elle est accompagnée d'un dégagement d'hydrogène pur, et qu'il se produit une combinaison semblable à celle de l'alcool et du potassium. Celle-ci, soumise à l'action de la chaleur, donne, à ce qu'il paraît, des carbures d'hydrogène dont la composition varie suivant la température à laquelle on opère ; il reste en même temps un mélange de charbon et de potasse.

L'éther oxalique éprouve une décomposition fort remarquable de la part des métaux alcalins. Lorsqu'on y jette des fragments de sodium ou de potassium, en chauffant légèrement le mélange, il se dégage beaucoup de gaz. Après avoir enlevé l'excès de métal, M. Ettling y ajoute de l'eau et distille la bouillie brune ; il obtient ainsi, entre autres produits, de l'éther carbonique qui occupe la couche supérieure du liquide distillé. On peut représenter cette réaction de la manière suivante [2] :

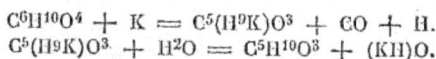

$$C^6H^{10}O^4 + K = C^5(H^9K)O^3 + CO + H.$$
$$C^5(H^9K)O^3 + H^2O = C^5H^{10}O^3 + (KH)O.$$

139. L'emploi du potassium dans la décomposition des corps chlorés promet des résultats fort instructifs ; il est à regretter qu'on en ait encore fait si peu usage.

M. Loewig s'en est le premier servi [3] pour isoler l'éthyle hypothétique de M. Liebig ; mais il a, ce nous semble, mal interprété les résultats de ses expériences. Lorsqu'on met des fragments de potassium en contact avec de l'éther hydrochlorique pur C^2H^5Cl dans un petit tube de verre fermé par un bout, il s'établit une réaction très vive, et le métal se convertit en une substance blanche sans qu'il se dégage aucun gaz, si ce n'est quelques vapeurs d'éther hydrochlorique volatilisées par

(1) *Traité de chimie organique* de M. Liebig, t. I, p. 542.

(2) Il faut se rappeler (80) que la formule générale des éthers formés par les acides bibasiques (oxalique, carbonique, etc.) est = acide + 2 alcool — 2H²O.

(3) *Annales de Poggendorff*, t. XLV, p. 346. — *Répertoire de chim.*, 2ᵉ série, t. I, p. 130.

l'effet de la chaleur de la réaction. La substance blanche a donné à l'analyse du carbone et de l'hydrogène dans le rapport de 2 : 5 ; elle est un mélange de chlorure de potassium et d'un composé organique renfermant ce même métal, comme le fait voir l'équation suivante :

$$C^2(H^5Cl) + K^2 = ClK + C^2(H^5K).$$

Ce dernier se décompose sous l'influence de l'eau. M. Loewig prétend qu'il donne alors de l'éthyle C^2H^5, de la potasse et de l'hydrogène libre ; mais ce dernier provenait, sans doute, d'un mélange de potassium non attaqué. Selon nous, l'eau ne produit que de la potasse et un hydrogène carboné C^2H^6 (acétène normal G.) qui serait à l'éther hydrochlorique de l'alcool (acétène chloré G.) ce que le gaz des marais (formène normal G.) est à l'éther hydrochlorique de l'esprit de bois (formène chloré G.) ; en effet, on aurait :

$$C^2(H^5K) + H^2O = C^2H^6 + (KH)O.$$

Notre supposition acquiert beaucoup de vraisemblance, si l'on rapproche des faits précédents ceux que M. Melsens a observés dans la décomposition de l'acide chloracétique (1). Ce chimiste se procure un amalgame contenant environ 150 parties de mercure pour une de potassium, et le verse dans une dissolution aqueuse d'acide chloracétique ou de chloracétate de potasse ; au moment du mélange, la température s'élève considérablement ; si la dissolution est concentrée, on voit alors se former une masse saline en très grande abondance. La liqueur, acide ou neutre d'abord, devient fort alcaline, et si l'on a employé un léger excès d'acide chloracétique par rapport à la quantité de potassium de l'amalgame, il ne se dégage pas une trace de gaz pendant toute la durée de la réaction qui se termine complétement en un temps très court. La masse saline se compose d'acétate de potasse mélangée de chlorure de potassium et de potasse caustique. On peut interpréter cette réaction de la manière suivante :

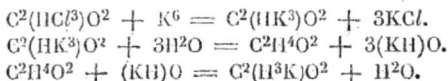

$$C^2(HCl^3)O^2 + K^6 = C^2(HK^3)O^2 + 3KCl.$$
$$C^2(HK^3)O^2 + 3H^2O = C^2H^4O^2 + 3(KH)O.$$
$$C^2H^4O^2 + (KH)O = C^2(H^3K)O^2 + H^2O.$$

(1) *Comptes-rendus de l'Académie des sciences*, t. XIV, p. 144.

D'après cela, la formation de l'acide acétique serait précédée
de celle d'un corps potassé que l'eau décomposerait en acide
acétique et en hydrate de potasse.

POTASSE ET SOUDE.

140. Ces agents s'emploient sous plusieurs formes : en dissolution aqueuse, en dissolution alcoolique, en fusion à l'état sec,
et en mélange avec de la chaux à une température élevée (chaux
potassée).

Outre qu'ils déplacent l'hydrogène des acides en y substituant du métal, ils ont la propriété de se combiner avec certaines substances volatiles et neutres au papier, telles que l'essence de girofle, la créosote, le phénol, etc. ; mais ces combinaisons sont généralement peu stables.

L'essence de girofle se dissout dans la potasse, et si le liquide
est bien concentré, elle se concrète et forme des paillettes entièrement blanches qu'on ne parvient pas à sécher par la chaleur
sans les décomposer. Lorsqu'on chauffe légèrement un fragment
de potasse caustique dans le cuminol, on voit aussi se former
une espèce de magma potassé, qui se décompose à l'air
humide.

En général, la potasse a quelque tendance à se combiner avec
les essences oxygénées, surtout lorsqu'elle est sèche et en
poudre.

141. *Oxygénation.* — Il est des corps qui s'unissent directement à l'hydrate de potasse, à une certaine température, de
manière à produire un composé renfermant tous les éléments de la
matière organique et de la potasse; d'autres fois cette combinaison est accompagnée d'un dégagement d'hydrogène.

Dans beaucoup de cas, une dissolution aqueuse ou alcoolique
de potasse suffit pour opérer ces transformations ; dans d'autres,
surtout si l'équivalent de la matière organique est fort élevé, il
faut d'abord faire fondre l'hydrate de potasse et y introduire peu à
peu la substance. Mais comme la potasse attaque les vases en
verre ou en porcelaine, il est préférable d'employer un mélange
de chaux et de potasse comme l'ont proposé MM. Dumas et Stas.
Ces chimistes ont fait usage, dans leurs belles expériences sur

l'action des alcalis, d'un mélange à parties égales de potasse chauffée jusqu'au rouge, et de chaux vive réduite en poudre. Ce mélange, fait à chaud, devient très dur par le refroidissement, et s'emploie après avoir été lui-même pulvérisé. Cette *chaux potassée* est beaucoup moins fusible que la potasse libre, elle attaque bien moins les vases de verre, et cela d'autant moins que la quantité de chaux a été portée plus haut.

On opère ordinairement dans des ballons de verre qu'on place dans un bain d'huile, ou mieux encore d'alliage fusible, si la réaction nécessite le concours d'une forte chaleur. Pour voir jusqu'à quel degré il faut chauffer, on adapte au ballon un tube plongeant dans une petite cuve à eau, de sorte qu'on peut observer la température à laquelle il se développe du gaz hydrogène. D'ailleurs, une seule et même substance peut donner des produits différents, suivant la température à laquelle on opère.

142. Les substances neutres connues sous le nom générique d'alcools s'attaquent peu par une solution de potasse, et n'en sont quelquefois point altérées du tout. Mais avec la chaux potassée ils se comportent tout autrement. Lorsqu'on arrose un tel mélange avec de l'alcool absolu, celui-ci s'y combine tout d'un coup avec production de chaleur; on chasse l'excès d'alcool au bain-marie, et il reste alors un résidu formé de chaux, de potasse et d'alcool. Celui-ci, soumis à une température modérée, à l'abri du contact de l'air, donne naissance à un abondant dégagement de gaz hydrogène, sans noircir en aucune manière. Le résidu de cette opération, par la distillation avec de l'acide sulfurique, donne de l'acide acétique parfaitement pur. On a donc :

$$C^2H^6O + (KH)O = C^2(H^3K)O^2 + H^4.$$

Le méthol (esprit de bois), l'amylol (huile de pommes de terre), et l'éthal, se comportent absolument de la même manière. Ils fournissent du formiate, du valérate ou de l'éthalate.

On remarque, dans cette réaction, qu'il se dégage plus d'hydrogène qu'il n'en correspondrait à la potasse seule; la matière organique en fournit donc aussi sa part.

A côté des alcools, se placent les aldéhydes (valéraldéhyde, benzoïlol, salicylol, cuminol, cinnamol, cire), ou substances qui peuvent se transformer en un genre salin (acide) en fixant tout simplement de l'oxygène. Ces aldéhydes sont généralement mieux attaqués par la potasse que les alcools correspondants.

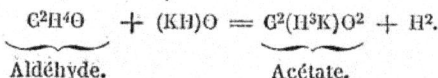

$$C^2H^4O \; + \; (KH)O \; = \; C^2(H^3K)O^2 \; + \; H^2.$$

$$\underbrace{\hphantom{C^2H^4O}}_{\text{Aldéhyde.}} \qquad \underbrace{\hphantom{C^2(H^3K)O^2}}_{\text{Acétate.}}$$

143. Lorsque les substances salines produites dans les réactions précédentes sont chauffées davantage, elles se décomposent de nouveau et fournissent des produits secondaires. Ainsi, par exemple, l'acétate donne du carbonate et du formène :

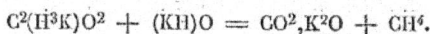

$$C^2(H^3K)O^2 \; + \; (KH)O \; = \; CO^2,K^2O \; + \; CH^4.$$

Le formiate fournit de l'oxalate et de l'hydrogène (Péligot, Dumas et Stas) :

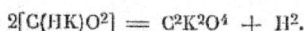

$$2[C(HK)O^2] \; = \; C^2K^2O^4 \; + \; H^2.$$

L'oxalate à son tour fournit du carbonate et de l'hydrogène :

$$C^2K^2O^4 \; + \; 2(KH)O \; = \; 2[CO^2,K^2O] \; + \; H^2.$$

Nous avons fait nous-même quelques expériences sur l'action que la potasse exerce sur quelques acides organiques, en la faisant fondre avec eux de manière à élever la température bien au-dessus du point où s'effectue la formation des sels de potasse. Une différence bien marquée se présente alors entre les acides monobasiques et les acides polybasiques. Les premiers résistent beaucoup à la chaleur et ne commencent à dégager de l'hydrogène qu'à une température fort voisine du point où toute la masse noircit; les autres, au contraire, fondus avec de la potasse dans un creuset d'argent, s'attaquent bien facilement et dégagent de l'hydrogène en abondance sans noircir.

L'acide benzoïque et l'acide cuminique résistent fort bien, et il faut beaucoup chauffer le mélange pour obtenir un dégagement d'hydrogène ; lorsqu'on pousse la chaleur trop loin, on remarque l'odeur du benzène ou du cumène. Il est probable, toutefois, qu'en réglant la chaleur au bain d'alliage, on parviendra à des résultats bien nets.

Plusieurs acides appartenant aux genres succinate, subérate,

pimélate, adipate, sébate, œnanthylate, nous ont fourni, par
la décomposition avec la potasse en fusion, de l'oxalate ainsi
que des sels de potasse qui, décomposés par l'acide sulfurique,
dégagent des acides volatils appartenant aux genres formiate,
acétate et valérate. Nous sommes fort disposé à croire qu'il se
trouve aussi parmi ces produits du butyrate et du caproate.

Il est bien certain, d'ailleurs, que les matières organiques se
dédoublent d'autant plus facilement sous l'influence de la potasse
fondante, qu'elles sont elles-mêmes déjà fort oxygénées (sucre,
salicine, amygdaline, etc.).

144. On sait que les éthers (80) résultent de la combinaison
directe d'un acide organique avec un alcool, en même temps
que les éléments de l'eau sont séparés. Lorsqu'on traite le produit par une dissolution bouillante de potasse, l'alcool et l'acide
se régénèrent. Cette manière d'être est commune à tous les
éthers.

Mais, si, au lieu de traiter ces corps par une dissolution de
potasse, on les expose à l'action de la chaux potassée, on obtient
deux sortes de produits dérivant les uns de l'acide et les autres
de l'alcool, comme si l'action de la potasse s'exerçait isolément
sur l'alcool et sur l'acide.

MM. Dumas et Stas ont examiné, sous ce rapport, les éthers
oxalique, acétique et benzoïque de l'alcool ordinaire, et l'éther
acétique de l'esprit de bois.

Nous avons vu plus haut que le g. alcool donne de l'acétate
et de l'hydrogène (142), le g. oxalate, du carbonate et le même
même gaz (143); or, l'éther oxalique a fourni à ces chimistes de
l'acétate, du carbonate et de l'hydrogène.

De même l'éther benzoïque a produit de l'acétate, du benzoate
et de l'hydrogène; l'éther acétique a donné de l'acétate et de
l'hydrogène.

Ces réactions sont fort simples et aisées à prévoir pour d'autres
éthers.

145. Quelques substances, comme nous l'avons déjà dit,
fixent directement les éléments de la potasse hydratée, sans
dégager d'hydrogène. La coumarine, l'anémonine, le benzile et le camphre des laurinées, se comportent de cette manière.

L'anémonine renferme, suivant M. Fehling (1), $C^{15}H^{12}O^6$, bouillie avec des alcalis, elle donne de l'anémonate $C^{15}(H^{13}K)O^7$ en fixant tout simplement les éléments de la potasse.

La coumarine et le benzile sont dans le même cas; mais le camphre des laurinées exige le concours d'une température élevée et même d'une forte pression. Delalande opère dans un tube bouché renfermant de la chaux potassée, sur laquelle il promène les vapeurs de camphre, en la maintenant environ à 300 ou 400°; il fait passer et repasser plusieurs fois de suite, d'une extrémité du tube à l'autre, le camphre sur le mélange chauffé, de sorte qu'une partie notable de matière finit par être attaquée. On peut extraire 5 ou 6 grammes d'acide purifié du contenu d'un seul tube à analyses; mais on est singulièrement gêné par la nécessité de conduire l'expérience sous la pression forte qui s'établit dans l'intérieur des vases, car on n'évite pas toujours leur rupture et la projection des produits. La réaction est comme précédemment :

$$C^{10}H^{16}O + (KH)O = C^{10}(H^{17}K)O^2.$$

146. Nous avons déjà parlé (100) de l'action que la potasse et les alcalis hydratés en général exercent sur les glycérides ou corps gras neutres. Les réactions que nous venons de passer en revue sont assez nettes pour être saisies sans difficulté lorsqu'elles se présentent dans d'autres matières organiques.

Mais la potasse, comme tous les agents d'oxydation, dédouble souvent les matières organiques en leur prenant le carbone et l'oxygène nécessaires pour se carbonater. Il est clair qu'une température élevée doit favoriser cette réaction. Les substances très oxygénées, les acides fixes, les matières neutres fixes, s'attaquent aisément par la potasse et fournissent alors le plus souvent du carbonate et l'oxalate, en même temps qu'un dégagement d'hydrogène se manifeste.

Les sucres, le ligneux, les gommes, la fécule, se comportent ainsi. La salicine fournit en même temps du salicylate.

Dans toutes ces réactions la molécule organique se dédouble. Lorsqu'on soumet à la distillation sèche de semblables substances mélangées d'hydrate de potasse, elles fournissent des liquides

(1) *Annal. der Chem. u. Pharm.*, t. XXXVIII, p. 278.

volatils ; les matières sucrées et amylacées donnent de l'acétone ou du métacétone, la salicine fournit du phénol.

147. *Corps azotés.* — La présence de l'azote dans une substance organique la rend en général plus attaquable par la potasse.

Cet agent, à l'état de dissolution, décompose surtout les acides azotés, ainsi que les substances neutres azotées et fort oxygénées. Les alcaloïdes en sont peu altérés à l'ébullition, et exigent pour se décomposer l'intervention d'une température plus élevée, souvent la fusion du mélange.

Lorsque la potasse attaque les substances azotées, elle se borne quelquefois à y fixer ses propres éléments, comme dans la réaction des corps non azotés (145) ; mais d'autres fois elle donne naissance à un dégagement d'ammoniaque. Fondues à la température du rouge sombre avec la potasse, les matières azotées de toute espèce sont capables de produire du cyanure de potassium.

L'action de la potasse sur l'indigo bleu réunit à peu près tous les cas possibles, ce qui nous engage à en dire quelques mots.

Une lessive de potasse diluée n'attaque pas l'indigo ; mais si l'on fait bouillir ce corps avec une solution assez concentrée pour se solidifier par le refroidissement, on voit l'indigo rougir sans qu'il se dégage aucun gaz. Le mélange rouge, abandonné à l'air, se couvre d'une pellicule bleue, et donne, par les acides, un précipité d'un rouge sale et bleuâtre que M. Fritzsche a désigné sous le nom d'*acide chrysanilique*. Mais ce savant n'a, ce nous semble, pas bien saisi la réaction qui s'accomplit alors. Son prétendu acide chrysanilique ne paraît être autre chose qu'un mélange d'isatine, d'acide isatique et d'indigo blanc (qui bleuit à l'air). En effet, le premier effet de la potasse sur l'indigo bleu consiste à oxyder celui-ci et à le transformer en isatine (rouge) ou plutôt en isatine potassée (Laurent) ; l'hydrogène de l'hydrate de potasse se porte en même temps sur une autre portion d'indigo bleu de manière à le convertir en indigo blanc, d'après l'équation suivante :

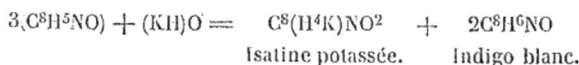

$$3(C^8H^5NO) + (KH)O = C^8(H^4K)NO^2 + 2C^8H^6NO$$
$$\text{Isatine potassée.} \qquad \text{Indigo blanc.}$$

Comme le genre isatine se transforme en isatate sous l'influence prolongée de la potasse, on finit par avoir :

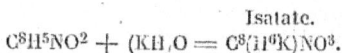

Isatate.

$$C^8H^5NO^2 + (KH)O = C^8(H^6K)NO^3.$$

Cette réaction renferme donc trois cas : oxydation directe (142); fixation, sur une autre portion de matière, de l'hydrogène qui aurait dû se dégager; fixation directe des éléments de la potasse et formation d'un genre salin (145). Mais là ne se borne pas le rôle de la potasse. Si l'on continue à chauffer en faisant fondre légèrement le mélange, on observe un dégagement d'hydrogène, et la matière organique éprouve une combustion partielle. On obtient alors du carbonate et de l'anthranilate :

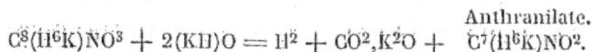

Anthranilate.

$$C^8(H^6K)NO^3 + 2(KH)O = H^2 + CO^2,K^2O + C^7(H^6K)NO^2.$$

Enfin le g. anthranilate lui-même se dédouble à une température plus élevée, en aniline et carbonate, ce qui fait qu'en distillant de l'indigo bleu avec de la potasse on obtient immédiatement de l'aniline :

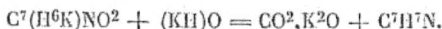

$$C^7(H^6K)NO^2 + (KH)O = CO^2,K^2O + C^7H^7N.$$

L'ammoniaque n'accompagne cette réaction qu'en qualité de produit secondaire de la décomposition de l'aniline.

148. L'ammoniaque est souvent le premier produit de l'action de la potasse sur les corps azotés.

Beaucoup de substances formées sous l'influence de l'ammoniaque (les amides) dégagent ce composé lorsqu'on les fait bouillir avec une lessive de potasse. Ce cas se présente, par exemple, pour l'oxamide, la succinamide, l'acide oxamique, de même que pour l'asparagine, l'uramile, etc. On remarque alors que, pour chaque équivalent d'ammoniaque NH³ qui se dégage, la matière organique fixe un équivalent de potasse (KH)O :

Oxamate norm. $C^2H^3NO^3 + (KH)O = NH^3 + C^2(KH)O^4$ oxalate potas.
Oxamide norm. $C^2H^4N^2O^2 + 2(KH)O = 2NH^3 + C^2K^2O^4$ oxalate bipot.
Asparagine n. $C^4H^8N^2O^3 + (KH)O = NH^3 + C^4(H^6K)NO^4$ aspartate pot.
Uramile norm. $C^4H^5N^3O^3 + (KH)O = NH^3 + C^4(H^3K)N^2O^4$ uramilate pot.

Cette réaction peut servir de contrôle aux formules organiques, pour les cas où *la potasse produit un sel avec une matière azotée, en occasionnant tout simplement un dégagement d'ammoniaque sans développer en même temps d'hydrogène.* Chaque équivalent d'oxygène fixé sur le produit correspond à une élimination de 1 équivalent d'azote, le nouveau sel de potasse étant transformé en acide, à l'aide d'un acide minéral; on voit aussi que pour chaque équivalent d'oxygène ainsi fixé, le nouvel acide renferme un équivalent d'hydrogène de moins que le corps d'où il résulte.

On peut exprimer ce fait d'une manière générale en disant que pour une matière organique M l'acide *a* formé dans les conditions précédentes est :

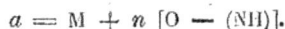

$$a = M + n [O - (NH)].$$

L'action de la potasse fondante sur les corps azotés a été fort peu étudiée; elle promet cependant des résultats fort intéressants. Il est probable qu'elle conduira à la découverte de nouveaux alcaloïdes volatils ; du moins c'est à son aide que M. Fritzsche a obtenu l'aniline avec l'indigo, et que nous-même nous avons transformé la quinine, la cinchonine et la strychnine en un autre alcaloïde volatil (71).

Dans certaines réactions la potasse se remplace avec avantage par la baryte et la chaux caustiques, surtout dans les cas où la matière organique se dédouble en formant du carbonate. L'insolubilité du carbonate de baryte ou de chaux permet alors de séparer les nouveaux produits au moyen du filtre.

149. *Corps sulfurés.* — Lorsque le soufre a été fixé dans la matière organique sous forme oxygénée, comme dans les sels copulés formés par l'acide sulfurique, la potasse détermine en elles la formation de sulfate, et quelquefois de sulfite, si le sulfate se réduit à une température élevée en présence du charbon ou de l'hydrogène de la matière organique. Hors ce cas, la potasse élimine le soufre à l'état de sulfure ou de sulfocarbonate, ou à celui de sulfure et de carbonate.

L'essence de moutarde mise en digestion avec un alcali hydraté se dédouble en fournissant un alcaloïde particulier (sinapoline) et du sulfure de carbone :

$$C^8H^{10}N^2S^2 + H^2O = C^7H^{12}N^2O + CS^2.$$

Cette réaction ressemble à celle que la potasse détermine dans certains corps oxygénés, car CS^2 correspond ici à CO^2, et dans l'un et l'autre cas il se fixe H^2O sur la matière organique.

Il est d'ailleurs préférable d'attaquer les corps sulfurés avec de l'hydrate de plomb ou de mercure, ou bien aussi avec de l'hydrate de baryte, de manière à obtenir un mélange de carbonate et de sulfure.

Lorsqu'on traite d'une manière semblable la combinaison de l'essence de moutarde avec l'ammoniaque (la thiosinamine), il ne se produit pas de carbonate, mais les éléments de l'hydrogène sulfuré se séparent de la matière organique

$$C^8H^{16}N^4S^2 = C^8H^{12}N^4 + 2H^2S,$$

en même temps que l'hydrogène sulfuré se décompose avec la potasse ou l'oxyde de plomb.

En faisant fondre de l'essence de moutarde avec de la potasse, nous avons obtenu une masse saline qui nous a semblé contenir du sulfure, du carbonate ou du sulfocarbonate, ainsi que de l'acétate en assez grande quantité.

150. *Corps chlorés ou bromés.* — La potasse paraît attaquer les corps chlorés ou bromés d'autant mieux qu'ils sont en même temps oxygénés; la réaction est fort simple et promet des applications fort utiles à l'étude des séries organiques.

Plusieurs substances mises en présence de la potasse fixent l'oxygène et le potassium de cet agent, en même temps qu'un équivalent de chlore s'élimine avec l'hydrogène, sous forme d'acide hydrochlorique :

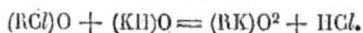

$$(RCl)O + (KH)O = (RK)O^2 + HCl.$$

Il se forme donc ainsi des sels de potasse renfermant 1 équivalent de potassium à la place de 1 équivalent de chlore, plus 1 équivalent d'oxygène; décomposés par un acide minéral, ces sels fournissent l'espèce hydrogénée correspondante (l'acide organique).

Corps chlorés.   *Produits de l'action de potasse.*

C^3Cl^2O.   Anile bichloré (Erd.). $C^3(ClK)O^2$.   Anilate chloro-potass.

$C^7(H^5Cl)O$.   Benzoïlol chloré . . . . $C^7(H^5K)O^2$.   Benzoate potassique.

$C^{10}(H^{11}Cl)O$. Cuminol chloré (Cahours $C^{10}(H^{11}K)O^2$. Cuminate potassique.
     et Gerhardt).

$C^{10}(H^4Cl^2)O^2$. Naphtalol bichl. (Lau- $C^{10}(H^4ClK)O^3$. Naphtalate chloro-
     rent).   potassique.

$C^{10}Cl^6O^2$.   Naphtalol sexchl. (Lau- $C^{10}(Cl^5K)O^3$. Naphtalate quinti-
     rent).   chloro-potassique.

Il est remarquable de voir, dans tous ces exemples, que la potasse n'attaque qu'un seul équivalent de chlore, de sorte que le produit devient exempt de chlore si la substance primitive renferme un seul équivalent de chlore, monochloré si elle en contient deux, et quintichloré si elle en renferme six équivalents.

On pourrait utiliser cette réaction pour produire des espèces polychlorées avec des substances qui résistent fortement à l'action directe du chlore, comme, par exemple, l'acide benzoïque, l'acide cuminique, etc. On n'aurait donc qu'à chlorurer, sous l'influence d'une forte insolation, le benzoïlol ou le cuminol, et à attaquer par la potasse les nouveaux produits.

De même, par ce moyen, on produirait peut-être des acides avec les huiles essentielles oxygénées qui résistent à l'action de la potasse ou qui donnent des produits trop complexes. Les essences de menthe, d'anis, de lavande, etc., mériteraient d'être examinées sous ce rapport.

On peut aussi ranger dans ce genre de décomposition, mais s'effectuant en sens inverse, celle que l'éther hydrochlorique de l'esprit de bois et de l'alcool (formène et acétène chlorés G.) éprouvent par la potasse; car :

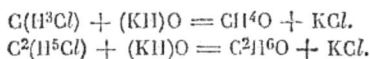

$$C(H^3Cl) + (KH)O = CH^4O + KCl.$$
$$C^2(H^5Cl) + (KH)O = C^2H^6O + KCl.$$

Ici le potassium de l'hydrate de potasse élimine le chlore, tandis que dans les exemples précédents c'est l'hydrogène qui opère cette séparation.

151. Il est à noter, toutefois, que tous les corps chlorés n'éliminent pas le chlore lorsqu'on les traite par de la potasse : ainsi,

par exemple, les espèces chlorées et bromées du g. isatine fixent tout simplement la potasse sans rien éliminer; il se produit alors des espèces chlorées ou bromées du g. isatate. Dans ce cas, d'ailleurs, l'isatine normale peut déjà fixer elle-même les éléments de la potasse pour former un nouveau genre salin; peut-être la présence de l'azote est-elle pour quelque chose dans cette particularité.

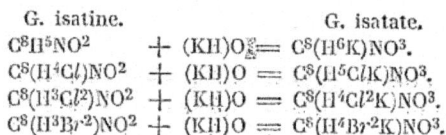

G. isatine.   G. isatate.

$C^8H^5NO^2$ + $(KH)O^{2}_{2}$ = $C^8(H^6K)NO^3$.

$C^8(H^4Cl)NO^2$ + $(KH)O$ = $C^8(H^5ClK)NO^3$.

$C^8(H^3Cl^2)NO^2$ + $(KH)O$ = $C^8(H^4Cl^2K)NO^3$.

$C^8(H^3Br^2)NO^2$ + $(KH)O$ = $C^8(H^4Br^2K)NO^3$.

152. Il existe des corps chlorés et non oxygénés que la potasse, surtout en dissolution alcoolique, attaque aisément; sur d'autres, au contraire, elle n'exerce qu'une action très faible. Parmi ceux de la première espèce, il faut principalement ranger les substances chlorées obtenues par la combinaison directe d'un hydrogène carboné avec du chlore (chlorures de naphtaline de M. Laurent, chlorure de benzine de M. Mitscherlich, liqueur des Hollandais, etc. (134)). Ces substances éliminent les éléments de l'acide hydrochlorique avec lesquels la potasse produit alors du chlorure de potassium et de l'eau.

Les substances isomères du genre éthérilène (liqueur des Hollandais, corps chlorés de M. Regnault), et qu'on obtient par l'action du chlore sur l'éther hydrochlorique (acétène chloré G.), sont fort mal attaqués par la potasse alcoolique; il faut plusieurs distillations avec ce liquide pour les altérer. En opérant ainsi avec l'éther hydrochlorique bichloruré (acétène trichloré G.), M. Regnault a fini par le transformer en acétate :

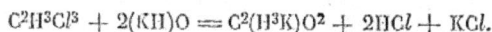

$$C^2H^3Cl^3 + 2(KH)O = C^2(H^3K)O^2 + 2HCl + KCl.$$

La même décomposition s'observe avec le chloroforme (formène trichloré G.), qui, dans la première famille, correspond au composé précédent; dans les mêmes circonstances il fournit du formiate, homologue de l'acétate.

On admet généralement que la potasse est sans action sur les espèces chlorées des genres naphtalène, benzène, térébenthène et de beaucoup d'autres hydrogènes carbonés; mais en considérant la manière dont se comportent les espèces chlorées de l'acétène et du formène, on peut espérer qu'en se plaçant dans les circonstances convenables, en les chauffant peut-être avec de la potasse en fusion, on parviendra à les attaquer sans détruire la matière organique.

Il arrive aussi que l'action de la potasse occasionne dans les corps chlorés un dédoublement moléculaire; ce cas, toutefois, a été peu observé jusqu'à présent. Le chloral (acétol trichloré G.) présente cette particularité; bouilli avec de la potasse, il se dédouble en formiate et formène, en descendant conséquemment d'un échelon :

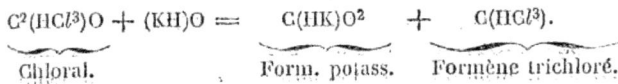

$$C^2(HCl^3)O + (KH)O = \quad C(HK)O^2 \quad + \quad C(HCl^3).$$

Chloral.   Form. potass.   Formène trichloré.

153. Nous avons donc à enregistrer cinq cas pour l'action de l'hydrate de potasse sur les corps chlorés :

Combinaison directe, formation d'un genre salin, sans élimination de chlore (isatine);

Combinaison directe, formation d'un genre salin, et dédoublement de la matière organique, sans formation de chlorure (chloral);

Oxydation, formation d'un genre organique salin et d'un chlorure minéral (benzoïlol, naphtalol);

Oxydation, formation d'un genre organique non salin, et d'un chlorure minéral (éthers hydrochlorique de l'alcool et de l'esprit de bois);

Élimination des éléments de l'acide hydrochlorique (acétène, formène) par la matière organique, sans oxydation et sans formation de g. organique salin, mais formation de chlorure et d'eau (liqueur des Hollandais).

154. *Formation de corps isomères.* — Lorsqu'on abandonne pendant quelques jours l'essence d'amandes amères brute (celle qui renferme de l'acide prussique) avec une dissolution de potasse, l'essence se transforme en cristaux de benzoïne qui ont absolument la même composition qu'elle.

M. Zinin (1) a remarqué que ce produit s'obtient bien plus

_____

(1) *Revue scientif.*, t. III.

facilement que par le procédé ordinaire, si l'on traite une dissolution aqueuse de benzoïlol pur par un peu de cyanure de potassium. Le produit est parfaitement blanc.

Il a vu aussi, quand on traite l'essence brute contenant de
l'acide prussique par un volume égal d'une dissolution alcoolique
de potasse récemment préparée à chaud et saturée, que le mélange se prend, au bout de quelques minutes, en une masse
jaune et cristalline qui n'est autre chose que de la benzoïne
souillée d'une petite quantité d'un corps résineux. Cette résine
provient de l'action de la potasse sur l'alcool. Le liquide d'où la
benzoïne s'est déposée est fort alcalin, et le poids du produit est
sensiblement égal à celui de l'essence employée.

Si on traite le benzoïlol pur par une dissolution faible de cyanure de potassium dans l'alcool, il se transforme presque aussi
rapidement en benzoïne que dans le cas précédent. Le cyanure
de mercure, le cyanure de zinc, ainsi que les chlorures, ne
donnent aucun résultat.

AMMONIAQUE.

155. Nous avons déjà, en parlant des amides (p. 111) et des
matières colorantes (p. 197), exposé tout ce qui concerne l'action de l'ammoniaque sur les substances organiques.

Il ne nous reste qu'un mot à ajouter. Plusieurs substances
volatiles absorbent de l'ammoniaque, mais la combinaison est
si peu stable qu'elle se détruit par la chaleur, et qu'on n'obtient pas d'amide. MM. Laurent et Hofmann ont paré à cet
inconvénient en exposant la combinaison à une température de
200° environ, comme nous l'avons déjà fait remarquer (p. 126),
dans un tube fermé à la lampe ; c'est de cette manière qu'ils ont
produit l'aniline avec le phénol et l'ammoniaque.

CHAUX ET BARYTE.

156. Ces deux oxydes, fort semblables dans leur manière d'a-
gir, s'emploient à l'état sec ou en dissolution aqueuse. La baryte
mérite souvent la préférence.

Indépendamment de leur emploi à la formation des sels calcaires ou barytiques, ces deux oxydes, dissous dans l'eau, remplacent souvent avec avantage l'hydrate de potasse.

On s'en est surtout servi à l'état sec pour décarburer les acides volatils et pour les transformer en substances neutres. La baryte donne sous ce rapport les réactions les plus nettes ; mais, comme elle agit très vivement et d'une manière souvent fort brusque, il est convenable de la mêler avec de la chaux ou avec du sable fin. Il arrive quelquefois que le mélange de baryte et de matière prend feu lorsqu'il a été porté à une certaine température. Cela se voit surtout avec les matières renfermant les éléments de l'acide nitrique.

Les acides organiques volatils se décomposent en général d'une manière très nette lorsqu'on les distille avec de la baryte ou avec de la chaux. Après les avoir mélangés avec trois ou quatre fois leur poids de l'oxyde bien sec, on les distille dans une petite cornue ; il ne faut pas opérer sur trop de matière à la fois, afin que la chaleur arrive uniformément sur toutes les parties du mélange. Voici les acides qui ont été ainsi traités :

Acide acétique	$C^2H^4O^2$.	CH^4	formène	(Persoz, Dumas et Stas).
— benzoïque	$C^7H^6O^2$.	C^6H^6	benzène	(Mitscherlich, Péligot).
— cinnamique	$C^9H^8O^2$.	C^8H^8	cinnamène	(Gerhardt et Cahours).
— cuminique	$C^{10}H^{12}O^2$.	C^9H^{12}	cumène	(Gerhardt et Cahours).
— salicylique	$C^7H^6O^3$.	C^6H^6O	phénol	(Gerhardt).
— anisique	$C^8H^8O^3$.	C^7H^8O	anisol	(Cahours, Laurent).

On remarque, dans toutes ces réactions, que les éléments de l'acide carbonique CO^2 se fixent sur la chaux ou la baryte, tandis que les éléments restants demeurent en combinaison et passent à la distillation sous la forme d'un hydrogène carboné ou d'une huile neutre oxygénée, suivant que l'acide soumis à l'action des oxydes renferme 2 ou 3 équivalents d'oxygène.

Les acides qui présentent ce genre de réaction sont tous monobasiques ; on n'a pas encore examiné comment les acides polybasiques se comportent sous ce rapport.

On peut aussi faire rentrer dans le cas précédent la décomposition de l'acide anthranilique par la chaux ou la baryte ; cet acide, en effet, qui est azoté, perd alors les éléments de l'acide carbonique qui se fixent sur l'oxyde, tandis que les éléments restants passent à l'état d'une huile azotée qui possède tous les caractères d'un véritable alcaloïde (71).

$$C^7H^7NO^2 = CO^2 + C^6H^7N.$$

Il y aurait de l'intérêt à examiner d'autres acides sous le même point de vue.

157. Les matières neutres et fixes ne se comportent pas toujours d'une manière bien nette lorsqu'on les traite par la chaux ou la baryte.

Il y en a qui, bouillies avec une dissolution aqueuse de baryte, cèdent à cet oxyde les éléments de l'acide carbonique. Tel est le cas, par exemple, de la lécanorine, que M. Schuncke a ainsi transformée en orcine :

$$C^9H^8O^4 - CO^2 = C^8H^8O^2.$$

D'autres fois, lorsque les matières neutres sont azotées, il s'en dégage de l'ammoniaque en même temps que les éléments de l'hydrate de baryte $(BaH)O$ sont fixés par elles, et l'on obtient un sel de baryte nouveau (148).

Ces deux cas sont entièrement semblables à ceux qu'offre la potasse caustique.

On a aussi soumis à la distillation des matières neutres après les avoir mélangées avec de la chaux. M. Frémy a fait à cet égard quelques expériences avec le sucre, la gomme, les résines. On recueille toujours des matières volatiles dans ce genre de décomposition, mais on ne saurait fixer d'une manière précise l'ordre dans lequel la réaction s'accomplit (90).

158. Lorsqu'on fait passer de l'alcool C^2H^6O sur de la baryte chauffée, on obtient toujours trois gaz différents au moins : le gaz oléfiant C^2H^4, le gaz des marais CH^4 et l'hydrogène ; il se forme en outre du carbonate et de l'hydrate de baryte.

MM. Dumas et Stas, qui ont étudié cette décomposition, ont vu qu'il s'accomplit, dans ces circonstances, trois réactions parfaitement distinctes : dans l'une, l'alcool paraît se convertir en eau qui hydrate la baryte, et en gaz oléfiant qui se dégage :

$$C^2H^6O + Ba^2O = 2(BaH)O + C^2H^4.$$

L'autre consiste en ce que l'hydrate de baryte produit par l'action précédente réagit sur une autre portion d'alcool pour donner naissance à de l'hydrogène qui se dégage et à de l'acétate de baryte :

$$C^2H^6O + (BaH)O = C^2(H^3Ba)O^2 + 4H.$$

Dans la troisième enfin, l'acétate de baryte se décompose lui-même et fournit du gaz des marais (156).

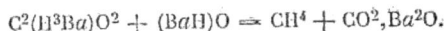

$$C^2(H^3Ba)O^2 + (BaH)O = CH^4 + CO^2,Ba^2O.$$

Cette interprétation ingénieuse est entièrement conforme aux faits.

L'action de l'alcool sur la baryte démontre que dans les cas où la baryte ne trouve pas, dans une seule molécule d'un corps organique, l'oxygène nécessaire pour former de l'acide carbonique, elle sollicite plusieurs équivalents de matière à se décomposer. La réaction devient alors moins simple que dans les cas précédents.

Dans l'action de la baryte sur le salicylate de méthylène (saliméthol normal G.), cette base trouve dans un seul équivalent de matière assez d'oxygène pour déterminer avec lui la formation de l'acide carbonique : aussi la réaction s'accomplit-elle d'une manière aussi simple que sur les acides volatils à 2 ou 3 atomes d'oxygène.

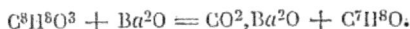

$$C^8H^8O^3 + Ba^2O = CO^2,Ba^2O + C^7H^8O.$$

Le salicylate de méthylène, qui est isomère avec l'acide anisique, fournit donc de l'anisol comme cet acide (Cahours).

Il y aurait de l'intérêt à étudier sur d'autres éthers l'action de la baryte caustique.

OXYDES DE PLOMB ET DE MERCURE.

159. MM. Robiquet et Bussy, ainsi que M. Simon, ont employé avec avantage l'oxyde de plomb récemment précipité et l'oxyde rouge de mercure pour désulfurer l'essence de moutarde noire et ses dérivés.

Lorsqu'on met l'essence de moutarde en digestion avec de l'oxyde de plomb hydraté, qu'on dessèche la masse au bain-marie, et qu'ensuite on l'épuise par de l'eau ou de l'alcool bouillants, on obtient, par le refroidissement de la solution, des cristaux d'une substance particulière alcaline, et que M. Simon appelle *sinapoline*. Cette réaction, dans laquelle l'essence de moutarde cède tout son soufre, s'accomplit évidemment de la manière suivante :

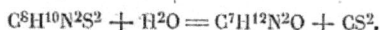

$$C^8H^{10}N^2S^2 + H^2O = C^7H^{12}N^2O + CS^2.$$

Le sulfure de carbone, éliminé dans cette réaction, produit évidemment, avec l'oxyde de plomb, du sulfure et du carbonate.

Cette réaction est semblable à celle que certaines substances oxygénées éprouvent de la part des alcalis qui leur enlèvent les éléments de l'acide carbonique CO^2. D'ailleurs il est à remarquer que la même désulfuration a lieu si l'on chauffe l'essence de moutarde avec de l'eau de baryte ou de potasse, jusqu'à disparition de l'odeur fétide.

Lorsque, d'après MM. Bussy et Robiquet, on broie la combinaison ammoniacale de l'essence de moutarde (1) avec 5 parties d'oxyde rouge de mercure, ou, selon M. Simon, avec de l'oxyde de plomb récemment précipité et bien lavé; qu'on chauffe le mélange au bain-marie jusqu'à ce qu'une portion du liquide, prise pour essai, ne noircisse plus avec un mélange de potasse et d'oxyde de plomb hydraté; qu'on épuise ensuite la masse avec de l'eau et avec de l'alcool, et qu'on évapore enfin à une douce chaleur, il reste un sirop incolore dans lequel se forment, au bout de quelques semaines, des cristaux transparents d'un alcaloïde fort énergique appelé *sinamine* par MM. Warrentrapp et Will.

$$C^8H^{16}N^4S^2 = C^8H^{12}N^4 + 2H^2S.$$

Dans cette réaction, le soufre se sépare tout simplement à l'état d'hydrogène sulfuré, qui se décompose ensuite avec l'oxyde métallique en eau et en sulfure.

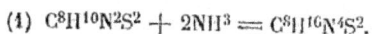

(1) $C^8H^{10}N^2S^2 + 2NH^3 = C^8H^{16}N^4S^2.$

PEROXYDES DE PLOMB ET DE MANGANÈSE.

160. M. Persoz a examiné l'action du peroxyde puce de plomb sur les acides tartrique, citrique, mucique et gallique (1).

Un mélange intime d'acide tartrique (1 p.), de peroxyde (5 p.) et d'eau (10 p.) dégage beaucoup d'acide carbonique déjà à la température ordinaire et produit du formiate de plomb.

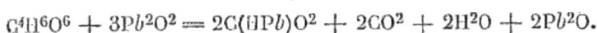

$$C^4H^6O^6 + 3Pb^2O^2 = 2C(HPb)O^2 + 2CO^2 + 2H^2O + 2Pb^2O.$$

On obtient aussi du carbonate de plomb en modifiant les proportions du mélange.

L'acide paratartrique et l'acide mucique se comportent comme l'acide tartrique; les acides citrique et gallique sont également décomposés par le peroxide puce de plomb, mais sans production d'acide formique.

Suivant M. Sturenburg, le peroxyde puce de plomb convertit le sucre (de raisin), à la température de l'ébullition, en formiate de plomb (surbasique), carbonate de plomb et eau.

Nous avons fait bouillir pendant une demi-heure une dissolution fort concentrée d'acide benzoïque avec ce peroxyde, mais cet acide n'en a point été attaqué; il n'y avait aucun dégagement de gaz, et le peroxyde ne blanchissait en aucune façon. L'acide salicylique non plus n'en a point paru attaqué. Par contre, la salicine a fourni du formiate de plomb. Il paraît, d'après cela, que, parmi les substances non azotées, les acides et les substances neutres fort oxygénées sont seuls attaqués par le peroxyde puce.

161. Les substances azotées résistent moins bien à ce réactif.

Lorsqu'on chauffe une dissolution d'alloxane avec du peroxyde puce de plomb, il se dégage de l'acide carbonique pur; quand la réaction est terminée, on a une bouillie blanche de carbonate de plomb mélangée de quelques traces d'acide oxalique, et la liqueur filtrée donne par l'évaporation des cristaux d'urée. Il paraît, d'après cela, que le peroxyde produit d'abord de l'urée,

(1) *Comptes-rendus de l'Acad.*, t. XI, p. 522.

de l'acide carbonique gazeux et de l'oxalate de plomb, qui se décompose lui-même, par une réaction prolongée, en carbonate.

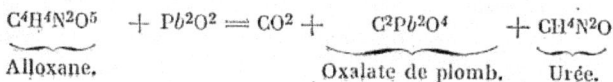

$$C^4H^4N^2O^5 \quad + Pb^2O^2 = CO^2 + \quad C^2Pb^2O^4 \quad + CH^4N^2O$$

Alloxane.   Oxalate de plomb.   Urée.

L'acide urique lui-même présente une réaction semblable. Lorsqu'on le mélange avec de l'eau et qu'on chauffe la bouillie à l'ébullition, en y ajoutant peu à peu le peroxyde, il se dégage de l'acide carbonique ; la masse s'épaissit, le liquide filtré fournit d'abord des cristaux d'allantoïne, et par la concentration des eaux-mères on obtient de l'urée. Le filtre retient de l'oxalate de plomb. La manière dont MM. Wœhler et Liebig expliquent cette métamorphose nous paraît assez compliquée, pour que nous préférions l'interprétation suivante :

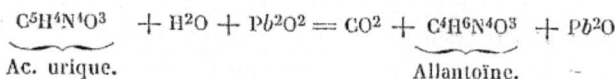

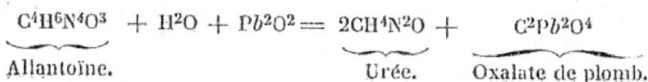

$$C^5H^4N^4O^3 \quad + H^2O + Pb^2O^2 = CO^2 + C^4H^6N^4O^3 + Pb^2O$$

Ac. urique.   Allantoïne.

$$C^4H^6N^4O^3 \quad + H^2O + Pb^2O^2 = 2CH^4N^2O + \quad C^2Pb^2O^4$$

Allantoïne.   Urée.   Oxalate de plomb.

D'après cela, l'acide urique passerait d'abord à l'état d'acide carbonique et d'allantoïne, et celle-ci donnerait de l'urée et de l'oxalate de plomb. Cette interprétation est d'autant plus rationnelle que les alcalis hydratés transforment l'allantoïne en ammoniaque et en oxalate.

L'acide hippurique éprouve une décomposition fort remarquable de la part du peroxyde puce (1). Lorsqu'on fait bouillir le mélange, il se dégage de l'acide carbonique gazeux, et il reste en dissolution de la benzamide parfaitement pure :

$$C^9H^9NO^3 + 3Pb^2O^2 = C^7H^7NO + 2CO^2 + 3Pb^2O + H^2O.$$

Benzamide.

Il est possible qu'il se produise d'abord de l'oxalate de plomb qui se décompose par l'action prolongée du peroxyde.

(1) FEHLING, dans les *Annal. der Pharm.*, t. XXVIII, p. 148. — *Répert. de chimie*, t. V, p. 310.

Il serait intéressant d'examiner d'autres acides azotés sous le même point de vue.

L'action des peroxydes de plomb et de manganèse est bien plus énergique quand on les emploie mélangés avec de l'acide sulfurique ; à la distillation beaucoup de substances fournissent alors de l'acide formique.

ACIDE SULFUREUX.

162. On doit à M. Laurent (1) une série d'observations fort curieuses sur la manière dont l'acide sulfureux se comporte avec l'isatine $C^8H^5NO^2$.

Cet acide n'exerce aucune action sur l'isatine seule ; mais lorsqu'elle est combinée avec de la potasse et qu'on y fait passer un courant de gaz sulfureux, on obtient un sel de potasse renfermant $C^8(H^6K)NO^5S = C^8H^5NO^2 + (KH)O + SO^2$ (2).

On peut encore préparer ce composé en faisant bouillir l'isatine en poudre avec une dissolution de bisulfite de potasse, jusqu'à disparition de la matière organique.

L'acide hydrochlorique ajouté à une dissolution bouillante de ce sel en dégage de l'acide sulfureux avec effervescence.

En traitant d'une manière semblable les espèces chlorées et bromées de l'isatine, M. Laurent a obtenu des isatosulfites chlorés et bromés. L'isathyde sulfurée (sulfésathyde) s'est comportée un peu différemment.

A côté de ces observations viennent se ranger celles de MM. Liebig et Woehler, relatives à l'action simultanée du gaz ammoniac et du gaz sulfureux sur l'alloxane. 1 éq. d'alloxane se combine avec 1 éq. de gaz sulfureux et 1 éq. d'ammoniaque, de manière à former du thionurate, qui à son tour reste combiné avec 2 équivalents d'ammoniaque :

(1) *Revue scientifique*, t. X, p. 289.
(2) La formule de M. Laurent est celle-ci :

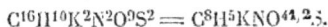

$$C^{16}H^{10}K^2N^2O^9S^2 = C^8H^5KNO^{4,2,5}.$$

la nôtre s'accorde mieux avec son analyse

$C^4H^4N^2O^5 + SO^2 + NH^3 = C^4H^7N^3O^7S.$ Thionurate normal.

$C^4H^7N^3O^7S, 2NH^3.$ Thionurate biammoniacal.

Alloxane. $C^4(H^5Pb^2)N^3O^7S.$ Thionurate biplombique.

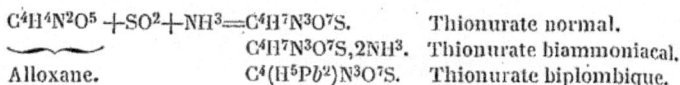

Par l'ébullition du thionurate biammoniacal, il s'en sépare du sulfate d'ammoniaque, et il reste de l'uramile normale :

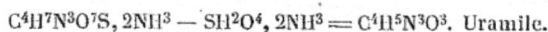

$$C^4H^7N^3O^7S, 2NH^3 - SH^2O^4, 2NH^3 = C^4H^5N^3O^3.$$ Uramile.

Nous avons déjà parlé de l'action du gaz sulfureux sur les matières colorantes (116).

ACIDE SULFURIQUE.

163. Les réactions que ce corps détermine se réduisent aux suivantes : combinaison directe sans décomposition (avec les alcaloïdes) ; combinaison et formation d'un corps neutre (éther) avec élimination des éléments de l'eau ; combinaison et formation d'un sel copulé avec élimination des éléments de l'eau ; formation de corps isomères sans combinaison ; dédoublement, oxydation du carbone, formation de gaz sulfureux.

Nous avons déjà parlé des produits qui se forment dans ces circonstances (1).

ACIDE PHOSPHORIQUE.

164. MM. Dumas et Péligot ont employé avec succès l'acide phosphorique anhydre pour transformer l'éthal en un hydrogène carboné homologue du gaz oléfiant de la première famille.

L'éthal perd dans ces circonstances les éléments d'un équivalent d'eau. Plusieurs autres substances ont donné des résultats semblables.

L'acide sulfurique ne saurait remplacer l'acide phosphorique anhydre, car il charbonne aisément les substances organiques et produit avec elles du gaz sulfureux.

Voici la liste des produits ainsi obtenus par l'acide phosphorique anhydre :

(1) Voir, p. 98, *Sels copulés;* p. 110, *Anhydrides;* p. 150, *Hydrocarbures;* p. 137, *Éthers.*

PRODUITS.	SUBSTANCES D'OÙ ILS DÉRIVENT.	MODE DE FORMATION.	OBSERVATEURS.
Campholène.. C^9H^{16} .	Acide campholique.	$C^{10}H^{18}O^2 - H^2O - CO.$	Delalande.
Camphogène.. $C^{10}H^{14}$.	Camphre (des laurinées)	$C^{10}H^{16}O - H^2O.$	Dumas, Delalande.
Bornéène.. $C^{10}H^{16}$.	Bornéol (camphre de Bornéo)	$C^{10}H^{18}O - H^2O.$	Pelouze.
Menthène.. $C^{10}H^{18}$.	Menthol (essence de menthe concrète)	$C^{10}H^{20}O - H^2O.$	Walter.
Amilène.. $C^{10}H^{20}$.	Amylol (huile de pommes de terre)	$2C^5H^{12}O - 2H^2O.$	Cahours.
Hellénène.. $C^{18}H^{24}$.	Hellénine (essence d'aunée concrète)	$C^{21}H^{26}O^3 - 2CO - H^2O$	Gerhardt.
Cédrène.. $C^{16}H^{24}$.	Cédrol (essence de cèdre concrète)	$C^{16}H^{26}O - H^2O.$	Walter.
Cétène.. $C^{16}H^{32}$.	Éthal (par le blanc de baleine)	$C^{16}H^{34}O - H^2O.$	Dumas et Péligot.
Pyromargarol. $C^{17}H^{32}O.$	Acide margarique	$C^{17}H^{34}O^2 - H^2O$	Erdmann.
Pyrostéarol. $C^{19}H^{36}O.$	Acide stéarique	$C^{19}H^{38}O^2 - H^2O$	Erdmann.

On voit, par ce tableau, que les matières neutres à un équivalent d'oxygène se convertissent, lorsqu'on les distille avec l'acide phosphorique, en hydrogènes carbonés, en perdant simplement les éléments de l'eau.

Il paraît cependant que toutes les substances oxygénées et volatiles ne s'attaquent pas par l'acide phosphorique anhydre, et que cette réaction n'est propre qu'aux substances semblables à l'alcool. Du moins, M. Cahours a observé que l'anisol C^7H^8O ne s'attaque pas par cet agent, mais distille sur lui sans éprouver d'altération. L'essence d'anis concrète ne se transforme pas non plus en hydrogène carboné, et n'éprouve de la part de l'acide phosphorique anhydre qu'une modification isomère. Nous avons nous-même constaté une réaction semblable avec l'essence d'anis et le chlorure de zinc, si rapproché de l'acide phosphorique par sa manière d'agir sur les substances organiques. Il est probable que l'oxyde de carbone accompagne quelquefois la formation des hydrogènes carbonés dans l'action de l'acide phosphorique anhydre sur les matières renfermant plus d'un équivalent d'oxygène.

165. M. Erdmann a examiné dernièrement l'action de l'acide phosphorique anhydre sur l'acide stéarique et l'acide margarique (1).

Il fit fondre au bain-marie de l'acide stéarique avec trois fois son poids d'acide phosphorique anhydre; la masse s'échauffa beaucoup. En l'épuisant ensuite par de l'eau bouillante, il vit surnager des caillots presque gélatineux qu'il purifia avec de l'alcool et de la potasse qui en sépara l'acide stéarique non attaqué. Cette nouvelle substance n'est plus acide.

L'acide margarique fournit une matière semblable. Nous appellerons celle-ci *pyromargarol*, et la précédente *pyrostéarol*.

M. Erdmann en donne des formules qui ne nous paraissent pas exactes; en prenant pour base les analyses de ce chimiste, on trouve que ces produits ne diffèrent de leurs acides respectifs que par un équivalent d'eau (60).

Il serait intéressant d'examiner l'action de l'acide phosphorique anhydre sur d'autres acides organiques, ainsi que sur les

(1) *Journ. f. prakt. Chem.*, t. XXV, p. 500.

éthers. Peut-être le chlorure de zinc y remplacerait-il avec avantage l'acide phosphorique anhydre, dont la préparation est si longue et si coûteuse.

166. On a quelquefois employé l'acide phosphorique anhydre pour dessécher les huiles essentielles, mais il faut s'en servir avec précaution, pour ne pas altérer ces matières.

Suivant MM. Soubeiran et Capitaine, il se formerait un acide phosphoré (*acide phosphobergamique*) lorsqu'on laisse de l'acide phosphorique en contact avec l'essence de bergamote.

L'acide phosphorique hydraté possède d'ailleurs la propriété de s'accoupler avec certaines matières organiques. Du moins, M. Pelouze a observé qu'il se produit beaucoup de chaleur quand on mélange l'alcool avec l'acide phosphorique, et qu'on obtient ainsi un acide copulé renfermant à la fois les éléments de l'alcool et ceux de l'acide phosphorique (*acide phosphovinique*). Cet acide peut échanger une partie de son hydrogène pour des métaux.

Il serait possible que la formation des hydrogènes carbonés, dans l'action de l'acide phosphorique anhydre sur le camphre, l'essence de menthe, etc., fût précédée de celle de semblables acides copulés que la chaleur décomposerait en acide phosphorique hydraté et en hydrogène carboné.

BIOXYDE D'AZOTE.

167. Ce gaz est absorbé en grande quantité, à la manière du gaz hydrochlorique, par beaucoup d'hydrogènes carbonés naturels.

M. Cahours a remarqué que l'essence de fenouil, dans laquelle on fait passer du bioxyde d'azote, dépose des aiguilles cristallines semblables au camphre artificiel, et qui renferment $C^{15}H^{24}N^4O^4$.

C'est là le seul exemple bien déterminé qu'on possède sur ce genre de réaction.

Plusieurs acides organiques paraissent également former des combinaisons avec le bioxyde d'azote. Suivant M. Reinsch (1),

(1) *Journal f. prakt. Chem.*, t. XXVI 1, p. 396.

l'acide acétique cristallisable absorbe ce gaz en se colorant en bleu ; le liquide se prend par le froid en cristaux bleus qui dégagent le bioxyde d'azote au contact de l'eau.

ACIDE NITRIQUE.

168. Peu de substances organiques résistent à l'action énergique de l'acide nitrique ; mais les produits varient extrêmement suivant la nature et la composition des corps soumis à son influence. Il arrive souvent, par l'emploi d'un acide concentré, que la réaction est si vive et accompagnée d'un développement de gaz si brusque, que le mélange se projette hors des vases ; bien plus, la chaleur développée par lui occasionne quelquefois l'inflammation de la masse.

Une oxydation pure et simple a été rarement observée ; dans le plus grand nombre des réactions, l'acide nitrique brûle du charbon de même que de l'hydrogène, et transforme ainsi des matières assez complexes ou placées dans les régions supérieures de l'échelle organique en d'autres plus simples, souvent fort éloignées des premières.

M. Millon ayant observé que l'acide nitrique affaibli n'attaque pas les métaux dans les conditions ordinaires, s'il est chimiquement pur et surtout exempt de bioxyde d'azote, a pensé que la production de l'acide nitreux pourrait également modifier l'oxydation des matières organiques par l'acide nitrique. Il a donc cherché à prévenir la production de l'acide nitreux dans la réaction de l'acide nitrique, en ajoutant au mélange un peu de nitrate d'urée. On sait, en effet, que l'urée se décompose, au contact du gaz nitreux, en volumes égaux d'azote et d'acide carbonique. C'est de cette manière que M. Millon a obtenu l'alcool nitrique : il emploie 1 volume d'acide nitrique de 1,401 bien exempt d'acide hydrochlorique, et 2 vol. d'alcool à 35° ; il recommande en outre de ne pas agir sur une trop grande masse, en n'employant que 150 ou 120 grammes de mélange ; 1 ou 2 gr. d'urée suffisent alors pour régler l'opération.

169. Il est rare de voir un corps exempt d'oxygène s'oxyder directement sans qu'il y ait en même temps une combustion

partielle de carbone ou d'hydrogène ; certaines substances déjà oxygénées se comportent sous ce rapport d'une manière toute différente.

En ajoutant goutte à goutte de l'acide nitrique fumant à du cuminol $C^{10}H^{12}O$, de manière à éviter tout échauffement, on voit se produire au bout de quelque temps, le mélange étant abandonné à lui-même, des cristaux d'acide cuminique $C^{10}H^{12}O^2$ parfaitement blancs. De même, lorsqu'on fait bouillir l'indigo bleu C^8H^5NO avec de l'acide nitrique ordinaire, celui-ci le transforme en un corps rouge, l'isatine $C^8H^5NO^2$. Le benzoïlol (essence d'amandes amères) C^7H^6O finit par se convertir, dans les mêmes circonstances, en $C^7H^6O^2$; le camphre ordinaire $C^{10}H^{16}O$ devient $C^{10}H^{16}O^4$, etc.

M. Bunsen, dans son excellent travail sur la série cacodylique (1), décrit quelques exemples d'oxydation qui se rapportent à des corps renfermant de l'arsenic ; on y remarque surtout le cacodyle $C^4H^{12}As^4$ qui devient $C^4H^{12}As^4O$.

170. L'acide nitrique produit, avec plusieurs corps, des combinaisons particulières qui ne présentent pas les caractères des sels formés par cet acide et les alcaloïdes : ainsi, par exemple, lorsqu'on ajoute de l'acide nitrique à l'essence de cannelle de Ceylan, on obtient des cristaux lamellaires que l'eau convertit immédiatement en cinnamol normal et en acide nitrique.

Le camphre des laurinées, l'hellénine et beaucoup d'autres huiles essentielles concrètes se dissolvent ainsi dans l'acide nitrique concentré, sans s'altérer, et donnent une masse huileuse que l'eau détruit comme la combinaison précédente.

Le sucre de gélatine se dissout à chaud dans l'acide nitrique faible sans dégagement de gaz ; par l'effet d'une évaporation mélangée, on voit apparaître des cristaux qui renferment les éléments de 1 éq. de sucre de gélatine et de 4 éq. d'acide nitrique, et dans lesquels 4 éq. d'hydrogène peuvent être échangés pour 4 éq. de métal.

171. Lorsque l'acide nitrique se borne à brûler de l'hydrogène dans une substance organique sans le remplacer, cette combustion ne porte guère que sur 1 ou 2 équivalents de cet élément ;

_____

(1) *Annal. de chim. et de phys.*, 3ᵉ série, t. VI, p. 167.

ce genre de réaction se présente surtout dans les substances dites alcools :

C^2H^6O.	Alcool	devient	C^2H^4O.
$C^5H^{12}O$.	Amylol	—	$C^5H^{10}O$.
$C^{10}H^{18}O$.	Bornéol	—	$C^{10}H^{16}O$.
$C^{14}H^{12}O^2$.	Benzoïne	—	$C^{14}H^{10}O^2$.

Tous ces corps perdent H^2 sous l'influence de l'acide nitrique, de sorte qu'on peut représenter la réaction d'une manière générale par l'équation suivante :

$$RH^2 + 2NHO^3 = R + 2H^2O + 2NO^2.$$

Il est remarquable de voir que les substances qui subissent cette déshydrogénation sont toutes volatiles sans décomposition.

Ce genre de réaction n'a jamais été observé avec des substances non azotées fixes, c'est-à-dire renfermant dans leur molécule un grand nombre d'atomes d'oxygène.

Quant aux corps azotés, il y en a (indigo blanc, alloxantine) dont la transformation est semblable à celle des substances précédentes, avec la différence que la combustion ne s'effectue que sur un seul équivalent d'hydrogène.

Les agents réducteurs (l'hydrogène sulfuré, etc.) peuvent ramener les produits (indigo bleu, alloxane) à leur état primitif.

172. On ne possède aucun exemple d'une combustion pure et simple de l'hydrogène d'un acide ou d'un hydrogène carboné, comme celle que nous venons d'analyser ; mais, d'un autre côté, il est très fréquent de voir l'acide nitrique brûler une partie de l'hydrogène de ces corps et laisser dans le produit le reste de ses propres éléments. Cette réaction peut se généraliser de la manière suivante :

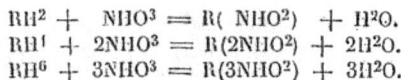

$$RH^2 + NHO^3 = R(NHO^2) + H^2O.$$
$$RH^4 + 2NHO^3 = R(2NHO^2) + 2H^2O.$$
$$RH^6 + 3NHO^3 = R(3NHO^2) + 3H^2O.$$

La plupart des acides volatils (benzoïque, salicylique, cinnamique, anisique, phtalique) sur lesquels on a essayé l'action de l'acide nitrique, ont donné de nouveaux acides formés d'après le principe que nous venons d'énoncer.

Il faut aussi ranger ici les alcools et certaines huiles volatiles (phénol, salicylol) placées sur la limite des corps neutres et des acides.

Les hydrogènes carbonés nés sous l'influence de la chaleur (benzène, chrysène, benzoène, naphtalène, anthracène) semblent, de tous les corps, se prêter le mieux à ce genre de réaction.

On ne peut rien préciser quant à la concentration de l'acide nitrique nécessaire à la manifestation de cette réaction. Tel corps, comme par exemple l'acide benzoïque, exige une ébullition prolongée avec l'acide nitrique le plus concentré pour en fixer les éléments, tandis que pour tel autre, pour l'acide salicylique, par exemple, il suffit du contact à froid avec l'acide nitrique fumant pour que la réaction s'accomplisse. On obtient en général un produit assez net et pur lorsque la réaction s'effectue ainsi à froid; chaque goutte d'acide nitrique fumant qui arrive, par exemple, au contact de l'acide salicylique, détermine une action fort vive, et si l'on a soin de refroidir le vase où l'on opère en le plongeant dans l'eau, il ne se forme que de l'acide nitro-salicylique (indigotique ou anilique); le produit a l'aspect d'une résine, se dissout dans l'eau bouillante, et cristallise par le refroidissement.

Remarquons, toutefois, que l'on n'obtient pas toujours des composés dérivés du même type sur lequel on opère; on voit souvent, surtout dans les cas de forte concentration de l'acide nitrique, se produire des corps nitrogénés dont la composition indique une combustion partielle de carbone et d'hydrogène, et qui rentrent dans de tout autres types.

Les corps nitrogénés se distinguent surtout en ce qu'ils font explosion par l'action de la chaleur, et dégagent des vapeurs nitreuses lorsqu'on les chauffe avec un mélange de peroxyde de manganèse et d'acide sulfurique. Lorsqu'ils sont acides, leurs sels (les sels de potasse surtout) détonent par l'échauffement, souvent avec violence; quelquefois ils explosionnent tout simplement sans détoner. Toutefois il existe aussi des corps nitrogénés qui se volatilisent par la chaleur sans se décomposer; les dérivés des hydrogènes carbonés sont surtout dans ce cas. Il est curieux de voir que ces composés sont ordinairement de couleur jaune; ceux qui sont neutres s'attaquent par la potasse concentrée et prennent alors une couleur rouge ou brune, en donnant des produits qui n'ont pas encore été bien examinés.

L'acide nitrique a une tendance singulière à former des *résines* nitrogénées avec bon nombre de substances; presque toutes les huiles essentielles naturelles en produisent au contact d'un acide concentré; mais ces produits résineux varient suivant le degré de concentration de l'acide, et l'on ne peut rien dire de précis quant à leur composition.

M. Zinin a démontré tout récemment que les corps nitrogénés dérivés des carbures d'hydrogène se transforment, sous l'influence de l'hydrogène sulfuré, en des alcaloïdes particuliers non oxygénés, mais renfermant tout l'azote qui y avait été introduit par l'acide nitrique. (Page 128.)

Les liaisons qui existent entre la matière organique et les produits de la réaction ne se poursuivent pas toujours avec facilité lorsque l'acide nitrique porte son action sur le carbone.

Les substances fort oxygénées, telles que les acides fixes (tartrique, citrique, gallique, tannique, quinique, malique, etc.), ou les substances neutres non volatiles (ligneux, sucres, gommes, fécule, salicine, etc.) se comportent presque toutes d'une manière semblable, en fournissant de l'*acide oxalique* pour produit final; cette réaction est mise à profit pour la préparation de ce dernier acide.

173. *Corps chlorés.* — Les expériences de M. Laurent (1) et de M. Marignac (2) sur les dérivés du naphtalène sont les seules qui éclaircissent quelque peu ce genre de réaction.

Le naphtessarène quadrichloré $C^{10}(H^8Cl^4)$, bouilli avec de l'acide nitrique, et réduit par l'évaporation, donne d'abord des cristaux d'acide phtalique, puis des cristaux d'acide oxalique. L'équation suivante rend compte de cette réaction :

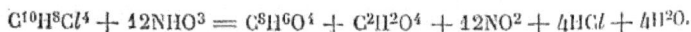

$$C^{10}H^8Cl^4 + 12NHO^3 = C^8H^6O^4 + C^2H^2O^4 + 12NO^2 + 4HCl + 4H^2O.$$

(1) *Annal. de chim. et de phys.*, t. LXXIV, p. 26. — *Revue scientif.*, t. VI, p. 76. — *Comptes-rendus de l'Acad.*, t. XVI, p. 861.
(2) *Revue scientif.*, t. V, p. 51. — *Biblioth. univers. de Genève*, t. XXXVI, p. 370.

Les deux acides produits renferment ensemble tout le carbone et tout l'hydrogène du chlorure employé :

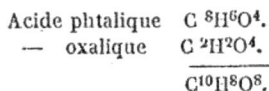

Acide phtalique $C^8H^6O^4$.
— oxalique $C^2H^2O^4$.

$$C^{10}H^8O^8.$$

Ces deux corps se forment d'ailleurs aussi par l'action de l'acide nitrique sur le naphtalène ; alors on a évidemment :

$$C^{10}H^8 + O^8 = C^{10}H^8O^8.$$

Il y a donc de l'avantage à employer le corps chloré pour la préparation de l'acide phtalique, car il exige moins d'acide nitrique pour sa décomposition complète. Souvent on rencontre dans le mélange une grande partie de l'acide phtalique converti en acide nitro-phtalique dont, au reste, la formation se conçoit.

Ces composés ne sont probablement pas des produits immédiats, car, selon M. Laurent, on observe en même temps qu'eux, et probablement avant leur formation, plusieurs autres corps parmi lesquels on distingue surtout l'acide chloro-naphtalique, qui a pour composition $C^{10}(H^5Cl)O^3$, et qu'on peut dériver d'un acide non chloré composé de $C^{10}H^6O^3$.

On remarque que celui-ci aurait conservé le carbone du naphtalène, mais renfermerait moins d'hydrogène.

M. Laurent a examiné récemment l'action de l'acide nitrique sur plusieurs autres corps chlorés de la série naphtalique (1).

Le naphtessarène quintichloré se change en naphtalol bichloré (oxyde de chlorénaphtose) :

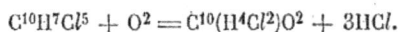

$$C^{10}H^7Cl^5 + O^2 = C^{10}(H^4Cl^2)O^2 + 3HCl.$$

Le nouveau produit mis en présence des alcalis donne du chlorure et du naphtalate chloré (acide chloronaphtalique) dont nous venons de parler :

$$C^{10}(H^4Cl^2)O^2 + H^2O = C^{10}(H^5Cl)O^3 + HCl.$$

Le naphtalol bichloré se change sous l'influence de l'acide nitrique en phtalate normal (acide phtalique $C^8H^6O^4$).

Le naphtalène sexchloré (chlonaphtalase La.) donne par l'a-

(1) *Comptes-rendus de l'Académie des sciences*, t. XVI, p. 856.

cide nitrique un composé volatil renfermant $C^{10}Cl^6O^2$ naphtalol sexchloré (oxyde de chlorénaphtalise La.) :

$$C^{10}(H^2Cl^6) + O^3 = C^{10}Cl^6O^2 + H^2O.$$

Le naphtalol sexchloré mis en présence des alcalis donne du naphtalate quintichloré et du chlorure (150) :

$$C^{10}Cl^6O^2 + H^2O = C^{10}(HCl^5)O^3 + HCl.$$

Sous l'influence de l'acide nitrique le naphtalol sexchloré se convertit en phtalate trichloré (acide chlophtalisique La.).

Que si nous résumons ces faits, nous voyons sous l'influence de l'acide nitrique (1)

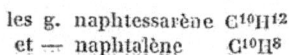

les g. naphtessarène $C^{10}H^{12}$
et — naphtalène $C^{10}H^8$

passer successivement dans

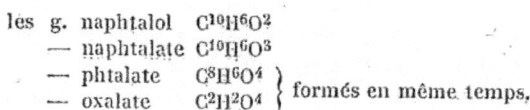

les g. naphtalol $C^{10}H^6O^2$
— naphtalate $C^{10}H^6O^3$
— phtalate $C^8H^6O^4$ } formés en même temps,
— oxalate $C^2H^2O^4$

Il se fixe donc toujours de l'oxygène dans ces transformations; *une partie de l'hydrogène se brûle d'abord*, mais cette combustion ne s'étend pas à plus de 2 équivalents, de manière qu'il en reste 6 dans les produits; le chlore s'élimine quelquefois à l'état de chlorure.

En traitant le naphtessarène quadrichloré par l'acide nitrique, M. Marignac a aussi obtenu un liquide volatil d'une odeur irritante rappelant celle du cyanure chloré. Ce liquide renferme, suivant M. Marignac, $CCl^2N^2O^4 = C(Cl^2X^2)$ dérivant de CH^4.

174. Dans un essai de décomposer par l'acide nitrique le camphre artificiel de l'essence de térébenthine, nous avons vu que ce corps s'attaquait avec bien plus de difficulté que l'essence elle-même; il se dégagea de l'acide hydrochlorique et le camphre disparut à la longue; il se produisit à sa place une huile ayant l'odeur du camphre des laurinées, et qui nous a semblé ne

(1) Pour simplifier le raisonnement, nous n'avons exprimé dans ces formules que des espèces normales.

point renfermer de chlore, ainsi qu'une petite quantité d'une matière résineuse jaune, soluble avec une couleur rouge dans les alcalis. M. Deville dit que l'acide nitrique attaque difficilement le camphre d'essence de térébenthine en donnant naissance à un corps cristallin blanc, susceptible de former avec les bases des combinaisons colorées en jaune. Il est probable que ce chimiste n'avait pas prolongé autant que nous l'action de l'acide nitrique. Ce point mériterait d'être éclairci.

175. *Corps azotés.* — Voici le résumé des expériences faites par MM. Woehler et Liebig (1) sur les produits de décomposition de l'acide urique par l'acide nitrique.

En mélangeant à froid de l'acide nitrique de 1,425 avec de l'acide urique sec $C^5H^4N^4O^3$, il se produit au bout de quelque temps une vive effervescence d'acide carbonique, avec des vapeurs nitreuses, et le tout se prend ensuite en une masse de cristaux d'alloxane $C^4H^4N^2O^5$ baignés d'une eau-mère ammoniacale.

Lorsqu'on emploie un acide nitrique plus concentré, ou bien qu'on introduit de l'acide urique dans de l'acide nitrique fort étendu et chaud, il se développe un gaz incolore composé de volumes égaux d'azote et d'acide carbonique. Si l'on continue d'ajouter au mélange de l'acide urique tant qu'il s'en dissout et qu'on évapore, il devient couleur d'ognon et dépose en refroidissant des cristaux d'alloxantine $C^4H^5N^2O^5$. Ceux-ci ayant été séparés, la liqueur évaporée à consistance de sirop, donne des cristaux de nitrate et d'oxalate d'ammoniaque, ainsi que de nitrate d'urée. Un grand excès d'acide nitrique bouillant fournit beaucoup de cristaux d'acide oxalique. Une dissolution aqueuse d'alloxantine chauffée avec quelques gouttes d'acide nitrique, donne de l'alloxane cristallisé.

Il est évident, d'après cela, que les produits de la décomposition de l'acide urique varient suivant la température et la concentration du mélange. L'alloxantine et l'alloxane paraissent en être les premiers termes; l'acide oxalique et l'urée résultent de la métamorphose de l'alloxane lui-même.

176. *Corps sulfurés.* — Lorsqu'on traite l'élaïle bisulfuré

(1) *Annal. der Chem. u. Pharm.*, t. XXVI, p. 353.

$C^2H^4S^2$ par de l'acide nitrique fumant, il s'effectue une action énergique accompagnée d'un dégagement de vapeurs nitreuses, en même temps qu'il se produit de l'acide sulfurique, ainsi qu'un acide particulier que MM. Lœwig et Weidmann appellent *Halbschwefelaetherinschwefelsaeure* (1); si l'on emploie de l'acide nitrique étendu, il n'y a point de réaction dans les premiers moments, mais bientôt les mêmes phénomènes se manifestent; le mélange, évaporé au bain-marie, laisse une liqueur huileuse qui se concrète par le refroidissement en une masse radiée, entremêlée d'acide sulfurique libre. Les cristaux représentent l'acide en question; l'analyse n'en a point été faite. MM. Lœwig et Weidmann déduisent du sel de baryte séché à 140° la formule $C^2H^4S^{1/2} + Ba^2O + 2SO^3$ qui n'est certes pas admissible.

Les mêmes chimistes (2) ont examiné la décomposition du mercaptan C^2H^6S (alcool sulfuré G.). Lorsqu'on mélange ce corps avec de l'acide nitrique concentré, on n'observe, dans les premiers moments, aucune réaction; mais bientôt il se développe beaucoup de vapeurs nitreuses, et si l'on a soin de recueillir les produits dans un récipient refroidi, on obtient une eau surnagée d'un beau liquide rouge (mélange de mercaptan et de bioxyde d'azote) et laissant déposer une huile incolore. Ce dernier a été appelé sulfite de sulfure d'éthyle (schwefligsaures Schwefelaethyl), mais ce n'est point un sel. Il renferme, suivant les analyses de MM. Lœwig et Weidmann, et celles de M. Kopp (3), C^2H^5SO.

Sous l'influence prolongée de l'acide nitrique, le corps précédent et le mercaptan lui-même se transforment en un acide (4)

---

(1) *Chemie der organ. Verbind.*, t. I, p. 487.
(2) *Ibid.*, t. II, p. 443. — *Annales de Poggend.*, t. XLVII, p. 153.
(3) *Annal. der Chemie u. Pharm.*, t. XXXIV, p. 343.
Si l'on prend pour base l'analyse de M. Kopp faite sur un produit entièrement incolore et pur (carbone 31,3 et hydrogène 5,97), on arrive à la formule C^2H^4SO qui exige (carbone 31,5 — hydrogène 5,3).
(4) MM. Lœwig et Weidmann ont trouvé dans le sel de baryte de cet acide 14,4 carbone, 3,1 hydrogène, 19,4 — 19,9 soufre, nombres qui conduisent à la formule $C^2(H^5Ba)SO^2$, d'après laquelle il faudrait obtenir 14,7 carbone, 3,1 hydrogène et 19,9 soufre, et qui s'accorde aussi avec les analyses de M. Kopp.

particulier (Sulfaethyl-schwefelsaeure) $C^2H^6SO^2$, c'est-à-dire du mercaptan oxygéné.

Lorsqu'on chauffe un sulfocyanure soluble avec de l'acide nitrique, il se produit un précipité jaune qu'on avait pris pour du sulfure de cyanogène, mais qui, selon les expériences de M. Parnell (1), renferme encore de l'hydrogène. M. Voelkel (2) y indique même l'existence de l'oxygène et lui donne le nom de *cyanoxysulfide*. On ne sait encore rien de précis sur la composition de ce corps.

Nous avons fait quelques expériences avec l'acide nitrique et les sels copulés formés par l'acide sulfurique et certaines matières organiques ; en opérant sur les sels de chaux et de baryte, nous avons trouvé qu'en général l'acide nitrique les attaquait avec moins d'énergie que les copules à l'état libre. Il se produit un dépôt de sulfate, et le liquide retient en dissolution des corps qui paraissent être identiques avec ceux qu'on obtient dans les mêmes circonstances avec la matière organique seule : ainsi, par exemple, le sulfocréosotate de baryte nous a fourni de l'acide oxalique, le sulfocyménate a donné des grains cristallins d'un acide particulier que nous avions déjà obtenu antérieurement avec le cymène pur. Dans tous les cas, ces sels copulés se comportent bien autrement que les corps sulfurés proprement dits.

ACIDE CHROMIQUE.

177. Cet acide, en agissant sur les matières organiques, détermine souvent des oxydations fort nettes, et il est à regretter que son usage soit encore si peu répandu. Quelquefois on l'emploie à l'état sec et cristallisé (préparé d'après la méthode de M. Fritzsche), d'autres fois en dissolution aqueuse, ou bien aussi à l'état naissant à l'aide d'un mélange de bichromate de potasse et d'acide sulfurique.

L'acide sec présente souvent l'inconvénient d'agir trop vive-

(1) *Revue scientifique*, t. V, p. 149. — *Philos. Magazine and Journ. of Science*, t. XVII, p, 249.

(2) *Annal. der Chem. u. Pharm.*, t. XLIII, p. 95. — *Annales de Poggendorff*, t. LVIII, p. 135.

ment sur les substances de manière à les enflammer, tandis que l'acide aqueux est peu efficace dans beaucoup de cas. Les hydrogènes carbonés et les huiles volatiles oxygénées semblent se comporter sous ce rapport de la manière la plus simple ; les matières fort oxygénées (sucre, salicine, acide tartrique) donnent beaucoup d'acide formique et d'acide carbonique, ce qui ne permet pas d'établir des relations bien simples entre ces matières et leurs produits d'oxydation.

Le stilbène $C^{14}H^{12}$ a donné à M. Laurent du benzoïlol C^7H^6O et de l'acide benzoïque $C^7H^6O^2$; il est curieux de voir un hydrogène carboné, qui résulte évidemment de la réunion de plusieurs molécules benzoïques (119), se dédoubler sous l'influence de l'acide chromique pour rentrer dans le genre qui lui a donné naissance.

Le même chimiste (1) a fait quelques expériences avec le naphtalène $C^{10}H^8$; l'action de l'acide chromique varie beaucoup suivant son état de concentration, et il lui arrive souvent de laisser le naphtalène intact. Une seule fois M. Laurent a obtenu le corps $C^{10}H^6O^4$, qui constitue probablement un acide bibasique. De son côté, M. Deville n'a réussi qu'une seule fois à convertir le benzoène C^7H^8 en acide benzoïque $C^7H^6O^2$. Toutefois, ces deux exemples semblent prouver que, dans les cas où l'acide chromique oxyde les hydrogènes carbonés sans les dédoubler, il commence par en brûler 2 équivalents d'hydrogène qu'il remplace par un nombre variable d'équivalents d'oxygène ; ce fait est d'accord avec l'action oxydante de l'acide nitrique sur les espèces chlorées dérivées des hydrogènes carbonés (173).

Les aldéhydes sont convertis par l'acide chromique en leurs acides respectifs.

ACIDES CARBONIQUE ET SULFOCARBONIQUE.

178. Sous l'influence simultanée des alcalis, l'acide carbonique s'accouple avec certaines matières organiques, comme le fait l'acide sulfurique. Ainsi lorsque, suivant MM. Dumas et Péligot, on fait passer un courant d'acide carbonique sec dans une dissolution de baryte anhydre dans l'esprit de bois absolu,

(1) *Revue scientif.*, t. XV.

il se dépose immédiatement un précipité un peu nacré qui, lavé avec de l'esprit de bois, consiste tout entier en carbométhylate de baryte $C^2(H^3Ba)O^3$. Ce sel est monobasique; comme l'acide carbonique est bibasique, on remarque que dans ce cas aussi notre loi d'accouplement se trouve confirmée.

Quand on met du sulfure de carbone CS^2 dans une dissolution de potasse dans l'esprit de bois, il se forme un sel $[C^2(H^3K)(OS^2)]$ qui est évidemment du même genre que le précédent, O^2 y étant remplacés par S^2.

L'alcool et l'éthal se comportent d'une manière semblable.

179. Voici une expérience de M. Deville qui mérite d'être répétée. L'acide carbonique n'agit pas à froid sur l'essence de térébenthine, mais à une chaleur qui n'est pas encore le rouge, la décomposition s'effectue. On obtient dans le récipient une huile très fluide qui ressemble à l'acétone et qui est chargée de produits empyreumatiques; il se dégage de l'oxyde de carbone et de l'eau. Le liquide a pour composition $C^{10}H^{14}$, et s'est donc formé en vertu de l'équation suivante :

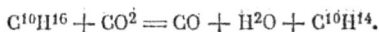

$$C^{10}H^{16} + CO^2 = CO + H^2O + C^{10}H^{14}.$$

Ce liquide offre la même composition que le camphogène ou cymène, et n'est peut-être pas autre chose.

HYDROGÈNE SULFURÉ ET SULFURES EN GÉNÉRAL.

180. L'hydrogène sulfuré paraît n'attaquer les substances organiques qu'autant qu'elles renferment de l'oxygène, du chlore ou des métaux; tantôt il y fixe de l'hydrogène, tantôt du soufre.

Il sert souvent à décomposer les sels de plomb ou d'argent dont les acides sont trop solubles dans l'eau pour être séparés par précipitation. Dans ce cas il se produit des sulfures métalliques en même temps que l'hydrogène du réactif se met à la place du métal éliminé.

Lorsque les sels métalliques sont insolubles dans l'eau, il faut les mettre en suspension dans ce liquide avant d'y faire passer l'hydrogène sulfuré.

Mais ce corps offre des réactions encore bien plus curieuses. Il est capable de fixer de l'hydrogène sur certaines substances qui ne renferment pas de métaux ; il décompose les produits azotés nés sous l'influence de l'acide nitrique en donnant des alcaloïdes particuliers ; enfin il attaque certains corps oxygénés, chlorés ou bromés, en échangeant l'oxygène, le chlore ou le brôme pour son soufre.

181. Lorsqu'on fait passer un courant d'hydrogène sulfuré dans une dissolution d'alloxane, il se dépose d'abord du soufre et la masse se prend en une bouillie de cristaux d'alloxantine :

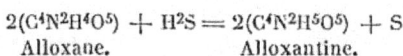

$$2(C^4N^2H^4O^5) + H^2S = 2(C^4N^2H^5O^5) + S$$

Alloxane.   Alloxantine.

Cette réduction s'effectue aussi sur l'indigo bleu, en présence d'un alcali :

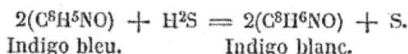

$$2(C^8H^5NO) + H^2S = 2(C^8H^6NO) + S.$$

Indigo bleu.   Indigo blanc.

Les acides bleus formés par la combinaison de l'acide sulfurique avec l'indigo se réduisent aussi par l'action de l'hydrogène sulfuré, de sorte qu'on obtient une solution jaune en les séparant par ce gaz de leurs sels de plomb. Lorsqu'on fait passer l'hydrogène sulfuré dans une dissolution d'un acide bleu, sa couleur ne change pas, même par un contact de plusieurs heures ; mais dès qu'on chauffe le liquide à 50° ou au-dessus, il se réduit en se décolorant et en déposant du soufre. Un excès d'acide empêche beaucoup cet effet. Le chlorure d'étain décolore aussi ces acides lorsqu'on chauffe le mélange.

Il paraîtrait que cette réduction ne s'opère pas de la même manière dans les corps non azotés. En effet, M. Zinin, guidé par l'analogie de composition qui existe entre la benzoïne et le benzile, et entre l'alloxantine et l'alloxane, fit passer de l'hydrogène sulfuré dans du benzile. Mais il n'obtint point de benzoïne ; il se produisit un abondant dépôt de soufre, ainsi qu'une huile épaisse jaune et d'une odeur alliacée. Cette huile se produisit encore plus facilement et en plus grande quantité, lorsqu'il distilla du benzile avec une dissolution alcoolique d'hydrosulfate d'ammoniaque (1). Elle est probablement sulfurée.

_____

(1) *Revue scientif.*, t. III, p. 49.

Nous avons déjà parlé (71, p. 127) de la décomposition remarquable que les substances qui renferment des éléments nitriques subissent sous l'influence de l'hydrogène sulfuré ou de l'hydro-. sulfate d'ammoniaque.

182. Ces deux agents, ainsi que les sulfures alcalins en général, servent aussi à reproduire des espèces sulfurées à l'aide des espèces normales oxygénées.

M. Laurent a observé qu'en portant à l'ébullition la dissolution alcoolique du benzoïlol mélangée d'hydrosulfate d'ammoniaque, il se produit un abondant précipité de benzoïlol sulfuré. Cette réaction se complique quelquefois d'une action secondaire exercée par l'ammoniaque elle-même sur la substance organique ; sous la forme la plus simple, elle s'exprimerait de la manière suivante :

$$C^7H^6O + H^2S = C^7H^6S + H^2O.$$

De même en distillant au bain-marie une dissolution concentrée d'un sulfovinate avec une solution de potasse saturée d'hydrogène sulfuré, il passe un liquide fétide connu sous le nom de mercaptan ou alcool sulfuré C^2H^6S ; cette réaction est entièrement semblable à la précédente, car par la potasse seule les sulfovinates donnent de l'alcool normal C^2H^6O.

A ces réactions viennent se rattacher celles que les sulfures exercent sur les corps chlorés.

Une solution alcoolique de monosulfure de potassium K^2S se décompose avec l'éthérilène bichloré $C^2H^4Cl^2$ (liqueur des Hollandais) en donnant du chlorure de potassium $2KCl$ et le corps C^2H^4S (Lœwig et Weidmann(1)) ; le bisulfure K^2S^2 donne le corps $C^2H^4S^2$; le trisulfure K^2S^3 et le quintisulfure C^2S^5 fournissent l'un et l'autre (2) le corps $C^2H^4S^5$.

L'hydrosulfate de potasse $(KH)S$ donne un composé $C^2H^6S^2$; la réaction est celle-ci :

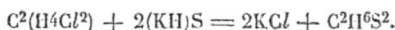

$$C^2(H^4Cl^2) + 2(KH)S = 2KCl + C^2H^6S^2.$$

Le produit est salin et peut échanger 2 équivalents d'hydrogène

(1) *Revue scientif.*, t. II, p. 37.
(2) Le trisulfure paraît se décomposer pendant la réaction en quintisulfure et en monosulfure, car $2K^2S^3 = K^2S + K^2S^5$.

pour du métal (hydrosulfate de sulfure d'éthérine de MM. Lœwig et Weidmann). L'acétène chloré (éther hydrochlorique) donne, avec une dissolution alcoolique de monosulfure de potassium, du chlorure de potassium et de l'éther sulfuré :

$$2C^2(H^5Cl) + K^2S = 2KCl + C^4H^{10}S.$$

Le formène chloré (hydrochlorate de méthylène) donne pareillement du méther sulfuré (Regnault).

On doit à M. Malaguti des observations semblables relativement à l'action de l'hydrogène sulfuré sur l'éther quadrichloré $C^4(H^6Cl^4)O$. Les produits de la réaction sont :

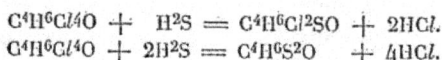

$$C^4H^6Cl^4O + H^2S = C^4H^6Cl^2SO + 2HCl.$$
$$C^4H^6Cl^4O + 2H^2S = C^4H^6S^2O + 4HCl.$$

Dans tous ces exemples, on remarque la fixation de la totalité du soufre sur les matières organiques et l'élimination de H^2O ou de HCl et KCl, suivant que l'action des sulfures porte sur l'oxygène ou sur le chlore des matières organiques.

CHLORURE DE CALCIUM.

183. Il s'emploie généralement pour dessécher les matières liquides et les gaz ; pour cela il est nécessaire de le fondre et de le conserver dans des flacons bien bouchés. Comme il cède déjà à la chaleur de l'ébullition une partie de l'eau qu'il avait absorbée, il faut se garder de distiller sur lui les matières pour la dessiccation desquelles il a servi.

Plusieurs liquides volatils ont la propriété de dissoudre le chlorure de calcium, tels sont l'alcool, l'esprit de bois et certains hydrogènes carbonés (1). Suivant M. Kane, la combinaison d'esprit de bois et de chlorure de calcium a pour formule :

$$CaCl, 2CH^4O.$$

D'ailleurs, à chaud, ce chlorure n'agit pas d'une manière particulière sur les matières organiques.

(1) L'hydrogène carboné qui est contenu dans l'essence de camomille romaine (*Anthemis nobilis*) forme, d'après mes expériences, une combinaison cristalline avec le chlorure de calcium.

CHLORURE DE ZINC.

184. Ce réactif, utilisé pour la première fois par M. Masson (1), mériterait d'obtenir un emploi plus fréquent dans les recherches organiques, en raison de la netteté de son action et de la facilité avec laquelle on se le procure. Il remplace avec avantage l'acide sulfurique et surtout aussi l'acide phosphorique anhydre, toutes les fois qu'il s'agit de déshydrater une substance volatile, ou du moins d'en séparer les éléments de l'eau.

Suivant M. Masson, le chlorure de zinc produit, avec l'alcool, de l'éther ainsi que deux hydrogènes carbonés qui n'ont pas encore été bien examinés, mais dont la composition paraît être identique avec celle du gaz oléfiant.

Le chlorure de zinc, d'après nos propres expériences, transforme le camphre en camphogène. On chauffe le chlorure dans une cornue tubulée, et quand il fond on y ajoute peu à peu des fragments de camphre; la masse se boursoufle un peu, de sorte qu'il ne faut pas trop charger la cornue. D'ailleurs, il suffit de quelques morceaux de chlorure pour décomposer d'assez fortes quantités de ce corps. Il est nécessaire de faire repasser plusieurs fois le produit sur le chlorure, afin de le débarrasser entièrement de matière oxygénée.

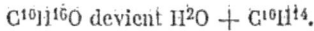

$$C^{10}H^{16}O \text{ devient } H^2O + C^{10}H^{14}.$$

La décomposition s'opère avec la plus grande facilité, et tout nous porte à croire que le chlorure de zinc sera désormais préféré à l'acide phosphorique anhydre, dont la préparation est si longue et si coûteuse.

D'après les expériences de M. Balard, le chlorure de zinc fournit, avec l'huile de pommes de terre, un hydrogène carboné dont l'équivalent se représente par $C^5H^{10} = 2$ volumes de vapeur. C'est donc l'homologue du gaz oléfiant dans la cinquième famille. L'amilène obtenu par M. Cahours, avec cette même huile et l'acide phosphorique anhydre, a pour équivalent $C^{10}H^{20} =$

(1) *Annal. de chim. et de phys.*, t. XLIX, p. 225.

2 vol. et présente, avec le produit de M. Balard, des rapports semblables à ceux qui existent entre le térébène et le colophène de M. Deville (97).

ACIDES HYDROCHLORIQUE ET HYDROBROMIQUE.

185. Beaucoup d'hydrogènes carbonés ont la propriété de s'unir directement au gaz hydrochlorique et de produire ainsi des composés, souvent cristallisés, auxquels on a donné le nom impropre de *camphres artificiels.* Kindt a le premier obtenu une semblable combinaison avec l'essence de térébenthine.

Ce sont de préférence les hydrogènes carbonés naturels, les essences non oxygénées, qui fournissent ces camphres ; d'ailleurs, toutes les huiles essentielles, tant oxygénées qu'exemptes d'oxygène, absorbent le gaz hydrochlorique avec beaucoup d'avidité. On s'est même servi de cette réaction pour déterminer le poids atomique de quelques essences ; mais ce procédé nous semble manquer de la rigueur nécessaire, car elles absorbent quelquefois plusieurs équivalents d'acide hydrochlorique ; d'un autre côté, le produit n'est pas un véritable sel semblable aux hydrochlorates des alcaloïdes, car les sels d'argent n'y accusent pas la présence de l'acide hydrochlorique ; ensuite les combinaisons dont nous parlons, celles surtout des huiles oxygénées, sont souvent si peu stables que l'air humide les décompose déjà.

L'hydrogène carboné contenu dans l'essence de citron présente la même composition $C^{10}H^{16}$ et la même densité de vapeur (Soubeiran et Capitaine) que l'essence de térébenthine, et cependant le gaz hydrochlorique, en se fixant sur la première, y rentre pour une proportion double de celle qui s'unit à l'essence de térébenthine ; on a en effet :

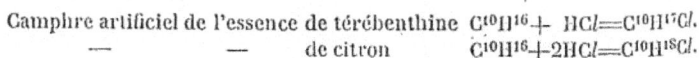

Camphre artificiel de l'essence de térébenthine $C^{10}H^{16} + HCl = C^{10}H^{17}Cl$.
—   —   de citron $C^{10}H^{16} + 2HCl = C^{10}H^{18}Cl$.

Il est du gaz hydrochlorique comme de l'eau dont certains hydrogènes carbonés fixent les éléments dans les circonstances convenables : ainsi, par exemple, le bornéène $C^{10}H^{16}$ fixe H^2O et se convertit en bornéol (camphre de Bornéo), tandis que l'essence de térébenthine dont la composition et la densité de vapeur sont identiques à celles du bornéène, fixe $2H^2O$ pour se convertir en térébol (cristaux de M. Wiggers) (1); on a donc :

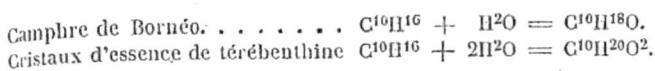

Camphre de Bornéo. . . . . $C^{10}H^{16} + H^2O = C^{10}H^{18}O.$
Cristaux d'essence de térébenthine $C^{10}H^{16} + 2H^2O = C^{10}H^{20}O^2.$

Un autre point qui mérite de fixer notre attention, c'est que le gaz hydrochlorique, en agissant sur les essences hydrocarbonées, produit le plus souvent deux camphres artificiels, l'un solide et l'autre liquide. Cette circonstance a fait admettre à quelques chimistes (2) l'existence, dans ces essences, de deux principes particuliers correspondant à ces deux camphres ; d'autres chimistes, tout en considérant ces essences comme des corps uniques, se bornent à différencier la base qu'ils supposent unie à l'acide hydrochlorique dans les deux combinaisons, et se fondent en cela sur quelques caractères optiques dont nous parlerons en temps et lieu (3).

Nous ne saurions partager cette opinion ; à notre avis l'essence de térébenthine et les autres corps qui forment de semblables camphres, sont des principes uniques. La formation du camphre liquide est la conséquence d'une altération moléculaire, physique plutôt que chimique, que l'essence ou peut-être le camphre solide formé dans les premiers moments éprouve par l'action prolongée du gaz hydrochlorique. Cette manière de voir s'accorde du reste avec ce fait, observé par M. Dumas, que l'essence de térébenthine se transforme quelquefois tout entière en camphre solide. Les différences optiques que présentent le camphre solide et le camphre liquide, l'essence de térébenthine et le térébène, etc., ne suffisent pas, à notre avis, pour en faire des corps à part, car on pourrait, avec autant de raison, envisager comme des principes chimquement différents le diamant et le charbon, les modifications dimorphes du soufre et celles de l'acide arsénieux, les modifications du sulfure de mercure factice et du cinabre naturel, les modifications liquides et solides des corps chlorés obtenus par M. Laurent avec le naphtalène, etc.

Les camphres artificiels sont décomposés, lorsqu'on les distille

(1) Voyez page 165.
(2) Blanchet et Sell.
(3) Voir, QUATRIÈME PARTIE , *Dixième famille.*

sur de la chaux, en acide hydrochlorique et en hydrogène carboné.

186. Le gaz hydrochlorique déplace quelquefois les éléments de
l'eau des substances oxygénées et s'y substitue en quantité équivalente.

Ainsi, par exemple, lorsqu'on fait passer du gaz hydrochlorique dans de l'alcool, il se produit de l'acétène chloré (éther
hydrochlorique); l'esprit de bois se comporte de la même manière :

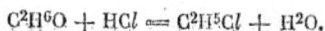

$$C^2H^6O + HCl = C^2H^5Cl + H^2O.$$

Cette action est la même sur les cristaux d'essence de térébenthine; on a en effet, suivant M. Deville (1) :

$$C^{10}H^{20}O^2 + 2HCl = C^{10}H^{18}Cl^2 + 2H^2O,$$

PERCHLORURE DE PHOSPHORE.

187. Le perchlorure de phosphore s'emploie avec avantage
dans les cas où l'acide hydrochlorique ou le chlore ne sont pas
assez énergiques pour attaquer les matières organiques.

C'est ainsi qu'en distillant avec du perchlorure de phosphore
l'éthal $C^{16}H^{34}O$, homologue de l'alcool ordinaire, MM. Dumas et
Péligot ont obtenu le corps $C^{16}H^{33}Cl$, c'est-à-dire l'homologue de
l'acétène chloré (éther hydrochlorique) qui s'obtient en traitant
l'alcool ordinaire par le gaz hydrochlorique. C'est encore d'une
manière semblable que M. Cahours s'est procuré avec l'huile de
pommes de terre $C^5H^{12}O$, homologue de l'éthal et de l'alcool, le
corps $C^5H^{11}Cl$ qui est l'homologue des deux précédentes substances chlorées.

FERMENTS.

188. Les décompositions que nous venons de passer en revue
ressemblent en tout point aux actions ordinaires que l'on observe
en chimie minérale, et sont provoquées par l'affinité des éléments

(1) Voir 98, page 164.

du réactif pour un ou plusieurs éléments de la substance organique.

Mais il existe un grand nombre de métamorphoses qui ne sauraient s'expliquer par les mêmes principes, ni par l'intervention des forces telles que l'électricité, la chaleur ou la lumière. Ces métamorphoses sont généralement connues sous le nom de *fermentations* ou de *putréfactions ;* c'est à M. Liebig que la science doit les notions précises qu'elle possède sur ces phénomènes remarquables.

On appelle ainsi *les transformations chimiques qui s'opèrent dans une substance organique par la présence d'une autre substance qui n'emprunte ni ne cède rien au corps qu'elle décompose.*

Il faut donc y distinguer : 1° le *ferment* ou substance active, et 2° la *substance fermentescible* ou *putrescible* qui éprouve une altération par son contact avec la première.

189. On a cru pendant longtemps que les substances organiques, les sucs végétaux et les parties animales, se putréfiaient d'elles-mêmes et entraient en fermentation d'une manière spontanée sans le concours d'aucun agent chimique, dès que ces substances étaient privées de vie ou soustraites à l'influence de la végétation. Mais on n'avait pas tenu compte de l'action si énergique que l'oxygène atmosphérique qui se trouve en contact avec tous les corps, doit nécessairement exercer sur leurs parties constituantes. Cet oxygène est en effet la cause première de tous les phénomènes de fermentation ou de putréfaction.

Les sucs végétaux, le jus de raisin, le sang, le lait, la chair des animaux, et en général tous les liquides organiques qui ont la propriété de se corrompre, de fermenter ou de se putréfier, renferment certains principes azotés (albumine, fibrine, caséine) que l'oxygène de l'air attaque immédiatement dès qu'il les rencontre dans les conditions convenables.

Une température de 20 à 25° et la présence de l'eau favorisent cet effet d'une manière très marquée.

Une certaine quantité de fibrine récemment lavée ayant été abandonnée sur du gaz oxygène pendant quinze jours, le tiers environ de ce gaz était disparu au bout de ce temps et remplacé par de l'acide carbonique (Scherer). Toutes les matières azotées non cristallisables, neutres et qui entrent dans la composition des plantes ou des animaux, se comportent d'une manière semblable lorsque, à l'état humide, elles rencontrent de l'oxygène.

Lorsqu'on évapore des sucs végétaux à une douce chaleur et au contact de l'air, celui-ci les altère peu à peu, et il se forme un dépôt noir ou brun qui a reçu le nom de *substance extractive*; ce dépôt est peu ou point soluble dans l'eau et se dissout aisément dans les alcalis. Le *terreau* et l'*humus* sont également les produits de l'action de l'air sur certaines parties végétales solides.

Suivant les expériences de M. Th. de Saussure, le bois, le coton, la soie, le terreau, toutes ces substances à l'état d'humidité, transforment l'oxygène qui les environne en acide carbonique.

Les sucs végétaux les plus sujets à s'altérer se conservent parfaitement à l'abri du contact de l'air; de même les viandes de toute espèce, les légumes les plus sujets à se corrompre, si on les renferme dans des vases hermétiquement fermés, après les avoir chauffés jusqu'à l'ébullition de l'eau de manière à les dépouiller d'air. C'est ainsi qu'après quinze ans on les a retrouvés de la même fraîcheur et du même bon goût qu'au moment où on les y avait introduits (Liebig).

M. Gay-Lussac s'est assuré par des expériences directes que le moût de raisin a absolument besoin du contact de l'air pour fermenter. Il a pris des grains de raisin intacts et il les a introduits dans une éprouvette renversée sur le mercure et remplie d'acide carbonique. Après avoir fait évacuer ce gaz, de manière à débarrasser les grains des moindres traces d'air, il les a foulés au moyen d'une baguette en verre. Le jus s'est ainsi conservé sans la moindre altération; mais quand il y a fait arriver une seule bulle d'air, aussitôt la fermentation s'est établie. Le jus, d'abord transparent, s'est troublé et a précipité une matière jaunâtre. On sait d'ailleurs que les raisins desséchés se conservent tant que l'enveloppe du grain reste intacte; mais dès que la peau se rompt, ce qui arrive, par exemple, aux raisins qu'on a laissés sur pied et qui se trouvent exposés aux pluies, l'air pénètre jusqu'aux parties altérables, et alors la fermentation et la putréfaction s'établissent.

On voit, d'après ces exemples, que les altérations des matières

organiques ne sont pas spontanées, mais qu'elles sont la conséquence de l'action exercée par l'oxygène de l'air sur les parties
végétales ou animales.

190. Toute substance organique qui se décompose ou qui se
combine se trouve évidemment dans un état de mouvement,
ses molécules sont dans un état d'ébranlement.

Or, on sait que le frottement, le choc, l'ébranlement méca-
niques, suffisent déjà pour provoquer la décomposition de certains corps; la chimie minérale offre à cet égard de nombreux
exemples (acide chloreux, chlorure d'azote, ammoniure d'argent); à plus forte raison une décomposition chimique, où l'é-
branlement moléculaire est plus intime, doit-elle exercer de
semblables effets sur ces sortes de corps (1).

Il est bien connu, d'ailleurs, que des corps qui à eux seuls ne
se décomposent pas sous certaines influences, y succombent s'ils
se trouvent en contact avec d'autres corps incapables de résister
à celles-ci : ainsi, par exemple, le platine seul ne se dissout pas
dans l'acide nitrique; mais allié à de l'argent, il en est aisément
dissous; le cuivre pur n'est pas attaqué par l'acide sulfurique;
mais il s'y dissout s'il se trouve allié à du zinc, etc.

D'après cela, il est clair qu'une fois la première impulsion
étant donnée par l'oxygène atmosphérique, l'ébranlement moléculaire peut se communiquer non seulement à toutes les parties
de la substance organique attaquée par cet oxygène, mais encore
à d'autres matières qui se trouvent en contact avec elle : ainsi
donc une substance organique peut continuer de s'altérer à l'abri
du contact de l'air, pourvu qu'elle y ait d'abord été exposée le
temps nécessaire à une altération commençante, à une manifestation du mouvement.

Toute substance organique capable d'être ainsi influencée par
l'air et de communiquer son ébranlement moléculaire à d'autres
matières qui se trouvent en contact avec elle, porte le nom de
ferment.

Les principes azotés, neutres, non cristallisables, et qui sont
connus sous les noms d'albumine, de fibrine, de caséine, de
légumine, etc., sont surtout aptes à remplir ce rôle. La lie de

---

(1) Voir, pour de plus amples détails, l'introduction de M. Liebig à
son *Traité de chimie organique*.

vin, la levûre de bière, la diastase, le fromage, le sang, la chair musculaire, le blanc des amandes (synaptase, émulsine), etc., doivent à ces principes leur propriété d'exciter dans d'autres substances la fermentation ou la putréfaction. Tous ces ferments commencent par s'altérer au contact de l'air, puis, quand la décomposition s'est établie, elle se continue sans le secours de cet agent et se communique même à d'autres substances; c'est ce qui explique les altérations si promptes qu'une petite quantité d'une matière en fermentation ou en putréfaction provoque dans d s substances entièrement saines. On comprend, d'après cela, l'effet de la levûre de bière sur l'eau sucrée, celui du lait aigri sur le lait frais, celui des résorptions purulentes sur le sang, celui des piqûres anatomiques et de tant d'autres inoculations de matières animales affectées d'une fermentation et pouvant se développer dans d'autres matières.

Un miasme n'est autre chose qu'un ferment, une matière organique putride en suspension dans l'air, et qui s'introduit dans le sang par les voies pulmonaires; le sang une fois altéré par lui, redevient ferment à son tour. A proprement parler, un ferment n'est donc pas une substance *sui generis*, c'est tout corps qui se détériore, se putréfie, se décompose, et qui par son attouchement avec un autre corps provoque dans ce dernier des altérations du même ordre.

Tantôt ces décompositions sont accompagnées d'un développement de gaz, tels que l'hydrogène, l'acide carbonique, l'hydrogène sulfuré, l'ammoniaque, etc.; tantôt les produits de ces altérations sont liquides ou solides. Chimiquement parlant, ce sont toujours les mêmes réactions, seulement les produits varient suivant les corps entrés en décomposition; il peut donc y avoir des fermentations sans gaz, sans odeur, et où les décompositions s'effectuent sans indices apparents. Dans le langage habituel le mot fermentation implique l'idée d'un soulèvement de la masse fermentescente par l'effet des gaz qui se développent dan son sein; de même, on désigne ordinairement par putréfaction les décompositions dont les produits possèdent une odeur fétide; mais ces distinctions ne présentent aucun caractère scientifique, et, dans le sens chimique, les mots fermentation et putréfaction sont entièrement synonymes.

191. On a remarqué qu'en général les matières organiques fixes et fort oxygénées sont les plus sensibles à l'action des ferments. Lorsqu'on met ces substances en contact avec un ferment, sous l'influence de l'eau et d'une température convenable, elles se dédoublent ordinairement en deux ou en plusieurs substances placées plus bas dans l'échelle organique (1).

Ainsi, par exemple, le sucre $C^{12}H^{22}O^{11}$ donne soit de l'alcool C^2H^6O et de l'acide carbonique, soit de l'acide butyrique $C^4H^8O^2$, de l'hydrogène et de l'acide carbonique :

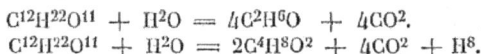

$$C^{12}H^{22}O^{11} + H^2O = 4C^2H^6O + 4CO^2.$$
$$C^{12}H^{22}O^{11} + H^2O = 2C^4H^8O^2 + 4CO^2 + H^8.$$

L'amygdaline contenue dans les amandes amères $C^{20}H^{27}NO^{11}$ donne du glucose, du benzoïlol et de l'acide prussique :

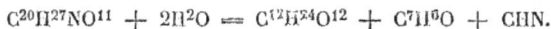

$$C^{20}H^{27}NO^{11} + 2H^2O = C^{12}H^{24}O^{12} + C^7H^6O + CHN.$$

Ainsi les ferments ramènent les matières organiques complexes à des formes plus simples ; ils agissent donc dans le sens des agents de combustion, et sous ce rapport ils deviennent très précieux au chimiste, puisqu'à leur aide il parvient à métamorphoser des corps placés dans le haut de l'échelle en d'autres moins carbonés et moins hydrogénés. Les agents d'oxydation, tels que l'acide nitrique, la potasse, etc., déterminent ordinairement une combustion trop brusque, en ajoutant de l'oxygène à celui qui se trouve déjà dans la molécule organique, de sorte qu'au lieu d'être graduelles et presque insensibles, les combustions sont brusques et donnent des produits fort éloignés par leur composition de la matière première.

Les chimistes devraient donc fixer leur attention sur l'emploi des ferments dans l'étude des substances non volatiles ; il est certain que des recherches entreprises dans cette direction conduiraient à des résultats fort importants et permettraient d'asseoir sur des bases plus stables l'histoire encore si peu connue des principes neutres non volatils. Tout récemment M. Piria en a fait un excellent usage pour le dédoublement de la salicine.

Ainsi que nous l'avons déjà dit, les éléments du ferment n'in-

(1) Voir, QUATRIÈME PARTIE, *Sucre*, *Amygdaline*, *Salicine*, *Albumine*, *Fibrine*, *Caséine*, etc.

terviennent en rien dans ces dédoublements ; les produits de la fermentation représentent exactement les éléments de la matière fermentescible, plus ceux d'un ou de plusieurs équivalents d'eau. D'ailleurs la présence de l'eau est indispensable à l'accomplissement de ces réactions.

192. L'étude de ces phénomènes a conduit MM. Boutron et Frémy à reconnaître qu'un même ferment, en passant par plusieurs degrés de décomposition, peut réagir différemment suivant l'état d'altération qu'il a éprouvé. C'est ainsi, par exemple, que la diastase (matière azotée qui se développe dans la germination des céréales), qui peut transformer l'amidon en dextrine et en glucose, devient propre à produire de l'acide lactique quand elle a été exposée pendant quelque temps à l'air humide.

Chacun sait que la levûre de bière convertit le sucre, dans les circonstances ordinaires, en alcool et en acide carbonique ; mais si on dissout le sucre, comme l'ont fait voir MM. Desfosses et Pelouze, dans une eau préalablement bouillie avec de la levûre, puis filtrée, et qu'on expose le liquide à 30 ou à 40°, le sucre ne se convertit pas en alcool, mais il fournit une matière visqueuse qui ressemble à la gomme arabique. Enfin, si on met le sucre en contact avec du fromage, comme l'ont fait MM. Pelouze et Gélis, il se produit de l'acide butyrique, de l'acide carbonique et de l'hydrogène.

Il résulte de tous ces faits qu'un ferment, en raison de la propriété qu'il possède de provoquer, dans les substances qu'il rencontre, une fermentation, c'est-à-dire un dédoublement moléculaire, est lui-même de sa nature éminemment altérable, et peut, selon son degré d'altération, avoir des effets différents. Lorsqu'on veut étudier les changements qu'un ferment produit sur un corps, il faut donc toujours tenir compte de l'état du ferment qu'on emploie et s'assurer que pendant la fermentation il n'éprouve pas de modifications ; autrement, au lieu d'avoir le résultat de l'action d'un seul ferment sur une matière organique, on n'aurait que les produits compliqués d'une série de ferments agissant chacun différemment (Boutron et Frémy).

193. Nous avons déjà fait remarquer qu'une chaleur tempérée, ainsi que la présence de l'eau, est absolument nécessaire aux fermentations. Les matières complétement sèches sont incapables

de fermenter, tout comme celles qui seraient refroidies à la congélation de l'eau ou échauffées à l'ébullition de ce liquide.

Puisque c'est l'oxygène de l'air qui, en attaquant certaines substances azotées d'une décomposition aisée, en détruisant en elles l'équilibre des éléments, les rend aptes à agir comme ferments, il est clair que tous les corps ou toutes les circonstances qui secondent l'accès de l'oxygène à ces substances azotées, devront aussi favoriser les fermentations.

Beaucoup de matières qui, à elles seules, ou à l'état humide, ne s'oxydent pas à l'air, éprouvent cette action dès qu'elles se trouvent en contact avec un alcali : ainsi, par exemple, l'alcool pur se conserve à l'air indéfiniment et sans s'aigrir ; mais si l'on y verse un peu de potasse, il absorbe promptement de l'oxygène et se convertit en vinaigre et en une matière brune résineuse. Il est clair, d'après cela, que la potasse doit favoriser les fermentations, puisqu'elle favorise l'absorption de l'oxygène et que la présence de celui-ci développe les ferments.

Réciproquement, la présence d'un ferment dans un liquide peut y occasionner l'oxydation des substances qui dans les circonstances ordinaires et à l'état de pureté ne s'oxyderaient pas ; tout le monde sait en effet que les liquides spiritueux, tels que le vin, la bière, s'aigrissent promptement au contact de l'air, de manière que leur alcool se transforme en vinaigre ; c'est que ces liquides renferment, outre l'alcool, des matières azotées très altérables au contact de l'air, et qui en s'oxydant eux-mêmes déterminent en même temps l'oxydation de l'alcool.

On remarque combien ces décompositions se compliquent lorsque l'air, au lieu de se borner à développer le ferment par un commencement d'action sur une matière organique azotée, continue d'agir sur elle, ainsi que sur la substance fermentescible ; la réaction se complique alors d'une véritable combustion qui, comme nous venons de le dire, est singulièrement favorisée par la présence des alcalis.

Ainsi donc, les corps en fermentation ou en putréfaction, c'est-à-dire ceux qui se dédoublent purement et simplement en fixant les éléments de l'eau ; ces corps, disons-nous, sont capables de se brûler si l'air y arrive en quantité suffisante. D'un autre côté, les matières qui se brûlent ainsi, peuvent fermenter dès qu'on empêche cet accès de l'air ; les ferments eux-mêmes deviennent, dans ce cas, des substances fermentescibles. Il en résulte nécessairement que les corps qui, à l'air, éprouvent la combustion lente, sont capables de provoquer la fermentation dans d'autres corps, de la même manière que des matières fermentescentes peuvent le faire.

Contrairement aux alcalis, plusieurs substances entravent la fermentation et la putréfaction ; ce sont particulièrement les acides minéraux, les sels mercuriels, les substances aromatiques, les huiles empyreumatiques, la créosote, l'essence de térébenthine, etc. Ces substances, dites *antiseptiques*, s'opposent pareillement à la combustion lente. Beaucoup d'entre elles se combinent avec les matières azotées capables d'agir comme ferments, et produisent alors des composés peu solubles ou insolubles dans l'eau et sur lesquelles l'oxygène n'a plus que peu de prise : ainsi, par exemple, la créosote coagule l'albumine, ce qui explique jusqu'à un certain point son efficacité pour la conservation des matières animales. Dans tous les cas, l'état d'insolubilité ou de siccité est fort contraire aux fermentations. On sait qu'on a proposé dans ces derniers temps de dessécher les betteraves et les cannes à sucre, de les garder en cet état en magasin pour retirer ensuite, dans un moment plus favorable au travail, le sucre qu'elles contiennent ; or, cette dessiccation n'a pas seulement pour objet d'enlever l'eau renfermée dans ces végétaux, mais encore de coaguler la matière albuminoïde et d'empêcher ainsi celle-ci d'agir comme ferment sur le sucre. Toutefois, cette dessiccation ne détruit pas pour toujours l'efficacité de ces matières azotées, car l'humidité la leur fait bientôt reprendre.

194. Les ferments sont généralement des substances dépourvues de forme géométrique ; comment, d'ailleurs, seraient-ils capables de prendre une forme régulière et de cristalliser, leurs éléments se trouvant dans un état de conflit, dans un état de transposition continuelle ? Examinés au microscope, ils présentent une texture globulaire, ce qui a fait admettre à plusieurs physiologistes qu'ils étaient organisés.

Les observations de MM. Cagniard-Latour et Turpin prouvent en effet que la levûre de bière est formée de globules ou de corpuscules légèrement ovoïdes, d'un centième de millimètre de diamètre, et qui s'agitent en tous sens pendant la fermentation ; lorsqu'ils se trouvent en présence d'autres matières azotées, comme c'est le cas, par exemple, dans le moût d'orge, leur nombre augmente considérablement, de sorte qu'en les voyant ainsi grossir, on croirait avoir affaire à des êtres vivants, à de petits végétaux ou à des animalcules se développant par voie de bourgeonnement. Mais ce mouvement n'a rien de vital ; on l'aperçoit dans tous les liquides qui tiennent un solide en suspension pendant qu'ils éprouvent eux-mêmes une réaction chimique. Quant à l'accroissement de volume des globules, il n'est lui-même qu'apparent, par suite du contact immédiat des globules déjà formés avec le liquide qui contient la matière nécessaire à la production de nouveaux globules. Il est naturel que cette production de nouvelle levûre se fasse, non à distance des globules déjà formés, mais au contact immédiat, cette intimité de contact étant précisément indispensable pour qu'une matière qui se trouve dans un état d'altération opère la décomposition d'une autre matière.

D'ailleurs, les ferments sont tantôt liquides, tantôt solides, suivant les circonstances, et, nous le répétons, *ils n'agissent* qu'au moment de se décomposer eux-mêmes ; lorsqu'on ajoute de la levûre de bière à du moût d'orge, comme le font les brasseurs, elle détermine non seulement la décomposition du sucre en alcool et en acide carbonique, mais encore celle des matières albuminoïdes tenues en dissolution dans le moût, de sorte que ces matières se séparent alors à l'état insoluble, et produisent de nouvelle levûre ; il y a donc, dans ce cas, génération de la levûre, parce que les matières albuminoïdes du moût en renferment tous les éléments nécessaires ; dans l'eau sucrée pure, il ne se produirait que de l'alcool et de l'acide carbonique.

L'expérience, il est vrai, démontre dans certains liquides fermentescents l'existence d'êtres particuliers, dans le vinaigre, par exemple, de vibrions dont l'animalité est incontestable ; mais leur présence, entièrement fortuite, n'a aucun rapport avec la fermentation elle-même, et s'explique quand on songe que l'eau la plus pure n'est jamais exempte de ces êtres microscopiques, à moins d'être portée à une température qui en détruise les germes et d'être entièrement préservée du contact de l'air qui les y apporte.

QUATRIÈME PARTIE.

HISTOIRE ET CLASSIFICATION.

195. Nous tracerons, dans cette partie, l'histoire des composés organiques classés en *familles, genres* et *espèces,* dans le sens de notre échelle de combustion ; nous avons déjà exposé ailleurs (10-21) les principes sur lesquels cette classification est fondée.

Le lecteur voudra bien se rappeler qu'une famille comprend les composés qui dérivent naturellement les uns des autres, sans devenir homologues (17), c'est-à-dire sans qu'il s'opère de combustion sur leur carbone. Le rang des familles est conséquemment déterminé par le nombre des équivalents de carbone renfermés dans un équivalent chimique de matière.

PREMIÈRE FAMILLE.

196. Le tableau suivant indique les différents rapports de transformation que présentent entre eux les genres appartenant à cette famille, qui comprend les composés organiques les moins complexes et dont la formation précède immédiatement celle des substances minérales : acide carbonique, eau et ammoniaque.

PREMIÈRE FAMILLE.

GENRES.	FONCTIONS chimiques DES GENRES.	RAPPORTS DE TRANSFORMATION entre les genres DE LA PREMIÈRE FAMILLE.	RAPPORTS DE TRANSFORMATION entre les genres DE LA PREMIÈRE ET D'AUTRES FAMILLES.
Formène $R+^2$.	Hydrocarbure.	Le méthol normal fixe HCl et élimine H^2O en devenant formène chloré.	L'acétate normal $C^4H^4O^2$ se décompose par la baryte caustique en CO^2 et formène normal. La cellulose norm. $C^{12}H^2O^{10}$ donne avec $12(H)O$ 2 éq. de méthol normal, 2 éq. de formiate, 2 éq. d'acétate, 4 éq. de carbonate et 16 éq. d'hydrogène gazeux (d'après les expériences de M. Péligot).
Méthol $R+^2O$.	Alcool.	?	
Phosgène RO.	?	CO se combine directement avec Cl^2 pour former le phosgène bichloré.	L'oxalate normal $C^2H^2O^4$ donne par la distillation sèche CO^2 et du formiate normal.
Formiate RO^2.	Sel unibasique.	Le méthol normal élimine H^2 et fixe O sous l'influence des oxydants.	Le sulfométhol normal $C^4H^6SO^4$ fixe H^2O par l'ébullition avec de l'eau et produit du méthol normal et du sulfométhylate normal.
Sulfométhylate $R+^2SO^4$.	Sel copulé unibas.	Le méthol normal fixe SH^2O^4 et élimine H^2O.	?
Méthionate $R+^2S^2O^6$.	Sel copulé bibasiq.	?	L'acétate normal $C^4H^4O^2$ fixe 2 équivalents d'acide sulfurique et élimine $CO^2 + 2H^2O$.
Cyanure $R-^1N$.	Sel unibasique, amide.	Le formiate ammoniacal élimine par l'action de la chaleur $2H^2O$ et produit du cyanure normal.	Les polycyanures (6ᵉ famille) se dédoublent, sous l'influence de la chaleur et à l'abri de l'air, en produisant des cyanures.

GENRES.	FONCTIONS chimiques DES GENRES.	RAPPORTS DE TRANSFORMATION entre les genres DE LA PREMIÈRE FAMILLE.	RAPPORTS DE TRANSFORMATION entre les genres DE LA PREMIÈRE ET D'AUTRES FAMILLES.
Cyanogène $R—^2N$.	?	Le cyanure argentique se décompose par la chaleur en argent et cyanogène normal.	?
Hydrocyanure $R.NO$.	Sel unibasique.	Le cyanogène normal, en fixant de l'hydrogène sulfuré, produit l'hydrocyanure sulfuré.	?
Cyanate $R—^1NO$.	Sel unibasique.	Le cyanure potassique fixe directement O ou S pour produire du cyanate normal ou sulfuré.	Le polycyanure biferroso-quadripotassique $C^6(Fe^2K^4)A^6$ fixe directement O ou S en produisant du cyanate potassique.
Perhydrocyanate $R.NO^2$.	Sel bibasique.	?	Sous l'influence du chlore, le thiocarbamate trisulfuré (2ᵉ famille) donne du cyanate sulfuré, de l'acide hydrochlorique et du perhydrocyanate bisulfuré.
Sulfaméthylane $R+^3NSO^3$.	Améthiane.	?	Le sulfométhol normal (2ᵉ famille) donne, par l'ammoniaque, du sulfaméthylane normal et du méthol normal.
Urée $R+^2N^2O$.	Alcaloïde.	Le cyanate biammoniacal se décompose par l'ébullition en ammoniaque et urée normale.	La dissolution de l'oxalurate normal $C^3H^4N^2O^4$ fixe de l'eau par l'ébullition en se dédoublant en oxalate normal et en urée semi-oxalique.

Genre Formène. R+2.

197. *Formène normal* (gaz des marais, gaz des acétates, hydrogène protocarboné). — CH^4. — Ce corps se produit dans les marais ou les eaux stagnantes par la putréfaction des matières ligneuses ; il suffit de remuer la vase pour voir s'en échapper des bulles de ce gaz. On peut le recueillir au moyen de flacons renversés, remplis d'eau et munis de larges entonnoirs ; mais ce gaz est loin d'être pur. C'est lui aussi qui se développe en abondance dans les houillères, et produit fréquemment des détonations désastreuses, lorsque, après s'être mélangé avec l'air atmosphérique, il vient à être enflammé par la lampe des mineurs. Ceux-ci donnent à ce phénomène le nom de *feu terrou* ou *grisou*.

Ce gaz se produit encore dans beaucoup d'autres circonstances, surtout dans la distillation sèche des matières organiques. M. Dumas l'obtient parfaitement pur en mélangeant 10 grammes d'acétate de soude cristallisé avec 30 ou 40 grammes de baryte caustique, et chauffant très doucement le mélange dans une cornue ; dans ces circonstances, le g. acétate se dédouble en acide carbonique et formène, car on a en effet :

$$C^2H^4O^2 = CO^2 + CH^4.$$

Pour produire le gaz des marais en abondance, on soumet à la distillation un mélange de 40 p. d'acétate de soude cristallisé, de 40 p. de potasse et de 60 p. de chaux vive en poudre.

Le F. normal est un gaz incolore, insoluble dans l'eau, et d'une densité de 0,559 ; il est inflammable et brûle avec une flamme jaunâtre. Mêlé d'oxygène ou d'air, il détone fortement soit par la chaleur, soit par l'étincelle électrique.

Le chlore attaque ce corps en produisant des espèces chlorées (135).

Formène chloré (éther hydrochlorique de l'esprit de bois, chlorure de méthyle, hydrochlorate de méthylène). — $C(H^3Cl)$. — MM. Dumas et Péligot obtiennent ce corps en chauffant un mélange de 2 p. de sel marin, 1 p. d'esprit de bois et 3 p. d'acide sulfurique concentré ; à l'aide d'une douce chaleur, on produit un gaz qui peut être recueilli sur l'eau. Il est incolore, d'une odeur éthérée et d'une saveur sucrée ; il brûle avec une flamme blanche au milieu et verte sur les bords. L'eau en dissout environ trois fois son volume à la température ordinaire.

Sa densité est de 1,736 ; le chlore, en agissant sur lui, fournit les espèces chlorées suivantes.

Formène bichloré (éther hydrochlorique monochloruré de l'esprit de bois). — $C(H^2Cl^2)$. — Le chlore n'attaque pas le corps précédent à la lumière diffuse ; mais lorsqu'on opère au contact des rayons solaires, en ayant soin de maintenir ce dernier en excès, on recueille, comme premier produit, un liquide bouillant à 30°,5 et d'une odeur très vive. Sa densité est de 1,344 à 18°, celle de sa vapeur est de 3,012.

Traité par une dissolution alcoolique de potasse caustique, le F. bichloré ne donne qu'un léger précipité de chlorure de potassium et distille presque entièrement sans altération (Regnault).

Formène trichloré (chloroforme, perchlorure de formyle). — $C(HCl^3)$. — Il se produit dans plusieurs circonstances : par l'action des alcalis sur le chloral, par celle du chlore sur le F. chloré (Regnault), etc. Pour l'obtenir en plus grande quantité, on distille de l'acétone, de l'alcool ou de l'esprit de bois avec du chlorure de chaux ; le F. trichloré passe à l'état d'une huile pesante qu'on rectifie au bain-marie après l'avoir lavé et desséché sur du chlorure de calcium.

Il est incolore, oléagineux, d'une odeur éthérée et d'une saveur douceâtre. Sa densité est de 1,480 à l'état liquide, et de 4,2 à l'état de vapeur. Il ne s'enflamme que difficilement, et brûle, quand on en imprègne une mèche de coton, avec une flamme verte, comme celle de tous les corps chlorés.

Il bout à 61°. Une dissolution alcoolique de potasse le convertit en formiate. L'acide sulfurique ne l'altère pas sensiblement.

Exposé avec du chlore aux rayons directs du soleil, il se décompose en acide hydrochlorique et en

Formène perchloré (chlorure de carbone). — CCl^4. — C'est un liquide d'une densité de 1,599 et bouillant à 78° ; sa vapeur pèse 5,3 environ. Par l'action de la chaleur, il se décompose en plusieurs chlorures de carbone, suivant le degré de température. Au rouge vif on obtient principalement le corps $C^2Cl^4 = 2CCl^4 - Cl^4$; si la température est plus élevée, le produit se compose de petits cristaux soyeux du chlorure de carbone de Julin CCl.

Le F. perchloré n'est pas altéré par une dissolution de sulfhydrate de potasse (KH)S.

Formène tribromé (bromoforme). — $C(HBr^3)$. — En traitant de l'alcool ou de l'acétone par de l'hypobromite de chaux, on obtient un produit semblable au F. trichloré. C'est un liquide pesant, moins volatil que ce dernier, et qui se convertit aisément par la potasse bouillante en formiate et bromure.

Formène iodé (hydriodate de méthylène, iodure de méthyle). — $C(H^3J)$. — On l'obtient en distillant 12 à 15 p. d'esprit de bois, avec 8 p. d'iode et 1 p. de phosphore qu'on ajoute successivement par petits fragments. C'est un liquide incolore qui s'enflamme difficilement. Il bout entre 40 et 50°; sa densité est de 2,237 (Dumas et Péligot).

Formène triiodé (iodoforme). — $C(HJ^3)$. — On le prépare en versant, jusqu'à décoloration, une solution alcoolique de potasse dans une solution alcoolique d'iode, évaporant à siccité, lavant le résidu à l'eau froide, et reprenant par l'alcool bouillant. Ce sont des paillettes nacrées, d'un jaune de soufre, friables, douces au toucher et d'une odeur de safran.

Ce corps se décompose à une température peu élevée; la potasse le convertit en formiate et iodure.

Formène fluoré (hydrofluate de méthylène). — $C(H^3F)$. — Lorsqu'on distille un mélange d'acide sulfurique, de fluorure de potassium et d'esprit de bois, il se produit un gaz incolore, d'une odeur éthérée agréable, et d'une densité de 1,186. Ce produit est assez inflammable et brûle avec une flamme bleue. L'eau en dissout une fois et demie son volume (Dumas et Péligot).

Formène iodo-bichloré (chloro-iodoforme de M. Bouchardat, proto-iodure de carbone de Sérullas). — $C(HJCl^2)$. — Lorsqu'on chauffe du bichlorure de mercure avec du F_e triiodé dans une petite cornue, il passe un liquide rouge-foncé qu'on décolore par la potasse. Après la rectification, c'est un liquide jaunâtre qui devient rosé à l'air; son odeur est aromatique et sa saveur sucrée. Sa densité est de 1,96. La potasse alcoolique le décompose en formiate, iodure et chlorure.

Formène bromo-biiodé (bromo-iodoforme, hydrocarbure de brome de Sérullas). — $C(HBrJ^2)$. — Il se produit par l'action du brome sur le F. triiodé.

C'est un liquide qui offre la plus grande analogie avec le précédent (Bouchardat).

Formène bichloro-binitrique. — $C(Cl^2X^2)$. — Nous donnons provisoirement ce nom à un liquide volatil obtenu par M. Marignac en condensant les produits gazeux de l'action de l'acide nitrique sur le naphtessarène quadrichloré (10ᵉ famille) ; le récipient renferme de l'acide nitrique qui tient une partie de ce corps en dissolution, tandis qu'une autre portion s'en sépare par le repos. On purifie le produit en le distillant avec de l'eau. C'est un liquide incolore, transparent, d'une densité de 1,685 à 15° et d'une odeur irritante qui rappelle celle du cyanure chloré ; ses vapeurs incommodent beaucoup les yeux. Il n'agit pas sur les couleurs végétales ; l'eau n'en dissout que des traces qui suffisent d'ailleurs pour lui communiquer de l'odeur. Il est très soluble dans l'alcool et dans l'éther, et fort peu soluble dans l'acide hydrochlorique.

La potasse aqueuse n'agit pas sur ce corps ; il se dissout au contraire très bien dans une solution alcoolique de potasse. Son odeur disparaît alors peu à peu, et, au bout de quelque temps, il se précipite un sel cristallin que la chaleur décompose avec déflagration.

Ce corps bout au-dessus de 100°, mais il distille avec les vapeurs d'eau. Le mercure métallique absorbe les vapeurs de ce corps en produisant un mélange de chlore, d'acide carbonique et de bioxyde d'azote.

Genre *Méthol* R+ O.

198. *Méthol normal* (esprit de bois, bihydrate de méthylène, hydrate d'oxyde de méthyle). — CH^4O. — Cet alcool (73) se rencontre dans la partie aqueuse des produits de la distillation sèche du bois, à l'état de mélange avec de l'acétone, de l'acétate d'ammoniaque, des matières goudronneuses, etc. Après avoir rectifié sur de la chaux vive le liquide brut, on l'introduit dans une cornue avec un excès de chlorure de calcium et on distille au bain-marie tant qu'il passe des matières volatiles ; l'esprit de bois reste alors en combinaison avec le chlorure de calcium ($2CH^4O + CaCl$) ; on ajoute de l'eau au résidu et l'on continue à

distiller. Ce qui passe alors est du méthol normal pur qu'on n'a qu'à dessécher par une nouvelle rectification sur de la chaux vive (1).

Lorsque, dans un matras de verre muni d'un tube plongeant dans le mercure, on chauffe parties égales de potasse et de ligneux humecté d'une forte proportion d'eau, il se dégage de l'hydrogène et il distille, entre autres produits, une grande quantité d'esprit de bois (2).

A l'état de pureté, c'est un liquide incolore, neutre au papier, et qui se mélange avec l'eau sans se troubler; de même il ne forme pas de précipité noir avec le protonitrate de mercure.

Son odeur est empyreumatique et rappelle en même temps celle de l'alcool et de l'éther acétique; il brûle avec une flamme pâle, bout à 66°,5 sous la pression de 0,761; sa densité à l'état liquide est de 0,798 à 20°, à l'état de vapeur elle est de 1,120.

Il se conserve sans altération au contact de l'air. Sa vapeur, mise en présence du noir de platine, développe beaucoup de chaleur et produit de l'acide formique. En le distillant avec un mélange de peroxyde de manganèse et d'acide sulfurique, on le convertit en acide formique et en méthylal (3e famille).

Les acides en général éthérifient l'esprit de bois (77).

Ce corps dissout la potasse et la soude; ces dissolutions se colorent à l'air; chauffé avec de la chaux potassée, il se convertit en formiate avec un dégagement d'hydrogène; si l'on porte le mélange à une température trop élevée, on a pour résidu de l'oxalate et du carbonate.

Les produits qui naissent sous l'influence du chlore et de l'esprit de bois ne sont pas encore étudiées.

La baryte caustique se dissout dans l'esprit de bois en développant beaucoup de chaleur; la solution évaporée dans le vide dépose des aiguilles soyeuses renfermant 70,5 p. c. de baryte $=$ $2C^2H^4O + Ba^2O$. Le chlorure de calcium, comme nous l'avons déjà dit, donne une combinaison semblable qu'on peut obtenir

---

(1) La matière brune que renferme l'esprit de bois brut, et qui reste fixée sur la chaux, se volatilise par la chaleur en donnant des aiguilles jaunes que M. Gregory appelle *pyroxanthine*. (Voy. BERZÉLIUS, *Traité*, t. VIII, p. 559, édit. allem.)

(2) PÉLIGOT, *Annal. de chim. et de phys.*, t. LXXIII, p. 248.

en tables hexagones qui attirent promptement l'humidité de l'air.

Le M. normal dissout parfaitement les résines, et en petite quantité le soufre et le phosphore.

L'huile qu'on extrait du *Gaultheria procumbens*, espèce de bruyère, est, suivant les recherches de M. Cahours, l'éther salicylique de l'esprit de bois (saliméthol normal G.); il fournit conséquemment, par les alcalis hydratés, du salicylate et du M. normal.

Méthol potassé. — C(H³K)O. — Le M. normal, mis en contact avec du potassium; dégage de l'hydrogène pur et fournit un corps potassé qui reste en dissolution (Boeckmann).

Méthol nitrique (nitrate de méthylène). — C(H³X)O. — On place dans une cornue 50 gr. de nitre en poudre, et l'on y ajoute un mélange fait immédiatement de 100 gr. d'acide sulfurique et de 50 gr. d'esprit de bois; la réaction s'accomplit sans le secours de la chaleur; on recueille le produit dans un récipient refroidi, et l'on obtient ainsi au fond de celui-ci un liquide épais qu'on rectifie au bain-marie sur un mélange de massicot et de chlorure de calcium, jusqu'à ce que son point d'ébullition soit constant à 66°.

Le M. nitrique est incolore, d'une densité de 1,182, d'une odeur faible et éthérée. Il est parfaitement neutre et brûle avec une flamme jaune; sa vapeur détone avec violence quand on la chauffe. Il est peu soluble dans l'eau, fort soluble au contraire dans l'alcool et l'esprit de bois.

Une dissolution alcoolique de potasse le convertit en nitrate et M. normal.

Méthol sulfuré (sulfhydrate de sulfure de méthyle). — CH⁴S. — Lorsque, suivant M. Gregory, on distille un mélange de sulfométhylate de potasse et de sulfhydrate de potasse (KH)S, il passe un liquide incolore, bouillant déjà à 21°, d'une odeur fétide, et qui donne avec les sels de mercure une combinaison blanche et cristallisable.

Genre *Phosgène* RO.

199. *Phosgène bichloré* (acide ou gaz chloroxicarbonique,

gaz phosgène). — CCl^2O. — Lorsqu'on expose à la lumière solaire des volumes égaux de chlore et d'oxyde de carbone, ce mélange gazeux se décolore et se contracte peu à peu, de manière à devenir entièrement incolore et à n'occuper plus que la moitié du volume primitif. A la lumière diffuse, la combinaison s'effectue dans l'intervalle de quelques heures.

Ce gaz est incolore, d'une odeur suffocante, et provoque le larmoiement; l'eau le décompose promptement en acide carbonique et acide hydrochlorique. Il attaque l'alcool et l'esprit de bois en développant de l'acide hydrochlorique et en produisant des combinaisons particulières (2ᵉ et 3ᵉ famille).

Sa densité est de 3,438. L'arsenic et l'antimoine chauffés dans ce gaz en fixent le chlore et mettent de l'oxyde de carbone en liberté; beaucoup d'oxydes métalliques se convertissent également en chlorures en produisant en même temps de l'acide carbonique.

Lorsqu'on introduit dans un récipient sec ce même gaz avec du gaz ammoniac, il en résulte un composé blanc et cristallin que M. Regnault considère comme un mélange de sel ammoniac et d'un corps particulier qu'il appelle *carbamide*. La dissolution aqueuse de ce dernier ne précipite ni les sels de baryte ni ceux de chaux; les acides minéraux énergiques en développent de l'acide carbonique en s'unissant à de l'ammoniaque. M. Regnault considère ce corps comme $CO + 2NH^2$, mais cette composition n'a pas été vérifiée par l'analyse.

Genre Formiate RO^2.

200. Il se forme par l'oxydation des matières organiques dans une foule de circonstances, à l'aide d'un mélange de peroxyde de manganèse et d'acide sulfurique, à l'aide de l'hydrate de potasse, etc. C'est le genre salin le plus simple qu'on connaisse; toutes les matières organiques sont conséquemment susceptibles de le fournir. Il est monobasique.

Tous les formiates se décomposent, par l'acide sulfurique concentré, en oxyde de carbone et en oxyde M^2O qui reste en combinaison à l'état de sulfate :

$$CH^2O^2 = CO + H^2O.$$

Formiate normal (acide formique). — CH^2O^2. — Lorsqu'on fait marcher des fourmis rouges sur du papier de tournesol, elles y laissent une trace rouge provenant d'un acide particulier que ces insectes sécrètent quand on les irrite. On peut se procurer cet acide en plus grande quantité en distillant, dans une cornue spacieuse, du sucre, de l'acide tartrique, de la fécule, de la salicine ou d'autres matières organiques fort oxygénées avec un mélange de peroxyde de manganèse et d'acide sulfurique. Comme la masse se boursoufle considérablement, on fait bien d'introduire d'abord dans la cornue le manganèse et la matière organique délayés dans l'eau, de porter le tout à 40° et d'y ajouter ensuite l'acide sulfurique par petites portions. M. Liebig prescrit les proportions suivantes : 10 p. de fécule, 37 p. de manganèse, 80 p. d'acide sulfurique et 30 p. d'eau. La cornue doit avoir au moins une capacité dix fois plus grande que le volume du mélange. On ne recueille pas les toutes dernières portions de la distillation.

On peut aussi distiller un mélange intime de sable et d'acide oxalique; il se développe en même temps de l'acide carbonique et de l'oxyde de carbone. Pour obtenir le F. normal à l'état de pureté, on le convertit en sel de plomb qu'on décompose par de l'hydrogène sulfuré très sec.

C'est un liquide incolore, d'une odeur piquante semblable à celle des fourmis qu'on irrite. Sa densité est de 1,168; il bout à 100° sous la pression de 0,761. Il est très corrosif et détermine sur la peau de véritables brûlures. Sa vapeur est inflammable et brûle avec une flamme bleue. Refroidi au-dessous de 0°, il cristallise en lamelles brillantes.

Il se mêle à l'eau en toutes proportions. Les acides oxygénants le convertissent en eau et acide carbonique. Un excès d'acide sulfurique le décompose sans noircir et avec effervescence en eau et en oxyde de carbone pur.

Il réduit par l'ébullition les nitrates de mercure et d'argent; chauffé avec une dissolution de sublimé corrosif, il le ramène à l'état de calomel. Il décompose les acétates.

Formiate ammoniacal. — CH^2O^2, NH^3. — Il cristallise en prismes quadrangulaires droits terminés par quatre faces. Il est fort déliquescent et se volatilise sans résidu. Il fond à 120° et dégage un peu d'ammoniaque à 140°. Lorsqu'on fait passer sa vapeur à travers un tube chauffé à 200°, elle se convertit en eau et acide prussique :

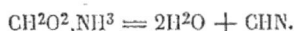

$$CH^2O^2,NH^3 = 2H^2O + CHN.$$

Réciproquement, sous l'influence des acides et des alcalis hydratés, l'acide prussique se transforme de nouveau en ammoniaque et acide formique.

Formiate sodique. — C(HNa)O² + aq. — Prismes ou tables à base rhombe, d'une saveur à la fois amère et salée, fort solubles dans l'eau et déliquescents. Leur dissolution réduit les sels de mercure et d'argent.

Formiate barytique. — C(HBa)O². — Prismes transparents et inaltérables à l'air.

Formiate calcique. — C(HCa)O². — Aiguilles blanches solubles dans l'eau et insolubles dans l'alcool.

Formiate cuivrique. — C(HCa)O² + aq. — Gros prismes à base rhombe, d'un bleu clair, et qui s'effleurissent par la chaleur.

Formiate plombique. — C(HPb)O². — Lorsqu'on verse de l'acide formique dans une dissolution saturée d'acétate de plomb, il se produit des aiguilles brillantes solubles dans l'eau bouillante, et insolubles dans l'alcool.

Formiate argentique. — C(HAg)O². — Quand on décompose du nitrate d'argent par un formiate alcalin, il se dépose des feuillets blancs qui se réduisent par l'ébullition à l'état métallique.

Genre *Sulfométhylate* R+²SO⁴.

201. Ce genre salin est monobasique et s'obtient par l'accouplement du g. méthol avec l'acide sulfurique.

Sulfométhylate normal (acide sulfométhylique). — CH⁴SO⁴. — Il se produit en grande quantité lorsqu'on mélange de l'esprit de bois avec de l'acide sulfurique concentré ; la masse s'échauffe et se prend quelquefois, par l'évaporation spontanée, à l'état cristallisé. On l'obtient pur en décomposant avec précaution l'espèce barytique par de l'acide sulfurique. Ce sont des aiguilles blanches fort altérables, solubles dans l'eau et l'alcool.

Sulfométhylate barytique. — C(H³Ba)SO⁴. — Si l'on sature par du carbonate de baryte le mélange d'acide sulfurique et d'esprit de bois, et qu'on filtre le liquide, on obtient, par l'évaporation de celui-ci dans le vide, de belles lames nacrées. A la distillation sèche, elles donnent du gaz sulfureux, des gaz inflammables, de l'eau et du sulfométhol (2ᵉ famille), en laissant du sulfate de baryte coloré par quelques traces de charbon.

Sulfométhylate calcique. — Il est déliquescent, comme le sel de plomb.

Genre *Méthionate* R+^{2}S^{2}O^6.

202. *Méthionate bibarytique.* — C(H^{2}Ba^2)S^{2}O^6 + 2 aq. — En saturant l'éther ordinaire par l'acide sulfurique anhydre, sans refroidir le mélange, traitant par le carbonate de baryte, filtrant et concentrant la dissolution, on obtient entre autres produits un sel de baryte que l'alcool en précipite. On lave le précipité par l'alcool et on le fait cristalliser dans l'eau.

Il cristallise en lames incolores et transparentes ; sa solution ne précipite pas les solutions métalliques. Chauffé jusqu'à 100°, il ne perd pas de son poids ; mais à une température plus élevée, il se colore en jaune et se convertit en sulfate, en dégageant de l'eau, de l'acide sulfureux et du soufre (Liebig).

Il se décompose par l'hydrate de potasse en fusion ; le résidu ne renferme pas de sulfite.

Méthionate biargentique. — C(H^{2}Ag^2)S^{2}O^6. — M. Melsens paraît avoir obtenu ce sel en traitant par de l'oxyde d'argent les eaux-mères de l'action de l'acide sulfurique sur l'acide acétique.

Genre *Cyanure* R$-^1$N.

203. Les cyanures se produisent en général lorsqu'on calcine des matières organiques azotées avec des alcalis.

Cyanure normal (acide prussique, cyanhydrique ou hydro-cyanique). — CHN. — Il se forme dans la distillation sèche de plusieurs matières azotées, dans la fermentation des amandes amères (88), dans la décomposition du formiate ammoniacal par la chaleur (61) et dans beaucoup d'autres circonstances. Les eaux distillées obtenues avec les feuilles du laurier-cerise, du saule à feuilles de laurier, avec les feuilles et les fleurs du pêcher, avec les amandes amères de l'amandier, du pêcher, de l'abricotier, du cerisier, du prunellier et des autres arbres à noyau, renferment une certaine quantité de ce corps; c'est aussi en partie à cet acide que sont dus l'arome et la saveur de plusieurs préparations économiques, de liqueurs de table, telles que le kirschwasser, l'eau de noyaux, etc.

Pour l'obtenir à l'état de pureté, on décompose le cyanure mercurique par l'acide hydrochlorique concentré ou par l'hydrogène sulfuré sec. M. Trautwein le prépare en distillant à une douce chaleur 15 p. de ferrocyanure de potassium (sel jaune) en poudre avec un mélange de 9 parties d'eau. On recueille le produit dans un récipient contenant du chlorure de potassium et entouré de glace; on arrête la distillation dès que le chlorure de calcium est recouvert d'une couche liquide. On décante celui-ci dans un flacon muni d'un bouchon à l'émeri et on le conserve à l'abri de la lumière.

A la température ordinaire, ce corps constitue un liquide incolore qui se concrète par un grand froid en fibres soyeuses et se vaporise à l'air avec tant de rapidité qu'il produit lui-même assez de froid pour se solidifier. Sa densité est de 0,6967 à 18°; il bout à 26°,5; la densité de sa vapeur est égale à 0,9476. Il rougit à peine le tournesol, s'enflamme aisément et brûle avec une flamme blanche. Son odeur est suffocante et rappelle celle des amandes amères.

De toutes les substances vénéneuses, l'acide prussique est sans contredit la plus terrible et celle dont les effets sont les plus prompts. Lorsqu'on débouche un flacon de cet acide pur, sans y mettre de précaution, on ressent, à l'instant même, un mal de tête et parfois de fortes constrictions dans la poitrine; ce malaise est suivi d'étourdissements et de nausées; on recommande l'ammoniaque diluée comme le meilleur antidote dans ces sortes d'accidents. La vapeur de ce corps tue immédiatement quand on la respire à l'état concentré; une seule goutte portée dans la gueule du chien le plus vigoureux le fait tomber roide mort.

Ce corps terrible ne se conserve pas à l'état de pureté; il se décompose très promptement, surtout à la lumière, en produisant de l'ammoniaque et un dépôt brun. Lorsqu'il est étendu d'eau ou mélangé d'une petite quantité d'un acide étranger, il se conserve bien plus longtemps.

Le potassium chauffé dans la vapeur de cet acide produit du cyanure potassique avec dégagement d'hydrogène ; le chlore donne naissance à de l'acide hydrochlorique et à du cyanure chloré.

Les acides énergiques transforment l'acide prussique en formiate d'ammoniaque.

Les alcalis caustiques, ajoutés même en excès, ne font pas disparaître son odeur ; par l'ébullition ils déterminent également la formation d'ammoniaque et de formiate.

Lorsqu'on ajoute quelques gouttes de potasse à un liquide qui contient de petites quantités d'acide prussique, puis une dissolution de deutosulfate de cuivre, il se produit un précipité qui renferme à la fois du cyanure et de l'oxyde de cuivre ; si l'on y ajoute ensuite un peu d'acide hydrochlorique, celui-ci dissout l'oxyde sans attaquer le cyanure, qui reste à l'état blanc. Cette réaction peut servir, suivant M. Lassaigne, à découvrir jusqu'à 1/20000 d'acide prussique dans un liquide. Il est à remarquer toutefois que l'acide hydriodique donne également un iodure de cuivre blanc.

L'acide prussique ne produit aucun changement dans une dissolution de protoxyde ou de peroxyde de fer ; mais si l'on y ajoute en même temps un alcali, il se produit toujours un précipité. Pour découvrir par ce moyen l'acide prussique, on emploie le protosulfate de fer ; il se produit alors un précipité bleu-verdâtre si ce sel n'est pas exempt de peroxyde ; mais l'acide hydrochlorique, versé sur le précipité, en dissout le peroxyde et laisse du bleu de Prusse en suspension dans le liquide.

Cyanure ammoniacal. — CHN,NH^3. — Lorsqu'on fait passer de l'ammoniaque gazeuse sur des charbons rouges dans un appareil convenablement disposé, et que l'on condense les produits dans un tube recourbé en U et refroidi, il se développe du gaz hydrogène et le récipient se remplit de cyanure ammoniacal parfaitement pur. $C + 2NH^3$ donne évidemment $CHN,NH^3 + 2H$ (Langlois). On obtient aussi ce sel en saturant le cyanure normal par de l'ammoniaque, ou bien en distillant un sel d'ammoniaque sec avec un cyanure métallique. Il possède une odeur forte et pénétrante, se dissout facilement dans l'eau et ne semble pas se décomposer immédiatement. Le chlore l'attaque à l'instant avec dégagement de chaleur, en produisant du sel ammoniac et du cyanure chloré. C'est un des poisons les plus violents ; son action énergique sur les animaux semble indiquer que l'ammoniaque ne saurait, comme on l'admet généralement, être employée avec succès pour combattre l'empoisonnement par l'acide prussique ; M. Langlois a fait à cet égard des expériences qui semblent prouver que l'ammoniaque agit seulement par ses propriétés excitantes.

Cyanure potassique. — CKN. — Il se produit par la calcination des substances azotées avec le potassium ou le carbonate de potasse. Le meilleur procédé pour l'obtenir consiste à chauffer jusqu'au rouge cerise le ferrocyanure de potassium du commerce, dans un vase en fonte, et à l'abri de l'air ; on concasse ensuite la masse, et après l'avoir introduite dans un entonnoir en verre, on la lessive avec de l'alcool bouillant. Celui-ci dissout le cyanure et l'abandonne en refroidissant à l'état cristallin.

Ce sel cristallise en cubes incolores ou en dérivés du cube ; il est sans odeur, d'une saveur âcre et caustique qui rappelle un peu celle des amandes amères ; il est très fusible et fond en un liquide transparent. Les cristaux sont fort déliquescents ; calcinés au contact de l'air ou avec du peroxyde de manganèse, ils se convertissent en cyanate.

Ils ne se conservent pas longtemps en dissolution aqueuse, même dans des flacons bouchés ; il s'y produit peu à peu du carbonate, ainsi que du formiate, et le liquide acquiert l'odeur de l'acide prussique.

Il dissout le chlorure d'argent et forme avec lui un sel double cristallisable.

Le cyanure de potassium possède des propriétés qui en font un agent précieux pour la réduction et la séparation de quelques métaux ; il se rapproche sous ce rapport du potassium pur. L'oxyde de fer fondu avec lui se réduit très vite ; lorsqu'on saupoudre du cyanure de potassium, maintenu en fusion, avec de l'oxyde de cuivre, celui-ci se réduit avec ignition ; l'oxyde de zinc et l'oxyde d'antimoine se réduisent aussi fort aisément. Toutes ces réductions s'accomplissent déjà à une faible chaleur rouge qu'on ne voit pas le jour. Chauffé avec du chlorate ou du nitrate de potasse, le cyanure de potassium produit une forte détonation (1).

204. *Cyanure mercurique.* — $CHgN$. — On l'obtient en dissolvant dans 15 p. d'eau bouillante 2 p. de ferrocyanure de potassium, ajoutant 3 p. de deutosulfate de mercure et entretenant le mélange en ébullition pendant un quart d'heure ; la solution filtrée bouillante dépose le cyanure mercurique à l'état cristallisé. On peut aussi le préparer en traitant de l'oxyde rouge de mercure avec du cyanure normal étendu d'eau jusqu'à entière disparition de l'odeur de celui-ci ; le liquide donne, par l'évaporation spontanée, des cristaux de cyanure mercurique. Ce sel cristallise en prismes réguliers à 4 ou à 6 pans, incolores, transparents et inaltérables à l'air ; il ne renferme pas d'eau de cristallisation. Il possède une saveur métallique et nauséabonde. Il se dissout à froid dans 8 p. d'eau ; il se dissout aussi dans l'alcool.

Il est très vénéneux. La chaleur le décompose en cyanogène et en mercure métallique. L'acide nitrique le dissout sans le décomposer. Sa solution aqueuse dissout à chaud une grande quantité d'oxyde rouge de mercure ; le produit réagit alcalin et se prend en petites aiguilles qui renferment, suivant M. Kühn, $2CHgN + 3Hg^2O$.

Il se combine avec certains chlorures, bromures et iodures, et même avec d'autres cyanures : ainsi, par exemple, par l'évaporation d'un mélange de cyanure potassique et de cyanure mercurique, il se produit des octaèdres blancs et transparents d'un sel double. On obtient, suivant M. Desfosses, une combinaison $[2(CHgN + KCl) + aq.]$ en dissolvant ensemble 1 p. de cyanure mercurique et 3 p. de bichlorure de mercure ; elle cristallise en paillettes blanches. M. Berthemot a décrit de son côté les combinaisons suivantes avec des bromures : $[2CHgN + KBr + 2 aq.]$, $[2CHgN + BaBr + 3 aq.]$, etc. M. Liebig exprime par $[2CHgN + KI]$ une combinaison de cyanure mercurique avec l'iodure de potassium. Ajoutons aussi que le cyanure mercurique

(1) Voyez, pour de plus amples renseignements, les Mémoires de M. Liebig et de MM. Haidlen et Frésénius, *Revue scientifique*, t. IX et XIII.

donne des combinaisons cristallisables avec le chromate de potasse et avec le formiate de potasse.

Lorsqu'on ajoute du cyanure normal ou potassique à la solution d'un protosel de mercure, il se précipite du mercure métallique et il reste du cyanure mercurique en dissolution.

205. *Cyanure argentique.* — CAgN. — On l'obtient en ajoutant un cyanure soluble à du nitrate d'argent. C'est une poudre blanche insoluble dans l'eau ainsi que dans les acides sulfurique et nitrique étendus. L'acide hydrochlorique et l'hydrogène sulfuré le décomposent aisément. Il est fort soluble dans l'ammoniaque. Chauffé à l'état sec, il donne de l'argent métallique et du cyanogène.

Il est soluble dans les cyanures de potassium, sodium, calcium, baryum et strontium. Les combinaisons ne sont précipitées ni par les chlorures métalliques ni par les alcalis caustiques, mais elles le sont par les acides énergiques; elles sont insolubles dans l'alcool. La combinaison de potassium cristallise aisément en tables carrées rectangulaires. Si l'on mélange ces combinaisons avec d'autres solutions métalliques, il se précipite du cyanure argentique combiné avec le cyanure du métal ajouté (Ittner): ainsi, par exemple, le cyanure d'argent et de potassium donne par l'addition de l'acétate de plomb du cyanure d'argent et de plomb (1).

D'ailleurs, tous les cyanures métalliques insolubles se combinent avec les cyanures solubles des métaux alcalins, et forment des combinaisons qui cristallisent généralement : ainsi, outre les cyanures d'argent et de mercure, ceux à base d'or, de palladium, de cuivre, de nickel, de zinc, etc., se dissolvent facilement dans le cyanure de potassium et de sodium. Les acides décomposent ces combinaisons.

Les cyanures solubles se comportent d'une manière particulière avec les dissolutions de fer, de cobalt, de chrome et de platine. Lorsque, par exemple, on mélange une dissolution de protosulfate de fer avec du cyanure potassique, on obtient un

_____

(1) Il paraîtrait, d'après les observations de M. Meillet, que ces cyanures doubles présentent des caractères analogues à ceux des ferrocyanures, etc. — Voir, *Sixième Famille*, Genre Polycyanure.

précipité rouge-orangé qui se dissout dans un excès de cyanure, avec une couleur jaune ; le produit est cristallisable et constitue le ferrocyanure de potassium. Dans ce sel, la présence du fer n'est indiquée ni par les alcalis caustiques ni par l'hydrosulfate d'ammoniaque ; il renferme $C^6K^4Fe^2N^6$, c'est-à-dire $4CKN + 2CFeN$. Nous le décrirons dans la *Sixième Famille*, ainsi que les combinaisons correspondantes de cobalt, de chrome et de platine.

206. *Cyanure chloré* (chlorure de cyanogène gazeux). — $CClN$. — Il se produit par l'action du chlore sur le cyanure normal ou mercurique. On l'obtient en faisant passer un excès de chlore dans une dissolution de cyanure normal ; dès que l'action est accomplie, on chauffe légèrement le liquide et l'on fait passer le gaz à travers un tube rempli de fragments de chlorure de calcium (Gay-Lussac).

C'est un gaz coercible, incolore, d'une odeur très pénétrante et qui provoque le larmoiement. Refroidi à — 18°, il cristallise en longues aiguilles qui ressemblent à de la glace ; elles fondent à — 15° et entrent en ébullition à — 12°. Il reste liquide sous la pression de 4 atmosphères.

L'eau en absorbe 25 fois son volume ; il s'en dégage par l'ébullition sans s'altérer. La dissolution ne rougit pas le tournesol, ne précipite pas les sels d'argent et se conserve longtemps sans se décomposer. L'alcool en dissout 100 et l'éther 50 fois son volume.

Les oxydes alcalins le décomposent ; en présence d'un alcali il colore en vert foncé les protosels de fer.

Lorsqu'on expose aux rayons solaires un mélange de chlore et de cyanure mercurique, on obtient une huile insoluble dans l'eau qui possède la même odeur que ce gaz ; cette huile, conservée dans un tube scellé à la lampe, finit par cristalliser (Persoz).

Si l'on expose aux rayons directs du soleil un mélange de chlore sec et de cyanure normal, il se produit le même corps solide. Celui-ci possède la même composition que le gaz précédent, fond à 140° et se sublime à 190° ; sa densité est de 1,32. Sa saveur est piquante et âcre. Si on le chauffe avec de l'eau, il se décompose en acide cyanurique et acide hydrochlorique, ce qui paraît indiquer que sa molécule est triple de celle du corps gazeux (3e famille, g. tricyanure); en effet on a :

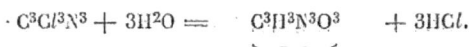

$$C^3Cl^3N^3 + 3H^2O = \underbrace{C^3H^3N^3O^3} + 3HCl.$$

Acide cyanurique.

Cyanure chloro-biammoniacal (chlorocyanate d'ammoniaque de M. Bineau). — CClN,2NH³. — Le cyanure chloré gazeux et le gaz ammoniac, mêlés ensemble, se combinent, quelques instants après la réunion, avec un faible dégagement de chaleur : le produit se dépose en grains blancs cristallins. Il n'a point d'odeur et ne paraît pas s'altérer à l'air. Il se décompose par l'action de la chaleur ainsi que par celle de l'eau. Soumis à l'action de la chaleur, il se fond, dégage de l'ammoniaque, donne un sublimé de sel ammoniac et laisse un résidu jaune-pâle de mellon :

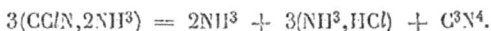

$$3(CClN,2NH^3) = 2NH^3 + 3(NH^3,HCl) + C^3N^4.$$

L'acide hydrochlorique versé sur ce composé n'y produit aucun dégagement de gaz ; l'acide sulfurique le dissout rapidement en développant du gaz hydrochlorique exempt d'acide carbonique. La potasse en sépare de l'ammoniaque (Bineau).

Le cyanure chloré solide absorbe aussi beaucoup d'ammoniaque. Le produit (parachlorocyanate d'ammoniaque de M. Bineau) est solide, blanc, inodore, sans saveur bien prononcée. Il est presque insoluble dans l'eau, à laquelle néanmoins il communique la propriété de troubler le nitrate d'argent ; il rougit la teinture de tournesol, mais seulement après un contact bien prolongé. Il paraît se conserver à l'air ; une chaleur de 100 à 130° n'en sépare non plus aucun gaz ; mais le chauffe-t-on à la lampe à esprit de vin, il donne les mêmes produits que la combinaison précédente.

207. *Cyanure bromé* (bromure de cyanogène). — CBrN. — On l'obtient aisément en distillant 2 p. de cyanure mercurique avec 1 p. de brome. La réaction est très vive, et une faible chaleur suffit pour faire passer le produit dans le col de la cornue, où il se dépose en cubes incolores, gazeux à 15°, solubles dans l'eau et l'alcool. Son odeur est très pénétrante. Il agit comme poison.

Cyanure bromo-sexammoniacal (bromocyanate liquide de M. Bineau). — CBrN,6NH³. — Le cyanure bromé s'empare avec une grande rapidité du gaz ammoniac; cependant l'absorption ne tarde pas à se ralentir de plus en plus, et ne s'achève qu'après un temps extrêmement long. Quand elle est aussi complète que possible, les cristaux du cyanure bromé ont disparu pour faire place à un liquide incolore. Ce composé exhale une vive odeur ammoniacale et se détruit promptement au contact de l'air. Sous l'influence d'une très faible élévation de température, cette décomposition s'effectue avec effervescence; à la simple chaleur de la main, le dégagement d'ammoniaque donne lieu à une véritable ébullition; dans tous les cas, le liquide se transforme dans le composé suivant (Bineau).

Cyanure bromo-biammoniacal (bromocyanate solide de M. Bineau). — CBrN,2NH³. — Ce sel se forme en premier lieu lors de l'absorption de l'ammoniaque par le cyanure bromé. Pour l'obtenir pur, le meilleur moyen consiste à laisser ce dernier se liquéfier en totalité ou en partie par sa combinaison avec l'ammoniaque, puis à chasser l'excès du gaz alcalin à l'aide d'une douce chaleur.

Il se présente sous forme d'aiguilles incolores qui n'ont pas d'odeur; leur saveur est extrêmement piquante. L'acide sulfurique en dégage des vapeurs de brome et d'acide hydrobromique.

Il ne paraît pas se décomposer en bromure et cyanate par sa dissolution dans l'eau; du moins, la liqueur évaporée donne des cristaux dont la décomposition à la chaleur rouge laisse un produit jaune offrant le même aspect que le résidu de la calcination du sel sec (Bineau).

208. *Cyanure iodé* (iodure de cyanogène). — CIN. — M. Woehler prépare ce corps en chauffant du cyanure de mercure ou d'argent, à l'état sec, avec de l'iode. Suivant M. Mitscherlich, on distille un mélange d'iode, de cyanure de mercure et d'eau; à l'aide d'une douce chaleur, on chasse le cyanure iodé dans le col de la cornue, où il se condense en aiguilles allongées ou en flocons blancs, neigeux et cristallins. Ces cristaux possèdent une odeur pénétrante, se dissolvent dans l'eau, l'alcool et l'éther sans se décomposer, et se volatilisent sans résidu à 45°.

Le cyanure potassique éprouve la même décomposition sous l'influence de l'iode.

Cyanure iodo-triammoniacal (iodocyanate d'ammoniaque de M. Bineau). — $CIN,3NH^3$. — Le cyanure iodé absorbe lentement le gaz ammoniac en se liquéfiant; ce liquide exhale une vive odeur ammoniacale. Chauffé au bain-marie, il entre en ébullition dès que le bain est à environ 50°, et après avoir dégagé beaucoup d'ammoniaque il se concrète. Il perd ainsi 16 p. c. d'ammoniaque en devenant CIN,NH^3 (Bineau).

Genre *Cyanogène* $R-^2N$.

209. *Cyanogène normal.* — CN. — Ce composé, découvert par M. Gay-Lussac, se produit toutes les fois qu'on soumet à l'action de la chaleur un cyanure dont le métal correspond à un oxyde très réductible; on l'obtient conséquemment par la calcination des cyanures à base de mercure, d'argent, d'or, de palladium, etc. Il suffit de chauffer un de ces cyanures (on emploie ordinairement le cyanure de mercure) dans une petite cornue et de recueillir le gaz sur le mercure. Si le cyanure employé n'est pas bien sec, le produit est souillé d'acide carbonique et d'acide prussique. La réaction, dans toute sa simplicité, devrait être $CHgN = CN + Hg$; mais la cornue retient ordinairement un léger résidu charbonneux (paracyanogène).

M. Kemp propose de préparer le cyanogène de la manière suivante : on prend 6 parties de polycyanure biferroso-quadripotassique (ferrocyanure jaune) parfaitement sec et 9 p. de bichlorure de mercure, tous deux réduits en poudre fine; on les mêle intimement ensemble, et l'on applique la chaleur au mélange dans une cornue de verre; aussitôt il se dégage du cyanogène, le mercure distille en même temps, et il reste dans la cornue une matière foncée qui renferme du chlorure et du cyanure à base de potassium et de fer.

Le cyanogène est un gaz coercible; à une pression de 4 atmosphères il se condense en un liquide incolore qui se conserve encore à — 18°, et qui est moins réfringent que l'eau.

A l'état gazeux il est sans couleur et possède une odeur pénétrante qui ressemble beaucoup à celle de l'acide prussique. Sa densité est de 1,8064. L'eau en absorbe 4 1/2 fois et l'alcool

23 fois son volume. Quand on le fait passer sur du fer chauffé au rouge blanc, il se décompose en azote et en charbon.

Il est inflammable et brûle avec une flamme bleuâtre, pourprée sur les bords. Quand on le mélange avec de l'oxygène, on peut le faire détoner par une étincelle électrique.

La dissolution aqueuse du cyanogène brunit promptement à la lumière en déposant des flocons bruns ; l'eau retient, suivant M. Woehler, de l'acide carbonique, de l'acide prussique, de l'ammoniaque, de l'urée et de l'oxalate d'ammoniaque ; ces produits ne se forment pas simultanément et appartiennent sans doute à des réactions différentes.

Selon MM. Pelouze et Richardon, la matière brune qui se produit dans ces circonstances aurait pour composition $C^4H^2N^1O$; ce serait donc le produit de la combinaison de 4 équivalents de cyanogène avec 1 éq. d'eau. Cette substance brune se dissout aisément dans les alcalis et dans l'acide acétique ; la solution est précipitée en brun par les solutions métalliques. Elle donne par la calcination le même produit noir qu'on observe dans la préparation du cyanogène ; M. Johnston lui donne le nom de *paracyanogène* et le considère comme un polymère C^6N^6 du cyanogène.

Lorsqu'on fait passer du cyanogène dans une solution d'ammoniaque, il se produit également une matière brune, ainsi que les substances solubles observées par M. Woehler dans la décomposition de la solution aqueuse du cyanogène. M. Johnston représente cette matière brune par $C^6H^{12}N^6O^4$; mais rien ne garantit l'exactitude de cette formule. Les solutions des alcalis fixes donnent également une semblable matière brune.

Le cyanogène est décomposé par une solution de deutosulfate de manganèse, en transformant celui-ci en protosulfate, et en développant de l'azote et de l'acide carbonique.

Quand on chauffe le potassium dans ce gaz, il brûle en produisant du cyanure potassique. Le platine, l'or et le cuivre peuvent être chauffés dans le cyanogène sans se combiner avec lui. Dirigé sur le carbonate de potasse chauffé au rouge, le cyanogène produit du cyanure et du cyanate potassiques.

Le cyanogène ne se combine pas directement avec l'hydrogène ni avec le soufre ; mais il s'unit au gaz hydrogène sulfuré en présence de l'eau. (Voir *Genre Hydrocyanure*.)

Sous bien des rapports, le cyanogène se comporte comme un corps simple : aussi la plupart des chimistes le considèrent-ils comme un radical composé Cy, capable de s'unir aux métaux et à d'autres éléments, comme le font le chlore, le brome et l'iode ; mais cette analogie ne se borne qu'à un petit nombre de cas.

Genre *Hydrocyanure* RNO.

210. L'espèce sulfurée de ce g. se produit par la combinaison directe du cyanogène avec l'hydrogène sulfuré ; l'espèce normale n'est pas connue.

Hydrocyanure sulfuré (combinaison rouge). — CH^2NS. — M. Gay-Lussac a observé qu'en mélangeant 2 volumes de cyanogène avec 2 volumes d'hydrogène sulfuré, en présence de l'eau, il se produit un liquide qui fournit par l'évaporation de fines aiguilles jaunes très altérables et qui ne précipitent pas les sels de plomb.

Lorsque, suivant M. Woehler, on fait arriver simultanément les deux gaz dans l'alcool, de manière que le cyanogène reste en excès, le liquide acquiert peu à peu une teinte jaune, et, après l'évaporation, on obtient un corps jaune sous forme de cristaux radiés. Il ne se produit dans ces circonstances aucun autre corps. Si l'hydrogène sulfuré est maintenu en excès, le liquide, de rouge qu'il était d'abord, devient bientôt orangé, en séparant de petits cristaux de même couleur. Ces derniers paraissent résulter de la décomposition de la combinaison jaune ; en continuant à y faire passer de l'hydrogène sulfuré encore pendant quelque temps, on n'obtient que ce corps orangé (Voelkel).

La réaction est la même si, au lieu de l'alcool, on emploie de l'eau ; toutefois celle-ci altère un peu la matière, qu'il faut alors faire recristalliser dans l'alcool. Il est même convenable de soumettre à une seconde cristallisation le produit obtenu dans l'alcool, car il pourrait retenir de l'alcool sulfuré (mercaptan).

Ces cristaux sont insolubles dans l'eau froide, très peu solubles dans l'eau bouillante, mais très solubles dans l'alcool bouillant. Ils se dissolvent à froid dans les alcalis et en sont précipités par les acides.

Lorsqu'on les fait bouillir dans une dissolution concentrée de potasse, ils se décomposent en eau, cyanure, cyanate sulfuré et sulfhydrate à base de potassium. Une lessive de potasse étendue et bouillante se comporte d'une manière toute différente : on obtient alors de l'ammoniaque, de l'oxalate bipotassique et du sulfhydrate de potassium, tandis qu'il ne se produit aucune trace de cyanate sulfuré.

Ces décompositions s'effectuent d'après les équations suivantes :

Par la potasse concentrée,

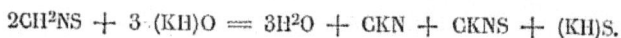

$$2CH^2NS + 3(KH)O = 3H^2O + CKN + CKNS + (KH)S.$$

Par la potasse étendue,

$$2CH^2NS + 4(KH)O = 2NH^3 + C^2K^2O^4 + 2(KH)S.$$

L'ammoniaque n'altère les cristaux ni à l'état liquide ni à l'état gazeux.

L'acide sulfureux ne les attaque pas non plus, et même le chlore gazeux ne les décompose pas à la température ordinaire. A chaud, ce dernier les détruit en formant du chlorure de soufre.

Leur dissolution n'est pas altérée par l'ébullition avec du bioxyde de mercure. Le gaz hydrochlorique ne les attaque pas à 100° ; mais si on les fait bouillir dans l'acide liquide, on obtient de l'acide oxalique, de l'hydrogène sulfuré et de l'ammoniaque (Voelkel) :

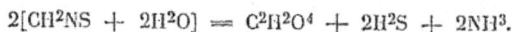

$$2[CH^2NS + 2H^2O] = C^2H^2O^4 + 2H^2S + 2NH^3.$$

La dissolution de ce corps produit des précipités dans les sels d'argent, de plomb et de cuivre ; celui d'argent se décompose à une douce chaleur en sulfure d'argent et en cyanogène gazeux.

Hydrocyanure sulfuro-plombique. — C(HPb)NS. — On l'obtient aisément en précipitant à froid une dissolution alcoolique du corps précédent par l'acétate de plomb ; il faut éviter d'employer ce sel en excès : autrement, surtout si l'on ne filtre pas rapidement, la combinaison éprouve un commencement de décomposition. On ne peut pas sécher le produit à l'aide de la chaleur, mais on le place dans le vide sur de l'acide sulfurique. C'est une poudre d'un jaune vif, semblable au jaune de chrome. Lorsqu'on la fait bouillir avec de l'eau, il se dégage du cyanogène, et l'eau se trouve alors renfermer du sulfure, ainsi que le corps orangé et le corps jaune de M. Gay-Lussac.

M. Voelkel, à qui nous devons l'analyse exacte de ces deux hydrocyanures, a fait quelques essais dans le but de trouver la composition du corps jaune de M. Gay-Lussac. Mais celui-ci se décompose trop rapidement ; sa solution n'est pas précipitée par l'acétate de plomb basique. Avec l'acétate de cuivre, elle donne un précipité jaune-brun qui se décompose rapidement. A en juger par le volume des gaz qui se combinent pour donner naissance à ce composé jaune, il paraîtrait qu'il renferme $C^4H^6N^4S^3 = 4$ éq. de cyanogène $+ 3$ éq. d'hydrogène sulfuré.

Genre Cyanate $R^{-1}NO$.

211. C'est le produit de l'oxydation ou de la sulfuration directes du g. cyanure. Sous l'influence des alcalis ou des acides énergiques et de l'eau, les espèces oxygénées se convertissent en acide carbonique (ou carbonate) et en ammoniaque :

$$CHNO + H^2O = CO^2 + NH^3.$$

Cyanate normal (acide cyanique). — CHNO. — Lorsqu'on verse un acide concentré sur un cyanate métallique sec, il se produit une effervescence d'acide carbonique accompagnée d'une odeur vive et pénétrante qui provient du cyanate normal ; mais ce procédé ne convient pas à la préparation de ce corps.

MM. Woehler et Liebig l'obtiennent en distillant le cyanurate normal (3ᵉ famille), polymère du cyanate, dans une petite cornue, et recueillant le produit dans un récipient entouré de glace.

C'est un liquide incolore, très fluide, d'une odeur très forte et pénétrante qui rappelle celle de l'acide acétique ou formique très concentré ; sa vapeur irrite les yeux. Une goutte de ce corps appliquée sur la peau y détermine une vésication très douloureuse comme le ferait un fer rouge. Sa solution aqueuse rougit le tournesol ; mais elle se décompose à la longue en acide carbonique et ammoniaque, et même en urée.

Récemment préparé, le cyanate normal se transforme bientôt, à quelques degrés au-dessus de 0°, en une masse dure et blanche qui ressemble à de la porcelaine (*cyamélide*, [acide

20

cyanurique insoluble); cette transposition moléculaire est souvent accompagnée d'une chaleur assez forte pour déterminer de légères explosions. Le nouveau produit possède la même composition centésimale que le cyanate normal, mais on n'en connaît pas l'équivalent. Il est insoluble dans l'eau, les acides étendus, l'alcool et l'éther; il se dissout dans les alcalis caustiques, en donnant de l'ammoniaque, du cyanate et du cyanurate. L'acide sulfurique concentré le dissout, et le décompose à l'aide de la chaleur, en acide carbonique et ammoniaque. Par la distillation sèche, il donne de nouveau du cyanate normal liquide.

Cyanate hydrochlorique. — CHNO,HCl. — Lorsqu'on place du cyanate potassique bien sec dans une cornue tubulée, et qu'on y fait passer du gaz hydrochlorique desséché par du chlorure de calcium, le sel s'échauffe beaucoup, et il passe un liquide incolore qui se conserve longtemps dans des flacons bouchés.

Cette combinaison est incolore, d'une odeur très forte, et fume beaucoup à l'air. Son odeur participe de celle de l'acide cyanique et de l'acide hydrochlorique. A l'air humide, ou lorsqu'on y pousse l'haleine, on la voit mousser et faire effervescence, en se transformant en acide carbonique et en sel ammoniac. L'eau la décompose vivement avec production de chaleur et dégagement d'acide carbonique. L'alcool la décompose avec chaleur, en produisant de l'acide hydrochlorique et de l'éther cyanurique.

Chauffée seule, elle se convertit en acide hydrochlorique et en cyamélide. Voilà pourquoi on n'obtient pas cette combinaison lorsqu'on fait intervenir la chaleur dans sa préparation ou que le sel s'échauffe trop fort. A 0°, elle se conserve sans altération dans un tube scellé à la lampe; mais, à la température ordinaire, elle se concrète peu à peu en une masse cristalline composée d'un mélange de cyamélide et de sel ammoniac, tandis que de l'acide carbonique et de l'acide hydrochlorique se dégagent et se compriment presque au point de se condenser (Woehler).

Cyanate biammoniacal (cyanate d'ammoniaque). — CHNO, 2NH³. — Lorsqu'on introduit dans une cloche de l'ammoniaque sèche et de la vapeur de cyanate normal, il se produit une combinaison blanche, lanugineuse et cristalline. Les acides concentrès la décomposent avec effervescence ; les alcalis en dégagent de l'ammoniaque. Sa solution aqueuse se convertit par l'ébullition en ammoniaque et en urée :

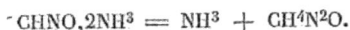

$$CHNO,2NH^3 = NH^3 + CH^4N^2O.$$

Cyanate potassique (cyanate de potasse). — CKNO. — Ce sel se produit dans plusieurs circonstances. On l'obtient, en même temps que le cyanure potassique, en faisant passer du cyanogène sur du carbonate de potasse chauffé au rouge. Le meilleur procédé consiste à calciner avec des oxydants du cyanure potassique. M. Liebig prescrit de faire fondre ce cyanure dans un creuset de Hesse et d'y introduire peu à peu de la litharge en poudre; celle-ci se réduit instantanément à l'état métallique. Le métal reste d'abord mélangé avec le cyanate; mais il se rassemble en culot par une plus forte chaleur ; on décante alors la masse fondue et on fait bouillir la scorie avec de l'alcool ; la solution donne, par le refroidissement, des cristaux de cyanate potassique.

Une méthode moins avantageuse consiste à griller du polycyanure biferroso-quadripotassique (ferrocyanure de potassium jaune) sur un plat en tôle en agitant continuellement le mélange, et à traiter le sel refroidi par de l'alcool bouillant. Un mélange de 2 parties de polycyanure et d'une partie de peroxyde de manganèse prend feu par le contact d'un corps en ignition et continue à brûler; le résidu est brun et renferme de l'oxyde de manganèse, du cyanate et du carbonate de potasse.

Enfin ce sel se produit aussi quand on calcine avec de la potasse de l'amméline, de l'ammélide ou de la mélamine (3ᵉ famille).

Le cyanate potassique cristallise de sa solution alcoolique en lames transparentes et anhydres qui ressemblent au chlorate de potasse; l'air humide les convertit peu à peu en carbonate de potasse et en ammoniaque. Il est soluble dans l'eau ; la solution se décompose promptement, surtout à chaud, dans les mêmes produits.

Il fond par la chaleur en un liquide qui se prend par le refroidissement en une masse cristalline.

Par la trituration d'un mélange de cyanate potassique sec et d'acide oxalique également desséché, il se produit de l'oxalate de potasse ainsi que la modification insoluble du cyanate normal (cyamélide).

Lorsqu'on ajoute de l'acide acétique ou un acide minéral en proportion convenable à une solution concentrée de cyanate potassique, de manière à ne pas la décomposer entièrement, il se produit un précipité de cyanurate acide à base de potassium (Liebig).

Cyanate argentique. — CAgNO. — C'est un précipité blanc qu'on obtient en précipitant la solution du sel précédent par un sel d'argent soluble. Le produit se dissout aisément dans l'ammoniaque en donnant des cristaux incolores qui perdent de l'ammoniaque par l'échauffement en laissant du cyanate d'argent pur. Ce dernier explosionne par une plus forte chaleur, et finit par laisser du carbure d'argent CAg².

Le cyanate plombique constitue également un précipité blanc insoluble dans l'eau.

212. Les cyanates sulfurés se produisent non seulement par la combinaison des cyanures avec le soufre, mais encore par la décomposition des espèces sulfurées des g. hydrocyanure (211), perhydrocyanate (213), thiocarbamate (259) et percyanure (260).

Les cyanates sulfurés se convertissent à froid, sous l'influence des acides concentrés, en percyanures sulfurés (260). A chaud, ils donnent, suivant la concentration des liquides, de l'acide carbonique, du sulfure de carbone et de l'ammoniaque, ou de l'acide carbonique, de l'hydrogène sulfuré et de l'ammoniaque:

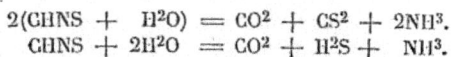

$$2(\text{CHNS} + \text{H}^2\text{O}) = \text{CO}^2 + \text{CS}^2 + 2\text{NH}^3.$$
$$\text{CHNS} + 2\text{H}^2\text{O} = \text{CO}^2 + \text{H}^2\text{S} + \text{NH}^3.$$

Ces décompositions s'observent surtout lorsqu'on fait bouillir les cyanates sulfurés solubles avec de l'acide hydrochlorique (Voelkel).

L'acide nitrique et le chlore produisent dans les cyanates sulfurés solubles un précipité jaune dont la composition varie extrèmement suivant les circonstances. Ce précipité (*sulfocyanogène, sulfure de cyanogène, cyanoxysulfide*) se dissout dans la potasse caustique en produisant des sels particuliers (*thiocyanures* de M. Parnell) dont la composition n'est point connue; il se décompose quand on le chauffe au rouge, en donnant du sulfure de carbone, du soufre et un résidu grisâtre appelé *mellon* par M. Liebig. (Voir, 3ᵉ famille, les g. *Mellonure* et *Mellon*.)

Cyanate sulfuré (acide sulfocyanhydrique). — CHNS. — Ce corps, découvert par Rink, se rencontre dans l'eau distillée de certaines crucifères, ainsi que dans la salive de l'homme et des moutons (L. Gmelin). On l'obtient en décomposant le cyanate sulfuro-plombique par l'acide sulfurique étendu d'eau, ou bien le cyanate sulfuro-argentique en suspension dans l'eau par l'hydrogène sulfuré. C'est une liqueur incolore et d'une saveur acide ; elle se décompose par le contact de l'air ainsi que par la distillation sèche, en. donnant, entre autres produits, une poudre jaune (percyanure trisulfuré). Il n'est point vénéneux.

Il colore en rouge de sang les solutions des persels de fer ; il se décompose directement avec les oxydes métalliques, en échangeant son hydrogène pour du métal.

Cyanate sulfuro - ammoniacal (sulfocyanhydrate d'ammoniaque). — CHNS,NH³. — En saturant du cyanate sulfuré avec de l'ammoniaque et évaporant à une douce chaleur, on obtient une masse déliquescente qui donne, par une chaleur élevée, des produits parmi lesquels on remarque l'ammoniaque, le sulfure de carbone et le mélam (3ᵉ famille). Si la chaleur ne déterminait pas des réactions secondaires, la décomposition du cyanate sulfuro-ammoniacal serait sous sa forme la plus simple :

$$6CHNS,NH^3 = C^3H^6N^6 + 3CS^2 + 6NH^3.$$

Cyanate sulfuro - potassique (sulfocyanure de potassium). — CKNS. — On l'obtient en chauffant au rouge obscur un mélange intime de 2 p. de polycyanure biferroso-quadripotassique (ferrocyanure jaune de potassium), préalablement privé de son eau de cristallisation, avec 1 p. de fleurs de soufre, jusqu'à ce qu'il se développe de la masse fondue des bulles qui brûlent à l'air avec une flamme rouge. On dissout ensuite la masse dans l'eau, et après en avoir précipité le fer par du carbonate de potasse, on l'évapore à siccité. On traite le résidu par l'alcool et on abandonne la solution à l'évaporation spontanée.

M. Woehler a observé qu'il se forme le même sel, lorsqu'on fait passer du cyanogène dans une dissolution de sulfure de potassium, ou qu'on chauffe ce sulfure à l'état sec dans le cyanogène gazeux.

Ce sel ressemble beaucoup au salpêtre. Il cristallise en prismes incolores qui ne renferment pas d'eau de cristallisation ; il est très déliquescent, fusible, et très soluble dans l'alcool bouillant. Sa saveur est fraîche et piquante. Sa dissolution aqueuse s'altère à la longue.

Ainsi que tous les cyanates sulfurés solubles, il colore en rouge les persels de fer. Il supporte une température assez élevée sans se décomposer ; mais en présence de l'oxygène, il finit par se décomposer en gaz sulfureux, sulfate et cyanate oxygéné.

Cyanate sulfuro-plombique (sulfocyanure de plomb). — CPbNS. — Lorsqu'on mélange des solutions concentrées d'acétate de plomb et de cyanate sulfuro-potassique, il se dépose des cristaux jaunes, opaques et brillants que l'eau bouillante décompose en cyanate sulfuré et en un sel surbasique blanc et insoluble dans l'eau : $2(CPbNS) + Pb^2O$.

Cyanate sulfuro-mercurique (sulfocyanide de mercure). — CHgNS. — Ce composé se forme toutes les fois qu'on mélange un deutosel de mercure avec du cyanate sulfuro-potassique. Lorsqu'on mélange une dissolution de ce dernier sel avec un protosel de mercure, il se produit un précipité blanc que l'eau bouillante convertit en mercure métallique et en cyanate sulfuro-mercurique. C'est une combinaison cristallisable assez soluble dans l'eau. Elle donne avec l'ammoniaque un précipité jaune qui paraît être un sel surbasique : $CHgNS + Hg^2O$ (Clauss).

Cyanate sulfuro-argentique (sulfocyanure d'argent). — CAgNS. — Précipité blanc, caillebotteux, insoluble dans l'eau et soluble dans l'ammoniaque, d'où il cristallise en paillettes brillantes qui ne renferment pas d'ammoniaque.

Les cyanates sulfurés donnent, par la distillation sèche, du sulfure de carbone, du soufre et des produits organiques provenant de la décomposition de plusieurs molécules de cyanate (2e et 3e familles).

Cyanate sélénio-potassique (séléniocyanure de potassium). — CKNSe. — Il se produit lorsqu'on fait fondre du polycyanure biferroso-quadripotassique avec du sélénium. La solution aqueuse du sel, concentrée à consistance de sirop, donne des cristaux qui ne renferment pas d'eau de cristallisation. Les acides en précipitent un corps rouge qui paraît être du sélénium.

Genre *Perhydrocyanate* RNO².

213. C'est le produit de l'action du chlore sur le thiocarbamate trisulfuro-biammoniacal (2ᵉ famille).

Perhydrocyanate bisulfuré (sulfocyanogène bihydrosulfuré de M. Zeise). — CH²NS². — Lorsqu'on dissout du thiocarbamate trisulfuro-biammoniacal dans 5 ou 6 p. d'eau, et qu'on y ajoute par petites portions une dissolution de chlore, en agitant bien le mélange, il se produit beaucoup de flocons blancs et cristallins qui se réunissent facilement au fond du vase ; on lave ce précipité à l'eau froide jusqu'à ce que les liqueurs de lavage ne soient plus colorées par le perchlorure de fer, et on le dessèche dans le vide sur de l'acide sulfurique. Il faut avoir soin, dans cette préparation, de ne pas mettre de chlore en excès ; il se produit en même temps du cyanate sulfuro-ammoniacal et du chlorhydrate d'ammoniaque, comme l'indique l'équation suivante :

$$C^2H^4N^2S^3,2NH^3 + Cl = \quad CH^2NS^2 \quad + \quad CHNS,NH^3 + HCl,NH^3.$$
Thiocarbamate.   Perhydrocyanate.   Cyanate.   Chlorhyd.

Récemment préparé, ce corps est tout-à-fait incolore, nacré et sans odeur ; avec le temps il dégage de l'hydrogène sulfuré. Il ne se dissout qu'en petite quantité dans l'eau ; l'alcool le dissout sans altération ; l'éther le dissout en plus grande quantité et le dépose par l'évaporation spontanée en écailles assez volumineuses, mais une partie en est toujours altérée ; la dissolution rougit le tournesol.

Une dissolution alcoolique de potasse dissout une grande partie de ce corps en donnant lieu à un liquide neutre ; par l'ébullition il se produit du sulfure, du cyanate sulfuré et du soufre. L'oxyde de plomb broyé avec de l'eau n'agit sur lui que si l'on fait chauffer le mélange ; mais alors il se produit du sulfure et du cyanate sulfuré à base de plomb, du soufre et de l'eau :

$$2(CH^2NS^2 + Pb^2O) = 2CPbNS + Pb^2S + S + 2H^2O.$$

Soumis à la distillation sèche, il donne du sulfure de carbone accompagné d'un peu d'hydrogène sulfuré, ainsi que du sulfhydrate et du carbosulfure d'ammoniaque, en laissant une petite quantité d'une masse noire.

Les acides sulfurique et hydrochlorique n'agissent pas sensiblement sur lui (Zeise).

On voit, d'après ce qui précède, qu'il existe trois séries de corps à la fois azotés et sulfurés, et qui peuvent se convertir les uns dans les autres. Ils appartiennent à trois genres distincts de la première famille :

RNO.	Hydrocyanure (comb. de cyanog. et d'hydrogène sulfuré) . . . . , ...	$= CH^2NS$.
$R - {}^1NO$.	Cyanate (acide sulfocyanhydrique, sulfocyanures)	$= CHNS$.
RNO^2.	Perhydrocyanate (sulfocyanogène bihydrosulfuré)	$= CH^2NS^2$.

Genre Sulfaméthylane $R + {}^3NSO^3$.

214. Produit de décomposition du sulfométhol normal (2ᵉ famille) par l'ammoniaque.

Sulfaméthylane normal. — CH^5NSO^3. — Quand on dirige un courant d'ammoniaque sèche dans du sulfométhol pur, il ne tarde pas à s'échauffer beaucoup, et il se convertit bientôt en une masse cristalline et molle qui consiste probablement en un mélange de sulfométhol non attaqué et de sulfaméthylane. Pour obtenir ce dernier corps, il suffit de traiter le sulfométhol par l'ammoniaque liquide. L'action est si vive, par l'agitation du mélange, qu'il en est souvent projeté hors du vase avec une espèce d'explosion. Le liquide, entièrement miscible à l'eau, qui reste après la réaction, donne par l'évaporation dans le vide sec une belle cristallisation de sulfaméthylane. Malheureusement ce corps est très déliquescent, ce qui rend la conversation des cristaux très difficile (Dumas et Péligot).

Ce corps appartient à la classe de ceux que nous avons désignés sous le nom générique d'*améthanes* (64). Sa formation s'explique par la réaction suivante :

$$C^2H^6SO^4 + NH^3 = CH^5NSO^3 + CH^4O.$$

On voit qu'elle est accompagnée d'une régénération d'esprit de bois.

Genre *Urée* $R+^2N^2O$.

215. Il se forme par la décomposition du cyanate biammoniacal (211).

Urée normale. — CH^4N^2O. — Cet alcaloïde, découvert par Fourcroy et Vauquelin, se rencontre à l'état libre dans l'urine des mammifères (1). Elle a été aussi rencontrée dans le sang des malades chez qui la sécrétion urinaire est troublée, par exemple, dans celui des cholériques. Plusieurs chimistes (Marchand, Barruel) en ont constaté la présence dans les liquides qui se concentrent dans certaines parties du corps chez les hydropiques. La formation de l'urée est d'ailleurs une conséquence du travail vital, du renouvellement des tissus; sa sécrétion continue chez les animaux soumis à un régime non azoté ou à une abstinence prolongée comme chez les individus sains et parfaitement nourris. Un homme adulte en sécrète par jour, terme moyen, de 30 à 35 grammes.

Ce corps remarquable se produit du reste dans plusieurs métamorphoses chimiques; c'est M. Woehler qui le premier l'a produit par voie artificielle à l'aide du cyanate biammoniacal. MM. Liebig et Woehler en ont remarqué la formation dans la distillation sèche de l'acide urique (5ᵉ famille); ce dernier en donne aussi par l'action des agents oxygénants, tels que le peroxyde puce de plomb, l'acide nitrique, etc.

Pour l'extraire de l'urine, on évapore celle-ci à une douce chaleur et l'on essaie de temps à autre, sur de petites quantités, si le liquide se concrète par l'acide nitrique de 1,42; dès qu'il présente cet état de concentration, on le laisse refroidir et l'on y ajoute un volume d'acide nitrique égal au sien. On recueille les cristaux, on les étend sur des briques, et quand ils sont secs on les dissout de nouveau pour les décolorer avec du charbon animal; puis on neutralise la dissolution par du carbonate de baryte ou de potasse, et l'on évapore à cristallisation; le nitrate de potasse ou de baryte cristallise le premier, tandis que l'urée

---

(1) M. Pelouze a récemment prouvé que les indications de MM. Cap et Henry, d'après lesquelles l'urée se rencontrerait dans l'urine à l'état de lactate ou d'hippurate, sont entièrement erronées.

normale reste dans les eaux-mères et s'obtient par une plus grande concentration. On la fait enfin cristalliser dans l'alcool, afin de la dépouiller des dernières traces de sels de potasse.

M. Berzélius traite l'urine par une solution concentrée d'acide oxalique, et décompose les cristaux, après les avoir décolorés par du charbon, avec de la craie en poudre.

Le meilleur procédé pour obtenir l'urée est basé sur la décomposition du cyanate d'ammoniaque. M. Liebig opère de la manière suivante : on réduit en poudre très fine 28 p. de polycyanure biferroso-quadripotassique (ferrocyanure de potassium jaune) bien sec, et on le mélange intimement avec 14 p. de peroxyde de manganèse également bien pulvérisé. On chauffe le mélange sur une plaque en tôle, et on le porte au rouge ; il prend alors feu et brûle peu à peu. Il faut éviter l'agglomération de la masse en l'agitant continuellement. Dès qu'on a effectué cette transformation du polycyanure en cyanate, on lessive la masse avec de l'eau froide, et on ajoute à la solution 20 1/2 p. de sulfate d'ammoniaque sec. Ordinairement il se produit alors un abondant précipité de sulfate de potasse, d'où l'on décante le liquide ; on évapore alors celui-ci au bain-marie, de manière qu'il dépose de nouvelles couches de sulfate que l'on enlève chaque fois. Enfin, quand tout est sec, on reprend la masse par de l'alcool bouillant qui ne dissout que l'urée et la dépose, par le refroidissement, à l'état cristallisé.

Elle cristallise en prismes quadrilatères aplatis, incolores, transparents, solubles dans l'eau et l'alcool ; sa saveur est fraîche et amère, semblable à celle du salpêtre. Elle ne s'altère pas à l'air sec ; elle fond à 120° en un liquide incolore, et se décompose à une température plus élevée en donnant de l'ammoniaque, du cyanate d'ammoniaque et du cyanurate normal. Les alcalis ne la décomposent pas à froid.

Pulvérisée et mêlée à certains sels, l'urée en sépare immédiatement l'eau de cristallisation, et la masse, de solide qu'elle était, devient tout-à-coup molle ou même liquide, quand le sel contient beaucoup d'eau de cristallisation, comme, par exemple, le sulfate de soude. L'urée n'est pas cependant susceptible de se combiner avec l'eau ; mise en contact avec l'air, elle n'en attire pas l'humidité d'une manière bien sensible (Pelouze).

L'urée se comporte vis-à-vis de certains acides comme un alcaloïde ; ainsi, par exemple, elle donne des combinaisons cristallisées avec les acides nitrique et oxalique, de même elle absorbe le gaz hydrochlorique ; mais elle ne se combine ni avec l'acide lactique, ni avec l'acide urique, ni avec l'acide hippurique ; lorsqu'on porte à l'ébullition un mélange d'acide hippurique et d'U., celle-ci se convertit en partie en carbonate d'ammoniaque.

Un mélange d'une dissolution d'urée et de nitrate d'argent se décompose par l'évaporation en nitrate d'ammoniaque et cyanate argentique cristallin :

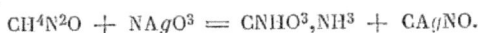

$$CH^4N^2O + NAgO^3 = CNHO^3,NH^3 + CAgNO.$$

Une solution d'U. donne, par le même traitement avec l'acétate de plomb, du carbonate de plomb et de l'acétate d'ammoniaque.

Le chlore décompose l'urée en acide hydrochlorique, acide carbonique et azote. Lorsqu'on la fait fondre avec de la potasse caustique ou qu'on la traite par de l'acide sulfurique concentré, elle se convertit en acide carbonique et en ammoniaque :

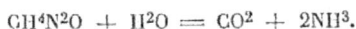

$$CH^4N^2O + H^2O = CO^2 + 2NH^3.$$

Cette réaction s'effectue sans l'intervention des acides ni des alcalis, mais en présence de l'eau seule, si l'on expose une dissolution d'urée, dans un tube scellé à la lampe, à la chaleur d'un bain d'huile porté à 140° (Pelouze).

Une semblable décomposition s'effectue dans l'urine lorsqu'elle se putréfie ; le mucus vésical qu'elle renferme toujours agit alors comme ferment. L'acide nitreux décompose l'urée instantanément en volumes égaux (?) d'azote et d'acide carbonique.

216. *Urée hydrochlorique* (hydrochlorate d'urée).— CH^4N^2O, HC*l*.— Lorsqu'on fait passer du gaz hydrochlorique sec sur de l'urée, celle-ci se fond et absorbe le gaz ; si l'on maintient la matière dans un bain-marie, la saturation est bientôt complète. Tant que le produit est chaud, il se présente sous la forme d'une huile jaunâtre, d'où l'on expulse l'excès d'acide hydrochlorique par un courant d'air sec. Après le refroidissement, il se prend en cristaux blancs feuilletés et radiés en développant beaucoup de chaleur. Ces cristaux se liquéfient rapidement à l'air humide en se décomposant ; quand on y verse de l'eau, ils se décomposent instantanément (Erdmann, Hagen, Pelouze).

Urée nitrique (nitrate d'urée). — CH^4N^2O,NHO^3. — Une solution d'urée donne par l'acide nitrique des cristaux blancs et brillants qui se dissolvent dans 8 parties d'eau froide. Le produit est plus soluble dans l'eau chaude, et cristallise de la solution en lames larges et brillantes.

Ce corps se décompose à 140° en dégageant une grande quantité de gaz formés d'acide carbonique et de protoxyde d'azote, dans le rapport sensiblement exact de 2 volumes du premier et 1 volume du second ; le résidu se compose d'urée libre et de nitrate d'ammoniaque (Pelouze) :

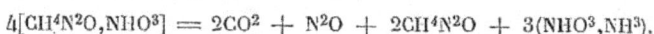

$$4[CH^4N^2O,NHO^3] = 2CO^2 + N^2O + 2CH^4N^2O + 3(NHO^3,NH^3).$$

Si l'on élève davantage la chaleur, le résidu se décompose à son tour, et l'on obtient une nouvelle quantité de protoxyde d'azote, de l'eau, de l'acide carbonique et de l'ammoniaque.

Pendant cette décomposition du nitrate d'urée, il se forme une petite quantité d'un acide particulier qui cristallise en petites lamelles brillantes, rougissant le papier de tournesol et peu solubles dans l'eau froide. La potasse en dégage de l'ammoniaque, mais seulement à chaud et avec une grande lenteur. Cet acide forme, dans l'acétate de plomb surbasique et dans le nitrate d'argent, un précipité blanc abondant. Soumis à la distillation sèche, il donne des produits acides, et disparaît sans laisser de résidu. M. Pelouze, qui l'a observé, lui assigne provisoirement la formule $CH^3N^2O^2$.

Chauffée légèrement avec de l'acide nitrique, l'allantoïne normale (4e fam.) se convertit en U. nitrique et en allanturate normal (3e fam.); dans cette réaction, l'allantoïne fixe tout simplement les éléments de 1 éq. d'eau et se dédouble ensuite.

Urée semi-oxalique (oxalate d'urée). — $(CH^4N^2O)^2,C^2H^2O^4$. — Une dissolution d'acide oxalurique se décompose par l'ébullition en acide oxalique et en urée semi-oxalique :

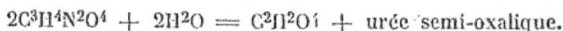

$$2C^3H^4N^2O^4 + 2H^2O = C^2H^2O^4 + \text{urée semi-oxalique}.$$

Ce sel cristallise en prismes minces et allongés, transparents, très peu solubles dans l'eau et d'une saveur acide. Par la distillation sèche, il donne du gaz carbonique et oxyde de carbone, de l'eau, de l'ammoniaque et de l'acide cyanurique. Il est moins soluble dans l'alcool que dans l'eau.

DEUXIÈME FAMILLE.

GENRES.	FONCTIONS chimiques DES GENRES.	RAPPORTS DE TRANSFORMATION entre les genres DE LA DEUXIÈME FAMILLE.	RAPPORTS DE TRANSFORMATION entre les genres DE LA DEUXIÈME ET D'AUTRES FAMILLES.
Acétène R+2.	Hydrocarbure.	L'alcool normal fixe HCl et élimine H^2O pour produire l'acétène chloré.	?
Éthérilène R+2.	Hydrocarbure.	L'éthérène normal fixe Cl^2 et se convertit en éthérilène bichloré.	?
Éthérène R.	Hydrocarbure.	L'alcool normal élimine H^2O et produit de l'éthérène normal.	Distillation sèche de beaucoup de matières organiques.
Alcool R+²O.	Alcool.	?	Le glucose normal (12e famille) se dédouble, sous l'influence de ferments, en $4C^2H^6O$ et $4CO^2$
Méther R+²O.	?	?	Deux molécules de méthol normal (1re famille) éliminent ensemble H^2O pour constituer le méther normal.
Acétol RO.	Aldéhyde.	Sous l'influence des oxydants, l'alcool normal perd H^2 et se convertit en acétol normal.	?
Thionol R+²O².	Sel bibasique.	Le sulfhydrate de potasse convertit l'éthérilène bichloré en thionol bisulfuré.	?

GENRES.	FONCTIONS chimiques DES GENRES.	RAPPORTS DE TRANSFORMATION entre les genres DE LA DEUXIÈME FAMILLE.	RAPPORTS DE TRANSFORMATION entre les genres DE LA DEUXIÈME ET D'AUTRES FAMILLES.
Élaîle RO².	?	Le monosulfure de potassium transforme l'éthérilène bichloré en élaîle bisulfuré.	?
Acétate RO².	Sel unibasique.	Sous l'influence des oxydants, l'acétol normal fixe O et devient acétate normal.	Action de l'hydrate de potasse sur un grand nombre de matières organiques.
Formométhol RO²	Éther.	?	Le méthol normal et le formiate normal (1re fam.) s'unissent en éliminant H²O. ?
Éthylate RO³.	Sel unibasique.	L'acide nitrique convertit l'alcool sulfuré en éthylate sulfuré.	
Carbométhylate RO³.	Sel unibasique.	?	Sous l'influence du gaz carbonique et de la baryte caustique, le méthol normal (1re fam.) devient carbométhylate barytique.
Oxalate R−2O⁴.	Sel bibasique.	L'alcool normal devient oxalate normal sous l'influence de l'acide nitrique.	Deux molécules de formiate (1re famille) éliminent H² sous l'influence des alcalis et de la chaleur.
Sulfovinate R+2SO⁴.	Sel copulé ⚊bibas.	L'alcool normal fixe SH²O⁴ en éliminant H²O et devient sulfovinate normal.	Action de l'acide sulfurique sur l'éther normal. (4e famille.)
Iséthionate R+2SO⁴.	Sel copulé unibas.	L'éthionate normal élimine SO³ par l'ébullition et devient iséthionate normal.	Action de l'acide sulfurique anhydre sur l'éther normal.

GENRES.	FONCTIONS chimiques DES GENRES.	RAPPORTS DE TRANSFORMATION entre les genres DE LA DEUXIÈME FAMILLE.	RAPPORTS DE TRANSFORMATION entre les genres DE LA DEUXIÈME ET D'AUTRES FAMILLES.
Althionate R+2SO⁴.	Sel copulé unibas.	Action de l'acide sulfurique sur l'alcool normal.	Action de l'acide sulfurique sur l'éther normal.
Sulfométhol R+2S⁴.	Éther.	?	Combinaison de SH^2O^4 avec deux molécules de méthol normal (1re famille) et élimination de $2H^2O$.
Sulfacétate RSO⁵.	Sel copulé bibasiq.	L'acétate normal s'accouple avec SH^2O^4 en éliminant H^2O.	?
Sulfocarbyle RS²O⁶.	?	L'éthérène normal s'unit directement à $2SO^3$.	?
Éthionate R+2S²O⁷	Sel copulé bibasiq.	Le sulfocarbyle normal, en se dissolvant dans l'eau, assimile H^2O et produit de l'éthionate normal.	?
Phosphovinate R+3PO⁴.	Sel copulé bibasiq.	L'acide phosphorique s'accouple avec l'alcool normal en éliminant H^2O.	?
Élaïlate R+2Pt².	?	Action du bichlorure de platine sur l'alcool normal.	?
Uréthylane R+1NO².	Amide.	Par l'action de l'ammoniaque sur le formométhol chloré, il se produit HCl et de l'uréthylane normal.	?
Oxamate R—NO³.	Amide, sel unibas.	L'oxalate ammon. élimine H^2O par l'action de la chaleur et donne de l'oxamate n.	L'oxaméthane normal (4e fam.) mis en contact avec de l'eau donne de l'alcool n. et de l'oxamate n.

GENRES.	FONCTIONS chimiques DES GENRES.	RAPPORTS DE TRANSFORMATION entre les genres DE LA DEUXIÈME FAMILLE.	RAPPORTS DE TRANSFORMATION entre les genres DE LA DEUXIÈME ET D'AUTRES FAMILLES.
Taurine $R+3NO^5$.	?	?	Ébullition de la bile (21e famille) avec l'acide hydrochlorique.
Oxamide RN^2O^2.	Amide.	L'oxalate biammoniacal élimine $2H^2O$ par l'action de la chaleur et donne de l'oxamide normale.	L'oxalcool normal (6e famille) donne, sous l'influence de l'ammoniaque, de l'alcool normal et de l'oxamide normale.
Fulminate $R-2N^2O^2$.	Sel bibasique.	Décomposition de l'alcool normal sous l'influence de l'acide nitrique et du nitrate de mercure ou d'argent.	?
Thiocarbamate RN^2O^3.	Sel bibasique.	?	Deux molécules de sulfure de carbone se décomposent avec deux molécules d'ammoniaque, en produisant du thiocarbamate trisulfuré et de l'hydrogène sulfuré.
Percyanure $R-2N^2O^3$.	Sel bibasique.	?	Décomposition des cyanates sulfurés (1re famille) sous l'influence de l'acide hydrochlorique.
Arsine $R+1As$.	Alcaloïde.		En distillant l'alcarsine normale (4e fam.) avec HCl, on obtient de l'arsine hydrochlorique.
Cacoplatyle $R+1AsPtO$.	Alcaloïde.	Bouillie avec $PtCl^2$ et H^2O, l'arsine hydrochlorique devient cacoplatyle hydroch., en même temps que $2HCl$ sont éliminés.	»
Alcargène $R+2AsO^2$.	Sel unibasique.	Action de l'air sur les espèces du g. arsine.	Action de l'air et des oxydes sur le cacodyle et l'alcarsine normale (4e famille).

Genre Acétène R+2.

218. Ce genre est l'homologue du g. formène de la première famille ; on en obtient plusieurs espèces par l'action des acides hydrochlorique, hydrobromique, hydriodique, etc., sur l'alcool normal.

Acétène normal (éthyle de M. Lœwig). — C^2H^6. — En parlant de l'action du potassium sur les corps chlorés (139), nous avons déjà eu l'occasion de mentionner la décomposition que ce métal exerce sur l'acétène chloré.

Mis en contact avec de l'eau, l'acétène potassé produit un dégagement d'hydrogène. Si l'on sature ensuite la solution alcaline par de l'acide nitrique, et qu'on y ajoute du nitrate d'argent, ce réactif y dénote la présence du chlorure de potassium. Si l'on agite la solution aqueuse avec un peu d'éther et qu'ensuite on fasse évaporer le mélange dans le vide à une basse température, il reste un liquide oléagineux qui se volatilise également au bout de quelque temps. Ce liquide brûle avec une flamme brillante, et possède une odeur particulière ainsi qu'une saveur analogue à celle du savon et en même temps styptique.

Acétène potassé (éthylure de potassium de M. Lœwig). — $C^2(H^5K)$. — C'est la poudre blanche qu'on obtient par l'action du potassium sur l'acétène chloré. Appliquée sur la peau, elle cause une douleur brûlante. Elle se décompose par l'action de la chaleur, en laissant un résidu charbonneux qui se brûle instantanément par le contact de l'air.

219. *Acétène chloré* (éther hydrochlorique, hydrochlorate d'éthérène, chlorure d'éthyle). — $C^2(H^5Cl)$. — Ce corps, déjà observé par Rouelle, a été plus particulièrement étudié par Boullay et par M. Thénard. On peut l'obtenir soit en saturant l'alcool normal par du gaz hydrochlorique, soit en distillant un mélange de 5 p. d'alcool, 5 p. d'acide sulfurique concentré et 12 p. de sel marin, soit aussi en distillant avec de l'alcool les perchlorures d'étain, de bismuth, d'antimoine, d'arsenic ou de fer.

Le meilleur procédé consiste à saturer l'alcool par du gaz hydrochlorique et à distiller le liquide au bain-marie ; on dirige

21

le produit dans un flacon contenant de l'eau et entouré d'eau à 20 ou 25° c., et de là dans un autre récipient entouré de glace.

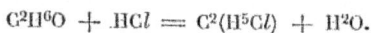

$$C^2H^6O + HCl = C^2(H^5Cl) + H^2O.$$

C'est un liquide incolore, d'une odeur aromatique assez forte, douceâtre et un peu alliacée. Suivant M. Thénard, sa densité à l'état liquide est de 0,774 à +5°. La densité de sa vapeur a été trouvée égale à 2,219. Il bout à + 12°, sous la pression de 750 ^{mm}.; il brûle avec une flamme lumineuse bordée de vert. L'eau en dissout 1/50 de son poids ou un volume égal au sien; la solution est neutre aux papiers, et ne précipite pas les sels d'argent; l'alcool le dissout en toutes proportions; la solution ne précipite pas non plus les sels d'argent.

Lorsqu'on le fait passer dans un tube de porcelaine chauffé au rouge, il se décompose en éthérène normal (C^2H^4) et acide hydrochlorique. L'acide sulfurique concentré le détruit en développant du gaz hydrochlorique, de l'éthérène normal et du gaz sulfureux en même temps que le mélange se charbonne.

Les alcalis hydratés le décomposent à la longue en chlorure et en alcool normal (Boullay):

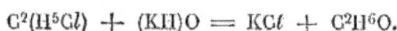

$$C^2(H^5Cl) + (KH)O = KCl + C^2H^6O.$$

Lorsqu'on dirige sa vapeur dans de l'acide nitrique, il se produit de l'acide hydrochlorique, du chlore et un peu d'acétène nitrique.

Une dissolution alcoolique de monosulfure de potassium le convertit en chlorure et en éther sulfuré (4° famille); le sulfhydrate de potasse le transforme en chlorure et en alcool sulfuré:

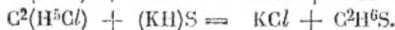

$$2C^2(H^5Cl) + K^2S = 2KCl + C^4H^{10}S.$$
$$C^2(H^5Cl) + (KH)S = KCl + C^2H^6S.$$

Le chlore gazeux en enlève successivement l'hydrogène pour s'y substituer.

L'acétène chloré dissout le soufre, le phosphore, les huiles grasses, les huiles essentielles et beaucoup d'autres corps.

Acétène bichloré (éther hydrochlorique monochloruré de M. Regnault). — $C^2(H^4Cl^2)$. — Dans un endroit peu éclairé, le chlore gazeux n'a pas d'action sur l'acétène chloré; mais lorsque l'appareil où se trouvent les deux corps est exposé aux rayons directs du soleil, l'action devient très vive; il se dégage alors de l'acide hydrochlorique en même temps qu'il se produit un liquide très fluide, incolore, d'une odeur agréable et éthérée, et d'une saveur à la fois sucrée et poivrée. Pour avoir un produit très pur, il faut avoir soin de tenir l'acétène chloré en excès par rapport au chlore.

Ce liquide a un poids spécifique de 1,174 à 17°; la densité de sa vapeur a été trouvée égale à 3,478. Il bout à 64°. Il n'est que légèrement altéré par une dissolution alcoolique de potasse; lorsqu'on soumet le mélange à la distillation, une partie passe sans être altérée, tandis qu'une autre partie est décomposée en donnant du chlorure ainsi que d'autres substances qui n'ont pas encore été examinées, et qui paraissent être les mêmes que celles que l'acétol normal (aldéhyde) fournit dans les mêmes circonstances (Regnault).

Ce corps est isomère de l'éthérilène bichloré, mais il s'en distingue par plusieurs propriétés.

Acétène trichloré (éther hydrochlorique bichloruré de M. Regnault, perchlorure d'acétyle). — $C^2(H^3Cl^3)$. — Lorsqu'on fait agir le chlore sur la substance précédente, sous l'influence des rayons solaires, l'action est également très vive. Avant que tout l'hydrogène soit enlevé, il se produit une série de composés intermédiaires qu'on parvient à isoler en opérant sur une grande quantité de matière. A mesure que le produit perd de l'hydrogène et gagne du chlore, son point d'ébullition s'élève, de sorte que, par des distillations souvent répétées, on réussit à séparer les différents produits (Regnault).

L'acétène bichloré a une odeur semblable à celle du corps précédent; son poids spécifique est de 1,372 à 16°; il bout à 75°. La densité de sa vapeur a été trouvée égale à 4,53. Il est à peine altéré par une dissolution alcoolique de potasse, même à la température de l'ébullition; ce n'est qu'après plusieurs distillations réitérées qu'on en a retiré du chlorure et de l'acétate:

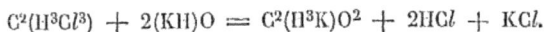

$$C^2(H^3Cl^3) + 2(KH)O = C^2(H^3K)O^2 + 2HCl + KCl.$$

Acétène quadrichloré (éther hydrochlorique trichloruré de M. Regnault). — $C^2(H^2Cl^4)$. — Ses caractères ressemblent à ceux des corps chlorés précédents. Son poids spécifique est de 1,53 à 17°; il bout vers 102°; la densité de sa vapeur a été trouvée égale à 5,799.

Acétène quintichloré (éther hydrochlorique quadrichloruré de M. Regnault). — $C^2(HCl^5)$. — Le poids spécifique de ce liquide est de 1,644 ; la densité de sa vapeur a été trouvée égale à 6,975. Il entre en ébullition à 146°.

Acétène perchloré (éther hydrochlorique perchloré, chlorure de carbone au maximum de chlore de M. Faraday.) — C^2Cl^6. — Ce corps, depuis longtemps décrit par M. Faraday, a été observé par M. Laurent comme produit final de l'action du chlore sur l'acétène chloré, sous l'influence des rayons solaires. Il se produit aussi par l'action du chlore sur l'éthérène normal (gaz oléfiant); mais, dans ce cas, c'est un produit secondaire résultant de la combinaison du corps C^2Cl^4 avec Cl^2 fourni par l'excès de chlore qu'on fait agir sur la substance (Regnault).

On purifie ce produit, qui est solide, en le lavant avec un peu d'eau, dissolvant dans l'alcool, et ajoutant goutte à goutte cette solution dans une lessive faible de potasse. Il se précipite alors; après l'avoir lavé de nouveau, on l'exprime entre des doubles de papier joseph.

Ce corps est incolore, presque sans saveur; son odeur est aromatique et camphrée. Il est très friable; sa pesanteur spécifique est presque double de celle de l'eau. Il fond à $+ 160°$ et bout à $+ 180°$. Ses vapeurs se condensent en cristaux transparents, dont la forme primitive est un octaèdre. Il est fort difficile à brûler. Il est insoluble dans l'eau, à froid et à chaud; il se dissout au contraire dans l'alcool et surtout dans l'éther; ces dissolutions ne sont pas troublées par le nitrate d'argent. Lorsqu'on fait passer sa vapeur sur des oxydes métalliques chauffés au rouge, il donne du chlorure, de l'acide carbonique et du métal réduit (Faraday). La densité de sa vapeur a été trouvée égale à 8,157 (Regnault).

Suivant M. Regnault, il peut être distillé avec une dissolution alcoolique de potasse sans subir d'altération ; mais une dissolution alcoolique d'hydrosulfate de sulfure de potassium (1) l'at-

_____

(1) Cet agent n'attaque pas les autres espèces chlorées du g. acétène.

taque vivement en produisant de l'hydrogène sulfuré, du chlorure de potassium et un liquide incolore plus dense que l'eau et
renfermant C^2Cl^4 (éthérène perchloré). Ce dernier se produit
aussi lorsqu'on fait passer la vapeur de l'acétène perchloré à
travers un tube de porcelaine chauffé au rouge (Faraday).

220. *Acétène bromé* (éther hydrobromique, hydriodate d'éthérène, bromure d'éthyle). — $C^2(H^5Br)$. — Sérullas a obtenu ce
composé en dissolvant 1 p. de brome dans 4 ou 5 p. d'alcool et
distillant le mélange à une douce chaleur après y avoir ajouté
1/8 p. de phosphore. On recueille le produit dans un récipient
convenablement refroidi; l'eau en sépare l'acétène bromé.

C'est un liquide incolore, d'une odeur éthérée très pénétrante,
très volatil, plus pesant que l'eau, soluble dans l'alcool. Il se
conserve sous l'eau sans s'altérer.

Acétène iodé (éther hydriodique, iodure d'éthyle). — $C^2(H^5I)$.
— On l'obtient, suivant M. Gay-Lussac, en distillant soit de
l'alcool normal saturé de gaz hydriodique, soit un mélange d'iodure de phosphore et d'alcool. C'est un liquide incolore, d'une
odeur éthérée et pénétrante, et d'une pesanteur spécifique de
1,9206 à 22°3. Il bout à 64°8; la densité de sa vapeur a été
trouvée égale à 5,475. Il brûle difficilement, est peu soluble
dans l'eau et très soluble dans l'alcool. Les alcalis, l'acide nitrique et le chlore l'attaquent peu; mais l'acide sulfurique concentré le décompose immédiatement. Quand on fait passer sa
vapeur à travers un tube de porcelaine chauffé au rouge, elle
produit de l'iode, du charbon et un corps iodé cristallin qui n'a
pas encore été examiné.

221. *Acétène nitrique* (éther nitreux, nitrite d'oxyde d'éthyle).
— $C^2(H^5X)$. — Ce corps, déjà connu de Kunckel, a été plus
particulièrement étudié par M. Thénard, ainsi que par MM. Dumas et Boullay. Le meilleur procédé pour l'obtenir consiste,
suivant M. Liebig, à faire passer un courant de gaz nitreux dans
de l'alcool étendu, en condensant le produit dans un récipient
convenablement refroidi. A cet effet on chauffe au bain-marie,
dans une cornue spacieuse, 1 p. d'amidon et 10 p. d'acide
nitrique de 1,3, et l'on dirige le gaz dans un flacon à deux tubulures, rempli environ aux deux tiers de 2 p. d'alcool de 85 p. c.
et de 1 p. d'eau, et entouré d'eau froide. A ce flacon on adapte

un long tube fixé à un récipient également refroidi, de manière que le produit puisse y distiller. Si l'on n'a pas soin de refroidir l'alcool, il s'échauffe assez pour entrer en ébullition. On agite le produit avec son volume d'eau, et, après l'en avoir décanté, on le rectifie sur du chlorure de calcium.

Il se produit aussi, en société de beaucoup d'autres composés, par l'action de l'acide nitrique sur l'alcool normal.

C'est un liquide d'une couleur jaune-pâle et d'une odeur de pomme de reinette fort agréable; il bout à $16°,4$; sa pesanteur spécifique est de $0,947$ à $15°$. Il est très inflammable et brûle avec une flamme blanche. Il s'acidifie promptement, surtout à l'état humide, en développant du bioxyde d'azote; cette décomposition est surtout favorisée par les alcalis hydratés; le résidu renferme de l'acide nitrique ainsi qu'un acide organique fixe qui n'a pas encore été examiné. Lorsqu'on l'abandonne avec du lait de chaux, il se décompose peu à peu en développant du bioxyde d'azote; le résidu renferme du nitrate et un sel de chaux organique (1), mais on n'y trouve pas d'acétate. Dans beaucoup de Traités de chimie il est dit que la potasse décompose l'acétène nitrique en alcool et en nitrite; nous ne savons pas sur quelles expériences on se fonde pour affirmer ce fait, qui nous paraît fort douteux.

Genre *Ethérilène* R+².

222. Ce genre, isomère du précédent, s'obtient par l'action du chlore ou du brome sur différentes espèces du genre éthérène; les espèces qui en font partie se dédoublent, sous l'influence des alcalis, en chlorures ou bromures et en espèces chlorées ou bromées du g. éthérène.

Ethérilène bichloré (liqueur des Hollandais, éther perchloré, chlorhydrate de chlorure d'acétyle, chlorure d'élaïle). — $C^2(H^4Cl^2)$. — Ce corps, découvert par quatre chimistes hollandais (Deimann, Troostwyk, Lauwerenburgh et Vrolich), se produit par le contact du chlore humide et de l'éthérène normal. Lorsqu'on abandonne sur l'eau un mélange de volumes égaux de

(1) Au dire de M. Berzélius ce serait du saccharate de chaux, mais je ne sache pas que le sel ait été analysé.

chlore et d'éthérène, on voit peu à peu le gaz se condenser en gouttelettes huileuses et jaunâtres ; c'est la formation de ce produit qui avait valu à l'hydrogène carboné par lequel on l'obtient le nom de *gaz oléfiant*.

On produit cette huile en plus grande quantité en faisant arriver dans un grand ballon de l'éthérène normal, auquel on fait traverser d'abord une série de flacons de Woulf, renfermant, le premier de la potasse liquide qui retient le gaz sulfureux ; le second de l'alcool, qui dissout la vapeur d'éther ; le troisième de l'eau, qui à son tour retient la vapeur alcoolique. Quand le ballon a reçu depuis quelque temps l'hydrogène carboné, on y fait arriver du chlore gazeux humide. Bientôt on voit l'huile se condenser sur les parois du ballon.

Ce composé s'obtient plus aisément en saturant par le chlore du beurre d'antimoine maintenu en fusion à une douce chaleur et refroidi vers la fin de l'opération, et dirigeant ensuite l'éthérène pur dans ce perchlorure, tant qu'il s'en absorbe. Le produit, soumis à la distillation sèche, donne de l'éthérilène bichloré qu'on recueille jusqu'à ce que la matière qui passe ne sépare plus d'huile par l'addition de l'eau. Après avoir décanté l'huile, on l'agite avec de l'acide sulfurique jusqu'à ce qu'elle ne noircisse plus, et on la distille ensuite au bain-marie.

Suivant M. Regnault, l'éthérène et le chlore ne se combinent pas lorsqu'ils sont secs l'un et l'autre.

L'éthérilène bichloré est incolore, d'une saveur douceâtre, aromatique, et d'une odeur éthérée particulière. Sa densité est de 1,24 ; celle de sa vapeur a été trouvée égale à 3,4484. Il est inflammable, et brûle avec une flamme fuligineuse verte sur les bords. Il entre en ébullition à 85°, et distille sans altération.

Il est isomère de l'acétène bichloré ; mais, tandis que ce dernier est fort peu attaqué par la potasse alcoolique, l'éthérilène bichloré en est peu à peu décomposé en chlorure, eau et éthérène chloré gazeux :

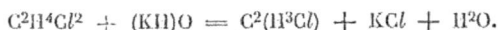

$$C^2H^4Cl^2 + (KH)O = C^2(H^3Cl) + KCl + H^2O.$$

Il absorbe facilement le chlore en se colorant en jaune verdâtre et en produisant de nouveaux produits plus riches en chlore.

Éthérilène trichloré. — $C^2(H^3Cl^3)$. — Lorsqu'on fait arriver ensemble dans un flacon sec du chlore et du gaz éthérène chloré, il n'y a pas d'action sensible à la lumière diffuse. Sous l'influence des rayons solaires, il s'établit une réaction ; mais comme il est difficile de régler à volonté les proportions des gaz mélangés, les produits sont variables et toujours peu abondants. On réussit, au contraire, très bien en employant, à la place de chlore gazeux, du perchlorure d'antimoine. Lorsqu'on fait arriver le gaz éthérène chloré dans un appareil renfermant du perchlorure d'antimoine, l'absorption est complète, et l'on est obligé au commencement de refroidir l'appareil. On traite le produit comme l'éthérilène bichloré, et on le rectifie sur de la chaux vive (Regnault).

Ce produit ressemble au précédent par son aspect et son odeur ; il est huileux et bout à 115° ; sa densité est de 1,422 à 17° ; celle de sa vapeur a été trouvée égale à 4,722 — 4,672.

Versé dans une dissolution alcoolique de potasse, l'éthérilène trichloré produit aussitôt un abondant précipité de chlorure de potassium avec dégagement de chaleur, en même temps qu'il se dissout de l'éthérène bichloré :

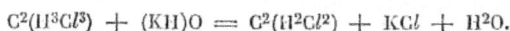

$$C^2(H^3Cl^3) + (KH)O = C^2(H^2Cl^2) + KCl + H^2O.$$

L'éthérilène trichloré se produit aussi par l'action du chlore sur l'éthérilène bichloré (Regnault).

Ethérilène quadrichloré (hydrochlorate de chloréthérise de M. Laurent). — $C^2(H^2Cl^4)$. — Ce corps a été obtenu pour la première fois par M. Laurent dans l'action prolongée du chlore sur l'éthérilène bichloré. M. Regnault l'a également obtenu par l'éthérilène trichloré.

C'est un liquide dont l'odeur est analogue à celle des corps précédents. Sa densité est de 1,576 à 19°. Il bout à 135° ; la densité de sa vapeur a été trouvée égale à 5,796 (Regnault).

Une dissolution alcoolique de potasse décompose rapidement ce corps en produisant du chlorure et un liquide qui paraît être l'éthérène trichloré.

Par l'action prolongée du chlore sur l'éthérilène quadrichloré, sous l'influence des rayons solaires, on finit par obtenir le corps C^2Cl^6, c'est-à-dire l'acétène perchloré.

223. *Ethérilène bibromé* (hydrocarbure de brome de Sérullas,

bromhydrate de bromure d'acétyle). — $C^2(H^4Br^2)$. — Lorsqu'on fait tomber goutte à goutte du brome dans un courant d'éthérène normal, le brome se décolore presque instantanément et se change en un liquide éthéré qu'on purifie, après l'avoir lavé à l'eau alcaline, en le distillant alternativement avec de l'acide sulfurique et de la baryte caustique.

Ainsi purifié, c'est un liquide incolore, très fluide, d'une saveur sucrée et d'une odeur agréable. Il tache le papier, mais ces taches disparaissent en très peu de temps. Sa densité est de 2,163 à 21. Il bout à 129°,5 sous la pression de 762^{mm}. Soumis à un froid de — 12 ou — 15″, il se congèle en une masse cristalline blanche ressemblant au camphre. La densité de sa vapeur a été trouvée égale à 6,485 (Regnault). Il ne paraît pas se décomposer par le contact prolongé avec le brome. Une dissolution alcoolique de potasse caustique le convertit en bromure et en éthérène bromé (Regnault).

224. *Éthérilène biiodé* (hydrocarbure d'iode, iodhydrate d'iodure d'acétyle). — $C^2(H^4I^2)$. — M. Faraday a remarqué le premier qu'en exposant l'iode à l'action directe des rayons solaires dans un ballon rempli d'éthérène normal, on obtient un composé cristallin blanc. M. Regnault prépare ce dernier en faisant arriver l'éthérène au fond d'un matras à long col, renfermant de l'iode, et maintenu à une température de 50 à 60″. Il se présente sous forme d'aiguilles soyeuses, d'une odeur éthérée très vive et pénétrante qui occasionne des maux de tête et fait pleurer les yeux. Il se décompose spontanément, même dans le vide. Il fond vers 73″, et se décompose à une température plus élevée. Il est insoluble dans l'eau; l'éther le dissout très bien et l'abandonne par l'évaporation spontanée en cristaux légèrement jaunâtres. Le chlore le décompose en chlorure d'iode et en éthérilène bichloré; le brome produit une décomposition analogue. La potasse exerce sur ce corps une action qui paraît moins simple qu'avec les espèces précédentes; il se dégage de l'éthérène normal, et l'on obtient un liquide qui paraît être de l'éthérène iodé (Regnault).

Genre *Éthérène* R.

225. Ce genre se produit dans une foule de circonstances :

on l'observe dans la distillation sèche de beaucoup de matières organiques, dans l'action des alcalis sur les différentes espèces du g. éthérilène, dans celle de l'acide sulfurique sur le g. alcool, etc.

Ethérène normal (hydrogène bicarboné, gaz oléfiant, élaïle, hydrure d'acétyle). — C^2H^4. — Pour obtenir ce corps à l'état de pureté, on chauffe légèrement un mélange de 1 p. d'alcool et de 6 ou 7 p. d'acide sulfurique concentré, et l'on recueille le gaz après l'avoir fait passer à travers des flacons de Woulf renfermant du lait de chaux pour retenir le gaz sulfureux et de l'acide sulfurique concentré pour fixer les vapeurs d'éther et d'alcool. Peu à peu le résidu noircit dans la cornue, et finit par prendre une consistance gélatineuse. Abstraction faite des produits secondaires, la réaction, dans toute sa simplicité, consisterait dans une déshydratation de l'alcool : $C^2H^6O = C^2H^4 + H^2O$.

Ce gaz possède une légère odeur éthérée ; il est inflammable, et brûle avec une flamme blanche et lumineuse ; il ne se dissout qu'en petite quantité dans l'acide sulfurique concentré, l'alcool et l'éther. Il se décompose à la chaleur rouge en charbon et en formène normal : $C^2H^4 = C + CH^4$.

On l'obtient aussi en décomposant à la chaleur rouge les huiles grasses (Faraday) ; c'est lui qui constitue la partie lumineuse du gaz de l'éclairage.

Sa densité est de 0,9852. Mêlé d'oxygène ou d'air, il détone soit par l'étincelle électrique, soit à l'approche d'un corps enflammé.

L'acide sulfurique anhydre l'absorbe en grande quantité en produisant une combinaison cristallisée $C^2H^4S^2O^6$ (carbyle de M. Magnus).

Un mélange de 2 vol. de chlore et de 1 vol. de ce gaz, brûle avec une flamme rouge, par l'approche d'un corps en combustion, en déposant beaucoup de charbon et en dégageant de l'acide hydrochlorique. L'éthérène se combine d'ailleurs avec le chlore, le brome et l'iode, en produisant des espèces du g. éthérilène.

Ethérène chloré (chlorure d'acétyle ou d'aldéhydène). — $C^2(H^3Cl)$. — Une dissolution alcoolique de potasse décompose peu à peu l'éthérilène bichloré, en déposant du chlorure et en produisant de l'éthérène chloré qui reste en dissolution ; ce dernier s'en sépare à l'état de gaz sous l'influence d'une douce chaleur. On purifie ce gaz en le faisant passer à travers de l'acide sulfurique concentré (Regnault). Ce corps présente une odeur alliacée ; il s'enflamme difficilement, et brûle avec une flamme rouge bordée de vert. Sa densité est égale à 2,166. A — 17° ; il se condense en un liquide limpide. Le chlore et le perchlorure d'antimoine le convertissent en éthérilène trichloré (222).

Éthérène bichloré (perchlorure d'acétyle). — $C^2(H^2Cl^2)$. — Lorsqu'on distille au bain-marie un mélange d'éthérilène trichloré et d'une dissolution alcoolique de potasse, et qu'on reçoit les vapeurs dans un récipient refroidi avec de la glace, on obtient un produit qui, lavé plusieurs fois avec de l'eau, fournit l'éthérène bichloré.

C'est un liquide très volatil qui bout entre 35 et 40" ; son odeur est alliacée, tout-à-fait analogue à celle du corps précédent. Sa densité, à l'état liquide, est de 1,250 à 15" ; à l'état de vapeur, elle est de 3,321. Il est très peu stable ; abandonné à lui-même dans un tube scellé à la lampe, il devient bientôt trouble, et laisse déposer une matière blanche non cristalline qui en est une simple modification isomère (Regnault).

Éthérène perchloré. — C^2Cl^4. — Lorsque, suivant M. Faraday, on fait passer l'acétène perchloré C^2Cl^6 à travers un tube rempli de fragments de verre et chauffé au rouge, une grande quantité de chlore devient libre, et il se condense un liquide coloré en jaune par du chlore dissous. Pour l'avoir sec, il faut réitérer sur lui la même opération, l'agiter avec du mercure, et le distiller ensuite à une température aussi basse que possible.

On l'obtient aussi, suivant M. Regnault, en chauffant l'acétène perchloré avec une dissolution alcoolique d'hydrosulfate de sulfure de potassium saturée d'hydrogène sulfuré ; il ne tarde pas à s'établir une réaction des plus vives, avec dégagement d'hydrogène sulfuré et précipitation de chlorure de potassium. Il est convenable de n'ajouter l'acétène perchloré que par petites portions, autrement le mélange serait projeté. Quand le dégagement de gaz a cessé, on distille et on étend d'eau la liqueur alcoolique qui a passé à la distillation sèche. Il se dépose aussitôt un liquide plus dense que l'eau et que l'hydrosulfate n'attaque plus. Ce procédé est préférable à celui de M. Faraday.

Ce liquide constitue l'éthérène perchloré ; sa densité est de 1,619 à 20° ; il bout à 122° (suivant M. Faraday à 77°). La densité de sa vapeur est égale à 5,82.

Le monosulfure de potassium décompose l'acétène perchloré d'une manière semblable.

En faisant passer plusieurs fois de suite l'éthérène perchloré à travers un tube chauffé au rouge , on voit se condenser dans les parties les plus froides du tube une substance en aiguilles soyeuses très fines que l'on enlève par de l'éther et qu'il suffit de sublimer une seconde fois pour les avoir pures. Elles renferment CCl ou C^2Cl^2 (chlorure de carbone de Julin) ; elles n'ont presque pas d'odeur à la température ordinaire. Si l'on chauffe trop l'éthérène perchloré , sa décomposition est complète, et il se dépose du charbon (Regnault).

Ethérène bromé (bromure d'acétyle ou d'aldéhydène). — $C^2(H^3Br)$. — Lorsqu'on maintient à 30 ou 40° un mélange d'éthérilène bibromé (223) et de potasse alcoolique, il passe un gaz d'une odeur éthérée et alliacée ; on le purifie en lui faisant traverser une petite quantité d'eau , puis un long tube de chlorure de calcium.

Ce gaz se condense , dans un mélange réfrigérant , en un liquide incolore , extrêmement mobile , d'une densité de 1,52, et qui distille à la température ordinaire. La densité du gaz a été trouvée égale à 3,691.

Genre Alcool $R + ^2O$.

226. *Alcool normal* (esprit de vin , hydrate d'oxyde d'éthyle). — C^2H^6O. — Ce corps, qui a donné son nom à toute une classe de composés organiques (73) , a été découvert, dit-on , par Arnauld de Villeneuve , médecin célèbre qui vivait à Montpellier vers l'an 1300. C'est un produit de la fermentation du sucre (12e famille) ; on l'obtient en soumettant à la distillation les liquides sucrés qui ont éprouvé la fermentation spiritueuse ; cette opération se pratique très en grand sur les vins , ainsi que sur des liqueurs préparées avec la pomme de terre ou avec certaines céréales.

On l'obtient à l'état de pureté en soumettant à des rectifications ménagées les liqueurs provenant de ces distillations, et en les distillant en dernier lieu sur de la chaux vive. Il faut opérer sur d'assez fortes quantités de matière pour l'avoir chimiquement pur, c'est-à-dire jusqu'à ce que la densité du liquide ne change plus par de nouvelles distillations (alcool absolu). On peut remplacer la chaux par du carbonate de potasse rougi, ou bien par de l'acétate de potasse fondu.

L'alcool normal se produit aussi lorsqu'on fait fondre des sulfovinates avec de l'hydrate de potasse, ou qu'on fait bouillir avec une dissolution de cet agent (80) les éthers produits par les acides et l'alcool.

A l'état de pureté, c'est un liquide incolore, très fluide, plus mobile que l'eau, et d'une densité de 0,792 à 20°. Suivant M. Gay-Lussac, il bout à 78°4 sous la pression de 760^{mm}. Sa saveur, âcre et brûlante, diminue considérablement quand on l'étend d'eau; son odeur est faible, mais enivrante. Il n'a pas encore été solidifié; la densité de sa vapeur est de 1,6133. Il est très inflammable, et brûle avec une flamme pâle.

Il absorbe rapidement l'humidité de l'air; son affinité pour l'eau est en effet très grande, et quand on le mêle avec ce liquide, il se dégage un peu de chaleur; il se produit même une contraction qui augmente peu à peu, jusqu'à ce que le mélange se trouve composé de 100 p. d'alcool et de 116 p. d'eau. Lorsqu'on conserve de l'alcool aqueux dans une vessie animale, l'eau traverse peu à peu la membrane et s'évapore, tandis que l'alcool se concentre (Sœmmering). D'un autre côté, l'alcool enlève l'eau aux parties vivantes avec lesquelles on le met en contact, et en provoque la coagulation lorsqu'elles sont de nature albumineuse; c'est ce qui le rend très propre à la conservation des préparations anatomiques; c'est encore par la même raison qu'il détermine la mort quand on l'injecte dans les veines.

Il dissout très bien les résines, les éthers, les huiles essentielles, les matières grasses, les alcaloïdes, ainsi que beaucoup d'acides organiques. De même il dissout l'iode, le brome, en petite quantité le soufre, le phosphore et plusieurs gaz. Il ne dissout ni les carbonates ni les sulfates. On peut dire qu'en général l'alcool est un bon solvant pour les matières fort hydrogénées.

Il forme des combinaisons cristallisables avec plusieurs sels (chlorure de calcium , chlorure de zinc , nitrate de magnésie, nitrate de chaux); ces combinaisons sont en général peu stables (Graham).

227. A l'état pur, l'A. normal ne s'altère pas à l'air ; mais lorsqu'il renferme en dissolution des matières organiques altérables, il s'acidifie à la longue en se transformant en acide acétique. Lorsqu'on fixe un fil de platine tourné en spirale au-dessus de la mèche d'une lampe alimentée par de l'alcool , et qu'on éteint ensuite la flamme dès que le fil est rouge, celui-ci reste incandescent tant qu'il y a de l'alcool. On remarque alors une odeur particulière, et si l'on renverse sur la lampe un appareil propre à condenser les vapeurs , on recueille un liquide acide provenant d'une combustion incomplète de l'alcool , et dont la nature chimique n'est pas encore bien établie (acide lampique de Connell).

Au contact du noir de platine , l'alcool se convertit promptement en acide acétique (238). Il se transforme également en acétate lorsqu'on le chauffe avec de la chaux potassée. Distillé avec un mélange de peroxyde de manganèse et d'acide sulfurique, il donne de l'acétol normal (aldéhyde). Ces oxydations se conçoivent si l'on considère que l'espèce normale du g. acétol est C^2H^4O et celle du g. acétate $C^2H^4O^2$.

Les dissolutions alcooliques de soude et de potasse brunissent peu à peu à l'air, en se chargeant d'acétate et d'une matière résineuse (résine d'aldéhyde).

Le chlore attaque l'A. normal en produisant des espèces chlorées du g. acétol (chloral , huile chloralcoolique); le brome agit d'une manière semblable.

Nous avons déjà parlé, d'une manière générale , de l'action des acides sur les alcools.

Il se forme , dans leur réaction, des substances neutres et volatiles appelées *éthers*. En représentant 1 éq. d'alcool par A, les éthers par E′, E″ et E‴ suivant qu'ils résultent de l'action d'un acide a' monobasique , a'' bibasique, ou a''' tribasique, on a :

$$E' = a' + A - H^2O.$$
$$E'' = a'' + 2A - 2H^2O.$$
$$E''' = a''' + 3A - 3H^2O.$$

Ces formules générales s'appliquent non seulement à l'alcool, dont nous nous occupons, mais encore à tous les homologues de ce corps (79).

L'acide sulfurique donne, suivant les proportions, le degré de chaleur, et l'état de concentration du mélange, les espèces normales des g. sulfovinate, éther (4e famille), éthérène ou sulfé-thérol (4e famille).

Les acides hydrochlorique, hydrobromique, hydriodique, produisent les espèces chlorées, bromées ou iodées du g. acétène.

Plusieurs acides organiques (oxalique, butyrique) s'éthérifient directement avec l'alcool; la plupart exigent le concours de l'acide hydrochlorique ou de l'acide sulfurique (80).

L'acide nitrique, suivant son état de concentration, donne de l'acétate normal, de l'acétène nitrique, de l'alcool nitrique, de l'oxalate normal, etc.

MM. Chevreul et Pelouze ont signalé plusieurs anomalies singulières auxquelles les acides mélangés avec l'alcool normal donnent naissance, dans leur action sur d'autres corps : ainsi l'acide sulfurique concentré mêlé d'alcool pur n'agit sur aucun carbonate neutre, mais il agit au contraire sur l'acétate de potasse. L'acide hydrochlorique dissous dans l'alcool n'attaque pas le carbonate de potasse, mais il décompose les carbonates de chaux et de soude. L'acide nitrique mêlé d'alcool ne décompose pas le carbonate de potasse, mais il agit vivement sur le carbonate de chaux et sur d'autres carbonates, etc. Ces faits prouvent qu'une liqueur alcoolique peut sembler neutre aux papiers et à certains réactifs, bien qu'elle soit réellement acide.

228. *Alcool potassé* (combinaison de potasse et d'oxyde d'éthyle). — $C^2(H^5K)O$. — Suivant M. Liebig, le potassium et le sodium dégagent beaucoup d'hydrogène au contact de l'alcool chauffé à $+50°$. La nouvelle combinaison se dissout dans l'alcool et finit par s'y prendre en gros cristaux transparents (la combinaison du sodium présente de gros feuillets), et si on laisse le liquide se refroidir, toute la masse se prend en cristaux. Ceux-ci peuvent être desséchés dans le vide sur de l'acide sulfurique, et se conservent à l'abri de l'humidité et de l'acide carbonique; ils supportent $+80°$ sans se décomposer. L'eau les convertit instantanément en hydrate de potasse et alcool normal :

$$C^2(H^5K)O + H^2O = (KH)O + C^2H^6O.$$

Les cristaux que M. Guérin-Varry avait pris pour de l'hydrate de potasse, dans cette action du potassium sur l'alcool, ne sont évidemment autre chose que la combinaison de M. Liebig.

229. *Alcool nitrique* (éther nitrique de M. Millon). — $C^2(H^5X)0$. — On obtient ce corps en chauffant doucement un mélange de 1 vol. d'acide nitrique concentré de 1,401, et de 2 vol. d'alcool à 35 degrés auquel on a ajouté 1 ou 2 grammes de nitrate d'urée pour éviter la formation des vapeurs nitreuses (168). Il convient de ne pas agir sur une trop grande masse, et le mélange d'acide et d'alcool ne doit pas dépasser 150 à 120 grammes. Le premier produit de la distillation ne contient que de l'alcool normal affaibli ; mais bientôt l'alcool nitrique s'annonce par une odeur particulière, et si l'on ajoute alors de l'eau au produit distillé, il s'en sépare un liquide plus lourd que l'eau, et qui est l'alcool nitrique. Plus tard ce produit est si abondant qu'il forme une couche plus dense dans le récipient même. Il ne faut pas pousser trop loin la distillation, autrement la réaction se complique. On lave le produit avec une solution alcaline, et, après l'avoir laissé ensuite pendant quelque temps au contact du chlorure de calcium, on le rectifie (Millon).

Ce corps a une odeur douce et suave ; il possède une saveur très sucrée qui laisse un arrière-goût d'amertume légère. Il bout à + 85° ; sa densité est de 1,112 à 17°. Il s'enflamme et brûle avec une flamme blanche très prononcée ; il se décompose souvent avec explosion à une température un peu supérieure à son point d'ébullition. Il est entièrement insoluble dans l'eau.

Une solution aqueuse de potasse caustique concentrée est sans action sur l'alcool nitrique ; mais une solution alcoolique le décompose même à froid, et l'on obtient des cristaux abondants de nitrate de potasse.

L'acide nitrique, l'acide hydrochlorique et l'acide sulfurique concentré détruisent ce corps. Le chlore l'attaque promptement.

230. *Alcool sulfuré* (mercaptan, sulfhydrate de sulfure d'éthyle). — C^2H^6S. — Le procédé le plus expéditif pour obtenir ce corps intéressant, découvert par M. Zeise, consiste à saturer par de la potasse le mélange d'alcool normal et d'acide sulfurique tel qu'on l'emploie pour la préparation des sulfovinates, à décanter le liquide du précipité de sulfate de potasse, à mélanger

avec un excès de potasse caustique, à saturer par du gaz hydrogène sulfuré et à soumettre le mélange à la distillation (Wœhler). M. Zeise l'avait obtenu en distillant du sulfovinate de chaux cristallisé avec une dissolution de sulfhydrate de baryum. On reçoit le produit dans un ballon bien refroidi, on le décante des parties aqueuses, et, après l'avoir distillé sur une petite quantité d'oxyde de mercure, on le met en digestion avec du chlorure de calcium. L'équation suivante rend compte de l'action de l'hydrogène sulfuré sur l'alcool normal :

$$C^2H^6O + H^2S = C^2H^6S + H^2O.$$

Par les sulfovinates et les sulfhydrates, on aurait évidemment :

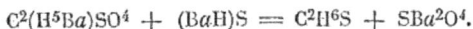

$$C^2(H^5Ba)SO^4 + (BaH)S = C^2H^6S + SBa^2O^4.$$

M. Regnault obtient l'alcool sulfuré en distillant un mélange d'acétène chloré et de sulfhydrate de potasse :

$$C^2(H^5Cl) + (KH)S = KCl + C^2H^6S.$$

C'est un liquide incolore, transparent, très mobile, d'une odeur fétide qui rappelle celle des ognons. Sa densité à l'état liquide est de 0,835 à 21° (Liebig); à l'état de vapeur il a été trouvé égal à 2,11 (Bunsen). Il bout à + 36°,2 (Liebig). Il est très inflammable, et brûle avec une flamme bleue. Lorsqu'on en agite vivement une goutte suspendue à une baguette de verre, elle se solidifie par l'effet du froid causé par sa volatilisation. Il est fort peu soluble dans l'eau, sans réaction sur les couleurs végétales, et se mêle en toutes proportions avec l'alcool et l'éther. Il dissout le soufre, le phosphore et l'iode. Le potassium et le sodium en développent de l'hydrogène en s'y substituant.

L'acide nitrique le convertit en un acide particulier. (V. *Genre Ethylate.*)

Une dissolution alcoolique de l'alcool sulfuré précipite les sels de plomb en jaune, l'acétate de cuivre en blanc, les deutosels de mercure en blanc., le perchlorure d'or en blanc.

Alcool sulfuro-potassique (sulfure d'éthyle et de potassium. — $C^2(H^5K)S$. — Masse blanche, grenue et sans éclat, très soluble dans l'eau, moins soluble dans l'alcool. Sa dissolution aqueuse se décompose promptement ; à l'état récent, elle précipite en jaune les sels de plomb ; mais, lorsque la dissolution est altérée, les sels de plomb précipitent en blanc et le bichlorure de mercure en rouge-brique. Les acides étendus ne séparent pas d'alcool sulfuré de ce sel de potasse.

Alcool sulfuro-plombique (mercaptide de plomb).— $C^2(H^5Pb)S$. — Une dissolution d'acétate de plomb est précipitée en jaune cristallin par une dissolution alcoolique d'alcool sulfuré ; le précipité est soluble dans un excès d'acétate. Le nitrate de plomb n'en est pas précipité.

L'alcool sulfuro-plombique noircit par l'échauffement ; la potasse caustique ne le décompose pas (Zeise).

Alcool sulfuro - mercurique (mercaptide de mercure). — $C^2(H^5Hg)S$. — Le bioxyde de mercure décompose l'alcool sulfuré avec beaucoup d'énergie ; le même produit se forme quand on met en digestion une dissolution alcoolique d'alcool sulfuré avec cet oxyde. C'est une masse blanche et cristalline, fusible et grasse au toucher ; elle se dissout dans l'alcool et cristallise dans cette solution. Elle se décompose par la distillation sèche en donnant du sulfure de mercure, du mercure métallique et un liquide volatil et incolore qui n'a pas encore été examiné (Zeise).

Alcool sulfuro-aurique (mercaptide d'or). — $C^2(H^5Au)S$. — Masse blanche et gélatineuse qui résiste à l'action de la potasse caustique, de l'acide sulfurique et de l'acide hydrochlorique ; par la distillation sèche elle donne du soufre, un liquide incolore et volatil, ainsi que de l'or métallique (Zeise).

Genre *Méther* $R+^2O$.

231. Ce genre est homologue du g. éther de la 4ᵉ famille et isomère du g. précédent.

Méther normal (éther méthylique, monohydrate de méthylène, oxyde de méthyle). — C^2H^6O. — Quand on distille un mélange de 1 p. de méthol normal (198) avec 4 p. d'acide sulfurique concentré, on obtient des gaz en abondance, en même temps que le résidu noircit. Parmi ces gaz on remarque l'acide carbonique, l'acide sulfureux ainsi qu'un autre qui constitue le méther normal. On met le mélange gazeux en contact, pendant 24 heures, avec des fragments de potasse caustique, qui absorbent les deux acides en laissant un gaz inflammable qui se dissout entièrement dans l'eau et qui présente une odeur éthérée (Dumas et Péligot).

Ce gaz possède exactement la même composition et la même densité que la vapeur de l'alcool normal.

Il brûle avec une flamme pâle, et ne se liquéfie pas à — 16°; l'eau en dissout environ 37 fois son volume à la température de + 18°, et acquiert par là une odeur éthérée et une saveur poivrée. L'alcool et l'esprit de bois en dissolvent bien plus. L'acide sulfurique concentré en dissout une grande quantité qu'il abandonne quand on l'étend (D. et P.).

L'acide sulfurique anhydre se combine directement avec lui en produisant du sulfométhol normal (Regnault).

Méther bichloré (éther méthylique monochloruré).—$C^2(H^4Cl^2)O$. — L'action du chlore sur le méther normal est des plus vives et l'expérience très difficile, car elle est souvent accompagnée d'explosions qui brisent les appareils. M. Regnault est parvenu à vaincre ces difficultés en disposant son appareil d'une manière particulière (1). Il a ainsi obtenu un liquide très mobile, d'une odeur suffocante qui fait pleurer les yeux. Ce produit répand des fumées acides à l'air, mais on peut le distiller sans altération. Il bout à 105°; sa densité à 20° est de 1,315. L'eau le décompose très lentement. La densité de sa vapeur a été trouvée égale à 3,77 — 4,047.

Ce corps est aisément attaqué par le chlore dans un endroit bien éclairé; au soleil, l'action est tellement vive qu'il peut y avoir inflammation. Il perd successivement tout son hydrogène, qu'il échange pour du chlore (Regnault).

Méther quadrichloré (éther méthylique bichloruré). — $C^2(H^2Cl^4)O$. — Son odeur est moins forte que celle du corps précédent. Sa densité à 20° est de 1,606. Il bout vers 130°. La densité de sa vapeur a été trouvée égale à 6,367.

Méther perchloré (éther méthylique perchloruré). — C^2Cl^6O. — Liquide d'une odeur extrêmement vive et suffocante, et d'une densité de 1,594; il bout vers 100°. M. Regnault a trouvé, pour la densité de la vapeur de ce corps, le nombre 4,670 qui ne

(1) *Annal. de chim. et de phys.*, t. LXXI, p. 397.

s'accorde pas avec une condensation en 2 volumes, exigée par la
formule C^2Cl^6O : aussi l'auteur n'a-t-il analysé qu'une seule fois
un produit de cette composition, qui était peut-être un mélange
de CCl^4 (formène perchloré?) avec un autre produit (phosgène
bichloré?).

232. *Méther sulfuré* (éther hydrosulfurique de l'esprit de
bois, sulfure de méthyle). — C^2H^6S. — On le prépare très facilement en faisant réagir le formène chloré sur une dissolution
de monosulfure de potassium dans l'esprit de bois ; on se procure pour cela ce monosulfure en divisant en deux parties égales
une dissolution de potasse, saturant l'une avec de l'hydrogène
sulfuré et la réunissant à l'autre ; il faut avoir soin de n'y pas
mettre en excès l'hydrogène sulfuré. Ensuite on place la dissolution de sulfure dans une cornue tubulée munie d'une allonge
et d'un récipient, et l'on y fait arriver un courant de formène
chloré ; ce gaz est absorbé en grande quantité. On chauffe ensuite
et l'on refroidit convenablement le récipient. Il se dépose, dans
le résidu, du chlorure de potassium, et l'on recueille un liquide
très mobile dont l'odeur est des plus désagréables. La densité de
ce liquide est de 0,845 à 21° ; il bout à 41°. La densité de sa vapeur a été trouvée égale à 2,115 (Regnault).

Méther sulfuro-perchloré. — C^2Cl^6S. — Le chlore attaque aisément la substance précédente, surtout sous l'influence des rayons
solaires. Le produit final consiste en une liqueur extrêmement
fétide qui distille sans altération et paraît avoir échangé tout
son hydrogène pour du chlore (Regnault).

Genre Acétol RO.

233. Ce genre se produit par la déshydrogénation du g. alcool.

Acétol normal (aldéhyde). — C^2H^4O. — Ce corps se forme
lorsqu'on fait passer des vapeurs d'alcool ou d'éther normal à
travers un tube chauffé au rouge obscur ; on l'obtient également
en traitant l'alcool normal et étendu d'eau par du chlore, ou
bien en distillant l'alcool normal avec un mélange de peroxyde
de manganèse et d'acide sulfurique (Doebereiner, Liebig).

Voici comment M. Liebig prescrit de le préparer : on distille à une douce chaleur un mélange de 6 p. d'acide sulfurique , 4 p. d'eau , 4 p. d'alcool de 80 p. c. et 6 p. de peroxyde de manganèse en poudre fine. La cornue doit être assez spacieuse pour contenir environ trois fois ce mélange. On recueille le produit dans un récipient entouré de glace ; quand la masse ne se boursoufle plus, on décante le liquide distillé et on le rectifie sur du chlorure de calcium. Ainsi obtenu, il renferme encore des impuretés (alcool, acétalcool, formalcool); on le mélange ensuite avec de l'éther et on le sature par du gaz ammoniac. Il se sépare bientôt des cristaux qu'on lave avec de l'éther, et qu'on dessèche à l'air. Ces cristaux constituent l'acétol ammoniacal ; après les avoir dissous dans parties égales d'eau , on les distille au bain-marie , avec de l'acide sulfurique étendu , et on reçoit le produit dans un récipient entouré de glace. Enfin on rectifie ce dernier sur du chlorure de potassium , en ayant soin que la température du bain ne s'élève guère au-dessus de 25 ou 30°.

L'acétol normal est un liquide incolore, très mobile, d'une odeur suffocante ; il bout à 21°8 c. Sa densité est de 0,790 à 18° ; à l'état de gaz , elle est de 1,532. Il se mélange avec l'eau en s'échauffant ; il se mêle aussi en toutes proportions avec l'alcool et l'éther. Il est sans action sur les couleurs végétales , s'enflamme aisément et brûle avec une flamme pâle.

Il absorbe l'oxygène de l'air, et finit par se convertir en acide acétique; cette transformation est surtout rapide sous l'influence du noir de platine.

L'eau chlorée et l'acide nitrique le convertissent également en acide acétique. Le chlore et le brome gazeux le transforment en espèces chlorées et bromées du même genre.

A la longue l'acétol normal se convertit spontanément en deux composés polymères $C^6H^{12}O^3$ et $C^8H^{16}O^4$, par la réunion de plusieurs molécules.

L'acide sulfurique concentré s'épaissit avec ce corps et finit par le charbonner.

Lorsqu'on chauffe sa solution aqueuse avec de la potasse caustique, le mélange ne tarde pas à brunir, et il s'en sépare bientôt un corps brun clair qui surnage et se laisse tirer en fils comme de la résine (*résine d'aldéhyde*). Ce même produit se forme quand on expose à l'air une solution alcoolique de potasse.

Lorsque, dans un liquide renfermant de l'acétol normal, on verse quelques gouttes d'ammoniaque ainsi qu'une quantité suffisante de nitrate d'argent pour faire disparaître la réaction alcaline, et qu'on chauffe ensuite le mélange, les parois du ballon se recouvrent d'une couche miroitante d'argent métallique. L'oxyde d'argent chauffé avec l'acétol se réduit également sans dégagement de gaz ; en même temps il reste en dissolution un sel d'argent soluble. Si l'on traite la dissolution de ce dernier par de l'eau de baryte, de manière à précipiter tout l'oxyde d'argent, et qu'on chauffe le précipité dans la dissolution du sel de baryte nouvellement formé, l'oxyde d'argent est complétement réduit, et l'on obtient de l'acétate neutre de baryte. M. Liebig croit pouvoir conclure de ce fait que le sel d'argent soluble, produit par l'aldéhyde, renferme un acide particulier, l'*acide aldéhydique* ou *acéteux*, le même que l'*acide lampique* de Davy et Faraday ; mais il nous semble plutôt que le sel d'argent soluble formé dans ces circonstances est

$$l'\text{acétol argentique } C^2(H^3Ag)O,$$
$$\text{semblable à l'acétate argentique } C^2(H^3Ag)O^2.$$

En effet, on a :

$$2C^2H^4O \quad + \quad Ag^2O \quad = \quad 2C^2(H^3Ag)O \quad + \quad H^2O.$$
Acétol norm.   Ox. d'arg.   Acétol argent.   Eau.

$$2C^2(H^3Ag)O \; + \; 2(BaH)O \; = \; C^2(H^3Ba)O \; + \; C^2(H^3Ba)O^2$$
Acétol argentiq.   Hydr. de bar.   Acétol baryt.   Acétate baryt.

$$+ \; H^2O + Ag^2.$$

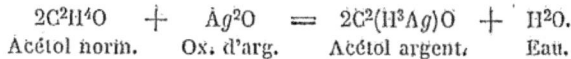

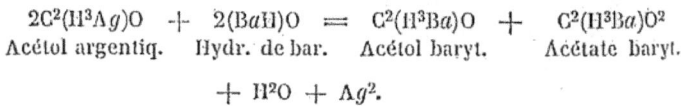

Notre opinion nous paraît d'autant plus fondée que la dissolution des soi-disant aldéhydates alcalins brunit par la chaleur en produisant un corps résineux, comme le fait un mélange de potasse et d'acétol normal. D'après cela l'acide lampique ne serait qu'un mélange des espèces normales des g. acétol, acétate et probablement aussi formiate.

Acétol ammoniacal (aldéhyde ammoniaque, sous-acétylite d'ammoniaque). — C^2H^4O,NH^3. — Ce composé cristallise en rhomboèdres assez volumineux, incolores, brillants, transparents et très réfringents, qui se fondent entre 70 et 80° et distillent sans altération à 100° ; les vapeurs sont inflammables. Il

se réduit aisément en poudre, et répand une odeur de térébenthine. Il est soluble dans l'eau; la solution possède une réaction
alcaline et brunit le curcuma. Il s'altère peu à peu à l'air
(Liebig).

Acétol potassique. — $C^2(H^3K)O$. — Lorsqu'on chauffe légèrement du potassium dans l'acétol normal, il se dégage de l'hydrogène, et il se produit un liquide sirupeux qui se prend dans
le vide en un sel blanc doué d'une saveur alcaline. Cette combinaison est soluble dans l'eau et réduit les sels d'argent à l'aide
de la chaleur (Liebig).

Acétol argentique (aldéhydate d'argent). — $C^2(H^3Ag)O$. —
C'est le sel d'argent soluble qu'on obtient en chauffant l'acétol
ammoniacal avec de l'oxyde d'argent.

Acétol barytique (aldéhydate de baryte). — $C^2(H^3Ba)O$. —
Lorsqu'on chauffe ce sel avec du nitrate d'argent ou de mercure,
il se sépare du métal sans qu'il y ait effervescence; la dissolution renferme de l'acétate barytique :

$$C^2(H^3Ba)O + Ag^2O = C^2(H^4Ba)O^2 + Ag^2.$$

234. *Acétol trichloré* (chloral, chloraldéhyde). — $C^2(HCl^3)O$.
— Lorsqu'on fait passer du chlore dans de l'alcool étendu d'eau,
il ne se produit que de l'A. normal et de l'acide hydrochlorique, ainsi que de l'acétate normal. On obtient de l'A. trichloré
si l'on fait passer le chlore dans l'alcool absolu tant qu'il se développe de l'acide hydrochlorique; si l'on arrête l'opération
avant ce terme, il se produit des espèces chlorées intermédiaires $C^2(H^3Cl)O$ et $C^2(H^2Cl^2)O$, appelées autrefois *éther chloré
pesant* ou *huile chloralcoolique* (Regnault).

Pour convertir en acétol trichloré 200 grammes d'alcool normal, il faut y faire passer un courant continu de chlore pendant
12 à 15 heures; au commencement de l'opération, on entoure
d'eau froide la cornue qui contient le liquide; plus tard on favorise
la réaction en chauffant légèrement celui-ci. On obtient ainsi un
liquide huileux qui se prend souvent par le refroidissement en
une masse cristalline (*hydrate de chloral*); on la rectifie sur de
l'acide sulfurique concentré et sur de la chaux vive (Liebig).

L'acétol trichloré est incolore, très fluide et gras au toucher;
son odeur, pénétrante et désagréable, excite le larmoiement;

sa saveur est d'abord grasse, puis caustique; il produit sur le papier une tache qui ne persiste point. Sa densité à l'état liquide est de 1,502 à 18°; à l'état de gaz elle a été trouvée égale à 5,13 — 4,986 (Dumas). Il bout à + 94° et distille sans altération.

Lorsqu'on le mélange avec un peu d'eau, il se concrète au bout de quelque temps en un amas de cristaux composés de $C^2(HCl^3)O + aq.$; par une plus forte addition d'eau, ces cristaux se dissolvent. La dissolution cristallise dans le vide en gros cristaux rhomboédriques; elle ne précipite pas les sels d'argent. L'acide sulfurique concentré la convertit en un corps insoluble qui présente la même composition que l'acétol trichloré liquide (Regnault), et qui appartient probablement à l'une des modifications isomères produites par la métamorphose spontanée de l'acétol normal. D'ailleurs, l'acétol trichloré se convertit lui-même à la longue en cette modification insoluble (*chloral insoluble*).

A l'état sec, les cristaux que l'acétol trichloré donne avec l'eau distillent sans altération.

L'acétol trichloré se produit aussi dans l'action du chlore sur l'éther normal (Malaguti).

Lorsqu'on distille l'acétol trichloré avec une dissolution de chaux ou de potasse, on obtient du formiate ainsi que du formène trichloré qui se rend dans le récipient :

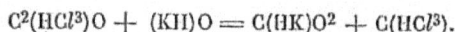

$$C^2(HCl^3)O + (KH)O = C(HK)O^2 + C(HCl^3).$$

La modification insoluble de l'acétol trichloré donne les mêmes produits de décomposition sous l'influence des alcalis caustiques. Lorsqu'on place quelques fragments de cette modification dans un tube fermé par un bout et courbé en siphon, qu'on étire la partie ouverte à la lampe, et qu'on chauffe la branche qui renferme la matière dans un bain d'huile porté à 200 ou 250°, on voit bientôt ruisseler le long des parois un liquide qui se rend dans l'autre branche, et qui n'est autre chose que la modification liquide de l'acétol trichloré (Regnault).

Acétol tribromé (bromal). — $C^2(HBr^3)O$. — Le brome se comporte comme le chlore avec l'alcool normal. On obtient l'acétol tribromé en versant peu à peu 13,8 parties de brome dans 1 p. d'alcool normal refroidi par de la glace; puis on ajoute au mélange 3 fois son volume d'acide sulfurique concentré, et l'on distille. Il se produit ainsi une huile incolore semblable à l'espèce chlorée précédente. Sa densité est de 3,34. Les alcalis caustiques le convertissent en formiate et en formène tribromé. Ce liquide est soluble dans l'alcool, l'éther et l'eau. Sa dissolution aqueuse donne par l'évaporation spontanée des cristaux semblables au camphre et qui renferment $C^2(HBr^3)O + 2$ aq. (Lœwig).

235. *Acétol sulfuré* (monosulfure d'éthérine de MM. Lœwig et Weidmann). — C^2H^4S. — Lorsqu'on abandonne à l'air une dissolution alcoolique de monosulfure de potassium et d'éthérilène bichloré, il se produit peu à peu un précipité blanc C^2H^4S qui, suivant les circonstances, est souvent mélangé de petites quantités de soufre et d'élaïle bisulfuré. (Voir g. thionol, élaïle, éthérilène) :

$$C^2H^4Cl^2 + K^2S = C^2H^4S + 2KCl.$$

Genre *Thionol* $R+^2O^2$.

236. *Thionol bisulfuré* (hydrosulfate de sulfure d'éthérine, *Aetherin-Mercaptan* de MM. Lœwig et Weidmann). — $C^2H^6S^2$. — Lorsqu'on mélange une solution alcoolique de sulfhydrate de potasse $(KH)S$ avec de l'éthérilène bichloré (liqueur des Hollandais) à l'abri de l'air, il se dépose beaucoup de chlorure de potassium (182); le liquide reste incolore et acquiert une odeur fort désagréable. A la distillation, il s'en dégage un peu d'hydrogène sulfuré, en même temps qu'il passe un liquide alcoolique qui renferme la combinaison en question. La solution étendue d'eau donne avec les persels de fer un précipité vert, avec les sels de cuivre un précipité bleu, et avec ceux de plomb un précipité jaune. Les sels d'argent en sont précipités en jaune, le sublimé corrosif en blanc, les perchlorures d'or et de platine en jaune. L'eau ne trouble pas la solution alcoolique, mais le contact de l'air la rend peu à peu laiteuse.

La partie huileuse qui reste dans la cornue se solidifie par le refroidissement, et paraît renfermer un corps $C^4H^{10}S^4$. Si l'on abandonne à l'air le mélange de sulfhydrate et d'éthérilène bichloré, il s'y dépose des flocons blancs qui paraissent être un mélange d'élaïle bisulfuré et de thionol bisulfuré.

Thionol bisulfuro-biplombique. — $C^2(H^4Pb^2)S^2$. — C'est, suivant MM. Lœwig et Weidmann, le composé jaune que les sels de plomb précipitent de la combinaison précédente.

Genre Elaïle RO^2.

237. *Elaïle bisulfuré* (bisulfure et quadrisulfure d'éthérine de MM. Lœwig et Weidmann). — $C^2H^4S^2$. — Lorsqu'on abandonne pendant quelques jours une solution alcoolique d'éthérilène bichloré et de bisulfure potassique, il se dépose une poudre blanche $C^2H^4S^2$ en même temps qu'il se produit du chlorure de potassium (182).

C'est un corps amorphe, d'une odeur et d'une saveur douceâtres. Il est insoluble dans l'eau et fort peu soluble dans l'alcool. Il fond à quelques degrés au-dessus de 100°, et brûle avec une flamme bleue. A la distillation sèche, il entre en ébullition en donnant des produits sulfurés et un résidu de charbon. Une solution concentrée de potasse caustique ne l'attaque pas à l'ébullition. L'acide nitrique fumant le convertit en un acide cristallisable (*Halbschwefelaetherin-Schwefelsaeure* de L. et W.) dont la composition n'est pas bien connue ($C^2H^4S^2O^5$?).

Le trisulfure et le quintisulfure de potassium paraissent donner, avec une solution alcoolique d'éthérilène bichloré, le corps $C^2H^4S^5$ (quintisulfure d'éthérine, L. et W.); l'acide nitrique fumant produit avec ce dernier de l'acide sulfurique et le même acide cristallisable (176).

Genre Acétate RO^2.

238. Ce genre se produit par l'action des agents oxygénants sur les g. alcool et acétol; on l'obtient en outre par la distillation sèche des matières ligneuses (acide pyroligneux), par l'action de la potasse en fusion sur les g. succinate, tartrate, malate (4ᵉ fam.), citrate (6ᵉ fam.), oléate (18ᵉ fam.), ainsi que dans beaucoup d'autres circonstances. Toutes les espèces du g. acétate se décomposent, sous l'influence des alcalis et de la chaleur, en acide carbonique et en espèces dérivées du g. formène (197).

Acétate normal (acide acétique, vinaigre). — $C^2H^4O^2$. — Lorsque l'alcool et en général les liquides spiritueux se trouvent en contact avec l'air, dans des circonstances convenables, ils s'acidifient promptement en se convertissant en vinaigre. Cette transformation est surtout favorisée par une température de 25 à 30°, ainsi que par le contact de l'alcool avec des ferments, c'est-à-dire avec des matières organiques qui se trouvent elles-mêmes dans un état de décomposition. On exécute cette opération en grand dans des tonneaux qui sont percés de trous à leur pourtour et remplis de copeaux de hêtre destinés à multiplier la surface du liquide alcoolique qu'on verse par-dessus, et à en augmenter les points de contact avec l'oxygène. Ces tonneaux, placés dans des étuves chauffées à 25° environ, reçoivent un mélange de 1 p. d'alcool, 5 p. d'eau, et 1/1000 environ de levûre de bière ou de vinaigre ; on soutire ce mélange à plusieurs reprises et on lui fait traverser les copeaux, de manière qu'il se trouve entièrement transformé, au bout de 36 heures, en vinaigre, si l'accès de l'air a été suffisant.

L'acide acétique du commerce (acide pyroligneux) s'obtient dans la distillation sèche du bois ; le produit brut est accompagné de matières goudronneuses qu'on en sépare par décantation. La partie aqueuse et acide, après avoir été soumise à une nouvelle distillation, est convertie en sel de chaux ou de soude, qu'on purifie d'abord pour le décomposer ensuite par de l'acide sulfurique concentré. On refroidit le produit de la distillation à — 4 ou 5°, de manière à obtenir des cristaux, d'où l'on décante alors les parties liquides.

Cet acide, sans contredit un de ceux qui offre le plus d'intérêt, cristallise au-dessous de + 17° en lames ou en tables transparentes, d'un grand éclat ; au-dessus de cette température, il fond en un liquide incolore et limpide, d'une densité de 1,064. Son odeur est particulière, acide et suffocante ; mais délayée dans beaucoup d'air elle est agréable. Il a une saveur très acide, rougit fortement le tournesol, et est presque aussi corrosif que certains acides minéraux ; du moins il détermine une vésication quand on l'applique sur la peau. Il attire l'humidité de l'air et se mêle en toutes proportions avec l'eau et l'alcool ; il a la propriété singulière d'augmenter de densité quand on y ajoute de l'eau jusqu'à une certaine quantité, laquelle étant dépassée, sa densité diminue au contraire. Son maximum de densité est de

1,079 et correspond à un acide $C^2H^4O^2$ + aq.; on obtient celui-ci
en mélangeant 77,2 d'acide cristallisé avec 22,8 p. d'eau; cet
hydrate bout à 104°, tandis que l'acide sec et cristallisable n'entre
en ébullition qu'à 120°. Sa vapeur pèse 2,7, suivant M. Dumas
(123); elle est inflammable et brûle avec une flamme bleue.

Il dissout le camphre, les résines, la fibrine et plusieurs
autres substances.

Quand on fait passer sa vapeur à travers un tube chauffé au
rouge obscur, on obtient de l'acétone, du formène, de l'acide
carbonique et de l'eau, et quelquefois aussi un dépôt de charbon.
On a en effet :

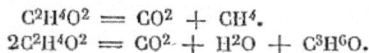

$$C^2H^4O^2 = CO^2 + CH^4.$$
$$2C^2H^4O^2 = CO^2 + H^2O + C^3H^6O.$$

L'acide sulfurique concentré exerce sur lui une action particulière (248). Le chlore produit de l'acétate trichloré (239). L'acide
nitrique ne l'attaque pas sensiblement. L'acide periodique le
convertit en formiate normal en passant à l'état d'acide iodique
et en mettant de l'iode en liberté.

Les acétates métalliques sont presque tous solubles dans l'eau;
ils fournissent, à la distillation sèche, de l'acétone, du formène
et d'autres gaz (acide carbonique, oxyde de carbone) qui varient
suivant la nature du métal.

On les reconnaît aisément à l'odeur acide et caustique qu'ils
développent, à l'état sec, sous l'influence de l'acide sulfurique.

Acétate ammoniacal. — $C^2H^4O^2,NH^3$. — Lorsqu'on sature l'a-
cide acétique cristallisable par du gaz ammoniac, on obtient un
sel blanc inodore, très soluble dans l'eau et l'alcool. Ce produit,
employé depuis longtemps en médecine, était connu autrefois
sous le nom d'*esprit de Minderer.*

La chaleur le décompose en ammoniaque et en un sel acide
qui cristallise en aiguilles radiées très déliquescentes.

Acétate potassique (terre foliée de tartre). — $C^2(H^3K)O^2$. — Il
se rencontre dans la sève de certaines plantes. On le prépare en
saturant l'acide acétique par du carbonate de potasse, et évaporant la solution. Il cristallise difficilement en aiguilles minces et
confuses; par l'évaporation on l'obtient ordinairement en pail-

lettes blanches et grasses au toucher. Il est fort déliquescent, et se dissout aisément dans l'eau et l'alcool.

Mélangé avec de l'acide arsénieux et soumis à la distillation sèche, il produit de l'alcarsine (liqueur fumante de Cadet), du formène, de l'hydrogène arséniqué, de l'acide carbonique, de l'eau et de l'acétone. (Voir *Quatrième Famille*, G. Alcarsine.)

Il est neutre au papier. D'après M. Thomson, il existe un sel acide qu'on obtient en évaporant dans le vide un mélange d'équivalents égaux d'acide acétique et d'acétate potassique.

Acétate sodique (terre foliée minérale). — $C^2(H^3Na)O^2 + 3$ aq. — Il s'obtient en gros prismes obliques à base rhombe, tronqués sur les angles et sur les arêtes latérales; il s'effleurit dans l'air sec et se dissout dans 3 p. d'eau froide et dans son propre poids d'eau bouillante. Il est moins soluble dans l'alcool. Sa saveur est amère et piquante sans être désagréable. Quand on le chauffe, il commence par fondre dans son eau de cristallisation.

Acétate barytique. — $C^2(H^3Ba)O^2 + ?$ aq. — On peut l'obtenir en traitant par l'acide acétique une dissolution de sulfure de baryum. Ses cristaux ressemblent à ceux de l'acétate de plomb; il est fort soluble dans l'eau et peu soluble dans l'alcool.

Acétate calcique. — $C^2(H^3Ca)O^2 + ?$ aq. — On l'obtient en aiguilles prismatiques d'un éclat soyeux et qui s'effleurissent dans l'air sec. Il est très soluble dans l'eau.

Acétate aluminique. — Ce sel est employé comme mordant dans la fabrication des toiles peintes; il est incristallisable, gommeux, déliquescent, styptique et très astringent. La chaleur le décompose aisément en en expulsant de l'acide acétique. Lorsqu'on chauffe une solution concentrée de ce sel, additionnée de sulfate de potasse ou de soude, elle se prend en une gelée blanche qui se redissout et disparaît par le refroidissement; la dissolution du sel pur ne présente pas cette propriété (Gay-Lussac).

Acétate zincique. — Il cristallise en lames nacrées.

Acétate ferreux. — Aiguilles soyeuses et incolores, très solubles, et qui attirent l'oxygène de l'air avec avidité.

Acétate ferrique (bouillon noir). — C'est un produit noir, non cristallisable, qui s'emploie dans la teinture.

Acétate plombique (sel ou sucre de saturne). — $C^2(H^3Pb)O^2 + 2$ aq. — On l'obtient en dissolvant l'oxyde de plomb dans l'acide acétique, ou en faisant agir celui-ci conjointement avec l'oxygène de l'air, sur le plomb métallique. Il cristallise en prismes allongés à 4 pans, terminés par des sommets dièdres ; leur saveur est à la fois sucrée et astringente ; ils sont efflorescents, solubles dans l'eau et l'alcool, et très vénéneux. Leur dissolution rougit légèrement le tournesol et verdit le sirop de violette ; ils fondent à 57°5 en abandonnant leur eau de cristallisation. A froid, l'ammoniaque caustique n'en précipite pas la dissolution aqueuse, mais' elle la transforme en sel surbasique ; si l'on ajoute un grand excès d'ammoniaque, en chauffant le mélange, il se dépose des cristaux d'oxyde de plomb.

Il existe plusieurs acétates surbasiques à base de plomb; ce sont :

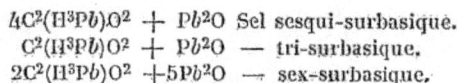

$$4C^2(H^3Pb)O^2 + Pb^2O \text{ Sel sesqui-surbasique.}$$
$$C^2(H^3Pb)O^2 + Pb^2O \text{ — tri-surbasique.}$$
$$2C^2(H^3Pb)O^2 + 5Pb^2O \text{ — sex-surbasique.}$$

Dans ces sels, le rapport du métal contenu dans le sel neutre est à celui de l'oxyde de plomb comme 1 : 1|2, 1 : 2, 1 : 5. Ils renferment donc, en somme, par rapport à 1 éq. d'acétate, 1 1|2, 3 et 6 éq. de plomb.

Acétate sesqui-surplombique. — [$4C^2(H^3Pb)O^2 + Pb^2O$]. — On l'obtient en chauffant l'acétate plombique dans une capsule jusqu'à ce que la matière fondue se soit convertie en une masse blanche et poreuse ; on dissout ce résidu dans l'eau , et on évapore le liquide à cristallisation. Il se produit ainsi des lames nacrées qui partent d'un centre commun ; elles sont solubles dans l'eau et l'alcool ; leur dissolution possède une réaction alcaline. Mise en digestion avec de l'oxyde de plomb, elle donne les deux sels surbasiques que nous allons décrire.

Acétate tri-surplombique (extrait de saturne). — [$C^2(H^3Pb)O^2 + Pb^2O$]. — On l'obtient à l'état cristallisé en abandonnant à elle-même une dissolution du sel neutre, saturée à froid et mélangée avec le cinquième de son volume d'ammoniaque. On le produit également en mettant 7 p. de litharge en digestion avec une dissolution de 6 p. d'acétate neutre cristallisé. Le nouveau sel tri-surbasique s'obtient en longues aiguilles soyeuses , anhydres et très solubles dans l'eau. Il est insoluble dans l'alcool. Sa dissolution aqueuse est troublée par l'acide carbonique de l'air.

Acétate sex-surplombique. — [$2C^2(H^3Pb)O^2 + 5Pb^2O$]. — Le sel précédent, précipité par l'ammoniaque, donne une poudre blanche encore plus basique; on l'obtient aussi en faisant digérer avec de l'oxyde de plomb la solution du sel tri-surbasique. Le précipité blanc, examiné au microscope, présente un aspect cristallin. Il est peu soluble dans l'eau bouillante.

Acétate cuprique. — $C^2(H^3Cu)O^2$ + aq. — Sous le nom de *verdet*, on rencontre dans le commerce un produit vert foncé cristallisé en prismes rhomboïdaux, légèrement efflorescents, et qu'on obtient en dissolvant dans du vinaigre distillé le *vert-de-gris* ou acétate de cuivre surbasique. Ce verdet est très vénéneux; il se dissout en petite quantité dans l'alcool et dans 5 fois son poids d'eau bouillante; la solution aqueuse étendue se décompose par l'ébullition, en laissant déposer un sel tri-surbasique. Bouillie avec du sucre, la dissolution du verdet dépose du protoxide de cuivre sous forme d'une poudre cristalline; il se dégage en même temps beaucoup d'acide acétique, et il reste en dissolution un sel de cuivre particulier.

Quand on chauffe brusquement les cristaux, ils s'enflamment et brûlent avec une belle flamme verte.

Le *vert de Schweinfurt* ou *vert de Vienne*, qu'on emploie en peinture, est une combinaison de 1 éq. d'acétate et de 3 éq. d'arsénite de cuivre.

Il existe plusieurs acétates surbasiques à base de cuivre; ce sont :

	Rapport de Pb de l'acétate à Pb de l'oxyde.
$2C^2(H^3Cu)O^2 + Cu^2O$. Sel bi-surbasique. . .	1 : 1.
$4C^2(H^3Cu)O^2 + Cu^2O$. — sesqui-surbasique.	1 : 1/2.
$C^2(H^3Cu)O^2 + Cu^2O$. — tri-surbasique. . .	1 : 2.

Acétate bi-surcuivrique (vert-de-gris). — [$2C^2(H^3Cu)O^2 + Cu^2O + 6$ aq.] — On prépare ce sel en grand en abandonnant à l'air des lames de cuivre empilées avec du marc de raisin, ou avec des morceaux de drap trempés dans du vinaigre. Il cristallise en paillettes bleues ; l'eau le décompose en sel sesqui-surbasique et en sel neutre.

Le vert-de-gris du commerce est d'ailleurs un mélange de ces trois sels surbasiques.

Acétate sesqui-surcuivrique. — [4C^2(H^{3}Cu)O^2.+ Cu^{2}O + 6 aq.].
— Il cristallise d'une manière peu régulière. On l'obtient en versant de l'ammoniaque par petites portions dans une dissolution concentrée et bouillante d'acétate neutre, jusqu'à ce que le précipité qu'elle forme se dissolve ; le sel se dépose en masse par le refroidissement de la liqueur. On se le procure aussi en lessivant le vert-de-gris ordinaire avec de l'eau tiède et abandonnant la solution à l'évaporation spontanée. Sa solution se décompose par l'ébullition. Les cristaux dégagent 3 éq. d'eau = 10,8 p. c. par la dessiccation à 100°.

Acétate tri-surcuivrique. — [C^2(H^{3}Cu)O^2 + Cu^{2}O + aq.]. — On l'obtient en mettant de l'hydrate d'oxyde de cuivre en digestion avec de l'acétate neutre. Il paraît que c'est le plus stable des acétates de cuivre. Il se présente sous la forme d'une poudre vert clair. L'eau bouillante le convertit en acétate neutre et en un sel surbasique qui paraît renfermer encore plus de cuivre que les sels précédents.

Acétate argentique. — C^2(H^{3}Ag)O^2. — Aiguilles flexibles et nacrées, peu solubles dans l'eau, et ne renfermant pas d'eau de cristallisation.

239. *Acétate trichloré* (acide chloracétique). — C^2(Cl^{3}H)O^2. — L'A. normal est lentement attaqué par le chlore à la lumière diffuse ; mais au soleil la décomposition est rapide ; il se produit de l'acide hydrochlorique, du phosgène bichloré, de l'acide carbonique, de l'oxalate normal, de l'acétate trichloré, ainsi qu'une liqueur éthérée qui renferme du chlore.

M. Dumas introduit du chlore sec dans des flacons à l'émeri de 5 ou 6 litres, avec 9 décigrammes d'acide acétique cristallisable par litre de chlore. Les bouchons étant fixés, on abandonne les flacons dans un endroit où ils puissent recevoir les rayons directs du soleil. Bientôt on voit se déposer sur les parois des flacons une espèce de givre qui constitue l'acétate trichloré ou acide chloracétique. On passe de l'eau dans les flacons et l'on expose la dissolution dans le vide ; l'acide oxalique cristallise le premier, puis l'acide chloracétique : celui-ci donne naissance ordinairement à de beaux cristaux rhomboédriques. Si la liqueur refuse de cristalliser, on la distille avec une certaine quantité d'acide phosphorique anhydre qui s'empare d'un peu d'eau, et qui décompose l'acide oxalique sans agir en rien sur l'acide chloracétique. On place ensuite les cristaux, dans le vide, sur quelques doubles de papier joseph, où ils se dépouillent alors de l'acide acétique qu'ils pourraient encore contenir (Dumas).

L'A. trichloré est incolore, doué d'une faible odeur à froid ; d'une saveur caustique et âpre ; très déliquescent, et par conséquent très soluble dans l'eau. Il blanchit la langue, à la façon de l'eau oxygénée. Mis en contact avec la peau, il la désorganise et détermine une véritable vésication. Sa vapeur est très suffocante ; la densité en a été trouvée égale à 5,3.

Il est franchement acide et ne blanchit pas les couleurs végétales. Il fond à 46°, et bout entre 195 et 200° sans s'altérer. Sa densité à l'état solide est de 1,617.

Chauffé avec de l'acide sulfurique concentré, il donne de l'acide hydrochlorique, de l'oxyde de carbone et de l'acide carbonique ; mais une grande partie de l'A. trichloré échappe à la décomposition et vient cristalliser dans les tubes en rhomboèdres très réguliers.

Quand on fait bouillir ensemble de l'A. trichloré et un excès d'ammoniaque, il se dégage du formène trichloré et du carbonate d'ammoniaque. $C^2(HCl^3)O^2$ se décompose en $C(HCl^3) + CO^2$. Les acétates non chlorés se décomposent sous l'influence de la chaleur et des alcalis en formène normal et acide carbonique.

Les A. trichlorés à base de métaux sont en général solubles dans l'eau. Nous avons déjà parlé de l'action du potassium sur ces corps (139).

Acétate trichloro-potassique (chloracétate de potasse). — $C^2(Cl^3K)O^2$. — C'est un sel très facile à obtenir. Il suffit de neutraliser l'acide chloracétique par du carbonate de potasse et d'abandonner la liqueur à une évaporation spontanée ; le sel cristallise en fibres soyeuses qui ne sont pas déliquescentes (Dumas).

M. Leblanc a obtenu ce sel en faisant bouillir l'acétalcool perchloré (4e famille) avec de la potasse.

Acétate trichloro-ammoniacal (chloracétate d'ammoniaque). — $C^2(Cl^3H)O^2, NH^3 + ?$ aq. — Sel cristallisable.

Acétate trichloro-argentique (chloracétate d'argent). — $C^2(Cl^3Ag)O^2$. — Si l'on met de l'oxyde d'argent humide dans une dissolution concentrée et froide d'acide chloracétique, on le voit se transformer en paillettes grises. Par l'addition d'un peu d'eau, le sel se dissout, et si l'on évapore la liqueur à froid dans le vide sec et à l'abri de la lumière, on obtient de petits cristaux grenus. Ce sel est peu soluble et très altérable à la lumière. Chauffé sur une feuille de papier, il fuse brusquement en répandant des vapeurs douées de l'odeur de l'acide chloracétique, et en laissant pour résidu des végétations de chlorure d'argent pur (Dumas).

Genre *Formométhol* RO^2.

240. *Formométhol normal* (éther formique de l'esprit de bois, formiate de méthylène). — $C^2H^4O^2$. — Lorsqu'on distille du formiate de soude bien sec et du sulfométhol normal, on obtient pour résidu du sulfate de soude, et il passe du formométhol normal.

Cet éther est liquide, très fluide, plus léger que l'eau et beaucoup plus volatil. Il possède une odeur éthérée et bout entre 36 et 38°. La potasse le convertit en formiate potassique et en méthol normal (Dumas et Péligot).

Formométhol chloré (oxychlorocarbonate d'oxyde de méthyle). — $C^2(H^3Cl)O^2$. — Lorsqu'on fait arriver du méthol normal dans un ballon rempli de phosgène bichloré, la température s'élève beaucoup, et la réaction se termine en quelques instants. Elle fournit de l'acide hydrochlorique, ainsi qu'une huile pesante qu'on sépare par de l'eau. On rectifie ce produit sur un grand excès de chlorure de calcium et de massicot.

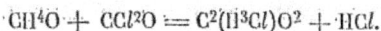

$$CH^4O + CCl^2O = C^2(H^3Cl)O^2 + HCl.$$

Cette huile est incolore, très fluide, d'une odeur pénétrante, plus pesante et plus volatile que l'eau. Elle brûle avec une flamme verte. L'ammoniaque gazeuse la convertit en uréthylane normale (Dumas et Péligot).

Genre *Ethylate* RO^2.

241. Il se produit par l'action de l'acide nitrique sur l'alcool sulfuré.

Ethylate sulfuré (acide sulfo-sulféthylique).—$C^2H^4SO^2 +$ aq.— Nous avons déjà eu l'occasion de dire quelques mots de l'action de l'acide nitrique sur l'alcool sulfuré (176). Lorsqu'on fait agir l'acide nitrique de 1,23 sur ce corps, en chauffant légèrement le mélange, la réaction est violente, il se dégage beaucoup de vapeurs rouges, et il se produit une huile plus pesante que l'eau, tandis que la partie aqueuse retient un acide particulier qui paraît avoir la composition indiquée. On évapore au bain-marie cette partie aqueuse, on traite le résidu par du carbonate de plomb ou de baryte, et l'on concentre le liquide filtré; puis, quand il a cristallisé, on décompose la solution par de l'hydrogène sulfuré. On évapore de nouveau au bain-marie la partie filtrée. On obtient ainsi un liquide huileux où se produisent, au bout de quelque temps, des cristaux incolores et transparents. Leur saveur est acide et d'un arrière-goût fort désagréable; ils n'ont pas d'odeur et ne sont pas volatils sans décomposition (Lœwig et Weidmann, H. Kopp).

Ethylate sulfuro-potassique.—$C^2(H^3K)SO^2 +$ aq. — MM. Lœwig et Weidmann ont obtenu ce sel en saturant l'acide par du carbonate de potasse; il s'est déposé dans la solution, saturée à l'ébullition, à l'état de cristaux lamellaires, incolores et transparents, très solubles dans l'eau et moins solubles dans l'alcool. Il fond par l'échauffement et finit par se décomposer. Il cristallise avec 1 éq. d'eau.

Ethylate sulfuro-barytique. — $C^2(H^3Ba)SO^2 +$ aq. — Il cristallise en tables rhombes, incolores et transparentes.

Ethylate sulfuro-plombique. — $C^2(H^3Pb)SO^2 +$ aq. — Sel cristallisable peu soluble dans l'alcool et cristallisable, renfermant 1 éq. d'eau qu'il dégage à 120° (1).

---

(1) M. Lœwig représente ce sel par $C^4H^{12}O^5S^2,Pb^2O = C^2(H^6Pb)O^3S$; mais les analyses donnent toujours moins d'hydrogène, de manière que notre formule présente plus de vraisemblance. Il en est de même quant aux autres éthylates sulfurés.

La matière huileuse qui se produit dans l'action de l'acide nitrique sur l'alcool sulfuré renferme, suivant MM. Lœwig, Weidmann et Kopp, $C^4H^{10}S^2O^2$ (schwefligsaures Schwefelaethyl); mais il nous semble plutôt qu'elle contient C^2H^4SO, attendu qu'une action prolongée de l'acide nitrique la convertit en éthylate sulfuré; celui-ci renfermerait d'après cela $C^2H^4SO^2$ + aq., et les sels métalliques retiendraient à 100° 1 éq. d'eau de cristallisation, comme nous l'avons admis.

Cette matière huileuse est attaquée par la potasse en donnant de l'alcool normal, un liquide $C^4H^{10}S^2$ (bisulfure d'éthyle) et un sel de potasse $C^4H^{12}K^4S^4O^9$ (doppelt schwefelaethylschwefelsaures Kali); cette dernière formule est évidemment inexacte, et ne saurait être admise.

Genre *Carbométhylate* RO^3.

242. Il se produit par la combinaison directe du gaz carbonique CO^2 ou du sulfure de carbone CS^2 avec le méthol normal sous l'influence des alcalis.

Carbométhylate barytique. — $C^2(H^3Ba)O^3$. — La dissolution de baryte dans l'esprit de bois absolu étant soumise à l'action de l'acide carbonique sec, donne immédiatement naissance à un précipité blanc un peu nacré qui, lavé avec de l'esprit de bois, consiste tout entier en carbométhylate de baryte pur :

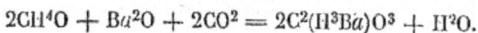

$$2CH^4O + Ba^2O + 2CO^2 = 2C^2(H^3Ba)O^3 + H^2O.$$

Ce sel est insoluble dans l'esprit de bois et dans l'alcool; il se dissout au contraire très bien dans l'eau froide; mais la liqueur abandonnée à elle-même se trouble bientôt, en précipitant une quantité considérable de carbonate de baryte et en laissant dégager de l'acide carbonique. La liqueur se boursoufle, écume, et, au bout de quelques heures, le carbométhylate de baryte a disparu; il n'y reste absolument que de l'eau et du carbonate de baryte. On favorise singulièrement cette réaction par une élévation même peu considérable de température. Dans l'eau bouillante, la décomposition est instantanée (Dumas et Péligot).

Carbométhylate bisulfuro-potassique (sulfocarbométhylate de potasse). — $C^2(H^3K)(S^2O)$. — Quand on met du sulfure de carbone dans une dissolution de potasse dans l'esprit de bois, il se forme un sel qui cristallise en fibres soyeuses et qui présente la composition indiquée (Dumas et Péligot).

Carbométhylate bisulfuro-plombique (sulfocarbométhylate de plomb). — Il renferme $C^2(H^3Pb)(S^2O)$, d'après les expériences de MM. Dumas et Péligot.

Genre Oxalate $R{-}^2O^4$.

243. Ce genre est le résultat de l'action des oxydants tels que la potasse, l'acide nitrique, etc., sur une foule de matières organiques. Toutes les espèces qui en font partie ont la propriété de se décomposer sous l'influence de l'acide sulfurique concentré en oxyde M^2O et en un mélange de volumes égaux d'oxyde de carbone et d'acide carbonique ; en effet :

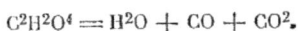

$$C^2H^2O^4 = H^2O + CO + CO^2.$$

Oxalate normal (acide oxalique). — $C^2H^2O^4 + 2$ aq. — Il se rencontre en dissolution aqueuse dans les vésicules des pois chiches. On se le procure par la décomposition des autres oxalates ou par l'action de l'acide nitrique sur le sucre, l'amidon, etc.

On chauffe 1 p. d'amidon avec 5 p. d'acide nitrique de 1,42 étendues de 10 p. d'eau, jusqu'à ce qu'il ne se dégage plus de gaz, et l'on évapore à cristallisation ; on dessèche les cristaux sur des briques poreuses, et on les soumet à une nouvelle cristallisation dans l'eau.

On l'obtient aussi en décomposant une dissolution d'oxalate potassique par de l'acétate de plomb ou par du sulfure de baryum, recueillant le précipité et le décomposant par de l'acide sulfurique dilué.

L'oxalate normal ou acide oxalique cristallise en prismes quadrilatères incolores et transparents, terminés par des sommets dièdres, et renfermant 2 éq. d'eau de cristallisation ; il s'effleurit à l'air libre en dégageant celle-ci. Il est très soluble dans l'eau et l'alcool ; la dissolution est très aigre, rougit fortement le tournesol et décompose les carbonates avec effervescence. Il est fort vénéneux.

Lorsqu'on le chauffe à 180°, il fond dans l'eau de cristallisation, puis une partie se sublime sans eau, tandis qu'une autre se décompose en oxyde de carbone, acide carbonique et acide formique, sans résidu de charbon. Ces produits appartiennent probablement à deux périodes de décomposition :

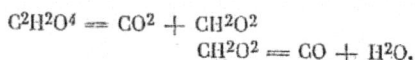

$$C^2H^2O^4 = CO^2 + CH^2O^2$$
$$CH^2O^2 = CO + H^2O.$$

Cette décomposition peut être mise à profit pour la préparation de l'acide formique.

L'acide nitrique décompose l'O. normal en acide carbonique et en eau. Le peroxyde de manganèse, l'oxyde puce de plomb, l'acide chromique le détruisent aussi à l'ébullition et le font passer à l'état d'acide carbonique et d'eau; en même temps il se produit des oxalates à base de plomb, de manganèse, etc. Bouilli avec une dissolution de bichlorure d'or, l'O. normal donne naissance à de l'acide carbonique et à un dépôt d'or métallique; il ne réduit pas les sels de platine, ce qui permet de l'employer pour séparer l'or du platine; ce dernier se précipite par l'acide formique. La solution aqueuse de l'O. normal se convertit par l'action du chlore en acide carbonique et en acide hydrochlorique.

L'O. normal est employé dans la fabrication des toiles peintes; on s'en sert aussi pour enlever les taches de rouille.

Les oxalates métalliques sont presque de tous les sels organiques ceux que les acides minéraux ont le plus de peine à décomposer. On emploie les oxalates solubles pour reconnaître la présence de la chaux dans les liquides; l'O. normal précipite même la dissolution du sulfate de chaux.

Oxalate potassique (bioxalate de potasse, oxalate de potasse acide, sel d'oseille). — $C^2(HK)O^4 + $ aq. — Il est contenu dans le suc des différentes variétés de *rumex* et d'*oxalis*; on peut l'en extraire en clarifiant le suc avec de la terre glaise ou avec du blanc d'œuf, et abandonnant à cristallisation. C'est par ce procédé qu'on en prépare de grandes quantités dans la Forêt-Noire. Ce sel cristallise en prismes obliques à base rhombe, transparents, aigres et rougissant le tournesol. Il est soluble dans 40 p. d'eau froide, 6 p. d'eau chaude et insoluble dans l'alcool. Les cristaux renferment 1 éq. d'eau de cristallisation. Quand on fait cristalliser ce sel dans l'acide hydrochlorique, on obtient des octaèdres à base rhombe qui renferment $[C^2(HK)O^4 + C^2H^2O^4 +$ 2 aq.], c'est-à-dire 1 éq. d'oxalate potassique et 1 éq. d'oxalate normal; c'est si l'on veut un oxalate dont les 3|4 de la base sont représentés par de l'hydrogène et l'autre quart par du potassium. Ce nouveau sel, connu sous le nom de quadroxalate de potasse, constitue souvent le sel d'oseille du commerce. On peut aussi l'obtenir en saturant 1 p. d'O. normal par du carbonate de potasse, ajoutant au mélange 3 p. d'O. normal, et faisant cristalliser. A 128°, ce sel perd 14 p. c. $= 2$ éq. d'eau. Quand on le chauffe plus fort il se décompose et sublime de l'O. normal (Graham).

On emploie le sel d'oseille comme acide faible pour décaper les métaux; on s'en sert aussi pour enlever les taches de rouille et d'encre, l'O. ferrique étant soluble dans l'eau.

Oxalate bipotassique (sel neutre). — $C^2K^2O^4 +$ aq. $=$ On l'obtient en neutralisant le sel précédent par du carbonate de potasse et faisant cristalliser. Il forme des prismes hexagones terminés par des sommets dièdres; il est transparent et perd 9,7 p. c. $=$ 1 éq. d'eau quand on le chauffe à 160°. Il est très soluble dans l'eau et insoluble dans l'alcool.

Oxalate bisodique. — $C^2Na^2O^4$. — C'est de tous les O. le plus répandu; il se rencontre dans les varecs, par l'incinération desquels on prépare la soude. Il est peu soluble, et ne renferme pas d'eau; il est difficile d'ailleurs de l'obtenir en cristaux réguliers.

Oxalate ammoniacal (bioxalate d'ammoniaque). $=$ $C^2H^2O^4$, $NH^3 +$ aq. — Il est moins soluble que le sel biammoniacal; par la distillation sèche il donne, entre autres produits, de l'acide oxamique (255). Il renferme 1 éq. d'eau de cristallisation.

Oxalate biammoniacal (sel neutre). — $C^2H^2O^4, 2NH^3 +$ aq. $=$ On l'obtient en saturant l'O. normal par de l'ammoniaque caustique ou carbonatée. Il forme des prismes incolores qui s'effleurissent dans l'air chaud en perdant 12,6 $= 1$ éq. d'eau de cristallisation. Par la distillation sèche, il donne, entre autres produits, de l'oxamide normale (257).

Oxalate bicalcique (oxalate de chaux). — $C^2Ca^2O^4 + 2$ aq. — Ce sel constitue en grande partie certains calculs vésicaux de l'homme (calculs mûraux); il entre dans la composition des lichens qui croissent sur les pierres calcaires; on le rencontre quelquefois, sous forme de cristaux réguliers et microscopiques, dans les vaisseaux des plantes, de celles surtout qui sont mortes de vieillesse; on l'obtient toutes les fois qu'un sel de chaux est mélangé avec un oxalate soluble.

Il est insoluble dans l'acide acétique, mais il se dissout dans les acides nitrique et hydrochlorique.

Oxalate bibarytique. — $C^2Ba^2O^4$ + aq. — Sel peu soluble.

Oxalate barytique. — $C^2(HBa)O^4$ + aq. — Sel cristallisable que l'eau bouillante décompose.

Oxalate biargentique. — $C^2Ag^2O^4$. — Poudre blanche, insoluble dans l'eau, et qui se décompose instantanément avec une légère explosion, quand on la chauffe.

Oxalate argento-potassique. — $C^2(AgK)O^4$. — On obtient ce sel, sous forme de rhomboèdres très solubles, en saturant le sel potassique par du carbonate d'argent.

Oxalate bicuivrique. — $C^2Cu^2O^4$. — Poudre bleu clair insoluble dans l'eau et soluble dans l'acide oxalique.

Oxalate cuivro-potassique. — $C^2(CuK)O^4$ + 2 aq. — Cristallise en aiguilles prismatiques qui s'effleurissent à l'air.

Oxalate biplombique. — $C^2Pb^2O^4$. — C'est un précipité blanc insoluble dans l'eau. Quand on le chauffe, à l'état sec, dans une cornue placée dans un bain d'huile, il se décompose à une température voisine de 300°, en développant un mélange d'acide carbonique et d'oxyde de carbone dans le rapport de 3 : 1, et en laissant pour résidu du sous-oxyde de plomb Pb^4O (Pelouze).

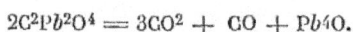

$$2C^2Pb^2O^4 = 3CO^2 + CO + Pb^4O.$$

Lorsqu'on ajoute du nitrate de plomb additionné d'un peu d'ammoniaque à une dissolution bouillante d'oxamide (257), il se précipite de petites lames d'un oxalate surbasique $C^2Pb^2O^4$ + $2Pb^2O$; ce même sel s'obtient lorsqu'on verse de l'oxalate biammoniacal dans une dissolution d'acétate tri-surplombique (dit sous-acétate), mais dans ce cas il se présente sous la forme d'une poudre amorphe et sans éclat. Ce sel, préparé de l'une ou de l'autre manière, absorbe l'acide carbonique de l'air et finit par se transformer en un mélange de carbonate et d'oxalate biplombique (Pelouze).

Oxalate antimonico-potassique. — $C^2(KSb_\alpha)O^4$ + aq. — Si l'on

fait agir à chaud de l'O. potassique sur un excès d'oxyde d'antimoine Sb^2O^3 (1), celui-ci se dissout, et l'on obtient, par le refroidissement, des prismes obliques qui présentent la composition
indiquée et renferment 9,5 p. c. d'eau de cristallisation. Quand on
dissout ces cristaux dans beaucoup d'eau, ils se décomposent en
Sb^2O^3 et en O. potassique (Lassaigne, Bussy).

Oxalate chromico-potassique. — $C^2(KCr\beta)O^4$ + aq. — M. Gregory a obtenu ce beau sel en dissolvant, à l'aide de la chaleur,
1 p. de bichromate de potasse, 2 p. d'oxalate à 1 éq. de potassium et 2 p. d'acide oxalique cristallisé dans 1 p. d'eau. Le bichromate passe d'abord à l'état d'oxyde de chrome au contact de
l'acide oxalique, de manière qu'il en résulte un dégagement d'a-
cide carbonique. En saturant l'O. à 1 éq. de potassium par de
l'oxyde de chrome, on obtient immédiatement ce sel (Malaguti).

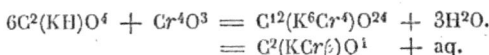

$$6C^2(KH)O^4 + Cr^4O^3 = C^{12}(K^6Cr^4)O^{24} + 3H^2O.$$
$$= C^2(KCr\beta)O^1 + aq.$$

Ce sel cristallise en gros prismes noirs par réflexion et d'un
beau bleu quand on les place entre l'œil et la lumière. Il cris-

_____

(1) Les oxydes Fe^4O^3, Cr^4O^3, Al^4O^3, ainsi que Sb^2O^3, AsO^3, etc., dont
la composition ne correspond pas à celle de l'eau H^2O, ne donnent jamais
lieu à des *substitutions équivalentes*, lorsque, en agissant sur l'hydrogène d'un sel (d'un acide ou d'un sel acide), ils déterminent la formation
et l'élimination de l'eau aux dépens de leur propre oxygène; car Cr^4O^3,
par exemple, se décompose toujours avec H^6, de manière à former $3H^2O$,
tandis que le résidu Cr^4 vient remplacer H^6; de même Sb^2O^3 se décompose avec H^6 qui est remplacé par Sb^2.

1 éq. d'hydrogène est donc remplacé par $Cr^{2/3}$ et en général par $2/3$
d'éq. d'un métal dont l'oxyde est semblable à l'oxyde de chrome ou au
peroxyde de fer.

1 éq. d'hydrogène est remplacé par $Sb^{1/3}$ et en général par $1/3$ d'éq.
d'un métal dont l'oxyde est semblable à l'oxyde d'antimoine ou à l'acide
arsénieux.

Pour éviter les fractions dans les formules, il me paraît convenable
d'exprimer par des signes particuliers les valeurs $Cr^{2/3}$, ainsi que les
valeurs correspondantes de l'aluminium, du fer, de l'antimoine, de
l'arsenic, etc. Nous écrirons donc $Cr\beta$, $Fe\beta$, $Al\beta$ pour exprimer un poids
de $2/3$ Cr, Fe, Al; de même, nous représenterons par Sb_α, As_α un poids
de $1/3$ Sb, As, etc. Cette notation offre l'avantage de rappeler la forme
particulière sous laquelle ces métaux se trouvent dans les combinaisons,
en la distinguant de celle que ces mêmes métaux affecteraient s'ils y
étaient introduits par des oxydes Fe^2O, Pb^2O, Ag^2O, etc., semblables à
l'eau H^2O.

tallise précisément avec la quantité d'eau que les oxydes métalliques produiraient en agissant sur l'hydrogène de l'O. normal.

Il existe encore un autre oxalate de chrome qu'on obtient en saturant par de l'oxyde de chrome le sel connu sous le nom de quadroxalate de potasse (Malaguti). Nous avons vu que ce dernier peut être considéré comme une combinaison d'oxalate potassique et d'oxalate normal, ou, si l'on veut, comme un oxalate dont les 3/4 de la base seraient représentés par de l'hydrogène et l'autre quart par du potassium. Or, le sel (chromoxalate de potasse de M. Malaguti) obtenu par le quadroxalate est encore un semblable oxalate, mais dont les 3/4 de la base sont représentés par du chrome $Cr\beta$ et l'autre quart par du potassium :

Oxalate de potasse acide. . .	$C^2(KH)O^4$	$+$ aq.
Sel de Gregory.	$C^2(KCr\beta)O^4$	$+$ aq.
Quadroxalate	$C^2(K^{1/2} H^{3/2})O^4$	$+$ aq.
Chromoxalate de M. Malaguti.	$C^2(K^{1/2} Cr\beta^{3/2})O^4$	$+$ aq.

Il est remarquable de voir que l'eau de cristallisation est la même dans les sels hydrogénés et chromés qui se correspondent.

M. Warington avait déjà obtenu en 1832 le sel de M. Malaguti en mettant de l'oxyde de chrome hydraté en digestion avec de l'acide oxalique et de l'oxalate potassique, et faisant cristalliser la solution décantée. Suivant M. Croft, il est difficile d'obtenir ce sel à l'état cristallisé ; il est d'un rouge foncé, tant par réflexion que par transmission ; sa solution est verte, et, si elle est concentrée, presque noire à la lumière réfléchie ; elle paraît au contraire rouge quand on la place entre l'œil et la lumière.

Les alcalis ne précipitent de la dissolution de ces deux sels qu'une partie de l'oxyde de chrome ; certaines solutions métalliques y occasionnent des précipités : ainsi, par exemple, l'acétate de plomb donne un précipité bleu sale, insoluble dans l'eau (Berlin). Ce précipité est probablement l'oxalate chromicoplombique $C^7(PbCr\beta)O^4$.

Il y a donc une analogie parfaite entre ces produits et les émétiques obtenus par l'oxyde d'antimoine.

Oxalate ferreux (sel acide). — $C^2(HFe)O^4 + ?$ aq. — On l'obtient en dissolvant du fer dans l'acide oxalique ; il cristallise en prismes verts qui s'effleurissent dans l'air sec : à mesure que le fer sature l'acide oxalique, il se précipite en même temps un sel biferreux (dit neutre) $C^2Fe^2O^4$.

Oxalate ferrique. — $C^2(HFe\beta)O^4 + ?$ aq. — Il s'obtient en petits prismes jaunâtres solubles dans l'eau et dont la dissolution se décompose sous l'influence solaire, en dégageant de l'acide carbonique et en se transformant en un sel ferreux (Doebereiner). Lorsqu'on précipite les persels de fer par un oxalate soluble, on obtient une poudre jaune peu soluble qui est peut-être le sel biferrique $C^2Fe\beta^2O^4$. Comme l'oxalate ferreux est plus soluble que le sel ferrique, on réussit mieux à enlever les taches de rouille en faisant bouillir la solution de sel d'oseille avec de l'étain avant d'y tremper le linge; on obtient alors de l'oxalate d'étain qui ramène les persels de fer à l'état de protosels.

Quand on traite l'hydrate de peroxyde de fer par de l'O. ammoniacal, on obtient un liquide vert foncé qui dépose des octaèdres à base rhombe renfermant $C^2(HFe\beta)O^4, NH^3$ (Bussy).

A l'aide de l'O. potassique ou sodique, on peut aussi obtenir $C^2(KFe\beta)O^4 +$ aq. et $C^2(NaFe\beta)O^4 +$ aq. L'alumine produit des O. semblables (Graham, Bussy).

Genre *Sulfovinate* $R + {}^2SO^4$.

244. Il se produit par l'accouplement de l'alcool normal et de l'acide sulfurique (Dabit). Chauffés avec de l'hydrate de potasse, les sulfovinates dégagent de l'alcool normal et laissent un résidu de sulfate (Marchand).

Sulfovinate normal (acide sulfovinique, bisulfate d'éthyle). — $C^2H^6SO^4$. — Lorsqu'on ajoute de l'acide sulfurique concentré SH^2O^4 à de l'alcool normal, en ayant soin que la masse ne s'échauffe, on obtient un mélange de S. normal, d'acide sulfurique étendu, et s'il y avait de l'alcool en excès, de l'alcool non altéré (85).

Quand on étend l'acide sulfurique d'un équivalent d'eau de manière à avoir $SH^2O^4 +$ aq., il perd sa faculté de transformer à froid l'alcool en sulfovinate; et comme dans l'action de l'acide concentré il s'élimine, pour chaque molécule d'acide, une molécule d'eau, il est évident que par le simple mélange d'acide concentré et d'alcool, tout l'acide ne pourra pas se combiner, puisque, à mesure qu'il se forme du sulfovinate, il se produit en même temps de l'eau, qui rend le restant de l'acide trop faible pour agir : aussi M. Magnus a-t-il prouvé par des expériences exactes que la moitié seulement de l'acide concentré se convertit en sulfovinate, de manière que la réaction doit s'exprimer ainsi :

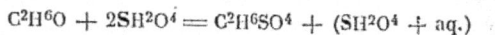

$$C^2H^6O + 2SH^2O^4 = C^2H^6SO^4 + (SH^2O^4 + aq.)$$

Cette équation explique aussi ce fait qu'en maintenant à 100° (température à laquelle il ne forme pas encore d'éther) un mélange d'acide sulfurique concentré et d'alcool, on ne trouve pas d'alcool absolu dans les produits distillés, mais toujours beaucoup d'eau.

Il se forme également beaucoup de S. normal lorsqu'on mélange de l'éther normal (4ᵉ famille) avec de l'acide sulfurique concentré et qu'on porte le mélange à 100°. Si l'on ne le chauffe pas, l'eau en sépare la plus grande partie de l'éther (Magnus, Sérullas); si on l'échauffe trop fort, elle en sépare de l'huile de vin pesante.

On prépare le sulfovinate normal en décomposant le sulfovinate de baryte au moyen d'une dose convenable d'acide sulfurique, ou bien le sulfovinate de plomb à l'aide de l'hydrogène sulfuré. On concentre le liquide filtré dans le vide; ainsi préparé il est incolore, très aigre et sirupeux. Il se décompose par une douce chaleur, ainsi que par un séjour prolongé dans le vide. Il se dissout en toutes proportions dans l'eau, ainsi que dans l'alcool; l'éther ne le dissout pas.

Les agents oxygénants en séparent promptement de l'acide sulfurique.

Lorsqu'on le chauffe avec de l'acide sulfurique concentré, il développe de l'éther normal; cela prouve que dans la préparation de l'acide sulfovinique, par un mélange d'alcool et d'acide sulfurique concentré, il faut avoir soin de ne pas prolonger l'ébullition, puisque autrement l'acide sulfovinique disparaîtrait et qu'on n'obtiendrait que de l'éther (Hennel).

La dissolution aqueuse du S. normal dégage de l'alcool normal quand on la fait bouillir; lorsqu'elle est plus concentrée et qu'elle bout conséquemment à une température plus élevée, elle donne de l'éther normal.

Ces décompositions s'expriment de la manière suivante :

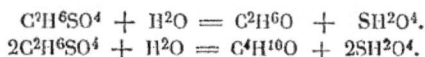

$$C^2H^6SO^4 + H^2O = C^2H^6O + SH^2O^4.$$
$$2C^2H^6SO^4 + H^2O = C^4H^{10}O + 2SH^2O^4.$$

L'acide sirupeux donne à la distillation de l'huile de vin pesante en même temps que le résidu noircit et développe du gaz sulfureux.

L'eau de Rabel des pharmaciens renferme de l'acide sulfovinique ; on la colore avec des pétales de coquelicots.

Les sulfovinates métalliques sont solubles dans l'eau ; ils sont ordinairement nacrés et gras au toucher. Ils se décomposent à la distillation sèche en donnant de l'éthérène normal, de l'huile de vin pesante, de l'eau, de l'acide carbonique et du gaz sulfureux, et en laissant un résidu de sulfate mélangé de charbon. Quand on les distille à l'état sec avec de l'hydrate de potasse, ils donnent de l'alcool normal ; distillés à l'état sec avec de l'acide sulfurique auquel on a ajouté 1/4 d'eau, ils fournissent un mélange d'alcool et d'éther (voy. *Quatrième Famille*, Genre Éther).

Leur solution aqueuse se décompose par l'ébullition.

Sulfovinate potassique. — $C^2(H^5K)SO^4$. — Il cristallise aisément en grandes tables· ou en lames incolores, semblables au chlorate de potasse, et qui ne renferment pas d'eau de cristallisation ; sa saveur est à la fois sucrée et salée. Il est insoluble dans l'alcool absolu et dans l'éther, et ne s'altère pas à l'air (Marchand).

Sulfovinate sodique. — $C^2(H^5Na)SO^4$ + aq. — Il cristallise en tables hexagones qui s'effleurissent dans l'air chaud, et renferment 10,78 p. c. d'eau de cristallisation. Il fond à + 86° en un liquide incolore ; le sel anhydre ne fond pas et se décompose au-dessus de 100° (Marchand).

Sulfovinate ammoniacal. — $C^2H^6SO^4$, NH^3. — Cristaux très déliquescents qui ne renferment pas d'eau de cristallisation.

Sulfovinate barytique. — $C^2(H^5Ba)SO^4$ + aq. — En saturant par du carbonate de baryte le mélange d'alcool et d'acide sulfurique concentré, on l'obtient sous formes de beaux prismes à base rhombe, inaltérables à l'air. Il renferme 8,48 p. c. d'eau de cristallisation qu'il perd dans le vide ; le sel anhydre ne s'altère pas à 100°, mais le sel hydraté se décompose légèrement à cette température.

Lorsqu'on maintient sa solution aqueuse en ébullition, il se trouble, devient acide et dépose du sulfate de baryte ; lorsqu'on enlève le dépôt et qu'on sature le liquide filtré par du carbonate de baryte, on obtient un sel de baryte cristallisable dont la composition à 100° est exactement la même que celle du sulfovinate; ce nouveau sel (1) ne se décompose point par l'ébullition; de même il ne se boursoufle pas par la calcination (ce n'est donc pas de l'iséthionate), mais il émet des vapeurs d'huile de vin pesante, prend feu et brûle alors tranquillement (Gerhardt).

Sulfovinate calcique. — $C^2(H^5Ca)SO^4$ + aq. — Lames hexagones, allongées et minces (Sérullas, Marchand·).

Sulfovinate plombique. — $C^2(H^5Pb)SO^4$ + aq. — Il cristallise en tables incolores et transparentes, très solubles dans l'eau et l'alcool, et d'une réaction acide. Il renferme 7,28 p. c. d'eau de cristallisation.

En mettant la solution de ce sel en digestion avec de l'oxyde de plomb récemment précipité, on obtient un sel surbasique $[2C^2(H^5Pb)SO^4 + Pb^2O]$ qui ne cristallise pas (Dumas, Marchand).

Sulfovinate cuivrique. — $C^2(H^5Cu)SO^4$ + 2 aq. — Il est d'un beau bleu et cristallise en lames sensiblement rectangulaires, ou plutôt en prismes droits à base rectangulaire, car ses cristaux prennent souvent de l'épaisseur (Regnault).

Sulfovinate argentique. — $C^2(H^5Ag)SO^4$ + aq. — Paillettes brillantes, solubles dans l'eau et l'alcool.

Genre Iséthionate $R + ^2SO^4$.

245. Ce genre, isomère du précédent, est le produit de la décomposition du g. éthionate; il ne donne pas d'alcool normal par l'action de l'hydrate de potasse.

Iséthionate normal (acide iséthionique). — Lorsque, suivant M. Magnus, on fait absorber de l'acide sulfurique anhydre par de l'alcool absolu, il se forme des cristaux soyeux (sulfocarbyle) qui par l'addition de l'eau se convertissent en éthionate normal; par l'ébullition, ce dernier se convertit en iséthionate.

On dirige doucement les vapeurs d'acide sulfurique anhydre dans de l'alcool absolu, maintenu dans un mélange réfrigérant

---

(1) 0,531 gr. de ce sel m'ont donné 0,243 acide carbonique et 0,116 eau ; 0,567 ont donné 0,339 sulfate de baryte. — Dans une autre préparation, j'ai obtenu, avec 0,600 gr., 0,363 sulf. de baryte, et avec 0,732 gr., 0,331 ac. carbon. et 0,175 eau.

de sel marin et de glace, de manière à obtenir un liquide jaunâtre et huileux ; puis on y ajoute de l'eau et l'on fait bouillir pendant quelque temps. Ensuite on sature la liqueur par du carbonate de baryte. Si l'addition de l'eau se fait peu à peu et qu'on ne porte pas le liquide en ébullition, on obtient de l'éthionate, mais point d'iséthionate (Magnus, Woskresensky).

M. Liebig obtient le même produit en saturant l'éther normal par de l'acide sulfurique anhydre ; l'eau ajoutée au mélange en sépare l'éther excédant, chargé d'huile de vin pesante ; la dissolution, chauffée jusqu'à l'ébullition, abandonne d'abord de l'éther, puis beaucoup d'alcool, et ne contient enfin que de l'acide sulfurique et de l'acide iséthionique.

Pour isoler ce dernier, on décompose avec précaution le sel de baryte par une dose convenable d'acide sulfurique étendu, et l'on évapore le liquide filtré, d'abord à une douce chaleur, puis dans le vide sur de l'acide sulfurique. On obtient alors un liquide visqueux, très acide, qui décompose le sel marin, ainsi que les acétates. Il supporte une température de 150° sans se décomposer ; mais il noircit par une plus forte chaleur.

Il se décompose avec les oxydes métalliques en produisant des sels solubles et cristallisables.

Lorsqu'on fait fondre un iséthionate avec de la potasse caustique, il se dégage de l'hydrogène, tandis qu'il reste un mélange de carbonate, d'oxalate, de sulfate et de sulfite (Liebig). Mais la nature et la proportion de ces produits varient suivant la température à laquelle on chauffe le mélange (Magnus).

Iséthionate barytique. — $C^2(H^5Ba)SO^4$. — Le sel qu'on obtient en saturant par du carbonate de baryte la dissolution bouillante du produit de l'action de l'acide sulfurique anhydre sur l'alcool ou sur l'éther, donne par la concentration des tables hexagones et transparentes ; ces cristaux ne renferment pas d'eau de cristallisation et fondent à 200° en un liquide incolore qui se décompose à une plus forte chaleur en se boursouflant considérablement (Magnus).

Iséthionate potassique. — $C^2(H^5K)SO^4$. — Prismes à base rhombe, inaltérables à l'air et qui peuvent être chauffés jusqu'à 300° sans se décomposer (Magnus).

Iséthionate cuivrique. — $C^2(H^5Cu)SO^4 + $ aq. — Ce sel est d'un vert pâle ; il cristallise en prismes droits à base rhomboïdale, avec biseau reposant sur les angles aigus ; par la dessiccation à 120°, il perd 10 p. c. d'eau (Regnault).

Iséthionate ammoniacal. — $C^2H^6SO^4,NH^3$. — Octaèdres très bien déterminés qui conservent leur transparence dans le vide et n'abandonnent pas d'eau à 120° (Regnault).

Iséthionate argentique. — $C^2(H^5Ag)SO^4$. — Lamelles brillantes, très solubles dans l'eau.

Genre *Althionate* $R+^2SO^4$.

246. C'est aussi un isomère des g. sulfovinate et iséthionate.

Althionate normal (acide althionique de M. Regnault, acide deuto-œnothionique de Sertuerner?). On l'obtient en chauffant de l'alcool avec un excès d'acide sulfurique, jusqu'au moment où il se dégage de l'hydrogène bicarboné. Il est nécessaire qu'il y ait un excès d'acide sulfurique ; on l'obtient aussi, suivant M. Regnault, en chauffant de l'acide sulfurique et de l'éther, jusqu'à ce qu'il se dégage de l'hydrogène bicarboné, c'est-à-dire jusqu'à 160 ou 180°.

M. Magnus a vainement cherché à obtenir ce produit.

Althionate barytique. — $C^2(H^5Ba)SO^4 + $ aq. — M. Regnault a employé pour la préparation de ce sel les résidus de la préparation du gaz oléfiant, au moyen d'un mélange de 6 p. d'acide sulfurique et de 1 p. d'alcool.

La dissolution du sel de baryte peut être concentrée, même par l'ébullition, jusqu'à un certain point ; mais après il faut continuer l'évaporation à une chaleur modérée ou mieux dans le vide ; sans cela le sel se décompose comme le sulfovinate. La dissolution ne commence à cristalliser que quand elle est devenue presque sirupeuse.

L'althionate de baryte est beaucoup plus soluble que le sulfovinate à même base, et cristallise plus difficilement. Quand l'évaporation a été trop rapide, il ne forme que des croûtes amorphes à la surface de l'eau-mère et contre les parois de la capsule ; mais par l'évaporation spontanée il se forme des groupes sphériques de prismes très fins et rayonnés. Ce sel est inaltérable à l'air ;

il perd dans le vide 8,2 p. c. d'eau de cristallisation. Sa dissolution se décompose par une ébullition prolongée en devenant acide et en déposant beaucoup de sulfate; la liqueur saturée par du carbonate de baryte donne un sel soluble (iséthionate?).

Althionate calcique. — Il ne cristallise pas ; sa dissolution, évaporée à une douce chaleur, se prend complétement en masse (Regnault).

Althionate cuivrique. — Il est d'un vert pâle et cristallise en lames rhomboïdales très minces ; l'angle aigu des rhombes est d'environ 60° (Regnault).

Althionate ammoniacal. — $C^2H^6SO^4,NH^3$. — Il cristallise en petites paillettes brillantes, indéterminées. Ce sel est très déliquescent à l'air. Il ne perd pas d'eau dans le vide (Regnault).

Genre Sulfométhol $R+^2SO^4$.

247. Il est isomère des g. sulfovinate, iséthionate et althionate, et se produit par l'action de l'acide sulfurique sur le méthol normal (198) ou sur le méther normal (231).

Sulfométhol normal (sulfate d'oxyde de méthyle, sulfate de méthylène). — $C^2H^6SO^4$. — Pour obtenir cet éther, on distille 1 p. d'esprit de bois avec 8 ou 10 p. d'acide sulfurique en faisant bouillir doucement le mélange ; il se condense alors dans le récipient un liquide oléagineux qu'on agite avec de l'eau et du chlorure de calcium. On le rectifie ensuite à plusieurs reprises sur de la baryte caustique en poudre fine.

À l'état de pureté, c'est une huile incolore, d'une odeur alliacée et d'une densité de 1,324 à 22° c. Il bout à 188°, sous la pression de 0,761.

L'eau froide le décompose lentement ; l'eau bouillante le convertit rapidement, avec dégagement de chaleur, en méthol normal et en sulfométhylate normal :

$$C^2H^6SO^4 + H^2O = CH^4O + CH^4SO^4.$$

Les alcalis hydratés le décomposent par l'ébullition en sulfate et en méthol normal.

Chauffé avec du sel marin fondu, il donne du formène chloré gazeux ainsi que du sulfate de soude. Distillé sur du benzoate

24

potassique, il donne du sulfate et du benzométhol normal ; avec le formiate sodique il produit de même du formométhol normal. Enfin, en le mettant en contact avec les sulfures alcalins, on obtient des corps liquides très puants et sulfurés, homologues sans doute des espèces sulfurées des g. alcool et·éther.

Les sulfométhylates donnent du S. normal à la distillation sèche (Dumas et Péligot).

L'ammoniaque convertit le S. normal en sulfaméthylane normal (214).

Genre *Sulfacétate* RSO⁵.

248. Il se produit par l'accouplement de l'acétate normal avec l'acide sulfurique. On admet en général que l'acétate normal est détruit quand on le traite à chaud par l'acide sulfurique concentré. En effet, un mélange de ces corps, porté à une température élevée, se colore fortement en laissant dégager de l'acide sulfureux et de l'acide carbonique, dont les proportions varient suivant les circonstances où se place l'opérateur. Si, au lieu de prendre de l'acide sulfurique concentré, on emploie un excès d'acide sulfurique de Nordhausen, le mélange s'échauffe sans qu'il y ait dégagement de gaz ; lorsqu'on chauffe davantage le mélange, il se développe du gaz carbonique presque pur, souillé à peine de 5 ou 10 p. c. de gaz sulfureux. L'acide sulfurique anhydre se dissout dans l'acétate normal sans le moindre dégagement de gaz ; mais l'eau détruit cette combinaison.

Voici comment M. Melsens parvient à obtenir une combinaison copulée. On ajoute, par petites portions à la fois, 1 p. d'acide sulfurique anhydre à 4 ou 5 p. d'acide acétique pur ; après chaque addition, on refroidit avec précaution le mélange ; quand il est bien homogène, on le porte lentement à une température de 60 à 75°, et on l'y maintient pendant plusieurs jours. Il acquiert toujours une teinte brunâtre, mais sans dégagement apparent de gaz. Ensuite on verse le produit dans une grande masse d'eau froide, et on sature à feu nu par du carbonate de baryte. On sépare à l'aide du filtre le sulfate et l'excès de carbonate ; la liqueur filtrée laisse déposer du sulfacétate bibarytique qui se présente ordinairement sous la forme d'une croûte cristalline. Les eaux-mères retiennent de l'acétate et des sels bruns divers (Melsens).

Sulfacétate normal (acide sulfacétique). — $C^2H^4SO^5 + 2$ aq. — On l'obtient en décomposant par un courant d'hydrogène sulfuré une dissolution de sulfacétate de plomb ou d'argent. La dissolution, évaporée dans le vide sec, donne un sirop qui se prend souvent en aiguilles ou en fibres soyeuses. Ces cristaux sont fort déliquescents, fondent à environ 62°, et se prennent de nouveau en une masse radiée par le refroidissement.

Chauffé à 160°, il dégage l'odeur caractéristique du caramel ou de l'acide tartrique brûlé; à 200° il se décompose complétement.

Sa dissolution étendue ne se décompose pas par l'ébullition; sa saveur est franchement acide. Il ne précipite pas le nitrate d'argent, le sublimé corrosif, l'acétate neutre de plomb, les sels de fer, les sels de chaux. Quand il est très concentré, il ne précipite pas non plus instantanément la dissolution du chlorure de baryum; mais au bout de quelque temps, la liqueur contient de petites aiguilles groupées en étoiles qui disparaissent par une addition d'eau.

L'acide sirupeux renferme 2 éq. d'eau; celui qu'on obtient cristallisé en prismes transparents en renferme 1 équivalent.

La dissolution aqueuse des sulfacétates métalliques est précipitée par l'alcool. Traités à chaud par l'acide sulfurique concentré, ils produisent du gaz carbonique et sulfureux (Melsens).

Sulfacétate bipotassique. — $C^2(H^2K^2)SO^5 + $ aq. — Il se dépose, par le refroidissement d'une dissolution bouillante, en petits cristaux durs et faciles à pulvériser (Melsens).

Sulfacétate bibarytique. — $C^2(H^2Ba^2)SO^5 + $ aq. — Ce sel se présente sous divers aspects. Ordinairement, quand il est pur, il constitue de petits cristaux opaques qui se déposent à l'état d'une croûte cristalline adhérant beaucoup aux vases. Une fois qu'il s'est déposé, il ne se dissout dans l'eau qu'avec beaucoup de difficulté; à 100° le sel retient encore 1 éq. d'eau. A 250° il est parfaitement anhydre (Melsens).

Sulfacétate biplombique. — $C^2(H^2Pb^2)SO^5$. — Il se dépose parfois en aiguilles prismatiques, transparentes, très courtes et partant d'un centre commun , d'autres fois en mamelons opaques qui ne renferment pas d'eau à 120° (Melsens).

Sulfacétate biargentique. — $C^2(H^2Ag^2)SO^5$. — Pour obtenir ce sel à l'état de pureté, on décompose le sel de baryte suspendu dans l'eau , par un léger excès d'acide sulfurique étendu , et l'on débarrasse la liqueur de l'excès d'acide sulfurique en la maintenant en digestion à une douce chaleur avec du carbonate de plomb. On sépare à l'aide du filtre et l'on traite le liquide par l'hydrogène sulfuré, puis on sature par de l'oxyde d'argent, qu'il ne faut pas ajouter en trop grand excès.

Ce sel se dépose d'une dissolution saturée et bouillante en petits prismes transparents , allongés , aplatis et terminés en biseau.

Les eaux-mères du sulfacétate d'argent préparé avec le sel de baryte impur retiennent en dissolution plusieurs sels. Parmi ceux-ci , il en est un qui se dépose un des derniers sous la forme de petits cristaux transparents qui forment une croûte adhérant fortement aux vases. M. Melsens y a trouvé à l'état sec $C(H^2Ag^2)$ S^2O^6, ce qui nous fait penser que c'est du méthionate (202).

Genre *Sulfocarbyle* RS^2O^6.

249. Produit de l'action de l'acide sulfurique anhydre sur l'alcool ou sur l'éthérène normal.

Sulfocarbyle normal (sulfate de carbyle , acide sulfacétylique). — $C^2H^4S^2O^6$. — Lorsqu'on fait absorber de l'acide sulfurique anhydre par de l'alcool absolu, il se forme dans ce liquide, sous l'influence de circonstances particulières , des cristaux blancs, soyeux , quelquefois parfaitement conformés. M. Magnus les a obtenus de la manière suivante : il a préparé de l'acide sulfurique anhydre en distillant de l'acide de Nordhausen, dont il condensait les vapeurs dans un récipient refroidi avec de la glace; puis il a fermé le récipient avec un bouchon de verre après y avoir placé un petit tube contenant de l'alcool absolu. Il est très rare qu'on obtienne immédiatement les cristaux ; souvent il faut mettre le tube avec l'alcool dans un second vase avec de nouvel acide sulfurique, et même dans un troisième. La formation des cristaux a lieu sans dégagement d'acide sulfureux ; on en trouve aussi dans le récipient, mais mélangés avec de l'acide sulfurique anhydre dont il est difficile de les dépouiller.

On les place sur une brique légèrement échauffée et on les porte ainsi dans le vide sur de l'acide sulfurique concentré, où on les laisse pendant plusieurs jours, jusqu'à ce qu'ils ne fument plus à l'air.

M. Magnus n'a pas réussi à obtenir ces cristaux avec de l'éther normal ; celui-ci produit toujours de l'huile de vin pesante.

Lorsque, suivant M. Regnault, on fait arriver ensemble, dans un tube recourbé en U, de l'éthérène normal (225) et de l'acide sulfurique anhydre, il y a combinaison avec une grande élévation de température, et production des mêmes cristaux.

Ils fondent à 80°, et tombent à l'air en déliquescence. Ils se mélangent à l'eau et à l'alcool avec dégagement de chaleur, et l'évaporation ne les sépare plus de leur dissolution ; en effet, ils fixent 1 éq. d'eau en se transformant en éthionate normal. Si l'échauffement produit par la réaction est trop fort, on obtient en même temps de l'iséthionate (Magnus).

Genre *Ethionate* $R + {}^2S^2O^7$.

250. *Ethionate normal* (acide éthionique). — $C^2H^6S^2O^7$. — On l'obtient à l'aide de l'éthionate bibarytique. On ne peut pas l'évaporer, même dans le vide sec, sans qu'il se décompose. Chauffé à 100°, il se dédouble, lors même qu'il est très étendu, en acides iséthionique et sulfurique :

$$C^2H^6S^2O^7 + H^2O = C^2H^6SO^4 + SH^2O^4.$$

Ethionate biammoniacal. — Il cristallise très facilement.

Ethionate bipotassique. — $C^2(H^4K^2)S^2O^7$. — On le prépare avec le sel de baryte et le sulfate de potasse. Il cristallise très facilement et ne perd rien dans le vide sec. Il ne donne point d'eau lorsqu'on le chauffe, si ce n'est en se décomposant. A une haute température, il se boursoufle et noircit ; chauffé dans un tube de verre, il donne un sublimé de soufre. Lorsqu'on le chauffe avec de l'hydrate de potasse, il donne du sulfate et du sulfite, dont les proportions varient d'ailleurs suivant les circonstances (Magnus).

Ethionate bisodique. — $C^2(H^4Na^2)S^2O^7 + aq.$? — Il s'obtient avec le sel de baryte et le sulfate de soude. Les cristaux ne perdent rien dans le vide, ni lorsqu'on les chauffe à 150°; il paraît néanmoins, d'après l'analyse de M. Magnus, qu'ils renferment 1 éq. d'eau de cristallisation, qui ne s'en dégage pas sans que le sel s'altère.

Ethionate bicalcique. — Il ne cristallise pas.

Ethionate biplombique. — Ne s'obtient pas non plus sous forme régulière.

Ethionate bibarytique. — $C^2(H^4Ba^2)S^2O^7$. — Pour l'obtenir on ajoute d'abord de l'alcool absolu aux cristaux de sulfocarbyle, puis de l'eau; ensuite on sature par du carbonate de baryte. On évapore les sels solubles à une température inférieure à 100°, jusqu'à ce que la précipitation commence; on la complète en ajoutant de l'alcool absolu de manière que la liqueur acquière une densité de 0,9, et on lave le précipité avec de l'alcool à 65°. Il est nécessaire de redissoudre le sel ainsi obtenu et de le précipiter de nouveau avec de l'alcool; il est d'ailleurs assez difficile de l'obtenir parfaitement pur et surtout exempt d'iséthionate.

Le sel sec ne perd rien de son poids dans le vide; une température de 100° le décompose déjà. A une plus haute température, il dégage de l'acide sulfurique et une substance particulière d'odeur empyreumatique. Chauffé dans un tube de verre, il donne un sublimé de soufre.

Il se dissout dans environ 10 parties d'eau à 20°; la dissolution étendue peut être mise en ébullition sans qu'elle se décompose, ce qui n'a pas lieu si elle est concentrée (Magnus).

Genre *Phosphovinate* $R+^3PO^4$.

251. Produit de l'accouplement de l'acide phosphorique et de l'alcool normal.

Phosphovinate normal (acide phosphovinique, biphosphate d'oxyde d'éthyle, acide éthérophosphorique). — $C^2H^7PO^4$. — Ce composé, découvert par M. Lassaigne, a été plus particulièrement étudié par M. Pelouze et par M. Liebig. Voici comment M. Pelouze l'obtient : on chauffe à 80° un mélange de 100 gr. d'alcool de 95 p. c. et de 100 p. d'acide phosphorique vitreux, de manière à produire un sirop épais qu'on abandonne pendant 24 heures. On ajoute au mélange 7 ou 8 fois son volume d'eau, on le sature par du carbonate de baryte, et on fait bouillir pour chasser l'excédant d'alcool; puis on refroidit à + 70° et l'on filtre; par le refroidissement complet il se précipite un sel de baryte qu'on dissout dans l'eau et qu'on décompose par de l'acide sulfurique. 100 p. de sel cristallisé exigent pour cela 25 1/3 d'acide sulfurique concentré. Après avoir enlevé le sulfate, on évapore d'abord au bain de sable, puis dans le vide.

Sa formation, analogue à celle des sulfovinates, s'explique de la manière suivante (1) :

$$C^2H^6O + PH^3O^4 = C^2H^7PO^4 + H^2O.$$

C'est un liquide incolore et sirupeux, d'une saveur très acide ; il se mêle en toutes proportions avec l'eau, l'alcool et l'éther. On peut chauffer sa solution jusqu'à l'ébullition, sans qu'elle se décompose ; mais par la distillation sèche le phosphovinate normal donne d'abord de l'éther et de l'alcool, puis des gaz inflammables et un résidu de charbon. Lorsqu'il est très concentré on parvient quelquefois à l'obtenir cristallisé. Il coagule l'albumine (Pelouze).

Phosphovinate bibarytique. — $C^2(H^5Ba^2)PO^4 + 6$ aq. — Il cristallise en lamelles incolores, d'un éclat nacré. Il se dissout en plus grande quantité dans l'eau à 40° et moins dans l'eau bouillante, de sorte que si l'on fait bouillir une solution saturée à 40°, elle se prend en une bouillie cristalline. Il renferme 29,1 p. c. d'eau qui se dégagent complétement à 150°.

Il s'effleurit déjà à l'air, en prenant un aspect nacré, mais sans perdre toute l'eau de cristallisation.

---

(1) En considérant l'analogie qui existe entre la manière d'être de l'oxyde d'antimoine et de l'acide arsénieux dans l'émétique, on est conduit à représenter l'acide arsénieux par une formule semblable à celle de l'oxyde d'antimoine, c'est-à-dire par As^2O^3. D'après cela, l'acide arsénique et l'acide phosphorique anhydres deviennent évidemment As^2O^5 et P^2O^5. En se dissolvant dans l'eau, ce dernier donne $P^2O^5 + 3H^2O = 2PH^3O^4$, c'est-à-dire du phosphate d'hydrogène tribasique.

Phosphovinate biplombique. — $C^2(H^5Pb^2)PO^4$. — Ce sel est fort soluble et ne renferme pas d'eau de cristallisation.

252. M. Félix d'Arcet a obtenu avec l'acide arsénique concentré et l'alcool normal, une combinaison dont le sel de baryte renferme, selon lui, $C^8H^{20}Ba^2As^2O^8$; mais l'auteur n'a pas publié les détails de ses analyses, et il est à supposer que cette combinaison appartient au même genre que les phosphovinates : $C^2H^7AsO^4$ et $C^2(H^5Ba^2)AsO^4$. Si ce fait se confirmait, il faudrait changer la nomenclature de ces composés, et appeler les phosphovinates vinates phosphorés, et les composés arsenicaux vinates arséniés.

Genre Elaïlate $R+^2Pt^2$.

253. Produit de l'action du bichlorure de platine sur l'alcool normal.

Elaïlate platino-bichloré (chloroplatinate de chlorure d'acétyle, Lieb.; chlorure de platine et d'élaïle, Berz.). — $C^2(H^4Cl^2)Pt^2$. — Lorsqu'on dissout dans l'alcool du bichlorure de platine et qu'on distille le mélange jusqu'à ce que la plus grande partie de l'alcool ait passé, il se produit de l'acétol normal (aldéhyde), de l'acide hydrochlorique, de l'eau, ainsi qu'un composé particulier renfermant du chlore et du platine (1) :

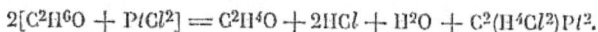

$$2[C^2H^6O + PtCl^2] = C^2H^4O + 2HCl + H^2O + C^2(H^4Cl^2)Pt^2.$$

Ce dernier produit est fort peu stable et s'altère ordinairement, avant que tout le bichlorure soit décomposé, en donnant du noir de platine métallique (élaïle-platine, Berz.), de la résine d'aldéhyde (233), de l'acétène chloré (219), etc.

Il a la propriété de se combiner avec le chlorure de potassium et avec l'ammoniaque. On l'obtient en ajoutant du bichlorure de platine à l'une de ces combinaisons en dissolution aqueuse aiguisée par de l'acide hydrochlorique ; il se produit alors du chloroplatinate de potasse ou d'ammoniaque qu'on sépare à l'aide

(1) Il faut rappeler ici que nous considérons comme équivalent du platine la moitié de celui qu'admettent généralement les chimistes, de sorte que les deux chlorures de platine deviennent $PtCl$ et $PtCl^2$.

d'un filtre ; l'E. platino-bichloré reste en dissolution. On l'évapore dans le vide sec et à l'abri de la lumière.

On obtient ainsi une masse gommeuse d'un jaune de miel ; elle noircit à la lumière et n'attire pas l'humidité. Elle est soluble dans l'eau et l'alcool ; les dissolutions possèdent une réaction acide et se décomposent par l'ébullition, en déposant une matière noire qui à l'état sec possède à un haut degré la propriété d'absorber l'oxygène et d'autres gaz. Ce noir de platine, mis en contact avec certaines matières organiques (131), en détermine l'oxydation (Berzélius, Zeise).

Elaïlate platino-bichloré chloropotassique (chloroplatinate de chlorure d'acétyle et de platine). — $C^2(H^4Cl^2)Pt^2,KCl +$ aq. — Ce sel, découvert par M. Berzélius, se prépare en dissolvant dans l'alcool du bichlorure de platine exempt d'acide nitrique ; après avoir aiguisé la dissolution par de l'acide hydrochlorique, on y ajoute un peu de chlorure de potassium, on évapore au bain-marie, on reprend par l'acide hydrochlorique, on filtre et l'on sature par du carbonate de potasse (Zeise).

Le liquide donne par la concentration à une douce chaleur des prismes réguliers, demi-transparents et d'un jaune de citron ; ils perdent 4, 6 p. c. d'eau $= 1$ éq. par la dessiccation dans le vide, en devenant opaques. Ils sont solubles dans l'eau et un peu moins dans l'alcool. La solution jaune a une saveur métallique et astringente, rougit le tournesol, et supporte 90° sans se décomposer ; l'addition d'un acide, par exemple de l'acide hydrochlorique, en arrête la décomposition.

Quand on les chauffe dans un courant de chlore sec, ils donnent un sublimé d'acétène perchloré C^2Cl^6.

Une solution de nitrate d'argent y produit un précipité blanc.

Elaïlate platino-bichloré chlorosodique. — Sel très soluble dans l'eau et qui cristallise difficilement.

Elaïlate platino-bichloré chlorammoniacal. — $C^2(H^4Cl^2)Pt^2,HCl,$ $NH^3 +$ aq. — Il se prend en cristaux plus gros que le sel de potassium et est plus soluble que lui dans l'eau et l'alcool.

Elaïlate platino-bichloré ammoniacal. — $C^2(H^4Cl^2)Pt^2,NH^3.$ — Les dissolutions des sels précédents sont précipitées en jaune-citron par l'ammoniaque et par le carbonate d'ammoniaque. Le précipité est peu soluble dans l'eau froide ; sa dissolution se décom-

pose par l'ébullition. Il est plus soluble dans l'alcool. La chaleur
et la lumière l'altèrent également ; la potasse en développe de
l'ammoniaque.

Il est probable qu'on obtiendrait avec le bibromure de platine
des espèces bromées, et peut-être, avec les bichlorures ou bibro-
mures de palladium et d'or, des espèces renfermant ces métaux.

Genre Uréthylane R+¹NO².

254. *Uréthylane normale.* — $C^2H^5NO^2$. — Par l'action de l'ammoniaque sur le formométhol chloré (240), il se dégage beaucoup
de chaleur, et l'on obtient de l'hydrochlorate d'ammoniaque ainsi
qu'un produit déliquescent et cristallisable en aiguilles (Dumas
et Péligot) :

$$C^2(H^3Cl)O^2 + NH^3 = HCl + C^2H^5NO^2.$$

Genre Oxamate R−¹NO³.

255. Produit de décomposition de l'oxalate ammoniacal (61);
sous l'influence de l'eau, il peut régénérer de l'ammoniaque et
des oxalates.

Oxamate normal (acide oxamique). — $C^2H^3NO^3$. — Quand on
expose l'oxalate ammoniacal cristallisé (bioxalate d'ammoniaque)
à l'action de la chaleur, ménagée par l'emploi du bain d'huile,
ce sel, après avoir perdu son eau de cristallisation, commence à
se décomposer vers 220 et 230°, en développant de l'eau, du gaz
oxyde de carbone et de l'acide carbonique ; il se condense dans le
récipient une quantité considérable d'acide formique, ainsi qu'un
peu d'oxamide normale ; plus tard il se produit du cyanure et
du carbonate d'ammoniaque. Si l'on ne pousse pas trop loin
l'échauffement, on a un résidu d'où l'eau froide extrait une matière acide en laissant de l'oxamide insoluble. La dissolution
acide ne trouble pas les dissolutions étendues des sels de chaux
et de baryte, mais produit avec ces dissolutions concentrées un
précipité cristallin soluble dans l'eau bouillante (Balard).

Ces cristaux sont de l'oxamate à base de baryum ou de calcium. Celui de baryum, traité à froid par une quantité proportionnelle d'acide sulfurique étendu de beaucoup d'eau, donne,

par l'évaporation du liquide, exécutée à la température ordinaire, de l'O. normal.

On peut également décomposer l'oxamate d'argent par l'acide hydrochlorique sec, et traiter le mélange par l'alcool absolu et bouillant.

L'O. normal s'obtient, par l'évaporation du liquide, sous la forme d'une poudre grenue incolore ou légèrement jaunâtre. Il renferme les éléments de 1 éq. d'acide carbonique, 1 éq. d'oxyde de carbone et 1 éq. d'ammoniaque.

Si l'on néglige les produits secondaires qui accompagnent la formation de ce corps, on remarque qu'il est le résultat d'une simple élimination d'eau par l'oxalate ammoniacal (61). Comme toutes les amides, l'acide oxamique peut reprendre les éléments de cet équivalent d'eau et reproduire ainsi le composé qui lui a donné naissance. Ce retour à l'état primitif s'opère par l'action de l'eau, aidée du concours de la chaleur ; il s'accomplit en effet à la température de l'ébullition : aussi, quand on essaie d'isoler l'acide oxamique en décomposant à chaud par l'acide sulfurique la dissolution de l'oxamate de baryum, et évaporant la liqueur à une température élevée, on n'obtient que de l'oxalate ammoniacal :

$$C^2H^3NO^3 + H^2O = C^2H^2O^4,NH^3.$$

On trouve aussi de l'acide oxamique dans le résidu de l'action de la chaleur sur l'oxalate biammoniacal ; on peut également l'obtenir par la décomposition de l'oxaméthane normal $C^4H^7NO^3$ sous l'influence de l'eau (Balard). En effet, on a :

$$C^4H^7NO^3 + H^2O = C^2H^6O + C^2H^3NO^3.$$
Oxaméthane.   Alcool.   Oxamate.

Oxamate ammoniacal. — $C^2H^3NO^3$, NH^3. — Lorsqu'on fait bouillir l'oxamate de baryum avec une quantité proportionnelle de sulfate d'ammoniaque en solution, on obtient, par l'évaporation et le refroidissement, un sel qui cristallise en petits prismes groupés en étoiles, et qui ne renferme pas d'eau de cristallisation (Balard).

Oxamate barytique. — $C^2(H^2Ba)NO^3$. — Cristaux incolores.

Oxamate argentique. — $C^2(H^2Ag)NO^3$. — Une solution d'oxamate ammoniacal ou barytique, traitée par le nitrate d'argent, fournit un abondant magma gélatineux et demi-transparent, qui devient bientôt opaque. Ce précipité se dissout complétement dans la liqueur par l'échauffement, et celle-ci, par le refroidissement, laisse déposer des aiguilles cristallines soyeuses, blanches, mais qui se recouvrent d'argent métallique à leur surface, et noircissent ainsi lorsqu'elles sont exposées à l'action de la lumière (Balard).

Genre *Taurine* $R+^3 NO^5$.

256. Produit de l'ébullition de la bile (21e famille) avec l'acide hydrochlorique.

Taurine normale. — $C^2 H^7 NO^5$. — On l'obtient en précipitant le mucus de la bile par de l'acide hydrochlorique, filtrant, ajoutant cet acide en plus forte proportion, et faisant bouillir. On abandonne le mélange pour qu'il dépose le sel marin, puis on y ajoute 5 ou 6 fois son poids d'alcool bouillant, et on laisse refroidir; la T. normale se prend en cristaux radiés. On la purifie en la dissolvant dans l'eau bouillante, où elle se dépose par le refroidissement en cristaux souvent assez volumineux (Demarçay). Ce sont des prismes hexagones, terminés par des pyramides à 4 ou à 6 faces, incolores et transparents; leur forme primitive est un prisme droit à base rhombe, dont les angles sont de 111",44 et de 68°,16. Les cristaux craquent sous la dent, et possèdent une saveur piquante. Ils n'ont aucune réaction sur les couleurs végétales, et ne s'altèrent pas à 100°; une chaleur plus élevée les fait fondre et les charbonne. A la distillation sèche, ils donnent une huile brune, empyreumatique, ainsi qu'un liquide jaune, acidule, qui renferme en dissolution un sel ammoniacal, et qui rougit la dissolution du perchlorure de fer.

La T. normale est soluble dans l'eau, mieux à chaud qu'à froid, et presque insoluble dans l'alcool absolu. L'acide sulfurique concentré et l'acide nitrique la dissolvent. Sa dissolution aqueuse n'est précipitée ni par les alcalis ni par les sels de mercure, d'argent et de cuivre (L. Gmelin).

Genre *Oxamide*. RN^2O^2.

257. Produit de la distillation sèche de l'oxalate biammoniacal;

dans certaines circonstances, il régénère ce sel en s'assimilant les éléments de 2 éq. d'eau (61).

Oxamide normale. — $C^2H^4N^2O^2$. — Nous avons déjà parlé de la préparation de ce corps (61).

La matière blanche et insoluble dans l'eau qu'on obtient dans la distillation sèche de l'oxalate biammoniacal constitue l'oxamide normale. Après avoir été lavée à l'eau froide, elle constitue une poudre blanche, sans odeur ni saveur. Elle est sans action sur les papiers réactifs. Elle se volatilise quand on la chauffe dans un tube ouvert, et vient cristalliser confusément sur les parties froides du tube; chauffée dans une cornue, elle se décompose en partie en donnant un résidu de charbon (Dumas).

L'eau bouillante la dissout en petite quantité, et l'abandonne, par le refroidissement, en flocons cristallins. L'alcool ne la dissout guère.

Le contact des acides ou des alcalis hydratés, à chaud, la convertit en acide oxalique et en ammoniaque. L'acide sulfurique bouillant donne naissance à du sulfate d'ammoniaque et à du gaz acide carbonique, mêlé d'un volume égal au sien d'oxyde de carbone (Dumas).

A la température de 224°, l'eau seule détermine la régénération de l'oxalate biammoniacal (Henri et Plisson).

Une dissolution bouillante d'O. normale n'est altérée ni par le nitrate ni par l'acétate de plomb; mais ajoute-t-on à l'un ou à l'autre de ces sels un peu d'ammoniaque, on voit bientôt se précipiter en abondance de petites lames blanches d'un oxalate de plomb surbasique [$C^2Pb^2O^4+2Pb^2O$]. Lorsqu'au lieu de faire réagir l'O. normale sur le nitrate de plomb ammoniacal, en présence d'une grande quantité d'eau, on opère sur des liqueurs concentrées, on voit se déposer, pendant l'ébullition même, des cristaux renfermant 1 éq. de cet oxalate surbasique et 6 éq. de nitrate de plomb neutre avec de l'eau de cristallisation (Pelouze).

Lorsqu'on fait passer les vapeurs de l'oxamide dans un tube de verre chauffé au rouge, elles se décomposent complétement en carbonate d'ammoniaque, acide prussique, oxyde de carbone et urée. Celle-ci se dépose dans les parties froides du tube, sous la forme d'une huile épaisse, qui se concrète peu à peu (Liebig).

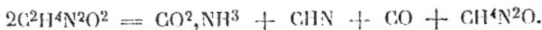

$$2C^2H^4N^2O^2 = CO^2,NH^3 + CHN + CO + CH^4N^2O.$$

Il ne se dépose pas de charbon dans cette réaction.

Le potassium chauffé avec l'O. normale la décompose, avec une vive ignition, en cyanure potassique, carbonate d'ammoniaque et oxyde de carbone (Lœwig).

L'O. normale se produit aussi par l'action de l'ammoniaque sur l'oxalcool normal (6e famille).

Genre Fulminate. $R^{-2}N^2O^2$.

258. Il se produit quand on traite le nitrate d'argent ou de mercure par un excès d'acide nitrique et d'alcool; c'est un genre salin bibasique.

Fulminate normal (acide fulminique). — $C^2H^2N^2O^2$. — Ce corps n'a pas encore été obtenu; ce que M. E. Davy avait pris pour lui est du fulminate zincique (Fehling).

Fulminate biargentique. — $C^2Ag^2N^2O^2$. — On le prépare en dissolvant à une douce chaleur 1 p. d'argent dans 10 p. d'acide nitrique de 1,36; on verse ensuite la dissolution dans 20 p. d'alcool de 85 ou 90 centièmes. Dès que le mélange, exposé à une douce chaleur, entre en ébullition, on le retire du feu et on l'abandonne à lui-même. La liqueur se trouble par le refroidissement, en déposant du fulminate d'argent sous forme de petites aiguilles brillantes, et d'un beau blanc. On les recueille sur un filtre, et l'on étale celui-ci sur une assiette chauffée à la vapeur d'un bain-marie (Gay-Lussac et Liebig).

Il se produit en outre dans cette réaction de l'acétate normal, de l'acétène nitrique, de l'oxalate normal, du formiate normal, ainsi que des vapeurs nitreuses; il n'est guère possible, dans l'état de la science, de saisir les différents moments de cette réaction, car tous ces produits ne se forment pas simultanément.

Lorsque, suivant M. Liebig, on fait passer des vapeurs nitreuses dans de l'alcool saturé par du nitrate d'argent, il se produit immédiatement un précipité de fulminate d'argent.

Ce sel ne détone pas à 100° ni même à 130°, mais le plus léger frottement entre deux corps durs suffit pour le faire détoner, même quand il est délayé dans l'eau. C'est donc un produit fort dangereux, qu'il faut manier avec beaucoup de précaution, avec des cuillers en papier ou en bois tendre.

Il est très vénéneux. Quand on le frappe avec un marteau, ou qu'on le touche avec un tube humecté par de l'acide sulfurique concentré, il détone violemment. Les explosions sont surtout favorisées par l'état de siccité du sel ; elles sont moins fortes et quelquefois même nulles quand le fulminate est mélangé avec d'autres corps, par exemple avec le sulfate de potasse. On peut même distiller un pareil mélange, et alors le fulminate se décompose en acide carbonique, azote, cyanure d'argent et argent métallique.

$$C^2Ag^2N^2O^2 = CO^2 + N + CAgN + Ag.$$

L'acide hydrochlorique décompose le fulminate biargentique en chlorure d'argent, acide prussique et un nouvel acide qui contient du chlore. MM. Gay-Lussac et Liebig donnent à ce dernier acide le nom d'*acide chlorocyanhydrique*, et le représentent par $C^2H^4N^2Cl^{10}$; mais cette formule a besoin d'être confirmée par de nouvelles expériences.

L'acide sulfurique le décompose aussi en produisant, entre autres produits, de l'acide prussique et de l'ammoniaque.

Fulminate argentique (bifulminate, sel acide). — $C^2(HAg)N^2O^2$. —Lorsqu'on ajoute un acide au sel précédent, il cède la moitié de son argent, en se transformant en sel acide. Celui-ci constitue une poudre blanche, très soluble dans l'eau bouillante, et cristallise par le refroidissement. Il détone comme le sel précédent.

Fulminate potassico-argentique. — $C^2(KAg)N^2O^2$. — On le prépare en ajoutant de la potasse caustique, ou mieux encore du chlorure de potassium au sel biargentique. Le nouveau sel cristallise en lamelles blanches et brillantes, d'une saveur métallique et sans réaction alcaline. Il n'est pas précipité par les chlorures.

Fulminate ammoniaco-argentique. — $C^2(HAg)N^2O^2$, NH^3. — Sel très explosible.

Fulminate baryto-argentique. — $C^2(BaAg)N^2O^2$. — Il cristallise en grains d'un blanc sale, se dissout difficilement dans l'eau et détone fortement.

Fulminate bicuivrique. — $C^2Cu^2N^2O^2$. — On produit ce sel en mettant du cuivre métallique en digestion avec du fulminate à base d'argent ou de mercure. Il s'obtient en cristaux verts, fort solubles dans l'eau, et qui détonent comme les sels précédents.

Fulminate bizincique. — $C^2Zn^2N^2O^2$. — On l'obtient en faisant digérer du zinc métallique avec du fulminate de mercure.

Fulminate baryto-zincique. — $C^2(BaZn)N^2O^2$. — La baryte précipite la moitié du zinc du sel précédent.

Fulminate zincique (sel acide). — $C^2(HZn)N^2O^2$. — Il s'obtient lorsqu'on précipite, par de l'acide sulfurique, la baryte du sel baryto-zincique.

Fulminate bimercurique. — $C^2Hg^2N^2O^2$. — Ce sel, découvert par Howard, s'emploie pour les amorces de fusils à capsules. On l'obtient en dissolvant 1 p. de mercure dans 12 p. d'acide nitrique à 38 ou 40°. On ajoute à la dissolution refroidie 11 p. d'alcool de 0,85. Le mélange, chauffé au bain-marie, entre en ébullition; on le retire du feu dès que la liqueur commence à se troubler. Les phénomènes sont entièrement les mêmes que ceux qui se présentent dans la préparation du sel d'argent.

Ce sel de mercure s'obtient en cristaux blancs, à éclat soyeux et doux au toucher. Il produit une violente explosion quand on le chauffe à 186°, ou qu'on le soumet à une forte percussion. Il en est de même du simple contact des acides sulfurique et nitrique concentrés; il se produit, pendant l'explosion, du gaz azote, du gaz acide carbonique et de la vapeur de mercure.

Les alcalis se comportent avec lui comme avec le sel d'argent, en n'en précipitant que la moitié du métal, et en produisant des sels dont les 2 éq. de base sont représentés par des métaux différents.

Malgré les belles recherches de MM. Gay-Lussac et Liebig sur les fulminates, l'histoire de ces corps est encore très incomplète, et cela se conçoit, car ils sont très dangereux à manier.

Il paraît qu'en dirigeant un courant d'hydrogène sulfuré dans de l'eau tenant en suspension du fulminate d'argent, il se produit, outre du sulfure d'argent, un liquide qui renferme un acide sulfuré, semblable à ceux qui appartiennent aux g. thiocarbamate et percyanure, que nous allons décrire. Ce fulminate sulfuré est probablement $C^2H^2N^2S^2$.

Genre *Thiocarbamate*. RN^2O^3.

259. L'espèce trisulfurée de ce g. se produit par la décomposition réciproque du sulfure de carbone et de l'ammoniaque.

Thiocarbamate trisulfuré (acide hydrosulfocyanique hydrosulfuré). — $C^2H^4N^2S^3$. — Lorsqu'on abandonne à une température de 15°, et dans un flacon bouché hermétiquement, un mélange de 1 v. d'alcool absolu saturé d'ammoniaque gazeuse, et d'une dissolution de 0,16 vol. sulfure de carbone dans 0,4 vol. d'alcool, l'ammoniaque et le sulfure de carbone se décomposent, et on obtient, entre autres produits, le thiocarbamate trisulfuré uni à de l'ammoniaque. Le mélange brunit peu à peu, et dépose bientôt de petits cristaux plumeux, dont la plus grande partie se rassemble au fond du vase; la quantité de ce corps, qui est du sulfocarbonate d'hydrosulfate d'ammoniaque ($CS^2,H^2S,2NH^3$), augmente pendant une heure à une heure et demie. Après cela, commence une cristallisation d'un autre aspect, prismatique et plus brillante; elle s'achève plus lentement, et les cristaux ont quelquefois un demi-pouce de long. Cette dernière cristallisation est le thiocarbamate trisulfuré biammoniacal. La liqueur, qui a cessé de donner des cristaux, donne par la distillation une nouvelle quantité de thiocarbamate, ainsi que de l'hydrosulfate d'ammoniaque; dans le résidu, on trouve alors du soufre et du cyanate sulfuré (1re famille).

Cette réaction, en apparence très complexe, est cependant d'une grande simplicité. 2 éq. d'ammoniaque se décomposent avec 2 éq. de sulfure de carbone pour donner 1 éq. d'hydrogène sulfuré et 1 éq. de thiocarbamate trisulfuré; ces deux produits restent en combinaison avec les matières qu'on a fait réagir; le soufre et le cyanate sulfuré proviennent d'une décomposition secondaire du thiocarbamate sous l'influence de la chaleur (213). L'ammoniaque exerce donc sur le sulfure de carbone une action entièrement semblable à celle qui détermine la formation des amides (67) :

$$2(CS^2 + NH^3) = H^2S + C^2H^4N^2S^3.$$

D'ailleurs, le sulfocarbonate d'hydrosulfate d'ammoniaque,

renfermé avec de l'alcool dans un flacon bien bouché, se transforme lui-même, dans l'intervalle de 30 à 40 heures, en hydrogène sulfuré et en thiocarbamate trisulfuro-biammoniacal :

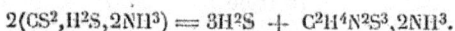

$$2(CS^2,H^2S,2NH^3) = 3H^2S + C^2H^4N^2S^3,2NH^3.$$

Pour obtenir le thiocarbamate trisulfuré, on jette l'un ou
l'autre de ces sels ammoniacaux dans de l'acide sulfurique ou
hydrochlorique peu étendu, et l'on y ajoute ensuite de l'eau en
quantité convenable. On obtient ainsi une huile incolore, ou
rougeâtre, et plus pesante que l'eau; elle possède une odeur
semblable à celle de l'hydrogène sulfuré, mais particulière pour-
tant. Cette huile ne se conserve que très peu de temps, même
sous la liqueur aqueuse; elle décompose les carbonates avec
effervescence (Zeise).

Thiocarbamate trisulfuro-biammoniacal (hydrosulfocyanate
hydrosulfuré d'ammoniaque de M. Zeise). — $C^2H^4N^2S^3$, $2NH^3$. —
Après avoir obtenu ce sel, comme il vient d'être dit, on le lave
avec un peu d'alcool, et on le dessèche dans le vide.

Il est blanc, neutre et presque sans odeur à l'état récent; mais,
par le séjour à l'air humide, il prend une légère odeur d'hydrosulfate d'ammoniaque. Il se dissout aisément dans l'eau; l'alcool
en dissout moins.

Sa dissolution se conserve à l'abri de l'air; mais si l'air y a
de l'accès, elle laisse déposer peu à peu des cristaux de soufre,
et se trouve alors convertie en cyanate sulfuro-ammoniacal; on
a, en effet :

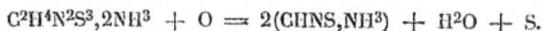

$$C^2H^4N^2S^3,2NH^3 + O = 2(CHNS,NH^3) + H^2O + S.$$

Sa dissolution n'est précipitée ni par les sels de chaux ni par
ceux de baryte; les deutosels de cuivre y produisent un précipité
jaune floconneux; le nitrate d'argent très étendu produit un précipité jaunâtre; les sels de plomb et les deutosels de mercure y occasionnent un précipité blanc également floconneux. Le précipité
de cuivre conserve sa couleur jaune; ceux d'argent et de plomb
ne tardent pas à passer au noir. En versant un persel de fer dans
une dissolution de ce thiocarbamate ammoniacal, les liqueurs
mêlées se colorent en noir en donnant un précipité également
noir, mais qui passe plus ou moins vite au blanc.

L'acide hydrochlorique ou sulfurique légèrement étendu en sépare un liquide oléagineux, translucide et incolore, qui est du thiocarbamate trisulfuré; si l'on ajoute au mélange acide, avant qu'il ait commencé de se troubler, un persel de fer en dissolution, il s'y forme bientôt une multitude d'écailles cristallines et blanches de perhydrocyanate bisulfuré (213); le chlore aqueux détermine la précipitation du même composé dans la dissolution du thiocarbamate trisulfuro-ammoniacal.

Par la distillation sèche, ce dernier donne, entre autres produits, de l'hydrogène sulfuré et du sulfocarbonate d'hydrosulfate d'ammoniaque (Zeise).

Thiocarbamate trisulfuro-bipotassique (hydrosulfocyanate hydrosulfuré de potasse). — $C^2(H^2K^2)N^2S^3$? — En évaporant dans le vide un mélange du sel ammoniacal avec de la potasse caustique, on obtient une masse saline et cristallisée, qui se trouble par l'ébullition en déposant du soufre (Zeise).

Thiocarbamate trisulfuro-bicuivrique. — $C^2(H^2Cu^2) N^2S^3$? — Le précipité jaune occasionné par les deutosels de cuivre dans le sel ammoniacal présente probablement cette composition (1). Mis en contact avec une lessive faible de potasse, il se décompose en sulfure de cuivre noir, en eau et en cyanate sulfuro-potassique qui reste en dissolution :

$$C^2(H^2Cu^2)N^2S^3 + 2(KH)O = Cu^2S + 2H^2O + 2CKNS.$$

Genre Percyanure. $R^{-2}N^2O^3$.

260. Produit de décomposition des cyanates sulfurés (212) par les acides concentrés.

Percyanure trisulfuré (acide persulfocyanhydrique, acide sulfocyanhydrique sulfuré). — $C^2H^2N^2S^3$. — Lorsqu'on fait arriver du gaz hydrochlorique dans une solution concentrée de cyanate sulfuro-potassique, en évitant l'échauffement par un refroidissement artificiel, il se sépare au bout de quelque temps du percyanure trisulfuré en grande quantité, en même temps qu'il y a formation d'acide prussique, d'acide formique et d'ammoniaque;

---

(1) Le sel ammoniacal renfermant 2 éq. d'ammoniaque, il est permis d'admettre que le g. thiocarbamate est bibasique.

quelquefois il se produit aussi de l'acide carbonique et du sulfure de carbone ; mais ces produits proviennent d'une décomposition secondaire du percyanure et peuvent être évités ; d'ailleurs l'acide formique et l'ammoniaque proviennent aussi d'une décomposition secondaire de l'acide prussique (Voelkel). Il se dépose également du P. trisulfuré lorsqu'on mélange une dissolution aqueuse de cyanate sulfuré avec de l'acide sulfurique concentré (Vogel, Voelkel). La réaction se représente par les équations suivantes :

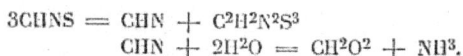

$$3CHNS = CHN + C^2H^2N^2S^3$$
$$CHN + 2H^2O = CH^2O^2 + NH^3.$$

M. Voelkel prépare le percyanure trisulfuré en mélangeant une solution aqueuse de cyanate sulfuro-potassique, saturée à froid, avec 6 ou 8 fois son volume d'acide hydrochlorique, et abandonnant le mélange pendant vingt-quatre heures. La masse se prend peu à peu en une gelée blanche qui se convertit bientôt en une bouillie de fines aiguilles, qu'on lave avec de l'eau froide.

Ce produit est presque insoluble dans l'eau froide ; il se dissout en petite quantité dans l'eau bouillante, qui le dépose par le refroidissement en magnifiques aiguilles jaunes. Il se dissout également dans l'alcool et dans l'éther. Les dissolutions réagissent légèrement acides, et donnent avec l'acétate de plomb un beau précipité jaune ; avec le nitrate d'argent un précipité semblable, qui se décompose aisément en séparant du sulfure d'argent ; avec le bichlorure de mercure un précipité blanc-jaunâtre ; avec le deutosulfate de cuivre et le protochlorure d'étain un précipité jaune ; avec le bichlorure de platine un précipité jaune-brunâtre. Les autres sels métalliques n'en sont pas précipités (Liebig, Woskresensky, Voelkel).

L'acide hydrochlorique aqueux l'attaque peu à froid, et le décompose en partie par l'ébullition, en acide carbonique, ammoniaque, hydrogène sulfuré et soufre :

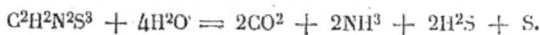

$$C^2H^2N^2S^3 + 4H^2O = 2CO^2 + 2NH^3 + 2H^2S + S.$$

L'acide nitrique détermine, surtout à chaud, la formation d'acide carbonique, d'acide sulfurique et d'ammoniaque. L'acide sulfurique concentré le dissout déjà à froid sans l'altérer ; l'eau l'en sépare de nouveau ; mais en faisant bouillir le mélange on remarque un dégagement d'acide sulfureux.

Le chlore l'attaque à chaud en produisant du chlorure de soufre, du cyanure chloré, de l'acide hydrochlorique et un corps rouge-brun insoluble dans l'eau.

Les alcalis hydratés le convertissent peu à peu en cyanate sulfuré et en soufre :

$$C^2H^2N^2S^3 = 2CHNS + S.$$

Il se décompose à 150°, en donnant de l'hydrogène sulfuré et du cyanate sulfuré ; par une plus forte chaleur, il passe du sulfure de carbone, du soufre et de l'ammoniaque, et il reste un résidu gris de mellon (Voelkel).

Percyanure trisulfuro-biplombique. — $C^2Pb^2N^2S^3$. — On l'obtient en dissolvant le corps précédent dans l'eau bouillante et précipitant par l'acétate de plomb. Il est entièrement insoluble dans l'eau, l'alcool et les acides étendus, et présente l'aspect du chromate de plomb (Voelkel).

Avec l'acétate de plomb surbasique on obtient un sel $[2C^2Pb^2N^2S^3 + Pb^2O]$.

Genre Arsine $R^{+1}As$.

261. Lorsqu'on distille de l'acétate potassique avec de l'acide arsénieux As^2O^3, on obtient entre autres produits de l'alcarsine normale $C^4H^{12}As^2O$, qui, distillée avec les acides HCl, HBr, etc., donne des espèces du g. arsine (1) :

$$C^4H^{12}As^2O + 2HCl = H^2O + 2C^2H^5As,HCl.$$

Arsine hydrochlorique (chlorarsine, chlorure de cacodyle).— C^2H^5As,HCl. — La meilleure manière d'obtenir ce corps consiste à distiller la combinaison de bichlorure de mercure et d'alcarsine avec de l'acide hydrochlorique le plus concentré possible. Le produit distillé ne doit pas être traité par l'eau ; on le dessèche sur du chlorure de calcium et de la chaux vive, et on le distille dans une atmosphère d'acide carbonique : ainsi obtenu,

(1) Cette réaction est semblable à celle de l'éther $C^4H^{10}O$ et de HCl ; on a en effet : $C^4H^{10}O + 2HCl = H^2O + 2C^2H^5Cl$.

il se présente à l'état d'un liquide incolore qui ne se solidifie pas même à — 45° et qui bout vers 100°, en donnant une vapeur incolore d'une densité de 4,56 et spontanément inflammable à l'air ; mêlée d'oxygène dans un flacon, cette vapeur détone violemment par la chaleur.

Si l'on fait arriver lentement de l'air en contact avec l'arsine hydrochlorique, il s'y dépose de beaux cristaux blancs d'alcargène normal :

$$2(C^2H^5As,HCl) + H^2O + O^3 = 2(C^2H^6AsO^2 + HCl).$$

L'arsine hydrochlorique s'enflamme spontanément dans une atmosphère de chlore, en déposant beaucoup de charbon; elle ne fume pas à l'air, mais elle exhale une odeur pénétrante plus dangereuse par ses effets que celle de l'alcarsine. Mêlée à l'air, en dose un peu forte, elle attaque si fort la muqueuse des yeux qu'il en sort du sang.

Elle est plus pesante que l'eau, et lui communique son odeur pénétrante, sans s'y dissoudre sensiblement. Elle est insoluble dans l'éther, mais elle se dissout en toutes proportions dans l'alcool. Mise en contact avec une dissolution d'argent, elle abandonne la totalité de son chlore à l'état de chlorure comme tous les hydrochlorates des alcaloïdes.

La chaux et la baryte ne lui enlèvent pas le chlore à froid; les acides faibles ne la décomposent pas; les acides sulfurique et phosphorique en dégagent de l'acide hydrochlorique (Bunsen).

Chauffé avec du zinc, du fer ou de l'étain, à 90 ou 100°, l'arsine hydrochlorique se décompose, sans dégagement de gaz, en produisant du chlorure métallique et du cacodyle normal $C^4H^{12}As^2 = 2$ vol. de vapeur :

$$2C^2H^5As,HCl + Zn^2 = C^4H^{12}As^2 + 2ZnCl.$$

Arsine chlorocuivreuse. — $C^2H^5As, HCl, Cu^2Cl.$ — Lorsqu'on mêle de l'A. hydrochlorique en dissolution alcoolique avec du perchlorure de cuivre dissous dans l'acide hydrochlorique, il se forme un volumineux précipité blanc (chlorure de cacodyle et de cuivre B.). Ce dernier se colore en vert au contact de l'air, en donnant naissance à des produits arsenicaux très fétides; la chaleur le décompose en A. hydrochlorique et en protochlorure de cuivre (Bunsen).

Arsine chloroplatinique. — $C^2H^5As,HCl,PtCl^2$. — Une dissolution d'arsine hydrochlorique étant mélangée avec une dissolution de platine, il se forme un abondant précipité rouge-brique
qui est sans doute analogue au précédent. Ce précipité présente
une réaction fort remarquable pendant qu'on le lave ou qu'on le
fait bouillir dans l'eau : il se produit alors une solution jaune,
en même temps que de l'alcargène normal, et, par le refroidissement, le liquide dépose des aiguilles de cacoplatyle hydrochlorique (Bunsen).

Arsine hydrobromique (bromarsine, bromure de cacodyle). —
C^2H^5As,HBr. — On l'obtient en distillant la combinaison de
bichlorure de mercure et d'alcarsine avec de l'acide hydrobromique le plus concentré possible. Il se produit ainsi une liqueur
jaune non fumante possédant des propriétés entièrement semblables à celles de l'arsine hydrochlorique (Bunsen).

Arsine hydriodique (iodarsine, iodure de cacodyle). —
C^2H^5As,HI. — Lorsqu'on distille de l'alcarsine normale avec de
l'acide hydriodique concentré, il passe avec l'eau, dans le récipient, un liquide huileux qui, par le refroidissement, dépose
des cristaux transparents sous forme de tables rhomboïdales ; ce
liquide est l'arsine hydriodique. Pour le séparer des cristaux, on
plonge le tube condenseur dans un mélange réfrigérant, on décante la partie demeurée liquide et l'on distille de nouveau avec
de l'acide hydriodique concentré. On abandonne le liquide sur
du chlorure de calcium et de la chaux vive, dans un tube bouché, rempli préalablement d'acide carbonique, puis on le distille
dans ce même gaz en arrêtant l'opération dès que les deux tiers
du liquide ont passé.

Ainsi préparée, l'arsine hydriodique est un liquide jaunâtre
légèrement sirupeux, d'une odeur forte et repoussante. Sa densité est plus grande que celle du chlorure de calcium fondu.
A — 10°, elle est encore liquide. Son point d'ébullition est bien
supérieur à 100°, néanmoins elle distille aisément avec les vapeurs
d'eau. Elle ne fume pas à l'air, mais elle s'altère en déposant de
beaux cristaux prismatiques d'alcargène normal.

L'arsine hydriodique est soluble dans l'éther et dans l'alcool,
insoluble dans l'eau ; l'acide sulfurique la décompose en mettant
de l'iode à nu. Il en est de même de l'acide nitrique ; chauffée à

l'air, elle brûle avec une flamme éclatante en développant des vapeurs d'iode.

M. Bunsen décrit sous les noms d'*oxychlorure*, *oxybromure* et *oxyiodure de cacodyle* trois composés qu'il considère comme des combinaisons d'alcarsine normale avec les corps précédents; le corps chloré, par exemple, serait d'après lui $C^4H^{12}As^2O +$ $3C^4H^{12}As^2Cl^2$. Mais l'auteur, en admettant cette formule, a été préoccupé de vues théoriques qui l'ont conduit à considérer comme des principes définis ce qui n'était probablement que de l'alcarsine hydrochlorique ou hydrobromique plus ou moins impure. (Voyez QUATRIÈME FAMILLE, *G. Alcarsine.*)

Arsine hydrocyanique (cyanarsine, cyanure de cacodyle). — $C^2H^5As,CHN.$ — Cette substance, d'une énergie toxique extraordinaire, est aussi remarquable par son extrême tendance à cristalliser. Le procédé de préparation le moins dangereux consiste à distiller une dissolution concentrée de cyanure mercurique avec de l'alcarsine. L'arsine hydrocyanique se rassemble alors sous l'eau, dans le récipient, à l'état d'une huile jaunâtre qui ne tarde pas à se prendre, par le refroidissement, en beaux cristaux prismatiques. On décante le liquide, et l'on exprime ceux-ci entre des doubles de papier joseph. Les cristaux fondent à 33° en un liquide éthéré, incolore, réfractant fortement la lumière, et qui se solidifie de nouveau par le refroidissement; il bout à 140°, se dissout peu dans l'eau, et beaucoup plus dans l'alcool et l'éther. La densité de sa vapeur a été trouvée égale à 4,63 = 2 volumes.

Cette substance est extrêmement vénéneuse. Quelques centigrammes répandus en vapeur, à la température ordinaire, dans l'atmosphère d'un appartement, suffisent pour déterminer des engourdissements dans les mains et les pieds, des vertiges et des bourdonnements dans les oreilles. Ces symptômes peuvent être suivis de syncopes; mais en général ils ne sont pas de longue durée si l'on se soustrait à temps à l'influence de cette substance (Bunsen).

L'arsine hydrocyanique forme, dans les sels d'argent, un précipité de cyanure d'argent; elle réduit le protonitrate de mercure, mais n'en trouble pas le deutonitrate. Mise en contact avec le bichlorure de mercure, elle donne un précipité blanc.

Les alcalis faibles ne paraissent pas la décomposer, mais les acides concentrés en développent de l'acide hydrocyanique.

Les combinaisons que nous venons de décrire sont considérées par M. Bunsen comme des chlorures, bromures, etc., du radical cacodyle. Les formules par lesquelles nous les représentons correspondent à *deux* volumes de vapeur; pour les faire accorder avec la théorie de ce chimiste, il faudrait nécessairement les doubler.

A notre sens, ces combinaisons sont entièrement semblables à celles que la quinine, la cinchonine et en général les alcaloïdes produisent avec les acides; l'arsine normale serait donc un véritable alcaloïde renfermant de l'arsenic. Jusqu'à présent cette espèce normale n'a pas encore été isolée; mais il est probable qu'on l'obtiendrait en distillant l'espèce hydrochlorique ou hydrobromique sur de la chaux vive; dans tous les cas, il est remarquable de voir les espèces précédentes présenter, avec les sels métalliques, les mêmes réactions que les sels des alcaloïdes (69).

Genre *Cacoplatyle* $R+{}^1PtAsO$.

262. Nous avons dit plus haut que l'arsine chloroplatinique se décompose au sein de l'eau par l'ébullition de ce liquide. M. Bunsen fait bouillir une solution aqueuse de bichlorure de platine avec de l'arsine hydrochlorique; le précipité, d'abord brun, prend par l'ébullition une couleur jaune de vin. Le cacodyle hydrochlorique commence déjà à se déposer pendant l'ébullition, et l'on en obtient encore davantage par le refroidissement; les eaux-mères ne retiennent qu'un peu d'alcargène provenant sans doute d'une action secondaire effectuée par le contact de l'air. Les cristaux ayant été rassemblés sur un filtre, on les purifie par de nouvelles cristallisations.

Voici comment nous concevons la réaction (1) :

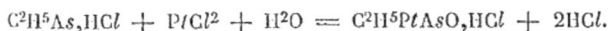

$$C^2H^5As,HCl + PtCl^2 + H^2O = C^2H^5PtAsO,HCl + 2HCl.$$

Cacoplatyle normal. — C^2H^5PtAsO. — Il n'a pas encore été isolé.

Cacoplatyle hydrochlorique (chlorure de cacoplatyle). —

_____

(1) M. Bunsen admet dans le produit 1 éq. d'hydrogène de plus, mais sa formule n'est point d'accord avec la réaction.

C^2H^5PtAsO,HCl. — Ce composé s'obtient en fines aiguilles très belles, inodores et d'une saveur arsenicale et nauséabonde. Il se dissout à chaud dans l'eau et l'alcool. Quand on le chauffe, il devient jaune, puis brun, prend feu sans se fondre, et brûle comme une mèche en répandant des vapeurs arsenicales et en laissant un résidu fusible d'arséniure de platine.

L'acide sulfurique le colore en jaune; l'acide hydrochlorique n'a pas d'action sur lui.

Il se dissout en toutes proportions dans l'ammoniaque; par l'évaporation de la solution on obtient des cristaux confus insolubles dans l'alcool.

Le nitrate d'argent y produit un précipité de chlorure sans détruire la neutralité de la solution.

L'iodure de potassium détermine dans sa solution la formation d'un précipité jaune de cacoplatyle hydriodique. Le bromure de potassium se comporte d'une manière semblable.

Le C. hydrochlorique ne renferme pas d'eau de cristallisation, car on peut le chauffer à 164° sans qu'il se décompose; mais à cette température il perd environ 4 p. c. d'eau, qu'il reprend d'ailleurs par l'ébullition dans ce liquide (Bunsen).

Cacoplatyle hydrobromique (bromure de cacoplatyle). — C^2H^5PtAsO,HBr. — Cette combinaison s'obtient en mélangeant à chaud une solution de l'espèce précédente avec du bromure de potassium; on purifie le précipité par une nouvelle cristallisation. Elle forme de petites aiguilles jaunes, et quelquefois des cristaux plus gros assez solubles dans l'eau chaude et peu solubles à froid. Ils ont une légère réaction acide, sont sans odeur et possèdent une saveur arsenicale fort désagréable.

Cacoplatyle hydriodique (iodure de cacoplatyle). — $C^2H^5PtAsO,$ HI. — C'est le précipité jaune occasionné par l'iodure de potassium dans le cacoplatyle hydrochlorique. Lorsqu'on mélange les deux solutions, bouillantes et passablement étendues, le cacoplatyle hydriodique se sépare à l'état de paillettes brillantes et soyeuses semblables à l'iodure de plomb (1).

(1) M. Bunsen lui assigne la formule $C^4H^{12}As^2Pt^2O=C^2H^5AsPtO^1/^2,$HI, qui ne nous paraît guère vraisemblable; il serait possible toutefois que l'oxygène renfermé dans ces combinaisons s'en dégageât à l'état d'eau par une forte dessication (comme dans les émétiques), de manière que le C. hydrochlorique, par exemple, deviendrait $C^2H^3PtAs,$HCl.

Cacoplatyle semi-sulfurique (sulfate d'oxyde de cacoplatyle).
— $(C^2H^5PtAsO)^2,SH^7O^4$. — Il s'obtient en décomposant à l'ébullition du cacoplatyle hydrochlorique par une dissolution de sulfate d'argent. La solution filtrée donne, par l'évaporation dans le vide, des grains blancs et cristallins. Ce sel est sans odeur, mais il possède une saveur amère et astringente. Il n'est pas déliquescent et ne s'altère pas au contact de l'air. On peut le chauffer à 160° sans qu'il se décompose, mais il se détruit par une plus forte chaleur (1) (Bunsen).

Genre Alcargène $R+^2AsO^2$.

263. Il se produit par l'oxydation ou la sulfuration directe du g. alcarsine (4ᵉ famille). Les agents réducteurs transforment les espèces du g. alcargène en espèces du g. arsine ou du g. alcarsine.

Alcargène normal (acide cacodylique). — $C^2H^6AsO^2$. La production de ce corps curieux résulte de l'oxydation directe du

(1) M. Bunsen compare les composés précédents aux sels de platine décrits par MM. Gros et Reiset. Voyons jusqu'à quel point ce rapprochement est fondé.

Le protochlorure de platine $PtCl$, traité par l'ammoniaque liquide, donne un précipité vert et cristallin (sel vert de Magnus) renfermant des équivalents égaux d'ammoniaque et de protochlorure de platine = NH^3PtCl. Si, au lieu de borner l'action à la production du composé précédent, on fait bouillir, en ayant soin de remplacer l'ammoniaque à mesure qu'elle s'évapore, on finit par avoir une belle cristallisation d'un corps N^2H^6PtCl renfermant une quantité d'ammoniaque double de celle du sel vert; à froid la potasse n'en dégage pas l'ammoniaque.

Ce second corps, que M. Reiset considère comme un radical, se comporte plutôt comme un hydrochlorate : N^2H^5Pt,HCl ; car si on le dissout dans l'eau et qu'on le mette en contact avec une dissolution chaude de sulfate d'argent, il se produit un précipité de chlorure d'argent, ainsi qu'une liqueur incolore qui donne par l'évaporation des cristaux d'un sel : $(N^2H^5Pt)^2,SH^2O^4$.

Avec l'eau de baryte, ce dernier sel donne du sulfate de baryte et le corps N^2H^5Pt + aq., qui a toutes les propriétés d'un alcaloïde, semblable à l'ammoniaque.

On obtient les sels de Gros en faisant agir l'acide nitrique sur le sel vert de Magnus NH^3PtCl ; il se produit alors de l'acide hydrochlorique, un dépôt de platine métallique et du nitrate de chloramide platinique $(2NH^3PtCl + NHO^3 = HCl + Pt + N^2H^5PtCl,NHO^3)$. Le même sel

cacodyle normal $C^4H^{12}As^2$ ou de l'alcarsine normale $C^4H^{12}As^2O$.
Lorsque le cacodyle normal est amené graduellement en contact
avec l'oxygène, ce gaz y étant dirigé très lentement de manière
qu'il n'y ait pas d'inflammation, il s'absorbe de l'oxygène qui a
pour résultat la formation d'un fluide épais et visqueux renfermant de l'alcarsine normale et de l'A. normal. Si ce fluide est
chauffé à 60° et qu'on y dirige pendant quelques jours un courant
d'oxygène, la plus grande partie se convertit en cristaux d'A.
normal, qui peuvent être purifiés par la pression entre du papier
joseph et par une nouvelle cristallisation.

Cette préparation, exécutée ainsi, est à la fois désagréable et
dangereuse, à cause de la grande inflammabilité de l'alcarsine
normale et de son odeur engourdissante. On évite ces inconvénients en employant du bioxyde de mercure qui oxyde l'alcar-

se forme par l'action de l'acide nitrique sur le sel de Reiset N^2H^6PtCl.
Les sels de Gros renferment 1 éq. de chlore de plus que les sels de
Reiset.

On a donc, en appelant Pl l'alcaloïde platinique de M. Reiset, Am
l'ammoniaque (NH^3) et K l'alcaloïde C^2H^5PtAsO que nous supposons
contenu dans les composés de M. Bunsen :

	Sels ammoniacaux.	Sels de M. Bunsen.	Sels de M. Reiset.	Sels de M. Gros.
Alcaloïde	Am. . . .	»	Pl	»
Hydrochlorate. .	Am,HCl . .	K,HCl . .	Pl,HCl. .	$ClPl,HCl$.
Nitrate.	Am,NHO^3	»	»	$ClPl,NHO^3$.
Sulfate (neutre).	Am^2,SH^2O^4.	K^2,SH^2O^4.	Pl^2,SH^2O^4	$(ClPl)^2,SH^2O^4$.

Le corps $ClPl = N^2H^5PtCl$, dont on obtient l'hydrochlorate en faisant
passer du chlore dans Pl,HCl, n'a pas encore été isolé.

Voici les corps qui jouent le rôle d'alcaloïdes dans ces combinaisons :

1 éq. d'ammoniaque : NH^3.
— d'alc. de Reiset : N^2H^5Pt.
— d'alc. de Gros : N^2H^5PtCl.
— de cacoplatyle : C^2H^5PtAsO.

On voit, d'après cela, que les analogies qui existeraient, suivant
M. Bunsen, entre les composés du cacoplatyle, les sels de Gros et ceux de
Reiset, se bornent à la présence du platine dans les alcaloïdes.

sine très promptement en s'échauffant considérablement (1).
Pour éviter que la masse n'entre en ébullition, on met les deux
corps sous une couche d'eau, et l'on a soin de refroidir le vase
où l'on opère. L'oxydation s'effectue dans quelques secondes ;
on purifie le produit en le faisant cristalliser dans l'alcool :

$$C^4H^{12}As^2O + 3Hg^2O = 2(C^2H^6AsO^2) + 3Hg^2.$$

L'alcarsine sulfurée $C^4H^{12}As^2S$ se convertit aussi en A. normal
par le séjour à l'air ; on obtient alors une masse saline d'où l'é-
ther extrait de l'A. bisulfuré en laissant de l'A. normal :

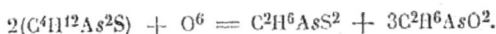

$$2(C^4H^{12}As^2S) + O^6 = C^2H^6AsS^2 + 3C^2H^6AsO^2.$$

L'A. normal forme de gros cristaux vitreux parfaitement
transparents qui sont des prismes obliques à 4 pans, avec des
faces terminales inégales, et à angles obliques. Il ne s'altère pas
à l'air sec, mais l'air humide le décompose. Il est moins soluble
dans l'alcool pur que dans l'eau, et insoluble dans l'éther. Il ne
possède aucune odeur. Sous le rapport toxicologique il est aussi
très remarquable, car il ne possède aucune propriété vénéneuse,
bien qu'il renferme plus de 72 p. c. d'arsenic : 8 grammes dissous
dans l'eau et injectés dans la veine jugulaire d'un lapin ne dé-
terminèrent pas la mort, ni même aucun symptôme d'empoisonnement.

Ce corps se distingue par sa grande stabilité : ni l'acide nitrique fumant, ni un mélange d'acide sulfurique et de chromate
de potasse ne l'attaquent, pas même à l'ébullition.

Il déplace l'acide carbonique de ses combinaisons ; on peut le
chauffer à 200° sans qu'il se décompose, mais il entre alors en
fusion. Au-dessus de cette température, l'A. normal se décompose en fournissant de l'acide arsénieux ainsi que d'autres produits arsenicaux très fétides.

(1) M. Bunsen représente l'alcargène normal par $C^4H^{14}As^2O^4 = C^2H^7AsO^2$. Ses analyses ont donné un peu moins d'hydrogène que n'exige cette formule ; d'ailleurs l'oxydation directe de l'alcarsine par l'oxyde de mercure, *sans la présence de l'eau*, démontre bien qu'il ne saurait y avoir dans l'alcargène un plus grand nombre d'équivalents d'hydrogène que dans le produit d'où il dérive. Mais il fallait à l'auteur *un oxyde du radical cacodyle*, et la théorie du dualisme le forçait à scinder les formules, afin d'y construire les éléments de l'eau !

L'acide sulfureux, l'acide oxalique, le protosulfate de fer et le gaz hydrogène libre ne l'altèrent point; mais quand on le chauffe avec de l'acide phosphoreux, il développe instantanément des vapeurs d'alcarsine normale.

Une solution d'étain acidulée le convertit en arsine hydrochlorique. Une réduction semblable s'opère lorsqu'on chauffe une solution aqueuse d'A. normal avec du zinc métallique. Il se produit alors de l'A. zincique et de l'alcarsine normale.

Lorsqu'on fait passer sur l'A. normal sec du gaz hydriodique également sec, il se produit de l'eau, de l'arsine hydriodique et de l'iode libre :

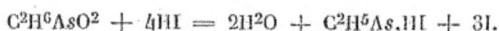

$$C^2H^6AsO^2 + 4HI = 2H^2O + C^2H^5As,HI + 3I.$$

L'acide hydrobromique détermine une réaction semblable; l'hydrogène sulfuré produit dans les mêmes circonstances de l'eau, de l'A. bisulfuré et du soufre libre; mais ce dernier provient probablement d'une décomposition secondaire.

L'A. normal présente cela de remarquable que non seulement il se comporte comme un acide monobasique capable d'échanger de l'hydrogène pour du métal, mais encore qu'il s'unit directement à d'autres acides ou sels, comme le ferait un alcaloïde, sans y opérer de déplacement. Il donne de semblables combinaisons avec les chlorures d'hydrogène, de mercure, de cuivre, etc.

Alcargène hydrochlorique (superchloride de cacodyle basique). — $C^2H^6AsO^2,HCl$. — Lorsqu'on dissout l'A. normal dans l'acide hydrochlorique concentré, et qu'on abandonne la masse dans le vide, elle se prend en une bouillie de beaux cristaux lamellaires. On les exprime entre du papier joseph. Cette combinaison est sans odeur et possède une saveur très acide.

L'eau la décompose en acide hydrochlorique et A. normal (1). Si l'on fait passer du gaz hydrochlorique sur de l'A. normal sec, la masse s'échauffe considérablement et se convertit en un liquide d'où il se dépose par le refroidissement des paillettes d'A. hydrochlorique. La partie qui reste liquide est un produit

---

(1) L'alcargène n. ressemble, sous ce rapport, au cyanate norm. (acide cyanique), qui donne également une combinaison hydrochlorique que l'eau décompose (211).

de décomposition et paraît renfermer de l'arsine hydrochlorique.

L'A. hydrochlorique soumis à l'action d'une température de 100° dégage du gaz formène chloré C(H^3Cl), de l'eau, de l'acide hydrochlorique et un liquide particulier (1) en laissant un résidu d'acide arsénieux (Bunsen).

Alcargène chlorocuivrique. — $C^2H^6AsO^2,2CuCl$. — Cette combinaison se forme lorsqu'on mélange ensemble des solutions alcooliques d'A. normal et de bichlorure de cuivre. Il se produit un précipité verdâtre qui devient grenu par l'ébullition (2). On peut le laver avec de l'alcool; il se dissout aisément dans l'eau, mais on ne peut pas l'obtenir cristallisé par l'évaporation de la solution aqueuse. Quand on le chauffe, il exhale des vapeurs d'alcarsine normale qui s'enflamment à l'air, et laisse un résidu de cuivre, d'arsénite de cuivre, d'arsenic et de charbon (Bunsen).

Alcargène hydrobromique (superbromide de cacodyle basique). — $C^2H^6AsO^2,HBr$. — Cette combinaison s'obtient, comme l'A. hydrochlorique, d'une manière directe; mais elle ne cristallise pas; c'est un liquide sirupeux sans odeur et parfaitement neutre. Elle est très hygroscopique, et l'eau la rend instantanément acide. Le zinc métallique la convertit en arsine hydrobromique (p. 391). Sous l'influence de la chaleur, l'A. hydrobromique éprouve une décomposition semblable à celle de l'A. hydrochlorique, en développant du gaz formène bromé (Bunsen).

Alcargène hydrofluorique (superfluoride de cacodyle basique). — L'A. normal se dissout aisément et d'une manière complète dans l'acide hydrofluorique concentré; quand on a chassé l'excès d'acide par l'évaporation, le liquide se prend en beaux cristaux prismatiques qu'on exprime entre des doubles de papier joseph,

(1) M. Bunsen appelle ce liquide *kakodylsaures Kakodylchlorid;* il y a trouvé 45,6 arsenic et 26,3 chlore; sa formule exige 47,7 arsenic et 27 chlore; elle n'est pas assez simple ($C^{20}H^{60}As^{10}Cl^{12}O^6$) pour que nous l'adoptions; d'ailleurs ce liquide nous paraît être un mélange d'alcarsine normale et d'arsine hydrochlorique.

(2) M. Bunsen, toujours fidèle à la théorie électro-chimique, représente ce composé par $C^{16}H^{48}As^8O^{14}Cl^{14}Cu^{18}$, c'est-à-dire par une combinaison de 2 éq. de bicacodylure de cuivre avec 7 éq. de chlorure de cuivre.

pour les sécher ensuite dans le vide. Ce sont des cristaux prismatiques transparents, inodores, très solubles dans l'eau et l'alcool, et qui se transforment à l'air humide en un liquide très acide. Ils attaquent beaucoup le verre et ne se conservent sans altération que dans des vases de platine (1).

Alcargène potassique (cacodylate de potasse). — $C^2(H^5K)AsO^2$. — Combinaison déliquescente qui, par l'évaporation de sa solution aqueuse, se prend en groupes concentriques semblables à la wawellite (Bunsen).

Alcargène argentique (cacodylate neutre d'argent). — $C^2(H^5Ag)AsO^2$. — On obtient cette combinaison en dissolvant de l'oxyde d'argent dans l'A. normal. La masse évaporée à siccité se dissout aisément dans l'alcool, et y cristallise en aiguilles allongées, groupées concentriquement, et sans odeur. On peut les sécher à 100° sans qu'elles se décomposent (2). Lorsqu'on traite l'A. normal par du carbonate d'argent pendant plusieurs jours, à chaud, et qu'on évapore la masse à siccité, l'eau en extrait un sel qui cristallise difficilement (il renferme probablement $C^2(H^5Ag)AsO^2 + C^2H^6AsO^2$).

Alcargène nitro-argentique (combinaison de cacodylate d'argent et de nitrate d'argent). — $C^2(H^5Ag)AsO^2, NAgO^3$. — Lorsqu'on mélange des solutions alcooliques d'A. normal et de nitrate d'argent, il se sépare des aiguilles d'A. argentique; mais ces cristaux se convertissent bientôt, au sein du liquide, en paillettes qui renferment 1 éq. d'A. argentique pour 1 éq. de nitrate d'argent. On les lave par décantation et on les dessèche dans le vide; elles sont peu stables et noircissent rapidement. A 210° elles se décomposent avec une légère explosion; elles sont aisément solubles dans l'eau et moins solubles dans l'alcool absolu (Bunsen).

Alcargène mercurique (cacodylate de mercure). — On l'obtient en dissolvant du bioxyde de mercure récemment précipité dans une dissolution concentrée d'A. normal. Il cristallise par l'évaporation spontanée en aiguilles blanches et lanugineuses qui jaunissent par l'eau en séparant du bioxyde de mercure. Quand

(1) M. Bunsen représente cette combinaison par $C^{12}H^{42}As^6Fl^6O^6$.
(2) M. Bunsen y admet 1 éq. d'hydrogène de plus que nous. Hydrog. trouvé 2,43, *id.* calc. 2,45.

on les chauffe, ils mettent du mercure métallique en liberté en développant des produits arsenicaux.

264. *Alcargène bisulfuré* (sulfide de cacodyle, sulfocacodylate de cacodyle). — $C^2H^6AsS^2$. — Ce corps intéressant se produit dans plusieurs circonstances : par l'action de l'hydrogène sulfuré sur l'A. normal, par l'oxydation lente de l'alcarsine sulfurée (4ᵉ fam.), par l'action des sulfhydrates sur l'arsine hydrochlorique, etc.

Lorsqu'on fait passer l'hydrogène sulfuré sec sur de l'A. normal également desséché, il y a une réaction extrêmement vive, de manière qu'il faut refroidir le vase où l'on opère, afin d'éviter les décompositions secondaires. Par le refroidissement de la masse, on obtient de grosses tables incolores, ou, si le refroidissement a été brusque, des prismes agglomérés, gras au toucher, inaltérables à l'air, et qui répandent une odeur pénétrante d'assa-fœtida.

On peut aussi obtenir l'A. bisulfuré en mettant en digestion l'alcarsine sulfurée (4ᵉ fam.) préalablement desséchée sur du chlorure de calcium avec 1/7 de son poids de soufre dans un flacon rempli de gaz carbonique. Par l'échauffement du mélange, le soufre se dissout en un liquide jaune qui se prend par le refroidissement en paillettes d'A. bisulfuré. On les fait cristalliser dans l'alcool bouillant :

$$C^4H^{12}As^2S + S^3 = 2C^2H^6AsS^2.$$

Ce procédé toutefois n'est pas fort avantageux.

L'A. bisulfuré fond à 50° en un liquide incolore; par un plus fort échauffement il développe de l'alcarsine sulfurée ainsi que d'autres produits de décomposition.

Il est insoluble dans l'eau, mais il se dissout aisément dans l'alcool; l'éther le dissout moins bien. L'acide sulfurique concentré le dissout en développant du gaz sulfureux et en mettant du soufre en liberté. L'acide hydrochlorique paraît le dissoudre sans altération.

Lorsqu'on le sépare par l'eau de sa solution aqueuse, il se sépare d'abord en gouttes qui peuvent être refroidies à 20° sans qu'elles se concrètent; mais la moindre agitation du liquide les fait cristalliser.

26

L'acide nitrique le convertit en A. normal en éliminant du soufre et de l'acide sulfurique.

Le peroxyde puce de plomb opère la décomposition en donnant de l'A. plombique accompagné de soufre et de sulfure de plomb.

Le mercure réduit l'A. bisulfuré déjà à la température ordinaire en produisant de l'alcarsine sulfurée et du sulfure de mercure.

Lorsqu'on précipite l'A. bisulfuré par des dissolutions métalliques, on obtient les espèces sulfurées suivantes ; elles se produisent aussi par l'action de l'hydrogène sulfuré sur les espèces métalliques et oxygénées du g. alcargène (Bunsen).

Alcargène bisulfuro-plombique (sulfo-cacodylate de plomb).— $C^2(H^5Pb)AsS^2$. — On l'obtient en mélangeant une solution alcoolique d'acétate de plomb avec de l'A. bisulfuré. Il constitue des paillettes blanches et soyeuses, inodores, inaltérables à l'air, insolubles dans l'eau et à peine solubles dans l'alcool. L'hydrogène sulfuré ne les altère point.

Alcargène bisulfuro-bismuthique (sulfo-cacodylate de bismuth). — $C^2(H^5Bi)AsS^2$. — Paillettes lanugineuses, inodores, d'un jaune doré, presque insolubles dans l'eau, l'alcool et l'éther, et inattaquables par l'hydrogène sulfuré.

Les dissolutions d'or, de cuivre et d'antimoine donnent des combinaisons semblables.

TROISIÈME FAMILLE.

GENRES.	FONCTIONS chimiques DES GENRES.	RAPPORTS DE TRANSFORMATION entre les genres DE LA TROISIÈME FAMILLE.	RAPPORTS DE TRANSFORMATION entre les genres DE LA TROISIÈME ET D'AUTRES FAMILLES.
Ptélène R.	Hydrocarbure.	Le perchlorure de phosphore, en agissant sur l'acétone normale, produit du ptélène chloré.	?
Acétone RO.	?	?	2 éq. d'acétate normal donnent, sous l'influence de la chaleur, 1 éq. d'acétone normal et CO^2, H^2O.
Mésitol $R^{-2}O$.	?	L'acétone normale, en perdant H^2, donne du mésitol normal.	?
Acroléine $R^{-2}O$.	Aldéhyde.	La glycérine normale, en perdant $2H^2O$, donne de l'acroléine normale.	Distillation sèche de tous les glycérides.
Anile $R^{-4}O$.	Aldéhyde.	?	Décomposition de l'indigo, de l'aniline, etc., sous l'influence des oxydants et du chlore.
Méthylal $R^{+2}O^2$.	?	?	3 éq. de méthol normal (1re famille) donnent, sous l'influence de O, de l'eau et du méthylal normal.
Formalcool RO^2.	Éther unialcooliq.	?	Le formiate CH^2O^2 et l'alcool normal C^2H^6O s'unissent en éliminant H^2O.
Acéméthol RO^2	Éther unialcooliq.	?	L'acétate $C^2H^4O^2$ et le méthol normal CH^4O s'unissent en éliminant H^2O.

GENRES.	FONCTIONS chimiques DES GENRES.	RAPPORTS DE TRANSFORMATION entre les genres. DE LA TROISIÈME FAMILLE.	RAPPORTS DE TRANSFORMATION entre les genres DE LA TROISIÈME ET D'AUTRES FAMILLES.
Acrylate $R^{-2}O^2$.	Sel unibasique.	L'acroléine normale, en fixant O, devient acrylate normal.	?
Anilate $R^{-4}O^2$.	Sel unibasique.	Le g. anile fixe O.	?
Glycérine $R+^2O^3$.	?	?	Saponification des glycérides.
Carbométhol RO^3.	Éther. bialcoolig.	?	Action du potassium sur l'oxaméthol $C^4H^6O^4$.
Carbovinate RO^3.	Sel copulé unibas.	?	Le méthol normal $CH^4O + CO^2 + (BaH)O$ donne du carbovinate barytique en éliminant H^2O.
Pyruvate $R^{-2}O^3$.	Sel unibasique.	?	Le tartrate normal (4e fam.) élimine $CO^2 + H^2O$ en produisant du pyruvate normal.
Mésoxalate $R^{-2}O^6$	Sel bibasique.	?	L'alloxane normale (4e fam.) $+ 2H^2O$ se dédouble en urée normale et mésoxalate normal.
Sulfoglycérate $R+^2SO^6$	Sel copulé unibas.	La glycérine normale fixe SH^2O^4 et élimine H^2O pour produire du sulfoglycérate normal.	?
Phosphlométisate $R+^1PO^4$	Sel copulé bibas.?	L'acétone normale fixe PH^3O^4 et élimine H^2O pour produire du phosphométisate normal.	?
Uréthane $R+^1NO^2$.	Amide.	Le formalcool chloré fixe NH^3 et élimine HCl pour produire de l'uréthane normale.	?

GENRES.	FONCTIONS chimiques DES GENRES.	RAPPORTS DE TRANSFORMATION entre les genres DE LA TROISIÈME FAMILLE.	RAPPORTS DE TRANSFORMATION entre les genres DE LA TROISIÈME ET D'AUTRES FAMILLES.
Cystine RNO^3.	Éther?	?	Combinaison du méthol et du cyanate normal (1ʳᵉ famille).
Cyanométhol RN^2O^3.	?	?	Produit d'oxydation de l'alloxane (4e famille).
Parabanate $R-4N^2O^3$.	Sel bibasique.	?	
Allanturate $R-2N^2O^3$.	Sel bibasique?	»	L'allantoïne normale (4e famille) fixe 1 éq. d'eau, sous l'influence des acides, en se dédoublant en urée et en allanturate normal.
Oxalurate $R-2N^2O^4$.	Sel bibasique.	Le g. parabamate fixe H^2O.	?
Tricyanure $R-3N^3$.	?	?	Réunion de 3 molécules de cyanure (1ʳᵉ famille).
Cyanurate $R-3N^3O^3$.	Sel tribasique.	L'ammélide normale fixe H^2O et élimine NH^3 en donnant du cyanurate normal.	Réunion de 3 molécules de cyanate (1ʳᵉ famille).
Mellon $R-6N^4$.	?	La mélamine normale élimine $2NH^3$.	Calcination des cyanates sulfurés, etc.
Mellonure $R-4N^4O$	Sel unibasique.	La potasse se combine avec le mellon n. en produisant du mellonure potass.	Calcination des percyanures sulfurés, etc.
Ammélide $R-2N^4O^2$.	Alcaloïde faible, amide.	L'amméline normale fixe H^2O et élimine NH^3 en donnant de l'ammélide norm.	?
Amméline $R-4N^5O$.	Alcaloïde faible, amide.	La mélamine norm. fixe H^2O et élimine NH^3 pour donner de l'amméline norm.	?
Mélamine RN^6.	Alcaloïde, amide.	?	Calcin. du cyanate sulfuro-ammoniacal (1ʳᵉ fam.).

Genre *Ptéléène* R.

265. Produit de décomposition de l'acétone normale par les chlorures ou les iodures.

Ptéléène chloré (hydrochlorate de mésitylène, chlorure de mésityle). — $C^3(H^5Cl)$. — Lorsqu'on ajoute 2 parties de perchlorure de phosphore, par petites portions, à 1 p. d'acétone convenablement refroidie, et qu'on y mélange ensuite de l'eau, il se sépare un liquide oléagineux plus pesant que cette dernière. Une dissolution alcoolique de potasse convertit le ptéléène chloré en ptéléol normal et chlorure. La chaleur décompose ce corps en acide hydrochlorique et mésitylène normal (6ᵉ fam.) (Kane).

Ptéléène iodé (hydriodate de mésitylène, iodure de mésityle). — $C^3(H^5J)$. — Il paraît se produire par la distillation d'un mélange d'iode, de phosphore et d'acétone (Kane).

Il existe probablement un hydrogène carboné C^3H^4 isomère du mésitylène et dont la densité de vapeur ne serait que la moitié de celle de ce dernier.

Genre *Acétone* RO.

266. Produit de décomposition de 2 molécules d'acétate (2ᵉ f.).

Acétone normale (esprit pyroacétique (1), esprit pyroligneux, alcool mésitique, bihydrate de mésitylène). — C^3H^6O. — Par la distillation sèche du sucre, de l'acide tartrique, de l'acide citrique, des acétates, etc., on obtient, entre autres produits, un liquide incolore, neutre et doué d'une odeur empyreumatique particulière. Pour l'obtenir à l'état pur, on distille un mélange de 2 p. d'acétate plombique et de 1 p. de chaux caustique, et l'on rectifie le produit sur de la chaux vive, jusqu'à ce que son point d'ébullition reste constant.

On l'obtient aussi en faisant passer des vapeurs d'acide acétique à travers un tube de porcelaine ou de fer chauffé au rouge obscur ; la réaction est alors bien nette, car $2C^2H^4O^2 = CO^2 + H^2O + C^3H^6O$.

Ce corps est très inflammable et bout à 55° ; sa densité à l'état

(1) Nous sommes fort disposé à croire que le *xylite*, trouvé par MM. Lœwig et Weidmann dans l'esprit de bois de Suisse, n'est qu'un mélange d'acétone, de méthol (198) et d'acéméthol normal (273).

liquide est de 0,7921, et à l'état de vapeur de 2,022. Sa saveur est mordicante et ressemble à celle de la menthe poivrée. Il se dissout en toutes proportions dans l'eau, l'alcool et l'éther; il ne dissout ni la potasse ni le chlorure de calcium. En contact avec l'air et avec des alcalis caustiques, il se résinifie promptement.

Distillé avec de l'acide sulfurique fumant, il fournit, entre autres produits, un hydrogène carboné C^6H^8 appelé mésitylène. Il s'accouple aussi avec l'acide sulfurique, mais la composition des produits n'est pas bien connue (1).

Le bichlorure de platine exerce sur l'acétone une action particulière qui a été examinée par M. Zeise, et dont nous parlerons dans la *Sixième Famille*.

Sous l'influence du chlorure de chaux, l'acétone fournit de l'acide carbonique et du formène trichloré. L'acide nitrique donne deux espèces du genre mésitol.

Par l'action de l'acide chromique, l'acétone régénère de l'acide acétique (Dumas et Stas).

Par la distillation sèche de l'acétate de chaux, on obtient, outre l'acétone, une petite quantité d'une huile $C^{10}H^{16}O$ insoluble dans l'eau, et que M. Kane (2) a désignée sous le nom de *dumasine*. Il est fort probable que ce produit dérive de plusieurs molécules d'acétone qui se décomposent à une température élevée. On a en effet : $4C^3H^6O = 1$ éq. de dumasine $+ 1$ éq. de gaz des marais $+ 1$ éq. d'oxyde de carbone $+ 2$ éq. d'eau.

Acétone bichlorée $C^3(H^4Cl^2)O$. — Lorsqu'on fait passer un courant de chlore sec dans l'acétone jusqu'à ce que tout dégagement de gaz hydrochlorique ait cessé, on obtient un liquide d'une den-

---

(1) Lorsque, suivant M. Kane, on mêle l'acétone avec 2 fois son poids d'acide sulfurique concentré, la masse s'échauffe beaucoup, devient brun foncé et dégage de l'acide sulfureux ; quand le liquide est refroidi, on y mêle 2 ou 3 volumes d'eau et on le neutralise par un carbonate. Le carbonate de chaux donne une masse déliquescente au milieu de laquelle sont interposés de petits prismes. Une analyse incomplète a conduit M. Kane à la formule $C^6H^{10}O + 2Ca^2O + H^2O + 2SO^3 = C^6(H^{12}Ca^4)S^2O^{10} = C^3(H^6Ca^2)SO^5$; cette composition ne présente aucune vraisemblance. Un autre sel a pour composition $C^6(H^{10}Ca^2)SO^5$ $+$ aq. et renferme 7,2 d'eau de cristallisation.

Ces sels ont besoin d'être soumis à de nouvelles analyses.

(2) *Répertoire de chim.*, t. V, p. 233. — Voyez *Dixième Famille*.

sité de 1,33 et que M. Kane appelle chloral mésitique. Ce corps, appliqué sur la peau, y détermine une véritable vésication.

Il se dissout complétement dans la potasse avec une teinte brun-rouge, en produisant (1) beaucoup de chlorure et un sel particulier.

Genre Mésitol R^{-2}O.

267. Produit de l'action de l'acide nitrique sur l'acétone normale.

Mésitol normal (aldéhyde mésitique). — C^{3}H^{4}O. — Lorsqu'on chauffe l'acétone normale avec la moitié de son volume d'acide nitrique concentré, il s'opère une réaction très vive accompagnée d'un dégagement abondant de vapeurs rutilantes ; si l'on essaie de distiller le mélange, l'action est si violente qu'il en résulte souvent une explosion. Il faut refroidir le mélange dès que l'effervescence commence à se manifester, chauffer de nouveau, refroidir de même, et répéter ce traitement plusieurs fois; ensuite on ajoute au liquide 5 ou 6 fois son volume d'eau. Il se sépare alors un mélange huileux de M. normal et de M. nitrique.

Ces deux corps paraissent aussi se former par l'action de l'acide nitrique sur le mésitylène normal C^{6}H^8.

Le mésitol normal est plus léger que l'eau ; son odeur est douce et pénétrante. Il est fort peu soluble dans l'eau ; il se dissout instantanément dans une lessive de potasse en donnant un liquide brun-jaunâtre. Il absorbe le gaz ammoniac avec beaucoup d'avidité en donnant une masse brune et résinoïde qui, dissoute dans l'eau, donne des cristaux par l'évaporation spontanée (ammonialdéhyde mésitique). Lorsqu'on ajoute du nitrate d'argent à la solution de ces cristaux, il se produit un précipité jaune qui noircit par l'échauffement. La réduction est favorisée par l'addition de quelques gouttes de potasse. L'argent métallique se dépose alors à l'état d'une poudre noire sans produire de miroir (Kane); le mésitol normal partage ce caractère avec l'acroléine normale, dont il est d'ailleurs l'isomère.

Mésitol nitrique (hyponitrite d'oxyde de ptéléyle).— C^3(H^{3}X)O ?

(1) Si la potasse élimine tout le chlore, il pourrait se produire un sel C^3(H^{3}K)O^2 correspondant à un acide C^{3}H^{4}O^2 (acide ptéléique de M. Kane) et isomère ou identique avec l'acide acrylique.

— Ce corps se présente à l'état d'une huile plus dense que l'eau ; son odeur et sa saveur sont fortes, mais douces. Il se dissout dans les alcalis avec une couleur brune. Quand on le chauffe, il se décompose avec explosion, de manière qu'on ne peut pas le distiller (Kane).

Genre *Acroléine* R^{-2}O.

268. Produit de la déshydratation de la glycérine normale ; il se forme aussi dans la distillation sèche de tous les glycérides (104).

Acroléine normale. — C^{3}H^{4}O. — Ce corps, dont la vapeur irrite tant les yeux, s'obtient le mieux quand on distille dans une cornue spacieuse un mélange de glycérine et de sulfate acide de potasse, ou de glycérine et d'acide phosphorique anhydre. On recueille le produit dans un récipient convenablement refroidi et muni d'un long tube qui conduise les vapeurs non condensées dans une bonne cheminée, afin d'en préserver les yeux. Le produit distillé renferme une couche huileuse d'acroléine qui nage sur un liquide aqueux renfermant en dissolution une certaine quantité de ce corps ainsi que des produits de décomposition acides (acide acrylique, etc.). On le met en digestion avec de l'oxyde de plomb jusqu'à disparition de toute réaction acide, et l'on rectifie ensuite au bain-marie ; l'acroléine passe déjà au-dessous du point d'ébullition de l'eau ; après l'avoir desséchée sur du chlorure de calcium, on la rectifie une seconde fois au bain-marie. Comme la substance s'oxyde très rapidement à l'air, il faut toujours opérer dans des appareils bien secs remplis d'acide carbonique et convenablement fermés. Ces opérations sont d'ailleurs bien pénibles et incommodent l'expérimentateur à un haut degré (Redtenbacher).

À l'état de pureté, l'acroléine est un liquide incolore, limpide, très réfringent et dont la vapeur irrite d'une manière épouvantable les yeux et les voies respiratoires ; lorsqu'elle est bien délayée, son odeur n'est pas désagréable. Quelques gouttes d'acroléine répandues dans un appartement suffisent pour faire pleurer toute une société et pour déterminer l'inflammation des yeux. Sa saveur est brûlante.

L'acroléine est plus légère que l'eau et bout à 52° c. La densité de sa vapeur a été trouvée égale à 1,897. Elle se dissout dans environ 40 p. d'eau; l'éther la dissout en plus grande quantité. Récemment préparée, sa solution est neutre, mais elle s'acidifie promptement au contact de l'air. Elle brûle aisément avec une flamme claire et lumineuse.

Elle ne se conserve pas longtemps sans s'altérer, en s'acidifiant et en se transformant en une matière blanche, floconneuse et insoluble dans l'eau (*disacryle* (1)); les acides qui se forment dans ces circonstances sont les acides acrylique $C^3H^4O^2$, acétique $C^2H^4O^2$ et formique CH^2O^2.

Lorsqu'on le mélange avec un alcali caustique, la réaction est très vive, l'odeur irritante de l'acroléine disparaît, et il se manifeste une odeur de cannelle comme quand on mélange de l'acétol normal avec des alcalis; en même temps il se produit des corps résineux formés sans doute par l'action simultanée de l'air.

L'acroléine se trouve, comme tous les aldéhydes, placée sur la limite entre les acides proprement dits et les substances neutres: aussi, lorsqu'on ajoute du nitrate d'argent à sa solution aqueuse, il se produit un précipité blanc et caillebotteux; mais par le repos ce précipité se réduit en produisant de l'acrylate. Si l'on favorise la réaction en ajoutant au mélange quelques gouttes d'ammoniaque et en faisant bouillir, l'argent se réduit immédiatement, mais il ne produit pas de miroir métallique, comme c'est le cas dans la réduction opérée par l'acétol (233). Lorsqu'on mélange l'acroléine avec du peroxyde de plomb, il n'y a point de réaction; mais si l'on remplace ce dernier par de l'oxyde d'argent, celui-ci se réduit promptement en développant une chaleur assez forte pour faire bouillir et vaporiser une grande partie de l'acroléine; en même temps on a en solution de l'acrylate argentique (Red-

---

(1) M. Redtenbacher considère cette substance blanche comme $C^{10}H^{14}O^4$, mais il paraît que la combustion en avait été imparfaite et que ce n'est autre chose qu'un polymère de l'acroléine, semblable à ceux que fournit l'acétol normal; du moins l'auteur a remarqué que cette transformation s'effectue aussi dans la matière renfermée dans des tubes scellés à la lampe.

tenbacher). Ces réactions s'interprètent de la manière suivante :

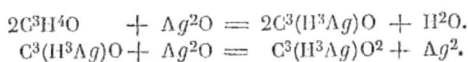

$$2C^3H^4O \quad + Ag^2O = 2C^3(H^3Ag)O + H^2O.$$
$$C^3(H^3Ag)O + Ag^2O = C^3(H^3Ag)O^2 + Ag^2.$$

Lorsqu'on fait passer l'acroléine à travers un tube chauffé au rouge, il se produit de l'eau, de l'hydrogène carboné, ainsi qu'un dépôt de charbon.

Acroléine argentique. — $C^3(H^3Ag)O$. — C'est, selon nous, le précipité blanc occasionné par le nitrate d'argent dans la solution du corps précédent. (Voyez p. 342.)

Genre Anile $R^{-4}O$.

269. *Anile bichloré* (chloranile). — C^3Cl^2O. — M. Erdmann a obtenu ce corps par l'action prolongée du chlore sur une solution alcoolique d'isatine chlorée ou bichlorée (8ᵉ famille) : c'est le résidu qu'on obtient en dissolvant à froid le produit huileux dans l'alcool. On le lave d'abord avec de l'eau, puis on le dissout dans l'alcool bouillant, qui l'abandonne, par le refroidissement, en paillettes jaune pâle, d'un éclat métallique et nacré.

Ce corps se sublime complétement sans fondre et sans laisser de résidu quand on le chauffe doucement ; mais si on le chauffe brusquement, il se fond et se décompose en partie. Il est insoluble dans l'eau et ne se dissout presque pas dans l'alcool froid ; mais il se dissout dans l'alcool bouillant avec une couleur jaune-pâle, et cristallise, par le refroidissement du solvant, en paillettes d'un éclat irisé qui ressemblent à l'iodure de plomb.

L'acide nitrique est sans action sur l'anile bichloré, même à la température de l'ébullition ; l'acide sulfurique et l'acide hydrochlorique sont dans le même cas.

A chaud, il se dissout aisément dans la potasse diluée en donnant un liquide pourpre qui dépose, par le refroidissement, des paillettes d'anilate chloro-potassique (150). Il se dissout aisément dans une solution de monosulfure de potassium en donnant un liquide jaune qui se colore rapidement au contact de l'air en devenant brun et finalement noir, et en déposant une poudre noire et grenue. Lorsqu'on traite par de l'acide hydrochlorique la solution jaune de l'anile bichloré dans le sulfure de potassium, immédiatement après l'avoir préparée, il se sépare un précipité blanc-jaunâtre. Celui-ci est soluble dans l'alcool et l'éther, ainsi que dans la potasse caustique (Erdmann).

Lorsqu'on chauffe l'anile bichloré avec de l'ammoniaque aqueuse, il s'y dissout lentement, sans effervescence, en donnant un liquide d'un rouge de sang foncé, et qui donne par la concentration de petites aiguilles aplaties, couleur châtain et assez brillantes d'anilammon bichloré :

$$2C^3Cl^2O + 2NH^3 + H^2O = C^6H^6Cl^2N^2O^3 + 2HCl \ (1).$$

Suivant M. Hofmann, on obtient aussi l'anile bichloré en ajoutant de l'acide hydrochlorique concentré à une solution alcoolique d'aniline normale (6ᵉ famille), faisant bouillir le liquide et y jetant peu à peu de petits fragments de chlorate de potasse ; l'anile bichloré se dépose alors en paillettes dorées qu'on purifie de chlorure de potassium par des lavages à l'eau. Il faut éviter l'emploi d'un excès d'alcool, autrement une grande partie du chlorate se perd en transformant l'alcool en éther acétique. Les eaux-mères dégagent de l'ammoniaque quand on y ajoute de la chaux. Le phénol et la salicine produisent également de l'anile bichloré.

Genre Méthylal $R + {}^2O^2$.

270. Il se produit par l'oxydation de plusieurs molécules d'esprit de bois (1ʳᵉ famille).

Méthylal normal. — $C^3H^8O^2$. — Lorsqu'on distille un mélange d'esprit de bois, d'acide sulfurique et de peroxyde de manganèse, il passe, entre autres produits, un liquide huileux et éthéré appelé *formométhylal* par M. Dumas, mais qui, d'après les recherches de M. Malaguti, n'est qu'un mélange d'éther formique de l'esprit de bois (formométhol normal G.) et d'un principe particulier. En effet, ce formométhylal ne présente pas un point d'ébullition fixe et donne à l'analyse des résultats différents, suivant l'époque où l'on a recueilli les produits de sa distillation. Lorsqu'on l'agite avec une solution de potasse caustique, il s'attaque

---

(1) Cette équation s'accorde avec les analyses de M. Erdmann ; mais, à voir l'action de l'ammoniaque sur d'autres corps chlorés (66), on est porté à croire que la réaction est plutôt celle-ci : $C^3Cl^2O + NH^3 = C^3(H^2Cl)NO + HCl$.

vivement en donnant du formiate, de l'esprit de bois et du méthylal normal (Malaguti).

Ce dernier est limpide, a la même odeur que le formométhylal, et exige 3 volumes d'eau pour se dissoudre ; la potasse le sépare
de l'eau ; il est soluble dans l'alcool et l'éther, bout à $+42°$ c.,
sous la pression de 761^{mm} ; sa densité, comparée à celle de
l'eau, est de 0,8551. La densité de sa vapeur a été trouvée égale
à 2,625.

Mêlé avec de l'acide nitrique un peu étendu et chauffé légèrement, il se décompose ; il y a dégagement de bioxyde d'azote
sans acide carbonique ni oxyde de carbone ; dans la dissolution
on trouve alors de l'acide formique en quantité considérable. Le
bichromate de potasse mélangé d'acide sulfurique donne les
mêmes résultats. Une dissolution alcoolique de potasse le convertit également en formiate (Malaguti).

Le chlore agit très lentement sur le méthylal ; ce n'est qu'a-
près plusieurs heures d'action qu'on remarque une légère élévation de température et un dégagement d'acide hydrochlorique ;
quelquefois la réaction est instantanée. Finalement on obtient
des cristaux d'acétène perchloré (sesquichlorure de carbone) et
de l'acide formique :

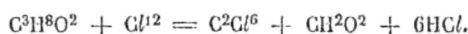

$$C^3H^8O^2 + Cl^{12} = C^2Cl^6 + CH^2O^2 + 6HCl.$$

Genre Formalcool RO².

271. *Formalcool normal* (éther formique). — $C^3H^6O^2$. — On obtient cet éther en mélangeant dans une cornue 7 p. de formiate de
soude, 6 p. d'alcool normal et 7 p. d'acide sulfurique concentré ;
le mélange s'échauffe beaucoup, et l'éther distille en grande partie sans qu'on ait besoin de chauffer. On le lave avec un peu de
carbonate de soude pour le purifier d'acide et on le rectifie sur
du chlorure de calcium.

Il est incolore, d'une odeur forte et agréable qui rappelle celle
des noyaux de pêches. Il bout à 56° ; sa densité à l'état liquide est
de 0,9157, et à l'état de vapeur de 2,573. Il brûle avec une
flamme bleue, jaune sur les bords. Il se dissout dans 9 parties
d'eau ; la solution s'acidifie promptement en donnant de l'acide
formique et de l'alcool.

L'ammoniaque sèche n'agit pas sur lui, mais l'ammoniaque aqueuse, comme les autres alcalis caustiques, le convertit en alcool et en formiate.

Formalcool chloré (éther chloroxycarbonique). — $C^3(H^5Cl)O^2$. — Lorsqu'on fait absorber du phosgène bichloré par de l'alcool normal, il se produit de l'acide hydrochlorique et un liquide huileux qu'on rectifie sur de l'oxyde de plomb et sur du chlorure de calcium (80).

Ce produit est incolore, très fluide, d'une odeur suffocante et qui irrite les yeux. Il est entièrement neutre au papier; sa densité à 15° est de 1,139; à l'état de vapeur elle est de 3,823. Il bout à $+$ 94°; il est inflammable et brûle avec une flamme verte. L'eau ne le dissout pas à froid, mais à chaud elle le décompose (Dumas).

L'ammoniaque caustique le décompose en HCl et en uréthane normal (66).

Formalcool bichloré (éther formique bichloruré). — $C^3(H^4Cl^2)$ O^2. — Le chlore attaque vivement le formalcool normal en produisant de l'acide hydrochlorique, de l'acide formique, de l'acétène chloré (éther hydrochlorique) et du formalcool bichloré. L'acétène chloré et l'acide formique sont évidemment des produits secondaires, provenant de l'action de l'acide hydrochlorique sur le formalcool normal; on a en effet :

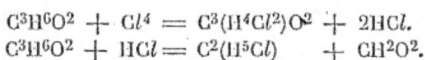

$$C^3H^6O^2 + Cl^4 = C^3(H^4Cl^2)O^2 + 2HCl.$$
$$C^3H^6O^2 + HCl = C^2(H^5Cl) + CH^2O^2.$$

On distille lentement le produit sans dépasser $+$ 90°; si l'on poussait la température jusqu'à $+$ 105°, la masse brunirait. On verse le résidu dans l'eau, et l'on dessèche dans le vide la matière huileuse qui vient surnager. Elle est soluble dans l'alcool et l'éther; l'eau la décompose lentement. On ne peut pas la faire bouillir sans qu'elle s'altère. Sa densité est de 1,261 à 16°. Une dissolution aqueuse de potasse l'attaque facilement en produisant du chlorure, de l'acétate et du formiate (Malaguti) :

$$C^3(H^4Cl^2)O^2 + 2(KH)O = 2HCl + C^2(H^3K)O^2 + C(HK)O^2.$$

Genre Acéméthol RO^2.

272. *Acéméthol normal* (éther acétique du méthylène, acétate de

méthylène, mésite de M. Reichenbach). — $C^3H^6O^2$. — Cet éther
s'obtient par la distillation d'un mélange de 2 p. d'esprit de bois,
1 p. d'acide acétique très concentré et 1 p. d'acide sulfurique
concentré ; on verse le liquide distillé sur du chlorure de calcium
fondu, de manière à séparer l'excédant d'esprit de bois qui se
combine avec le chlorure, et on le rectifie sur du carbonate de
soude.

L'esprit de bois brut renferme une grande quantité d'acéméthol normal (Berzélius).

C'est un liquide incolore, d'une odeur éthérée agréable. Sa
densité à l'état liquide est de 0,919 à + 22° ; il bout à + 58° à
762 mm. ; la densité de sa vapeur a été trouvée égale à 2,563. Il
est soluble dans l'eau et se mélange en toutes proportions avec
l'alcool, l'esprit de bois et l'éther (Dumas et Péligot).

Les alcalis hydratés le convertissent en acétate et en méthol
normal.

Le chlore, en agissant sur lui, donne naissance aux espèces
chlorées que nous allons décrire.

Acéméthol bichloré (acétate d'oxychlorure de méthyle, acétate
de méthylène bichloruré). — $C^3(H^4Cl^2)O^2$. — Lorsqu'on fait passer du chlore sec dans l'acéméthol normal, en ayant soin, vers
la fin, de favoriser la réaction par la chaleur d'un bain-marie,
il se dégage beaucoup d'acide hydrochlorique et d'acide acétique. Dès qu'il n'y a plus de réaction, on distille jusqu'à ce que
le résidu commence à se colorer ; on lave celui-ci avec une dissolution faible de potasse et puis avec de l'eau (Malaguti).

Desséché dans le vide, le produit est limpide, incolore, d'une
densité de 1,25. Il brûle avec une flamme jaune, verte à la base ;
il est neutre aux papiers ; sa saveur est à la fois sucrée, alliacée
et brûlante. Il bout à 148° en se décomposant. L'eau le décompose lentement en acides formique, acétique et hydrochlorique ;
une dissolution concentrée de potasse l'attaque aisément en donnant des produits semblables, car :

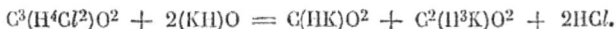

$$C^3(H^4Cl^2)O^2 + 2(KH)O = C(HK)O^2 + C^2(H^3K)O^2 + 2HCl.$$

Acéméthol trichloré (chloryle). — $C^3(H^3Cl^3)O^2$. — M. Laurent
a obtenu ce corps en faisant passer très lentement du chlore
dans l'acéméthol normal jusqu'à ce qu'il n'y eût plus de décom-

position, distillant la liqueur, rejetant les deux premières portions qui renfermaient deux liquides superposés, et recueillant à
part le reste. Ce dernier, distillé à plusieurs reprises jusqu'à ce
que son point d'ébullition fût constant, a donné un liquide incolore plus pesant que l'eau, bouillant vers 145° et distillant sans
altération (Laurent).

La potasse caustique en dissolution attaque facilement ce
corps ; la liqueur brunit en dégageant une vapeur qui pique les
yeux et dont la saveur est sucrée ; il se forme en même temps
du chlorure, du formiate de potasse et une huile particulière
$C^2(H^2Cl^2)$ que M. Laurent appelle *chlorométhylase*, et qui pourrait bien être de l'éthérène bichloré (225).

Genre *Acrylate* $R^{-2}O^2$.

273. Produit de l'oxydation de l'acroléine. Celle-ci absorbe très
facilement l'oxygène de l'air en se transformant en acide acrylique. Si l'on fait agir l'oxyde d'argent en excès sur l'acroléine,
l'odeur de cette dernière disparaît, et on obtient un dépôt d'argent métallique et de l'acrylate argentique qui reste en dissolution (Redtenbacher).

Acrylate normal (acide acrylique). — $C^3H^4O^2$. — Quand on fait
passer de l'hydrogène sulfuré sec sur de l'acrylate d'argent, la
réaction est assez vive ; il faut donc avoir soin d'entourer de glace
la boule où elle s'opère, et de ne la chauffer qu'à la fin pour faire
passer l'acide acrylique.

Après avoir été rectifié, ce dernier se présente à l'état d'un
liquide limpide, d'une odeur acide, agréable, légèrement empyreumatique et semblable à celle du vinaigre. Refroidi jusqu'à
0° c., il ne s'est pas solidifié. Sa saveur est franchement acide ;
il se mêle à l'eau en toutes proportions et bout au-dessus de 100° ;
son point d'ébullition est à peu près intermédiaire entre celui de
l'acide formique et de l'acide acétique. On peut le distiller sans
altération.

L'acide sulfurique étendu et l'acide hydrochlorique ne l'altèrent pas ; mais il est décomposé par l'acide nitrique et par
d'autres agents oxygénants, en donnant de l'acide acétique, de

l'acide formique ainsi que les produits d'oxydation de ces acides.

Par un contact prolongé avec des alcalis hydratés il se convertit en acétate et en formiate; effectivement $C^3H^4O^2 + 2H^2O = C^2H^4O^2 + CH^2O^2 + H^2$.

Lorsqu'on le distille avec un mélange d'alcool et d'acide sulfurique; on obtient un mélange d'éther formique et d'éther acétique (Redtenbacher).

Acrylate sodique. — $C^3(H^3Na)O^2 + 2$ aq. — En saturant l'acide acrylique aqueux par du carbonate de soude, et évaporant à cristallisation, on obtient de petits prismes transparents, efflorescents, d'une saveur salée et amère, et très solubles dans l'eau (Redtenbacher).

Acrylate barytique. — $C^3(H^3Ba)O^2$. — Il se dessèche en une masse gommeuse très soluble dans l'eau et moins soluble dans l'alcool.

Acrylate argentique. — $C^3(H^3Ag)O^2$. — On prépare ce sel avec l'acroléine obtenue par la distillation des graisses. Les huiles volatiles provenant de cette distillation sont rectifiées; les portions qui passent entre 40 et 60° sont recueillies à part et rectifiées sur du chlorure de calcium. Ensuite on place de l'oxyde d'argent dans une cornue tubulée munie d'un récipient refroidi, et l'on y verse peu à peu l'acroléine; la réaction est extrêmement vive, et une grande partie échappée à la décomposition vient se condenser dans le récipient. On continue d'y faire agir l'acroléine jusqu'à disparition de toute odeur, ce qui exige souvent beaucoup de temps; on verse de l'eau sur le résidu, et l'on chauffe de manière à chasser les huiles volatiles qui avaient été mélangées avec l'acroléine brute; on filtre la liqueur bouillante, et on l'abandonne à cristallisation dans un endroit obscur.

Le produit, purifié par plusieurs cristallisations, s'obtient en belles aiguilles blanches, d'un éclat soyeux, légères, flexibles et fort semblables à l'acétate d'argent. Ces cristaux ne renferment pas d'eau de cristallisation, et sont peu solubles dans l'eau froide. Ils noircissent lentement à la lumière, mais ils deviennent très promptement noirs à 100° c., surtout s'ils sont encore humides. Il faut donc les dessécher dans le vide et dans l'obscurité sur de l'acide sulfurique. Chauffés au-dessus de 100°, ils pro-

27

duisent une très légère détonation, donnent une vapeur jaune et acide, et augmentent de volume en formant un tissu dendritique de carbure d'argent (Redtenbacher).

Les acrylates en général se décomposent à la longue en se convertissant en acétates, et probablement aussi en formiates ou en carbonates.

Genre *Anilate* $R^{-4}O^2$.

275. Produit de l'action des alcalis sur le g. anile (270).

Anilate chloré (acide chloranilique). — $C^3(ClH)O^2$. — Lorsqu'on dissout à chaud l'anile bichloré dans une dissolution de potasse, et qu'on ajoute ensuite de l'acide hydrochlorique au mélange, le liquide prend une teinte rouge-jaunâtre, et il s'en sépare des paillettes blanc-rougeâtre, d'un éclat micacé, et qui, recueillies sur un filtre et vues en masse, présentent la couleur du minium.

Chauffés dans un petit tube, ces cristaux se subliment en partie sans altération; une grande partie, toutefois, brunit et se décompose. Les cristaux paraissent retenir 1 éq. d'eau de cristallisation $= 7,1$ p. c. qui se dégage à 115° (Erdmann).

Anilate chloro-potassique (chloranilate de potasse). — $C^3(ClK)O^2$. — Ce sel se sépare en cristaux par le refroidissement d'une solution d'anile bichloré dans la potasse caustique, et cela d'une manière si complète que l'eau-mère conserve à peine une teinte rougeâtre ou brunâtre. On purifie le sel en le faisant cristalliser dans l'eau. Les cristaux ne perdent pas d'eau à 100°. Chauffé sur une lame de platine, ce sel de potasse brûle avec une petite détonation, en exhalant des vapeurs pourpres. Il se dissout dans l'eau et l'alcool avec une teinte pourpre tirant sur le violet.

Il précipite l'acétate de plomb en brun, le deutosulfate de cuivre en brun verdâtre, le protonitrate de mercure en brun jaunâtre. Le bichlorure de mercure n'en est pas troublé; le pernitrate de fer est troublé par lui en noir. Les protosels de fer, ainsi que ceux de nickel et de cobalt, n'en sont pas précipités (Erdmann).

Anilate chloro-argentique (chloranilate d'argent). — $C^3(ClAg)O^2$. — On l'obtient en mélangeant une solution d'anilate chloropotassique avec du nitrate d'argent; c'est un précipité pulvérulent, d'un brun rouge, et qui ne se dissout que fort peu dans l'eau avec une teinte rougeâtre (Erdmann).

Genre Glycérine $R + {}^2O^3$.

276. L'espèce normale de ce g. se produit dans la saponification des glycérides (100) par les alcalis.

Glycérine normale (principe doux des huiles, hydrate d'oxyde de glycéryle). — $C^3H^8O^3$. — Pour l'obtenir, on met parties égales d'huile d'olive et de litharge en poudre fine dans une bassine avec de l'eau; on fait bouillir en ajoutant de l'eau chaude à mesure qu'elle s'évapore et en agitant sans cesse le mélange, afin d'éviter qu'il ne s'en charbonne une partie au fond de la bassine. Lorsque l'emplâtre (mélange d'oléate et de margarate de plomb) s'est formé, on ajoute de l'eau chaude et l'on décante la liqueur aqueuse. Après l'avoir filtrée, on y fait passer un courant d'hydrogène sulfuré; on filtre de nouveau, et l'on évapore la liqueur au bain-marie.

Concentrée dans le vide, la glycérine se présente sous la forme d'un liquide sirupeux, incristallisable, d'une couleur légèrement jaunâtre, sans odeur et d'une saveur franchement sucrée.

Son poids spécifique est de 1,280 à + 15°. Elle se dissout en toutes proportions dans l'eau et l'alcool; elle est insoluble dans l'éther. Elle dissout tous les sels déliquescents, ainsi que quelques nitrates, chlorures et sulfates métalliques, et même l'oxyde de plomb (Pelouze).

Soumise à la distillation sèche, elle se décompose en partie en donnant des gaz inflammables, de l'acide acétique et de l'acroléine (269).

L'acide phosphorique anhydre lui enlève les éléments de 2 éq. d'eau et la convertit en acroléine (Redtenbacher).

La potasse solide la convertit, à une douce chaleur, en acétate et en formiate avec dégagement d'hydrogène (Dumas et Stas) :

$$C^3H^8O^3 + H^2O = C^2H^4O^2 + CH^2O^2 + H^4.$$

L'acide nitrique la convertit en eau, acide carbonique et acide oxalique; mise en contact avec le peroxyde de manganèse et l'acide sulfurique étendu d'eau, elle produit de l'acide carbonique et de l'acide formique. L'acide hydrochlorique fumant se dissout dans la glycérine sans l'altérer.

Quand on mêle, suivant M. Pelouze, 1 p. d'acide sulfurique concentré avec 1/2 p. de glycérine, ces deux corps s'accouplent en dégageant beaucoup de chaleur et en produisant du sulfo-glycérate normal :

$$C^3H^8O^3 + SH^2O^4 = C^3H^8SO^6 + H^2O.$$

La glycérine dissout une quantité considérable de brome ; le mélange s'échauffe, et, si on l'étend d'eau, il se précipite un liquide bromé. Le chlore exerce sur elle une action analogue.

Genre Carbométhol RO³.

277. Carbométhol normal (carbonate de méthylène).— $C^3H^6O^3$. — Cet éther se forme sans doute par l'action du potassium sur l'oxaméthol normal (138).

Genre Carbovinate RO³.

278. Il se produit par la combinaison de CO^2 ou CS^2 avec le g. alcool.

Carbovinate potassique. — $C^3(H^5K)O^3$. — MM. Dumas et Péligot obtiennent ce composé en dissolvant dans l'alcool absolu de l'hydrate de potasse porté à la chaleur rouge et faisant passer dans le liquide du gaz carbonique sec, en ayant soin d'éviter l'élévation de température qui ne manque pas de s'établir. Il se forme alors un abondant dépôt cristallin, qui consiste en carbonate, bicarbonate et carbovinate de potasse. On y ajoute son volume d'éther, et l'on filtre la liqueur, qui entraîne la potasse libre et laisse ces trois sels sur le filtre. Ensuite on délaie le produit cristallisé dans l'alcool absolu, on filtre de nouveau et l'on ajoute de l'éther à la liqueur filtrée. L'alcool dissout le carbovinate, et l'éther l'en précipite. En filtrant de nouveau et séchant rapidement, on obtient le carbovinate en lames nacrées, d'un grand éclat :

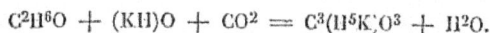

$$C^2H^6O + (KH)O + CO^2 = C^3(H^5K)O^3 + H^2O.$$

Ce sel est blanc, nacré ; il brûle avec flamme sur la lame de platine, et laisse un résidu charbonneux. Dès le contact de l'eau, il se transforme en alcool et en bicarbonate de potasse :

$$C^3(H^5K)O^3 + H^2O = C^2H^6O + CO^2(KH)O.$$

A la distillation, il donne du gaz inflammable et un peu de liquide éthéré, en laissant un résidu de carbonate mêlé de charbon (Dumas et Péligot).

Carbovinate bisulfuré (acide xanthique de M. Zeise, sulfocarbonate d'oxyde d'éthyle). — $C^3H^6(OS^2)$. — Lorsqu'on dissout de l'hydrate de potasse fondu dans la moitié de son poids d'alcool absolu, qu'on y dirige doucement du sulfure de carbone CS^2 jusqu'à ce que le liquide cesse de réagir alcalin, et qu'on refroidit le mélange à 0", il y cristallise des aiguilles incolores de carbovinate bisulfuro-potassique; l'eau-mère en fournit encore davantage si on l'évapore dans le vide, après en avoir séparé, par l'eau, l'excédant du sulfure de carbone. On place le sel sulfuré dans un grand verre cylindrique, et l'on y verse de l'acide sulfurique ou hydrochlorique étendu d'eau ; il se produit alors un liquide laiteux auquel on mélange encore plus d'eau, de manière que le carbovinate sulfuré se sépare plus complètement.

Ce sel de potasse se produit, comme le précédent, de la manière suivante :

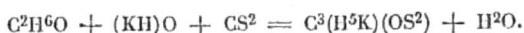

$$C^2H^6O + (KH)O + CS^2 = C^3(H^5K)(OS^2) + H^2O.$$

Le carbovinate bisulfuré constitue une huile incolore plus pesante que l'eau, d'une odeur forte, d'une saveur à la fois acide, astringente et amère. Il rougit d'abord le tournesol, et finit par le blanchir. Il est très inflammable, et brûle en répandant une odeur de gaz sulfureux. On ne peut pas le chauffer sans qu'il se décompose; dès qu'on le porte à 24", il se trouble, s'échauffe, se met à bouillir, et se décompose en alcool et en sulfure de carbone ; en effet :

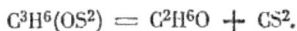

$$C^3H^6(OS^2) = C^2H^6O + CS^2.$$

Exposé à l'air, il se couvre d'une croûte blanche. Il déplace l'acide carbonique des sels alcalins (Zeise, Couerbe).

Carbovinate bisulfuro-potassique (xanthate de potasse, sulfocarbonate d'oxyde d'éthyle et de potasse). — $C^3(H^5K)(OS^2)$. — Il cristallise en prismes brillants, incolores et qui jaunissent légèrement à l'air. A l'état sec, on peut le chauffer à 200° sans qu'il s'altère. Il est très soluble dans l'eau et l'alcool, mais il ne se dissout pas dans l'éther. Lorsqu'on fait bouillir sa solution, elle se décompose en hydrogène sulfuré, sulfure de carbone, alcool, hyposulfite, carbonate, sulfocarbonate et sulfure de potassium.

Lorsqu'on chauffe sa solution aqueuse avec de la potasse, elle se décompose en développant de l'alcool sulfuré.

Carbovinate bisulfuro-plombique. — $C^3(H^5Pb)(OS^2)$. — Il s'obtient en décomposant le sel précédent par de l'acétate de plomb; il se dépose peu à peu à l'état d'aiguilles qui sont d'une grande stabilité. L'hydrogène sulfuré ne les décompose pas à l'état sec, et si le sel est en dissolution, ce n'est qu'à la longue qu'il noircit par cet agent. Leur dissolution se décompose peu à peu quand on la fait bouillir; la potasse active cette décomposition, et l'on obtient alors du sulfure de plomb (Zeise).

Carbovinate bisulfuro - cuivreux. — Lorsqu'on mélange un deutosel de cuivre avec le carbovinate bisulfuro-potassique, il se produit de beaux flocons jaunes qui paraissent correspondre à un protosel de cuivre.

Les carbovinates bisulfurés à base de métaux se décomposent à la distillation sèche en produisant de l'acide carbonique, de l'hydrogène sulfuré, du sulfure de carbone, une huile particulière (*xanthogenoel* de M. Zeise), et en laissant pour résidu des sulfures (1).

Genre Pyruvate $R-2O^3$.

279. La distillation sèche de l'acide tartrique, comme celle des autres acides fixes, donne des produits très divers et en quantité fort variable, suivant la température à laquelle on l'effectue. Faite à feu nu, elle fournit des huiles empyreumatiques, du gaz C^2H^4, de l'eau, de l'acide carbonique, de l'acide acétique et une très faible quantité d'un acide concret $C^5H^8O^4$ que nous décrirons plus loin sous le nom de pyrotartrate normal (acide pyrotartrique); du charbon reste en abondance dans la cornue. Entre

---

(1) M. Couërbe a examiné les produits de la distillation sèche des carbovinates bisulfurés (*Revue scientif.*, t. III, p. 11), mais ses résultats ne me paraissent pas bien nets.

200 et 300°, les mêmes produits apparaissent encore, mais il y a beaucoup plus d'acide carbonique et de ce même acide concret. Entre 175 et 190°, à peine remarque-t-on des traces d'huile; l'eau, l'acide carbonique et l'acide concret abondent (Pelouze).

M. Weniselos, qui s'est également occupé des produits de la distillation sèche de l'acide tartrique (1), a obtenu par ce procédé un acide liquide; la distillation de la crème de tartre lui a fourni l'acide concret en grande quantité.

Voici les observations de M. Berzélius sur le même sujet : Lorsqu'on distille de l'acide tartrique ou paratartrique (uvique ou racémique) au bain de sable, sans dépasser la température de 200°, du moins au commencement de l'opération, la matière fond et se boursoufle considérablement, de sorte qu'il faut de temps à autre la remuer avec un agitateur. Il se développe constamment de l'acide carbonique, dont le courant entraîne de la vapeur d'acide acétique et d'acide pyruvique. Dès que le résidu est noir et semi-fluide, on cesse de distiller.

Le produit distillé renferme des traces d'un corps volatil plus léger que l'eau (acétone?), de l'acide acétique, de l'acide pyruvique et l'acide concret dont nous venons de parler, souillé de matières résinoïdes. On distille ce produit au bain-marie; on obtient alors pour résidu une masse sirupeuse où se déposent quelquefois des cristaux de l'acide concret. Le liquide qui a passé à la distillation au bain-marie n'est pas incolore, et il paraît même qu'on né peut pas le distiller sans qu'il s'altère (Berzélius).

Il paraît, d'après ce qui précède, que l'acide liquide de M. Weniselos est le corps obtenu par M. Berzélius; il serait même possible que l'acide liquide se convertît en acide solide par une distillation prolongée. Les équations suivantes rendent compte de la formation de ces corps :

Ac. tartriq. $C^4H^6O^6 = CO^2 + H^2O + C^3H^4O^3$. Ac. pyruvique (liquide).

Produits secondaires :

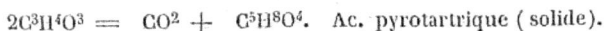

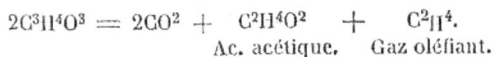

$$2C^3H^4O^3 = CO^2 + C^5H^8O^4. \quad \text{Ac. pyrotartrique (solide).}$$
$$2C^3H^4O^3 = 2CO^2 + C^2H^4O^2 + C^2H^4.$$
Ac. acétique.   Gaz oléfiant.

(1) *Annal. der Pharm.*, t. XV, p. 153.

On aurait de même, en supposant l'acide concret formé d'une manière directe :

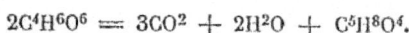

$$2C^4H^6O^6 = 3CO^2 + 2H^2O + C^5H^8O^4.$$

Pyruvate normal (acide pyruvique, pyroracémique ou pyrotartrique liquide). — $C^3H^4O^4$. — Pour l'obtenir pur, on sature à froid le liquide acide obtenu dans la distillation sèche de l'acide tartrique, et rectifié au bain-marie, par du carbonate de plomb récemment précipité ; on abandonne la masse pendant 24 heures et ensuite on la jette sur un filtre, et on la lave avec de l'eau froide; on évapore dans le vide le liquide ; on le délaie dans l'eau, et on le décompose par l'hydrogène sulfuré (Berzélius).

L'acide pyruvique, évaporé dans le vide, constitue un sirop épais, sans aucun indice de cristallisation. A froid il est sans odeur, mais quand il est chaud il a une odeur légèrement acide. Il est d'une saveur acide et amère; il se mêle en toutes proportions avec l'eau, l'alcool et l'éther.

Il paraît que les agents oxygénants le convertissent en acide acétique; du moins on a :

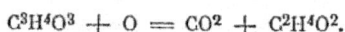

$$C^3H^4O^3 + O = CO^2 + C^2H^4O^2.$$

Les pyruvates métalliques (1) se présentent sous deux formes : à l'état cristallin et à l'état gommeux. On les obtient sous la première forme lorsqu'on évite de chauffer leur dissolution aqueuse; ils passent dans la modification gommeuse par l'ébullition et l'évaporation de leur solution diluée. La plupart d'entre eux jaunissent à l'état sec par l'échauffement à quelques degrés au-dessus de 100°. Lorsqu'on les chauffe avec de l'acide sulfurique concentré, ils noircissent en dégageant de l'acide acétique. Ils sont généralement peu solubles dans l'alcool. Leur dissolution aqueuse se colore en rouge foncé par les protosels de fer. Ils réduisent à l'ébullition le perchlorure d'or ; les chlorures de platine n'en sont pas altérés (Berzélius).

Pyruvate potassique.— $C^3(H^3K)O^3$.— C'est un sel déliquescent; évaporé dans le vide, il dépose de petites paillettes qui disparaissent de nouveau à l'air (Berzélius).

(1) Ces sels se trouvent décrits d'une manière complète dans le Traité de M. Berzélius, 3e édit. allem., t. VI, p. 116.

Pyruvate sodique. — $C^3(H^3Na)O^3$. — Gros prismes aplatis qui ne renferment pas d'eau de cristallisation.

Pyruvate barytique. — $C^3(H^3Ba)O^3$. — Paillettes brillantes qui paraissent retenir 5,45 p. c. d'eau de cristallisation ; leur dissolution dans l'eau passe dans la modification gommeuse par le moindre échauffement (Berzélius).

Pyruvate plombique. — $C^3(H^3Pb)O^3$. — Il s'obtient sous la forme d'une poudre blanche et amorphe lorsqu'on mélange de l'acide pyruvique avec de l'acétate de plomb ; il perd de l'eau à 120° en brunissant. Lorsqu'on le traite par de l'ammoniaque diluée, il donne un sel surbasique qui paraît renfermer $C^3(H^3Pb)$ O^3,Pb^2O.

Pyruvate argentique. — $C^3(H^3Ag)O^3$. — On l'obtient en saturant à froid l'acide pyruvique dilué par de l'oxyde d'argent récemment précipité et humide. On redissout la masse cristalline dans l'eau bouillante ; le sel se dépose alors à l'état de lamelles brillantes, douces au toucher comme du talc, et qui ressemblent à l'acide borique. Lorsqu'on évapore à chaud sa solution aqueuse, il se dépose peu à peu de l'argent métallique, en même temps qu'il se manifeste une effervescence d'acide carbonique (Berzélius).

Genre *Mésoxalate* R—2O⁵.

280. Lorsqu'on verse goutte à goutte une dissolution bouillante d'acétate de plomb dans une solution d'alloxane normale $C^4H^4N^2O^5$, il se produit un précipité de mésoxalate de plomb, et la liqueur retient en dissolution de l'urée. Le sel de plomb décomposé par l'hydrogène sulfuré donne de l'acide mésoxalique. 1 éq. d'alloxane s'assimile 2 éq. d'eau et produit 1 éq. de mésoxalate et 1 éq. d'urée, car :

$$C^4H^4N^2O^5 + 2H^2O = C^3H^4O^6 + CH^4N^2O.$$

Mésoxalate normal (acide mésoxalique). — $C^3H^4O^6$. — La dissolution de ce corps est très acide, rougit les couleurs végétales, et peut être bouillie sans qu'elle se décompose. Saturée d'ammoniaque, elle donne des précipités blancs dans les sels de baryte, de chaux et de strontiane ; ces précipités sont solubles dans les acides et dans un excès d'eau.

Lorsqu'on ajoute du nitrate d'argent à une dissolution d'acide mésoxalique néutralisée par l'ammoniaque, il se produit un précipité jaune qui devient noir et se réduit par l'échauffement en produisant une vive effervescence (Wœhler et Liebig).

Mésoxalate bibarytique. — $C^3(H^2Ba^2)O^6$. — Lorsqu'on soumet à l'ébullition une dissolution d'alloxanate bibarytique $C^4(H^2Ba^2)$ N^2O^5, il se produit un précipité blanc composé de mésoxalate et de carbonate (1) ; par l'évaporation de la liqueur, il se produit des croûtes cristallines composées d'urée et de mésoxalate bibarytique ; celles-ci, traitées par l'alcool, lui abandonnent l'urée, tandis que le mésoxalate n'en est pas dissous (Woehler et Liebig).

Mésoxalate biplombique. — $C^3(H^2Pb^2)O^6$. — On l'obtient directement avec l'acide mésoxalique libre et l'acétate de plomb (Woehler et Liebig).

Le sel de plomb qu'on obtient en décomposant l'alloxane par l'acétate de plomb est, selon nous, un sel surbasique : $(C^3(H^2Pb^2)$ $O^6 + Pb^2O)$.

Genre *Phosphomésitate* $R^{+1}PO^4$.

281. Quand on mêle l'acide phosphorique glacial avec son poids d'acétone normale, la masse s'échauffe et brunit ; en neutralisant cette liqueur avec une base, on obtient un sel soluble. Avec la soude, on obtient de petites lames rhomboïdales qui, exposées à l'air, deviennent opaques en perdant une certaine quantité d'eau de cristallisation ; quand on les chauffe davantage, elles fondent dans leur eau de cristallisation et finissent par laisser une masse blanche qui, chauffée plus fortement, se boursoufle, noircit, et brûle en laissant un résidu de phosphate de soude (Kane). Une petite quantité de ce sel, soumise à l'analyse, a donné 48,8 p. c. de phosphate de soude ; cette quantité correspondrait à la formule $C^3(H^6Na)PO^4 + 2$ aq. (2).

(1) Le carbonate provient d'une décomposition particlle de l'urée.

(2) D'après notre loi d'accouplement, on aurait : pour l'acide phosphorique, $C^3H^6O + PH^3O^4 — H^2O = C^3H^7PO^4$ acide phosphomésitylique (bibasique) ; pour l'acide phosphoreux, $C^3H^6O + PH^3O^3 — H^2O$ $= C^3H^7P^2O^3$ acide phosphomésityleux ; car nous écrivons l'acide phosphorique vitreux $P^2O^5,3H^2O = P^2H^6O^8 = PH^3O^4$.

M. Kane décrit dans son Mémoire (1) un corps qui accompagne la formation du ptéléène iodé (266) et s'obtient en cristaux blancs lorsqu'on fait agir un mélange d'iode et de phosphore sur l'acétone. Ces cristaux, saturés par du carbonate de baryte, donnent un sel blanc qui nous semble représenter un sel copulé correspondant à l'acide phosphoreux : $C^3(H^6Ba)PO^3$.

D'ailleurs les analyses de M. Kane ne sont pas assez complètes pour que ces formules puissent être considérées comme certaines.

Genre Sulfoglycérate $R+^2SO^6$.

282. L'acide sulfurique concentré mis en contact avec la moitié de son poids de glycérine (276) se mêle avec elle sans la colorer et en produisant une grande élévation de température. Le mélange refroidi, étendu d'eau, saturé par un lait de chaux et filtré, donne par l'évaporation une masse sirupeuse de laquelle le froid sépare des cristaux incolores d'un sel calcaire particulier. Celui-ci, traité par l'acide oxalique, fournit avec facilité l'acide sulfo-glycérique (Pelouze).

Tous les sulfoglycérates se distinguent par la facilité avec laquelle ils fixent les éléments de l'eau, sous l'influence des alcalis, pour se transformer en glycérine et en sulfate :

$$C^3H^8SO^6 + H^2O = C^3H^8O^3 + SH^2O^4.$$

Sulfoglycérate normal (acide sulfoglycérique). — $C^3H^8SO^6$. — Il se présente sous la forme d'un liquide incolore et sans odeur, d'une saveur fortement acide, et d'une instabilité telle qu'en l'évaporant dans le vide à plusieurs degrés au-dessus de 0", il se décompose en acide sulfurique et en glycérine, alors même qu'il contient encore une quantité d'eau très considérable. Il décompose avec facilité tous les carbonates (Pelouze).

Sulfoglycérate calcique. — $C^3(H^7Ca)SO^6$. — Il cristallise en aiguilles prismatiques, incolores, solubles dans moins de leur poids d'eau froide, insolubles dans l'alcool et l'éther; à une température de 140 à 150°, il se décompose en répandant une odeur pénétrante d'acroléine (269) et en laissant un résidu noir qui blanchit par une calcination prolongée à l'air (Pelouze).

(1) *Répertoire de chimie*, t. IV, p. 147.

Sulfoglycérate barytique. — $C^3(H^7Ba)SO^6$. — La baryte décompose à froid le sel précédent et en précipite de la chaux. Lorsqu'on chauffe le sel de baryte avec un excès de baryte, il se décompose, même au-dessous de 100°, en déposant du sulfate de baryte et en mettant de la glycérine en liberté (Pelouze).

Genre Uréthane R+¹NO².

283. D'après les observations de M. Dumas, l'ammoniaque liquide et concentrée étant mise en contact avec le formalcool chloré $C^3(H^5Cl)O^2$ (éther chloroxicarbonique) détermine une réaction tellement vive que le mélange entre en ébullition et produit quelquefois une sorte d'explosion. Si l'ammoniaque est en excès, tout l'éther disparaît; il se forme de l'hydrochlorate d'ammoniaque et de l'uréthane normale (€6).

Uréthane normale. — $C^3H^7NO^2$. — Pour l'isoler, on fait évaporer dans le vide le produit de la réaction précédente; quand il est bien sec, on le met dans une cornue bien sèche et on le distille dans un bain d'huile chauffé. La nouvelle matière passe à la distillation sous la forme d'un liquide incolore qui se fige en une masse feuilletée et nacrée comme le blanc de baleine; elle est blanche, fusible au-dessous de 100°, et capable de distiller vers 180° quand elle est sèche; quand elle est humide, la distillation en décompose une partie en produisant des torrents de gaz ammoniac. Elle est très soluble dans l'eau, soit à chaud, soit à froid; la dissolution est entièrement neutre et ne trouble pas les sels d'argent. Elle se dissout aussi fort bien dans l'alcool. La densité de sa vapeur a été trouvée par expérience égale à 3,14. La disposition à cristalliser de cette matière est si grande que quelques gouttes d'une dissolution abandonnée à l'évaporation spontanée forment toujours de grands cristaux minces et transparents (Dumas).

L'uréthane est évidemment l'homologue de l'uréthylane de la *Deuxième Famille* (254).

Genre Cystine RNO³.

284. *Cystine sulfurée* (cystine, oxyde cystique). — $C^3H^6N(O^2S)$. — Ce principe, découvert par Wollaston, constitue quelquefois les

calculs qu'on rencontre dans la vessie de l'homme ; il est du reste extrêmement rare , de sorte qu'il n'a pas encore pu être complétement étudié : aussi n'est-ce que provisoirement que nous le plaçons dans la *Troisième Famille.*

Les calculs de cystine sont d'un jaune sale, diaphanes et cristallins ; on peut en extraire la cystine à l'état de pureté en les dissolvant dans la potasse caustique et ajoutant à la solution bouillante de l'acide acétique en excès. Elle se dépose alors par le refroidissement à l'état de feuillets hexagonés, incolores et transparents. On l'obtient aussi en cristaux, en abandonnant à l'évaporation spontanée sa dissolution dans l'ammoniaque caustique ; il se produit alors des prismes réguliers, raccourcis et à 6 faces.

La cystine n'a aucune réaction sur les papiers colorés. Elle ne fond pas par l'échauffement ; à la distillation sèche elle fournit une huile très fétide, une eau ammoniacale et un résidu de charbon très poreux. Elle est insoluble dans l'eau et l'alcool. Les acides hydrochlorique, sulfurique, nitrique, oxalique et phosphorique la dissolvent ; on obtient même une combinaison cristalline de cystine avec l'acide hydrochlorique, mais elle se décompose déjà à 100°.

Les alcalis fixes, caustiques ou carbonatés, dissolvent également la cystine ; elle produit aussi une combinaison cristalline avec la potasse et la soude.

Elle renferme 25,5 p. c. de soufre (Baudrimont, Thaulow, Malaguti).

Genre *Cyanométhol* RN^2O^3.

285. *Cyanométhol normal* (bicyanurate d'oxyde de méthyle). — $C^3H^6N^2O^3$. — Lorsqu'on fait passer dans l'esprit de bois absolu les vapeurs provenant de la distillation sèche de l'acide cyanurique, il se dépose au bout de quelque temps de longues aiguilles incolores. Ces cristaux sont neutres au papier, solubles dans l'eau, l'alcool et l'éther, mieux à chaud qu'à froid. A la distillation sèche ils se subliment en partie, tandis qu'une autre portion se décompose en laissant de l'acide cyanurique et en dégageant de l'ammoniaque, ainsi que du gaz hydrogène carboné. L'hy-

drate de potasse les décompose à l'ébullition en donnant du méthol normal et du cyanurate de potasse (Richardson).

Ce composé se produit par la réunion directe de 2 éq. de cyanate normal et de 1 éq. de méthol[1], car $2CHNO + CH^4O = C^3H^6N^2O^3$; il sort donc de la classe des éthers proprement dits.

Genre *Parabanate* $R^{-4}N^2O^3$.

286. Produit d'oxydation de l'alloxane ou de l'acide urique.

Parabanate normal (acide parabanique). — $C^3H^2N^2O^3$. — On mélange 1 p. d'acide urique ou d'alloxane avec 8 p. d'acide nitrique d'une force moyenne, et l'on évapore la masse jusqu'à consistance de sirop. Abandonnée à elle-même, elle dépose alors des lamelles incolores qu'on purifie par de nouvelles cristallisations. L'alloxane étant $C^4H^4N^2O^5$, on a évidemment : $C^4H^4N^2O^5 + O = CO^2 + H^2O + C^3H^2N^2O^3$, c'est-à-dire que 1 éq. d'alloxane donne par l'oxydation 1 éq. d'acide carbonique, 1 éq. d'eau et 1 éq. d'acide parabanique.

Il cristallise en prismes hexagones, minces, transparents et incolores, d'une saveur très acide semblable à celle de l'acide oxalique. Il est très soluble dans l'eau et ne s'effleurit ni à l'air ni par la chaleur. Quand on le fond, une partie se sublime tandis qu'une autre se décompose en produisant de l'acide prussique (Liebig et Wœhler).

Une dissolution de ce corps, neutralisée par l'ammoniaque, donne par l'ébullition de l'oxalurate biammoniacal :

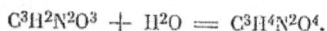

$$C^3H^2N^2O^3 + H^2O = C^3H^4N^2O^4.$$

Parabanate biargentique. — $C^3Ag^2N^2O^3$. — Une dissolution d'acide parabanique, neutralisée par de l'ammoniaque, produit dans les sels d'argent un précipité blanc qui a cette composition.

Genre *Allanturate* $R^-N^2O^3$.

287. *Allanturate normal* (acide allanturique). — $C^3H^4N^2O^3$. — L'allantoïne normale $C^4H^6N^4O^3$, chauffée légèrement avec l'acide nitrique d'une densité de 1,2 à 1,4, s'y dissout, et la liqueur, en se refroidissant, laisse déposer une quantité considérable de

beaux cristaux de nitrate d'urée (p. 316). La même réaction s'effectue avec l'acide hydrochlorique ; il se produit alors de l'hydrochlorate d'urée. Aucun gaz ne se dégage dans ces deux circonstances. La dissolution nitrique de l'allantoïne, évaporée et desséchée à 100°, puis reprise par un peu d'eau et d'ammoniaque, laisse précipiter par l'alcool une matière blanche visqueuse qu'on redissout dans l'eau et qu'on précipite une seconde fois par l'esprit de vin, pour la dépouiller complétement du nitrate d'ammoniaque et de l'urée, qui sont les seules substances qui la rendent impure. Cette matière est un acide azoté particulier (Pelouze).

Elle prend naissance en ce que 1 éq. d'allantoïne fixe 1 éq. d'eau, sous l'influence des acides, pour se dédoubler en urée et en acide allanturique (1) :

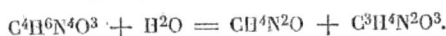

$$C^4H^6N^4O^3 + H^2O = CH^4N^2O + C^3H^4N^2O^3.$$

Le nitrate d'ammoniaque est évidemment un produit secondaire de la décomposition de l'urée.

L'A. normal est blanc, légèrement acide, déliquescent, mais presque insoluble dans l'alcool. Il donne à la distillation un produit fortement prussique et un résidu volumineux de charbon.

Versé dans l'acétate de plomb et le nitrate d'argent, il y forme des précipités blancs, volumineux, solubles dans un excès de ces sels, comme aussi dans un excès d'A. normal. Le précipité formé dans le nitrate d'argent ammoniacal est beaucoup plus considérable que dans le nitrate d'argent neutre.

Ce corps prend aussi naissance quand on décompose l'acide urique ou l'allantoïne par l'oxyde puce de plomb (Pelouze).

Il se forme aussi, en même temps que de l'acide carbonique et de l'ammoniaque, quand on expose l'allantoïne normale, dissoute dans l'eau, à une température de 140° environ dans un tube scellé à la lampe (Pelouze) :

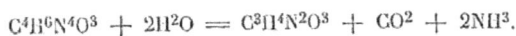

$$C^4H^6N^4O^3 + 2H^2O = C^3H^4N^2O^3 + CO^2 + 2NH^3.$$

(1) M. Pelouze représente ce produit par $C^{10}H^{14}N^8O^9$; les détails de ses analyses n'ont pas été publiés. Cette formule ne permet pas de développer la décomposition de l'allantoïne d'une manière assez simple et qui soit en harmonie avec d'autres réactions de ce genre. La formule de M. Pelouze correspond à $C^3H^{4,2}N^{2,4}O^{2,7}$, que nous exprimons par $C^3H^4N^2O^3$, en amplifiant les décimales.

Cette réaction vient entièrement à l'appui de la formule par la-quelle nous avons représenté l'A. normal (1).

Genre Oxalurate R^{-2}N^{2}O^4.

288. Il dérive du g. parabanate par la fixation de H^{2}O.

Oxalurate normal (acide oxalurique).—C^{3}H^{4}N^{2}O^4.—En traitant une dissolution saturée et bouillante d'oxalurate biammoniacal (286) par de l'acide hydrochlorique ou sulfurique étendu, et en refroidissant promptement la liqueur, on obtient un précipité cristallin qu'on lave avec de l'eau froide jusqu'à ce que les eaux de lavage, neutralisées par de l'ammoniaque, produisent avec les sels de chaux un précipité soluble dans l'eau bouillante (Wœhler et Liebig).

---

(1) MM. Liebig et Wœhler décrivent, sous le nom d'*acide mycomé-lique*, un produit de l'action de l'ammoniaque sur l'alloxane normal (4e fam.) et qui, selon toute apparence, est identique avec l'acide allantu-rique de M. Pelouze.

Voici comment s'expriment les chimistes allemands : un mélange d'am-moniaque et d'alloxane échauffé doucement devient jaune et se prend par le refroidissement ou l'évaporation en une gelée jaune et transparente; cette combinaison, dissoute dans l'eau et traitée par un excès d'acide sulfurique étendu, donne aussitôt un précipité transparent et gélatineux qui, lavé et séché, se présente sous la forme d'une poudre jaune et po-reuse. Celle-ci est très peu soluble dans l'eau froide, un peu plus dans l'eau chaude; elle rougit d'une manière bien caractérisée les couleurs végétales, se dissout dans l'ammoniaque et les alcalis, sans former de sels cristallisables.

En mélangeant une dissolution de sel ammoniacal avec le nitrate d'ar-gent, on obtient des flocons jaunâtres.

MM. Wœhler et Liebig expriment la composition de leur acide par C^{8}H^{10}N^{8}O^5, qui s'accorde, il est vrai, avec leurs analyses; 2 éq. d'al-loxane C^{4}H^{4}N^{2}O^5 et 4 éq. d'ammoniaque NH^3 donneraient, d'après cette formule, de l'acide mycomélique et 5 éq. d'eau.

Si l'acide mycomélique est identique avec l'acide allanturique, comme nous le pensons, la réaction de l'ammoniaque sur l'alloxane s'exprime-rait ainsi :

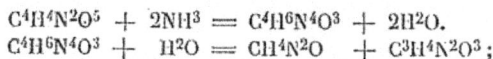

$$C^4H^4N^2O^5 + 2NH^3 = C^4H^6N^4O^3 + 2H^2O.$$
$$C^4H^6N^4O^3 + H^2O = CH^4N^2O + C^3H^4N^2O^3;$$

c'est-à-dire que la formation de l'acide mycomélique serait précédée de celle de 1 éq. d'allantoïne. Il s'agit donc de voir si ce dernier corps prend en effet naissance par l'action de l'ammoniaque sur l'alloxane, et si la formation de l'acide mycomélique est en effet accompagnée de celle de l'urée.

Cette poudre cristalline est d'un beau blanc, possède une saveur très acide et rougit le tournesol.

Sa dissolution aqueuse se décompose par l'ébullition en acide oxalique et en urée :

$$C^3H^4N^2O^4 + H^2O = C^2H^2O^4 + \dot{C}H^4N^2O.$$

Oxalurate biammoniacal. — $C^3H^4N^2O^4, 2NH^3$. — On l'obtient en ajoutant de l'ammoniaque à une dissolution bouillante d'acide parabanique, ou bien aussi en sursaturant par de l'ammoniaque une dissolution récemment préparée d'acide urique dans l'acide nitrique. Il cristallise en aiguilles soyeuses, groupées en étoiles ; il est plus soluble à chaud qu'à froid, ne renferme pas d'eau de cristallisation, et n'a aucune action sur les couleurs végétales.

Mélangée à l'état concentré avec du chlorure de calcium ou de baryum, sa dissolution donne au bout de quelque temps des lames ou des aiguilles transparentes (Wœhler et Liebig).

Oxalurate biargentique. — $C^3(H^2Ag^2)N^2O^4$. — On l'obtient en traitant une dissolution bouillante du sel précédent par du nitrate d'argent. Il cristallise en longues aiguilles transparentes et soyeuses qui ne renferment pas d'eau de cristallisation (Wœhler et Liebig).

Genre *Tricyanure* $R^{-3}N^3$.

289. Polymère du g. cyanure de la 1re famille.

Tricyanure trichloré (chlorure de cyanogène solide). — $C^3Cl^3N^3$. — Nous avons déjà parlé de ce composé à l'occasion du g. cyanure (206). Pendant la décomposition du cyanate sulfuropotassique par le chlore à la voie sèche, il distille, outre le chlorure de soufre, un corps solide qui, vers la fin de l'opération, lorsqu'on augmente le feu, se dépose dans le col de la cornue en longues aiguilles transparentes. C'est le tricyanure trichloré; une portion en reste dissoute dans le chlorure de soufre; on en obtient en tout 4 ou 5 p. c. On le purifie en le sublimant dans un vase à travers lequel on fait passer un courant de chlore sec (Liebig).

Ainsi obtenu, il se présente en feuilles ou en aiguilles très brillantes qui possèdent une odeur très marquée d'excréments de souris.

Quand on ajoute de l'ammoniaque à sa dissolution alcoolique, il se produit du cyanurate et de l'hydrochlorate d'ammoniaque, car :

$$C^3Cl^3N^3 + 3H^2O = C^3H^3N^3O^3 + 3HCl.$$

Si l'on arrose d'ammoniaque le tricyanure chloré et qu'on l'échauffe doucement, il perd son aspect cristallin et se réduit en une poudre blanche soluble en petite quantité dans l'eau bouillante, et que M. Liebig appelle *cyanamide;* la composition n'en est pas bien connue (1).

Genre Cyanurate R--³N³O³.

290. C'est un polymère du g. cyanate de la 1re famille (211); il se produit dans une foule de circonstances : dans la distillation sèche de l'acide urique, dans celle de l'urée ($3CH^4N^2O = C^3H^3N^3O^3 + 3NH^3$), dans l'action des acides étendus sur les cyanates solubles, dans celle des acides concentrés sur la mélamine, l'amméline et l'ammélide, etc.

Cyanurate normal (acide cyanurique). — $C^3H^3N^3O^3 + 2$ aq.— Ce corps, découvert par Schéele, s'obtient en faisant chauffer l'urée au-delà de son point de fusion, jusqu'à ce qu'elle soit complétement convertie en une masse sèche, blanche ou grisâtre. On dissout ce résidu dans l'acide sulfurique concentré, et on traite la solution par quelques gouttes d'acide nitrique jusqu'à ce qu'elle soit décolorée; ensuite on y ajoute de l'eau. La solution dépose alors l'acide cyanurique dès qu'elle est refroidie (Wœhler et Liebig).

On peut aussi le préparer en dissolvant la mélamine, l'ammélide ou l'amméline dans de l'acide sulfurique. et maintenant la solution à une température voisine de l'ébullition, jusqu'à ce que l'ammoniaque n'y occasionne plus de précipité. On concentre ensuite la solution jusqu'à ce qu'elle cristallise; les eaux-mères retiennent du sulfate d'ammoniaque (Wœhler et Liebig).

L'acide cyanurique se dépose de sa solution aqueuse en prismes

(1) Voyez *Annal. de chim. et de phys.*, t. LVI, p. 51.

obliques à base rhombe, contenant 21,6 p. c. $= 2$ éq. d'eau de cristallisation qu'ils abandonnent à l'air à la température ordinaire. Il est sans couleur ni odeur ; sa saveur est légèrement acide ; il rougit légèrement le tournesol.

On l'obtient cristallisé et sans eau de cristallisation par le refroidissement d'une solution concentrée et bouillante dans l'acide nitrique ou hydrochlorique.

Par une ébullition prolongée dans les acides énergiques, il se convertit en acide carbonique et en ammoniaque :

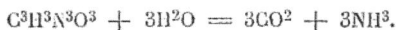

$$C^3H^3N^3O^3 + 3H^2O = 3CO^2 + 3NH^3.$$

Lorsqu'on le distille à l'état sec, il se convertit en acide cyanique (1re famille) ; $C^3H^3N^3O^3 = 3CHNO$.

Par l'ébullition du mellon C^3N^4 dans l'acide nitrique, M. Liebig a obtenu des octaèdres à base carrée ayant absolument la même composition, la même eau de cristallisation et les mêmes propriétés chimiques que l'acide cyanurique, mais plus solubles dans l'eau. Cette modification, appelée *acide cyanilique* par M. Liebig, se convertit facilement dans l'autre moins soluble. Si on fait dissoudre la première dans l'acide sulfurique concentré, qu'on ajoute de l'eau et qu'on fasse cristalliser dans l'eau l'acide précipité, il se trouve changé dans la modification moins soluble. On obtient très souvent ces deux modifications ensemble, mais leur inégale solubilité en facilite beaucoup la séparation ; l'acide peu soluble cristallise le premier. Sépare-t-on la liqueur des cristaux dès qu'il commence à se former des paillettes nacrées, elle se prend, après un complet refroidissement, presque tout entière en une masse brillante et feuilletée qui se laisse dissoudre et qui cristallise de nouveau sans changer de forme (Liebig).

Cyanurate ammoniacal. — $C^3H^3N^3O^3,NH^3 + aq.$ — Prismes blancs, très brillants et qui s'effleurissent à l'air. Il existe sans doute aussi un sel biammoniacal et un sel triammoniacal ; on en connaît d'ailleurs les amides correspondantes (1).

Cyanurate potassique. — $C^3(H^2K)N^3O^3$. — On l'obtient en ajoutant à une dissolution d'acide cyanurique, saturée et bouillante, une quantité de potasse insuffisante pour la neutraliser. Il se

(1) Voir les *G. Ammélide, Amméline* et *Mélamine.*

précipite alors à l'état de cubes blancs, brillants et peu solubles; leur dissolution présente une réaction acide.

Ce même sel se précipite lorsqu'on ajoute, à une dissolution aqueuse et concentrée de cyanate potassique (p. 307), de l'acide acétique ou nitrique par petites portions (Liebig et Wœhler).

Cyanurate bipotassique. — $C^3(HK^2)N^3O^3$. — Si l'on dissout le sel précédent dans de la potasse caustique et qu'on y ajoute de l'alcool, il se précipite un cyanurate à 2 éq. de potassium. Ce dernier cristallise en aiguilles blanches; sa dissolution possède une réaction alcaline et se décompose à la longue en potasse et en cyanurate monopotassique.

Cyanurate biargentique. — $C^3(HAg^2)N^3O^3$. — Il se produit lorsqu'on précipite le sel précédent par du nitrate d'argent. C'est un précipité blanc qui, chauffé à l'état sec, dégage du cyanate normal (Liebig).

Cyanurate triargentique. — $C^3Ag^3N^3O^3$. — On l'obtient en ajoutant du nitrate d'argent à une dissolution bouillante de cyanurate ammoniacal additionnée d'ammoniaque. C'est un sel blanc insoluble dans l'eau et très peu soluble dans l'acide nitrique étendu; il résiste à la température de 300° sans se décomposer (Liebig).

Genre Mellon $R - {}^6N^4$.

291. *Mellon normal.* — C^3N^4. — M. Berzélius a le premier observé que si l'on soumet le cyanate sulfuro-mercurique $CHgNS$ à la distillation sèche, il se produit du sulfure de carbone, du cinabre, ainsi qu'un corps orangé particulier.

Ce dernier a été obtenu quelque temps après par M. Liebig dans la distillation sèche du corps jaune (sulfure de cyanogène, sulfocyanogène) qui se précipite lorsqu'on traite une dissolution de cyanate sulfuro-potassique par un courant de chlore ou par de l'acide nitrique étendu et bouillant.

La même substance prend naissance par la distillation sèche de l'amméline, de l'ammélide, de la mélamine et des percyanates sulfurés.

Ce produit orangé a reçu le nom de *mellon*. Exposé à une température à laquelle le verre à bouteilles s'amollit, il se décompose, suivant M. Liebig, en cyanogène pur et en azote.

Brûlé avec de l'oxyde de cuivre, il donne de l'acide carbonique et de l'azote dans le rapport de 3 : 2 ou 6 : 4 ; or CO^2 étant égal à 2 volumes, ce rapport donne en équivalents $3CO^2 : 4N$, c'est-à-dire C^3N^4 pour la composition du mellon.

Tout récemment M. Voelkel a contesté l'exactitude de cette formule, attendu que l'analyse de ce corps lui avait donné de petites quantités d'hydrogène. Néanmoins, si l'on considère la manière dont le mellon prend naissance, il devient difficile de ne pas admettre la formule proposée par M. Liebig ; en effet, on n'a qu'à jeter un coup d'œil sur les équations suivantes pour voir que la formule C^3N^4 cadre parfaitement avec toutes les réactions dans lesquelles le mellon se produit :

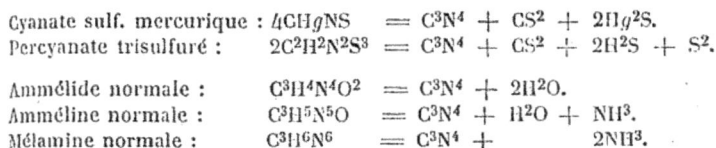

Cyanate sulf. mercurique : $4CHgNS = C^3N^4 + CS^2 + 2Hg^2S$.
Percyanate trisulfuré : $2C^2H^2N^2S^3 = C^3N^4 + CS^2 + 2H^2S + S^2$.

Ammélide normale : $C^3H^4N^4O^2 = C^3N^4 + 2H^2O$.
Amméline normale : $C^3H^5N^5O = C^3N^4 + H^2O + NH^3$.
Mélamine normale : $C^3H^6N^6 = C^3N^4 + 2NH^3$.

M. Bineau a obtenu le même corps par la distillation sèche des combinaisons ammoniacales du cyanure chloré et bromé.

Le mellon est pulvérulent et d'un jaune orangé ; il est insoluble dans l'eau, l'alcool, l'acide sulfurique étendu et l'acide hydrochlorique étendu.

Chauffé avec du potassium, il se combine avec lui en dégageant de la lumière. Le produit est une masse transparente, très fusible, soluble dans l'eau ; sa solution possède un goût d'amandes amères, mais elle ne contient aucune trace d'oxalate ni de cyanure ; elle précipite les solutions métalliques à l'état de mellonures.

M. Liebig admet que, dans ces circonstances, K se combine directement avec C^3N^4 ; mais cette assertion nous semble erronée, car le même composé se produit, sans dégagement d'hydrogène ni d'oxygène, quand on dissout le mellon dans la potasse caustique (KH)O. Il est donc très probable que si le mellon produit du mellonure au contact du potassium, c'est que ce dernier brûle d'abord à l'air en devenant K^2O que l'humidité décompose en (KH)O ; car $K^2O + H^2O = 2(KH)O$. Le mellon pourrait aussi renfermer tout formé du mellonure normal $C^3H^2N^4O$ (c'est-à-dire

$C^3N^4 + H^2O$) dont le potassium déplacerait la moitié de l'hydrogène (1).

Une dissolution bouillante de potasse attaque le mellon avec dégagement d'ammoniaque, et le convertit en un sel qui cristallise en longues aiguilles et paraît être du cyanurate; du moins quand on le dissout dans l'acide nitrique ou hydrochlorique concentré, il donne des cristaux d'acide cyanurique pur (Liebig) :

$$C^3N^4 + 3H^2O = C^3H^3N^3O^3 + NH^3.$$

L'acide nitrique bouillant dissout peu à peu le mellon, et la dissolution donne des cristaux incolores de la modification du cyanurate normal (p. 435) dite acide cyanilique ; l'eau-mère retient de l'ammoniaque (Liebig).

Genre Mellonure $R^{-4}N^4O$.

292. Nous venons de voir comment le mellon donne naissance aux mellonures.

Quand on chauffe un mélange de soufre et de polycyanure biferroso-quadripotassique un peu au-delà du point où il cesse de bleuir par les persels de fer, qu'on dissout la masse dans l'eau, et qu'après avoir précipité le fer par de la potasse, on évapore à siccité le liquide filtré et on épuise le résidu par l'alcool bouillant, le liquide filtré de nouveau dépose peu à peu, par le séjour dans un endroit frais, des cristaux blancs ayant l'aspect de choux-fleurs. On purifie ceux-ci en les redissolvant dans l'eau bouillante et en lavant le produit avec de l'alcool

---

(1) Voici ce que dit M. Liebig dans quelques observations relatives au Mémoire de M. Voelkel (*Revue scientifique*, t. XII, p. 421). « L'acide » persulfocyanhydrique (percyanate trisulfuré G.), exposé à une tempé- » rature de 150°, se décompose complétement en CS^2, accompagné de » H^2S, ainsi que d'un résidu d'où il distille du soufre quand on le porte » au point d'ébullition de ce corps. Il reste enfin une substance poreuse, » d'un jaune grisâtre, exempte de soufre, et qui se dissout compléte- » ment dans les alcalis. L'acide acétique en précipite un abondant pré- » cipité gélatineux. . . . . . c'est l'acide hydromellonique (mellonure » normal G.) de M. L. Gmelin. »

chaud jusqu'à ce qu'il ne rougisse plus par les persels de fer (L. Gmelin).

On peut aussi obtenir ce sel en chauffant au rouge le cyanate sulfuro-potassique dans une capsule de porcelaine, et ajoutant du mellon à la masse fondue, tant qu'il s'en développe des vapeurs de soufre et de sulfure de carbone; le résidu brun et vitreux se dissout dans l'eau bouillante et dépose, par le refroidissement, des cristaux de M. potassique. La fusion du cyanate sulfuro-potassique avec le protochlorure d'antimoine donne le même produit (Liebig).

Mellonure normal (acide mellonhydrique ou hydromellonique). — Si l'on ajoute de l'acide acétique concentré à la solution du M. potassique, il se produit un précipité blanc floconneux qui, à l'état sec, constitue une poudre blanche et terreuse; il est sans saveur ni odeur; sa dissolution dans l'eau bouillante rougit à peine le tournesol d'une manière sensible.

Chauffé dans un tube de verre, ce corps se convertit en un corps jaune-orangé (mellon) qui disparaît peu à peu; il se condense en même temps de l'humidité et beaucoup de cyanure ammoniacal, ainsi qu'un corps blanc et opaque qui ne se dissout dans la potasse caustique que par une ébullition prolongée.

Le M. normal se dissout aisément dans l'acide nitrique; l'acide sulfurique le dissout également, l'eau en trouble la solution. Il est fort peu soluble dans l'eau froide; l'alcool ne le dissout pas non plus. L'acide nitrique ne paraît pas l'altérer à l'ébullition (L. Gmelin).

L'analyse de ce corps n'a pas été faite, et ce n'est que par hypothèse que M. Liebig et M. Gmelin lui assignent la composition C³HN⁴.

Mellonure potassique. — Le sel de potasse dont nous avons parlé plus haut se présente, après la dessiccation, comme une poudre blanche et opaque, neutre aux papiers et amère. Par l'échauffement, il dégage du carbonate et du cyanure ammoniacal et fond en un liquide jaunâtre qui se concrète par le refroidissement. Il est peu soluble dans l'eau froide, mais il s'y dissout fort bien à chaud; l'alcool bouillant ne le dissout pas. Tous les acides concentrés en précipitent des flocons de M. normal. Sa solution précipite les sels métalliques (L. Gmelin).

Mellonure plombique. — $C^3(HPb)N^4O + 2$ aq. — Le sel précédent étant dissous dans l'eau et mélangé avec du nitrate de plomb, donne un précipité blanc qui, après avoir été séché à l'air, perd 14,9 p. c. d'eau quand on le place dans un bain de chlorure de calcium (1).

Si l'on considère le mode de formation des mellonures, la décomposition du M. normal en mellon sous l'influence de la chaleur, et les résultats obtenus par M. L. Gmelin dans l'analyse du M. plombique, on peut être convaincu que ces corps n'offrent pas la composition que leur attribue M. Liebig.

A mon avis, les mellonures dérivent du mellon par fixation d'un oxyde M^2O. Lorsqu'on dissout le mellon normal dans la potasse $(KH)O$, il se produit en premier lieu du mellonure potassique par la fixation pure et simple des éléments de la potasse; sa formation est entièrement semblable à celles des isatates par l'isatine, etc. (145). On a donc :

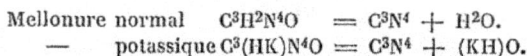

$$\text{Mellonure normal} \quad C^3H^2N^4O = C^3N^4 + H^2O.$$
$$\text{— potassique } C^3(HK)N^4O = C^3N^4 + (KH)O.$$

On conçoit dès lors la régénération du mellon, quand on porte le mellonure normal à une température élevée; $C^3H^2N^4O$ se décompose alors de nouveau en H^2O et mellon.

Une lessive concentrée de potasse doit convertir peu à peu les mellonures en cyanurates, car :

$$C^3H^2N^4O + 2H^2O = NH^3 + C^3H^3N^3O^3.$$

L'histoire des mellonures, fort incomplète encore, mériterait d'être soumise à de nouvelles recherches.

Genre Ammélide $R^{-2}N^4O^2$.

293. C'est l'amide qui correspond au cyanurate ammoniacal; on l'a obtenue comme produit de décomposition de la mélamine

(1) M. L. Gmelin a trouvé dans le sel séché à l'air : carb. 15,0 (anc. poids at.); hydr. 2,0; azote 23,1; plomb 42,6. Notre formule exige : carbone 14,5 (nouv. p. atom.); hydr. 2,0; azote 22,5; plomb 41,5; elle correspond à une perte de 14,5 p. c. d'eau. Dans tous les cas les mellonures renferment de l'oxygène et de l'hydrogène, et ne présentent pas la constitution que leur assigne M. Liebig.

ou de l'amméline par les acides concentrés, sous l'influence de l'eau (1) :

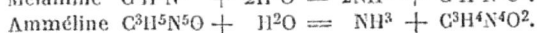

$$\text{Mélamine} \quad C^3H^6N^6 + 2H^2O = 2NH^3 + C^3H^4N^4O^2.$$
$$\text{Amméline} \quad C^3H^5N^5O + H^2O = NH^3 + C^3H^4N^4O^2.$$

Ammélide normale. — $C^3H^4N^4O^2$. — Si l'on ajoute de l'alcool à une dissolution de mélamine dans l'acide sulfurique, on obtient un précipité blanc d'ammélide; le simple lavage avec de l'eau suffit pour le priver de tout acide. Dans l'acide sulfurique on trouve alors de l'ammoniaque (Liebig).

Le même corps s'obtient si l'on chauffe l'amméline nitrique jusqu'au point où la masse molle et pâteuse redevient solide. Il se produit aussi quand on fait bouillir de la mélamine dans l'acide nitrique concentré, jusqu'à dissolution complète.

C'est une poudre blanche qui se dissout aisément dans les acides. Sa dissolution dans l'acide nitrique donne aisément des cristaux, mais l'alcool et l'eau leur enlèvent entièrement l'acide. Elle est insoluble dans l'eau, l'alcool et l'éther.

Les acides nitrique, hydrochlorique, phosphorique, sulfurique, etc., transforment peu à peu ce corps, à la température de l'ébullition, en ammoniaque et en cyanurate normal :

$$C^3H^4N^4O^2 + H^2O = NH^3 + C^3H^3N^3O^3.$$

L'action de la potasse dans des circonstances semblables est tout-à-fait analogue (Knapp).

La faculté de combinaison de l'ammélide, comme alcaloïde, est très faible, et ses caractères sont peu prononcés. La grande facilité avec laquelle elle se dissout dans la potasse la ferait considérer plutôt comme un acide, si sa combinaison avec l'acide nitrique, quoique fort peu stable, ne semblait indiquer le contraire.

Une solution d'ammélide dans l'acide nitrique, mêlée avec de

_____

(1) M. Liebig représente l'ammélide par $C^6H^9N^9O^3$; mais je crois la formule $C^3H^4N^4O^2$ plus conforme aux réactions. Cette dernière exige carb. 28,1, hydr. 3,1. Les analyses de M. Liebig et de M. Knapp ont donné carb. 27,6 — 27,5 — 28,3 — 27,8 (anc. p. atom.); hydr. 3,6 — 3,5. L'azote avait été déterminé d'après la méthode qualitative (C : N : : 3 : 4,5) et me semble un peu trop fort dans les analyses de ces chimistes. Du reste l'ammélide ne s'obtenant pas sous une forme bien définie, il est difficile de l'avoir bien pure.

l'acétate de plomb surbasique, donne un précipité d'ammélide;
la liqueur dépose, par l'évaporation, des cristaux de nitrate de
plomb (Knapp).

Ammélide argentique (ammélidate d'oxyde d'argent). —
$C^3(H^3Ag)N^4O^2$.—Lorsqu'on mélange ensemble une solution d'ammélide dans l'acide nitrique avec du nitrate d'argent, en ayant
soin de chauffer préalablement les deux liquides, le mélange
reste parfaitement clair ; en y ajoutant ensuite de l'ammoniaque,
tant qu'il se forme un précipité, on obtient un précipité blanc
abondant, d'une consistance caillebotteuse, et qui se dissout
aisément dans un excès d'ammoniaque (1) (Knapp).

Ammélide nitro-argentique. — $C^3H^4N^4O^2,NAgO$. — Lorsqu'on
dissout le composé précédent dans de l'acide nitrique concentré,
il se dépose des feuillets ou des tablettes minces et incolores :
ce sont les mêmes que ceux qui se forment par le mélange à
froid d'une solution saturée d'ammélide dans l'acide nitrique et
d'une solution aqueuse de nitrate d'argent, sans qu'on y ajoute
d'ammoniaque. Délayés dans l'eau, ces cristaux deviennent
opaques, se dissolvent en majeure partie et laissent de l'ammélide en flocons blancs. Chauffés dans un tube, ils dégagent d'a-
bord beaucoup de vapeurs nitreuses, ensuite de l'acide cyanique,
et finissent par laisser de l'argent métallique. Les cristaux renferment équivalents égaux d'ammélide normale et de nitrate
d'argent (Knapp).

Genre Amméline $R-^1N^5O$.

294. C'est l'amide qui correspond au cyanurate biammoniacal ;
elle se produit par l'action des acides ou des alcalis concentrés
sur la mélamine :

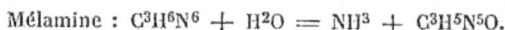

Mélamine : $C^3H^6N^6 + H^2O = NH^3 + C^3H^5N^5O$.

Lorsqu'on dissout dans la potasse caustique le résidu gris (mélam) de la distillation du cyanate sulfuro-ammoniacal, et qu'on

---

(1) La composition trouvée par M. Knapp pour l'ammélide argentique
prouve bien l'exactitude de la formule que j'adopte pour l'ammélide.
M. Knapp a obtenu carb. 15,6 — 15,3 (anc. poids at.), hydr. 1,4 —
1,4 ; argent 46,2 ; ma formule exige : carb. 15,2 (nouv. poids atom.);
hydrog. 1,3 ; argent 46,4.

ajoute de l'acide acétique ou du carbonate d'ammoniaque à la solution, il se produit un précipité blanc et très volumineux d'amméline normale. Après l'avoir lavé, on le dissout dans l'acide nitrique; la dissolution, concentrée par l'évaporation, donne des cristaux incolores dont on sépare de nouveau l'amméline, en les dissolvant dans l'eau aiguisée d'acide nitrique et en y ajoutant de l'ammoniaque caustique ou du carbonate d'ammoniaque (Liebig).

Amméline normale. — $C^3H^5N^5O$. — Ce corps, bien lavé et séché, est d'un blanc éclatant, cristallin lorsqu'on l'a précipité par l'ammoniaque; il est insoluble dans l'eau, l'alcool et l'éther, mais soluble dans les alcalis caustiques fixes et dans la plupart des acides. La chaleur le décompose en mellon, eau et ammoniaque. Il se comporte avec les acides comme un alcaloïde, mais ses propriétés basiques sont moins caractérisées que celles de la mélamine. Il forme avec les principaux acides des sels qui cristallisent parfaitement, mais que l'eau décompose en partie. Les acides et les alcalis concentrés le convertissent en ammélide et en cyanurate (Liebig).

Amméline nitrique. — $C^3H^5N^5O,NHO^3$. — Ce sel cristallise en longs prismes quadrangulaires, incolores. L'eau le décompose en partie; chaque fois qu'on veut le faire cristalliser, il faut ajouter à la dissolution quelques gouttes d'acide nitrique.

Chauffé à l'état sec, l'amméline nitrique est aisément décomposée; on obtient de l'acide nitrique, du nitrate d'ammoniaque ou les produits de sa décomposition, protoxyde d'azote et eau, et il reste de l'ammélide normal qui se dissout aisément dans les acides (Liebig). 1 éq. d'amméline nitrique équivaut à 1 éq. d'ammélide normal, 1 éq. de protoxyde d'azote et 1 éq. d'eau :

$$C^3H^5N^5O,NHO^3 = C^3H^4N^4O^2 + N^2O + H^2O.$$

Amméline nitro-argentique. — $C^3H^5N^5O,NAgO^3$. — La combinaison précédente donne par le nitrate d'argent un précipité blanc et cristallin qui présente la composition indiquée (Liebig).

Genre Mélamine RN^6.

295. C'est l'amide qui correspond au cyanurate triammoniacal;

on la prépare par la distillation sèche du cyanate sulfuro-ammoniacal :

$$4CHNS,NH^3 = C^3H^6N^6 + CS^2 + 2H^2S + 2NH^3.$$

Déjà à une température qui dépasse de quelques degrés le point
d'ébullition de l'eau, le cyanate sulfuro-ammoniacal se décompose, et cela d'autant plus complétement qu'on se hâte moins d'é-
lever la température. Le premier effet du feu est de faire dégager
une quantité notable de gaz ammoniac ; au bout d'un certain temps
on remarque du sulfure de carbone CS^2, et l'on aperçoit dans le
col de la cornue des cristaux de sulfhydrate d'ammoniaque. On
pourrait condenser le sulfure de carbone, car il s'en produit environ le quart de la matière employée. Le résidu se compose
d'un corps grisâtre auquel M. Liebig donne le nom de *mélam*. Au
lieu de distiller directement du cyanate sulfuro-ammoniacal, ce
chimiste trouve de l'avantage à se servir d'un mélange de 2 p.
de sel ammoniac et de 1 p. de cyanate sulfuro-potassique.

Dans mon opinion, le mélam (1) de M. Liebig n'est que de la
mélamine impure, agglomérée par l'action de la chaleur et mélangée de mellon ; en effet il possède tous les caractères propres
à un semblable mélange ; d'ailleurs cela semble fort naturel,
puisque la mélamine se décompose, à une chaleur élevée, en
mellon et en ammoniaque : $C^3H^6N^6 = C^3N^4 + 2NH^3$.

Le résidu de la distillation du cyanate sulfuro-ammoniacal se
dissout presque complétement dans les acides étendus ; par une
ébullition prolongée il finit par se convertir en amméline,
ammélide et acide cyanurique ; une dissolution bouillante de
potasse détermine les mêmes métamorphoses.

On voit d'ailleurs que les espèces normales des genres mélamine, mellon, amméline, ammélide et cyanurate, présentent
entre elles les relations les plus intimes et les plus simples, car
elles peuvent aisément se métamorphoser les unes dans les
autres ; on a en effet :

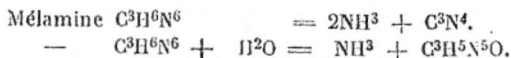

$$\text{Mélamine } C^3H^6N^6 = 2NH^3 + C^3N^4.$$
$$\text{—} \quad C^3H^6N^6 + H^2O = NH^3 + C^3H^5N^5O.$$

(1) M. Liebig y a trouvé : carbone 30,4 et dans la mélamine pure
28,5 ; le mellon en renfermant 39,4, doit nécessairement augmenter par
sa présence la proportion du carbone.

Mélamine	$C^3H^6N^6$	$+$	$2H^2O$	$=$	$2NH^3$	$+ C^3H^4N^4O^2.$
—	$C^3H^6N^6$	$+$	$3H^2O$	$=$	$3NH^3$	$+ C^3H^3N^3O^3.$
Mellon	C^3N^4	$+$	$2H^2O$	$=$		$C^3H^4N^4O^2.$
—	C^3N^4	$+$	$3H^2O$	$=$	NH^3	$+ C^3H^3N^3O^3.$
Amméline	$C^3H^5N^5O$			$=$	NH^3	$+ C^3N^4 + H^2O.$
—	$C^3H^5N^5O$	$+$	H^2O	$=$	NH^3	$+ C^3H^4N^4O^2.$
—	$C^3H^5N^5O$	$+$	$2H^2O$	$=$	$2NH^3$	$+ C^3H^3N^3O^3.$
Ammélide	$C^3H^4N^4O^2$			$=$		$C^3N^4 + 2H^2O.$
—	$C^3H^4N^4O^2$	$+$	H^2O	$=$	NH^3	$+ C^3H^3N^3O^3.$

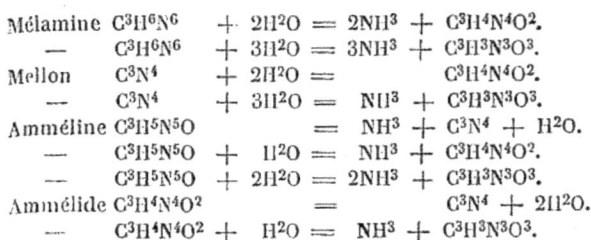

On voit d'après cela que la mélamine, l'amméline et l'ammélide ne sont que des amides, correspondant aux trois espèces ammoniacales du g. cyanurate, qui, comme on sait, est tribasique;
on a en effet :

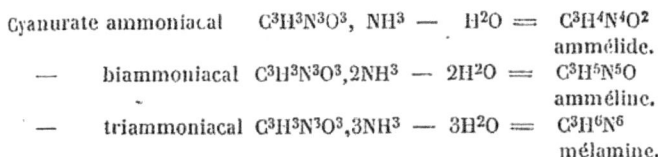

Cyanurate ammoniacal	$C^3H^3N^3O^3, NH^3$	—	H^2O	$=$	$C^3H^4N^4O^2$	ammélide.
— biammoniacal	$C^3H^3N^3O^3, 2NH^3$	—	$2H^2O$	$=$	$C^3H^5N^5O$	amméline.
— triammoniacal	$C^3H^3N^3O^3, 3NH^3$	—	$3H^2O$	$=$	$C^3H^6N^6$	mélamine.

Mélamine normale. — $C^3H^6N^6$. — Pour préparer ce corps,
M. Liebig prend le résidu, bien lavé, de la distillation de
2 livres de sel ammoniac et d'une livre de cyanate sulfuro-potassique; il y ajoute une dissolution de 2 onces d'hydrate de
potasse fondu dans 3 ou 4 livres d'eau, et il entretient le tout en
ébullition jusqu'à ce que la liqueur soit entièrement claire; on
l'évapore alors à une douce chaleur jusqu'à ce qu'on remarque
la formation de paillettes brillantes. On laisse ensuite refroidir
lentement, on lave les cristaux et on les purifie entièrement par
plusieurs cristallisations.

La mélamine s'obtient ainsi entièrement pure et en cristaux
assez gros, incolores et doués d'un éclat vitreux; elle forme des
octaèdres à base rhombe, dans lesquels les angles des arêtes
principales sont d'environ 75 et 115°. Les cristaux ne s'altèrent
pas à l'air et ne renferment pas d'eau de cristallisation; ils sont
peu solubles dans l'eau froide, l'eau bouillante en dissout davantage; ils sont insolubles dans l'éther et l'alcool. A une chaleur élevée, ils se fondent, dégagent de l'ammoniaque et laissent
un résidu jaune-orangé de mellon qui se décompose, par une
plus forte chaleur, en cyanogène et en azote (Liebig).

La mélamine se combine avec tous les acides et forme avec eux des sels bien caractérisés qui possèdent une réaction acide. Sa solution aqueuse précipite les solutions des sels de cuivre, de zinc, de fer et de manganèse.

Fondue avec du potassium, elle donne, avec dégagement de lumière et d'ammoniaque, un sel fusible, soluble dans l'eau, et qui possède toutes les propriétés de la combinaison produite au moyen du mellon et du potassium dans les mêmes circonstances. Quand on la fait fondre avec de l'hydrate de potasse, elle donne du cyanate potassique; si elle est en excès, on obtient du mellonure potassique (Liebig).

Les acides concentrés la transforment peu à peu par l'ébullition en ammoniaque et en amméline, ammélide ou cyanurate

Mélamine nitrique (nitrate de mélamine). — On l'obtient aisément en ajoutant de l'acide nitrique à une dissolution chaude de mélamine dans l'eau, jusqu'à ce que le liquide soit bien acide; le sel refroidi se prend en une masse composée de longues aiguilles soyeuses qui ne s'altèrent pas à l'air, et peuvent être recristallisées sans subir de décomposition (Liebig).

Mélamine nitro-argentique. — $C^3H^6N^6, NAgO^3$. — Lorsqu'on ajoute une solution chaude de mélamine à du nitrate d'argent, il se forme aussitôt un précipité blanc et cristallin qui augmente par le refroidissement; on peut le faire cristalliser sans qu'il subisse d'altération.

Mélamine semi-sulfurique. — L'acide sulfurique ajouté à une solution de mélamine donne un précipité cristallin peu soluble dans l'eau froide, mais plus soluble dans l'eau chaude, et qui par le refroidissement cristallise en aiguilles raccourcies.

Mélamine semi-oxalique. — $(C^3H^6N^6)^2, C^2H^2O^4$. — Elle est moins soluble dans l'eau que le sel nitrique.

Mélamine acétique. — Elle est très soluble dans l'eau et cristallise en larges lamelles rectangulaires flexibles.

Mélamine formique. — Elle est fort soluble et cristallisable.

GENRES.	FONCTIONS chimiques DES GENRES.	RAPPORTS DE TRANSFORMATION entre les genres DE LA QUATRIÈME FAMILLE.	RAPPORTS DE TRANSFORMATION entre les genres DE LA QUATRIÈME ET D'AUTRES FAMILLES.
Butyrilène $R+2$.	Hydrocarbure.	Le butyrène normal fixe Cl^2 et se convertit en butyrilène bichloré.	?
Butyrène R.	Hydrocarbure.	?	Décomposition des corps gras à la chaleur rouge.
Éther $R+2O$.	?	?	Décomposition, par la chaleur, des combinaisons de l'alcool normal (2e famille) avec l'acide sulfurique, le bichlorure d'étain, le chlorure de zinc, etc.
Thialol $R+2O^2$.	?	?	En distillant les sulfovinates (2e famille) avec K^2S^5, on obtient du thialol bisulfuré.
Butyrate RO^2.	Sel unibasique.	?	Décomposition du sucre normal (12e famille) sous l'influence des ferments.
Acétalcool RO^2.	Éther unialcooliq.	?	L'alcool normal et l'acétate normal (2e famille) s'unissent en éliminant H^2O.
Pyrogallate $R—4O^2$	?	?	Action de la chaleur sur le tannin et l'acide gallique (7e famille).
Succinide $R—4O^3$.	Anhydride.	Le succinate normal, en éliminant H^2O, produit le succinide normal.	?
Maléide $R—6O^3$.	Anhydride.	Le maléate normal élimine H^2O pour produire le maléide normal.	?

GENRES.	FONCTIONS chimiques DES GENRES.	RAPPORTS DE TRANSFORMATION entre les genres DE LA QUATRIÈME FAMILLE.	RAPPORTS DE TRANSFORMATION entre les genres DE LA QUATRIÈME ET D'AUTRES FAMILLES.
Succinate $R^{-2}O^4$	Sel bibasique.	?	Action de l'acide nitrique sur les corps gras, la cire, etc.
Oxalovinate $R^{-2}O^4$	Sel copulé unibas.	?	L'alcool normal fixe de l'oxalate normal (2ᵉ famille) en éliminant H^2O.
Oxaméthol $R^{-2}O^4$.	Éther bialcooliq.	?	1 éq. d'oxalate normal fixe 2 éq. de méthol normal (2ᵉ famille) en éliminant $2H^2O$.
Maléate $R^{-4}O^4$	Sel bibasique.	L'action de la chaleur sur le malate normal en expulse H^2O, de manière à produire du maléate normal.	?
Fumarate $R^{-4}O^4$.	Sel bibasique.	Le malate normal élimine H^2O sous l'influence de la chaleur.	?
Mellate $R^{-6}O^4$.	Sel bibasique.	?	Le mellate bialuminique se rencontre dans la nature.
Tartride $R^{-4}O^5$	Anhydride.	Le tartrate normal élimine H^2O sous l'influence de la chaleur.	?
Tartrate $R^{-2}O^6$.	Sel bibasique.	?	Produit de la végétation.
Paratartrate $R^{-2}O^6$.	Sel bibasique.	?	Produit de la végétation.
Sulfacévinate RSO^5	Sel copulé unibas.	?	1 éq. de sulfacétate norm. et 1 éq. d'alcool normal (2ᵉ famille) s'unissent en éliminant H^2O.

GENRES.	FONCTIONS chimiques DES GENRES.	RAPPORTS DE TRANSFORMATION entre les genres DE LA QUATRIÈME FAMILLE.	RAPPORTS DE TRANSFORMATION entre les genres DE LA QUATRIÈME ET D'AUTRES FAMILLES.
Sulfosuccinate $R-2SO^7$.	Sel copulé tribas.	1 éq. de succinate norm. s'unit directement à SH^2O^4 en éliminant H^2O.	?
Succinidam $R-3NO^2$.	Amide.	1 éq. de succinide normal s'unit à NH^3 en éliminant H^2O.	?
Paramide $R-^7NO^2$	Amide.	1 éq. de mellate ammoniacal élimine $2H^2O$ sous l'influence de la chaleur.	?
Oxaméthane $R-^1NO^3$.	Améthane.	?	1 éq. d'oxalcool normal (6e famille) s'unit à NH^3 en éliminant 1 éq. d'alcool normal.
Aspartate $R-^1NO^4$	Sel bibasique.	1 éq. d'asparagine, en s'assimilant H^2O, devient aspartate ammoniacal.	?
Succinamide RN^2O^2.	Amide.	?	Action de l'ammoniaque sur le succinalcool normal (8e famille).
Fumaramide $R-2N^2O^2$	Amide.	?	Action de l'ammoniaque sur le fumaralcool normal (8e famille).
Asparagine RN^2O^3.	Amide ?	?	Produit de la végétation.
Cyanalcool RN^2O^3.	Éther ?	?	Combinaison directe de 2 éq. de cyanate normal avec 1 éq. d'alcool normal.
Dialurate $R-^4N^2O^4$	Sel unibasique.	Action de l'hydrogène sulfuré sur l'alloxantine normale ; action des alcalis sur l'uramile normale.	Décomposition de l'urate normal (5e famille).

29

GENRES.	FONCTIONS chimiques DES GENRES.	RAPPORTS DE TRANSFORMATION entre les genres DE LA QUATRIÈME FAMILLE.	RAPPORTS DE TRANSFORMATION entre les genres DE LA QUATRIÈME ET D'AUTRES FAMILLES.
Alloxantine $R-3N^2O^5$.	?	Action des agents de réduction sur l'alloxane normal.	»
Alloxane $R-4N^2O^5$	Sel bibasique.	Action des agents oxygénants sur les espèces normales des g. alloxantine, uramile, etc.	»
Uramile. $R-3N^3O^3$.	Amide.	Décomposition du thionurate normal sous l'influence de la chaleur.	»
Thionurate $R-1N^3SO^7$.	Sel copulé bibas.	Combinaison directe de l'alloxane normal avec SO^2 et NH^3.	»
Murexide $R-4N^4O^2$	Amide ?	Action de l'ammoniaque sur l'alloxane ou l'alloxantine normal.	»
Allantoïne $R-2N^4O^3$.	Sel unibasique.	?	Action du peroxyde puce de plomb sur l'urate normal (5e famille).
Cacodyle $R+4As^2$.	?	?	Action du zinc sur l'arsine hydrochlorique (2e famille).
Alcarsine $R+4As^2O$.	Alcaloïde.	Oxydation du g. cacodyle à l'air.	Oxydation des g. arsine, alcargène (2e famille).

Genre Butyrilène R^{+2}.

296. **Butyrilène bichloré** (chlorure de ditétryle, Berz.). — C^4(H^{8}Cl^2). — La vapeur du butyrène normal mise en contact avec du chlore gazeux s'y unit en produisant un liquide incolore et limpide, doué d'une saveur aromatique, à la fois douceâtre et amère. La combinaison s'effectue par volumes égaux. Le produit est plus pesant que l'eau ; le chlore l'attaque par une action prolongée, sous l'influence des rayons solaires, en donnant de l'acide hydrochlorique et un corps visqueux (Faraday). Le B. bichloré est l'homologue de l'éthérilène bichloré (liqueur des Hollandais, 222).

Genre Butyrène R.

297. **Butyrène normal** (quadricarbure d'hydrogène de Faraday, ditétryle). — C^{4}H^8. — Ce corps, qui est l'homologue du gaz oléfiant (225), a été obtenu par M. Faraday en faisant passer la vapeur des corps gras à travers un tube chauffé au rouge (p. 183). Il est si volatil qu'il bout déjà au-dessous du point de congélation de l'eau. A la température ordinaire, il est gazeux ; la densité de son gaz a été trouvée égale à 1,9?6. L'eau l'absorbe en petite quantité ; l'alcool en prend beaucoup plus ; mais l'eau dégage le B. normal de cette dissolution. Les alcalis et l'acide hydrochlorique ne l'attaquent pas.

L'acide sulfurique en absorbe 100 fois son volume, en s'échauffant considérablement et en produisant un composé copulé qui n'a pas encore été analysé ; l'eau ajoutée au mélange n'en sépare pas le B. normal. Celui-ci se combine directement avec le chlore en produisant du butyrilène bichloré (Faraday).

Genre Éther R^{+2}O.

298. Les substances qui appartiennent à ce g. dérivent de certaines espèces des g. alcool, acétène, sulfovinate, etc. (2e famille). Les différentes espèces du g. éther ont leurs homologues dans le g. méther de la 2e famille.

Éther normal (éther ordinaire, éther sulfurique, éther hydra-
tique, oxyde d'éthyle, monohydrate d'hydrogène bicarboné).
— $C^4H^{10}O$. — La découverte de ce corps remarquable est attri-
buée à Valerius Cordus, qui paraît l'avoir décrit le premier en
1540, sous le nom d'*oleum vini dulce;* plusieurs chimistes s'en
sont occupés dans ces derniers temps, et c'est particulièrement
aux travaux de Fourcroy et Vauquelin, de Hennel, de Boullay,
de MM. Gay-Lussac, Liebig, Mitscherlich et Kuhlmann, que l'on
doit des notions précises sur son mode de formation et sur sa
composition chimique.

Examinons d'abord les circonstances dans lesquelles l'É. normal prend naissance.

Les agents sous l'influence desquels l'alcool a donné ce corps
sont : les acides sulfurique, phosphorique, arsénique, le fluorure
de bore, le chlorure d'étain, le chlorure de zinc, etc.

Tous ces agents sont capables de s'unir directement à l'alcool
normal, et les combinaisons qui en résultent se décomposent par
l'action de la chaleur, en produisant de l'É. normal.

En nous occupant des sulfovinates (244), nous avons déjà eu
l'occasion de parler de la manière dont l'acide sulfurique se comporte avec l'alcool. Ce dernier, mis en contact avec SH^2O^4, à
froid, s'échauffe beaucoup en produisant du sulfovinate normal
et de l'eau :

$$C^2H^6O + SH^2O^4 = C^2H^6SO^4 + H^2O;$$

mais comme l'acide sulfurique étendu d'eau n'agit pas à froid
sur l'alcool, il s'ensuit que la moitié seulement de l'acide employé entre en combinaison, tandis que l'autre moitié reste intacte dans le mélange, unie à l'eau provenant de l'alcool ; on a
donc :

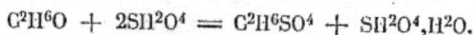

$$C^2H^6O + 2SH^2O^4 = C^2H^6SO^4 + SH^2O^4,H^2O.$$

Dans ces circonstances il ne se forme pas une trace d'É.
normal.

Mais les sulfovinates ne résistent pas à une température élevée
sans se décomposer, surtout en présence d'un excès d'acide sulfurique. Hennell a, en effet, remarqué qu'en chauffant certains
sulfovinates, tels que celui à base de potassium avec de l'acide
sulfurique concentré SH^2O^i, en quantité égale à celle qu'exige-

rait la formation du sulfate de potasse, on obtient de l'É. normal. On conçoit dès lors ce qui doit se former, si, au lieu de mélanger à froid l'alcool avec l'acide sulfurique, on porte ce mélange à une température élevée.

Considérons le mélange [$C^2H^6O + 2SH^2O^4$] ; nous l'appellerons, pour abréger, le mélange éthérifiant.

Corps employés avant le mélange. Mélange à froid.

$$2[C^2H^6O + 2SH^2O^4]. \quad = \quad 2[C^2H^6SO^4 + SH^2O^4 + H^2O].$$

Échauffement du mélange.

$$= \quad C^4H^{10}O \quad +4SH^2O^4 + H^2O.$$

La décomposition du mélange éthérifiant (1) est complète à 140°, et à cette époque il distille de l'É. normal et de l'eau (Liebig), tandis qu'il reste dans le résidu de l'acide sulfurique. Ce dernier, mis en contact avec une nouvelle quantité d'alcool, peut l'éthérifier à son tour, et la réaction continuerait ainsi sans qu'on eût besoin de renouveler l'acide sulfurique.

La formation de l'É. normal repose donc, dans le cas qui nous occupe, sur la destruction du sulfovinate normal à une température élevée ; l'É. n'est d'ailleurs pas toujours le seul produit de décomposition du sulfovinate, et sa production dépend entièrement des proportions du mélange éthérifiant et du titre de l'alcool employé ; car, si l'on étendait le sulfovinate de beaucoup d'eau, et qu'on le fît enfin bouillir, il régénérerait de l'alcool normal et de l'acide sulfurique, au lieu de donner de l'éther ; de même, si l'on employait un grand excès d'acide sulfurique, on produirait du gaz oléfiant (225), du gaz sulfureux, et le mélange finirait par se charbonner.

(1) Dans ces développements nous avons, pour simplifier les formules, adopté un mélange éthérifiant de 1 éq. d'alcool et de 2 éq. d'acide sulfurique, attendu que la moitié seulement de ce dernier produit, à froid, de l'acide sulfovinique. M. Liebig établit le raisonnement sur un mélange éthérifiant d'équivalents égaux d'alcool et d'acide sulfurique, ce qui revient entièrement au même : le point d'ébullition du mélange doit nécessairement varier, suivant les proportions employées. Si l'on emploie plus d'alcool qu'il n'en correspond aux rapports précédents, il peut déjà se développer de l'É. au-dessous de 100° (H. Rose) ; si l'on ajoute plus d'acide sulfurique, le point d'ébullition est naturellement retardé. Enfin si l'on étend d'eau le mélange, l'acide sulfurique se trouve trop affaibli, et alors, en place de l'É., il passe de l'alcool, jusqu'à ce que le mélange ait acquis la concentration nécessaire.

Le meilleur procédé pour préparer l'É. normal est celui qui a été proposé par Boullay. Il consiste à chauffer un mélange d'alcool et d'acide sulfurique, et à y faire arriver un filet d'alcool au fur et à mesure que les premières portions s'éthérifient. Pour cela, on place une cornue assez spacieuse et tubulée dans un bain de sable, et l'on y adapte un récipient convenablement refroidi. On emplit cette cornue, à la moitié seulement, d'un mélange de 5 p. d'alcool de 90 centièmes, et de 9 p. d'acide sulfurique concentré; les deux liquides doivent avoir été mélangés d'avance dans un vase entouré d'eau froide; puis on fixe dans la tubulure de la cornue un tube de verre, dont l'une des extrémités communique avec un réservoir d'alcool, et dont l'autre, effilée en pointe, plonge au-dessous du mélange éthérifiant contenu dans la cornue. On chauffe alors ce mélange, et l'on règle l'écoulement de l'alcool renfermé dans le réservoir, de manière à maintenir le liquide en ébullition sensiblement au même niveau. Il faut avoir soin aussi de bien refroidir le récipient.

Le produit ainsi obtenu est chargé d'eau et d'un peu d'alcool; pour l'avoir chimiquement pur, on le dépouille d'abord d'alcool par des lavages à l'eau, et on le rectifie ensuite au bain-marie, à plusieurs reprises, sur du chlorure de calcium ou sur de la chaux vive.

On voit par ce qui précède qu'une même quantité d'acide sulfurique peut servir indéfiniment à la préparation de l'É.; cette circonstance avait, dans le principe, conduit à une théorie entièrement erronée, qui considérait l'éthérification comme un simple effet de contact (effet catalytique) de la part de l'acide sulfurique sur l'alcool. La distillation simultanée de l'eau dans la formation de l'É. prouve d'ailleurs que ce dernier n'est pas le résultat d'une simple déshydratation, comme le semble indiquer au premier abord la comparaison de sa composition avec celle de l'alcool; toutefois il n'en est pas moins vrai que l'É. résulte d'une de ces complications moléculaires dont nous avons déjà parlé (119).

299. Après avoir examiné la formation de l'É. par l'acide sulfurique, passons aux autres agents capables de donner naissance à ce corps.

La production de l'É. par les acides phosphorique et arsénique s'explique parfaitement si l'on considère que ces acides donnent avec l'alcool des combinaisons copulées (251) entièrement semblables aux sulfovinates, et qui, comme eux, se détruisent à une température élevée.

Quant aux chlorures et aux fluorures, ils se comportent de la même manière, ainsi que M. Kuhlmann l'a prouvé : seulement leurs combinaisons sont fort peu stables et se détruisent déjà par le contact de l'eau : ainsi, par exemple, lorsqu'on met de l'alcool en contact avec du bichlorure d'étain, soit à l'état liquide, soit à l'état de vapeur, le mélange s'échauffe considérablement, et l'on obtient des aiguilles soyeuses, réunies par groupes; l'eau détruit immédiatement la combinaison. On obtient de semblables combinaisons avec le perchlorure de fer, le protochlorure d'antimoine, le fluorure de bore, etc. (Kuhlmann).

Lorsqu'on chauffe la combinaison d'alcool et de bichlorure d'étain, elle donne du bioxyde d'étain(1), de l'acide hydrochlorique et de l'É. normal, dont les quantités varient suivant la température. Dans cette réaction, il se produit aussi de l'acétène chloré (éther hydrochlorique); mais comme ce même corps prend naissance par l'action de l'acide hydrochlorique sur l'alcool et sur l'É., il est évident que sa formation peut être considérée comme secondaire. On a donc l'équation suivante :

$$2C^2H^6O + SnCl^2 = C^4H^{10}O + 2ClH + SnO ;$$

c'est-à-dire que l'action du bichlorure d'étain sur l'alcool, dans la formation de l'É., est entièrement semblable à celle de l'acide sulfurique concentré sur le même corps :

Corps employés.		Corps produits.		
Alcool + acide sulfuriq.	=	Éther + acide sulfuriq.	+	eau.
Alcool + bichlor. d'étain.	=	Éther + acide hydrochl.	+	biox. d'étain.

Ou, si l'on veut (2) :

$$= \text{Éther} + \text{bichlorure d'étain} + \text{eau.}$$

Mais comme l'acide hydrochlorique se développe à l'état de gaz

---

(1) On se rappelle que nous représentons les combinaisons d'étain par Sn^2O et $SnCl$, semblables à l'eau et à l'acide hydrochlorique, et par SnO et $SnCl^2$.

(2) Comme $2ClH + SnO = SnCl^2 + H^2O$.

en même temps que l'É., tandis que dans la réaction de l'acide sulfurique ce dernier reste dans le résidu, il est évident que l'éthérification par le bichlorure d'étain ne peut pas être indéfinie, et doit, au contraire, se borner strictement aux proportions qu'on en a employées.

Le perchlorure de fer s'échauffe beaucoup avec l'alcool normal en donnant un produit épais; si l'on distille la combinaison, il passe, à 150°, beaucoup d'acide hydrochlorique, ainsi que d'acétène chloré mélangé d'É. normal; le résidu renferme du peroxyde de fer. Le perchlorure d'antimoine se comporte d'une manière semblable. Le chlorure d'arsenic ne donne ni É. normal ni acétène chloré (Kuhlmann).

Le chlorure de zinc anhydre se dissout dans l'alcool absolu en donnant une combinaison cristallisée, renfermant 15 p. c. d'alcool, d'après Graham ($C^2H^6O + ZnCl$); cette combinaison ne donne, par la distillation sèche, que de l'alcool normal, de l'acétène chloré, de l'acide hydrochlorique et de l'oxyde de zinc (Kuhlmann):

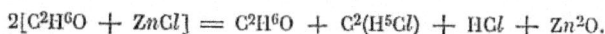

$$2[C^2H^6O + ZnCl] = C^2H^6O + C^2(H^5Cl) + HCl + Zn^2O.$$

Si le chlorure de zinc est hydraté, on obtient, au contraire, beaucoup d'É. normal (de Bormes, Masson, Kuhlmann).

Dans toutes ces réactions, on observe toujours, à la fin de la distillation, quand la température du mélange est beaucoup élevée, la formation d'hydrogènes carbonés, huileux ou gazeux, dans lesquels les équivalents de carbone sont à ceux d'hydrogène comme 1 : 2, et dont la composition diffère par conséquent de celle de l'alcool normal par les éléments de l'eau :

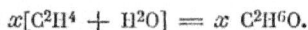

$$x[C^2H^4 + H^2O] = x\ C^2H^6O.$$

Ces hydrogènes carbonés, dont l'équivalent chimique varie suivant le nombre des molécules d'alcool décomposées, figurent, dans les traités de chimie, sous le nom d'*huile de vin douce;* ils n'accompagnent pas nécessairement l'É. dans sa formation, mais proviennent évidemment d'une action secondaire exercée par les chlorures sur l'É. lui-même. M. Kuhlmann a observé que ce dernier donne avec le bichlorure d'étain de beaux cristaux, qui distillent à 80° presque sans se décomposer; mais lorsque le mélange éthérifiant est porté à une température de 200 à 250°, les éléments de cette combinaison réagissent naturellement entre eux, et alors on doit obtenir un hydrogène carboné, car :

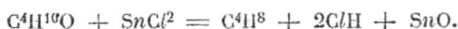

$$C^4H^{10}O + SnCl^2 = C^4H^8 + 2ClH + SnO.$$

On conçoit très bien, d'après cela, qu'il existe des chlorures ou des fluorures incapables de donner de l'É. normal, soit parce que leur combinaison avec l'alcool se détruit à une température inférieure à celle où leurs éléments réagiraient, soit parce que cette combinaison ne se détruit qu'à une température où les éléments de l'É. ne pourraient se maintenir intacts en présence des chlorures ou des fluorures. Dans ce dernier cas se trouve, par exemple, la combinaison du chlorure de calcium avec l'alcool, combinaison qui ne fournit par la distillation sèche que de l'hydrogène carboné.

Les excellentes recherches de M. Kuhlmann offrent aussi à cet égard les preuves les plus concluantes. Ce chimiste a remarqué, en effet, que sous la pression ordinaire l'É. normal (1) se développe toujours, dans l'action des chorures ou des fluorures, à la température de 130 ou 140°, qui coïncide évidemment avec celle que M. Liebig avait déjà observée dans l'éthérification de l'alcool par l'acide sulfurique. Une diminution dans la pression doit évidemment abaisser à la fois et la température où l'É. se forme et celle où il se décompose lui-même en présence des agents qui lui ont donné naissance, c'est-à-dire qu'elle doit hâter la formation des hydrogènes carbonés. Or, voici ce que M. Kuhlmann a observé : un mélange d'équivalents égaux d'acide sulfurique et d'alcool (SH^2O^4 et C^2H^6O) développe beaucoup d'É. à 140°, sous la pression ordinaire ; mais, étant distillé dans une cornue où le vide était maintenu à 0^m,040, le même mélange se mit à bouillir à 86°, en développant de l'alcool absolu ; puis à 104°, il passa beaucoup d'eau, une huile hydro-carbonée, âcre et aromatique, mais sans aucune trace d'É. ; à 145°, le mélange dégagea déjà du gaz sulfureux en donnant les produits de décomposition qui se forment, dans les circonstances ordinaires, à

(1) Ou l'acétène chloré, provenant de la réaction de $C^4H^{10}O$ et de $2HCl$.

une température bien plus élevée et en présence d'un excès d'a-
cide sulfurique. Des expériences semblables, faites avec les combinaisons d'alcool et de bichlorure d'étain ou de perchlorure de
fer, ont donné les mêmes résultats : distillées dans le vide, elles
ne dégagèrent ni É. ni acétène chloré, mais beaucoup d'hydrogène carboné huileux (Kuhlmann).

La formation de l'huile de vin douce n'est donc pas nécessairement précédée de celle de l'É. normal.

300. Que conclure des faits précédents? C'est que la formation
de l'É. n'est ni un phénomène de simple déshydratation par des
corps avides d'eau, comme on l'admettait dans le principe, ni
un phénomène de catalyse, ainsi que le supposent MM. Berzélius et Mitscherlich, ni enfin un phénomène de déplacement ou
de double décomposition dans le sens de la théorie de l'éthyle.
Mais l'éthérification est simplement le résultat d'une action réciproque, sous l'influence de la chaleur, des éléments qui sont
contenus dans les combinaisons directes de l'alcool normal avec
l'acide sulfurique, le chlorure de zinc, le chlorure d'étain, etc.

Ces combinaisons, comme nous l'avons vu, sont fort peu stables; dans les cas où elles sont produites par des acides oxygénés
(acide sulfurique, phosphorique, arsénique), la formation de
l'É. est accompagnée de la régénération de ces derniers et d'une
élimination d'eau; lorsqu'elles ont été produites par des chlorures, l'éthérification n'est pas illimitée, comme par les acides
oxygénés, parce qu'au moment même de la régénération de ces
chlorures et de l'élimination de l'eau, il s'effectue une double
décomposition entre les éléments de l'eau et ceux des chlorures,
de manière qu'il en résulte de l'acide hydrochlorique qui se volatilise, et des oxydes métalliques fixes qui restent seuls dans le
résidu.

Si certains chlorures ne donnent pas d'éther, cela tient, soit à
ce que la combinaison d'alcool et de chlorure (chlorure d'arsenic) se détruit à une température inférieure à celle où leurs éléments se décomposeraient mutuellement pour donner de l'éther,
soit à ce que la combinaison d'alcool et de chlorure (chlorure
de calcium) ne se détruit qu'à une température à laquelle l'É.
succomberait lui-même à l'action du chlorure pour donner de
l'hydrogène carboné (huile de vin).

La formation de l'éthérène normal (gaz oléfiant) et de ses isomères huileux est donc étroitement liée à celle de l'É. ; tout en dépendant d'autres circonstances de température, la première rentre absolument dans la même théorie. Nous disons plus : la production des hydrogènes carbonés de l'huile de pommes de terre, celle des modifications isomères de l'essence de térébenthine par l'acide sulfurique, celle de l'hydrogène carboné du camphre (97, 166, 184), etc., reposent absolument sur les mêmes principes.

301. Passons aux propriétés de l'É. normal. A l'état de pureté, c'est un liquide incolore, entièrement limpide et d'une grande mobilité ; sa saveur est d'abord âcre et brûlante, puis fraîche. Il est parfaitement neutre aux papiers, et réfracte beaucoup la lumière. Sa densité, à l'état liquide, est de 0,723 à 12°,5, et, à l'état de vapeur, de 2,565 = 2 volumes. Il bout à 35°,6 sous la pression de 0,76 (Gay-Lussac). Refroidi jusqu'à 31° au-dessous de 0°, il cristallise en lames blanches et brillantes. Il est très inflammable.

Mélangée avec de l'air ou de l'oxygène, sa vapeur fait explosion par le contact d'un corps enflammé.

Il se mélange avec l'alcool en toutes proportions ; 9 parties d'eau dissolvent 1 partie d'É.

Il dissout en petite quantité le soufre et le phosphore. Le brome et l'iode s'y dissolvent également. De même, il dissout le chlorure d'or, le chlorure de fer, le sublimé corrosif, le nitrate de mercure

Les propriétés chimiques de l'É. normal se laissent prévoir quand on songe que ce corps résulte de la réunion de plusieurs molécules d'alcool, et que les produits de ces sortes de complications (1) se dédoublent de nouveau sous l'influence des agents énergiques pour régénérer la molécule simple ou du moins les dérivés immédiats de celle-ci (119).

En effet, l'acide sulfurique concentré dissout l'É. normal , et si l'on chauffe le mélange à 100°, il se produit du sulfovinate

(1) Il faut en dire autant de l'huile de vin, qui, quoique ayant un équivalent bien plus élevé que l'alcool normal , donnera sans doute les mêmes produits de décomposition.

normal ; un plus fort échauffement donne naissance à de l'huile
de vin, qu'on reconnaît très bien à son odeur caractéristique, en
ajoutant de l'eau au mélange. Quand on sature l'É. normal avec
de l'acide sulfurique anhydre, il se produit de l'alcool normal et
cette même huile de vin, ainsi que de l'éthionate, de l'iséthionate ou du méthionate (202).

Si l'on fait passer les vapeurs d'É. normal à travers un tube
de porcelaine chauffé au rouge, il se décompose complétement
en donnant à peu près les mêmes produits que l'alcool normal,
savoir : du formène n., de l'éthérène n., de l'oxyde de carbone,
de l'eau, de l'acétol normal, etc.

Le chlore gazeux, indépendamment des espèces chlorées dérivées du genre É., donne naissance à de l'acétol normal, à de
l'acétol trichloré, à de l'acétène chloré et à de l'acide hydrochlorique (Malaguti).

L'acide nitrique décompose l'É normal à chaud, en donnant
de l'acide carbonique, de l'acide acétique et de l'acide oxalique.

Abandonné à l'air avec une dissolution de potasse, il donne
peu à peu de l'acétate, comme l'alcool.

Saturé par du gaz hydrochlorique, il donne, à la distillation,
de l'acétène chloré (219), comme l'alcool.

Le potassium et le sodium l'attaquent lentement en dégageant
de l'hydrogène.

Il absorbe le gaz ammoniac en grande quantité.

Il dissout en général fort bien les matières très hydrogénées,
telles que les résines et les corps gras que l'alcool attaque mal,
tandis qu'il est sans action sur d'autres substances que l'alcool
dissout.

On ne réussit pas à combiner l'É. normal avec les éléments de
l'eau d'une manière directe, de manière à régénérer de l'alcool.
D'ailleurs ce dernier ne se décompose pas non plus en É. et en
eau, sans l'intervention de l'acide sulfurique et des chlorures.
M. Marchand a fait passer des vapeurs d'alcool à travers un tube
de porcelaine rempli de morceaux de verre, et maintenu à 130° ;
ces vapeurs passèrent sans s'altérer, et ce n'est qu'à la température du rouge sombre qu'elles se décomposèrent en aldéhyde,
carbure d'hydrogène et eau.

302. On a désigné sous le nom d'*huile de vin douce*, d'*huile*

de vin pesante ou d'_éther sulfurique_ , un corps huileux plus pesant que l'eau , et qu'on rencontre quelquefois dans les résidus de la fabrication de l'É. normal. Plusieurs chimistes l'ont analysé, mais ils ont obtenu des résultats entièrement différents ; et comme il n'est d'ailleurs pas possible de le laver sans que l'eau l'attaque, il me paraît très probable que ce n'est qu'un mélange.

L'eau , en effet, en sépare un liquide (_huile de vin légère , éthérine , éthérole_), ayant la même composition que le gaz oléfiant, bouillant à 280°, et d'une densité de 0,917 (Sérullas) ; son point d'ébullition correspondrait à la formule $C^{16}H^{32}$ (96). Refroidie à — 35°, cette huile légère dépose des cristaux fusibles à 110°, et bouillant à 260° (Sérullas, Marchand).

Il reste du sulfovinate normal en dissolution dans l'eau.

M. Liebig représente, d'après cela, l'huile pesante par $C^8H^{18}S^2O^7$ (sulfate d'oxyde d'éthyle et d'éthérol) ; mais rien ne garantit l'exactitude de cette formule : aussi sommes-nous fort disposé à la regarder comme un mélange d'hydrogène carboné et de sulfalcool normal (le véritable éther sulfurique , homologue du sulfométhol, (247)), qui, comme on sait, n'a pas encore été isolé à l'état de pureté.

On obtient cette même huile pesante (nous l'appellerons _sulféthérol_ jusqu'à ce que sa nature soit mieux établie) par la distillation sèche des sulfovinates ; elle se produit aussi lorsqu'on chauffe de l'É. avec de l'acide sulfurique concentré, ou qu'on le met en contact avec de l'acide sulfurique anhydre.

En distillant de l'alcool normal avec du chlorure de zinc, M. Masson a obtenu un hydrogène carboné dont le point d'ébullition était sensiblement le même que celui de l'huile légère, ainsi qu'un autre qui bouillait déjà à 30° (184).

M. Regnault a analysé une semblable huile provenant des résidus de la fabrication de l'éther en grand ; ce produit bouillait à 285°, et avait la composition de l'essence de térébenthine.

Toute l'histoire de l'huile de vin est d'ailleurs fort obscure, et a besoin d'être soumise à de nouvelles études.

303. _Ether bichloré_ (choréthéral de M. d'Arcet). — $C^4(H^8Cl^2)O$. — Ce produit a été obtenu par M. d'Arcet en faisant agir le chlore sur le gaz oléfiant brut, préparé par l'acide sulfurique et l'alcool

normal, et renfermant sans doute encore des vapeurs d'É. normal. En distillant au bain-marie la liqueur brute provenant de cette réaction, l'éthérilène bichloré (liqueur des Hollandais) passe le premier; puis bientôt la distillation s'arrête, et l'on trouve dans la cornue un liquide d'apparence huileuse, qui ne commence à bouillir que vers 140°, et dont le point d'ébullition s'élève bientôt jusqu'à 180°, où il devient stationnaire. Ce liquide est environ le quart ou le cinquième du produit primitif, suivant que les flacons de lavage du gaz oléfiant ont été refroidis avec plus ou moins de soin.

Débarrassé de toute matière étrangère, ce corps se présente sous la forme d'un liquide extrêmement fluide, limpide, incolore; d'une odeur douceâtre et éthérée; la densité de sa vapeur a été trouvée égale à $4,93 = 2$ vol. (d'Arcet).

Ether quadrichloré (éther bichloruré de M. Malaguti). — $C^4(H^6Cl^4)O$. — Lorsqu'on fait passer du chlore sec dans de l'É. normal, en ayant soin de refroidir le mélange au commencement de l'opération, il se développe beaucoup d'acide hydrochlorique, et il est aisé de reconnaître la formation de l'acétène chloré (éther hydrochlorique). Bientôt le dégagement de ces deux produits se ralentit, et l'on est même obligé d'aider l'action du chlore en élevant la température du mélange jusqu'à 30°. On obtient ainsi un liquide jaune, acide et fumant, et plus pesant que l'eau. On le lave avec de l'eau, et on l'abandonne dans le vide sec; ainsi purifié, l'E. quadrichloré a une densité de 1,05. Il se décompose avant d'entrer en ébullition (Malaguti).

Parmi les produits du chlore sur l'É. normal, on rencontre aussi l'acétol normal (aldéhyde) et l'acétol trichloré (chloral); la formation de ces corps, qui sont de la 2e famille, s'explique si l'on songe que l'É. normal dérive de la réunion de deux molécules d'un corps appartenant à cette même famille.

Voici d'ailleurs les équations qui rendent compte de la formation de tous ces produits :

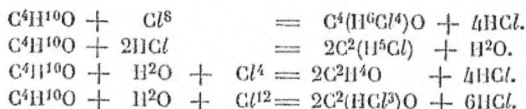

$$C^4H^{10}O + Cl^8 = C^4(H^6Cl^4)O + 4HCl.$$
$$C^4H^{10}O + 2HCl = 2C^2(H^5Cl) + H^2O.$$
$$C^4H^{10}O + H^2O + Cl^4 = 2C^2H^4O + 4HCl.$$
$$C^4H^{10}O + H^2O + Cl^{12} = 2C^2(HCl^3)O + 6HCl.$$

La dissolution aqueuse de potasse n'exerce immédiatement

aucune action sur l'É. quadrichloré; mais une dissolution de potasse dans l'alcool l'attaque instantanément, en donnant naissance à du chlorure et à de l'acétate potassiques :

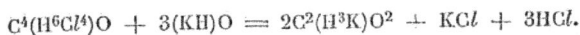

$$C^4(H^6Cl^4)O + 3(KH)O = 2C^2(H^3K)O^2 + KCl + 3HCl.$$

Le potassium attaque l'É. quadrichloré quand on le chauffe légèrement, en enlève du chlore, et produit un gaz qui paraît renfermer $C^4H^6Cl^2O$ (éther sous-chloruré de M. Malaguti).

L'hydrogène sulfuré, lorsqu'il agit sur l'É. quadrichloré, donne naissance à deux corps cristallisés, qu'il est difficile de séparer, et qui n'ont pas encore été étudiés. M. Malaguti les appelle *éther sulfuré* et *éther chlorosulfuré* (182).

Éther perchloré.—$C^4Cl^{10}O$.—L'É. quadrichloré étant soumis à l'action du chlore, sous l'influence des rayons solaires, donne une cristallisation abondante d'une substance qui ressemble complétement, au premier aspect, à l'acétène perchloré (p. 324), dont elle se distingue par sa fusibilité. En effet, elle fond déjà à 69°; elle résiste à une température de 280° sans entrer en ébullition. Après le refroidissement, la matière reste longtemps liquide, et ne se solidifie quelquefois qu'au bout de plusieurs heures.

Il est convenable, dans la préparation des espèces chlorées de l'É., de ne pas trop refroidir au commencement de l'expérience, afin de permettre à l'acétène chloré, qui se produit en grande abondance, de se dégager; sans cela, on s'expose à avoir des produits très complexes, et notamment de l'acétène perchloré (Regnault).

304. *Éther sulfuré* (éther hydrosulfurique, sulfure d'éthyle).— $C^4H^{10}S$.— M. Regnault le prépare en faisant agir l'acétène chloré (219) sur une dissolution alcoolique de monosulfure de potassium; on opère comme dans la préparation du méther sulfuré par le formène chloré (232). On purifie le produit en l'agitant à plusieurs reprises avec de l'eau, décantant et distillant sur quelques fragments de chlorure de calcium. L'É. sulfuré a une odeur alliacée, très pénétrante et désagréable. Sa densité, à 20°, est de 0,825; il bout à 73°; la densité de sa vapeur a été trouvée égale à $3,1 = 2$ vol. (Regnault).

Si, au lieu de traiter l'acétène chloré par du monosulfure potassique, on l'attaque par une dissolution alcoolique de sulfhydrate potassique bien saturée d'hydrogène sulfuré, on obtient de l'alcool sulfuré (230).

Ether octochloro-sulfuré (éther hydrosulfurique quadrichloruré de M. Regnault). — $C^4(H^2Cl^8)S$. — L'É. sulfuré est vivement attaqué par le chlore avec dégagement de HCl; il prend feu lorsqu'on le projette dans un flacon rempli de chlore sec. En opérant avec les précautions convenables, on obtient une huile jaune, d'une odeur extrêmement fétide et persistante, entrant en ébullition vers 160°, mais subissant une altération sensible à la distillation. La densité de ce liquide a été trouvée de 1,673 à la température de 24° (Regnault).

Ether sélénié (éther hydrosélénique, séléniure d'éthyle). — $C^4H^{10}Se$. — M. Loewig dit l'avoir obtenu en distillant du séléniure potassique avec du sulfovinate à même base.

Ether telluré (tellurure d'éthyle). — $C^4H^{10}Te$. — On l'obtient aisément en distillant une solution aqueuse de sulfovinate barytique avec du tellurure de sodium. C'est un liquide d'un rouge jaunâtre foncé, plus pesant que l'eau, d'une odeur nauséabonde très forte et persistante. Son point d'ébullition est au-dessous de 100°. Il s'enflamme aisément et brûle avec une flamme blanche, en répandant des vapeurs d'acide tellureux. Le contact de l'air l'altère (Woehler).

Genre *Thialol* $R+^2O^2$.

305. L'espèce bisulfurée de ce genre a été obtenue par M. Zeise en distillant du sulfovinate potassique (244) avec du persulfure de potassium.

Thialol bisulfuré (bisulfure d'éthyle, huile thialique). — $C^4H^{10}S^2$. — On distille un mélange de 2 p. de persulfure de potassium (K^2S^5) avec 3 p. de sulfovinate potassique, étendu de son poids d'eau, jusqu'à ce que le résidu dans la cornue commence à s'épaissir; puis on y ajoute une nouvelle portion d'eau, et l'on distille de nouveau, tant qu'on obtient du T. bisulfuré. Après l'avoir agité avec de l'eau, on le rectifie et on le dessèche sur du chlorure de calcium (Morin).

A l'état de pureté, il bout à 151°; il est incolore, et d'une odeur alliacée fort désagréable. Il ne s'altère point à l'air, n'agit pas sur les couleurs végétales, se dissout fort peu dans l'eau, et est très soluble dans l'éther et l'alcool.

Le bioxyde de mercure se convertit peu à peu au contact de ce corps en une masse jaune. La solution alcoolique du T. bisulfuré donne avec l'acétate de plomb un précipité blanc-jaunâtre, et avec le sublimé corrosif un précipité blanc et floconneux.

L'acide sulfurique concentré le décompose à chaud en développant du gaz sulfureux; il est également attaqué par une lessive de potasse concentrée, ainsi que par l'acide nitrique.

Le résidu de la préparation du T. bisulfuré se compose de sulfate de potasse et de soufre non combiné (Morin).

Le T. bisulfuré s'obtient aussi lorsqu'on traite par la potasse le liquide huileux (176) provenant de l'action nitrique sur l'alcool bisulfuré (Loewig, Kopp).

Genre Butyrate RO^2.

306. Les butyrates ont été obtenus pour la première fois par M. Chevreul dans la saponification du beurre de vache et de chèvre par les alcalis; ce beurre, en effet, renferme plusieurs glycérides (margarine, butyroléine, butyrine, p. 178), dont l'un donne un sel d'où les acides minéraux éliminent un acide liquide, odorant et volatil, que l'auteur appelle *acide butyrique*.

L'acide particulier provenant de la fermentation spontanée du tartrate de chaux, et que M. Noellner a décrit sous le nom d'*acide pseudo-acétique*, a été reconnu par M. Berzélius pour n'être qu'un mélange d'acétate et de butyrate.

Lorsqu'on abandonne pendant quelques mois des haricots ou des pois dans de l'eau aérée, il s'y établit une fermentation, accompagnée d'un dégagement d'acide cabonique et d'hydrogène, en même temps que l'eau se charge d'une quantité très notable d'acide butyrique (Erdmann et Marchand).

Le suc laiteux de l'arbre de la vache (*palo de vaca*) paraît renfermer du butyrate de magnésie (Marchand).

Tout récemment, M. Zeise a observé la présence du butyrate d'ammoniaque dans la fumée de tabac.

Enfin MM. Pelouze et Gélis ont constaté qu'on peut produire à volonté l'acide butyrique en mettant le sucre en fermentation

avec du caséum. Voici la méthode à laquelle ils se sont arrêtés :
on mêle à une dissolution de sucre marquant 10° au pèse-sirop
une petite quantité de caséum et assez de craie pour saturer tout
l'acide butyrique qui plus tard prendra naissance. Ce mélange
est abandonné à une température constante de 25 à 30° ; la fermentation, d'abord visqueuse, puis lactique, devient peu à peu
butyrique. Ces décompositions sont tantôt successives, tantôt
simultanées, sans qu'il soit possible d'en régler la marche. Il se
dégage beaucoup d'acide carbonique et d'hydrogène ; lorsque,
au bout de plusieurs semaines, tout dégagement d'hydrogène a
cessé, l'opération est finie, et la liqueur ne contient plus, pour
ainsi dire, que du butyrate de chaux. Cette transformation du
sucre paraît réussir d'autant mieux qu'on opère sur des quantités
plus considérables de matières. MM. Pelouze et Gélis se sont ainsi
procuré jusqu'à 20 ou 25 kilogrammes de butyrate. La réaction
est fort simple, car

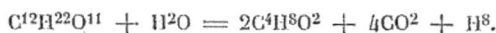

$$C^{12}H^{22}O^{11} + H^2O = 2C^4H^8O^2 + 4CO^2 + H^8.$$

Le g. butyrate est l'homologue des g. formiate (1re famille),
acétate (2e famille), etc.

Butyrate normal (acide butyrique). — $C^4H^8O^2$. — Pour obtenir
ce corps, on délaie 1 kilogr de butyrate calcique dans 3 ou
4 kilog. d'eau, à laquelle on ajoute 3 à 400 grammes d'acide
hydrochlorique du commerce. On introduit ce mélange dans un
appareil distillatoire, et on le soumet à l'ébullition, qu'on maintient jusqu'à ce qu'on ait obtenu environ 1 kilog. de liquide distillé. On met celui-ci en contact avec du chlorure de calcium,
qui détermine la formation de deux liquides de densité différente. Celui qui se maintient à la partie supérieure est de l'acide
butyrique ; on l'enlève et on le soumet à la distillation dans une
cornue tubulée munie d'un thermomètre. Les premières portions
qui passent dans les récipients sont plus ou moins aqueuses ; le
point d'ébullition, d'abord peu élevé, monte assez rapidement à
164°, terme auquel la température reste stationnaire. On purifie
le produit par une nouvelle rectification (Pelouze et Gélis).

Le B. normal est un liquide parfaitement incolore, d'une
transparence parfaite, d'une grande mobilité, et d'une odeur qui
rappelle tout à la fois celle du vinaigre et du beurre fort. Il est

soluble en toute proportion dans l'eau, l'alcool et l'esprit de bois. Il bout vers 164°, et distille sans altération sensible. Sa vapeur est inflammable et brûle avec une flamme bleue. Il ne se solidifie pas par un froid de — 20°. Sa densité est de 0,963 à + 15°. Sa saveur est très acide et brûlante. Il attaque et désorganise la peau comme les acides les plus puissants.

L'acide sulfurique concentré n'altère pas l'acide butyrique à la température ordinaire ; ce n'est que sous l'influence d'une chaleur élevée qu'on voit apparaître des signes de décomposition ; encore la plus grande partie du B. normal passe-t-elle à la distillation.

Le B. normal absorbe le chlore avec une grande facilité ; lorsqu'on en laisse tomber quelques gouttes dans un flacon rempli de chlore sec, on remarque aussitôt la production d'une grande quantité d'acide hydrochlorique, et les parois du flacon se couvrent d'une multitude de cristaux d'acide oxalique, baignés par un acide chloré, visqueux, et insoluble dans l'eau (Pelouze et Gélis).

Butyrate potassique. — $C^4(H^7K)O^2$. — Sel déliquescent.

Butyrate ammoniacal. — $C^4H^8O^2,NH^3$. — Il est aussi fort déliquescent.

Butyrate barytique. — $C^4(H^7Ba)O^2 + 2$ aq. — Il cristallise avec facilité en longs prismes aplatis, d'une transparence parfaite, et renfermant 2 éq. d'eau de cristallisation. Soumis à l'action d'une température inférieure à 100°, ces cristaux fondent en un liquide transparent sans rien perdre de leur poids. Ils produisent à la surface de l'eau les mêmes mouvements giratoires que le camphre. 1 p. de sel se dissout à + 10° dans 2,77 p. d'eau (Chevreul, Bromeis, Pelouze et Gélis).

Butyrate calcique. — $C^4(H^7Ca)O^2 + ?$ aq. — Il est assez soluble dans l'eau froide ; cette solubilité diminue à mesure que la température de la dissolution s'élève, et, quand celle-ci est arrivée au terme de l'ébullition, la presque totalité du sel se sépare sous forme de prismes transparents.

Soumis à la distillation sèche, il donne entre autres produits une huile volatile qui présente une odeur d'huile essentielle de labiées, à laquelle M. Krauss donne le nom de *butyrone*, et dont la formation est sans doute analogue à celle de l'acétone (90).

Butyrate cuivrique. — $C^4(H^7Cu)O^2 +$ aq. — Il est très peu soluble dans l'eau ; on peut l'obtenir directement ou par double
échange, en versant un sel de cuivre dans une dissolution de butyrate potassique. Il se forme alors un précipité bleuâtre qu'on
peut faire cristalliser en le dissolvant dans l'eau bouillante. La
chaleur lui fait perdre son équivalent d'eau de cristallisation.

Butyrate argentique. — $C^4(H^7Ag)O^2$. — Paillettes blanches et
brillantes qui ressemblent beaucoup à l'acétate à même base.

Genre Acétalcool RO^2.

307. Ce genre, isomère du précédent, est l'homologue des g.
formométhol (2ᵉ fam.), formalcool, acéméthol (3ᵉ fam.), etc. On
en obtient l'espèce normale en éthérifiant l'alcool normal ou un
sulfovinate par un acétate (80) :

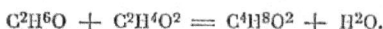

$$C^2H^6O + C^2H^4O^2 = C^4H^8O^2 + H^2O.$$

Acétalcool normal (éther acétique, acétate d'oxyde d'éthyle).
— $C^4H^8O^2$. — Cet éther se produit en petite quantité par la distillation d'un mélange d'alcool normal et d'acide acétique concentré (Lauraguais). On l'obtient en grande quantité à l'aide d'un
mélange de 3 p. d'acétate potassique, 3 p. d'alcool absolu et
2 p. d'acide sulfurique, que l'on distille jusqu'à siccité. Il faut
modifier ces proportions, si l'on emploie un autre acétate ; ainsi
on peut prendre 16 p. d'acétate plombique sec, 4 1/2 d'alcool
et 6 p. d'acide sulfurique, ou bien 10 p. d'acétate sodique, 6 p.
d'alcool et 15 p. d'acide sulfurique. On mélange d'abord l'acide
sulfurique avec l'alcool, et l'on verse le liquide sur le sel bien
pulvérisé ; l'échauffement doit être modéré au commencement
de l'opération, mais vers la fin on chauffe plus fort. On purifie le
produit en le mettant en digestion avec du chlorure de calcium,
décantant et soumettant à la rectification (Thénard, Dumas et
Boullay).

L'A. normal est un liquide incolore, plus léger que l'eau,
d'une odeur agréable et éthérée. Il bout à 74° ; la densité de sa
vapeur a été trouvée, par expérience, égale à 3,067 = 2 vol. Il
brûle avec une flamme blanc-jaunâtre. Il ne s'altère pas avec le

temps quand il est sec; mais lorsqu'il est humide, il se décompose à la longue en alcool normal et en acétate normal :

$$C^4H^8O^2 + H^2O = C^2H^6O + C^2H^4O^2.$$

Les alcalis favorisent ce dédoublement. La chaux potassée le convertit en acétate avec dégagement d'hydrogène (144).

Il est soluble dans 7 p. d'eau, et en toutes proportions dans l'alcool et l'éther.

L'acide sulfurique concentré le décompose à chaud en éther normal et en acétate normal. L'acide hydrochlorique le convertit en acétène chloré et en acétate normal :

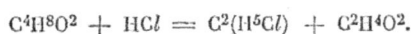

$$C^4H^8O^2 + HCl = C^2(H^5Cl) + C^2H^4O^2.$$

L'action du chlore sur l'A. normal est très énergique; il se produit de l'acide hydrochlorique et des espèces chlorées dérivées du même genre, ainsi que des produits secondaires provenant de l'action de l'acide hydrochlorique (Malaguti).

Acétalcool bichloré (éther acétique bichloruré). — $C^4(H^6Cl^2)O^2$. — L'A. normal s'échauffe considérablement au contact du chlore, de manière qu'il faut refroidir le liquide pour éviter qu'il entre en ébullition ; dès qu'il n'y a plus de réaction à la lumière diffuse, on distille la masse à une chaleur graduée jusqu'à ce qu'elle commence à se colorer. Le résidu étant bien lavé et desséché dans le vide est entièrement neutre; il présente une odeur quelque peu acétique et une saveur poivrée qui irrite la gorge. Chauffé à $+110°$, l'A. bichloré commence à se colorer et à répandre des fumées d'acide hydrochlorique. Sa densité, à 12", est de 1,301 (Malaguti).

L'eau le convertit à la longue en HCl et acétate normal. Une dissolution aqueuse de potasse ne l'attaque pas immédiatement, mais une dissolution alcoolique le décompose aussitôt en chlorure et en acétate :

$$C^4(H^6Cl^2)O^2 + 2(KH)O = 2KCl + 2C^2H^4O^2.$$

ou bien :

$$C^4(H^6Cl^2)O^2 + 4(KH)O = 2KCl + 2C^2(H^3K)O^2 + 2H^2O.$$

Sous l'influence d'une insolation directe, le chlore attaque l'A. bichloré, en produisant successivement différentes espèces dérivées du même g., et dans lesquelles l'hydrogène est remplacé par son équivalent de chlore. Le produit final de cette action ne renferme plus d'hydrogène (Leblanc).

Acétalcool trichloré (éther chloracétique). — $C^4(H^5Cl^3)O^2$. — On l'obtient aisément en distillant ensemble de l'alcool normal, de l'acide chloracétique et de l'acide sulfurique, ou bien de l'alcool normal, de l'acide sulfurique et un chloracétate alcalin. Le produit volatil, étendu d'eau, laisse déposer une substance oléagineuse, d'une odeur de menthe (Dumas).

Ce corps, soumis à l'action prolongée du chlore, sous l'influence des rayons solaires, fournit de l'A. perchloré (Leblanc).

Acétalcool perchloré (éther acétique perchloruré). — $C^4Cl^8O^2$. — Pour l'obtenir, il est nécessaire de recourir à la double influence d'une forte insolation et d'une température de 110° environ. Il se présente sous la forme d'un liquide oléagineux, insoluble dans l'eau, d'une densité de 1,79 à 25°; il ne se solidifie pas à une température inférieure à 0°; son odeur forte et pénétrante rappelle celle de l'acétol trichloré; sa saveur est brûlante. L'acide sulfurique concentré ne le dissout pas et ne lui communique aucune coloration. Il bout et distille vers 245° (Leblanc).

Sous l'influence de l'humidité, l'A. perchloré ne tarde pas à se décomposer; cette réaction est instantanée sous l'influence d'une solution concentrée de potasse; il se produit alors de l'acétate trichloro-potassique et du chlorure de potassium. Par l'eau, il se produit de l'acétate trichloré et du chlorure d'hydrogène; en effet :

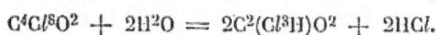

$$C^4Cl^8O^2 + 2H^2O = 2C^2(Cl^3H)O^2 + 2HCl.$$

Sous l'influence prolongée du chlore, l'A. perchloré finit par donner de l'acétène perchloré, C^2Cl^6 (Leblanc).

Genre *Pyrogallate* $R^{-4}O^2$.

308. Produit de la distillation sèche du tannin (9ᵉ famille) et de l'acide gallique (7ᵉ famille).

Pyrogallate normal (acide pyrogallique). — $C^4H^4O^2$. — Lorsqu'on introduit de l'acide gallique $C^7H^6O^5$ dans un bain d'huile, on remarque, quelques instants après que le thermomètre maintenu dans le bain marque 210 à 215°, un dégagement abondant de gaz carbonique pur, en même temps que le dôme de la cornue se couvre d'une multitude de lames cristallines ; du reste, pas la plus légère trace d'eau, ni de matières empyreumatiques ; et, dans la cornue, un résidu à peine pondérable, quelquefois tout-à-fait nul (Pelouze). Cette réaction s'explique par l'équation suivante :

$$2C^7H^6O^5 = 2CO^2 + 3C^4H^4O^2.$$

Si l'on chauffe l'acide gallique brusquement à 250°, il se forme encore de l'acide carbonique pur ; mais, au lieu de cristaux sublimés, on voit apparaître de l'eau qui ruisselle le long des parois de la cornue, et l'on trouve dans le fond de ce vase un résidu noir d'acide métagallique $C^{12}H^8O^4$:

$$2C^7H^6O^5 = 2CO^2 + 2H^2O + C^{12}H^8O^4.$$

On obtient une grande quantité de P. normal en soumettant à la sublimation l'extrait aqueux de la noix de galle dans un appareil semblable à celui qui sert dans la préparation de l'acide benzoïque. On maintient alors cet extrait desséché dans un bain à 185° ; on obtient environ 10 p. c. de produit (Stenhouse).

Le P. normal cristallise en lames ou en aiguilles très allongées, extrêmement solubles dans l'eau, solubles dans l'alcool et dans l'éther sulfurique. Sa saveur est très amère ; à l'état pur, il ne rougit pas le tournesol. Il entre en fusion vers 115° et en ébullition vers 210° ; sa vapeur est incolore et très légèrement piquante.

A 250°, il noircit fortement, laisse dégager de l'eau et donne un résidu abondant d'acide métagallique (Pelouze).

Sa dissolution aqueuse noircit peu à peu au contact de l'air ; la présence des alcalis favorise cette coloration. Lorsqu'on verse la solution dans du lait de chaux, le mélange se colore en pourpre et finit par noircir.

Les persels de fer versés soit à froid, soit à chaud, dans une solution de P. norm., y développent une belle teinte rouge, sans qu'il se forme de précipité. Le protosulfate de fer y occasionne une coloration bleu-indigo bien intense, sans la précipiter non plus. Les sels d'or, de platine et d'argent en sont réduits à l'état métallique.

Lorsqu'on mélange à froid la solution du P. norm. avec de l'acétate de plomb neutre, il se produit un précipité blanc et floconneux qui, desséché dans le vide, renferme $2C^4H^4O^2 + Pb^2O$ (Campbell, Stenhouse); en le desséchant à une température élevée, on l'obtiendrait probablement de la composition $C^4(H^3Pb)O^2$.

Le P. normal ne s'unit pas aux alcalis (Stenhouse), mais il produit une substance noire (acide métagallique?) en même temps que du carbonate et de l'acétate.

Il occasionne dans l'acétate de cuivre un précipité brun foncé qui noircit rapidement et se dissout aisément dans l'eau.

Le P. normal présente les plus grandes analogies avec la pyrocatéchine de M. Zwenger, mais celle-ci renferme $C^6H^6O^2$.

Genre Succinide $R^{-4}O^3$.

309. On obtient l'espèce normale de ce g. par la distillation sèche du succinate normal :

$$C^4H^6O^4 = C^4H^4O^3 + H^2O.$$

Succinide normal (acide succinique anhydre). — $C^4H^4O^3$. — Cet anhydride s'obtient en distillant une ou deux fois du succinate normal avec de l'acide phosphorique sec ; on obtient ainsi une masse cristalline d'une blancheur parfaite. Cette déshydratation s'effectue aussi en faisant bouillir très vite le succinate normal seul dans une cornue et en absorbant l'eau à mesure qu'elle vient se condenser (d'Arcet).

Le S. normal est moins soluble dans l'eau que le succinate normal, mais en revanche sa solubilité dans l'alcool est plus grande.

Lorsqu'on le dissout dans l'eau bouillante, il fixe de nouveau 1 éq. d'eau et se convertit en succinate normal.

Le gaz ammoniac sec s'échauffe beaucoup avec cet anhydride; il se produit alors de l'eau, ainsi qu'un corps cristallisé que nous décrirons plus loin sous le nom de succinidam normal.

Genre Maléide $R^{-6}O^3$.

310. L'action de la chaleur expulse H^2O des espèces normales

des g. maléate et fumarate, et les convertit en maléide normal :

$$C^4H^4O^4 = H^2O + C^4H^2O^3.$$

Maléide normal (acide maléique anhydre). — $C^4H^2O^3$. — Cet anhydride s'obtient le mieux en distillant rapidement le maléate normal dans une cornue dont le col est fortement incliné, de manière que les produits ne puissent retomber dans la panse. Il fond à 57° et bout vers 176°; pour peu qu'on le chauffe plus fort, il dégage du gaz et se colore en partie. Le contact de l'eau ou des alcalis le convertit rapidement en maléate (Pelouze).

Genre Succinate $R^{-2}O^4$.

311. L'espèce normale de ce genre, qui est l'homologue des g. oxalate, pimélate, adipate, subérate, etc., se rencontre dans l'ambre jaune; on la trouve également, suivant MM. Unverdorben, Lecanu et Serbat, dans la résine de quelques conifères. On l'obtient artificiellement par l'action prolongée de l'acide nitrique sur les corps gras et sur la cire. Le g. succinate est bibasique.

Succinate normal (acide succinique cristallisé, acide absinthique). — $C^4H^6O^4$. — On l'extrait de l'ambre jaune en soumettant celui-ci à la distillation sèche; le produit aqueux renferme du S. normal mélangé de matières empyreumatiques qu'on enlève autant que possible à l'aide d'un filtre mouillé; puis on le traite par du chlore gazeux ou par de l'acide nitrique qui détruisent les dernières traces de matières huileuses. On concentre le liquide par l'évaporation. On peut aussi obtenir le S. normal en concentrant les eaux-mères de l'action de l'acide nitrique sur la cire ou sur l'acide stéarique. Le S. normal se prend en paillettes ou en prismes rectangulaires, blancs, brillants et nacrés. Il est soluble dans l'eau, et beaucoup plus à chaud qu'à froid : aussi les dissolutions cristallisent-elles avec une grande facilité par le refroidissement; moins soluble dans l'alcool, il l'est à peine dans l'éther. Cet acide fond à 180°, mais déjà avant de fondre il émet des vapeurs âcres; il bout à 235°, en se décomposant en eau et en succinide normal : $C^4H^6O^4 = H^2O + C^4H^4O^3$ (d'Arcet).

L'acide nitrique bouillant ne paraît pas altérer le S. normal ; le chlore ne le décompose pas non plus.

Soumis à la distillation sèche avec un mélange de peroxyde de manganèse et d'acide sulfurique, il donne de l'acide acétique (Trommsdorff). Quand on le fait fondre avec un excès de potasse caustique, il produit de l'oxalate ainsi qu'un carbure d'hydrogène (Liebig et Wœhler).

Soumis à l'action des vapeurs de l'acide sulfurique anhydre, le S. normal produit une combinaison copulée (Fehling).

Succinate bipotassique (succinate de potasse neutre) (1). — $C^4(H^4K^2)O^4 + 2$ aq. — Lorsqu'on neutralise une dissolution de S. normal avec du carbonate de potasse, et qu'on concentre le mélange, ce sel se prend ordinairement en cristaux confus, déliquescents, solubles dans l'alcool et insolubles dans l'éther. A 100° ils perdent les 2 éq. d'eau de cristallisation (Dœpping).

Succinate potassique (succ. de potasse acide). — $C^4(H^5K)O^4 + 2$ aq. — Si l'on sature une quantité pesée de S. normal par du carbonate de potasse et qu'on y ajoute ensuite un poids de S. égal à la quantité déjà employée, on obtient, par l'évaporation du mélange, des prismes à 6 faces, réguliers, transparents, et qui s'effleurissent légèrement à l'air. Ils sont très solubles dans l'alcool et l'eau, rougissent le tournesol, et perdent à 100° toute leur eau de cristallisation (Dœpping). Ce sel est contenu dans les feuilles et les tiges de l'absinthe (Zwenger).

Succinate bisodique (sel neutre). — $C^4(H^4Na^2)O^4 + 6$ aq. — Il s'obtient aisément en prismes à base rhombe, très solubles dans l'eau, neutres au papier, et qui perdent à 100° leur eau de cristallisation.

Succinate sodique (sel acide). — $C^4(H^5Na)O^4 + 3$ aq. — Prismes aplatis, d'une réaction acide, peu efflorescents et qui se dessèchent complétement à 100°.

---

(1) M. d'Arcet décrit sous le nom d'*acide succinique sublimé* un produit qui, selon lui, renfermerait $C^4H^5O^3$ 1/2 ; mais, en considérant les propriétés de ce produit ainsi que les deux analyses qu'en donne l'auteur, on acquiert la certitude que ce prétendu corps particulier n'était qu'un mélange de succinate normal (acide dit hydraté) et de succinide normal (acide dit anhydre).

Succinate biammoniacal (sel neutre). — $C^4H^6O^4,2NH^3$. — En, sursaturant du S. normal par de l'ammoniaque caustique concentrée et abandonnant le mélange sur de la chaux vive disposée dans une cloche, on obtient des prismes hexagones très solubles dans l'eau et l'alcool, et qui présentent la composition indiquée. Ils perdent de l'ammoniaque à l'air. Leur solution dissout le chloroplatinate d'ammoniaque (Dœpping).

Succinate ammoniacal (sel acide). — $C^4H^6O^4,NH^3$. — Il se produit quand on évapore à chaud le sel précédent. On l'obtient aisément en prismes à 6 faces, fort solubles dans l'eau, et d'une réaction acide.

Succinate bibarytique. — $C^4(H^4Ba^2)O^4$. — Le S. bisodique occasionne dans le chlorure de baryum un précipité blanc et cristallin, peu soluble dans l'eau, assez soluble dans les acides acétique, hydrochlorique et nitrique étendus.

On n'a pas encore obtenu le sel à 1 éq. de baryum.

Succinate bicalcique. — $C^4(H^4Ca^2)O^4 + 3$ aq. — Lorsqu'on mélange une solution moyennement concentrée de chlorure de calcium, avec une solution de S. bisodique, le liquide ne se trouble pas; mais, par le repos, il s'y dépose des cristaux aciculaires neutres au papier, peu solubles dans l'eau et l'acide acétique, insolubles dans l'alcool, et fort solubles dans les acides hydrochlorique et nitrique étendus. Ces cristaux perdent à 120°, 25,5 p. c. = 3 éq. d'eau de cristallisation.

Ils se dissolvent aisément dans une solution de S. normal, en produisant probablement un sel à 1 éq. de calcium $C^4(H^5Ca)O^4$; la solution donne, par la concentration, des prismes peu solubles dans l'eau et d'une réaction acide ; l'alcool les rend troubles en les transformant en sel à 2 éq. de calcium. Ce sel acide se décompose aussi quand on le chauffe à 150" (Dœpping).

En soumettant à l'action du feu, soit du S. bicalcique, soit un mélange intime de S. normal et de chaux, on obtient à la distillation un liquide très coloré et brun, et d'une odeur empyreumatique fort prononcée; en redistillant lentement et à plusieurs reprises ce liquide à la température de 120°, on voit se réunir dans le récipient une liqueur incolore très fluide et ayant perdu en grande partie l'odeur désagréable du produit brut. M. d'Arcet lui donne le nom de *succinone ;* les analyses qu'il en a faites ne s'accordent pas assez bien pour qu'il soit possible d'en déduire une formule.

Succinate bimagnésique. — $C^4(H^4Mg^2)O^4 + 6$ aq. — Cristaux prismatiques qui s'obtiennent par la dissolution du carbonate de magnésie dans le S. normal. A 130°, le sel est entièrement sec. L'ammoniaque produit dans la dissolution de ce sel un précipité blanc et pulvérulent qui paraît renfermer $C^4(H^4Mg^2)O^4 + 2Mg^2O$ avec de l'eau ; c'est donc un sel surbasique (Dœpping).

Succinate potassico-magnésique. — $C^4(H^4KMg)O^4 + 2$ aq. — Si l'on neutralise du S. normal dissous dans l'eau par du carbonate magnésien, qu'on y ajoute un poids de S. normal égal au précédent, et qu'on neutralise le tout par du carbonate de potasse, on obtient, par la concentration du mélange, de belles pyramides doubles et à 6 faces, fort solubles dans l'eau, inaltérables à l'air et neutres au papier. Le sel privé d'eau de cristallisation par la chaleur attire l'humidité de l'air.

Succinate bicuivrique. — $C^4(H^4Cu^2)O^2$. — Poudre cristalline d'un vert bleuâtre, peu soluble dans l'eau.

Succinate biargentique. — $C^4(H^4Ag^2)O^4$. — Le nitrate d'argent ne précipite pas le S. normal ; mais une solution de S. bisodique en est précipitée à l'état de flocons blancs et pulvérulents, fort peu solubles dans l'eau.

Succinate biplombique. — $C^4(H^4Pb^2)O^4$. — Lorsqu'on ajoute une solution de sel de saturne à du S. bisodique, il se précipite une poudre blanche qui devient cristalline si l'on opère à chaud. Ce produit est très peu soluble dans l'eau ; l'acide nitrique étendu et la potasse le dissolvent aisément. Le même sel s'obtient si l'on précipite à chaud du S. normal avec de l'acétate de plomb surbasique ; mais si l'on mélange du S. à un équivalent de sodium avec de l'acétate trisurplombique, il se produit un précipité emplastique qui s'attache aux parois des vases pendant qu'il est chaud, et qui devient cassant par le refroidissement. C'est un sel sesquisurbasique renfermant $2[C^4(H^4Pb^2)O^4] + Pb^2O$ (Gerhardt, Dœpping).

Lorsqu'on traite le S. biplombique par un excès d'ammoniaque liquide, il reste une poudre blanche insoluble dans l'eau, fort soluble dans la potasse et dans l'acide nitrique étendu. Elle renferme $C^4(H^4Pb^2)O^4 + 2Pb^2O$; c'est donc un sel trisurbasique.

Succinate surferrique.— $2[C^4(H^4Fe^2\beta)O^4] + Fe^2\beta O$. C'est le pré-cipité brun (1) que le succinate bisodique occasionne dans les persels de fer (Dœpping).

Genre *Oxalovinate* $R^{-2}O^4$.

312. L'oxalcool normal (6e fam.) se décompose par la potasse en alcool normal et en oxalovinate potassique (Mitscherlich) :

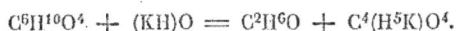

$$C^6H^{10}O^4 + (KH)O = C^2H^6O + C^4(H^5K)O^4.$$

Les oxalovinates non chlorés se dédoublent eux-mêmes sous l'influence d'un excès d'alcali, en produisant de l'alcool normal et de l'oxalate :

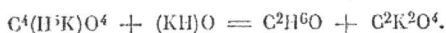

$$C^4(H^5K)O^4 + (KH)O = C^2H^6O + C^2K^2O^4.$$

Oxalovinate normal (acide oxalovinique, bioxalate d'oxyde d'éthyle). — $C^4H^6O^4$. — On peut l'obtenir en décomposant l'O. à base de plomb ou de baryum par l'acide sulfurique ; mais il est si peu stable qu'il se décompose par la concentration en alcool et oxalate normal.

Oxalovinate potassique (oxalate de potasse et d'oxyde d'éthyle). — $C^4(H^5K)O^4$. — On obtient ce sel en dissolvant de l'oxalcool normal dans de l'alcool absolu et ajoutant une dissolution alcoo-lique de potasse en quantité assez faible pour ne pas produire de l'oxalate. Le nouveau sel se sépare alors en paillettes cristallines. On le lave avec de l'alcool et on le fait cristalliser dans l'alcool aqueux. Il s'altère déjà vers 100". Le contact des alcalis le con-vertit rapidement en oxalate (Mitscherlich).

On obtient d'autres espèces du genre O. en dissolvant le sel potassique dans l'alcool aqueux, saturant avec précaution avec de l'acide sulfurique, et neutralisant par du carbonate de plomb ou de baryte.

313. *Oxalovinate quintichloré* (ac. chloroxalovinique). — $C^4(Cl^5H)O^4$. — Pour l'obtenir, on verse dans une dissolution d'O. quinti-chloro-ammoniacal une quantité connue de carbonate de soude, on concentre la liqueur dans un bain de sable, jusqu'à trois quarts du volume, et l'on achève la dessiccation dans le vide. Le

(1) Il faut se rappeler que Feβ équivaut à Fe 2/3 ; voyez page 361.

résidu est dissous dans une petite quantité d'eau contenant l'acide sulfurique nécessaire pour neutraliser la soude. On dessèche de nouveau la masse, d'abord par un bain de sable, ensuite par le vide; puis on traite le résidu par l'alcool absolu qui dissout l'O. quintichloré (Malaguti).

Desséché dans le vide, ce corps se présente en petites aiguilles confuses, incolores, solubles en toutes proportions dans l'alcool, l'éther et l'eau, fusibles à une basse température; appliqué sur la peau, il tombe en déliquescence, puis cause une vive douleur, et y laisse une tache blanche entourée d'une auréole enflammée.

Il est très déliquescent et fait effervescence avec les carbonates (1).

(1) M. Malaguti a décrit une substance huileuse qu'il appelle *acide chloroxalovinique anhydre* ($C^8Cl^{10}O^7$), mais qui ne paraît être qu'une modification liquide, isomère de l'O. quintichloré. Il l'obtient, avec d'autres produits, en mettant de l'oxalcool perchloré en contact avec de l'alcool normal; elle est légèrement jaunâtre, douée d'une odeur vineuse, et bout vers 200° en se colorant; récemment préparée, elle est entièrement neutre, mais elle s'acidifie promptement à l'air humide; elle est insoluble dans l'eau, et soluble, en toutes proportions, dans l'alcool et l'éther. Comme on ne connaît pas la composition des produits qui accompagnent cette huile, il n'est guère possible d'en expliquer la formation. Cependant M. Malaguti a si bien décrit les réactions de ce corps qu'on peut en déduire sa formule avec quelque vraisemblance.

L'ammoniaque liquide ou gazeuse le transforme en oxaméthane quintichloré (chloroxaméthane); or, dans cette métamorphose, deux cas sont possibles: ou l'ammoniaque enlève du chlore pour former HCl avec son propre hydrogène, ou elle enlève de l'oxygène pour former H^2O (67).

On aurait dans le premier cas:

$$x + NH^3 = HCl + C^4(H^2Cl^5)NO^3.$$

x devient alors égal à $C^4Cl^6O^3$; mais cette composition ne s'accorde pas avec les analyses de M. Malaguti, et d'ailleurs la formation de l'acide hydrochlorique (ou plutôt du sel ammoniac) n'a pas été observée dans cette réaction.

Dans le second cas on aurait:

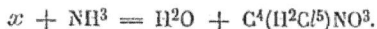

$$x + NH^3 = H^2O + C^4(H^2Cl^5)NO^3.$$

x devient alors égal à $C^4(HCl^5)O^4$, isomère de l'oxalovinate quintichloré. Cette composition est en harmonie avec les résultats analytiques de l'auteur; d'ailleurs, elle ne diffère de celle de M. Malaguti que par 1 éq. d'eau, et présente tout autant de probabilité.

Oxalovinate quintichloro-ammoniacal (chloroxalovinate d'am-moniaque). — $C^4(Cl^5H)O^4,NH^3$. — L'oxaméthane quintichloré (327) disparaît peu à peu dans une solution d'ammoniaque, sans qu'il se forme ni acide hydrochlorique ni acide oxalique; si, après avoir débarrassé le liquide de l'excès d'ammoniaque, on le dessèche dans le vide, on obtient de l'O. quintichloro-ammo-niacal sous la forme d'une masse saline très déliquescente. Ce sel possède une saveur amère et piquante; il présente une réaction légèrement acide, se dissout dans l'eau et dans l'alcool, et peut fondre sans se décomposer; mais si on le fait entrer en ébul-lition, il se décompose, sans dégager d'ammoniaque, en dé-veloppant une fumée très dense douée d'une odeur acétique (Malaguti).

Si l'on compare la composition de l'oxaméthane quintichloré avec celle du sel que nous venons de décrire, on remarque que le premier corps n'a besoin que de fixer 1 éq. d'eau pour devenir 0. quintichloro-ammoniacal :

$$C^4(H^2Cl^5)NO^3 + H^2O = C^4(HCl^5)O^4,NH^3.$$

Il paraît dès lors que la transformation de l'oxaméthane en oxa-lovinate s'opérerait aussi par le concours d'un alcali autre que l'ammoniaque.

Genre Oxaméthol R–²O⁴.

314. Ce genre, isomère des deux précédents, est l'homologue des g. oxalcool (6ᵉ fam.), succinalcool (8ᵉ fam.), etc. MM. Dumas et Péligot en obtiennent l'espèce normale par l'éthérification du méthol normal (1ʳᵉ fam.) au moyen d'un oxalate (2ᵉ fam.) :

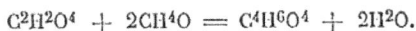

$$C^2H^2O^4 + 2CH^4O = C^4H^6O^4 + 2H^2O.$$

Oxaméthol normal (oxalate de méthylène, oxalate d'oxyde de méthyle). — $C^4H^6O^4$. — En distillant un mélange de parties égales d'acide sulfurique, d'oxalate normal et d'alcool normal, on obtient dans le récipient une liqueur spiritueuse qui, exposée à l'air, s'évapore bientôt en laissant un résidu cristallisé en belles lames rhomboïdales. La quantité de ce produit augmente à me-sure que la distillation avance; on purifie le produit en le distil-lant de nouveau avec un peu de méthol normal, faisant égoutter

sur un filtre, fondant au bain d'huile et distillant sur du massicot.

L'O. normal est un véritable éther; il est cristallisé en rhombes
incolores, et présente une odeur éthérée. Il fond vers 51° et bout
à 161°. Il se dissout dans l'eau froide; mais la dissolution se détruit bientôt, surtout à chaud, en régénérant les espèces normales des g. méthol et oxalate. Les alcalis hydratés le détruisent
rapidement et opèrent le même dédoublement. Il se dissout dans
l'alcool et dans l'esprit de bois.

L'ammoniaque sèche le convertit en méthol normal et en oxaméthylane normal (3° fam.) :

$$C^4H^6O^4 + NH^3 = CH^4O + C^3H^5NO^3.$$

L'ammoniaque liquide le convertit en méthol normal et en
oxamide normale (2° fam.) :

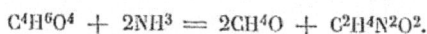

$$C^4H^6O^4 + 2NH^3 = 2CH^4O + C^2H^4N^2O^2.$$

Oxaméthol quadrichloré (oxalate de méthylène chloruré). —
$C^4(H^2Cl^4)O^4$. — Le chlore agit très lentement sur l'O. normal.
Comme ce composé est solide, il faut l'entretenir en fusion pour
que le chlore y puisse agir; l'expérience est très longue et fati-
gante. On obtient une huile limpide, volatile, qui, mise dans l'eau,
produit immédiatement une effervescence d'oxyde de carbone
pur, et si l'on fait l'essai dans une petite quantité d'eau, on
voit se précipiter des cristaux d'oxalate normal, tandis que le
liquide retient HC*l* en dissolution (Malaguti) :

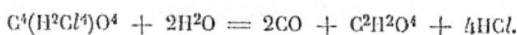

$$C^4(H^2Cl^4)O^4 + 2H^2O = 2CO + C^2H^2O^4 + 4HCl.$$

Genre *Maléate* R^{-4}O^4.

315. Lorsque, suivant les observations de M. Pelouze, on chauffe
du malate normal (acide malique), il entre en fusion vers 83°;
à 176°, il se décompose complétement en eau et en deux ou trois
produits organiques sans qu'il se produise la plus légère trace de
charbon ni de gaz quelconque. On voit distiller le long de la cornue un liquide incolore, qui ne tarde pas à se transformer en
beaux cristaux prismatiques : c'est un mélange de maléate normal
et de maléide normal (ac. maléique anhydre). Il reste dans la cornue une masse cristalline très abondante de fumarate normal (ac.

paramaléique). Au bout de deux heures, si l'on n'a opéré que
sur une dizaine de grammes de matière, la transformation est
complète.

Lorsqu'au lieu de chauffer à 176°, on pousse rapidement à
200°, et qu'on maintient cette température, les mêmes produits
prennent naissance, mais le maléide normal prédomine; si, au
contraire, on ne va pas au-delà de 150°, on n'obtient pour ainsi
dire que du fumarate normal et de l'eau; mais la réaction est
alors extrêmement lente (Pelouze).

Ces réactions trouvent leur explication dans les équations suivantes :

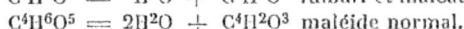

$$C^4H^6O^5 = H^2O + C^4H^4O^4 \text{ fumar. et maléate norm.}$$
$$C^4H^6O^5 = 2H^2O + C^4H^2O^3 \text{ maléide normal.}$$

D'ailleurs le fumarate et le maléate normal, isomères l'un de
l'autre, se décomposent eux-mêmes en maléide normal par l'action prolongée de la chaleur.

Maléate normal (acide maléique hydraté). — $C^4H^4O^4$. — Pour
l'obtenir à l'état de pureté, on fait dissoudre dans l'eau les cristaux qui se condensent dans le récipient par la distillation
brusque du malate normal. Par la concentration, la solution se
prend alors en cristaux qui paraissent dériver d'un prisme à
base de parallélogrammes obliquangles. Ils sont inodores; leur
saveur, d'abord acide, est bientôt suivie d'une sensation nauséabonde très désagréable. Ils sont très solubles dans l'eau et
l'alcool. Leur dissolution aqueuse rougit fortement le tournesol; abandonnée à elle-même dans un vase ouvert, elle grimpe
le long des parois, et s'effleurit sous forme de choux-fleurs
(Pelouze).

Cet acide ne précipite pas par l'eau de chaux; il forme dans
celle de baryte un précipité blanc qui se change peu à peu en
paillettes cristallines; un excès d'eau de baryte ou de M. normal
redissout le précipité, qui n'exige d'ailleurs pas beaucoup d'eau
pour disparaître (Pelouze).

L'acétate de plomb, versé dans une dissolution très étendue
de cet acide, y fait naître un précipité blanc, insoluble, qui
se change, au bout de quelques minutes, en de fort jolies lames

31

brillantes, d'un aspect micacé. Quand les dissolutions sont concentrées et le sel de plomb en excès, la liqueur se prend en une masse blanche, tremblotante, ressemblant à l'empois d'amidon. Cette masse conserve pendant longtemps son aspect physique; mais peu à peu, surtout si l'on y ajoute de l'eau, on y voit naître des cristaux brillants de M. biplombique, qui finissent par remplacer complétement la masse gélatineuse (Pelouze).

Les cristaux de M. normal, soumis à l'action de la chaleur, se fondent vers 130°, et entrent en ébullition vers 160°. Ils se décomposent alors en eau et en maléide normal (310).

Si, au lieu de le chauffer brusquement à 160°, on le fait bouillir dans un tube très long et étroit, de manière que l'eau qui se dégage soit contrainte de retomber sans cesse, le M. normal se convertit en un corps isomère, le fumarate normal. La même transformation a lieu dans un tube fermé par les deux bouts, sans que rien se dégage ni s'absorbe (Pelouze).

M. Regnault (*Ann. de chim. et de phys.*, t. LXII, p. 208) considère comme identique (1) avec le maléate normal l'acide extrait par M. Braconnot de certaines espèces de prêles (*Equisetum fluviatile, limosum*, etc.).

Voici comment M. Regnault a procédé pour obtenir ce dernier : les tiges fraîches de prêles, cueillies au moment de la floraison, furent hachées, puis pilées avec de l'eau dans un mortier. Le suc fut ensuite exprimé au moyen d'une petite presse. On le fit bouillir pendant une demi-heure pour en coaguler les parties albumineuses, puis on le passa à travers un filtre; on satura le liquide

---

(1) M. Liebig conteste cette identité : « L'acide équisétique, dit-il, » qu'on avait confondu avec l'acide maléique, ne donne pas d'acide fu- » marique par l'action de la chaleur; mais il se comporte exactement » comme l'acide aconitique (6ᵉ famille), qui, du reste, est identique » avec lui. » Cependant je ferai remarquer que les équisétates examinés par M. Regnault présentent plutôt les caractères physiques des maléates que ceux des aconitates; ce chimiste, il est vrai, n'a pas essayé de transformer son acide équisétique en acide fumarique, mais il a constaté que le premier se volatilise sans résidu par l'action de la chaleur, c'est-à-dire qu'il se convertit en eau et en maléide normal ; or, l'acide aconitique laisse toujours un résidu de charbon. L'assertion de M. Liebig n'est donc qu'une simple hypothèse, et j'adopterai l'opinion de M. Regnault jusqu'à preuve du contraire.

par du carbonate de soude, on y versa de l'acétate de baryte pour précipiter les sulfates et les phosphates; puis, après avoir de nouveau filtré, on précipita par de l'acétate de plomb. L'équisétate de plomb ainsi obtenu fut décomposé par l'hydrogène sulfuré.

Maléate bipotassique (sel neutre). — $C^4(H^2K^2)O^4$. — On l'obtient en saturant une solution de carbonate de potasse par de l'acide maléique; la solution, évaporée à consistance de sirop, dépose peu à peu des cristaux radiés qui sont mous comme de la cire, fort solubles dans l'eau et insolubles dans l'alcool (Buechner).

Maléate potassique (sel acide). — $C^4(H^3K)O^4$ — Sel cristallisable, rougissant le tournesol, et insoluble dans l'alcool.

Maléate bisodique. — $C^4(H^2Na^2)O^4$. — Sa solution aqueuse se prend par la concentration en une bouillie d'aiguilles qu'il est difficile de dessécher.

Maléate sodique. — $C^4(H^3Na)O^4 + 3$ aq. — Prismes à base rhombe, peu solubles dans l'eau froide, plus solubles dans l'eau bouillante, insolubles dans l'alcool. Leur solution réagit acide. Ils renferment 28,3 p. c. d'eau de cristallisation qu'ils dégagent à 100°. Lorsqu'on ajoute de l'acide acétique à une solution concentrée de M. bisodique, ce même sel acide se précipite à l'état cristallin (Buechner).

Maléate sodico-potassique. — $C^4(H^2KNa)O^4 + $ aq. — Poudre cristalline, très déliquescente, insoluble dans l'alcool; elle renferme 9,1 p. c. $= 1$ éq. d'eau de cristallisation (Buechner).

Maléate biammoniacal. — $C^4H^4O^4, 2$ NH^3. — Il s'obtient sous la forme d'une gelée cristalline par l'évaporation, dans le vide, d'une solution de M. normal sursaturé par de l'ammoniaque. Il est fort déliquescent et insoluble dans l'alcool.

Maléate ammoniacal. — $C^4H^4O^4, NH^3$. — Lamelles acides ne renfermant pas d'eau de cristallisation.

Maléate barytique. — $C^4(H^3Ba)O^4 + 3$ aq. — Sel cristallisable, acide, insoluble dans l'alcool, renfermant 19,7 p. c. d'eau de cristallisation et qu'on obtient en dissolvant le M. bibarytique dans un excès de M. normal (Buechner).

Maléate bibarytique (équisétate de baryte). — $C^4(H^2Ba^2)O^4 +$

aq. — Si l'on verse de l'eau de baryte dans une dissolution
un peu concentrée de M. normal, il se forme un léger précipité qui se redissout tant que la liqueur est acide. Quand elle
est devenue neutre, le précipité n'est encore que très peu abondant; mais au bout de quelques minutes la liqueur se prend
complétement en une masse gélatineuse blanche, tremblotante,
semblable à l'hydrate d'alumine. Cette masse se présente, après
la dessiccation, sous forme de petites paillettes cristallines. Séché
à l'air, ce sel renferme 1 éq. d'eau de cristallisation, qu'il perd à
150° (Regnault).

Maléate bicalcique. — Une dissolution concentrée de chlorure
de calcium ne trouble pas le M. bipotassique, quoique le M. bicalcique soit fort peu soluble; mais si l'on abandonne la liqueur
à elle-même, elle laisse déposer, après quelques jours, des aiguilles cristallines qui, une fois formées, ne se redissolvent
qu'avec la plus grande difficulté, et seulement dans une quantité d'eau très considérable (Pelouze).

Maléate biplombique. — $C^4(H^2Pb^2)O^4 + 3$ aq. — Les 3 éq. d'eau
de cristallisation contenus dans ce sel s'en vont par la dessiccation (Pelouze).

Maléate biargentique (équisétate d'argent). — $C^4(H^2Ag^2)O^4$. —
Précipité blanc et caillebotteux, qui ne renferme pas d'eau de
cristallisation. Soumis à l'action de la chaleur, il se décompose
subitement déjà à 148° avec une petite explosion, et se transforme
en carbure d'argent (CAg) très homogène, gris foncé, et d'un
éclat métallique; il se développe en même temps beaucoup d'a-
cide carbonique, ainsi que de petites gouttelettes jaunâtres, cristallisant dans quelques endroits, solubles dans l'eau, et mani-
festant alors une réaction fort acide (Regnault).

Maléate argentique (sel acide). — $C^4(H^5Ag)O^4$. — Une solution
de M. normal de concentration moyenne, mélangée avec une solution de nitrate d'argent, produit au bout de quelque temps
des aiguilles blanches déliées et brillantes, qui présentent la composition indiquée (Liebig).

Genre *Fumarate* $R-^4O^4$.

316. Nous avons vu plus haut (p. 480) comment le maléate

normal se convertit en F. normal par l'action de la chaleur;
M. Lassaigne avait déjà obtenu ce dernier dans la distillation
sèche du malate normal.

Le F. à base de calcium se rencontre dans la sève de la fumeterre (*Fumaria officinalis*), ainsi que dans le lichen d'Islande
(Winkler, Demarçay, Schoedler).

Fumarate normal (acide fumarique ou paramaléique). — Cet
acide se distingue de son isomère, l'acide maléique, par sa
faible solubilité; en effet, il exige à peu près 200 p. d'eau pour se
dissoudre, tandis que l'autre disparaît dans environ son poids de
ce liquide. Sa saveur est franchement acide. Il cristallise en
prismes larges, déliés, difficiles à déterminer, parce qu'ils sont
striés. Soumis à l'action de la chaleur, ils ne fondent qu'avec la
plus grande difficulté, et ne se volatilisent qu'à une température
supérieure à 200°, en se transformant en partie en eau et maléide normal (310).

Sa dissolution n'est pas précipitée par les eaux de chaux, de
baryte et de strontiane.

Une partie de cet acide dissoute dans plus de 200,000 p. d'eau,
trouble encore le nitrate d'argent; le précipité est insoluble dans
l'acide nitrique. Cette insolubilité du F. biargentique est telle,
que les liqueurs filtrées ne produisent plus le plus léger nuage
avec l'acide hydrochlorique (Pelouze).

Le F. normal se dissout aisément dans l'acide nitrique dilué et
bouillant, et s'y dépose sans altération par le refroidissement de
la solution. Sa dissolution aqueuse ne s'altère pas par l'ébullition
(Hagen).

Pour extraire ce corps de la fumeterre, on décolore le suc de
cette plante avec du charbon animal, on précipite par de l'acétate de plomb, et l'on décompose le F. biplombique par l'hydrogène sulfuré (Demarçay).

Fumarate bipotassique (sel neutre). — $C^4(H^2K^2)O^4 + 2$ aq. —
Prismes brillants, striés, insolubles dans l'alcool, fort solubles
dans l'eau. Ils renferment 16 p. c. d'eau de cristallisation =
2 éq., qu'ils dégagent aisément à 100°. Leur solution concentrée, additionnée d'acide acétique, dépose du F. potassique.

Fumarate potassique. — $C^4(H^3K)O^4$. — Sel acide (1), moins soluble dans l'eau que le précédent (Rieckher).

Fumarate bicuivrique. — $C^4(H^2Cu^2)O^4$ + aq. — Lorsqu'on ajoute du F. normal à une solution d'acétate de cuivre neutre et qu'on chauffe jusqu'à ce que l'acide se soit dissous, le F. bicuivrique se sépare à l'état d'une poudre cristalline vert-bleuâtre. Ce sel est peu soluble dans l'eau et l'alcool (Rieckher).

Fumarate ammoniacal. — $C^4H^4O^4$, NH^3. — Sel légèrement acide qui cristallise aisément en prismes allongés.

Fumarate calcique. — Sel soluble et cristallisable.

Fumarate biargentique. — $C^4(H^2Ag^2)O^4$. — Sel blanc, qui se comporte sous l'influence de la chaleur comme son isomère, le maléate (Demarçay).

Fumarate biplombique (paramaléate de plomb). — $C^4(H^2Pb^2)O^4$ + 3 aq. — Il a exactement la même composition et renferme la même quantité d'eau de cristallisation que son isomère, le maléate à même base. Il s'obtient quand on mélange un F. soluble avec de l'acétate de plomb; si les liqueurs sont chaudes, le précipité se redissout et se dépose par le refroidissement à l'état cristallin (Pelouze).

Genre *Mellate* $R^{-6}O^4$.

317. Il se rencontre dans la nature à l'état de mellate bialuminique (*mellite* des minéralogistes); on ne l'a pas encore obtenu artificiellement. C'est un g. salin bibasique.

Mellate normal (acide mellique ou mellitique). — $C^4H^2O^4$. —

---

(1) Malgré l'existence de ce sel acide, M. Rieckher, élève de M. Liebig, considère les fumarates comme des sels unibasiques. Je ne conçois réellement pas ce que l'école allemande *explique*, en écrivant le fumarate de potasse ainsi : ($C^4H^2O^3$,K^2O + $C^4H^2O^3$,H^2O) plutôt que par la formule ($C^8H^4O^6$,H^2O,K^2O) semblable à celle des autres sels acides (tartrates, maléates, etc.). Voudrait-elle, par cette notation différente, rendre raison de l'isomérie des maléates et des fumarates? Mais rappelons-nous que les formules chimiques ne peuvent jamais rien expliquer; elles n'indiquent que de simples rapports qu'on ne parvient à bien faire ressortir qu'en y mettant de l'uniformité et de la précision.

Pour obtenir ce corps, on pulvérise le M. bialuminique et on le traite à chaud par le carbonate d'ammoniaque ou de potasse; il se produit ainsi un M. alcalin, qu'on fait cristalliser. On dissout les cristaux dans l'eau, et on les précipite par de l'acétate plombique; on délaie le précipité dans l'eau et on le décompose par l'hydrogène sulfuré. La liqueur, séparée à l'aide du filtre du sulfure de plomb, est évaporée à consistance de sirop et abandonnée à la cristallisation (Woehler).

Le M. normal cristallise en aiguilles blanches, très acides, fort solubles dans l'eau et l'alcool, et qui ne renferment pas d'eau de cristallisation. Il supporte une température assez élevée sans se décomposer. Quand on le soumet à la distillation sèche, il fournit un sublimé cristallin et acide, en laissant beaucoup de charbon. Les acides sulfurique et nitrique concentrés ne paraissent pas l'attaquer, même à l'ébullition.

L'alcool absolu et bouillant l'altère d'une manière toute particulière : la dissolution donne par l'évaporation un résidu brun foncé, qui se dessèche en une masse diaphane sans la moindre trace de cristallisation. L'eau, versée sur ce résidu, devient laiteuse comme une émulsion, et en sépare une poudre blanche, insipide et fusible, qui se dissout dans l'alcool en une liqueur acide. Ce corps se combine avec l'ammoniaque en donnant un sel cristallin; l'acide hydrochlorique l'en sépare de nouveau (Woehler).

Mellate bipotassique (sel neutre). — $C^4K^2O^4$. — Il se prend en cristaux rayonnés et irréguliers.

Mellate potassique (sel acide, bimellate de potasse). — $C^4(HK)O^4 + 2$ aq. — On l'obtient en traitant directement la potasse par le M. normal. Il forme de gros cristaux prismatiques et transparents, qui, sous l'influence d'une chaleur modérée, perdent 2 éq. d'eau, et blanchissent sans se décomposer.

Lorsqu'on traite ce sel par l'acide nitrique, on obtient une combinaison de $[C^4(HK)O^4 + NKO^3 + $ aq.]; celle-ci se forme aussi quand on mélange une dissolution concentrée de M. bipotassique avec de l'acide nitrique, tant qu'il se forme un précipité, et qu'on chauffe ensuite le liquide de manière à redissoudre ce dernier. Le sel double cristallise alors par le refroidissement en prismes hexagones, acides, et qui sont aussi peu solubles dans l'eau que la crème de tartre (Woehler).

Mellate biammoniacal (sel neutre). — $C^4H^2O^4$, $2NH^3$. — On l'obtient en mettant le M. bialuminique en digestion avec du carbonate d'ammoniaque; il cristallise sous deux formes différentes suivant la température à laquelle il se solidifie.

Lorsqu'on chauffe ce sel à 150°, il perd beaucoup d'ammoniaque et d'eau, en même temps qu'il se convertit en paramide normale et en euchronate ammoniacal (4e et 6e fam.).

Mellate ammoniacal (sel acide, bimellate). — $C^4H^2O^4$, NH^3. — Il est plus soluble dans l'eau que le sel biammoniacal. On l'obtient en chauffant une dissolution de paramide normale à 200°.

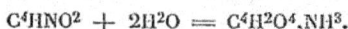

$$C^4HNO^2 + 2H^2O = C^4H^2O^4, NH^3.$$

Mellate biargentique. — $C^4Ag^2O^4 + $ aq. — On l'obtient en mélangeant du M. normal avec du nitrate d'argent. Il est d'un blanc de neige, et ne noircit pas à la lumière comme les autres sels d'argent. A 100°, le sel desséché dans le vide ne perd rien de son poids; à une température plus élevée, on remarque qu'il abandonne de l'eau, et ce dégagement d'humidité ne cesse qu'après que le sel a été maintenu pendant longtemps dans le vide et à une température de 180°; mais, à cette température, il noircit et s'altère. Alors il ne renferme plus d'eau; si on le chauffe davantage, il produit une légère détonation, en laissant une masse légère et volumineuse de charbon et d'argent probablement en combinaison. On peut obtenir le M. normal par le M. biargentique séché à une haute température, en décomposant ce dernier par l'acide hydrochlorique ou par l'hydrogène sulfuré (Liebig et Pelouze).

Chauffé dans un courant d'hydrogène sec, le M. biargentique commence à noircir vers 100°; le résidu se dissout dans l'eau avec une couleur foncée, et renferme probablement du M. biargenteux (1) (Woehler).

Lorsqu'on chauffe le M. biargentique, préalablement exposé à 180°, avec de l'iode, il se produit, outre l'iodure d'argent, une

_____

(1) Voyez à cet égard, dans la Sixième Famille, le *Citrate triargentique.*

substance blanche, cristalline, soluble dans l'eau, d'un goût astringent et acide, et rougissant fortement le tournesol (Liebig et Pelouze).

Mellate argento-potassique. — $C^4(AgK)O^4 +$? aq. — On l'obtient en petits prismes droits à six faces, en mélangeant le M. bipotassique avec du nitrate d'argent aiguisé d'acide nitrique. Il est transparent, brillant, dégage de l'eau de cristallisation quand on le chauffe, et se décompose avec une espèce d'explosion à une température plus élevée (Woehler).

Mellate biplombique. — $C^4Pb^2O^4$. — Précipité blanc, volumineux.

Mellate bialuminique. — $C^4Al^2\beta O^4 + 6$ aq. — On le rencontre, cristallisé en octaèdres réguliers, dans quelques lignites de la Thuringe; il offre la couleur jaune du miel, ce qui lui a valu le nom de *mellite* (1). Les cristaux sont transparents et s'électrisent par le frottement. Il renferme 44,1 p. c. d'eau de cristallisation, qu'on parvient à expulser d'une manière complète à une température voisine du point d'ébullition de l'acide sulfurique (2). Les alcalis caustiques l'attaquent en mettant de l'alumine en liberté.

La mellite naturelle renferme une petite quantité d'une résine jaune, à laquelle elle doit sa couleur, et probablement aussi son odeur.

Genre *Malate* $R^{-2}O^5$.

318. Les malates se rencontrent dans presque tous les fruits aigres, et y sont accompagnés de tartrates ou de citrates; ils se trouvent surtout en quantité notable dans les baies du sorbier, dans le verjus, dans les pommes aigres, etc. On ne sait pas encore les produire artificiellement. L'action de la chaleur transforme les malates en fumarates (316).

Malate normal (acide malique ou sorbique). — $C^4H^6O^5$. — Voici d'après quel procédé M. Liebig prépare ce corps: on mélange dans une bassine de cuivre le suc des baies non mûres du sorbier avec de la chaux hydratée en poudre fine, de manière toutefois

(1) Ce mot est dérivé du grec μέλι, miel, et λίθος, pierre.
(2) Rappelons-nous que dans cette formule $Al\beta$ équivaut à $Al \frac{2}{3}$; voir p. 364.

que la liqueur conserve encore une légère réaction acide (1). On maintient ce liquide en ébullition pendant plusieurs heures ; il s'y précipite alors du M. bicalcique qu'on enlève avec une cuiller en cuivre, à mesure qu'il se dépose ; dès qu'il ne s'en précipite plus rien, on laisse refroidir, de sorte qu'on peut en obtenir encore un peu. Après avoir lavé à l'eau froide le M. bicalcique, on en introduit dans de l'acide nitrique, préalablement chauffé (1 p. d'acide pour 10 p. d'eau), tant qu'il s'en dissout, on filtre le mélange et l'on abandonne à cristallisation. Il se forme alors des cristaux de M. calcique (sel acide), qu'on obtient incolores par de nouvelles cristallisations ; puis, avec de l'acétate de plomb, on transforme ce sel en M. biplombique, et on décompose celui-ci par de l'hydrogène sulfuré. Enfin on évapore la dissolution du M. normal, d'abord à feu nu, puis au bain-marie ; elle finit alors par se prendre en une masse cristalline.

Cette masse, séchée à 120°, ne renferme pas d'eau de cristallisation (Pelouze) ; sa solution est très acide ; lorsqu'elle est impure, elle se décompose à la longue en devenant visqueuse et en se couvrant de moisissures. Quel que soit l'état de concentration de la solution du M. normal, on ne réussit, ni à chaud ni à froid, à la saturer complètement par un carbonate terreux, si ce n'est par le carbonate de magnésie.

Sa dissolution réduit les sels d'or. Il se dissout aussi dans l'alcool.

L'acide sulfurique concentré le décompose à chaud en dégageant un gaz inflammable, ainsi qu'un liquide doué d'une saveur mordicante.

Quand on le chauffe avec un excès de potasse, à la température de 150°, il se transforme en oxalate et acétate potassiques, avec dégagement d'eau et de gaz hydrogène :

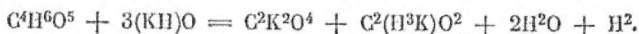

$$C^4H^6O^5 + 3(KH)O = C^2K^2O^4 + C^2(H^3K)O^2 + 2H^2O + H^2.$$

L'acide nitrique bouillant le convertit promptement en acide oxalique ; en prenant de l'acide nitrique concentré on obtient d'abord des cristaux d'acide fumarique (Hagen).

(1) Si l'on neutralisait complètement avec de la chaux, on précipiterait en même temps la matière colorante du suc, et l'on aurait bien de la peine à purifier le produit.

La dissolution du M. normal ne trouble ni l'eau de chaux, ni l'eau de baryte, ni les dissolutions du nitrate d'argent et du nitrate de plomb. Elle précipite, au contraire, l'acétate de plomb, et y forme un dépôt blanc qui se dissout peu à peu pour se convertir ensuite en cristaux soyeux et brillants.

L'action de la chaleur sur le M. normal a été étudiée plus particulièrement par MM. Lassaigne et Pelouze. Vers 83°, cet acide entre en fusion ; à 176°, il se décompose complétement en eau et en deux acides pyrogénés (maléique et fumarique). Nous avons déjà parlé de ces produits de décomposition (315 et 316).

Malate bipotassique. — Sel déliquescent.

Malate ammoniacal (sel acide). — $C^4H^6O^5$, NH^3. — Pour l'obtenir, on dissout le M. biplombique dans l'acide sulfurique dilué, qu'on a soin de ne pas prendre en excès ; on filtre le mélange, on en fait deux parts égales, on sature l'une par du carbonate d'ammoniaque, et après y avoir ajouté l'autre, on évapore le tout à consistance de sirop. On obtient ainsi des cristaux parfaitement limpides, solubles dans l'eau et insolubles dans l'alcool (Liebig).

Malate bicalcique (sel neutre). — $C^4(H^4Ca^2)O^5$. — Poudre grenue, presque insoluble, qu'on obtient en saturant par de la craie et faisant bouillir le liquide.

Malate calcique (sel acide). — $C^4(H^5Ca)O^5 + 3$ aq. — Lorsqu'on dissout le sel précédent dans l'acide nitrique, le M. calcique cristallise en gros cristaux octaédriques, qui se transforment par l'échauffement en une masse visqueuse (Hagen).

Malate bibarytique. — $C^4(H^4Ba^2)O^5$. — Il est très difficile de saturer le M. normal par du carbonate de baryte, de manière que la liqueur ne rougisse plus le papier de tournesol. Quand on évapore la dissolution, il s'en sépare des croûtes blanches sans apparence de cristallisation ; elles sont absolument insolubles dans l'eau froide comme dans l'eau bouillante ; mais elles s'y dissolvent rapidement si l'on y ajoute un peu d'acide ; la liqueur n'est ensuite point précipitée par l'ammoniaque (Liebig).

Malate bimagnésique (sel neutre). — $C^4(H^4Mg^2)O^5 + 5$ aq. — Si l'on fait bouillir une dissolution étendue de M. normal avec de la magnésie, on obtient un liquide neutre qui, évaporé à pellicule, dépose au bout de quelque temps le M. bimagnésique avec

5 éq. d'eau de cristallisation, dont 4 éq. s'en vont à 100°. Si l'on ajoute de l'alcool à la dissolution concentrée de ce sel, elle le dépose à l'état de flocons anhydres, qui deviennent pâteux par l'échauffement (Liebig, Hagen).

Malate magnésique (sel acide). — $C^4(H^5Mg)O^5 + aq$. — On l'obtient en prismes aplatis en saturant à moitié le M. normal par du carbonate de magnésie, et évaporant à cristallisation; à 100°, il perd 1 éq. d'eau; à une température plus élevée, il entre en fusion (Hagen).

Malate biplombique. — $C^4(H^4Pb^2)O^5 + 3 aq$. — On l'obtient en précipitant par l'acétate de plomb une dissolution de M. ammoniacal ou calcique: c'est un précipité blanc et caillebotteux qui, abandonné dans un excès d'acétate de plomb, se convertit en aiguilles quadrilatères, groupées autour d'un centre commun. Ce sel fond dans l'eau bouillante en une masse transparente et poisseuse; il est très peu soluble dans l'eau froide, plus soluble dans l'eau bouillante; une solution aqueuse et concentrée dépose ce sel à l'état d'aiguilles brillantes. Il se dissout fort bien dans l'acide nitrique (Liebig, Pelouze).

Malate biargentique. — $C^4(H^4Ag^2)O^5$. — Le nitrate d'argent occasionne dans une solution de M. ammoniacal un précipité grenu et blanc, qui devient jaune par une forte dessiccation. Chauffé après avoir été desséché, il fond et se décompose en se boursouflant un peu et en répandant une odeur empyreumatique; il reste de l'argent métallique parfaitement blanc (Liebig).

Malate bizincique (sel neutre). — $C^4(H^4Zn^2)O^5 + 3 aq$. — Si l'on met du carbonate de zinc en digestion avec une dissolution de M. normal, à une température qui ne doit pas dépasser 30°, on obtient un liquide qui dépose par le refroidissement de petits cristaux brillants. A 100°, ils perdent leurs 3 éq. d'eau de cristallisation (Hagen).

Malate zincique (sel acide). — $C^4(H^5Zn)O^5 + aq$. — On l'obtient en dissolvant le sel précédent dans l'acide malique (Braconnot, Hagen).

Malate cuivrique. — $C^4(H^5Cu)O^5 + aq$. — Quand on sature à froid le M. normal par de l'oxyde de cuivre hydraté, et qu'on évapore à 40°, le M. cuivrique se prend en fort beaux cristaux d'un bleu de cobalt (Hagen).

Malate surcuivrique. — $2 [C^4(H^4Cu^2)O^5] + Cu^2O + 4$ aq. — Lorsqu'on fait bouillir du M. normal en excès avec du carbonate de cuivre, il reste une poudre verte et insoluble qui présente la composition indiquée. Le carbonate de cuivre, traité à froid par un excès de M. normal, s'y dissout en quantité notable; soumise à l'ébullition, la liqueur donne aussitôt le sel insoluble précédent; évaporée entre 40 et 50°, ou dans le vide, elle dépose de petits cristaux d'un vert foncé, et qui renferment la même proportion d'oxyde de cuivre et de malate, plus 6 éq. d'eau de cristallisation (Richardson et Merzdorff).

Genre Tartride $R^{-4}O^5$.

319. *Tartride normal* (acide tartrique anhydre). — $C^4H^4O^5$. — M. Frémy a obtenu cet anhydride en chauffant le tartrate normal à une température de 180°. Voici comment il prescrit de le préparer : on met dans une capsule de porcelaine 15 à 20 grammes de tartrate normal en poudre, et on pose le tout sur un petit fourneau, dans lequel on a mis quelques charbons ardents; la matière fond d'abord et se convertit peu à peu en une masse très boursouflée et blanche.

L'opération ne doit pas durer plus de quatre ou cinq minutes; on détache ensuite la masse et on la porte dans une petite étuve à huile, où on la chauffe pendant quelques instants à 150° environ. On la lave à l'eau froide, on l'exprime bien entre des doubles de papier joseph, et on la dessèche dans le vide.

Ainsi purifié, le T. normal est insoluble dans l'eau, l'alcool et l'éther; quand on le laisse pendant plusieurs heures en contact avec l'eau, il se transforme en une gelée, et finit par se reconvertir en tartrate normal, dont il ne diffère d'ailleurs que par les éléments de 1 éq. d'eau :

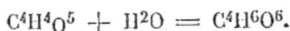

$$C^4H^4O^5 + H^2O = C^4H^6O^6.$$

Cette transformation s'effectue rapidement dans l'eau bouillante. Une dissolution de potasse agit d'une manière semblable.

Le T. normal absorbe le gaz ammoniac avec dégagement de chaleur.

Le paratartrate normal (acide paratartrique) donne un semblable produit par l'action de la chaleur.

Genre *Tartrate* $R^{-2}O^6$.

320. Il n'a pas encore été produit artificiellement. Toutes les espèces appartenant à ce genre se dédoublent à un température élevée, sous l'influence de l'hydrate de potasse, en acétate et oxalate (Gay-Lussac) :

$$C^4H^6O^6 = C^2H^4O^2 + C^2H^4O^2.$$

Chauffés à l'état sec, les T. répandent l'odeur du sucre brûlé.

Le genre T. comprend des sels à 2 éq. de base, qu'on rencontre dans beaucoup de sucs végétaux, particulièrement dans le verjus, les mûres, l'oseille, les topinambours, la pomme de terre, la racine de garance, etc.

Les T. à base de potassium ou de calcium sont les plus répandus.

Tartrate normal (acide tartrique). — $C^4H^6O^6$. — On l'obtient en décomposant le T. bicalcique par de l'acide sulfurique. A cet effet, on traite une solution bouillante de crème de tartre (T. à 1 éq. de potassium) par de la craie, de manière à la transformer en T. bicalcique insoluble et en T. bipotassique soluble; on jette le mélange sur un filtre, on recueille la solution du sel de potasse, et on la mélange avec une solution de chlorure de calcium pour la transformer aussi en T. bicalcique insoluble. Les deux précipités calcaires sont alors bouillis avec une quantité convenable d'acide sulfurique étendu d'eau; puis on évapore le liquide filtré à une douce chaleur, et on le concentre à consistance de sirop. Abandonné dans un endroit chaud, il dépose encore du sulfate de chaux, et finit par donner des cristaux de T. normal. La présence d'un excès d'acide sulfurique favorise beaucoup la cristallisation de ce corps.

On l'obtient en prismes obliques à base rhombe, tronqués sur les arêtes longitudinales, et terminés par des sommets dièdres, ou bien en prismes hexagones terminés par trois faces de troncature. Les cristaux sont incolores, ne s'altèrent point à l'air et ne renferment point d'eau de cristallisation; ils sont fort solubles dans l'eau et l'alcool. Leur solution aqueuse se couvre à la longue de moisissures; elle précipite en blanc les eaux de chaux, de baryte, de strontiane, ainsi que l'acétate de plomb; mais elle n'occasionne pas de précipité dans les chlorures de baryum, de calcium et de strontium.

Ajoutée en excès à un sel de potasse, la solution du T. normal y occasionne, surtout par l'agitation du mélange, la formation d'un précipité blanc et cristallin de T. potassique, insoluble dans l'acide hydrochlorique. Cette réaction ne réussit qu'autant que le sel de potasse n'est pas trop étendu.

Il réduit les sels d'or à l'ébullition.

Lorsqu'on broie du T. normal avec du minium, en ajoutant un peu d'eau, de manière à former une bouillie, le minium blanchit, et l'on remarque une forte odeur d'acide formique (Boettger). Lorsqu'on fait bouillir du T. normal, ou un autre T., avec du peroxyde puce de plomb, il se produit du formiate et de l'acide carbonique (160, Persoz).

Lorsque le T. normal est porté à une température de 200° environ, dans une capsule de porcelaine placée au bain d'huile, il commence par entrer en fusion, puis il perd des quantités d'eau très sensibles, qui sont quelquefois accompagnées de vapeurs acides, surtout quand l'opération est conduite trop rapidement. Si l'on évite la formation de ces produits pyrogénés, on obtient du tartride normal; si, au contraire, on élève davantage la température, il se forme des acides particuliers; nous avons déjà parlé de ces différents produits (279 et 319).

M. Frémy admet que la formation du tartride normal est précédée de celle de deux acides intermédiaires, l'*acide tartralique* et l'*acide tartrélique*. Quelque confiance qu'inspirent généralement les travaux de ce chimiste distingué, je ne trouve ni assez complètes ni assez rigoureuses les expériences sur lesquelles il base son opinion à l'égard de ces acides; d'ailleurs, lui-même, en avouant l'impossibilité de les obtenir d'une composition constante (1), il jette naturellement du doute sur l'exactitude de ses résultats. Comme le tartride normal ne diffère du T. normal que par les éléments d'un équivalent d'eau, il me semble qu'en

---

(1) *Annal. de chim. et de phys.*, t. LVIII, p. 362. Aucun tartralate ou tartrélate ne s'obtient sous une forme définie.

interrompant l'action de la chaleur avant cette transformation complète, on doit obtenir des produits renfermant à la fois du tartride normal et du tartrate non altéré, et c'est ce qui est probablement arrivé dans les expériences de M. Frémy. Je ne saurais donc considérer les tartralates ni les tartrélates comme des composés définis.

Suivant M. Frémy, l'acide sulfurique concentré modifie le T. normal, comme le fait la chaleur (1); je ne m'accorde pas non plus avec lui sur ce point, car j'ai toujours obtenu, dans ces circonstances, des combinaisons copulées, renfermant les éléments de l'acide sulfurique.

Si l'on dissout le T. normal dans une grande quantité d'acide sulfurique concentré ou mieux d'acide fumant, et qu'on chauffe avec beaucoup de lenteur, il se dégage un mélange de 4 volumes d'oxyde de carbone et de 1 volume d'acide sulfureux, sans trace d'acide carbonique; toutefois, vers la fin de l'opération, on voit toujours arriver de l'acide carbonique; il reste un nouveau produit renfermant les éléments de l'acide sulfurique (Dumas et Piria).

Tartrate ammoniacal (sel acide, bitartrate d'ammoniaque).— $C^4H^6O^6, NH^3$. — Paillettes brillantes, peu solubles dans l'eau froide et très solubles dans l'eau bouillante (Dulk, Dumas et Piria).

Tartrate biammoniacal (sel neutre). — $C^4H^6O^6, 2NH^3$. — On l'obtient en cristaux prismatiques en évaporant une dissolution de T. normal, neutralisée par du carbonate d'ammoniaque (Dulk, Dumas et Piria).

Tartrate potassique (bitartrate de potasse, crème de tartre). — $C^4(H^5K)O^6$. — Ce sel, qui se rencontre dans le verjus et dans beaucoup d'autres sucs végétaux, se dépose souvent dans les vins, à l'état de croûtes dures et épaisses qui portent le nom de *tartre cru;* on l'obtient pur et incolore en le soumettant à de nouvelles cristallisations. Il se forme toutes les fois qu'on ajoute du T. normal en excès à une dissolution d'un sel de potasse. Il cristallise en prismes obliques à base rhombe, peu solubles

(1) L'auteur ne donne aucune analyse des produits nés sous l'influence de l'acide sulfurique.

dans l'eau froide, insolubles dans l'alcool, et fort solubles dans les acides minéraux concentrés. Il rougit le papier de tournesol.

Un grand nombre d'oxydes métalliques en sont dissous; le T. potassique échange, dans ces circonstances, 1 éq. d'hydrogène pour du métal.

Tartrate bipotassique (sel neutre). — $C^4(H^4K^2)O^6$. — On l'obtient en saturant le sel précédent par du carbonate de potasse; il cristallise en prismes triangulaires à base rhombe, terminés par des sommets dièdres (Berzélius). Chauffé à 180 ou 200°, ce sel émet de l'eau, mais alors il est évidemment altéré.

Tartrate sodique (bitartrate de soude). — $C^4(H^5Na)O^6$ + aq. Prismes hexagones qui perdent à 100° 9,5 p. c. = 1 éq. d'eau de cristallisation (Bucholz, Dumas et Piria).

Tartrate bisodique (sel neutre). — $C^4(H^4Na^2)O^6$ + 2 aq. — Prismes limpides qui s'effleurissent par la chaleur.

Tartrate ammoniaco-potassique. — $C^4(H^5K)O^6,NH^3$. — Prismes rectangulaires à base rhombe (Bucholz) qui perdent à 140° toute leur ammoniaque en se convertissant en T. potassique (Dumas et Piria).

Tartrate sodico-potassique (sel de Seignette). — $C^4(H^4NaK)O^6$ + 4 aq. — On sature du T. potassique par du carbonate de soude et on fait cristalliser le produit; on obtient ainsi des prismes rectangulaires à base rhombe et qui sont souvent assez gros. Chauffés à 100°, ils perdent 18,8 p. c. = 3 éq. d'eau (Schaffgotsch); à 175°, la perte d'eau s'élève à 23 p. c. (Dumas et Piria).

Tartrate bibarytique. — $C^4(H^4Ba^2)O^6$ + aq. — Précipité blanc peu soluble dans l'eau.

Tartrate baryto-sodique. — $C^4(H^4BaNa)O^6$ + aq. — Une dissolution de T. sodico-potassique donne, avec le chlorure de baryum, un précipité cristallin qui présente la composition indiquée.

Tartrate calcique (sel de chaux acide). — $C^4(H^5Ca)O^6$. — On l'obtient en dissolvant dans le T. normal le sel à 2 éq. de calcium; il cristallise en prismes obliques à quatre pans (Dulk).

Tartrate bicalcique (sel neutre). — $C^4(H^4Ca^2)O^6$ + 4 aq. — Ce sel se rencontre dans le tartre brut; il constitue une poudre blanche qui se dissout dans 600 p. d'eau bouillante et qui est insoluble dans l'eau froide ; on l'obtient quelquefois en octaèdres réguliers (Gay-Lussac et Thénard).

Tartrate biplombique. — $C^4(H^4Pb^2)O^6$. — Précipité blanc et cristallin fort peu soluble dans l'eau.

Tartrate bicuivrique. — $C^4(H^4Cu^2)O^6 + 3$ aq.. — Sel très soluble (Dumas et Piria).

Tartrate biargentique. — $C^4(H^4Ag^2)O^6$. — Paillettes blanches, qui absorbent le chlore sec à la température ordinaire , en s'échauffant beaucoup et en donnant des produits empyreumatiques (Erdmann).

321. *Tartrate antimonico-potassique* (émétique). — Lorsqu'un oxyde métallique agit sur un sel à base d'hydrogène, il se produit de l'eau aux dépens de cet hydrogène et de l'oxygène de l'oxyde, tandis que le métal de l'oxyde prend, dans la matière organique, la place de l'hydrogène enlevé; l'eau produite est éliminée.

Si l'oxyde métallique est représenté par M^2O, c'est-à-dire par une composition semblable à celle de l'eau H^2O, cette substitution du métal à l'hydrogène se trouve, dans nos formules écrites, exprimée par des équivalents ; chaque H enlevé est alors remplacé par M.

Mais si l'oxyde métallique est représenté par M^4O^3 (chrome, fer, manganèse, alumine) ou par M^2O^3 (antimoine , arsenic), ou par toute autre composition qui ne ressemble pas à celle de l'eau, les formules ordinaires n'indiqueront pas des substitutions équivalentes, bien qu'en réalité la réaction soit identiquement la même que dans le cas précédent.

Cela doit être et s'explique parfaitement. Prenons en effet un sel renfermant 1 éq. d'hydrogène basique, par exemple la crème de tartre; ce corps renferme, pour bases, 1 éq. d'hydrogène et 1 éq. de potassium : $C^4(H^4HK)O^6$. Pour simplifier le raisonnement, exprimons par Δ les éléments non basiques de ce sel; nous aurons donc :

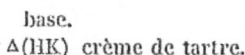

base.
$\Delta(HK)$ crème de tartre.

Dans ce sel , un seul équivalent d'hydrogène s'attaque donc au contact des oxydes métalliques ; quelle qu'en soit la composition, il se formera toujours de l'eau.

Lorsque tout l'oxygène des oxydes métalliques produit cett eau avec l'hydrogène basique de la crème de tartre, on a :

Pour les oxydes M^2O,

$$2[\Delta(HK)] + M^2O = 2[\Delta(MK)] + H^2O.$$

Pour les oxydes M^2O^3, en mettant $\dfrac{M}{3} = M\alpha$.

$$2[\Delta(HK)] + M_\alpha^2 O = 2[\Delta(M_\alpha K)] + H^2O.$$

Pour les oxydes M^4O^3, en mettant $\dfrac{2M}{3} = M\beta$.

$$2[\Delta(HK)] + M_\beta^2 O = 2[\Delta(M_\beta K)] + H^2O.$$

D'où l'on voit que, dans ces deux derniers cas, $\dfrac{M}{3}$ (antimoine, arsenic) et $\dfrac{2M}{3}$ (chrome, fer, aluminium) peuvent remplacer **H**.

Mais il arrive quelquefois que les oxydes M^2O^3 ne se réduisent pas entièrement dans les circonstances ordinaires au contact de l'hydrogène basique, et ne déterminent la formation de l'eau qu'aux dépens du tiers de leur oxygène ; or, comme chaque O qu'ils cèdent correspond à H^2, il en résulte que le résidu $M^2O^2 = (MO)^2$ remplacera cet H^2 ; on a donc :

Pour les oxydes M^2O^3, en mettant $MO = M_o$.

$$2[\Delta(HK)] + M_o^2 O = 2[\Delta(M_o K) + H^2O.$$

Si la réduction des oxydes est seulement partielle dans les circonstances ordinaires, elle peut néanmoins devenir complète quand on porte le produit à une température élevée, par exemple à 200° ; mais alors l'oxygène qui a été entraîné dans la combinaison par l'oxyde métallique, ne trouvant plus d'hydrogène basique à attaquer, se porte sur le reste de l'hydrogène de la matière organique pour former de l'eau.

Les T. connus sous le nom d'*émétiques* présentent ces particularités bien dignes d'intérêt.

Lorsqu'on fait bouillir pendant une demi-heure un mélange de 3 p. d'oxyde d'antimoine Sb^2O^3 et de 4 p. de T. potassique délayés dans l'eau, en ayant soin de renouveler l'eau à mesure qu'elle s'évapore, et qu'on filtre le mélange pendant qu'il est encore chaud, on obtient, par le refroidissement, des prismes rectangulaires ou des octaèdres blancs et brillants qui renferment :

à la température ordinaire. $C^4H^6KSbO^8$ (Walquist, Dulk),
à 100°. . . . . $C^4H^4KSbO^7$ (Liebig, Dumas),
à 220°. . . . . $C^4H^2KSbO^6$ (Liebig, Dumas),

c'est-à-dire :

à la température ordinaire. $C^4(H^4Sb_oK)O^6$ + aq.
à 100°. . . . . $C^4(H^4Sb_oK)O^6$

à 220°. . . . . $C^4(H^2Sb_\alpha^3K)O^6$.

Ce corps se dissout dans 15 p. d'eau froide et dans 2 p. d'eau bouillante ; la dissolution rougit le tournesol et possède une saveur métallique et nauséabonde. Elle est précipitée en blanc (sels d'antimoine surbasiques) par les acides nitrique, hydrochlorique et sulfurique.

L'hydrogène sulfuré le précipite en rouge en produisant du sulfure d'antimoine et du T. potassique.

Les alcalis caustiques ou carbonatés ne le précipitent pas immédiatement ; les précipités ne paraissent qu'au bout d'un certain temps. L'acide acétique ne le précipite pas. Les sels d'argent et de plomb y occasionnent des précipités blancs dans lesquels le K du T. antimonico-potassique est remplacé par Ag ou Pb (Dumas et Piria).

Lorsqu'on le chauffe jusqu'au rouge blanc, il donne un alliage de potassium et d'antimoine qui décompose l'eau avec dégagement d'hydrogène.

L'émétique est employé comme vomitif ; pris intérieurement à haute dose, il agit comme poison.

On trouve ordinairement dans les eaux-mères de la préparation de l'émétique un autre sel gommeux (tartrate neutre d'oxyde d'antimoine et de potasse, Lieb.) qu'on obtient aussi en dissolvant dans l'eau bouillante un mélange de 9 p. d'émétique ordinaire et 4 p. de T. normal, et évaporant à une douce chaleur. D'abord la solution dépose des cristaux d'émétique ; mais, par le repos, quand elle est sirupeuse, elle finit par donner des cristaux confus qui renferment, suivant M. Knapp, $C^{16}H^{20}K^2Sb^2$

0^{26} + 5 aq. Dans mon opinion, ce sel n'est autre chose qu'un tartrate dont la base est représentée pour 2/4 par de l'hydrogène, pour 1/4 par du potassium, et pour l'autre quart par Sb :

$$C^i(H^5Sb_o^{4/2}K^{1/2})O^6 + aq.$$

L'eau de cristallisation s'élève à 9,2 p. c. $=$ 1 éq. et se développe à 100°. Lorsqu'on ajoute de l'alcool au sel de Knapp, il se précipite de l'émétique ordinaire, tandis qu'il reste de l'acide tartrique en dissolution.

M. Knapp a obtenu un autre sel en faisant bouillir 10 p. d'émétique avec 16 p. de crème de tartre, sous forme de paillettes nacrées, peu solubles dans l'eau, et contenant $C^{32}H^{38}K^8Sb^2O^{50}$; ces proportions équivalent à $C^4(H^{4^{3/4}}Sb_o^{1/4}K)O^6$. C'est donc un tartrate dans lequel la base est composée, pour la moitié, de K, et pour l'autre moitié de $H^{3/4}$ et $(SbO)^{1/4}$.

En modifiant les proportions, on obtiendrait sans doute encore d'autres sels; il paraît que dans ces tartrates, H,K et (SbO) peuvent se remplacer en toutes proportions, comme cela se présente, par exemple, dans les minéraux de la nature, pour le fer, la chaux, la magnésie, etc. En résumé, on a, pour tous les émétiques possibles, à 100° :

base.

$\Delta(H,K,Sb_o....)^2$.

Tartrate antimonico-argentique (émétique d'argent). — En ajoutant du nitrate d'argent à une solution d'émétique, on obtient un précipité qui renferme à 100° : $C^4H^4AgSbO^7$, et à 160° : $C^4H^2AgSbO^6$ (Dumas et Piria).

Ces formules correspondent à celles de l'émétique; on a, en effet :

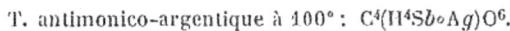

T. antimonico-argentique à 100° : $C^4(H^4Sb_oAg)O^6$.

Id.   à 160° : $C^4(H^2Sb_\alpha^3Ag)O^6$.

Tartrate antimonico-plombique (émétique de plomb). — Précipité blanc qui se forme par l'addition d'un sel de plomb à une solution d'émétique; il renferme :

à 100° : $C^4(H^4Sb_oPb)O^6$.

à 200° : $C^4(H^2Sb_\alpha^3Pb)O^6$.

Tartrate antimonico-uranique (émétique d'urane). — M. Péligot a obtenu ce sel remarquable qui renferme à 100° : $C^4H^4USbO^8$ et à 200° : C^4USbO^6 sans hydrogène ; or, comme l'oxyde d'urane a une composition U^2O^3 semblable à celle de l'oxyde d'antimoine, il s'ensuit que UO et U $^{1/3}$ peuvent remplacer H ; on a donc :

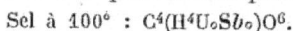

$$\text{Sel à } 100^6 : C^4(H^4U_oSb_o)O^6.$$

$$— \text{ à } 200^o : C^4(U^3{}_aSb^3{}_a)O^6.$$

Tartrate chromico-potassique (chromotartrate de potasse). — Lorsqu'on met du T. potassique en digestion avec de l'oxyde de chrome hydraté, on obtient un sel vert ; la même combinaison se produit quand on chauffe du T. normal avec du bichromate de potasse. M. Malaguti y a trouvé $C^8H^{14}K^2Cr^4O^{21} = C^4H^7KCr^2O^{10}\ ^{1/2}$.

Mais cette formule a besoin de confirmation.

Tartrate arsénico-potassique. — $C^4(H^4K,AsO^2)O^6 + 2$ aq. — On dissout 1 p. d'acide arsénique dans 5 ou 6 p. d'eau et l'on y ajoute un peu moins de 1 éq. de T. potassique, puis on porte le mélange à l'ébullition ; il se précipite alors une poudre cristalline qui présente la composition indiquée. Il vaut encore mieux ajouter de l'alcool qui précipite le sel, laver ce dernier avec de l'alcool et le faire sécher à l'air libre. Le sel est très soluble dans l'eau, qui ne tarde pas à le décomposer en mettant du T. potassique en liberté. Il perd son eau de cristallisation à 100° ; il n'en dégage plus à une température supérieure, sans s'altérer complétement (Pelouze)

Tartrate arsénioso-potassique. — $C^4(H^4K,AsO)O^6$. — Suivant M. Mitscherlich, l'acide arsénieux As^2O^3 produit avec le T. potassique un sel analogue à l'émétique sous le rapport de la forme et de la composition.

Une dissolution de T. ammoniacal produit également avec l'acide arsénieux un sel en cristaux larges et transparents renfermant $C^4(H^5,AsO)O^6,NH^3$.

L'action des acides arsénieux As^2O^3 et arsénique As^2O^5 sur le T. potassique est entièrement semblable à celle des autres oxydes sur l'hydrogène basique de ce sel. En effet, en mettant $AsO = As_o$ et $AsO^2 = As_\omega$, on a :

Pour l'acide arsénieux :

$$2[\Delta(HK)] + As^2_oO = 2[\Delta(As_oK)] + H^2O.$$

Pour l'acide arsénique :

$$2[\Delta(HK)] + As^2_\omega O = 2[\Delta(As_\omega K)] + H^2O.$$

AsO^2, en remplaçant H, fonctionne donc à la manière de NO^2 dans les substances nitrogénées.

Tartrate borico-potassique (crème de tartre soluble). — On obtient ce sel en évaporant à siccité 1 p. d'acide borique B^2O^3, 2 p. de T. potassique et 24 p. d'eau et en reprenant la masse par l'alcool, qui s'empare de l'acide borique excédant (Soubeiran). Séché à 100°, il présente une composition analogue à celle de l'émétique : $C^4H^4KBO^7 = C^4(H^4KB_\omega)O^6$; mais à 280°, il perd encore 8,0 p. c. $= 1$ éq. d'eau en devenant $C^4(H^2KB)O^6 = C^4(H^2K B^3_\alpha)O^6$, comme le T. antimonico-potassique (Soubeiran et Capitaine).

C'est une masse blanche, non cristalline, fort soluble dans l'eau et insoluble dans l'alcool.

Il existe aussi un sel $C^4(H^4KNa^{1/3}B^{2/3}_\alpha)O^6$ qu'on obtient en dissolvant dans 20 p. d'eau bouillante un mélange de 1 p. de borax et de 3 p. de crème de tartre (Duflos).

Tartrate ferrico-potassique (boules de Nancy, tartre martial soluble). — Pour obtenir ce composé, on met en digestion du peroxyde de fer récemment précipité avec une dissolution de T. potassique ; on jette la masse sur un filtre et l'on concentre à une douce chaleur. Il se produit ainsi des paillettes brillantes d'une couleur brune presque noire, et qui paraissent d'un beau rouge quand on les place entre l'œil et la lumière ; elles renferment, comme l'émétique et la crème de tartre soluble : $C^4(H^4K,Fe^2O)O^6 = C^4(H^4KFe_\omega)O^6$. Elles se décomposent déjà à 150° en émettant de l'eau et de l'acide carbonique. Les acides en précipitent un sel de fer surbasique qu'ils redissolvent quand on les emploie en excès ; les alcalis se comportent avec lui comme avec l'émétique (Soubeiran et Capitaine).

Genre Paratartrate R^2-O^6.

322. Ce genre, isomère du précédent, n'a pas encore été obtenu artificiellement ; on en rencontre l'espèce potassique dans les verjus, en société du tartrate. Les dédoublements qu'éprouvent

les P. sous l'influence des agents énergiques sont entièrement les mêmes que ceux des tartrates.

Voici, toutefois, quelques points par lesquels ils en diffèrent. Le P. normal cristallise avec 1 éq. d'eau, tandis que le tartrate correspondant ne renferme pas d'eau de cristallisation. La solution du P. normal précipite les solutions de nitrate de chaux, de sulfate de chaux et de chlorure de calcium ; le P. bicalcique qui se produit alors se dissout dans l'acide hydrochlorique et en est reprécipité par l'ammoniaque. On sait que la solution du tartrate normal ne précipite pas les sels de chaux.

Lorsqu'on sature du P. à 1 éq. de potassium par du carbonate de soude, et qu'on abandonne le mélange à une température modérée, il s'y dépose des cristaux de P. bisodique ; le tartrate correspondant donne, dans les mêmes circonstances, du tartrate sodico-potassique (sel de Seignette).

Paratartrate normal (acide paratartrique, uvique ou racémique). — $C^4H^6O^6$ + aq. — Il cristallise en prismes obliques, à base rhombe, parfaitement limpides, et qui s'effleurissent à l'air ; sa saveur est fort acide. Chauffé au-dessus de 200°, il fond en un liquide incolore et donne les mêmes produits de décomposition que le tartrate normal (page 422).

Comme il est moins soluble dans l'eau que ce dernier, il se dépose toujours avant lui, quand on soumet à l'action d'un grand froid la solution du tartrate de chaux brut, décomposé par l'acide sulfurique (1).

Paratartrate ammoniacal (sel acide). — $C^4H^6O^6,NH^3$. — Petites aiguilles fort peu solubles dans l'eau (Frésénius).

Paratartrate biammoniacal (sel neutre). — $C^4H^6O^6,2NH^3$. — Prismes à quatre pans, transparents et réguliers, qui perdent aisément la moitié de leur ammoniaque (Frésénius).

Paratartrate potassique (sel acide). — $C^4(H^5K)O^6$. — Poudre cristalline qui se dépose comme le tartrate correspondant (Frésénius).

Paratartrate bipotassique (sel neutre). — $C^4(H^4K^2)O^6$. — On l'obtient en saturant du carbonate de potasse par du P. normal.

---

(1) Le tartrate normal se dissout dans 1 1/2 p. d'eau froide ; le paratartrate n'exige que 5,7 p. d'eau à 15° (Walchner).

Paratartrate sodique (sel acide). — $C^4(H^5Na)O^6$ + aq. — Cristaux brillants qui s'effleurissent à 100° en perdant 9,41 = 1 éq. d'eau de cristallisation (Frésénius).

Paratartrate bisodique (sel neutre). — $C^4(H^4Na^2)O^6$. — Prismes à quatre pans, exempts d'eau.

Paratartrate sodico-ammoniacal. — $C^4(H^5Na)O^6,NH^3$ + aq. — On obtient ce sel en sursaturant le P. à 1 éq. de sodium par de l'ammoniaque, et abandonnant la solution à l'évaporation spontanée. Il forme de grosses tables dures et incolores, et s'effleurit à l'air en perdant de l'eau et de l'ammoniaque (Frésénius).

Paratartrate bicalcique. — $C^4(H^4Ca^2)O^6$ + 4 aq. — On l'obtient en précipitant une solution d'acétate calcique par du P. normal, sous la forme d'une poudre cristalline blanche et brillante. Les solutions diluées le déposent à l'état de petites aiguilles. Il est presque insoluble dans l'eau froide; sa solution saturée n'est pas troublée par l'acide oxalique, mais elle l'est par l'oxalate d'ammoniaque (Frésénius).

Paratartrate bicuivrique. — $C^4(H^4Cu^2)O^6$ + 2 aq. — Le P. normal ajouté à une solution diluée d'acétate cuivrique donne du P. bicuivrique à l'état de petites aiguilles quadrilatères d'un beau bleu clair. Elles sont peu solubles dans l'eau froide et un peu plus solubles dans l'eau bouillante (Frésénius).

Paratartrate antimonico-potassique. — Ce sel présente la même composition que le tartrate correspondant, et dégage comme lui, à 260°, 5,5 p. c. = 1 éq. d'eau, de manière à devenir $C^4(H^2SbK)O^6$ (Liebig).

Genre *Sulfacévinate* RSO⁵.

323. Accouplement du sulfacétate normal (248) avec l'alcool normal.

Sulfacévinate normal. — $C^4H^8SO^5$. — Quand on décompose du sulfacétate d'argent sec (2ᵉ famille), suspendu dans de l'alcool absolu, par un courant de gaz hydrochlorique sec, il se produit un composé particulier. Si, après avoir séparé par le filtre le chlorure d'argent qui s'est formé, on porte le liquide dans le vide sec, on obtient un sirop qui ne précipite ni le nitrate d'argent ni le chlorure de baryum, et qui se dissout complétement dans l'eau. Il rougit le tournesol et décompose les carbonates à froid (Melsens).

Sa formation s'explique de la manière suivante :

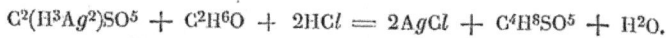

$$C^2(H^3Ag^2)SO^5 + C^2H^6O + 2HCl = 2AgCl + C^4H^8SO^5 + H^2O.$$

Sulfacévinate argentique. — $C^4(H^7Ag)SO^5$. — Si l'on sature par de l'oxyde d'argent le produit précédent, on obtient un sel parfaitement défini. Il se dissout dans l'alcool absolu, mieux à chaud qu'à froid, et s'en dépose sous la forme de lamelles nacrées d'un blanc éclatant (Melsens).

Genre Sulfosuccinate $R-^2SO^7$.

324. Accouplement du succinate normal (311) avec l'acide sulfurique.

Sulfosuccinate normal (acide hyposulfosuccinique cristallisé). — $C^4H^6SO^7 + 2$ aq. — Lorsqu'on fait passer des vapeurs d'acide sulfurique anhydre sur du succinate normal renfermé dans un ballon, en refroidissant convenablement, ces vapeurs s'absorbent en dégageant beaucoup de chaleur ; il se produit alors une masse transparente et visqueuse qu'on chauffe pendant quelques heures à 40 ou 50° avant d'y ajouter de l'eau. On sature ensuite la solution par du carbonate de plomb ; on traite le nouveau sel de plomb soluble par de l'hydrogène sulfuré, et l'on évapore dans le vide le liquide filtré. Il dépose alors des cristaux mamelonnés qui présentent la composition indiquée (Fehling).

Le S. normal est fort soluble dans l'eau et l'alcool ; sa saveur est fort acide ; il se décompose promptement par l'échauffement, en laissant beaucoup de charbon. Il sature parfaitement les oxydes métalliques, et attaque même les acétates.

Sulfosuccinate tripotassique (hyposulfosuccinate de potasse). — $C^4(H^3K^3)SO^7 + 3$ aq. — En saturant le S. normal par du carbonate de potasse, jusqu'à ce que le liquide soit complétement neutre ou légèrement alcalin, et en le concentrant dans le vide à consistance de sirop, on obtient, au bout de quelques jours, un petit nombre de cristaux fort déliquescents ; mais si l'on ajoute encore un peu d'acide à cette lessive, elle se prend bientôt après en une bouillie cristalline. Ce sel est insoluble dans l'alcool absolu; il renferme 3 éq. d'eau, dont un s'en échappe par la dessiccation dans le vide, et les 2 autres par l'échauffement (Fehling).

Sulfosuccinate bipotassique. — $C^4(H^4K^2)SO^7 + 2$ aq. — On l'obtient en ajoutant du S. normal au sel précédent. Il cristallise mieux que lui et réagit plus acide (Fehling).

Sulfosuccinate triammoniacal. — $C^4H^6SO^7,3NH^3 +$ aq. — On obtient ce sel en plaçant sous une cloche, avec de l'ammoniaque, la solution du S. normal concentré à l'état de sirop. Au bout de quelque temps le liquide se remplit d'aiguilles cristallines.

Sulfosuccinate tribarytique. — $C^4(H^3Ba^3)O^4$. — L'acétate de baryte précipite les espèces solubles du genre S. en donnant du S. tribarytique fort soluble dans les acides hydrochlorique et nitrique. Il ne renferme pas d'eau de cristallisation (Fehling).

Sulfosuccinate bicalcique. — $C^4(H^4Ca^2)O^4$. — Le S. normal dissout aisément le carbonate de chaux; toutefois la solution est acide et ne cristallise pas. Le sel desséché ne renferme pas d'eau de cristallisation.

Sulfosuccinate triplombique. — $C^4(H^3Pb^3)O^4 +$ aq. — Lorsqu'on précipite un S. soluble par de l'acétate de plomb neutre, il se produit du S. triplombique qui retient 1 éq. d'eau de cristallisation.

On obtient un sel surbasique en précipitant un S. soluble additionné d'un peu d'ammoniaque par de l'acétate de plomb. M. Fehling représente ce sel comme du S. quadriplombique; mais les analyses de ce chimiste s'accordent tout aussi bien avec la formule $2[C^4(H^3Pb^3)O^7] + Pb^2O$, qui nous paraît d'autant plus vraisemblable que l'acide acétique bouilli avec le sel le transforme en S. triplombique.

Genre *Succinidam* $R^{-3}NO^2$.

325. En faisant réagir le gaz ammoniac sur le succinide normal (309), on observe une formation d'eau considérable et une élévation très forte de température; la matière se fond et se volatilise en se transformant en succinidam normal (d'Arcet):

$$C^4H^4O^3 + NH^3 = H^2O + C^4H^5NO^2.$$

Succinidam normal (succinamide, bisuccinamide).— $C^4H^5NO^2$.
— Il cristallise avec une grande facilité en rhombes très réguliers, incolores, peu solubles dans l'éther et assez solubles dans
l'alcool. Quel que soit celui de ces liquides qui le tienne en dissolution, il cristallise très facilement, et les formes cristallines
jouissent d'une régularité parfaite. Traité par la potasse, il ne
dégage de l'ammoniaque que par l'échauffement. Quand on le
dissout dans l'eau et qu'on abandonne la dissolution à l'évaporation spontanée, on obtient de beaux cristaux rhomboédriques
qui renferment les mêmes éléments plus 1 éq. d'eau (d'Arcet).

Genre *Paramide* R^{-7}NO^2.

326. L'espèce normale de ce g. se produit par l'action de la
chaleur (1) sur le mellate ammoniacal (317) :

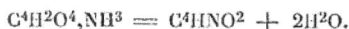

$$C^4H^2O^4,NH^3 = C^4HNO^2 + 2H^2O.$$

Sous l'influence de l'eau, elle est capable de régénérer du
mellate, et constitue donc une véritable amide (61). Les alcalis
la font aussi passer à l'état d'euchronate (6ᵉ famille).

Paramide normale. — C^4HNO^2. — On l'obtient aisément en
chauffant le mellate biammoniacal réduit en poudre, placé dans
une capsule de porcelaine, sur un bain d'huile ; il faut remuer
souvent et maintenir la température entre 150 et 160°, pendant
plusieurs heures, c'est-à-dire pendant tout le temps qu'on sent
l'odeur de l'ammoniaque. Il se dégage de l'ammoniaque déjà à
100° (par le passage du sel biammoniacal en sel ammoniacal ou
sel acide). Lorsqu'on dépasse la limite de 160°, on détermine la
formation de produits secondaires qui compliquent la réaction.
Après cette opération, le sel se trouve converti en une poudre
d'un jaune pâle que l'eau décompose en deux substances, dont
l'une est blanche et insoluble, c'est la P. normale ; l'autre est
soluble et constitue l'euchronate ammoniacal (6ᵉ famille). Il
faut laver la substance blanche longtemps à l'eau froide, jusqu'à
ce que le liquide filtré n'ait plus de saveur acide. En évaporant

(1) Probablement aussi par l'action de la chaleur sur l'euchronate
ammoniacal.

la solution jusqu'à siccité, on voit l'euchronate ammoniacal se déposer en cristaux.

La P. normale, à l'état sec, se présente sous la forme d'une masse blanche assez compacte ; elle jaunit peu à peu à l'air. Elle est sans saveur ni odeur. Délayée dans l'eau, elle offre l'aspect de l'argile et en présente même l'odeur. Elle est insoluble dans l'eau, l'alcool, l'acide nitrique et même l'eau régale. Elle se dissout à chaud dans l'acide sulfurique ; l'eau la précipite non altérée de cette dissolution. On peut la chauffer à 200° sans qu'elle s'altère ; mais à une température plus élevée elle se charbonne, en développant du cyanure ammoniacal, ainsi qu'un sublimé qui se compose en partie d'une matière bleu-verdâtre, demi-fondue, en partie d'aiguilles jaunes et très amères.

Bouillie pendant longtemps avec de l'eau, elle finit par se dissoudre en produisant du mellate ammoniacal :

$$C^4HNO^2 + 2H^2O = C^4H^2O^4,NH^3.$$

Cette transformation s'opère aisément si l'on fait agir l'eau, à une température de 200°, dans un tube scellé à la lampe.

Les alcalis déterminent une transformation semblable ; cependant l'action n'est pas instantanée. La P. normale se dissout au contact de la potasse ou de l'ammoniaque aqueuse ; l'acide hydrochlorique la précipite non altérée de cette dissolution. Mais la dissolution dans la potasse étant longtemps abandonnée à elle-même, laisse dégager de l'ammoniaque et n'est ensuite plus troublée par les acides ; elle manifeste alors les réactions propres aux euchronates (6e fam.). Toutefois ces réactions ne sont elles-mêmes que transitoires ; car, au bout d'un certain temps, la dissolution ne renferme plus que du mellate. Sous l'influence de la chaleur, cette transformation s'opère immédiatement (Wœhler).

Voici comment on peut exprimer les réactions opérées par la potasse :

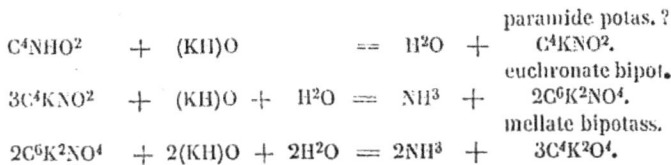

paramide potas. ?
$$C^4NHO^2 + (KH)O == H^2O + C^4KNO^2.$$

euchronate bipot.
$$3C^4KNO^2 + (KH)O + H^2O = NH^3 + 2C^6K^2NO^4.$$

mellate bipotass.
$$2C^6K^2NO^4 + 2(KH)O + 2H^2O = 2NH^3 + 3C^4K^2O^4.$$

Paramide argentique. — Lorsqu'on dissout la P. normale dans une solution d'ammoniaque très étendue et qu'on y ajoute du nitrate d'argent, il se produit un précipité abondant et gélatineux qui, séché à 150°, est d'un jaune pur et renferme 50,2 p. c. d'argent. Cette combinaison brunit à 200°, en dégageant de l'ammoniaque ; à une température plus élevée, elle développe de l'acide prussique (Wœhler).

Genre *Oxaméthane* $R^{-1}NO^3$.

327. Nous avons déjà parlé (64) de la formation de l'espèce normale de ce genre.

Oxaméthane normal (améthane oxalique, éther oxamique, oxalate d'éthyle et d'oxamide). — $C^4H^7NO^3$. — On le prépare en faisant passer un courant de gaz ammoniac sec dans de l'oxalcool normal (6ᵉ fam.) ; la matière s'échauffe beaucoup et devient pâteuse, puis finit par se solidifier entièrement. On la dissout dans une petite quantité d'alcool bouillant, on filtre et on laisse cristalliser par le refroidissement (Dumas et Boullay). On peut aussi dissoudre l'oxalcool normal dans une dissolution alcoolique d'ammoniaque ; par l'évaporation de la liqueur, on obtient alors de beaux cristaux feuilletés d'O. normal (Liebig).

C'est une substance incolore, fusible et volatile ; elle distille à 220° environ. Elle se dissout dans l'eau et l'alcool ; mais la dissolution aqueuse se détruit par l'ébullition en produisant de l'alcool normal et de l'oxalate ammoniacal :

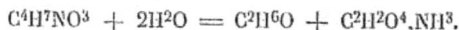

$$C^4H^7NO^3 + 2H^2O = C^2H^6O + C^2H^2O^4,NH^3.$$

L'ammoniaque la convertit subitement en alcool normal et en oxamide normale :

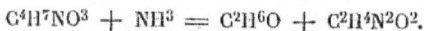

$$C^4H^7NO^3 + NH^3 = C^2H^6O + C^2H^4N^2O^2.$$

Oxaméthane quintichloré (chloroxaméthane). — $C^4(H^2Cl^5)NO^3$. — Dès que le gaz ammoniac est mis en contact avec de l'oxalcool perchloré en poudre, la température s'élève, une couche floconneuse se dépose contre les parois intérieures de la cornue, et une fumée fétide se développe. Lorsque la réaction a cessé, on trouve la cornue tapissée de petites lames miroitantes. On dissout le tout dans l'eau bouillante ; par le refroidissement, elle laisse déposer une grande quantité d'aiguilles prismatiques d'O.

quintichloré qu'on purifie par des cristallisations successives. Les eaux-mères retiennent beaucoup de sel ammoniac (Malaguti. Voyez la note p. 119).

L'O. quintichloré est blanc, peu soluble dans l'eau froide, très soluble dans l'eau bouillante, l'alcool et l'éther ; la dissolution ne précipite ni par le nitrate d'argent ni par les sels solubles de chaux. Sa saveur est sucrée, avec un arrière-goût amer. Il fond à + 134°, mais il se sublime déjà en grande partie avant d'entrer en fusion. Il bout au-dessus de + 200°.

Bouilli pendant quelque temps avec une dissolution de potasse, il finit par disparaître, dégage beaucoup d'ammoniaque et donne de l'oxalate, du chlorure ainsi qu'un autre sel chloré.

Une dissolution d'ammoniaque le convertit en oxalovinate quintichloro-ammoniacal (313).

Genre Aspartate $R-^1NO^4$.

328. Exposée à une température élevée, avec de l'eau, en vase clos, l'asparamide normale (331) se convertit en aspartate ammoniacal (Erdmann). Les acides et les alcalis hydratés déterminent la même métamorphose :

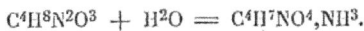

$$C^4H^8N^2O^3 + H^2O = C^4H^7NO^4,NH^3.$$

Aspartate normal (acide aspartique). — $C^4H^7NO^4$. — On l'obtient en faisant bouillir l'asparamide normale avec une lessive de potasse, tant qu'il se dégage de l'ammoniaque. Il se produit ainsi de l'A. bipotassique que l'on sursature par de l'acide hydrochlorique. On évapore à siccité et l'on reprend le résidu par de l'eau ; l'A. normal reste alors à l'état de pureté (Liebig).

Il cristallise en feuillets blancs, micacés et d'un éclat nacré ; il est sans odeur et d'une saveur légèrement aigrelette. Il se dissout dans 128 p. d'eau à + 8°,5 ; il est plus soluble dans l'eau bouillante. Il est insoluble dans l'alcool absolu. Il est assez soluble dans l'acide hydrochlorique.

L'acide sulfurique concentré le détruit à chaud. L'acide nitrique ne paraît pas l'attaquer beaucoup. A la distillation sèche, il donne des produits ammoniacaux ; jeté sur des charbons ardents, il répand l'odeur des plumes brûlées. Maintenu en ébullition avec de l'acide hydrochlorique, ou avec de la potasse très concentrée, il se convertit en ammoniaque et en un nouvel acide (1) fort soluble dans l'eau, et qui n'a pas encore été examiné (Liebig).

Aspartate bipotassique. — Sel déliquescent et incristallisable, qui précipite l'acétate de plomb surbasique, le protonitrate de mercure et le nitrate d'argent.

Aspartate biargentique. — $C^4(H^5Ag^2)NO^4$. — Poudre blanche et cristalline (Liebig).

Genre Succinamide RN^2O^2.

329. Ce g. est l'homologue du g. oxamide de la 2ᵉ famille.

Succinamide normale. — $C^4H^8N^2O^2$. — Lorsqu'on abandonne un mélange de succinalcool normal (8ᵉ famille) avec 2 fois son volume d'ammoniaque concentrée, il se produit une infinité de cristaux incolores et grenus de S. normale, ainsi que de l'alcool normal.

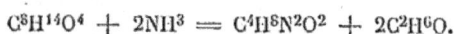

$$C^8H^{14}O^4 + 2NH^3 = C^4H^8N^2O^2 + 2C^2H^6O.$$

Ces cristaux sont insolubles dans l'eau froide, et se dissolvent assez bien dans l'eau bouillante ; leur solution ne précipite pas les sels métalliques. Les alcalis caustiques en dégagent de l'ammoniaque. Quand on chauffe la S. normale, elle entre en fusion, développe de l'ammoniaque ainsi qu'un corps cristallin, et laisse un résidu de charbon (Fehling).

Genre Fumaramide $R^{-2}N^2O^2$.

330. L'ammoniaque convertit le fumaralcool normal (8ᵉ fam.) en fumaramide normale et en alcool normal (63) :

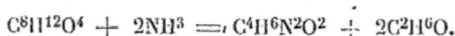

$$C^8H^{12}O^4 + 2NH^3 = C^4H^6N^2O^2 + 2C^2H^6O.$$

Fumaramide normale. — $C^4H^6N^2O^2$. — On obtient cette amide en abandonnant le fumaralcool normal avec plusieurs fois son volume d'ammoniaque aqueuse : au bout de quelque temps, elle se dépose dans le mélange à l'état de paillettes blanches.

(1) En appliquant à cette métamorphose l'équation indiquée p. 235, on obtient la formule $C^4H^6O^5$ qui est celle de l'acide malique.

La F. normale est insoluble dans l'eau froide et dans l'alcool absolu. Elle se dissout dans l'eau bouillante, qui la dépose, par le refroidissement, en grande partie sans altération ; toutefois, par un contact prolongé, ce liquide la convertit en fumarate biammoniacal.

Quand on la chauffe avec un alcali, elle est convertie en fumarate avec dégagement d'ammoniaque.

Soumise à la distillation sèche, elle donne un sublimé cristallin, de l'ammoniaque, ainsi qu'un résidu charbonneux (Hagen).

Genre *Asparagine* RN^2O^3.

331. On ne l'a pas encore obtenu artificiellement.

Asparagine normale (asparamide, althéine). — $C^4H^8N^2O^3$ + aq. — Cette amide se rencontre toute formée dans les asperges, la racine de guimauve, les betteraves (Rossignon), la grande consoude, etc. Elle se dépose à l'état cristallisé par la concentration de l'extrait aqueux des asperges ou de la racine de guimauve.

On l'obtient en prismes droits à base rhombe, d'une entière transparence ; elle est dure, sans odeur, et possède une saveur fraîche et légèrement nauséabonde. Les cristaux développent par l'échauffement 12 p. c. = 1 éq. d'eau ; ils sont peu solubles dans l'eau froide, plus solubles dans l'eau bouillante, insolubles dans l'alcool absolu et dans l'éther. Leur solution aqueuse ne précipite pas les sels métalliques. Les acides et les alcalis, ainsi que les ferments, la convertissent en aspartate (328) et en ammoniaque.

Genre *Cyanalcool* RN^2O^3.

332. Ce genre, isomère du précédent, est l'homologue du g cyanométhol (285).

Cyanalcool normal (éther cyanique, bicyanurate d'oxyde d'éthyle). — $C^4H^8N^2O^3$. — Lorsqu'on distille le cyanurate normal (290) et qu'on dirige les vapeurs dans de l'alcool normal (226), celui-ci s'échauffe considérablement et dépose peu à peu des cristaux de cyanalcool normal. Comme le cyanurate norm. se décompose par la distillation sèche en cyanate norm., on a donc :

$$C^2H^6O + 2CHNO = C^4H^8N^2O^3.$$

On lave le produit avec un peu d'alcool et on le dissout ensuite dans un mélange d'alcool et d'éther qu'on abandonne à l'évaporation spontanée.

Le C. normal cristallise alors en prismes ou en aiguilles incolores, transparentes et douées d'un grand éclat. A froid, il ne se dissout pas dans l'eau, mais il est soluble dans l'eau et l'alcool bouillants. Sa solution est neutre aux papiers, n'a point de saveur et ne précipite pas les solutions métalliques.

Quand on chauffe les cristaux à l'air libre, ils fondent, se volatilisent et se condensent dans l'air sous forme de flocons lanugineux. Soumis à la distillation sèche, ils se dédoublent en alcool norm. et cyanurate normal. Ils se dissolvent dans une solution de potasse caustique en donnant de l'alcool normal et du cyanurate potassique (Wœhler et Liebig).

Genre Dialurate $R^{-4}N^2O^4$.

333. L'espèce normale de ce g. se forme par l'action prolongée de l'hydrogène sulfuré sur l'alloxantine normale :

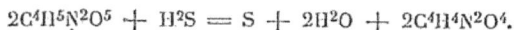

$$2C^4H^5N^2O^5 + H^2S = S + 2H^2O + 2C^4H^4N^2O^4.$$

Probablement le g. dialurate se produit aussi par la décomposition de l'uramile normale sous l'influence des acides et des alcalis bouillants :

$$C^4H^5N^3O^3 + H^2O = NH^3 + C^4H^4N^2O^4.$$

Dialurate normal (acide dialurique, acide uramilique?) — $C^4H^4N^2O^4$. — Ce corps (1) s'obtient aisément en dissolvant à chaud du dialurate ammoniacal ou potassique dans de l'acide hydrochlorique moyennement concentré, jusqu'à saturation, et abandonnant au repos. Il cristallise alors en longues aiguilles, d'une saveur aigrelette, et assez solubles dans l'eau. Les cristaux

(1) MM. Wœhler et Liebig décrivent, dans leur beau travail sur l'acide urique, un corps qu'ils appellent *acide uramilique*, et qu'ils ont obtenu par l'action de l'acide sulfurique sur l'uramile normale. Ces chimistes le représentent par $C^{16}H^{20}N^{10}O^{15} = C^4H^5N^2 1/2 O^3 3/4$. Si je ne m'abuse, ce corps est identique avec l'acide dialurique, dont j'ai emprunté la description au Dictionnaire de MM. Liebig, Poggendorf et Wœhler (t. II, p. 573). D'ailleurs cette partie du travail de MM. Liebig et Wœhler offre quelque obscurité.

rougissent à l'air et se convertissent peu à peu en alloxantine normale (modification dimorphe). Cette transformation s'effectue sans doute sous l'influence simultanée de l'eau et de l'humidité, car :

$$2C^4H^4N^2O^4 + H^2O + O = 2C^4H^5N^2O^5.$$

Dialurate ammoniacal. — $\dot{C}^4H^4N^2O^4,NH^3$. — Lorsqu'on fait passer du gaz hydrogène sulfuré dans une solution bouillante d'alloxantine, il se dépose du soufre, et le liquide devient fort acide. En saturant ensuite par du carbonate d'ammoniaque, on obtient un sel qui se dépose, par le refroidissement, à l'état d'aiguilles soyeuses.

La même combinaison s'obtient si l'on ajoute du sulfhydrate d'ammoniaque à une solution d'acide urique dans l'acide nitrique dilué, de manière que le mélange conserve une légère réaction acide. On épuise la bouillie par l'eau bouillante et on y ajoute du carbonate d'ammoniaque.

Enfin on peut aussi l'obtenir en réduisant l'alloxane normale par du zinc et de l'acide hydrochlorique, et ajoutant au liquide assez de carbonate d'ammoniaque pour redissoudre le précipité d'oxyde de zinc.

Le D. ammoniacal cristallise en aiguilles qui deviennent rosées à la température ordinaire, et d'un rouge de sang par la dessiccation. Il est très soluble dans l'eau bouillante. Il précipite en blanc les sels de baryte, en jaune les sels de plomb ; les précipités prennent à l'air une teinte violette. Les sels d'argent en sont réduits à l'état métallique (Liebig et Wœhler).

Dialurate potassique. — $C^4(H^3K)N^2O^4$. — Ce sel, qui se distingue par sa faible solubilité dans l'eau froide ou chaude, s'obtient sous la forme d'un précipité cristallin, d'un jaune citronné, lorsqu'on ajoute une solution de cyanure potassique à une solution d'alloxane normale. On le décolore en le dissolvant dans une lessive faible de potasse et saturant par de l'acide acétique ; il s'obtient alors sous la forme d'un précipité blanc et caillebotteux.

On peut aussi l'obtenir en dissolvant le D. normal dans l'acide hydrochlorique et saturant par du carbonate de potasse (Liebig et Wœhler, Gregory).

Dialurate barytique. — C⁵(H³Ba)N²O⁴. — Précipité blanc analogue au précédent (Frésénius).

Il est difficile d'obtenir un sel de plomb d'une composition
constante, car le produit s'altère rapidement.

Genre Alloxantine R⁻³N²O⁵.

334. Produit de l'action de l'acide nitrique sur l'urate normal
(5ᵉ fam.).

On l'obtient aussi par l'action des agents de réduction sur
l'alloxane normal (Wœhler et Liebig).

Alloxantine normale. — C⁴H⁵N²O⁵. — La dissolution de l'acide
nrique s'opère dans l'acide nitrique étendu avec les mêmes phénomènes que dans l'acide concentré (175); mais la liqueur dépose, après une douce évaporation, des prismes à 4 pans, durs,
transparents et incolores d'A. normale.

Ce corps est très peu soluble dans l'eau froide et un peu plus
soluble dans l'eau bouillante ; sa solution rougit les couleurs
végétales d'une manière très sensible, et cependant elle ne peut
venir en contact avec les bases sans en être décomposée. Il peut
cristalliser sous deux formes différentes.

Une solution d'A. normale donne avec l'eau de baryte un épais
précipité d'un beau violet, qui devient blanc par l'ébullition du
liquide, en disparaissant entièrement. Le nitrate d'argent y occasionne un précipité noir d'argent métallique ; le liquide séparé
de ce dépôt à l'aide du filtre précipite alors la baryte. C'est que
ces réactifs convertissent l'A. normale en alloxane normal.

Cette métamorphose se produit aussi quand on dissout l'A.
normale dans l'eau bouillante et qu'on y ajoute quelques gouttes
d'acide nitrique ; on remarque alors une légère effervescence due
au dégagement des produits de décomposition de cet acide. Évaporée jusqu'à consistance d'un sirop épais, la liqueur donne des
cristaux d'alloxane normal, sans aucun autre produit ; d'ailleurs
on a :

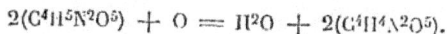

$$2(C^4H^5N^2O^5) + O = H^2O + 2(C^4H^4N^2O^5).$$

L'alloxane norm. peut être de nouveau converti en A. norm.
lorsqu'on y fait agir un agent de réduction, par exemple l'hydrogène sulfuré (181); mais l'A. norm. est elle-même décomposée,

quand on fait passer pendant longtemps un courant d'hydrogène sulfuré dans sa solution maintenue à l'ébullition; il se précipite alors une nouvelle quantité de soufre, et la liqueur prend une réaction acide bien caractérisée due au dialurate normal (333).

Lorsqu'on dissout à froid de l'A. dans l'ammoniaque étendue d'eau, qu'on laisse évaporer cette dissolution à l'air libre et à une température modérée, qu'on renouvelle ensuite l'ammoniaque à plusieurs reprises, on obtient finalement de l'oxalurate biammoniacal (288); hors du contact de l'air, ce corps ne se forme pas (Wœhler et Liebig).

En mélangeant une solution de sel ammoniac avec une solution d'A. norm., toutes deux ayant été préalablement purgées d'air par l'ébullition, on voit se précipiter au bout de quelques instants des cristaux d'uramile normal $C^4H^5N^3O^3$, tandis que l'eau-mère retient de l'acide hydrochlorique libre et de l'alloxane normal. On a évidemment (1) :

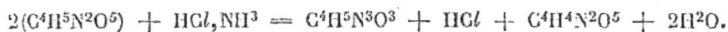

$$2(C^4H^5N^2O^5) + HCl,NH^3 = C^4H^5N^3O^3 + HCl + C^4H^4N^2O^5 + 2H^2O.$$

Genre Alloxane $R-^4N^2O^5$.

335. L'espèce normale de ce g. prend naissance dans plusieurs circonstances : par l'action de l'acide nitrique sur l'urate normal (acide urique), sur l'alloxantine normale, sur l'uramile normal, etc. Toutes les espèces de ce g. ont la propriété de fixer les éléments de l'eau, en présence des alcalis, et de se convertir en urée normale et en mésoxalates (280).

Alloxane normal (alloxane, acide érythrique de Brugnatelli, acide alloxanique?). — $C^4H^4N^2O^5$. — On le prépare en faisant agir l'acide nitrique sur l'acide urique. Nous avons déjà parlé de cette réaction (175). MM. Liebig et Wœhler prescrivent d'employer, pour obtenir de l'A. normal, 1 p. d'acide urique sec et 4 p. d'acide nitrique de 1,4 ou 1,5. Il faut éviter une trop grande élévation de température, en ayant soin de refroidir le mélange et de ne décomposer que très peu d'acide urique à la fois.

(1) Comme dans toutes les réactions de l'alloxantine on voit intervenir $2(C^4H^5N^2O^5)$, il est très probable que son équivalent est $C^8H^{10}N^4O^5$. La même chose doit se dire de l'indigo blanc, qui ressemble à l'alloxantine sous tant de rapports.

On obtient ainsi par le refroidissement une bouillie blanche presque solide de cristaux qui offrent la plus grande ressemblance avec l'acide oxalique. On les répand sur une brique bien poreuse sur des doubles de papier joseph ; quand ils sont secs, on les fait recristalliser dans l'eau bouillante.

L'A. normal cristallise dans l'eau sous deux formes différentes : par le refroidissement d'une solution saturée à chaud, on obtient des cristaux très volumineux, mais très efflorescents, qui contiennent 3 éq. = 25 p. c. d'eau de cristallisation. Les cristaux qui se forment dans une solution chaude sont au contraire toujours anhydres et ne s'effleurissent pas. Il est donc avantageux, pour se procurer de l'A. pur, de le faire cristalliser la première fois à l'état anhydre. On obtient souvent des cristaux d'un pouce de long, surtout ceux du corps hydraté ; ils constituent des prismes à base rectangulaire. Le corps anhydre se présente sous la forme d'octaèdres rhomboïdaux tronqués sur les angles et d'un éclat vitreux (Wœhler et Liebig).

Il est très soluble dans l'eau ; sa solution colore la peau en pourpre au bout de quelque temps et lui donne une odeur nauséabonde ; il rougit le papier de tournesol, mais ne décompose pas les carbonates de chaux et de baryte. Il n'attaque pas non plus l'oxyde de plomb, même à l'ébullition.

Selon MM. Wœhler et Liebig, l'A. normal ne serait pas un acide ; et cependant, quand on mélange sa solution avec de l'eau de baryte ou de chaux, il se produit un sel barytique ou calcaire qui tendrait à faire admettre que l'A. normal est un acide bibasique. Mais, suivant ces chimistes, ce corps éprouve alors une modification moléculaire qui le convertit en un corps isomérique appelé par eux *acide alloxanique.* Ils n'en ont pas fait l'analyse (1).

Une dissolution chaude d'A. normal donne par une addition

(1) Jusqu'à plus ample information, nous considérerons les alloxanates de MM. Liebig et Wœhler comme des espèces du g. alloxane, dont ils présentent d'ailleurs la composition. MM. W. et L. disent que l'acide alloxanique s'obtient en décomposant par l'acide sulfurique le précipité occasionné dans l'alloxane par l'eau de baryte. « L'acide alloxanique, disent-ils, est très acide, décompose les carbonates et les acétates avec facilité, et cristallise en une masse dure et rayonnée. Combiné avec la baryte, il produit le même sel que celui qu'on obtient avec l'alloxane :

d'eau de baryte un précipité d'A. bibarytique qui se décompose, par une ébullition prolongée, en urée normale et en mésoxalate bibarytique :

$$C^4H^4N^2O^5 + 2(BaH)O = CH^4N^2O + C^3(H^2Ba^2)O^6.$$

Mêlé avec un protosel de fer, l'A. normal n'y détermine d'abord aucun précipité, mais le liquide se colore en bleu-indigo intense.

Une dissolution d'A. normal, doucement échauffée avec du peroxyde puce de plomb, dégage de l'acide carbonique pur ; quand l'opération est terminée on obtient un magma blanc de carbonate et d'oxalate de plomb. La liqueur filtrée donne des cristaux d'urée. Comme l'oxalate de plomb se décompose lui-même en carbonate, sous l'influence du peroxyde, on a donc :

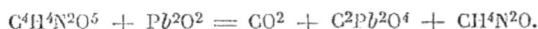

$$C^4H^4N^2O^5 + Pb^2O^2 = CO^2 + C^2Pb^2O^4 + CH^4N^2O.$$

Fait-on passer un courant d'hydrogène sulfuré à travers une solution passablement concentrée d'A. normal, il se dépose du soufre, et le liquide se prend en une bouillie épaisse de cristaux d'alloxantine normale :

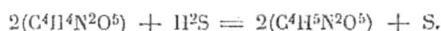

$$2(C^4H^4N^2O^5) + H^2S = 2(C^4H^5N^2O^5) + S.$$

On obtient le même produit en ajoutant un peu d'acide hydrochlorique à de l'A. normal et y plaçant un morceau de zinc métallique. Il se dépose au bout de quelques heures une quantité considérable d'alloxantine en croûtes cristallines, et par une seule cristallisation la substance est purifiée d'oxyde de zinc.

Le chlorure d'étain ajouté à une solution d'A. en précipite aussi de l'alloxantine.

Réciproquement l'alloxantine se convertit en A. sous l'influence des agents oxygénants.

Une dissolution aqueuse d'A. bouillie avec un excès d'acide

préalablement neutralisé par l'ammoniaque, il donne un précipité blanc avec les sels d'argent. Il dissout le zinc avec dégagement d'hydrogène. »

Comme l'alloxane donne directement, avec les bases, les mêmes sels, et que d'ailleurs MM. W. et L. ne disent pas si les indications précédentes ont été fournies par un acide alloxanique dépouillé d'acide sulfurique par la cristallisation, n'est-on pas conduit à voir, dans leur acide alloxanique, de l'alloxane impur ?

sulfureux donne par le refroidissement des cristaux d'alloxantine ; mais si avant de faire bouillir on y ajoute de l'ammoniaque, on obtient du thionurate biammoniacal (337).

Un mélange d'ammoniaque et d'A. norm. chauffé doucement devient jaune, et se prend par le refroidissement en une gelée jaune et transparente d'un sel ammoniacal ; cette combinaison, dissoute dans l'eau chaude et traitée par un excès d'acide sulfurique étendu, donne aussitôt un précipité transparent et gélatineux auquel MM. Liebig et Wœhler donnent le nom d'*acide mycomélique*, et qui me paraît être identique avec le corps que M. Pelouze a décrit postérieurement sous le nom d'*acide allanturique* (287). Si ma supposition se confirme, la formation de ce corps est nécessairement accompagnée de celle de l'urée, car :

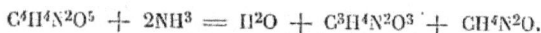

$$C^4H^4N^2O^5 + 2NH^3 = H^2O + C^3H^4N^2O^3 + CH^4N^2O.$$

Alloxane bibarytique (alloxanate de baryte). — $C^4(H^2Ba^2)N^2O^5$. — Une dissolution chaude d'A. normal donne par l'eau de baryte un précipité qui se redissout à une douce chaleur. Si l'on continue d'ajouter l'eau de baryte, il arrive un moment où toute la liqueur se trouble, et alors, abandonnée à elle-même, elle laisse déposer une quantité considérable de paillettes blanches. On obtient ce même sel en ajoutant un mélange d'ammoniaque et de chlorure de baryum à une solution d'A. normal.

L'A. bibarytique forme des prismes courts, transparents, ou bien des paillettes brillantes ; il perd à 100° 20 p. c. d'eau de cristallisation. Sa dissolution se convertit, par une ébullition prolongée, en urée normale et en mésoxalate bibarytique (280).

Alloxane bistrontique (alloxanate de strontiane). — $C^4(H^2Sr^2)N^2O^5 + 4$ aq. — L'eau de strontiane ou un mélange de chlorure de strontium et d'ammoniaque occasionne dans l'A. normal un précipité de A. bistrontique. Ce sel forme de petits cristaux aciculaires, transparents, et contenant 4 éq. = 22,5 p. c. d'eau de cristallisation qu'ils perdent à 120°.

Alloxane bicalcique (alloxanate de chaux). — Précipité gélatineux qui devient cristallin par le repos ; il est très soluble dans l'acide acétique.

Alloxane biargentique (alloxanate d'argent). — $C^4(H^2Ag^2)N^2O^5$. — L'A. ne trouble pas une dissolution de nitrate d'argent ; mais si l'on y ajoute de l'ammoniaque, il se produit un précipité blanc qui se colore en jaune par l'ébullition. Séché à 100°, il présente la composition indiquée (Wœhler et Liebig).

Genre *Uramile* $R^{-3}N^3O^3$.

336. Sous l'influence de la chaleur, le thionurate normal élimine les éléments de l'acide sulfurique et se convertit en uramile normal :

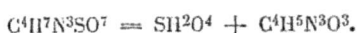

$$C^4H^7N^3SO^7 = SH^2O^4 + C^4H^5N^3O^3.$$

Uramile normal (uramile, murexane, acide purpurique?). — $C^4H^5N^3O^3$. — On obtient cette amide en faisant bouillir quelques minutes le thionurate normal ou biammoniacal avec de l'acide sulfurique ou hydrochlorique. Les dissolutions, lors même qu'elles ne sont que peu concentrées, se prennent alors en une bouillie très blanche composée d'aiguilles très fines. Le magma est aisé à laver, et diminue beaucoup de volume par la dessiccation. L'U. normal cristallise en longues aiguilles, dures, brillantes, réunies comme les barbes d'une plume. Il est insoluble dans l'eau froide, et un peu soluble dans l'eau bouillante, dont il se sépare par le refroidissement. Exposé dans une atmosphère contenant des traces d'ammoniaque, il prend une teinte rose.

Il se dissout dans l'ammoniaque; les acides l'en précipitent sans altération. Il est décomposé par l'ébullition avec l'ammoniaque; la liqueur devient d'abord jaunâtre, se colore peu à peu en pourpre foncé, et donne des aiguilles vertes de murexide normale.

L'acide nitrique le décompose avec effervescence; la liqueur évaporée et saturée par l'ammoniaque devient pourpre comme la solution de l'acide urique dans l'acide nitrique.

Dans ces circonstances, par l'action simultanée de l'ammoniaque et de l'oxygène, il se produit du murexide normal et de l'eau; en effet :

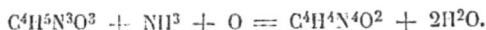

$$C^4H^5N^3O^3 + NH^3 + O = C^4H^4N^4O^2 + 2H^2O.$$

Cette réaction s'accomplit aussi sous l'influence de certains oxydes très réductibles, tels que ceux de mercure et d'argent. L'U. normal, mélangé avec de l'ammoniaque, et bouilli avec un de ces oxydes, se convertit en murexide normal, en réduisant l'oxyde à l'état métallique.

L'U. norm. peut d'ailleurs se convertir en murexide sans le concours de l'ammoniaque ; il suffit de le mettre dans l'eau bouillante et d'y ajouter de petites quantités d'oxyde d'argent ou de mercure. En même temps que ces oxydes sont réduits, la liqueur prend une teinte pourpre foncé, et donne, filtrée à chaud, des cristaux de murexide très purs ; il ne se dégage aucun gaz pendant l'opération. Il suffit du plus petit excès d'oxyde pour faire disparaître la coloration rouge ; alors la liqueur renferme de l'alloxane ammoniacal (Wœhler et Liebig). Lorsqu'on n'emploie pas d'ammoniaque, la formation de la murexide est évidemment accompagnée de celle de l'alloxane, car :

$$2(C^4H^5N^3O^3) + O^2 = C^4H^4N^4O^2 + C^4H^4N^2O^5 + H^2O.$$

Les acides et les alcalis bouillants convertissent l'U. normal en dialurate (1) et ammoniaque :

$$C^4H^5N^3O^3 + H^2O = C^4H^4N^2O^4 + NH^3.$$

L'U. normal est donc l'amide de l'acide dialurique.

L'acide nitrique concentré convertit l'U. normal en alloxane normale et ammoniaque, avec dégagement de vapeurs nitreuses :

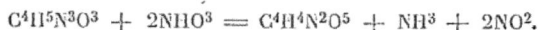

$$C^4H^5N^3O^3 + 2NHO^3 = C^4H^4N^2O^5 + NH^3 + 2NO^2.$$

Lorsqu'on dissout la murexide normale dans la potasse caustique en chauffant le mélange jusqu'à ce que la couleur bleue ait disparu, et qu'on ajoute ensuite un excès d'acide sulfurique étendu, il se précipite une poudre très légère, d'un éclat soyeux, et qui rougit lorsqu'on l'expose aux vapeurs ammoniacales. MM. Liebig et Wœhler appellent ce corps *murexane* (acide purpurique de Prout), mais il est aisé de voir à la description qu'ils en donnent que ce n'est que de l'U. normal (2). En effet, au con-

(1) Suivant M. Liebig, en acide uramilique.
(2) MM. Liebig et Wœhler affirment que ces deux corps sont distincts. Les analyses de l'uramile et de la murexane s'accordent parfaitement dans le carbone et l'hydrogène ; il n'y a eu de différence (3 p. c.) que dans l'azote ; mais il est à remarquer que cet élément avait été dosé par MM. Wœhler et Liebig d'après le procédé qualificatif, qui, comme on sait, est fort peu rigoureux.

tact de l'air et de l'ammoniaque, il se convertit, comme ce dernier, en murexide normale.

Genre *Thionurate* $R^{-1}N^3SO^7$.

337. Lorsqu'on soumet à l'ébullition un mélange d'alloxane normal $C^4H^4N^2O^5$ et d'acide sulfureux SO^2 saturé de gaz ammoniac NH^3, la liqueur donne par l'ébullition des cristaux de thionurate biammoniacal (162). Les thionurates se décomposent sous l'influence des acides concentrés en donnant de l'uramile normal.

Thionurate normal (acide thionurique). — $C^4H^7N^3SO^7$. — Ce corps est aisé à obtenir par la décomposition du thionurate biplombique au moyen de l'hydrogène sulfuré; par une douce évaporation, il se dépose en une masse blanche cristalline composée de très fines aiguilles. Il ne s'altère pas à l'air; sa solution rougit les couleurs végétales et présente une saveur fort acide; elle ne précipite pas les sels de plomb et de baryte acidulés (Wœhler et Liebig).

A la température de l'ébullition, sa solution se trouble et se prend en une masse soyeuse d'uramile normal, tandis que de l'acide sulfurique est mis en liberté :

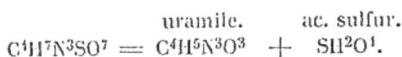

$$\underset{\text{uramile.}}{} \quad \underset{\text{ac. sulfur.}}{}$$
$$C^4H^7N^3SO^7 = C^4H^5N^3O^3 + SH^2O^4.$$

Thionurate biammoniacal. — $C^4H^7N^3SO^7,2NH^3 + aq.$ — Le mélange d'alloxane normal et d'acide sulfureux étant saturé par de l'ammoniaque et maintenu quelques instants à l'ébullition, donne, en se refroidissant, une quantité considérable de feuillets brillants de thionurate biammoniacal. On obtient le même sel en saturant à froid le T. normal par de l'ammoniaque. Il cristallise en paillettes nacrées, très brillantes, qui perdent, à 100°, 1 éq. d'eau de cristallisation; il est très soluble dans l'eau chaude, et peu soluble dans l'eau froide.

Lorsqu'on chauffe une dissolution de ce sel avec un acide minéral, il subit la même décomposition que le T. normal. Mélangé avec du nitrate d'argent, il dépose, au bout de quelque temps, de l'argent métallique qui offre un aspect miroitant (Wœhler et Liebig).

Une dissolution chaude de T. biammoniacal donne avec le

deutosulfate de cuivre un précipité d'un brun clair, tirant sur le jaune, et qui est évidemment du protoxyde de cuivre.

Thionurate ammoniacal (sel acide). — $C^4H^7N^3SO^7,NH^3$. — En évaporant le sel précédent au bain-marie, avec une quantité d'acide sulfurique moindre qu'il n'en faudrait pour neutraliser toute l'ammoniaque, on obtient des aiguilles très fines et blanches de T. ammoniacal. Une dissolution de ce sel se décompose (1) par l'ébullition en sulfate d'ammoniaque et en dialurate normal (Wœhler et Liebig) :

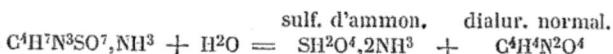

$$\underset{\text{sulf. d'ammon.}}{} \quad \underset{\text{dialur. normal.}}{}$$
$$C^4H^7N^3SO^7,NH^3 + H^2O = SH^2O^4,2NH^3 + C^4H^4N^2O^4$$

Thionurate bicalcique. — $C^4(H^5Ca^2)N^3SO^7$. — On l'obtient sous la forme de prismes raccourcis, fins et satinés, en mélangeant à chaud des dissolutions de nitrate de chaux et de T. biammoniacal (Wœhler et Liebig).

Thionurate biplombique. — $C^4(H^5Pb^2)N^3SO^7$. — Si l'on mêle une dissolution d'acétate de plomb avec une dissolution bouillante de T. biammoniacal, il se forme un précipité gélatineux qui se change par le refroidissement en fines aiguilles blanches ou roses groupées concentriquement. Quand on les soumet à la distillation sèche, elles donnent de l'urée normale et un autre corps qui cristallise en grosses lames (Wœhler et Liebig).

Genre Murexide $R^{-4}N^4O^4$.

338. Produit de l'ammoniaque sur l'alloxane normale :

$$C^4H^4N^2O^5 + 2NH^3 = C^4H^4N^4O^2 + 3H^2O.$$

Murexide normale (purpurate d'ammoniaque). — $C^4H^4N^4O^2$. — Ce corps(2), découvert par Prout, peut s'obtenir de différentes

_____

(1) M. Liebig dit que le sel se décompose en ammoniaque et en acide uramilique, que je suppose être identique avec l'acide dialurique.

(2) La formule par laquelle je représente provisoirement la murexide exige 34,2 carbone et 2,85 hydrog. MM. Liebig et Wœhler y ont trouvé carb. 34,4 — 33,9 — 34,4 — 34,1 — 33,5 (anc. poids atom.) ; hydrog. 3,1 — 3,0 — 3,1 — 3,0 — 2,8. Ces analyses s'accordent donc avec ma formule. Mais elle exige un peu plus d'azote que ces chimistes n'y en ont trouvé ; toutefois, comme leurs analyses ont été faites d'après le procédé qualitatif, qui n'est pas bien rigoureux, il est à supposer que cette

manières. M. Fritzsche le prépare en ajoutant goutte à goutte, à une dissolution d'alloxane normale, maintenue à une température voisine de l'ébullition, une solution de carbonate d'ammoniaque; il se manifeste alors une vive effervescence d'acide carbonique; chaque goutte de sel ammoniacal détermine une coloration pourpre jusqu'à ce qu'enfin le liquide se trouble, en déposant des cristaux rouge brun de M. normale. On continue l'addition du carbonate d'ammoniaque jusqu'à ce que le liquide présente une légère odeur d'ammoniaque. Puis on attend que le précipité se soit déposé; on décante l'eau-mère, et on lave le précipité avec de l'eau, jusqu'à ce que les liquides de lavage présentent une couleur pourpre intense.

En place de l'alloxane pur, on peut employer la dissolution de l'acide urique dans l'acide nitrique concentré (Liebig et Wœhler).

La M. normale se produit aussi par l'action simultanée de l'ammoniaque et des agents oxygénants sur l'uramile normal (336).

Elle se forme encore dans une foule de cas, toutes les fois qu'on traite par l'ammoniaque les produits de l'action de l'acide nitrique sur l'acide urique.

La M. normale cristallise en prismes à 4 pans raccourcis, d'un vert doré magnifique, comme des ailes de scarabée; placés entre l'œil et la lumière, ils paraissent d'un rouge grenat; ils donnent une poudre rouge qui prend sous le polissoir une couleur verte, d'un éclat métallique.

Elle est très peu soluble dans l'eau froide, et se dissout plus aisément dans l'eau chaude; elle est insoluble dans l'alcool et l'éther. Elle se dissout dans la potasse caustique en prenant une magnifique couleur bleue. Desséchée à l'aide de la chaleur, elle perd de 3 à 4 p. c. d'eau (Wœhler et Liebig).

---

différence tient à une erreur d'analyse. Ajoutons aussi que M. Fritzsche a exactement trouvé le carbone et l'hydrogène qui correspondent à ma formule; mais son azote est de 2 p. c. plus faible que dans les résultats de MM. Wœhler et Liebig.

Ces chimistes représentent la murexide par $C^{12}H^{12}N^{10}O^8$, M. Fritzsche l'exprime au contraire par $C^{16}H^{16}N^{12}O^{11}$. Ma formule est bien mieux en harmonie avec les réactions, et se recommande par sa simplicité; il est nécessaire, toutefois, de la vérifier par de nouvelles analyses.

Une dissolution de M. normale dans de l'eau à 35° donne avec le nitrate d'argent un précipité rouge, qui devient vert par la dessiccation, et prend sous le polissoir un reflet métallique. L'acétate de plomb et le nitrate d'argent la précipitent également (1) (Fritzsche). ·

Une dissolution bouillante de M. traitée par l'acide sulfurique ou hydrochlorique, dépose des paillettes nacrées, que Proust a appelées *acide purpurique;* MM. Wœhler et Liebig les nomment *murexane* (voir plus haut, p. 522). D'ailleurs cette substance n'est pas le seul produit de la décomposition de la M. normale. On trouve combiné avec l'acide, par lequel on l'a traitée, un second produit, l'ammoniaque; ensuite, si, après avoir décomposé la M. par l'acide sulfurique étendu, on sépare l'uramile norm. à l'aide du filtre, il reste une liqueur incolore qui se comporte comme un mélange d'alloxane et d'alloxantine.

Il est nécessaire de soumettre à une nouvelle révision la formule de la M. normale.

Genre Allantoïne $R-^2N^4O^3$.

339. Sous l'influence du peroxyde puce de plomb, l'acide urique (5ᵉ famille), dissous dans l'eau, dégage de l'acide carbonique et se convertit en allantoïne normale (161).

Allantoïne normale (acide allantoïque ou amniotique). — $C^4H^6N^4O^3$. — Ce corps, découvert par Vauquelin et Buniva dans les eaux de l'amnios de la vache, a été obtenu artificiellement par MM. Liebig et Wœhler. Ces chimistes le préparent en délayant l'acide urique dans l'eau, de manière à former une bouillie claire, chauffant jusqu'à l'ébullition, et ajoutant peu à peu du peroxyde puce de plomb en poudre fine. La réaction s'établit aussitôt, il se dégage de l'acide carbonique avec effervescence, la masse s'épaissit beaucoup s'il n'y a pas assez d'eau, et la couleur du peroxyde disparaît. On continue d'ajouter ce dernier, avec la précaution de toujours chauffer et de renouveler fréquemment

(1) Si l'on prend pour base les analyses de ce chimiste, il faudrait doubler la formule que nous avons adoptée pour la M. normale, et alors les combinaisons métalliques deviendraient $C^8(H^7Ag)N^8O^4$ et $C^8(H^7Ba)N^8O^4$.

l'eau, jusqu'à ce que le mélange conserve une légère teinte chocolat. On filtre alors à chaud. La liqueur filtrée est incolore et dépose par le refroidissement une grande quantité de cristaux durs et brillants d'A. normale. L'eau-mère donne par l'évaporation une nouvelle quantité de cristaux. Évaporées au bain-marie à consistance de sirop, les dernières liqueurs déposent des cristaux d'urée. La masse blanche en laquelle le peroxyde s'est transformé se compose d'oxalate de plomb (Liebig et Wœhler). Nous avons déjà exposé ailleurs (161) comment nous concevons cette réaction.

S'agit-il d'extraire l'A. normal des eaux amniotiques, on les réduit par l'évaporation jusqu'au quart de leur volume primitif, et l'on traite par le charbon animal les cristaux qui s'y déposent par le refroidissement.

L'A. normale forme des prismes brillants, incolores, et d'un aspect vitreux. Elle est insipide et sans action sur les couleurs végétales. Elle se dissout dans 160 parties d'eau froide; l'eau bouillante la dissout bien mieux.

Bouillie avec de l'eau de baryte, elle dégage de l'ammoniaque et précipite de l'oxalate bibarytique :

$$C^4H^6N^4O^3 + 4(BaH)O + H^2O = 2C^2Ba^2O^4 + 4NH^3.$$

Chauffée légèrement avec de l'acide nitrique ou hydrochlorique, elle se dédouble en urée et en allanturate normal. Chauffée en dissolution aqueuse à 140°, elle se convertit en acide carbonique, ammoniaque et allanturate normal (287).

L'acide sulfurique la décompose à chaud en acide carbonique, oxyde de carbone et ammoniaque, qui reste combinée avec l'acide sulfurique :

$$C^4H^6N^4O^3 + 3H^2O + 2SH^2O^4 = 2CO^2 + 2CO + 2[SH^2O^4,2NH^3].$$

Quand on chauffe trop fort, le mélange noircit.

Allantoïne argentique (allantoate d'argent). — $C^4(H^5Ag)N^4O^3$. — Lorsqu'on mêle une solution bouillante d'A. normal avec du nitrate d'argent, et qu'on y ajoute goutte à goutte de l'ammoniaque, il se forme un précipité blanc qui offre la composition indiquée (Wœhler et Liebig).

Genre Cacodyle $R+^4As^2$.

340. Plusieurs espèces du g. arsine (261), et notamment l'arsine hydrochlorique, sont attaquées par les métaux capables de décomposer l'eau, tels que le fer, le zinc et l'étain, en donnant un corps composé de carbone, d'hydrogène et d'arsenic, que M. Bunsen considère comme le radical des combinaisons arsenicales obtenues par l'acétate potassique et l'acide arsénieux (2e fam. g. arsine, cacoplatyle, alcargène; 4e fam., g. alcarsine).

Ce corps a une grande tendance à se convertir en espèces dérivées des g. alcarsine et alcargène.

Cacodyle normal. — $C^4H^{12}As^2$. — L'amalgame d'étain solide ou le zinc en lames minces, étant mis en contact avec de l'arsine hydrochlorique sec, on observe vers 90 ou 100° une décomposition complète sans le moindre développement de gaz; la dissolution reste d'abord limpide, et ne se trouble qu'à la longue, par suite de la dissolution d'une certaine quantité de métal. A la fin le liquide se solidifie par le refroidissement; en traitant alors par l'eau, on dissout le chlorure de zinc sans toucher au cacodyle liquide, qu'on peut ainsi séparer :

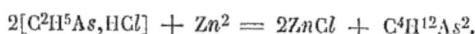

$$2[C^2H^5As, HCl] + Zn^2 = 2ZnCl + C^4H^{12}As^2.$$

Quelque prompte que soit cette réaction, la préparation du C. normal à l'état de pureté est une opération aussi délicate que difficile, à cause de l'inflammabilité spontanée de ce corps. M. Bunsen a construit à cet effet un petit appareil fort ingénieux dont il donne la description dans son mémoire (1).

L'arsine hydrobromique se comporte d'une manière semblable; mais elle exige, pour être attaquée, une température plus élevée.

Lorsqu'on chauffe de l'alcarsine sulfurée dans une cloche courbe sur le mercure à 200 ou 300°, le métal se couvre d'une couche de sulfure, et il se produit aussi du C. normal.

Ce corps constitue un liquide transparent, incolore, visqueux, et qui fume à l'air comme l'alcarsine normale; il en possède l'odeur, et présente à un plus haut degré encore la propriété de s'enflammer spontanément. Lorsqu'on y fait arriver de l'air bulle à

(1) *Annal. de chim. et de phys.*, 3e série, t. VI, p. 208.

bulle, il forme des nuages et fixe de l'oxygène en se changeant en alcarsine normale, et finalement en alcargène normal.

Son point d'ébullition est vers 170°; la densité de sa vapeur a été trouvée égale à 7,1 = 2 vol. Il se solidifie à — 6°, en cristallisant en prismes à base carrée.

Il brûle dans l'oxygène avec une flamme d'un bleu pâle, en donnant de l'eau, de l'acide carbonique et de l'acide arsénieux; si l'accès de l'air n'est pas suffisant, il se dépose un corps rouge particulier (1), ainsi que de l'arsenic métallique. Il brûle aussi dans le chlore gazeux, en déposant du charbon.

L'acide sulfurique fumant le dissout sans noircir; il se dégage déjà à froid une grande quantité d'acide sulfureux, et, à la distillation, il passe une matière d'une odeur éthérée agréable (2).

Dissous dans l'acide nitrique, puis traité par le nitrate d'argent, il donne un précipité cristallin d'alcarsine nitro argentique; avec le bichlorure de mercure, il produit du protochlorure de mercure et de l'alcarsine chloromercurique.

Le soufre s'y dissout en produisant de l'alcarsine sulfurée; un excès de soufre donne de l'alcargène sulfuré. Une dissolution de chlore en est immédiatement décolorée, en produisant de l'arsine hydrochlorique.

Distillé avec du chlorure de zinc, le C. normal se décompose en plusieurs produits variables et qui n'ont pas encore été examinés.

Chauffé à 400 ou 500°, il se décompose complétement en arsenic métallique et en un mélange gazeux composé de 2 vol. de formène normal (197), et de 1 vol. d'éthérène normal (225), sans le moindre dépôt de charbon :

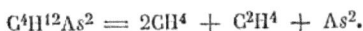

$$C^4H^{12}As^2 = 2CH^4 + C^2H^4 + As^2.$$

(1) M. Bunsen l'appelle *érylrarsine*. Cette substance ne s'obtient pas toujours à volonté ni en grande quantité. Elle se produit aussi quand on traite le C. normal par de l'acide hydrochlorique et de l'étain métallique, ou par de l'acide phosphorique, par du protochlorure d'étain, etc. ; enfin on l'obtient également en faisant passer des vapeurs de C. normal ou d'alcarsine normale à travers des tubes légèrement chauffés. Elle est rouge foncé, sans indice de cristallisation, insoluble dans l'eau et l'alcool. L'auteur lui assigne provisoirement la composition $C^4H^{12}As^6O^3$, pour laquelle on n'a d'ailleurs aucune garantie.

(2) Cette substance paraît être de l'huile de vin pesante (page 461).

Le C. normal peut, à juste titre, être considéré comme un radical composé, capable de s'unir, comme les métaux, à l'oxygène et à d'autres qui entretiennent la combustion. Voici comment M. Bunsen range les composés qui y donnent naissance :

$C^4H^{12}As^2 =$ Cd radical cacodyle.

             CdO oxyde de cacod. (alcarsine normale).

             CdO^3 acide cacodylique supposé anhydre (alcarg. norm.).

             CdS sulfure de cacod. (alcarsine sulfurée).

             CdS^4 sulfide de cacod. (alcargène sulfuré).

             $CdCl^2$ chlorure de cacod. (arsine hydrochl.).

             $CdBr^2$ bromure de cacod. (arsine hydrobrom.).

Cette théorie est séduisante, mais elle a cela de contraire qu'elle dénature certains faits de l'expérience ; elle applique, par exemple, à l'acide cacodylique une composition $C^4H^{14}As^2O^4 = C^4H^{12}As^2O^3,H^2O$ qu'il ne saurait avoir (voy. p. 397) ; l'expérience indique pour ce corps, à l'état libre, la composition $C^4H^{12}As^2O^4 = C^2H^6AsO^2$, comme nous l'adoptons ; d'après la théorie électrochimique, cela ferait pour l'acide anhydre $C^4H^{10}As^2O^3$, où il n'y aurait donc plus de radical cacodyle. Ensuite, certaines combinaisons directes de l'acide cacodylique avec les acides hydrochlorique et hydrobromique (superchlorides basiques de M. Bunsen) contrarient manifestement cette théorie (1), et forceraient d'adopter pour ces composés un mode de constitution qui n'a aucune analogie en chimie organique (page 399).

Genre Alcarsine $R+^4As^2O$.

341. L'espèce normale de ce g. se produit par la distillation sèche

_____

(1) Le C. normal ressemble au stilbène normal de M. Laurent (14ᵉ f.), sous bien des rapports. Issu d'un corps de la 2ᵉ famille, par la décomposition de plusieurs molécules, le C. se trouve placé dans une famille supérieure à la 2ᵉ ; mais, par des réactions énergiques, il se dédouble de nouveau en rentrant dans la famille d'où il tire son origine ; en effet, l'alcargène n. et l'éthérène n. appartiennent à cette dernière famille.

Le stilbène n. résulte de la décomposition de plusieurs molécules d'un corps de la 7ᵉ famille, et vient se placer dans la 14ᵉ. Sous l'influence des agents oxygénants, il rentre dans la 7ᵉ en produisant du benzoate n. et du benzoïlol n. M. Laurent pourrait donc le considérer comme le radical benzoïque, avec autant de raison que M. Bunsen considère le cacodyle comme le radical de ses combinaisons arsenicales. (Voyez, sur ces sortes de *complications*, page 200.)

d'un mélange d'acétate potassique et d'acide arsénieux As^2O^3 ; la réaction est accompagnée d'un dégagement d'acide carbonique, et le résidu se compose de carbonate de potasse :

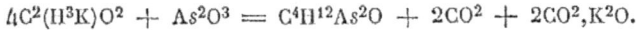

$$4C^2(H^3K)O^2 + As^2O^3 = C^4H^{12}As^2O + 2CO^2 + 2CO^2,K^2O.$$

Telle serait la réaction dans toute sa simplicité ; mais comme il est presque impossible de rendre le mélange assez intime pour éviter que l'acétate potassique se décompose seul, on recueille toujours, outre les produits précédents, de l'acétone normal C^3H^6O, du formène normal CH^4, de l'acétate normal $C^2H^4O^2$, et même de l'arsenic métallique, provenant de la réduction d'une partie de l'acide arsénieux par du charbon mis en liberté.

Les espèces de ce g. attirent promptement l'oxygène et se convertissent en espèces du g. alcargène (263). Sous l'influence de l'acide hydrochlorique ou hydrobromique, elles donnent des espèces du g. arsine (261).

Alcarsine normale (liqueur de Cadet, oxyde de cacodyle). — $C^4H^{12}As^2O$. — Pour préparer ce corps intéressant, M. Bunsen prescrit d'opérer de la manière suivante : on place dans une cornue un mélange de parties égales d'acétate potassique sec et d'acide arsénieux, et l'on y adapte un récipient muni d'un long tube qui permette d'éconduire les gaz dans la cheminée du laboratoire. On dispose la cornue dans un bain de sable, et on la chauffe peu à peu, de manière à faire rougir le fond. On trouve alors trois couches dans le récipient : la couche inférieure consiste en arsenic, dans lequel se trouve un liquide brun et oléagineux d'alcarsine impure. La couche supérieure est un mélange d'eau, d'acétone et d'acide acétique. 100 p. d'acétate potassique et 100 p. d'acide arsénieux donnent, si l'on a soin de refroidir convenablement le récipient, 30 p. d'alcarsine impure.

Comme celle-ci est très inflammable, on la décante au moyen d'un siphon dont la longue branche aboutit au-dessous de la surface de l'eau placée dans un flacon. Après l'avoir lavée à l'eau bouillie, on la distille sur de l'hydrate de potasse dans un courant d'hydrogène. Cette opération est très pénible et nécessite des soins tout particuliers (1).

(1) Voyez le Mémoire de M. Bunsen, *Annal. de chim. et de phys.*, 3ᵉ série, t. IV, p. 174.

L'A. normale est un liquide parfaitement incolore, doué d'un pouvoir réfringent considérable. Sa densité à + 15° est d'environ 1,462 ; à l'état de vapeur, elle a été trouvée égale à 7,55 = 2 vol. Son odeur est désagréable et rappelle celle de l'hydrogène arsé-niqué ; elle est nauséabonde et provoque le larmoiement. Appli-quée sur la peau, l'A. normale y détermine de fortes déman-geaisons ; prise intérieurement, elle agit comme un poison très énergique.

Elle est peu soluble dans l'eau, et se dissout en toutes pro-portions dans l'éther et dans l'alcool. Elle bout à 150°, et distille sans altération dans une atmosphère exempte d'oxygène. Elle supporte une température de 195° sans se décomposer ; mais elle s'altère par une plus forte chaleur en mettant de l'arsenic en liberté. Refroidie à — 23°, elle cristallise en paillettes soyeuses.

Elle se distingue par l'avidité avec laquelle elle attire l'oxy-gène ; en effet, elle s'enflamme spontanément quand l'air ou l'oxygène y ont un libre accès, et alors elle brûle avec une flamme pâle en répandant des nuages épais. Si l'on fait arriver l'oxygène lentement, de manière à éviter l'inflammation, elle se convertit en cristaux d'alcargène normal (2ᵉ famille).

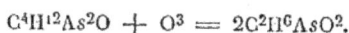

$$C^4H^{12}As^2O + O^3 = 2C^2H^6AsO^2.$$

Le bioxyde de mercure est surtout propre à opérer cette oxy-dation ; au contact de cet oxyde, l'A. normale entre en ébulli-tion, et se convertit en alcargène en même temps que du mer-cure métallique se sépare.

Des fragments de potassium projetés dans l'A. normale y per-dent bientôt leur éclat métallique ; plus tard il se dégage du gaz, et le tout se prend en une bouillie épaisse (composée probable-ment de $C^4(H^{11}K)As^2O$) ; quand on la chauffe avec le potassium, la décomposition est violente et accompagnée de lumière.

Elle se dissout dans la potasse caustique en la colorant en brun. Elle s'enflamme dans le chlore et le brome gazeux.

L'A. normale se comporte avec les acides comme un véritable alcaloïde, en s'y unissant directement : c'est un alcaloïde dans lequel l'arsenic remplace l'azote. M. Bunsen, en rendant compte de ces combinaisons, a été préoccupé d'idées théoriques qui ne lui ont pas permis de saisir les faits dans toute leur netteté ; il est impossible de voir des analogies plus grandes que celles qui existent entre l'alcarsine et les alcaloïdes végétaux, tels que la quinine, la strychnine ou la morphine (68); mêmes combinaisons salines de part et d'autre, jusqu'à celles du nitrate d'argent, du bichlorure de mercure, etc. M. Bunsen y a vu des oxychlorures, des oxybromures, etc., toujours dans le sens de la théorie électro-chimique; il faudrait, selon moi, en suivant ces idées, considérer absolument de la même manière les hydrochlorates de quinine, de strychnine, etc. Ce qu'il y a de neuf dans le travail de M. Bunsen, et ce qu'on ne connaît pas encore pour les alcaloïdes végétaux, ce sont les produits de décomposition de l'alcarsine normale (4ᵉ famille, g. alcarsine, cacodyle; 2ᵉ famille, g. arsine, cacoplatyle et alcargène).

Dans la formation de l'alcargène normal par l'oxydation directe de l'A. normale, on obtient, outre les cristaux du premier corps, un liquide sirupeux qui présente exactement la même composition que l'A., mais qui ne fume pas à l'air et ne se transforme que difficilement en alcargène, sans échauffement notable.

M. Bunsen a donné à cette modification isomère de l'A. normale le nom d'*oxyde de paracacodyle*.

Alcarsine sulfurique (sulfate d'oxyde de cacodyle). — On peut l'obtenir en faisant digérer l'A. normale dans de l'acide sulfurique; par le refroidissement, on obtient une masse blanche, formée de cristaux aciculaires groupés en sphères radiées. Leur action est toujours acide; ils sont très déliquescents, et ont une odeur fort désagréable (Bunsen).

Alcarsine phosphorique. — L'acide phosphorique s'unit à l'A. normale, et forme un liquide visqueux et fétide, qui n'est jamais neutre au papier, et qu'on ne peut obtenir cristallisé; quand on le chauffe, il distille d'abord de l'eau, puis un mélange d'eau et d'A. normal; l'acide phosphorique reste libre dans la cornue (Bunsen).

Alcarsine nitrique. — Ce sel s'obtient en dissolvant à froid de l'A. normal dans de l'acide nitrique étendu; lorsqu'on chauffe la dissolution, il se dégage du gaz, et l'on obtient de l'alcargène normal.

Alcarsine nitro-argentique (nitrate d'argent et d'oxyde de cacodyle). — $C^4H^{12}As^2O,NAgO^3$. — Si l'on verse du nitrate d'argent dans une dissolution d'A. nitrique maintenue froide, on obtient un abondant précipité blanc, corné et pesant, qui peut être facilement lavé, par décantation, à l'eau froide non aérée. L'air, la lumière, le contact des corps organiques n'altèrent pas ce précipité ; il prend seulement à la longue une teinte brune. A l'état de pureté, il constitue une poudre semblable à la crème de tartre, et d'une odeur alliacée(1). Examinée à la loupe, cette poudre offre des octaèdres réguliers, avec les faces du cube et du dodécaèdre rhomboïdal ; ces cristaux ont un éclat adamantin. L'acide nitrique ne dissout pas cette substance à froid ; à chaud, il l'oxyde rapidement. Elle peut être chauffée à 90″ sans décomposition, mais elle se colore alors en brun ; à 100°, elle fait explosion, et donne des produits fétides et inflammables (Bunsen).

Alcarsine hydrochlorique (oxychlorure de cacodyle). — $C^4H^{12}As^2O,HCl$. — M. Bunsen prépare ce composé en distillant de l'A. normale avec l'acide hydrochlorique liquide, rectifiant le produit sur de la craie, à l'abri du contact de l'air, et desséchant sur du chlorure de calcium. Le produit émet des vapeurs blanches à l'air, et bout à 109° (2).

Alcarsine chloromercurique (chlorhydrargyrate d'oxyde de cacodyle). — $C^4H^{12}As^2O,4HgCl$. — Lorsqu'on traite une dissolution alcoolique et étendue d'A. normale par une solution étendue de bichlorure de mercure, il se forme un précipité blanc abondant, et l'odeur pénétrante de la dissolution disparaît complétement. On exprime le précipité, on le dissout dans l'eau bouillante, et on le fait cristalliser à plusieurs reprises. Il se sépare de l'eau chaude sous formes de houppes soyeuses ; il est soluble dans l'alcool, mieux à chaud qu'à froid ; sa saveur est métal-

---

(1) Ce qui semble indiquer une altération progressive.

(2) M. Bunsen représente ce corps par $C^4H^{12}As^2Cl^{3t}/^2O^{t}/^4$; il en a déterminé la densité de la vapeur dans une expérience qui a donné le nombre 5,46. Comme le produit fume à l'air, l'analyse n'a pas pu donner des résultats bien exacts. Cependant il me paraît évident que le produit sur lequel M. Bunsen a opéré n'était que de l'arsine hydrochlorique (chlorure de cacodyle) mélangé d'un peu d'alcarsine non altérée. Pour avoir à l'état de pureté l'hydrochlorate d'alcarsine, il faudrait, ce me semble, ne pas distiller le mélange, puisque la chaleur détermine, ainsi que M. Bunsen l'affirme lui-même, une réaction entre l'alcarsine n. et l'acide hydrochlorique.

lique. Il est très vénéneux; il se décompose très aisément, quand on le chauffe au contact de l'air, sans laisser de résidu (Bunsen).

Lorsqu'on arrose ce composé avec de l'acide hydriodique, il se forme instantanément du biiodure rouge de mercure, qui se dissout ensuite dans l'excès d'acide; en même temps il passe à la distillation des gouttelettes huileuses d'arsine hydriodique. Avec l'acide hydrochlorique et l'acide hydrobromique, la réaction est analogue :

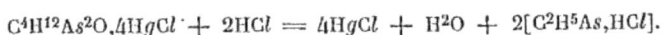

$$C^4H^{12}As^2O,4HgCl + 2HCl = 4HgCl + H^2O + 2[C^2H^5As,HCl].$$

Quand on le distille avec de l'acide phosphoreux, il donne du protochlorure de mercure, de l'acide phosphorique (1) et de l'arsine hydrochlorique (261); une addition plus forte d'acide phosphoreux opère une réduction complète du mercure. L'étain, le mercure métallique, et en général tous les agents qui réduisent le bichlorure de mercure se comportent d'une manière analogue :

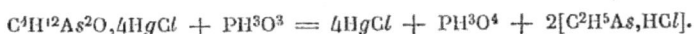

$$C^4H^{12}As^2O,4HgCl + PH^3O^3 = 4HgCl + PH^3O^4 + 2[C^2H^5As,HCl].$$

Le perchlorure d'or et les oxydes métalliques très réductibles sont réduits par l'A. chloromercurique, comme ils le sont par l'A. normal, avec production d'acide hydrochlorique et d'alcargène normal. La décomposition qu'éprouve l'A. chloromercurique quand on la chauffe, et surtout par l'addition d'un excès de bichlorure de mercure, repose encore sur le même principe; il se forme du protochlorure de mercure qui se précipite, de l'arsine hydrochlorique qui passe à la distillation avec la vapeur d'eau, et de l'alcargène normal qui reste dissous (Bunsen).

Alcarsine hydrobromique (oxybromure de cacodyle). — $C^4H^{12}As^2O,HBr.$ — Cette substance a les plus grands rapports avec l'A. hydrochlorique, et s'obtient d'une manière semblable; elle fume à l'air (2); sa couleur est jaunâtre, elle disparait par la chaleur et reparait par le refroidissement. Lorsqu'on la chauffe avec du mercure métallique, elle se change en une matière so-

---

(1) $PH^3O^3 = P^2O^3,3H^2O$; l'acide phosphorique est de même $PH^3O^4 = P^2O^5,3H^2O.$

(2) Le produit analysé par M. Bunsen avait été soumis à la distillation, comme le composé hydrochlorique.

lide d'un jaune citron, très fusible, volatile sans altération, et qui, par l'ébullition, au contact de l'eau, se décompose en mercure et en une substance fumante qui est entraînée par la vapeur d'eau (Bunsen).

Alcarsine bromomercurique (bromhydrargyrate d'oxyde de cacodyle). — On l'obtient à l'état cristallin par le mélange d'une dissolution d'A. normale et de bibromure de mercure.

Alcarsine hydriodique. — Lorsqu'on distille l'A. normale avec de l'acide hydriodique, il passe, en même temps que de l'arsine hydriodique (261), des paillettes jaunes et cristallines qui se déposent dans la dissolution. On les purifie en les dissolvant dans l'alcool absolu, où elles se déposent en beaux cristaux, mais qui sont extrêmement avides d'oxygène comme l'A. normal (Bunsen). Sans doute cette combinaison hydriodique se produirait par le simple contact de l'acide hydriodique et de l'A. normale.

342. *Alcarsine sulfurée* (sulfarsine, sulfure de cacodyle). — $C^4H^{12}As^2S$. — Ce corps se forme par l'action de l'hydrogène sulfuré sur l'A. normale :

$$C^4H^{12}As^2O + H^2S = C^4H^{12}As^2S + H^2O.$$

On l'obtient en grande quantité en employant le liquide brut qui distille dans la préparation de l'A. normale ; si l'on y ajoute du sulhydrate de baryte (BaH)S, il se précipite de l'A. sulfuré, qui est presque aussi insoluble dans cette liqueur acétique que dans l'eau. Enfin un autre moyen de l'obtenir consiste à distiller une dissolution de sulfhydrate de baryte avec de l'arsine hydrochlorique (261).

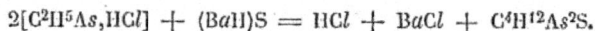

$$2[C^2H^5As,HCl] + (BaH)S = HCl + BaCl + C^4H^{12}As^2S.$$

On purifie le produit à l'aide du carbonate de plomb et du chlorure de calcium ; dès que le carbonate ne noircit plus, il faut garantir le produit du contact de l'air, surtout quand on le soumet à la distillation.

C'est un liquide incolore, transparent, qui ne fume pas à l'air, et d'une odeur pénétrante très fétide, qui rappelle à la fois celle de l'alcool sulfuré (230) et de l'A. normal. Il conserve sa fluidité à — 40° ; il bout bien au-dessus de 100°. La densité de sa vapeur a été trouvée par expérience égale à 7,72.

Il attire promptement l'oxygène de l'air, et se convertit alors en alcargène normal et alcargène bisulfuré (264). De même il se combine directement avec le soufre, et alors il donne également ce dernier corps.

Il est presque insoluble dans l'eau, et se mêle en toutes proportions avec l'éther et l'alcool. L'acide hydrochlorique le convertit en arsine hydrochlorique, avec dégagement d'hydrogène sulfuré; les acides sulfurique et phosphorique se comportent d'une manière semblable. L'acide acétique ne le décompose pas (Bunsen).

Alcarsine séléniée (séléniure de cacodyle). — On l'obtient en distillant deux ou trois fois de l'arsine hydrochlorique (261) avec une dissolution aqueuse de séléniure de sodium. Elle distille à la faveur des vapeurs d'eau. C'est un liquide incolore, transparent, très fétide, insoluble dans l'eau, soluble dans l'alcool et l'éther. Il précipite en noir l'acétate et le nitrate d'argent. Au contact du sublimé corrosif, il se fait d'abord un précipité noir de sulfure de mercure, et par une nouvelle addition de sublimé on obtient un précipité abondant d'A. chloromercurique, soluble dans l'eau bouillante, dont il se sépare par le refroidissement sous forme de paillettes soyeuses.

CINQUIÈME FAMILLE.

GENRES.	FONCTIONS chimiques DES GENRES.	RAPPORTS DE TRANSFORMATION entre les genres DE LA CINQUIÈME FAMILLE.	RAPPORTS DE TRANSFORMATION entre les genres DE LA CINQUIÈME ET D'AUTRES FAMILLES.
Valérène R+2.	Hydrocarbure.	Action des bromures et des chlorures sur les espèces du g. amylol.	?
Paramilène R.	Hydrocarbure.	L'amylol normal élimine H^2O sous l'influence de l'acide sulfurique, etc.	?
Amylol R+2O.	Alcool.	?	Fermentation du sucre (12e famille).
Pyrogaïol R−2O.	?	?	Distillation sèche de la résine de gaïac.
Valérate RO².	Sel unibasique.	L'amylol normal élimine H^2 et fixe O sous l'influence des oxydants.	Le valérol normal (6e famille) fixe $3H^2O$ et se dédouble en CO^2, valérate et gaz hydrogène.
Butyrométhol RO²	Éther unialcooliq.	?	Le butyrate (4e famille) et le méthol normal s'unissent en éliminant H^2O.
Cantharidine R−4O².	?	?	?
Carbalcool RO³.	Éther bialcooliq.	?	Action du potassium sur l'oxalcool norm. (6e fam.).
Pyroméconate R−6O³	Sel unibasique.	?	Le méconate -norm. (7e famille) élimine $2CO^2$.
Citraconide R−6O³	Anhydride.	Le citraconate normal élimine H^2O.	L'acide citrique (6e famille) élimine CO^2 et $2H^2O$.
Pyromucate R−6O³	Sel unibasique.	?	Distillation sèche de l'acide mucique (6e famille).
Pyrotartrate R−2O⁴.	Sel bibasique.	?	Distillation sèche de l'acide tartrique.

GENRES.	FONCTIONS chimiques DES GENRES.	RAPPORTS DE TRANSFORMATION entre les genres DE LA CINQUIÈME FAMILLE.	RAPPORTS DE TRANSFORMATION entre les genres DE LA CINQUIÈME ET D'AUTRES FAMILLES.
Citraconate R—4O⁴	Sel bibasique.	Le citraconide normal fixe H^2O.	L'acide citrique (6ᵉ famille) élimine CO^2 et H^2O.
Lipate R—4O⁴.	Sel bibasique.	?	Action de l'acide nitrique sur les matières grasses.
Crozonate R—8O⁵.	Sel bibasique.	?	Produit accessoire de la préparation du potassium.
Tartrométhylate R—2O⁶.	Sel copulé unibas.	?	Accouplement de l'acide tartrique et de l'esprit de bois.
Paratartrométhylate R—2O⁶.	Sel copulé unibas.	?	Accouplement de l'acide paratartrique et de l'esprit de bois.
Sulfamilate R+2 SO⁴.	Sel copulé unibas.	Accouplement de l'acide sulfurique avec l'amylol normal.	?
Nicotine R—3N.	Alcaloïde.	?	?
Xanthoxyde R—6N⁴O².	?	?	?
Urate R—6N⁴O³.	Sel bibasique.	?	?

Genre Valérène R+².

343. Ce g. est l'homologue des g. formène (1ʳᵉ fam.) et acétène (2ᵉ fam.).

Valérène chloré (chlorhydrate d'amilène). — $C^5(H^{11}Cl)$. — On l'obtient en distillant parties égales en poids d'huile de pommes de terre et de perchlorure de phosphore, lavant le produit de la distillation à plusieurs reprises avec de l'eau alcalisée par de la potasse, séchant le liquide sur du chlorure de calcium fondu, et distillant dans un bain de sel marin (Cahours). On peut aussi le préparer en distillant l'huile de pommes de terre avec de l'acide hydrochlorique; en agitant le produit avec un grand excès du même acide, on voit se former trois couches : la supérieure est du V. chloré presque pur, la moyenne est une dissolution de ce corps dans l'huile de pommes de terre, et la dernière est de l'acide hydrochlorique (Balard).

C'est un liquide incolore, doué d'une odeur aromatique assez agréable, insoluble dans l'eau, bouillant vers 102°, parfaitement neutre aux papiers, et n'exerçant aucune action sur le nitrate d'argent. Il brûle avec une flamme bordée de vert comme tous les corps chlorés (Cahours). Lorsqu'on dirige la vapeur du V. chloré sur de l'hydrate de potasse en fusion, il se produit de l'eau, du chlorure potassique et du paramilène normal (Balard).

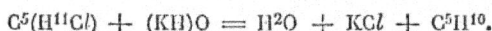

$$C^5(H^{11}Cl) + (KH)O = H^2O + KCl + C^5H^{10}.$$

Il est probable qu'en traitant le V. chloré par le potassium on obtiendrait le V. normal (139). Traité par le monosulfure de potassium, le V. chloré fournit de l'amyléther sulfuré; par le sulfhydrate de potasse, il donne de l'amylol sulfuré (Balard) :

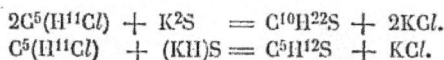

$$2C^5(H^{11}Cl) + K^2S = C^{10}H^{22}S + 2KCl.$$
$$C^5(H^{11}Cl) + (KH)S = C^5H^{12}S + KCl.$$

La réaction est entièrement semblable à celle de l'acétène chloré (219) dans les mêmes circonstances.

Valérène novemchloré (chlorhydrate d'amilène chloré). — $C^5(H^3Cl^9)$. — Il se produit par l'action prolongée du chlore sur le corps précédent, exposé aux rayons solaires. Liquide assez limpide, incolore, doué d'une odeur forte et comme camphrée (Cahours).

Valérène bromé (bromhydrate d'amilène). — $C^5(H^{11}Br)$. — Liquide incolore, volatil, plus pesant que l'eau, doué d'une saveur âcre et d'une odeur à la fois alliacée et piquante. La potasse et la soude caustique en dissolution aqueuse ne lui font éprouver qu'une altération très lente ; mais, dissous dans l'alcool, ces alcalis l'altèrent promptement (Cahours).

Valérène iodé (iodhydrate d'amilène). — $C^5(H^{11}I)$. — On le prépare en faisant réagir à une douce chaleur un mélange de 8 p. d'iode, 15 p. d'huile de pommes de terre et 1 p. de phosphore, et distillant lentement le produit. Le liquide obtenu est lavé à l'eau à plusieurs reprises, puis mis en digestion sur du chlorure de calcium calciné, et distillé ensuite deux ou trois fois.

C'est un liquide incolore plus pesant que l'eau ; sa saveur est piquante et son odeur alliacée. A la lumière solaire, il s'altère par le temps. Il bout vers 120° ; la densité de sa vapeur a été trouvée égale à 6,675. Il ne s'enflamme pas par l'approche d'un corps en combustion, mais si on le chauffe au point de le réduire en vapeur, et qu'on enflamme celle-ci, elle brûle avec une flamme pourpre. Une dissolution alcoolique de potasse le décompose promptement (Cahours).

Valérène nitrique (éther nitreux de l'huile de pommes de terre). — $C^5(H^{11}X)$. — Il se produit dans l'action de l'acide nitrique sur l'huile de pommes de terre. Liquide légèrement coloré en jaune, et qui se fonce par la chaleur ; son odeur est étourdissante. Il bout à 96°, distille sans altération, et ne détone pas (Balard).

Genre *Paramilène* R.

344. Il est l'homologue des g. éthérène (1re fam.), butyrène (4e fam.), amilène (10e fam.), etc.

Paramilène normal (hydrogène carboné de l'alcool amylique). — C^5H^{10}. — Ce corps peut s'obtenir par plusieurs procédés différents. On chauffe à 140° un mélange de volumes égaux d'huile de pommes de terre et d'acide sulfurique étendu de son volume d'eau ; on lave le liquide distillé avec de la potasse caustique, et

on le distille de nouveau à une basse température (1). On obtient
le même produit en mélangeant à chaud une solution de chlorure de zinc et de l'huile de pommes de terre, et soumettant le
mélange à la distillation. Enfin un troisième procédé consiste à
décomposer le valérène chloré par de l'hydrate de potasse en
fusion. C'est un liquide incolore, d'une odeur alliacée; il bout
vers 30°, brûle avec une flamme blanche, et donne avec l'acide
sulfurique un sel copulé (Balard).

   Quand on distille le caoutchouc et qu'on fractionne les produits, en ayant soin de les condenser à l'aide de mélanges réfri-
gérants, les huiles les plus volatiles se composent de butyrène
normal (296) et probablement aussi de paramilène normal.
M. Bouchardat appelle ce dernier *caoutchène*. Ce corps cristallise
dans un mélange réfrigérant en une masse blanche; il fond à
— 2° en un liquide limpide qui bout à + 14° (?), et possède à
— 2° une densité de 0,65. Il est insoluble dans l'eau, fort soluble
dans l'alcool et dans l'éther. Les alcalis n'y agissent pas. Il se
mélange avec l'acide sulfurique concentré en s'échauffant considérablement. L'analyse y a constaté les mêmes proportions de
carbone et d'hydrogène que dans le gaz oléfiant.

   L'un des hydrogènes carbonés obtenus par M. Masson dans
l'action du chlorure de zinc sur l'alcool normal, présente aussi
de l'analogie avec le paramilène normal.

   M. Marchand a décrit sous le nom d'*éthérone* un produit très
volatil qui accompagne l'huile de vin pesante (302) dans la distillation sèche des sulfovinates. Voici ce que ce chimiste en dit :
Recueillie dans un récipient refroidi à — 10°, cette substance se
présente sous la forme d'un liquide léger, aussi limpide que l'eau,
et ayant une odeur semblable à celle des choux aigris. Elle bout
à + 30° environ, s'enflamme aisément et brûle avec une flamme
pâle. Dix livres de sulfovinate de chaux n'en ont pas donné assez
pour établir sa composition d'une manière certaine.

   Il est fort probable que l'éthérone de M. Marchand est identique avec l'hydrogène carboné de M. Balard.

----

(1) Dans les produits qui ne passent pas à cette température, on
trouve beaucoup d'huile de pommes de terre non décomposée, des
hydrogènes carbonés (amilène de M. Cahours) bouillant jusqu'à 300°, et
probablement aussi de l'amyléther normal (10° fam.)

Genre Amylol R+²O.

345. Homologue des g. méthol (198) et alcool (226).

Amylol normal (huile de pommes de terre, alcool amylique, bihydrate d'amilène, hydrate d'oxyde d'amyle, fuseloel des Allemands). — $C^5H^{12}O$. — Cet alcool se produit dans la fermentation du sucre (1); c'est à lui et au produit de son oxydation (acide valérianique) que les eaux-de-vie communes, fabriquées avec les pommes de terres ou les raisins, doivent leur mauvais goût et leur odeur désagréable. On l'extrait de l'eau-de-vie de pommes de terre, en soumettant celle-ci à la distillation, et recueillant à part les dernières portions dès qu'elles passent laiteuses. Le produit brut renferme beaucoup d'eau et d'alcool ordinaire; après l'avoir agité avec de l'eau, on décante l'huile surnageante, on la dessèche à l'aide du chlorure de calcium, et on la rectifie de nouveau; le produit est pur quand son point d'ébullition se maintient à 132° d'une manière constante (Cahours).

L'A. normal est une huile incolore, très fluide, volatile, douée d'une odeur forte et d'une saveur âcre et brûlante. Respiré à l'état de vapeur, il occasionne un serrement de poitrine et provoque fortement la toux. Il ne s'enflamme que difficilement; il faut pour cela qu'il ait été échauffé, et alors il brûle avec une flamme d'un bleu très pur. Sa densité est de 0,8184 à 15°. Il bout à 132° (Cahours); la densité de sa vapeur a été trouvée égale à 3,147 = 2 vol. (Dumas). Il tache le papier d'une manière fugitive. Il est peu soluble dans l'eau; l'alcool, l'éther et les huiles essentielles le dissolvent en toutes proportions. Refroidi à — 20°, il se prend en lames cristallines.

Conservé dans des flacons mal bouchés, il se convertit en partie en acide valérianique; cette transformation est très rapide sous l'influence du noir de platine (131). La chaux potassée détermine la même métamorphose (141).

L'acide sulfurique concentré s'accouple avec lui en produisant

(1) En rectifiant les produits formés par la fermentation des mélasses de betteraves, on en retire une essence qui n'est autre que l'amylol normal (Gaultier de Claubry).

du sulfamilate; quand on chauffe le mélange, il passe des hydrogènes carbonés, parmi lesquels on remarque le paramilène (344); on obtient des produits semblables en chauffant l'A. normal avec de l'acide phosphorique anhydre (*voy.* g. Amilène, 10ᵉ fam.), ou avec du chlorure de zinc.

L'acide nitrique le convertit en valérène nitrique (343), en valérate normal et valéramylol normal (10ᵉ fam.), suivant la concentration et la température du mélange. L'acide hydrochlorique le transforme en valérène chloré.

Les acides oxalique, tartrique et citrique produisent avec lui des combinaisons copulées. Quand on le distille avec de l'acide oxalique, on obtient de l'oxamylol normal (12ᵉ fam.) (Balard).

Distillé avec du perchlorure de phosphore, il fournit du valérène chloré; distillé avec un mélange d'acide sulfurique et d'un acétate, il donne de l'acétamylol normal (7ᵉ fam.) (Cahours).

Le chlore l'attaque vivement, en produisant un liquide plus pesant que l'eau (*chloramilal*) qui paraît être à l'A. normal ce que l'acétol trichloré (2ᵉ fam.) est à l'alcool normal (Cahours).

Le bichlorure d'étain se combine directement avec l'A. normal, en produisant des cristaux qui se décomposent rapidement à l'air humide; sous l'influence de la chaleur, ils se comportent comme ceux que M. Kuhlmann a obtenus avec l'alcool ordinaire (Gerhardt).

346. *Amylol sulfuré* (mercaptan de l'huile de pommes de terre). $C^5H^{12}S$. — Le valérène chloré donne ce composé sous l'influence du sulfhydrate de potasse. C'est un liquide fétide, bouillant vers 125°, et qui s'attaque vivement par l'oxyde de mercure en produisant un composé blanc (Balard).

Genre Pyrogaïol $R^{-2}O$.

347. *Pyrogaïol normal.* — C^5H^8O. — J'appelle ainsi l'huile légère qu'on obtient dans la distillation sèche du gaïac (1). Elle est in-

---

(1) Dans la distillation sèche du gaïac, on obtient l'huile légère C^5H^8O, une substance cristallisée en paillettes nacrées, volatile sans décomposition (C^7H^8O?), une substance huileuse plus pesante que l'eau (*acide pyrogaïque*) et des produits empyreumatiques d'une nature particulière (Deville).

M. Sobrero (*Annal. der Chem. u. Pharm.*, t. XLVIII, p. 9) a

colore, et possède une odeur agréable d'amandes amères. Elle
bout à 118°; la densité de sa vapeur a été trouvée égale à 2,92
= 2 vol.; à l'état liquide, sa densité est de 0,874. Elle s'oxyde à
l'air, et se transforme en une substance cristallisée en lames
d'une grande beauté (Deville). Si ces cristaux renferment $C^5H^8O^2$
et sont acides, le P. normal devient un aldéhyde, homologue
de l'acroléine normale (3e fam.).

Genre Valérate RO^2.

348. Les valérates, homologues des formiates (1re fam.) et des
acétates (2e fam.), se forment par l'action des corps oxygénants
sur les g. valérène, amylol, etc. On les obtient aussi en faisant
fondre avec de la potasse les espèces normales des g. valérol
(6e f.) et pimélate (7e f.). Il s'en produit d'assez fortes quantités
quand on traite d'une manière semblable l'indigo brut (Gerhardt)
ou le lycopodium (Winkler); mais ces substances ne donnent pas
de valérate pur; celui-ci est toujours mélangé de formiate (1). La
racine d'*Athamanta oreoselinum* renferme une matière cristallisable (2) qui donne aussi beaucoup de valérate par la fusion avec
la potasse (Winkler).

L'acide que M. Chevreul a extrait de l'huile de marsouin et

trouvé dans l'huile pesante : carbone 68,3 — 68,8 — 68,9 — 68,6 ;
hydr. 6,7 — 6,8 — 6,8 — 6,9. Densité de vapeur 4,9. Il lui assigne la
formule $C^{15}H^{18}O^4 = 4$ volumes. Cette formule ne nous paraît pas exacte ;
d'ailleurs l'huile est fort difficile à purifier et à dessécher d'une manière
complète. M. Sobrero en a déterminé l'équivalent en précipitant sa solution alcoolique par de l'acétate de plomb surbasique ; il a obtenu ainsi
un composé $C^{15}H^{18}O^4,2Pb^2O$. Mais cette méthode est fort vicieuse et ne
saurait donner des résultats exacts.

(1) Cette impureté a conduit M. Winkler à nier l'identité de l'acide
valérianique et de celui que fournissent l'indigo et le lycopodium ; mais
il suffit d'examiner le produit avec un peu d'attention pour voir que
mon assertion est bien fondée.

(2) M. Berzélius l'appelle *athamantine*. On l'obtient, d'après M. Winkler, en épuisant la racine avec de l'alcool de 80 p. c., distillant l'extrait
jusqu'à siccité, reprenant par l'éther, décolorant la solution par du
charbon animal, et chassant l'éther par l'évaporation. Il reste alors un
liquide oléagineux qui se prend par le refroidissement en une masse
cristalline ; on la fait redissoudre dans l'alcool bouillant, où elle se dépose
en aiguilles déliées. Ce corps se décompose par la distillation sèche, en

des baies de *Viburnum Opulus* présente tous les caractères de celui de la valériane, et nous partageons l'opinion de M. Dumas, qui admet l'identité de ces deux acides (1).

Valérate normal (acide valérianique, delphinique ou phocénique). — $C^5H^{10}O^2$. — Il se trouve dans le produit aqueux de la distillation de la racine de valériane. MM. Dumas et Stas le préparent de la manière suivante à l'aide de l'huile de pommes de terre (345). On place cette huile dans un matras et on la recouvre d'une couche de potasse mêlée de son poids de chaux (10 p. de ce mélange pour 1 p. d'huile); dès les premiers instants du contact, la température du mélange s'élève beaucoup; on porte ensuite le matras dans un bain qu'on chauffe jusqu'à 200°. La masse blanchit et développe de l'hydrogène en abondance; en opérant sur 40 grammes d'huile, il faut maintenir la température du mélange vers 200°, pendant dix ou douze heures. Lorsque le dégagement d'hydrogène a cessé, il convient de boucher le ballon et de laisser refroidir la masse hors du contact de l'air; on la délaie alors rapidement dans l'eau; on l'introduit dans une cornue, et l'on y ajoute peu à peu de l'acide sulfurique affaibli en léger excès. On distille, et l'on reçoit les vapeurs dans du carbonate de soude; le V. sodique ayant été desséché, on le distille avec de l'acide phosphorique.

Le V. normal constitue un liquide très fluide, incolore, d'une odeur forte et persistante de valériane, d'une saveur acide et piquante, produisant une tache blanche sur la langue. A 16°,5 il a une densité de 0,937 (2). Il bout sans altération à 175° environ. Refroidi à — 15°, il reste parfaitement limpide. Il s'enflamme facilement et brûle avec une flamme fuligineuse. La densité de sa vapeur a été trouvée égale à 3,68 — 3,66 = 2 volumes (Dumas et Stas).

donnant un produit volatil dont l'odeur rappelle celle de l'huile de navette; il fournit de l'acide valérianique quand on l'arrose par de l'acide nitrique ou par de l'acide sulfurique concentré. La potasse fondante le transforme rapidement en valérate.

(1) M. Chevreul admet pour l'acide phocénique la composition $C^{10}H^{17}$ $O^4 = C^5H^{81/2}O^2$; mais la plupart des analyses de ce célèbre chimiste présentent une légère perte sur l'hydrogène.

(2) M. Chevreul assigne à son acide phocénique une densité de 0,932 à 18°.

Toutes les fois qu'on sépare l'acide valérianique d'un V. dissous dans l'eau, on l'obtient sous la forme d'un hydrate $C^5H^{10}O^2 + aq.$, qui se détruit par la chaleur en donnant le corps anhydre.

Le chlore l'attaque et lui enlève de l'hydrogène, en produisant des espèces chlorées dérivées du même genre. L'acide nitrique, à chaud ou à froid, ne lui fait subir aucune altération sensible. L'acide sulfurique ordinaire le charbonne à chaud en dégageant de l'acide sulfureux (Dumas et Stas).

L'eau en dissout une grande quantité; l'alcool et l'éther le dissolvent en toutes proportions.

Les valérates métalliques ont tous une légère odeur de valériane.

Valérate potassique. — Sel déliquescent.

Valérate barytique (phocénate de baryte). — $C^5(H^9Ba)O^2+?aq.$ — Il cristallise en prismes transparents et brillants, et présente une légère réaction alcaline. Il s'effleurit à l'air en perdant 2,44 p. c. d'eau. Il est fort soluble dans l'eau; sa solution étendue se décompose à la longue, en répandant l'odeur du vieux fromage et en déposant du carbonate barytique ainsi que des flocons muqueux (Chevreul).

Valérate argentique. — $C^5(H^9Ag)O^2.$ — C'est une poudre blanche cristalline, soluble dans l'eau bouillante, où elle se dépose par le refroidissement en masses dendritiques; elle noircit extrêmement vite au contact de la lumière.

349. *Valérate trichloré* (acide chlorovalérisique). — $C^5(H^7Cl^3)O^2.$ — Cet acide s'obtient toujours quand on fait passer du chlore sec dans du V. normal, exempt d'eau et abrité du contact direct de la lumière. C'est une huile peu fluide, transparente, plus pesante que l'eau, sans odeur, d'une saveur âcre et brûlante. Il se décompose à 110 ou 120° en dégageant beaucoup d'acide hydrochlorique. A froid, les alcalis le dissolvent et les acides le précipitent intact de ces dissolutions. Sa solution précipite le nitrate d'argent; mais le précipité est soluble dans l'acide nitrique (Dumas et Stas).

Valérate quadrichloré (acide chlorovalérosique). — $C^5(H^6Cl^4)O^2.$ — MM. Dumas et Stas l'ont obtenu en faisant passer du chlore à refus dans du V. normal sec, exposé au soleil. C'est un corps semi-fluide, inodore, plus pesant que l'eau; il se décompose quand on le chauffe au-dessus de 150°. Il dégage l'acide carbonique des carbonates alcalins. Quand on le met en contact avec l'eau, il en absorbe une certaine quantité et se fluidifie; la combinaison renferme $C^5(H^6Cl^4)O^2 +$ aq.; récemment obtenue, elle ne précipite pas le nitrate acide d'argent.

Valérate quadrichloro-argentique (chlorovalérosate d'argent). —$C^5(H^5AgCl^4)O^2$.—On l'obtient en précipitant le V. quadrichloroammoniacal par le nitrate d'argent neutre. Le sel ainsi obtenu est blanc, cristallin, un peu soluble dans l'eau, tout-à-fait soluble dans l'acide nitrique (Dumas et Stas).

Genre *Butyrométhol* RO²

350. Isomère du g. valérate et homologue des g. formométhol (2ᵉ fam.), acéméthol (3ᵉ fam.), formalcool (3ᵉ fam.), acétalcool (4ᵉ fam.), etc.

Butyrométhol normal (butyrate de méthylène). — $C^5H^{10}O^2$. — Un mélange d'acide butyrique avec l'esprit de bois et l'acide sulfurique donne lieu sur-le-champ à la formation et à la séparation d'une quantité considérable de B. normal. Cet éther est liquide, incolore, inflammable, d'une odeur particulière, qui a quelque analogie avec celle de l'esprit de bois. Il est à peine soluble dans l'eau, soluble sans limite dans l'alcool et l'esprit de bois; il bout vers 102°. La densité de sa vapeur a été trouvée égale à 3,52 = 2 vol. (Pelouze et Gélis).

Genre *Cantharidine* R—4O²

351. Il n'a pas encore été produit artificiellement.

Cantharidine normale. — $C^5H^6O^2$. — C'est à ce principe, découvert par Robiquet, que les cantharides doivent leur action vésicante. On l'obtient en épuisant les cantharides par de l'alcool de 0,84 dans un appareil de déplacement; on chasse par la distillation la plus grande partie de l'alcool; il se produit alors deux couches de liquide, dont la supérieure est verte et huileuse, et se prend en masse par le refroidissement. On purifie le produit en le faisant dissoudre dans l'alcool bouillant.

La cantharidine est incolore et sans odeur, fond à + 210°, et

se sublime en aiguilles ; la dissolution alcoolique la dépose en paillettes. Elle se dissout dans l'acide sulfurique, mais l'eau précipite la solution. Elle se dissout aussi dans la potasse caustique ;
l'acide acétique la précipite. Elle est insoluble dans l'ammoniaque. Les huiles grasses et les huiles volatiles la dissolvent ; un
grain de cantharidine dans une once de graisse détermine encore
une vésication très forte (Thierry).

Cette substance n'a pas été étudiée ; mais comme elle se volatilise sans décomposition, et que les substances volatiles sont en
général peu oxygénées, il m'a semblé que la formule $C^5H^6O^2$
(Regnault) en exprimait l'équivalent.

Genre Carbalcool RO^3.

352. Il est homologue du g. carbométhol (3ᵉ fam.).

Carbalcool normal (éther carbonique). — $C^5H^{10}O^3$. — Lorsqu'on
chauffe de l'oxalcool normal (éther oxalique) avec du potassium
dans un bain de sel marin, il se développe de l'oxyde de carbone pendant toute la durée de la réaction, et il se produit un
corps que l'eau sépare du résidu à l'état d'une huile incolore (138).
Le résidu renferme en même temps une matière extractive rouge,
provenant probablement d'une action secondaire (Ettling).

Cette huile constitue l'éther carbonique de l'alcool ; une solution de potasse le décompose en carbonate et en alcool. Elle est
limpide, incolore, d'une odeur douce et éthérée, d'une saveur
brûlante, et d'une densité de 0,975 à 19″ ; elle bout à 125°, et se
volatilise sans décomposition. La densité de sa vapeur a été
trouvée égale à 4,09 (Cahours).

Carbalcool quadrichloré (éther carbonique bichloruré de
M. Cahours). — $C^5(H^6Cl^4)O^3$. — Lorsqu'on fait passer un courant
de chlore dans le corps précédent, placé dans une cornue et exposé à la lumière diffuse, le gaz s'absorbe en même temps qu'il
se dégage beaucoup de gaz hydrochlorique ; pour terminer l'action, on chauffe le liquide au bain-marie. Purifié de chlore et
d'acide, le C. quadrichloré constitue un liquide incolore, doué
d'une odeur douce, beaucoup plus pesant que l'eau, qui ne le
dissout pas, soluble, au contraire, dans l'alcool. Il se détruit
par la distillation sèche.

Carbalcool perchloré. — $C^5Cl^{10}O^3$. — Sous l'influence prolongée du chlore et de la lumière solaire, le carbalcool quadrichloré finit par échanger tout son hydrogène contre du chlore. Le produit constitue une masse cristalline, qu'il ne faudrait pas chercher à purifier en la faisant cristalliser dans l'alcool ou dans l'éther, car elle s'y détruit en partie en prenant une apparence visqueuse. Il faut la comprimer entre des doubles de papier joseph, la laver rapidement avec de petites quantités d'éther, la comprimer de nouveau, et l'exposer enfin pendant quelques jours dans le vide sec. Ainsi préparée, cette matière est d'un blanc de neige, cristallisée en petites aiguilles, et possède une odeur assez faible. Elle fond à une douce chaleur et se décompose à une température plus élevée. Traitée par la potasse, elle donne du chlorure en même temps qu'un sel de potasse chloré qui n'a pas encore été examiné (Cahours).

Genre *Pyroméconate* $R-^6O^3$.

353. Produit de la distillation sèche des méconates (7ᵉ fam.) et des coménates (6ᵉ fam.) :

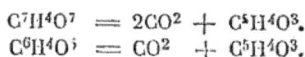

$$C^7H^4O^7 = 2CO^2 + C^5H^4O^3.$$
$$C^6H^4O^5 = CO^2 + C^5H^4O^3.$$

Pyroméconate normal (acide méconique sublimé de Sertuerner, acide pyroméconique). — $C^5H^4O^3$. — Lorsqu'on chauffe de l'acide méconique à 220°, il dégage de l'acide carbonique, et se convertit en acide coménique ; ce dernier étant porté à une température encore plus élevée, il se sublime du P. normal, dont la quantité s'élève au cinquième environ de l'acide méconique employé; la sublimation s'opère aisément, mais en même temps il s'effectue une décomposition secondaire, de manière qu'il passe un peu d'eau et d'acide acétique, tandis qu'il reste dans la cornue une matière non volatile qui donne également des produits pyrogénés par une plus forte chaleur (Robiquet).

On purifie le P. normal en l'exprimant entre des doubles de papier joseph et en le sublimant à une douce chaleur. On peut aussi le dissoudre à chaud, soit dans l'eau, soit dans l'alcool, pour l'obtenir cristallisé par refroidissement.

Il est incolore, et cristallise en aiguilles, en tables ou en octaèdres allongés. Sa saveur est fort acide et présente un arrière-goût d'amertume. Il fond entre 120 et 125°, et coule alors comme une huile; il se sublime sans résidu. Il est fort soluble dans l'eau et l'alcool; sa solution réduit les sels d'or à la température de l'ébullition, et colore en rouge les persels de fer.

Une dissolution d'acide pyroméconique n'est pas précipitée par l'acétate de plomb, le P. plombique étant soluble dans cet acide ainsi que dans l'acide acétique (Robiquet).

Pyroméconate plombique. — $C^5(H^3Pb)O^3$. — Le P. normal dissout l'oxyde de plomb hydraté; dès que le liquide approche de la saturation, le P. plombique se dépose à l'état d'une poudre blanche qui présente la composition indiquée (Robiquet).

Pyroméconate cuivrique. — $C^5(H^3Cu)O^3$. — Lorsqu'on maintient un excès d'hydrate d'oxyde de cuivre en ébullition avec une solution de P. normal, la liqueur se colore en vert, et dépose par le refroidissement un sel couleur d'émeraude, en aiguilles minces, fort peu solubles dans l'eau et l'alcool (Stenhouse).

Pyroméconate ferrique. — $C^5(H\ Fe^3)O^3$. — Quand on fait bouillir le peroxyde de fer hydraté avec une solution de P. normal, il se produit une poudre brun-rouge, insoluble dans l'eau; mais, par l'addition de quelques gouttes d'acide, elle se dissout avec une belle couleur rouge, et dépose par le refroidissement des cristaux couleur de cinabre. On les obtient aussi très bien définis en ajoutant du persulfate de fer à une solution de P. normal étendue et bouillante; les cristaux sont alors d'un rouge de sang, et représentent des rhomboèdres bien distincts (Stenhouse).

Pyroméconate argentique. — Une solution de P. normal étant mise en contact avec de l'oxyde d'argent, il se produit une combinaison volumineuse d'un gris clair, qui se décompose déjà à froid en noircissant. Lorsqu'on ajoute du nitrate d'argent à une solution de P. normal, il ne se produit pas de précipité, et la liqueur ne se colore pas; mais si l'on fait bouillir, l'argent se réduit en partie. Quand on ajoute d'abord quelques gouttes d'ammoniaque à la solution du nitrate d'argent, le P. normal y occasionne immédiatement un précipité jaune et gélatineux; ce précipité brunit rapidement, même dans le vide (Stenhouse).

On ne parvient pas à éthérifier le P. normal au moyen d'un mélange d'alcool et d'acide sulfurique.

Genre Citraconide $R-^6O^3$.

354. Produit de la distillation sèche de l'acide citrique (6e fam.); isomère des g. pyroméconate et pyromucate.

Citraconide normal (acide citraconique anhydre, acide citribique). — $C^5H^4O^3$. — Cet anhydride constitue en majeure partie le produit huileux qui passe dans la distillation sèche du citrate normal. En chauffant ce produit dans un appareil distillatoire, jusqu'à l'ébullition, on obtient dans le récipient deux liquides de densité différente; la couche supérieure est de l'eau, la couche plus pesante est le C. normal; il est huileux et ne se prend pas en masse (Crasso).

Le C. normal résulte de la déshydratation du citraconate normal (acide citraconique ou itaconique dit hydraté); il est à ce dernier ce que le succinide normal (309) est au succinate normal :

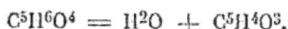

$$C^5H^6O^4 = H^2O + C^5H^4O^3.$$

On conçoit dès lors que, pour obtenir le C. normal à l'état de pureté, il faut le distiller plusieurs fois, afin de transformer tout le citraconate.

Le C. normal constitue un liquide très fluide, sans couleur ni odeur; sa densité à $+ 14°$ est de 1,247. Il attire l'humidité de l'air, et quand on l'agite avec l'eau, il s'y dissout à la longue en se transformant de nouveau en citraconate normal. Il se volatilise déjà avec les vapeurs d'eau, cependant il n'entre en ébullition qu'à 212° (Crasso).

Il absorbe vivement l'ammoniaque sèche en dégageant beaucoup de chaleur; le produit constitue une masse vitreuse, très déliquescente, et qui renferme équivalents égaux de NH^3 et de C. normal (1). Quand on le dissout dans l'eau, il donne du citraconate ammoniacal (acide).

(1) Il est probablement semblable au succinidam normal (325).

Genre *Pyromucate*.

355. Isomère des g. pyroméconate et citraconide ; produit de la distillation sèche de l'acide mucique :

$$C^6H^{10}O^8 = CO^2 + 3H^2O + C^5H^4O^3.$$

Pyromucate normal (acide pyromucique). — $C^5H^4O^3$. — On le prépare en desséchant au bain-marie les produits de la distillation sèche de l'acide mucique, et soumettant le résidu à la sublimation à la température de 140°. On purifie le sublimé par la cristallisation dans l'eau (Houtou-Labillardière).

Le P. normal s'obtient sous forme de lames allongées, incolores et brillantes, fusibles à 130° et volatiles sans décomposition. Il se dissout dans 26 p. d'eau froide et dans 4 p. d'eau bouillante ; il est fort soluble aussi dans l'alcool.

Il est isomère du pyroméconate normal ; mais voici par quels caractères il s'en distingue : le pyroméconate produit dans les persels de fer une belle coloration rouge ; le P. n'y détermine qu'une teinte vert sale ; l'acétate de plomb surbasique est précipité par le P., mais non par le pyroméconate ; le P. réduit les sels d'argent avec dégagement de gaz en laissant déposer une poudre noire ; le pyroméconate produit un miroir métallique ; par l'ébullition d'un mélange de P., d'alcool et d'acide sulfurique, on obtient du pyromucalcool normal (7e fam.) ; le pyroméconate ne donne pas l'éther correspondant (Stenhouse).

Pyromucate argentique. — $C^5(H^3Ag)O^3$. — L'oxyde d'argent se dissout dans le P. normal, et donne un sel qui cristallise en petites paillettes blanches (Houtou-Labillardière, Boussingault).

Genre *Pyrotartrate* $R-2O^4$.

356. Ce genre, qui nous paraît être un homologue des g. oxalate $C^2H^2O^4$, succinate $C^4H^6O^4$, etc., a été obtenu dans la distillation sèche des tartrates et des paratartrates $C^4H^6O^6$. Nous avons déjà exposé ailleurs (279) d'après quelle équation il se produit.

Pyrotartrate normal (acide pyrotartrique concret). — $C^5H^8O^4$. — Pour l'extraire du liquide provenant de la distillation sèche de l'acide tartrique, on introduit ce liquide dans une cornue de verre, et on le distille jusqu'à ce que le résidu ait acquis une consistance de sirop. On change alors les récipients, et l'on continue la distillation jusqu'à siccité. On expose le dernier liquide distillé à un froid très vif ou à une évaporation spontanée dans le vide. Il s'en sépare, dans les deux cas, des cristaux irréguliers qu'on purifie par le charbon animal; on les obtient ainsi incolores et sans odeur (Pelouze).

Il s'obtient en plus grande quantité par la distillation sèche de la crème de tartre; on concentre le produit jusqu'à ce qu'il dépose des cristaux, et on l'abandonne alors à l'évaporation spontanée. Les eaux-mères en contiennent encore; mais elles sont en même temps chargées d'huile empyreumatique qu'on peut détruire par l'acide nitrique, qui n'attaque pas le P. normal (Weniselos).

Cet acide cristallise en prismes obliques à base rhombe, tronqués sur les arêtes latérales; il est fort soluble dans l'eau, l'alcool et l'éther. Il fond à 107 ou 110°, commence à bouillir à 140 ou 150°, et se volatilise ensuite (1). Il se décompose en partie par la distillation sèche en laissant un léger résidu de charbon (Weniselos).

Une dissolution concentrée de P. normal ne trouble pas les eaux de chaux, de baryte et de strontiane. Elle forme dans l'acétate de plomb surbasique un précipité blanc, abondant, caillebotté, insoluble dans l'eau, mais très soluble dans un excès d'acétate et dans un excès d'acide. Elle ne trouble ni l'acétate neutre ni le nitrate de plomb.

Le chlore ne paraît pas l'altérer.

Pyrotartrate potassique (sel acide). — $C^5(H^7K)O^4$. — En neutralisant l'acide pyrotartrique par du carbonate de potasse, et ajoutant ensuite autant d'acide pyrotartrique qu'on en a déjà employé, on obtient par l'évaporation spontanée des cristaux incolores, inaltérables à l'air. Ils sont fort solubles dans l'eau, et possèdent une réaction acide (Weniselos).

Pyrotartrate ammoniacal. — Rhomboèdres très beaux, fort solubles dans l'eau, acides et inaltérables à l'air.

Pyrotartrate biplombique. — $C^5(H^6Pb^2)O^4$. — Le P. potassique

_____

(1) Il est probable qu'il perd alors H^2O en se transformant en un anhydride.

ne trouble pas immédiatement l'acétate neutre de plomb ; ce n'est qu'au bout de quelques minutes, souvent même après plusieurs heures, que la liqueur commence à se troubler et à déposer un précipité floconneux de P. biplombique (Pelouze). Lorsqu'on mélange une solution de P. potassique avec du nitrate de plomb, on remarque quelques heures après, sur les parois du verre, des aiguilles d'un sel de plomb qui est légèrement soluble dans l'eau (Wenisèlos).

Genre Citraconate R—⁴O⁴.

357. Genre salin bibasique ; produit de la distillation sèche de l'acide citrique (6ᵉ fam.) :

$$C^6H^8O^7 = C^5H^6O^4 + H^2O + CO^2.$$

Citraconate normal (acide citraconique hydraté, acide pyro-aconitique, itaconique, citribique, citricique, pyrocitrique).—$C^5H^6O^4$. — Pendant cette période de la distillation de l'acide citrique, où l'on aperçoit des stries huileuses dans le col de la cornue, il se dégage, outre l'eau et l'acide carbonique, un liquide oléagineux, acide et caustique, qui tombe au fond du récipient, et qui se prend au bout de quelque temps en une masse cristalline. Lorsqu'on la laisse refroidir très lentement, par exemple dans un vase entouré de sable chaud, il s'y forme des cristaux aciculaires, groupés en étoiles ; on exprime ceux-ci entre du papier joseph, et on les fait cristalliser dans l'eau (Crasso).

Il est sans odeur ; sa saveur est fortement acide. La forme qu'il prend habituellement, quand on l'a fait cristalliser dans de l'eau pure, est un octaèdre rhomboïdal, dans lequel l'inclinaison des faces adjacentes aux arêtes de la base est de 136 20′ et celle des faces pyramidales entre elles de 124″ et de 73° 15′. Sa forme primitive est un prisme droit rhomboïdal. Il est soluble à 10″ dans 17 parties d'eau, et à 20″ dans 10 parties seulement ; sa solubilité augmente avec la température. A 15°, il se dissout dans 4 p. d'alcool de 88 centièmes ; il est soluble aussi dans l'éther (Baup).

Les cristaux ne renferment pas d'eau de cristallisation ; ils fondent à 160° et se volatilisent sans résidu ; mais quand on les distille plusieurs fois, ils se décomposent complétement en eau et en citraconide normal (Crasso). Leur solution précipite l'acétate de plomb neutre ou surbasique, et communique aux persels de fer une teinte rougeâtre (Baup).

Si l'on abandonne le citraconide normal à l'air ou dans des flacons mal bouchés, il attire promptement l'humidité ; il se prend au commencement en un corps cristallin qui se fluidifie enfin tout-à-fait. Pour obtenir les cristaux à l'état de pureté, on les exprime entre du papier joseph, et on les dessèche à une température ne dépassant guère 50°. Les cristaux qu'on obtient ainsi sont des prismes à quatre pans, terminés par une face unique, et tronqués sur les arêtes. Ils se dissolvent dans l'eau en toute proportion, et également bien dans l'alcool et l'éther. Ils fondent à 80°, et se vaporisent complétement à quelques degrés au-dessus. Si on les chauffe dans une cornue, il distille d'abord de l'eau et ensuite du citraconide normal (Crasso). Ces cristaux représentent donc une modification dimorphe de ceux que nous venons de décrire, et ne semblent pas constituer un corps chimiquement distinct des cristaux de M. Baup.

Citraconate bipotassique (citricate de potasse neutre). — On ne peut l'obtenir cristallisé ; amené par l'évaporation à l'état concret, il se résout bientôt en un liquide, en attirant l'humidité de l'air. Il est insoluble dans l'alcool (Baup).

Citraconate potassique (itaconate de potasse acide, bicitricate potassique). — $C^5(H^5K)O^4$. — Il est très soluble dans l'eau, et cristallise en feuillets éclatants ; on l'obtient en neutralisant l'acide citraconique par du carbonate de potasse et ajoutant au produit une quantité d'acide égale à celle qui a été employée. Les cristaux renferment 7,08 d'eau de cristallisation (Crasso). .

Citraconate ammoniacal (bicitricate ammonique). — $C^5H^6O^4$, $NH^3 + aq$. — Il peut cristalliser en deux états différents. On l'obtient anhydre en faisant cristalliser le sel à une température d'environ 20°, et même un peu inférieure, pourvu que la solution soit très concentrée ou qu'on ait placé un cristal au fond du vase pour hâter la cristallisation. Il est alors en cristaux tubulaires ou prismatiques, transparents et inaltérables à l'air. A la température ordinaire ou à une basse température, il se dépose avec 1 éq. d'eau de cristallisation ; il cristallise alors en longs prismes, amincis à leurs extrémités, ou en longues aiguilles, qui s'effleurissent assez promptement à l'air en perdant leur eau de cristallisation (1) (Baup).

Citraconate bicalcique (sel neutre). — Suivant M. Crasso, il se dessèche en une masse blanche et amorphe, qui grimpe sur les bords des vases. M. Baup l'a obtenu en petits prismes aciculaires et entrelacés.

Citraconate calcique (bicitricate calcique). — $C^5(H^5Ca)O^4$ + aq. — Il se présente sous la forme de petits cristaux lamellaires et inaltérables à l'air, renfermant 10 p. c. d'eau de cristallisation. Si on le chauffe à 140°, il s'en dégage du C. normal, en même temps que la masse norcit; avant de brûler, il se boursoufle en brunissant (Crasso).

Citraconate bibarytique (sel neutre). — En saturant par du carbonate de baryte une solution concentrée et bouillante de C. normal, on obtient, par le refroidissement, le C. bibarytique, à l'état d'une poudre blanche et cristalline.

Citraconate barytique (sel acide, bicitricate barytique). — $C^5(H^5Ba)O^4$ + aq. — Il cristallise en petites tables rhomboïdales, dont les arêtes obtuses sont arrondies (Baup).

Citraconate biargentique (itaconate d'argent, citricate argentique). — $C^5(H^4Ag^2)O^4$. — Dans une solution aqueuse de C. normal, le nitrate d'argent ne produit de précipité que par l'addition d'un peu d'ammoniaque; ce précipité est fort volumineux et se dissout dans l'eau bouillante; la solution le dépose sous forme d'aiguilles fort allongées, déliées et brillantes (Crasso).

Citraconate argentique (sel acide). — $C^5(H^5Ag)O^4$. — Si l'on évapore doucement le liquide séparé, à l'aide du filtre, du sel précédent, il s'y forme de petits prismes hexagones, transparents, et d'un éclat de diamant. Quand on les chauffe, ils brûlent en projetant de l'argent (Crasso).

Citraconate biplombique (pyrocitrate de plomb). — $C^5(H^4Pb^2)O^4$. — Quand on mélange à chaud un C. alcalin avec du nitrate de plomb, en laissant le sel alcalin en léger excès, il se précipite du C. biplombique un peu sableux, qui se dissout un peu dans l'eau (Dumas).

(1) Comme M. Baup représente ces composés par de l'acide citraconique supposé anhydre, il est évident que le sel ammoniacal anhydre est aussi considéré par lui comme un hydrate, ce qui est inexact.

Citraconate plombique (bipyrocitrate de plomb). — $C^5(H^5Pb)O^4$.
— Ce sel se forme aisément quand on dissout le sel précédent
dans un excès de C. normal, et qu'on laisse cristalliser la liqueur
convenablement concentrée; il s'obtient alors en petits cristaux
(Dumas).

On obtient aussi un sel surbasique en précipitant un C. soluble
par de l'acétate de plomb surbasique.

M. Liebig distingue, dans son Traité, des itaconates et des
citraconates, isomères entre eux, mais non identiques.

En lisant attentivement les expériences de MM. Lassaigne,
Dumas, Baup et Crasso, on acquiert bientôt la certitude que
cette différence n'existe pas, et qu'on ne connaît que deux genres
salins, nés de l'action de la chaleur sur le citrate normal, savoir:
les g. aconitate (6e fam.) et citraconate. La matière huileuse qui
passe dans cette réaction est de la classe des anhydrides, et
peut se convertir en citraconate normal en fixant 1 éq. d'eau.

Genre Lipate $R^{-4}O^4$.

358. Produit de l'action de l'acide nitrique sur les matières
grasses; isomère du g. citraconate.

Les lipates métalliques chauffés, à l'état sec, avec de l'acide
sulfurique, laissent dégager de l'acide lipique en aiguilles
(Laurent).

Lipate normal (acide lipique). — $C^5H^6O^4$ + aq. — Les eaux-
mères acides, provenant de l'action de l'acide nitrique sur l'acide
oléique (18e fam.), stéarique (19e fam.) ou margarique (17e fam.),
et dont l'on a déjà séparé les acides pimélique (7e fam.) et subérique (8e fam.), renferment encore d'autres acides solides et
solubles dans l'eau. Pour les obtenir, il faut d'abord chasser
le reste de l'acide nitrique autant que possible, en ayant soin
toutefois d'empêcher que la masse noircisse par une trop forte
concentration; on recueille les nouveaux cristaux, qui se composent d'acide adipique (6e fam.) et d'acide lipique; on les sèche
et on les fait dissoudre à chaud dans l'éther, qui laisse insolubles
quelques matières étrangères brunes; on laisse la dissolution
s'évaporer à moitié spontanément; on décante le liquide qui surnage les cristaux, et on le fait évaporer. On reprend séparément

les deux produits de l'évaporation de l'éther par l'alcool bouillant, qu'on laisse à son tour évaporer à l'air. En répétant plusieurs fois ces opérations, on obtient d'un côté un acide cristallisé en grains arrondis, tuberculeux et groupés : c'est l'acide adipique ; et d'autre part, un acide très bien cristallisé en lamelles un peu allongées : c'est l'acide lipique (Laurent).

Ce dernier est assez soluble dans l'eau froide. Lorsqu'on en chauffe quelques décigrammes sur une feuille de verre, de manière à ne pas fondre le tout, l'acide, en se refroidissant, cristallise en masse fibreuse, pendant qu'une partie se volatilise et se condense sur la partie non fondue, sous la forme de belles aiguilles qui sont des prismes à bases rectangulaires.

L'acide cristallisé dans l'eau renferme 1 éq. d'eau de cristallisation qu'il perd par la sublimation. Sa vapeur répandue dans l'air est très suffocante et excite la toux.

Lipate biammoniacal. — Il cristallise en longs prismes.

Lipate bibarytique. — $C^5(H^4Ba^2)O^4$. — Une dissolution de chlorure de baryum versée dans du L. biammoniacal n'y fait rien d'abord ; mais, au bout de quelques minutes, il se forme des cristaux de L. bibarytique dont la forme paraît être un prisme à bases carrées, qui passe à l'octaèdre. Le sel cristallisé ne perd rien dans le vide (Laurent).

Lipate biargentique. — $C^5(H^4Ag^2)O^4$. — Le sel ammoniacal précipite les sels de fer, de cuivre et d'argent.

Genre Croconate $R^{-8}O^5$.

359. Dans la préparation du potassium, au moyen d'un mélange de charbon et de carbonate de potasse, on obtient, comme produit accidentel, une masse noire qui s'enflamme souvent au contact de l'air avec une violente explosion.

Ce même corps noir s'obtient, suivant M. Liebig, quand on fait passer un courant d'oxyde de carbone bien sec et exempt d'acide carbonique sur du potassium entretenu en fusion dans un large tube de verre ; les deux corps se combinent alors sans dégagement de lumière. Dès que la combinaison commence à se former, le potassium verdit à la surface et s'étend dans toutes les directions sur les parois du tube, en perdant son éclat métallique. Cette combinaison se dissout dans l'eau, en dégageant un gaz inflammable.

La dissolution est d'un rouge jaunâtre et devient par l'évaporation d'un jaune pâle ; elle est fort alcaline et dépose, par l'évaporation à l'air libre ou à une douce chaleur, de longues aiguilles prismatiques d'un brillant doré, et qui sont du croconate bipotassique ; les eaux-mères déposent des rhomboèdres incolores d'oxalate bipotassique (L. Gmelin , Liebig).

Ces deux sels ne sont pas les produits immédiats de l'action de l'eau sur la masse noire ; leur formation est précédée de celle d'un sel rouge, auquel M. Heller donne le nom de *rhodizonate de potasse*, et dont la solution se décompose , pendant l'évaporation, en croconate, oxalate et carbonate (1).

Lorsqu'on chauffe au rouge blanc du carbonate de potasse avec du charbon, on obtient , outre le potassium, un gaz chargé d'une épaisse fumée grisâtre qui se dépose sous la forme de flocons de la même couleur ; ces flocons s'enflamment souvent euxmêmes au contact de l'air ou de l'eau ; si on les laisse quelques semaines exposés à l'air , ils deviennent d'un vert jaune ; quelquefois ils prennent une apparence cristalline et passent au rouge. Leur dissolution dans l'eau est d'un jaune brun ; évaporée à une douce chaleur, elle donne du croconate. Souvent ces flocons laissent une poudre rouge de rhodizonate (2) (Liebig).

Les croconates sont tous de couleur jaune ; de là leur nom (du grec κρόκος).

Croconate normal (acide croconique). — $C^5H^2O^5$. — On l'obtient en traitant le sel bipotassique par de l'alcool absolu mélangé d'acide sulfurique ; après une digestion de plusieurs heures, on

---

(1) Et non pas en potasse libre, comme l'affirme M. Heller.

(2) Les *rhodizonates*, ainsi nommés à cause de leur couleur rouge, sont fort peu stables et se décomposent sous les moindres influences. M. Heller exprime le sel de potasse par $C^3O^5,2K^2O$; M. Thaulow assigne au sel de plomb la formule $C^7H^7.3Pb^2O$. M. Liebig opte pour cette dernière, en considérant la décomposition que le sel de potasse éprouve par l'échauffement. En effet, il se produit alors du croconate et de l'oxalate, en même temps que la liqueur acquiert une réaction fort alcaline ; M. Liebig attribue celle-ci à de la potasse libre, mais cette supposition n'offre aucune vraisemblance. L'alcalinité provient évidemment du carbonate de potasse, dont M. Gmelin a , d'ailleurs, constaté la présence dans les eaux-mères de la préparation du croconate.

filtre et on abandonne le liquide à l'évaporation spontanée. Le C. normal cristallise alors en prismes orangés et transparents ; il est sans odeur, d'une saveur très acide et astringente, et rougit le tournesol. Il ne s'altère pas à + 100° ; une chaleur plus élevée le décompose.

Croconate bipotassique. — $C^5K^2O^5 + 2$ aq. — Il cristallise en fines aiguilles ou en prismes de couleur orangée; il est entièrement neutre et possède une saveur salpêtrée. Il s'effleurit à une douce chaleur en perdant toute son eau de cristallisation. Une température élevée le charbonne. Le chlore et l'acide nitrique le décomposent (L. Gmelin).

Croconate biplombique. — $C^5Pb^2O^5 +$ aq. — En versant de l'acide acétique dans une dissolution de C. bipotassique, et ensuite une dissolution étendue et chaude d'acétate de plomb, on obtient un précipité micacé, d'un jaune doré, et qui perd de l'eau à 120° en se fonçant.

. *Croconate bicuivrique.* — $C^5Cu^2O^5 + 3$ aq. — Lorsqu'on mélange à chaud la solution aqueuse du C. bipotassique avec une solution de deutosulfate ou de deutochlorure de cuivre, le mélange dépose peu à peu des cristaux prismatiques de C. bicuivrique. Ce sel est d'un beau reflet bleu foncé, et paraît orangé quand on le place entre l'œil et la lumière; en poudre il est d'un jaune citronné. Chauffé à 100°, il perd 13,8 p. c. $= 2$ éq. d'eau de cristallisation; le 3ᵉ éq. ne s'en dégage qu'à une température à laquelle la matière se détruit entièrement (L. Gmelin).

Genre *Tartrométhylate* $R^{-2}O^6$.

360. Accouplement de l'acide tartrique et de l'esprit de bois :

$$C^4H^6O^6 + CH^4O = H^2O + C^5H^8O^6.$$

Tous les tartrométhylates se convertissent, par l'ébullition de leur solution aqueuse, en tartrates et en esprit de bois.

Tartrométhylate normal (acide tartrométhylique). — $C^5H^8O^6$. — Après avoir dissous, à l'aide de l'ébullition, de l'acide tartrique dans son poids d'esprit de bois, on rapproche la liqueur à consistance de sirop à une température inférieure à 100°. Lorsqu'on s'aperçoit que la distillation est lente, on essaie si le sirop ne contient plus d'acide tartrique ; dans le cas où il en contient,

36

on cohobe et l'on continue l'opération. Dans le cas contraire, on dissout le sirop dans la moitié de son poids d'eau, et l'on évapore la dissolution au-dessous de 100°; on obtient ainsi un liquide sirupeux qui donne, par l'évaporation spontanée, des cristaux de T. normal, blancs, inodores, et d'une saveur acide.

Ce corps s'altère à peine par l'humidité de l'air; il est très soluble dans l'eau froide, et se dissout en toutes proportions dans ce liquide bouillant. L'alcool et l'esprit de bois le dissolvent; il est peu soluble dans l'éther.

Maintenue en ébullition, sa dissolution aqueuse fixe 1 éq. d'eau et régénère de l'esprit de bois ainsi que de l'acide tartrique.

Par l'action de la chaleur, les cristaux donnent, entre autres produits, de l'eau, de l'esprit de bois et de l'acéméthol normal (acétate de méthylène).

Sa solution dissout le fer et le zinc avec dégagement d'hydrogène. Elle forme avec les eaux de baryte et de chaux des précipités qui se dissolvent dans un léger excès d'acide. Elle ne précipite pas le sulfate de potasse; dans l'acétate de plomb, elle détermine un précipité pulvérulent (Guérin-Varry).

Tartrométhylate potassique. — $C^5(H^7K)O^6$ + aq. — Il est blanc, inodore, et cristallise en prismes droits, rectangulaires; l'eau en dissout beaucoup plus à chaud qu'à froid. Dans le vide sec il perd 4,2 p. c. d'eau de cristallisation. Bouilli longtemps avec de l'eau, il se convertit en esprit de bois et en tartrate potassique (Guérin-Varry).

Tartrométhylate barytique. — $C^5(H^7Ba)O^6$ + aq. — En mélangeant une solution de baryte dans l'esprit de bois avec de l'acide tartrique dissous dans le même liquide, on obtient un précipité de T. barytique qui se décompose rapidement en tartrate par les lavages à l'eau (Dumas et Péligot). Le T. barytique est blanc et d'une saveur amère; il cristallise en prismes droits, quelquefois terminés par des biseaux. Les cristaux chauffés à 160° fournissent un liquide sirupeux d'une odeur alliacée, contenant de l'eau, de l'esprit de bois, de l'acéméthol normal, et une substance cristallisée qu'on obtient par évaporation (Guérin-Varry).

Genre *Paratartrométhylate* $R^{-2}O^6$.

361. Il est isomère du genre précédent, et s'obtient par l'acide paratartrique et l'esprit de bois.

Paratartrométhylate normal (acide paratartrométhylique). — $C^5H^8O^6$ + aq. — Prismes droits, rectangulaires, tronqués sur les arêtes longitudinales et passant à des prismes rhomboïdaux. Leur solution donne avec l'eau de chaux un précipité composé de prismes aciculaires, groupés autour d'un centre commun; ce précipité est insoluble dans un excès de P. normal. Elle ne précipite pas une solution concentrée de sulfate de potasse (Guérin-Varry).

Paratartrométhylate potassique. — $C^5(H^7K)O^6$+ aq. — Prismes droits qui se décomposent par une ébullition prolongée en esprit de bois et paratartrate.

Paratartrométhylate barytique. — $C^5(H^7Ba)O^6$ + 2 aq. — Il cristallise en prismes à base parallélogrammique; l'angle de deux faces adjacentes est de 119°; l'inclinaison de la base sur l'une des faces est de 87°, tandis que sur l'autre elle est de 113°. Ce sel renferme 2 éq. d'eau de cristallisation, qu'il perd par la dessiccation à l'air. Non effleuri, il se ramollit à 60°, et à 100° il laisse dégager des vapeurs qui viennent se condenser en belles lames cristallines (Guérin-Varry).

Genre *Sulfamilate* $R+^2SO^4$.

362. Sel copulé unibasique, homologue des g. sulfométhylate (1ᵉ fam.), sulfovinate (2ᵉ fam.), etc.

Sulfamilate normal (acide sulfamilique). — $C^5H^{12}SO^4$. — Lorsqu'on met en contact parties égales en poids d'huile de pommes de terre (345) et d'acide sulfurique à 66°, le mélange se colore fortement et s'échauffe sans qu'il se dégage de gaz sulfureux; la réaction s'accomplit sans qu'on ait besoin de chauffer. En saturant le mélange, après l'avoir étendu d'eau, par du carbonate de baryte, on obtient du sulfate et du S. barytique; ce dernier est soluble et s'obtient cristallisé (Cahours). Lorsqu'on verse peu à peu de l'acide sulfurique dans la dissolution de ce sel, il se forme un précipité de sulfate, et l'on obtient un liquide qui, très concentré, est légèrement sirupeux : c'est une dissolution de l'acide sulfamilique dans l'eau ; une seule fois, M. Cahours a obtenu cet acide à l'état cristallisé par évaporation spontanée ; il se présentait sous forme de petites aiguilles très fines.

Cet acide copulé est très soluble dans l'eau et dans l'alcool ; sa saveur est à la fois acide et amère ; il rougit fortement le tournesol ; très concentré, il se décompose par l'ébullition, en régénérant de l'huile et de l'acide sulfurique ; la même décomposition s'opère dans le vide en très peu de temps. Il ne produit de précipité dans aucune dissolution saline.

Sulfamilate potassique. — $C^5(H^{11}K)SO^4$. — Ce sel est solide, incolore, très amer, très soluble dans l'eau à chaud et à froid, soluble dans l'alcool ; sa dissolution aqueuse, saturée à la température ordinaire, le laisse déposer par l'évaporation spontanée sous forme d'aiguilles fines groupées autour d'un centre commun ; quelquefois il affecte des formes moins nettes, et se présente sous forme d'écailles.

Sulfamilate barytique. — $C^5(H^1Ba)SO^4$. — Le sel qu'on obtient en saturant le mélange d'acide sulfurique et d'huile de pommes de terre par du carbonate de baryte, est souillé d'une matière brune dont on peut facilement le débarrasser en concentrant la dissolution à une douce chaleur jusqu'à ce qu'elle soit susceptible de cristalliser par le refroidissement. Les cristaux desséchés sur du papier joseph sont redissous dans l'eau et traités par du charbon animal. Ils s'obtiennent alors à l'état de feuillets nacrés très brillants, amers, solubles dans l'eau et l'alcool, et à peine solubles dans l'éther. Leur dissolution se décompose par une ébullition prolongée en huile de pommes de terre et sulfate de baryte.

Sulfamilate calcique. — $C^5(H^{11}Ca)SO^4$. — Cristaux mamelonnés, gras au toucher, très solubles dans l'eau, et d'une saveur légèrement amère et piquante. Une dissolution aqueuse de ce sel, bien limpide et saturée à la température ordinaire, se trouble dès qu'on la porte à l'ébullition.

Sulfamilate plombique. — $C^5(H^{11}Pb)SO^4$. — Petites lamelles d'un beau blanc, très solubles dans l'eau, d'une saveur à la fois sucrée et amère. Leur solution se décompose aisément, surtout par l'ébullition.

Sulfamilate argentique. —Petites lames incolores, très solubles dans l'eau ; elles s'obtiennent en traitant à une douce chaleur le carbonate d'argent par l'acide sulfamilique (Cahours).

Genre Nicotine R^{-3}N.

363. Les feuilles de tabac fraîches ont peu d'odeur, et donnent à la distillation avec de l'eau une substance cristallisable, non azotée, et dont l'odeur est aussi très faible (1) ; mais quand on les entasse après les avoir séchées, et qu'on les humecte avec de l'eau, il s'y établit peu à peu une espèce de fermentation, accompagnée d'une absorption d'oxygène ; les feuilles s'échauffent alors et émettent l'odeur particulière au tabac préparé. Quand la fermentation est terminée, on découvre dans les feuilles une matière azotée qui possède tous les caractères d'un alcaloïde. Les différentes sortes de tabac se distinguent entre elles, comme les vins, par des principes odorants particuliers qui se développent dans la fermentation, en même temps que cet alcaloïde (2) (Liebig).

Voici comment M. Barral le prépare : on épuise les feuilles de tabac avec de l'eau aiguisée par de l'acide hydrochlorique ou sulfurique ; on évapore l'extrait de manière à le réduire à la moitié de son volume, et on le distille avec de la chaux. Le produit de la distillation contient la nicotine, qu'on en extrait par l'éther. On sépare ensuite par la distillation la plus grande partie de l'éther ; on abandonne le résidu pendant quinze jours dans un endroit chaud, et on le chauffe enfin à 140°, température à laquelle il se dégage de l'ammoniaque, ainsi que certaines substances étrangères moins volatiles. On mélange avec de la chaux la liqueur ainsi concentrée, et on la distille au bain d'huile à 190°, dans un courant de gaz hydrogène. La matière qui passe alors

---

(1) Ce principe, appelé *nicotianine*, n'a pas encore été analysé ; on ne l'obtient qu'en très petite quantité en distillant les feuilles de tabac avec de l'eau. C'est une substance semblable au camphre, volatile, insoluble dans l'eau, fort soluble dans l'alcool et l'éther. Son odeur est faible et ressemble à celle de la fumée de tabac ; sa saveur est aromatique et amère. La potasse dissout cette substance, mais les acides étendus ne la dissolvent pas.

(2) Graham, *Elements of chemistry*, p. 726.

est encore un peu colorée; mais on l'obtient parfaitement pure par une nouvelle distillation dans l'hydrogène.

Tout récemment, M. Melsens a constaté la présence de la nicotine dans les produits condensés de la fumée de tabac. Quand on fume dans des pipes allemandes, il s'accumule au fond des pompes dont elles sont munies un liquide brunâtre, d'une saveur fort âcre, d'une odeur empyreumatique et repoussante au plus haut degré; ce liquide est extrêmement vénéneux et renferme beaucoup de nicotine. Quelques gouttes de ce liquide versées dans le bec d'un oiseau le frappent d'une mort instantanée. M. Melsens est parvenu à en extraire environ 30 grammes de nicotine, en opérant sur 4,5 kilogrammes de tabac.

Nicotine normale. — C^5H^7N. — Cet alcaloïde (1) constitue un liquide incolore, assez fluide, dont l'odeur rappelle le tabac, et dont la saveur est brûlante. Il ne se concrète pas à — 10°, et bout à 250° environ; mais alors il subit une décomposition partielle en laissant un résidu de charbon. Sa densité à l'état liquide est de 1,048.

La N. normale rétablit la couleur bleue du tournesol rougi, et brunit le curcuma d'une manière fugitive.

Elle est très inflammable et brûle avec une flamme fuligineuse. Elle se mélange en toutes proportions avec l'alcool et l'éther; elle se dissout aussi dans l'eau; l'éther s'empare de toute la N. dans sa solution aqueuse.

Le contact de l'air l'altère à la longue; l'acide nitrique, l'iode et le chlore la décomposent. La potasse caustique solide paraît aussi l'altérer.

Elle se dissout aisément dans les acides en les saturant; beaucoup de ses sels sont déliquescents.

C'est un poison d'une extrême violence. Un chien de moyenne taille meurt en moins de trois minutes si on lui place sur la langue une goutte de N. de moins de 5 milligrammes (Barral).

Il est fort possible que la N. dérive, à la manière de l'aniline (6º fam.), d'un acide semblable à l'acide anthranilique, et qui

(1) La composition que nous assignons à la nicotine est celle qui résulte des analyses de M. Melsens, et que nous avions déjà admise, avant de les connaître, en corrigeant la formule de MM. Ortigosa et Barral (voir p. 128).

serait $C^6H^7NO^2$; de même on parviendrait probablement à l'obtenir artificiellement à l'aide d'un hydrogène carboné C^5H^6 ou d'un corps oxygéné C^5H^6O (voy. *Alcaloïdes*, p. 126).

Nicotine hydrochlorique. — $C^5H^7N,HCl.$ — Ce sel est fort déliquescent; mais on l'obtient cristallisé en longues fibres anhydres, en le formant avec de l'acide hydrochlorique sec, et le portant sous le récipient de la machine pneumatique. Il est blanc, plus volatil que la N. normale, insoluble dans l'éther, très soluble l'eau et l'alcool (Barral).

Nicotine chloroplatinique. — $C^5H^7N,HCl,PtCl^2.$ — Lorsqu'on ajoute du bichlorure de platine à une solution aqueuse de N. normale, neutralisée par de l'acide hydrochlorique, il se forme immédiatement un précipité jaune et cristallin, peu soluble dans l'eau et entièrement insoluble dans l'alcool et l'éther. L'acide hydrochlorique étendu le dissout entièrement à chaud. Si les solutions sont étendues, on obtient des prismes obliques à quatre pans, appartenant au cinquième système cristallin (Ortigosa, Barral).

Nicotine chloromercurique (chlorhydrargyrate de nicotine). — $C^5H^7N,HgCl.$ — On l'obtient en précipitant une solution de sublimé corrosif par une solution de nicotine. Le précipité est blanc, cristallin, insoluble dans l'eau et l'éther, peu soluble dans l'alcool. Il se décompose déjà en partie à une température inférieure au point d'ébullition de l'eau, en fondant et en devenant jaunâtre (Ortigosa).

Genre *Xanthoxyde* $R^{-6}N^4O^2$.

364. *Xanthoxyde normal* (oxyde xanthique, acide ureux). — $C^5H^4N^4O^2.$ — A. Marcet a découvert ce principe dans certains calculs urinaires; il est fort rare, et n'a pas encore été convenablement étudié.

Les concrétions vésicales qui en renferment sont d'un brun clair, luisantes et d'une cassure lamelleuse. Lorsqu'on les dissout dans la potasse caustique, et qu'on les sature par de l'acide carbonique, le X. normal s'en précipite à l'état d'une poudre blanche, insoluble dans l'eau, l'alcool et l'éther. L'acide nitrique le dissout sans dégagement de gaz; la solution donne par l'évaporation un résidu jaune-citron qui ne se colore pas en rouge par l'ammoniaque. L'acide sulfurique le dissout également (Wœhler et Liebig).

Genre *Urate* $R-^6N^4O^3$.

365. Les excréments des oiseaux(1), des serpents et des insectes se composent en grande partie d'urate ammoniacal; le sédiment jaune ou brunâtre que dépose souvent l'urine de l'homme en contient aussi; certaines concrétions qui se développent dans la vessie consistent en urate normal ou ammoniacal (Scheele); celles qui se forment dans les articulations des goutteux se composent d'urate sodique (Wollaston).

Les urates n'ont pas encore été produits artificiellement.

Urate normal (acide urique). — $C^5H^4N^4O^3 + 2$ aq. — On fait bouillir les calculs urinaires ou les excréments des serpents dans une lessive de potasse caustique; on filtre la dissolution et on la précipite par de l'acide hydrochlorique; le précipité ayant été chauffé pendant quelque temps dans cet acide, on le jette sur un filtre et on le lave. Pour avoir de l'acide urique entièrement pur, il faudrait le précipiter du sel de potasse cristallisé.

S'agit-il de l'extraire des excréments de pigeons ou d'autres oiseaux, on fait bien d'employer, pour les dissoudre, du borax, qui se charge moins de matières animales que la potasse (Boettger).

Lorsque l'U. normal se dépose lentement d'une solution, il s'obtient en cristaux dendritiques qui ont souvent plusieurs lignes de long, et renferment $21,5 = 2$ éq. d'eau de cristallisation qu'ils dégagent en partie déjà à la température ordinaire (Fritzsche). Quand on ajoute de l'acide hydrochlorique à une dissolution d'un U. métallique, l'acide urique se précipite à l'état d'une masse gélatineuse qu'une faible chaleur transforme en paillettes qui ne renferment plus d'eau.

A l'état sec, l'U. normal se présente sous la forme de paillettes satinées, insipides, sans odeur, et d'un blanc éclatant. Il est presque insoluble dans l'eau froide et peu soluble dans l'eau

---

(1) L'engrais connu sous le nom de *guano* se compose d'excréments d'oiseaux aquatiques qui habitent les îlots de la mer du Sud; il contient beaucoup d'urate ammoniacal.

chaude; la solution rougit légèrement le tournesol. Il se dissout aussi dans l'acide sulfurique concentré et donne même avec lui une combinaison cristallisable (Fritzsche); l'acidé hydrochlorique le dissout mieux que l'eau pure. Il est insoluble dans l'alcool et l'éther.

Lorsqu'on le chauffe avec de l'acide nitrique concentré et qu'on ajoute de l'ammoniaque à la solution, elle devient d'un pourpre magnifique. Nous avons déjà parlé des produits qui se forment par l'action des oxydants sur ce corps. (Voyez, 4e, 3e, 2e et 1re fam., g. alloxane, alloxantine, murexide, allantoïne, parabanate, oxalurate, urée, etc.)

Soumis à la distillation sèche, il donne du carbonate d'ammoniaque, de l'acide prussique, de l'acide cyanurique, de l'urée et une huile empyreumatique, tandis qu'il reste 1,6 de charbon dans la cornue.

Le chlore sec ne l'attaque pas à la température ordinaire; mais quand on le chauffe dans ce gaz, il développe de l'acide cyanique et de l'acide hydrochlorique. L'action prolongée du chlore humide ou de l'acide nitrique finit par le convertir en acide oxalique.

Il ne chasse que difficilement l'acide carbonique des carbonates alcalins.

Urate potassique (sel acide, biurate). — $C^5(H^3K)N^4O^3$? — En dissolvant l'U. normal dans une dissolution bouillante de potasse caustique, on obtient, par le refroidissement du liquide, une bouillie cristalline qui se convertit par la dessiccation en une poudre soyeuse et brillante. Ce sel exige 480 p. d'eau froide pour se dissoudre; il est infiniment plus soluble dans l'eau bouillante. Un léger excès de potasse le rend encore plus soluble, mais on obtient alors de l'U. bipotassique (sel neutre).

Fondu avec de l'hydrate de potasse, l'acide urique se convertit en oxalate, avec dégagement d'ammoniaque (Gay-Lussac).

Urate ammoniacal. — $C^5H^4N^4O^3,NH^3$. — Il est aussi peu soluble dans l'eau que le sel potassique. Les excréments des serpents sont presque entièrement composés de ce sel.

Urate lithique. — $C^5(H^3Li)N^4O^3$. — C'est le plus soluble des urates (Lipowitz).

SIXIÈME FAMILLE.

———

Genre Oléène R.

366. Hydrocarbure, homologue des g. éthérène (2ᵉ fam.), butyrène (4ᵉ fam.), paramilène (5ᵉ fam.), élaène (9ᵉ fam.), amilène (10ᵉ fam.), etc.

Oléène normal (eupione). — C^6H^{12}. — Quand on distille l'acide hydroléique ou métaoléique (18ᵉ fam.), il se dégage de l'acide carbonique, et il passe un mélange huileux de deux hydrogènes carbonés d'une volatilité différente; ces deux corps se forment probablement dans les distillations de tous les corps gras. On les sépare par de nouvelles distillations.

L'oléène est blanc, liquide, plus léger que l'eau, très fluide, d'une odeur comme arsenicale, qui est à la fois pénétrante et nauséabonde; très inflammable, à peine soluble dans l'eau, très soluble dans l'alcool et l'éther. Il paraît exercer sur l'économie une action délétère; des oiseaux, qui avaient respiré pendant quelque temps sa vapeur, sont tombés morts. Il bout à 55°; la densité de sa vapeur a été obtenue par expérience égale à 2,875 $=$ 2 vol. d'après notre formule. Il se combine à froid avec le chlore, en donnant une substance liquide (Frémy).

L'*eupione* de M. Reichenbach est probablement identique avec l'hydrogène carboné dont nous parlons (1).

(1) Suivant M. Reichenbach, l'eupione s'obtient le mieux par la distillation sèche de l'huile de colza; il bout alors à + 47°. Ce point d'ébullition peut aller jusqu'à + 169° dans d'autres échantillons d'eupione, cela dépend du mode d'extraction et de la température de leur formation; mais alors l'eupione n'est plus de l'oléène, c'est un polymère homologue de ce dernier : C^9H^{18}, $C^{10}H^{20}$, etc. On sait avec quelle facilité les hydrogènes carbonés se modifient ainsi moléculairement sous l'influence de l'acide sulfurique et de la chaleur (97).

M. Laurent a trouvé sensiblement la composition 1 : 2 dans l'eupione obtenu par l'huile de schiste; les analyses de M. Hess ont donné 2 p. c. de carbone de moins pour un autre échantillon; mais elles sont évidemment inexactes, puisqu'il y a une perte de 2 p. c., le nouveau poids atomique du carbone étant pris pour base.

Genre Benzilène R.

367. Hydrocarbure, isomère du g. oléène. On en obtient les espèces chlorées ou bromées par l'action directe du chlore ou du brome sur le benzène normal ; ces composés se dédoublent sous l'influence des alcalis en donnant du chlorure ou du bromure, ainsi que des espèces chlorées ou bromées dérivées du g. benzène.

Benzilène sexchloré (chlorure de benzine, hydrochlorate de chlorobenzine, chlorure de benzole, chlorobenzone, hydrochlorate de chlorophénise). — $C^6(H^6Cl^6)$. — Lorsqu'on verse du benzène normal dans un flacon rempli de chlore gazeux et exposé au soleil, les parois du flacon se trouvent bientôt tapissées de cristaux transparents, friables et d'une blancheur parfaite, si le chlore ne se trouve pas en excès ; au moyen de l'eau, qui ne les dissout pas, il est facile de les détacher. On les obtient purs en les faisant cristalliser dans l'alcool chaud (Péligot, Mitscherlich).

Le B. sexchloré cristallise en prismes droits très aplatis à base rhombe, mais dont la grande diagonale de base est au moins huit ou dix fois plus grande que la petite (Laurent) ; il est insoluble dans l'eau, mais il se dissout dans l'alcool et dans l'éther. Il fond à 132° (Mitscherlich ; entre 135 et 140°, Laurent) ; il bout vers 150° en se décomposant en partie, mais sans laisser de résidu charbonneux à la distillation.

Bouilli avec une dissolution alcoolique de potasse, il dépose du chlorure et met en liberté du benzène trichloré (Laurent, Mitscherlich) :

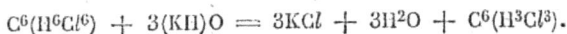

$$C^6(H^6Cl^6) + 3(KH)O = 3KCl + 3H^2O + C^6(H^3Cl^3).$$

Benzilène sexbromé (bromure de benzine). — $C^6(H^6Br^6)$. — C'est une poudre blanche, inodore, insipide, très peu soluble dans l'éther bouillant ; ce liquide la dépose, par l'évaporation spontanée, en cristaux microscopiques pulvérulents, qui sont des prismes obliques à base rhombe très aplatis. Soumis à la distillation sèche, ce corps dégage du brome, de l'acide hydrobromique et une matière huileuse, tandis qu'une partie se sublime sans altération. La potasse lui fait éprouver la même décomposition qu'au B. sexchloré (Laurent).

. Dans l'action du brome sur le benzène brut, il se forme en outre une petite quantité de cristaux dont la nature est inconnue (*broméine*, $C^{10}H^6Br^4$? Laurent).

Genre Mésitylène R—⁴.

368. Hydrocarbure, produit de décomposition de l'acétone normale (267) sous l'influence de l'acide sulfurique.

Mésitylène normal. — C^6H^8. — Pour préparer ce corps on mélange 2 vol d'acétone avec 1 vol. d'acide sulfurique concentré, et l'on distille le liquide dans une cornue, en ménageant la chaleur avec soin; le récipient reçoit deux couches, dont la supérieure est du M. impur; le liquide plus pesant est chargé d'acide sulfureux et d'acide acétique (Plantamour), provenant d'une décomposition secondaire. On rectifie la couche supérieure d'abord au bain-marie, afin d'en séparer l'acétone qui n'aurait pas été décomposée, et ensuite à feu nu; cependant il ne faudrait pas pousser trop loin la distillation, car les dernières portions seraient chargées d'un produit moins volatil que le M. et dont la nature n'est point connue (Kane).

Le M. normal est incolore, très léger et d'une odeur légèrement alliacée; il bout vers 135° et brûle avec une flamme blanche et fuligineuse. Les alcalis n'ont pas d'action sur lui (Kane). La densité de sa vapeur a été trouvée par expérience égale à 2,914 correspondant à 2 volumes d'après notre formule (Cahours).

Le chlore le convertit en M. bichloré. Quand on fait bouillir le M. normal avec de l'acide nitrique, il se convertit en une substance rougeâtre mélangée d'un liquide lourd (1) qui paraît renfermer du mésitol normal (268).

Mésitylène bichloré (chlorure de ptéléyle). — $C^6(H^6Cl^2)$. — Cristaux aciculaires, volatils sans décomposition, insolubles

---

(1) Nous avons désigné, p. 407, sous le nom de *mésitol nitrique*, une substance qui pourrait être du *mésitylène binitrique* $C^6(H^6X^2)$; M. Kane lui assigne même cette dernière formule; mais les analyses de ce chimiste présentent des divergences si considérables qu'il est impossible d'en déduire des relations précises (analyses : carbone 50,43 — 44,57; hydrogène 4,35 — 4,02. Calcul d'après la dernière formule : carbone 42,8, hydrog. 3,5).

dans l'eau, et ne s'attaquant pas par la potasse aqueuse ou alcoolique (Kane).

Genre Benzène R^{-6}.

369. Hydrocarbure, produit de la distillation sèche des espèces normales des g. benzoate et phtalate avec de la chaux :

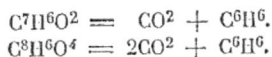

$$C^7H^6O^2 = CO^2 + C^6H^6.$$
$$C^8H^6O^4 = 2CO^2 + C^6H^6.$$

Benzène normal (benzine, phène, benzole). — Quand on distille doucement de l'acide benzoïque cristallisé avec 3 fois son poids de chaux ou de baryte caustique, il passe du B. normal entièrement incolore, tandis que le résidu renferme du carbonate (Mitscherlich).

Ce même corps se produit par la décomposition des huiles grasses à la chaleur rouge (104).

Il est limpide, incolore et d'une odeur suave; à l'état liquide, sa densité est de 0,83 ; à l'état de vapeur elle a été trouvée égale à 2,77. Il bout à 86°, et se congèle dans la glace en une masse cristalline qui se liquéfie à + 7° ; il se dissout aisément dans l'alcool et l'éther (Mitscherlich, Péligot).

Le chlore et le brome le convertissent en espèces dérivées du g. benzilène. L'acide sulfurique s'accouple avec lui et produit en outre du sulfobenzide (95). L'acide nitrique le transforme en espèces dérivées du g. benzène.

Benzène trichloré (chlorobenzide, chlorophénise). — $C^6(H^3Cl^3)$. — Quand on fait bouillir du benzilène sexchloré avec une dissolution alcoolique de potasse, il s'en sépare une matière huileuse qui représente le B. trichloré. C'est une huile incolore, d'une densité de 1,45, volatile sans décomposition, soluble dans l'alcool et l'éther, inattaquable par la potasse. Il bout à 210° ; la densité de sa vapeur est égale à 6,37 (Mitscherlich, Laurent).

Benzène tribromé (bromobenzide, bromobenzinise). — $C^6(H^3Br^3)$. — Le benzilène sexbromé donne par une solution alcoolique de potasse une matière huileuse qui cristallise dans l'éther en aiguilles lamelleuses très fusibles et volatiles sans décomposition (Laurent).

Benzène nitrique (nitrobenzide). — $C^6(H^5X)$. — Si l'on chauffe du B. normal avec de l'acide nitrique fumant, il se manifeste une réaction très vive; quand on verse ensuite de l'eau sur le mélange, le B. nitrique se sépare à l'état d'une huile jaunâtre douée d'une odeur d'amandes amères. Sa densité est de 1,209 à 16°; il bout à 213°, et distille sans s'altérer; à $+$ 3°, il se solidifie; il est insoluble dans l'eau; l'alcool et l'éther le dissolvent en toutes proportions.

L'acide sulfurique concentré et bouillant le décompose. Une dissolution aqueuse de potasse a peu d'action sur lui, mais une dissolution alcoolique le colore en rouge et donne à la distillation des cristaux d'azobenzide normal C^6H^5N.

L'hydrogène sulfuré et l'hydrosulfate d'ammoniaque le convertissent en aniline normale C^6H^7N (Zinin).

Benzène binitrique (binitrobenzide, nitrobenzinèse). — $C^6(H^4X^2)$. Bouilli pendant longtemps avec de l'acide nitrique fumant, le B. normal finit par se transformer en B. binitrique que l'on précipite entièrement pur par une addition d'eau et par la cristallisation dans l'alcool. Il fond au-dessous de 100° (Deville).

Genre *Ptéléol* R^{-2}O.

370. *Ptéléol normal* (éther mésitique, oxyde de mésityle, métacétone?). — $C^6H^{10}O$. — On dissout le ptéléène chloré (266) dans l'alcool, on y ajoute une dissolution alcoolique de potasse, de manière que le liquide soit bien alcalin, et l'on chauffe le mélange; quand on y ajoute ensuite de l'eau, il se sépare une huile jaunâtre qu'on soumet à la rectification. Elle constitue le P. normal; son odeur ressemble à celle de la menthe poivrée; il bout vers 96° c. et brûle avec une flamme très lumineuse en répandant un peu de fumée (Kane).

Lorsqu'on chauffe du sucre avec de la chaux vive (1 p. de sucre et 8 p. de chaux), il passe à la distillation une matière huileuse composée d'un mélange d'acétone et d'un corps auquel M. Frémy donne le nom de *métacétone*; l'eau ajoutée à ce mélange dissout l'acétone et sépare cette dernière substance, qui nous paraît être identique avec celle que nous venons de décrire (1). La gomme et l'amidon donnent les mêmes produits.

(1) L'analyse a en effet donné à M. Frémy les rapports $C^6H^{10}O$. 2 éq.

Genre Valérol $R^{-2}O$.

371. Isomère du g. ptéléol; il n'a pas encore été produit artificiellement.

Valérol normal (essence de valériane oxygénée). — $C^6H^{10}O$. — L'essence de valériane brute se compose de V. normal et d'un hydrogène carboné $C^{10}H^{16}$; elle renferme en outre trois principes accidentels (bornéol, 10ᵉ fam.; acide valérianique, 5ᵉ fam., et résine) dont la quantité varie suivant l'âge de l'essence et suivant les circonstances où elle a été placée. Récente et rectifiée, elle est neutre, limpide, et d'une odeur qui n'a rien de désagréable; mais le contact de l'air la résinifie et la rend fétide, en raison de l'acide valérianique qu'il y développe progressivement. Une essence vieille est toujours acide et épaisse; le plus souvent on y rencontre également une matière camphrée (bornéol) dont la formation est due à l'action de l'humidité sur le principe hydrocarboné (Gerhardt).

Pour en extraire le V. normal à l'état de pureté, il faut maintenir pendant quelque temps à 200° les dernières portions de la distillation de l'essence, puis les refroidir dans de la glace; elles se prennent alors en masse si elles sont entièrement exemptes d'hydrogène carboné; deux ou trois rectifications suffisent pour avoir un produit pur. Les matières étrangères volatiles sont entraînées par les premières portions des liquides distillés. On lave le produit avec du carbonate de soude et on le distille rapidement, ou mieux encore dans un courant d'acide carbonique.

Le V. normal est ordinairement liquide à la température ordinaire; mais une fois qu'il a été refroidi à quelques degrés au-dessous de 0°, il se conserve, jusqu'à + 20°, à l'état de prismes incolores et limpides; une plus forte chaleur liquéfie

---

d'acétone peuvent y donner naissance en éliminant H^2O, car $2C^3H^6O =$ $C^6H^{10}O + H^2O$. 1 éq. de sucre équivaut à 3 éq. d'acétone plus 3 éq. d'acide carbonique plus 2 éq. d'eau : $C^{12}H^{22}O^{11} = 3C^3H^6O + 3CO^2 + 2H^2O$.

Suivant M. Frémy, la métacétone bout à 84°; ce point est fort peu éloigné de celui qu'indique M. Kane. On sait d'ailleurs combien ces déterminations manquent de précision lorsqu'on opère sur de petites quantités de substance.

les cristaux, et alors ils conservent cet état jusqu'à ce qu'on les refroidisse de nouveau. A l'état de pureté, il est neutre et n'a point l'odeur de la valériane; son odeur est faible et ressemble à celle du foin; abandonné à l'air, il s'acidifie peu à peu et prend alors cette odeur désagréable qui caractérise l'acide valérianique; en même temps il s'épaissit en se résinifiant en partie.

Il est plus léger que l'eau, peu soluble dans ce liquide, fort soluble au contraire dans l'alcool, l'éther et les huiles essentielles.

L'acide sulfurique concentré le dissout et le colore en rouge de sang, en produisant une combinaison copulée (sulfovalérolate). Le brome l'attaque et le rend poisseux. L'acide nitrique le convertit en une résine jaune.

La potasse liquide et bouillante ne l'attaque pas sensiblement, mais l'effet est très prompt par la potasse en fusion. Il se produit alors du carbonate et du valérate, en même temps qu'un dégagement de gaz hydrogène (Gerhardt) :

$$C^6H^{10}O + 3H^2O = CO^2 + C^5H^{10}O^2 + 6H.$$

Genre *Phénate* $R^{-6}O$.

372. L'espèce normale de ce genre se produit par la décomposition du salicylate normal (7ᵉ fam.) sous l'influence de la chaleur et de la chaux caustique (Gerhardt). Elle se rencontre en quantité notable dans l'huile du gaz de l'éclairage par la houille (Runge, Laurent).

Différentes espèces du genre P. se produisent par l'action du chlore ou de l'acide nitrique sur les espèces normales des genres salicylol, salicylate (7ᵉ fam.), indigo (8ᵉ fam.), coumarine (9ᵉ fam.), etc.

Phénate normal (acide carbolique ou phénique, hydrate de phényle, phénol, saliçone). — C^6H^6O. — Voici le procédé dont se sert M. Laurent pour extraire ce corps de l'huile de goudron: on fractionne les huiles provenant de la distillation du goudron de houille, et l'on recueille à part les portions qui bouillent entre 150 et 200°. On y verse ensuite une solution de potasse caustique saturée à chaud, ainsi que de la potasse en poudre. Aussitôt l'huile se prend en une masse blanche et cristalline; on en décante les parties liquides et l'on dissout dans l'eau la partie solide. Il se produit ainsi deux couches, l'une légère et huileuse, l'autre plus pesante et aqueuse. On sépare celle-ci et on la neutralise par de l'acide hydrochlorique ; une nouvelle huile est alors mise en liberté, c'est le P. normal. Après l'avoir mis en digestion avec le chlorure de calcium, on le soumet à la distillation, et on le refroidit fort lentement de manière à le solidifier en partie et à obtenir de gros cristaux. On conserve ceux-ci à l'abri du contact de l'air.

Dans la distillation sèche du benjoin, il passe aussi du P. normal (E. Kopp).

Ce corps est solide, incolore, cristallisé en longues aiguilles qui appartiennent probablement au système prismatique droit à base rectangulaire. Il entre en fusion vers 34 à 35° et bout entre 187 et 188° ; la moindre trace d'humidité liquéfie les cristaux. Sa densité est de 1,065 à + 18° ; il ne rougit pas le tournesol, et fait sur le papier des taches grasses qui disparaissent peu à peu. Il est peu soluble dans l'eau ; l'alcool et l'éther le dissolvent en toutes proportions. Il attaque fortement la peau des lèvres et des gencives. Sa solution aqueuse coagule l'albumine ; elle se combine avec certaines matières animales, et les préserve de la pourriture ; elle enlève même l'odeur fétide aux viandes et à d'autres substances déjà putréfiées. Les sangsues et les poissons y périssent ; leurs cadavres se dessèchent alors à l'air sans entrer en putréfaction.

Quand on plonge dans la solution un copeau de sapin et qu'on trempe ensuite celui-ci dans l'acide hydrochlorique ou nitrique, le bois se colore en bleu par la dessiccation (Runge, Laurent).

Il réduit le bioxyde de mercure par l'ébullition, et sépare l'argent à l'état métallique de son nitrate. Lorsqu'on verse quelques gouttes de P. normal sur l'oxyde puce de plomb, il se dégage de la chaleur et il se produit un léger bruissement ; quand on y ajoute ensuite quelques gouttes d'eau et qu'on fait bouillir le mélange, l'oxyde puce se décolore.

Le P. normal peut distiller sur l'acide phosphorique fondu sans subir d'altération. L'acide sulfurique concentré le dissout avec dégagement de chaleur et sans se colorer ; il se produit une combinaison copulée (sulfophénate normal) soluble dans l'eau.

37

Le potassium l'attaque d'abord lentement; à l'aide d'une douce chaleur, l'action devient plus rapide; il se dégage alors de l'hydrogène, et l'on obtient du P. potassique cristallisé en aiguilles. La potasse solide se combine également avec le P. normal en produisant l'espèce potassique.

Le chlore, le brome et l'acide nitrique, en agissant sur lui, donnent différentes espèces appartenant au même genre. L'acide nitrique concentré attaque avec une violence extrême le P. normal; chaque goutte d'acide qu'on y laisse tomber produit un bruissement comme un fer rouge qu'on plongerait dans l'eau, et par l'ébullition on obtient du P. trinitrique (acide carbazotique). Il dissout le carbonate de potasse sans en déplacer l'acide carbonique.

Phénate ammoniacal (phénate d'ammonium). — C^6H^6O,NH^3. — L'ammoniaque liquide ne dissout pas le P. normal, mais celui-ci absorbe l'ammoniaque gazeuse. Le produit maintenu pendant quelque temps à une température élevée se convertit en eau et en aniline normale (Laurent et Hofmann).

Phénate potassique (carbolate de potasse). — $C^6(H^5K)O$. — Le P. normal peut se combiner avec les bases alcalines, la baryte, la chaux, l'oxyde de plomb; mais les produits sont peu stables. La combinaison potassique cristallise en aiguilles blanches très solubles dans l'alcool, l'éther et l'eau; elle peut s'obtenir anhydre quand on chauffe du potassium dans le P. normal. Les acides séparent de la combinaison du P. normal; ce corps se trouve donc placé sur la limite entre les acides proprement dits et les corps indifférents (Laurent).

Phénate barytique. — $C^6(H^5Ba)O + aq.$ — Croûte cristalline renfermant de l'eau de cristallisation.

373. *Phénate bichloré* (acide chlorophénésique). — $C^6(H^4Cl^2)O$. — Ce produit se forme par l'action du chlore sur le P. normal; il est huileux et se volatilise sans décomposition. L'eau ne le dissout pas, mais il est fort soluble dans l'alcool et l'éther. Avec l'acide nitrique bouillant il donne une matière cristalline très volatile. Si l'on verse de l'ammoniaque sur le P. bichloré, il se solidifie subitement en une matière cristalline; la combinaison exposée à l'air perd peu à peu l'ammoniaque qu'elle renferme en redevenant huileuse; mais elle se solidifie de nouveau quand

on y ajoute de l'ammoniaque ; la combinaison est soluble dans l'eau (Laurent).

Phénate trichloré (acide chlorophénisique ou chlorindoptique, chlorindoptène, chlorindatmite). — $C^6(H^3Cl^3)O$. — On peut aisément l'obtenir en faisant passer du chlore dans l'huile de goudron, bouillant entre 170 et 190°. On pourrait continuer l'action de ce gaz jusqu'à ce qu'on vît l'huile se solidifier ; mais il vaut mieux, après un jour ou deux, suivant la masse sur laquelle on opère, et suivant la vitesse du chlore, soumettre l'huile à une nouvelle distillation. Cette opération doit être faite dans un lieu d'où l'on ne puisse incommoder les voisins, car l'odeur qui se répand dans cette distillation est extrêmement forte et se fait sentir à de très grandes distances. Il se dégage beaucoup d'acide hydrochlorique. On rejette les premières et les dernières portions de l'huile qui distille ; dans la cornue il reste une assez grande quantité de charbon. On fait ensuite passer du chlore dans l'huile distillée, jusqu'à ce qu'elle se prenne en une masse pâteuse et cristalline. On met celle-ci sur du papier joseph, afin d'absorber l'huile adhérente, et l'on comprime les cristaux (Laurent).

Le P. trichloré, ainsi préparé, renferme ordinairement un peu d'huile et une substance cristalline (*chloralbine*). Pour le séparer de ces matières, on y verse de l'ammoniaque et de l'eau, on porte le tout à l'ébullition et on filtre. Le P. trichloro-ammoniacal est peu soluble et cristallise par le refroidissement ; on le redissout dans l'eau et l'on y verse de l'acide hydrochlorique. Il se forme alors un dépôt blanc et volumineux qu'il suffit de laver et de distiller (Laurent).

On obtient aussi ce corps en distillant la masse orangée qui se produit par l'action du chlore sur l'indigo bleu (Erdmann).

Le P. trichloré est à peine soluble dans l'eau froide ; il est doué d'une odeur pénétrante très tenace. Il est soluble en toutes proportions dans l'alcool et l'éther ; il cristallise, tant par voie de dissolution que par sublimation, en aiguilles d'une grande ténuité. À la température ordinaire, l'acide fondu se hérisse d'aiguilles semblables à une moisissure ; il fond à 44°. Par le refroidissement, on peut l'obtenir en prismes microscopiques droits, à base rectangulaire. Il bout vers 250° et distille sans altération. L'acide nitrique bouillant le convertit en une substance jaune cristallisée en paillettes. L'acide sulfurique fumant le dissout très bien à chaud ; par le refroidissement, la liqueur se prend en une masse composée d'aiguilles (Laurent).

Phénate trichloro - ammoniacal (chlorophénisate d'ammoniaque). — $C^6(H^3Cl^3)O,NH^3$. — Il cristallise en aiguilles et possède une légère réaction alcaline. Versé dans les sels de cuivre, il forme un précipité brun-rouge qui est soluble dans l'alcool bouillant et s'y dépose en aiguilles brillantes. Il précipite en jaune-serin le nitrate d'argent, en blanc gélatineux le chlorure de calcium concentré; si les solutions sont étendues, on n'obtient pas de précipité. Le chlorure de baryum se comporte comme celui de calcium ; si l'on mêle les deux dissolutions bouillantes et concentrées, on obtient un sel cristallisé en longues aiguilles (Laurent).

Phénate trichloro - argentique (chlorindoptate d'argent). — $C^6(H^2AgCl^3)O$. — Précipité d'un jaune-citron, insoluble dans l'eau froide (Erdmann).

Phénate quintichloré (chlorindoptène chloré, acide chlorophénusique ou chlorindoptique chloré). — $C^6(HCl^5)O$. — M. Erdmann l'a obtenu dans l'action prolongée du chlore sur une solution d'isatine chlorée ou bichlorée (8e fam.) dans l'alcool; il cristallise en longues aiguilles ; son odeur ressemble beaucoup à celle du P. trichloré. Il se dissout dans la potasse caustique, d'où les acides le reprécipitent à l'état de flocons blancs.

Phénate quintichloro - potassique (chlorindoptate de potasse chloré). — $C^6(KCl^5)O$. — Cristaux prismatiques à base rhombe; leur solution précipite le nitrate d'argent en jaune-citron, l'acétate de plomb et le chlorure de baryum en blanc (Erdmann).

Phénate tribromé (acide bromophénisique , bromindoptène, bromindatmite, acide bromindoptique). — $C^6(H^3Br^3)O$. — Lorsqu'on verse du brome sur le P. normal, il se produit une effervescence d'acide hydrobromique accompagnée d'un dégagement de chaleur très considérable. On finit par obtenir une masse cristalline de P. tribromé qu'on purifie comme le P. trichloré. On obtient ainsi un produit cristallisable et incolore qui distille sans altération (Laurent).

Phénate tribromo - ammoniacal (bromophénisate d'ammoniaque). — $C^6(H^3Br^3)O,NH^3$. — Sel cristallisé en aiguilles, qui précipite le nitrate d'argent en jaune-orangé. Versé dans le chlorure de baryum ou de calcium en solution concentrée, il y forme des précipités cristallisés en aiguilles; mais il ne fait rien dans les dissolutions un peu étendues (Laurent).

374. *Phénate binitrique* (acide nitrophénésique). — $C^6(H^4X^2)O$. — On peut l'obtenir avec l'huile de goudron, en y ajoutant peu à peu de l'acide nitrique ordinaire; l'attaque est très violente, et il se produit une masse épaisse et résineuse qu'on dissout dans l'ammoniaque bouillante, après l'avoir lavée. Le sel ammoniacal fournit le P. binitrique par l'addition d'un acide minéral.

Le P. binitrique cristallise en prismes droits à base rectangulaire; sa couleur est plutôt blonde que jaune; en lames minces il est presque incolore; son odeur est nulle; sa saveur, peu prononcée dans le premier instant, devient ensuite très amère. Si on le chauffe brusquement dans un petit tube, il détone légèrement. Il est presque insoluble dans l'eau et un peu soluble dans l'eau bouillante; l'éther et l'alcool le dissolvent très bien. Il colore très fortement en jaune la peau, les poils et les tissus en général.

L'acide nitrique bouillant l'attaque rapidement en le transformant en P. trinitrique.

En présence de l'hydrogène naissant, par l'acide sulfurique et le zinc, il se dissout peu à peu, et la liqueur devient rose; quand on y verse ensuite un excès d'ammoniaque, elle passe au vert sans donner de précipité (Laurent).

Phénate binitro-potassique (nitrophénésate de potasse). — $C^6(H^3KX^2)O$. — Il est jaune et cristallise en aiguilles brillantes.

Phénate binitro-barytique. — $C^6(H^3B''X^2)O + 2$ aq. — Ce sel est un des plus beaux qu'on puisse voir; sa couleur ressemble à celle du bichromate de potasse, et il cristallise en gros prismes obliques à base hexagonale renfermant 15,5 p. c. d'eau de cristallisation (Laurent).

Phénate trinitrique (amer de Welter, acide picrique, nitropicrique, nitrophénisique, trinitro-phénique ou carbazotique). — $C^6(H^3X^3)O$. — Cet acide intéressant se forme par l'action de l'acide nitrique sur les espèces normales ou nitrogénées appartenant aux genres phénate, aniline, salicylol, salicylate, salicine, indigo, coumarine, etc.

On le prépare en faisant bouillir de l'indigo bleu avec 10 ou 12 p. d'acide nitrique de 1,43, jusqu'à ce qu'il ne se développe plus de vapeurs rouges. Par le refroidissement du mélange, le P. trinitrique (1) cristallise à l'état impur; on le purifie en le dissolvant dans la potasse caustique et en l'en précipitant par l'acide nitrique (Liebig).

Pour l'obtenir en grande quantité, il est préférable de soumettre à un traitement prolongé par l'acide nitrique l'huile du goudron de houille (Laurent).

L'acide qu'on obtient avec la salicine est d'une grande pureté et ne nécessite pas d'autres purifications (Marchand).

Le P. trinitrique cristallise dans l'eau en lamelles rectangulaires très allongées; par l'évaporation, il s'obtient en cristaux d'une netteté parfaite, souvent d'un pouce de long; ce sont alors des prismes droits à six pans et dont les bases sont remplacées par les sommets d'un octaèdre à base rhombe. Il cristallise aussi dans l'alcool (Laurent).

Il est d'un jaune clair et se dissout peu dans l'eau froide ainsi que dans les liquides acides. A une douce chaleur, il se fond et se sublime sans résidu; mais quand on le chauffe brusquement, il se décompose avec explosion. Sa saveur est à la fois acide et amère.

Phénate trinitro-potassique (picrate de potasse).— $C^6(H^2KX^3)O$. — Ce sel cristallise en prismes droits à base rhombe; les quatre arêtes verticales sont ordinairement tronquées, et la base est remplacée par deux facettes triangulaires. Il est fort peu soluble dans l'eau, et détone par la chaleur avec une forte explosion. Sa saveur est très amère.

Phénate trinitro-ammoniacal. — $C^6(H^3X^3)O,NH^3$. — On l'obtient en faisant cristalliser des dissolutions de P. trinitrique

(1) M. Schunck a décrit sous le nom d'*acide chrysolépique* un acide qui possède la même composition et les mêmes propriétés que le P. trinitrique; il l'avait extrait des eaux-mères provenant de l'action de l'acide nitrique sur l'aloès. Le chrysolépate de potasse était plus soluble dans l'eau que le P. trinitro-potassique. (Voyez, pour de plus amples détails, le Traité de M. Liebig, 2ᵉ vol. Ma traduction, p. 539.)

saturées par l'ammoniaque ; il ne renferme pas d'eau de cristallisation (Dumas, Marchand).

Phénate trinitro-barytique. — $C^6(H^2BaX^3)O + 2$ aq. — Il
cristallise en beaux prismes jaunes renfermant $10,5 = 2$ aq.
d'eau de cristallisation (Marchand).

Phénate trinitro-argentique. — $C^6(H^2AgX^3)O$. — On l'obtient
par double décomposition du P. trinitro-ammoniacal et du nitrate d'argent, les liqueurs étant concentrées (Dumas).

Phénate binitro - bromé (acide nitrobromophénisique). —
$C^6(H^3BrX^2)O$. — Lorsqu'on verse du brome sur du P. binitrique,
il n'y a pas de réaction à la température ordinaire ; mais si l'on
chauffe pendant quelques minutes, le brome dissout le corps, et
par le refroidissement il se forme une matière cristalline qu'on
purifie par de nouvelles cristallisations dans l'éther. Sa couleur
ressemble à celle du soufre natif cristallisé. Elle est fort peu soluble dans l'eau. L'acide nitrique la convertit en P. trinitrique
(Laurent).

Phénate binitro-bromé barytique. — $C^6(H^2BaBrX^2)O + 2$ aq.
— Ce sel est jaune foncé et cristallise en aiguilles peu solubles
dans l'eau ; à 100° il perd $9,4$ p. c. $= 2$ éq. d'eau de cristallisation (Laurent).

Phénate binitro-bromé ammoniacal. — $C^6(H^3BrX^2)O,NH^3$. — Ce
sel est jaune et cristallise en aiguilles à huit pans, dérivant d'un
prisme à base rhombe.

Phénate nitro-biiodé. — $C^6(H^3I^2X)O$. — Nous appelons ainsi
l'acide qui se forme lorsqu'on traite à chaud le salicylate nitrique (7e fam.) par l'iode en y ajoutant une solution de potasse
(Piria). La réaction se conçoit aisément si l'on considère que le
g. salicylate ne diffère du g. phénate que par les éléments de
CO^2.

Genre Caproate RO^2.

375. Sel unibasique, homologue des g. formiate (1re fam.),
acétate (2e fam.), butyrate (4e fam.), valérate (5e fam.), etc.

Caproate normal (acide caproïque). — $C^6H^{12}O^2$. — Le beurre
ordinaire se compose de plusieurs glycérides qui donnent, par la
saponification, des sels dont quelques uns correspondent à des
acides volatils homologues de l'acide acétique. Voici comment

M. Chevreul procède pour isoler ces derniers : on purifie d'abord
le beurre, en l'exposant pendant quelque temps à une température
ture qui ne dépasse pas 60°, de manière que les impuretés se
réunissent au fond ; on décante la graisse dans un vase contenant
de l'eau chaude, avec laquelle on l'agite pendant quelque temps,
puis on sépare le beurre après qu'il s'est figé. On le maintient
pendant quelque temps entre 16 et 19° ; les parties les moins
liquéfiables (margarine) se solidifient alors peu à peu, et permettent d'en séparer les parties liquides qui renferment en plus
grande partie les glycérides des acides volatils. On décante ces
dernières et on réitère sur elles la même opération, de manière
qu'on finit par obtenir un liquide huileux qu'on saponifie par
4 p. d'hydrate de potasse. On décompose le savon obtenu, après
l'avoir étendu de beaucoup d'eau, au moyen d'un excès d'acide
tartrique ou phosphorique ; on filtre pour retenir les acides gras
fixes qui se séparent, et l'on distille le liquide filtré. On sature
ensuite ce dernier par de la baryte, et l'on évapore à siccité à une
douce chaleur. Le résidu se compose de butyrate, de caproate et
de caprate à base de baryum. On sépare ces trois sels en mettant
à profit leur différente solubilité dans l'eau ; en traitant le résidu
successivement par de petites quantités d'eau et en faisant cristalliser les solutions, on trouvera les premières principalement
chargées de butyrate, les moyennes de caproate, et les dernières
de caprate ; de nouvelles cristallisations donnent ces sels à l'état
de pureté.

Suivant M. Lerch, l'acide caprique de M. Chevreul serait un
mélange de deux acides. (Voyez, 8ᵉ fam., *G. Caprylate*, et
10ᵉ fam., *G. Caprate*).

On se procure l'acide caproïque en mettant le caproate barytique en digestion avec de l'acide sulfurique étendu d'eau et
soumettant le liquide à la distillation.

C'est un liquide incolore, huileux, très inflammable, d'une
saveur acide et piquante avec un arrière-goût douceâtre, et d'une
odeur qui rappelle à la fois celle du vinaigre et celle de la sueur.
Sa densité est de 0,622 à 26° ; il ne se congèle pas par un froid
de — 9°. Il bout au-dessus de 100°, mais il se vaporise déjà à la
température ordinaire. L'eau à 7° en dissout à peine 1,04 p. 100 ;
l'alcool absolu le dissout en toutes proportions (Chevreul).

Les C. métalliques ont une odeur semblable à celle du C. normal ; leur solubilité est intermédiaire entre celle des butyrates et des caprates correspondants.

Caproate barytique. — $C^6(H^{11}Ba)O^2$. — Il cristallise en lames à six pans qui deviennent d'un blanc de talc par leur exposition à l'air ; à 30° il cristallise en aiguilles. Ce sel est fusible ; 100 p. d'eau à 10°5 en dissolvent 8,02 p. (Chevreul, Lerch).

Les C. potassique et sodique sont fort solubles.

Caproate calcique. — Lames quadrilatères, brillantes, solubles dans l'eau.

Caproate argentique. — $C^6(H^{11}Ag)O^2$. — On le prépare par voie de double décomposition ; il est moins soluble dans l'eau que le butyrate à même base. On ne l'obtient pas cristallisé (Lerch).

On obtiendra peut-être du caproate en faisant fondre l'acide subérique avec de l'hydrate de potasse, de manière à développer de l'hydrogène ; du moins, l'acide sulfurique dégage du résidu un acide volatil qui a tout-à-fait l'odeur de la sueur (Gerhardt).

Genre *Butyralcool* RO^2.

376. Éther unialcoolique, isomère du g. précédent ; homologue des g. formométhol (2e fam.), formalcool, acéméthol (3e fam.), acétalcool (4e fam.), butyrométhol (5e fam.), etc.

Butyralcool normal (éther butyrique). — $C^8H^{12}O^2$. — L'éthérification de l'alcool par l'acide butyrique ne s'effectue qu'avec lenteur et difficulté ; mais lorsqu'on ajoute au mélange de ces deux substances une certaine quantité d'acide sulfurique, la formation du B. normal est pour ainsi dire instantanée. C'est un liquide incolore, très mobile, très inflammable, d'une odeur agréable qui a quelque analogie avec celle de l'ananas. Il est peu soluble dans l'eau, soluble en toutes proportions dans l'alcool et l'esprit de bois. Il bout à 110° ; la densité de sa vapeur a été trouvée égale à 4,04 = 2 vol. d'après notre formule. Les alcalis, même bouillants, ne le décomposent qu'avec lenteur en butyrate et en alcool normal (Pelouze et Gélis)

Genre *Pyroquinol* $R-^6O^2$.

377. Lorsqu'on distille l'acide quinique (7ᵉ fam.) à une douce
chaleur, le produit est formé d'une partie solide et d'une partie
liquide qui renferment les espèces normales des g. benzoate
$C^7H^6O^2$, salicylol $C^7H^6O^2$, et phénate C^6H^6O, ainsi que des cristaux d'un corps neutre $C^6H^6O^2$ que j'appelle pyroquinol normal.
M. Wœhler, qui a observé cette réaction, attribue à ce dernier
corps une formule (1) qu'il est impossible de mettre en harmonie
avec celle de l'acide quinique; voici d'ailleurs des équations qui
expliquent parfaitement la formation de ces quatre produits :

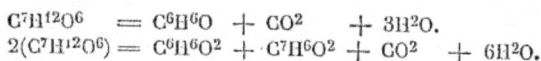

$$C^7H^{12}O^6 \;=\; C^6H^6O \;+\; CO^2 \;+\; 3H^2O.$$
$$2(C^7H^{12}O^6) = C^6H^6O^2 + C^7H^6O^2 + CO^2 \;+\; 6H^2O.$$

Pyroquinol normal (pyrocatéchine ?). — $C^6H^6O^2$. — Il cristallise en prismes hexagones, incolores, et fort solubles dans l'eau,
l'alcool et l'éther. Il se distingue surtout par sa manière d'être
avec les substances oxygénantes. Lorsqu'on mélange sa solution
avec du perchlorure de fer, elle acquiert immédiatement une
teinte rouge noirâtre et se remplit en peu d'instants d'aiguilles
vertes magnifiques, douées d'un éclat métallique. Le chlore,
l'acide nitrique, le nitrate d'argent et le chromate de potasse
agissent d'une manière semblable ; le sel d'argent dépose en
même temps du métal, et le chromate dépose de l'oxyde de
chrome vert. Ces cristaux verts renferment $C^{12}H^{10}O^4$ (2) :

$$2C^6H^6O^2 + O = C^{12}H^{10}O^4 + H^2O.$$

Les cristaux verts ainsi formés ressemblent beaucoup à la murexide (338), mais ils sont encore plus beaux et plus brillants;
on peut comparer leur éclat à celui des cantharides, des escar-
bots dorés ou des plumes de colibri. La formation de ce corps
est un des phénomènes de cristallisation les plus brillants; car,
même en opérant sur des quantités assez faibles, il est aisé d'obtenir des cristaux de plusieurs centimètres de long. Ils sont inso-

---

(1) $C^{15}H^{14}O^5$, qui équivaut sensiblement à $C^6H^6O^2$. Notre formule se
trouve d'ailleurs confirmée par celle du quinoïle normal $C^6H^4O^2$ et du
quinoïle trichloré $C^6(HCl^3)O^2$ de M. Woskresensky.

(2) $C^{15}H^{12}O^5$ (Wœhler).

lubles dans l'eau froide ; l'alcool les dissout avec une couleur rouge et les dépose, par l'évaporation, en prismes verts (Wœhler).

Si on les délaie dans de l'acide sulfureux, ils s'y dissolvent peu à peu en un liquide incolore qui dépose par la concentration des prismes de P. normal. Le chlorure d'étain agit de la même manière.

Le P. normal et les cristaux verts s'obtiennent aussi directement par le quinoïle normal $C^6H^4O^2$, lorsqu'on expose celui-ci à l'action des matières réductrices, par exemple à celle de l'hydrogène naissant. Lorsqu'on ajoute avec précaution quelques gouttes d'acide sulfureux ou de chlorure d'étain dans une solution saturée de quinoïle, elle se remplit, au bout de quelques instants, de prismes verts magnifiques et doués d'un éclat métallique. C'est la méthode la plus avantageuse pour préparer ce corps. Il se produit aussi, mais moins promptement, lorsqu'on place des cristaux de protosulfate de fer dans une dissolution de quinoïle légèrement aiguisée par de l'acide hydrochlorique, ou enfin si l'on y fait passer un courant galvanique.

Lorsqu'on mélange la solution du quinoïle avec un excès de chlorure d'étain ou d'acide sulfureux, l'action va plus loin, et l'on obtient des prismes de P. normal. Le procédé le plus simple pour préparer ce dernier corps consiste à faire passer du gaz sulfureux dans un mélange d'eau et de quinoïle, jusqu'à ce que ce dernier soit dissous, et à évaporer la solution à cristallisation. L'acide sulfurique produit n'agit pas sur les eaux-mères et n'attaque pas les cristaux à une chaleur modérée (Wœhler) :

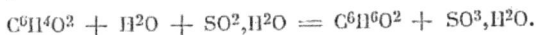

$$C^6H^4O^2 + H^2O + SO^2,H^2O = C^6H^6O^2 + SO^3,H^2O.$$

Le mode de formation le plus remarquable des cristaux verts, c'est l'action réciproque du P. et du quinoïle. En effet, lorsqu'on mélange les dissolutions de ces deux matières, elles se combinent au moment même en reproduisant les cristaux verts :

$$C^6H^4O^2 + C^6H^6O^2 = C^{12}H^{10}O^4.$$

La substance cristallisée que M. Zwenger (1) a obtenue par la distillation sèche du cachou, et qu'il appelle *pyrocatéchine*, est probablement identique avec le P. normal.

(1) *Annal. der Chem. u. Pharm.*, t. XXXVII, p. 327.

Genre *Quinoïle* R⁻⁸O².

378. Lorsqu'on chauffe le quinate normal ou un autre quinate (7ᵉ fam.) avec environ 4 p. de peroxyde de manganèse et 1 p. d'acide sulfurique concentré, étendu de la moitié de son poids d'eau, la masse se boursoufle, et il se développe des vapeurs épaisses qui se déposent dans le récipient à l'état d'aiguilles brillantes d'un jaune doré. On exprime le produit entre des doubles de papier joseph et on le purifie par la sublimation (Woskresensky) :

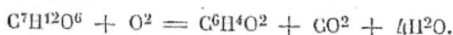

$$C^7H^{12}O^6 + O^2 = C^6H^4O^2 + CO^2 + 4H^2O.$$

Quinoïle normal (quinone). — $C^6H^4O^2$. — Ce corps est plus pesant que l'eau ; il fond à la température de l'eau bouillante en formant un liquide jaune. Au moment de se sublimer, il répand une odeur pénétrante qui excite le larmoiement. Il est très peu soluble dans l'eau froide, plus soluble dans l'alcool et l'éther ; ces solutions n'agissent pas sur les couleurs végétales. En contact avec l'éther, il se décompose rapidement en formant un liquide rouge (Woskresensky).

Le chlore sec le convertit en un composé jaune et volatil. L'acide sulfurique le carbonise ; l'acide sulfurique étendu en précipite des flocons bruns ; les acides nitrique et hydrochlorique le dissolvent en produisant un liquide jaune. Il ne précipite pas les solutions neutres d'argent, de plomb et de cuivre ; l'acétate de plomb surbasique en précipite une masse gélatineuse d'un jaune clair.

Une solution de Q. normal mélangée avec de l'ammoniaque ou de la potasse caustique, devient d'un brun foncé et laisse, après l'évaporation, une masse noire qui se redissout dans l'eau bouillante ; cette solution précipite en brun par les acides ainsi que par les bases métalliques (Woskresensky).

Exposé à l'action des substances réductrices telles que le gaz sulfureux, le protochlorure d'étain, etc., le Q. normal donne d'abord un corps vert et finit par se convertir en pyroquinol normal (Wœhler).

Quand on fait passer un courant d'hydrogène sulfuré dans une dissolution de Q., elle se colore immédiatement en rouge, puis elle se trouble et dépose, en grande quantité, un corps floconneux qui forme, après la dessiccation, une masse légère, vert-olive, et d'une légère odeur de mercaptan ; une autre combinaison sulfurée reste en dissolution. Quand on dirige de l'hydrogène telluré dans une solution de Q., elle dépose immédiatement du tellure et renferme alors du pyroquinol normal (Wœhler).

Il est probable que le Q. normal est l'homologue du salicylol normal.

Quinoïle trichloré (chloroquinone). — $C^6(HCl^3)O^2$. — L'action du chlore sur le Q. normal est si violente au premier moment, qu'il faut avoir soin de refroidir la matière au commencement ; mais vers la fin on aide la réaction en entourant la matière d'eau bouillante. Le Q. trichloré se volatilise alors avec les vapeurs d'acide hydrochlorique, et se dépose sur les parties froides de l'appareil en paillettes jaunes et brillantes. On les purifie par la cristallisation dans l'alcool chaud (Woskresensky).

Le Q. trichloré possède une odeur aromatique et pénétrante ; il fond à une température un peu supérieure à 100° et se sublime. Il est peu soluble dans l'eau, même à chaud, et se dissout aisément dans l'alcool et dans l'éther bouillants. Sa solution ne précipite pas les sels métalliques. Il décompose les substances organiques avec lesquelles on le met en contact. L'ammoniaque le colore en vert-émeraude.

Genre *Adipate* $R-^2O^4$.

379. Sel bibasique, homologue des g. oxalate (2e fam.), succinate (4e fam.), pimélate (7e fam.), subérate (8e fam.), etc.

Adipate normal (acide adipique) — $C^6H^{10}O^4$. — Nous avons déjà parlé (358) de la préparation de cet acide (1) au moyen de l'acide oléique et de l'acide nitrique (Laurent). On l'obtient aussi par l'oxydation du blanc de baleine (Smith) et de la cire des abeilles (Gerhardt).

(1) M. Bromeis et M. Smith représentent l'acide adipique libre par $C^{14}H^{22}O^9$; mais si l'on calcule leurs analyses avec le nouveau poids atomique du carbone, on trouve qu'elles s'accordent parfaitement avec l'ancienne formule de M. Laurent.

Il cristallise en tubercules rayonnés, agglomérés et souvent hémisphériques, parce que la plupart du temps, cristallisant à la surface de la liqueur, la partie supérieure de chaque tubercule reste aplatie, tandis que l'inférieure s'arrondit. Il est très soluble dans l'eau bouillante ; l'alcool et l'éther le dissolvent également bien à chaud. Il fond à 130° (145° Bromeis), distille sans altération, et se sublime sous forme de barbes de plumes (Laurent).

Quand on le fait fondre avec de la potasse, il dégage de l'hydrogène sans se colorer, et donne un sel d'où l'acide sulfurique expulse un acide volatil qui a l'odeur de la sueur (Gerhardt).

Adipate biammoniacal. — Il cristallise en aiguilles ; lorsqu'il est neutre il ne donne pas de précipités dans les sels suivants : chlorures de baryum, de strontium et de calcium ; sulfates de magnésie, de manganèse, de nickel et de cadmium ; nitrate de cuivre et de plomb. Il précipite le perchlorure de fer en rouge briqueté pâle.

Adipate biargentique. — $C^6(H^8Ag^2)O^4$. — Le nitrate d'argent est précipité en blanc par l'A. biammoniacal ; le précipité a la composition indiquée.

Genre *Oxalcool* $R^{-2}O^4$.

380. Éther bialcoolique, isomère du g. adipate ; homologue des g. oxaméthol (4ᵉ fam.), succinalcool (8ᵉ fam.), etc.

Oxalcool normal (éther oxalique, oxalate d'oxyde d'éthyle). — $C^6H^{10}O^4$. — Cet éther s'obtient en distillant un mélange de 4 parties d'oxalate potassique et 4 p. d'alcool de 90 centièmes ; dès que le produit de la distillation se trouble quand on y ajoute de l'eau, on change de récipient et l'on continue de distiller sans refroidir. En ajoutant de l'eau au produit distillé, on sépare l'éther qui est plus pesant que l'eau ; on enlève celui-ci à l'aide d'une pipette et on le rectifie après l'avoir lavé.

C'est un liquide incolore, limpide et oléagineux d'une densité de 1,0929 ; il bout à 184° c., présente une odeur aromatique, et se mêle en toutes proportions avec l'alcool et l'éther. Il s'altère promptement lorsqu'il est pur.

Les alcalis hydratés en excès le décomposent à l'ébullition en oxalate et alcool normal (80).

Lorsqu'on ajoute à une dissolution alcoolique de cet éther une solution de potasse dans l'alcool en proportion convenable, il se précipite de l'oxalovinate potassique en même temps que la moitié des éléments alcooliques de l'éther est mise en liberté.

L'ammoniaque le convertit en alcool et oxamide ou oxaméthane (63 et 64).

Le potassium le transforme en carbalcool (352) et oxyde de carbone.

Oxalcool perchloré (éther chloroxalique de M. Malaguti). — $C^6Cl^{10}O^4$. — Lorsqu'on place l'espèce précédente dans une cornue tubulée, et qu'on y dirige un courant de chlore, le tout étant exposé aux rayons solaires, on voit apparaître, au bout de quelques minutes, des cristaux d'O. perchloré.

Ce corps est incolore, cristallisé en lames quadrangulaires, insipide, parfaitement neutre, sans aucune odeur, transparent à l'état récent, mais il devient opaque par le temps. Il fond à + 144° avec commencement de décomposition ; il est insoluble dans l'eau ; exposé à l'air humide pendant longtemps, il devient acide, fumant, et finit par se liquéfier. L'alcool, l'esprit de bois, l'huile de pommes de terre, l'essence de térébenthine, l'acétone, le décomposent immédiatement. L'éther, l'éther acétique et plusieurs autres éthers le décomposent moins rapidement. De tous les dissolvants, l'acéméthol normal est celui qui le décompose avec le plus de lenteur.

Le gaz ammoniac sec s'échauffe avec l'oxalcool perchloré en donnant du sel ammoniac et de l'oxaméthane quintichloré, ainsi que du sel ammoniac (1).

Lorsqu'on verse de l'ammoniaque liquide sur l'O. perchloré en poudre, la réaction est extrêmement vive ; mais si l'on projette ce corps dans l'ammoniaque liquide, on observe, à chaque projection, un bruissement semblable à celui d'un corps incandescent qu'on plongerait dans l'eau ; il se précipite de l'oxamide normale, et le liquide retient du sel ammoniac ainsi qu'un sel chloré qui n'a pas encore été déterminé.

L'action de l'alcool est extrêmement compliquée ; on obtient, suivant les circonstances, de l'oxyde de carbone, des traces

(1) Voir la note page 119.

d'acide carbonique et de l'acétène chloré ; en étendant d'eau, on voit le liquide se troubler et déposer une huile colorée en jaune et que M. Malaguti représente par $C^8Cl^{10}O^7$. Il y reste en outre de l'acide oxalique et de l'acide hydrochlorique.

Genre Lactide $R^{-4}O^4$.

381. *Lactide normal* (acide lactique concret ou sublimé). — $C^6H^8O^4$.—Lorsqu'on chauffe graduellement et avec précaution l'acide lactique sirupeux, il se colore bientôt et donne, outre des gaz inflammables, du vinaigre et du charbon, une grande quantité d'une matière blanche, concrète, dont la saveur est acide et amère en même temps. Cette matière, qui constitue le L. normal, cristallise dans l'alcool bouillant sous forme de tables rhomboïdales d'une blancheur éclatante. Ces cristaux sont dépourvus de toute espèce d'odeur ; ils fondent vers 107° et entrent en ébullition à 250° en répandant des vapeurs blanches et irritantes qui se condensent en cristaux sur les corps froids et se subliment ainsi sans altération. Ils ne se dissolvent que très lentement dans l'eau, mais par une ébullition prolongée ils finissent par se convertir en acide lactique (J. Gay-Lussac et Pelouze) :

$$C^6H^8O^4 + 2H^2O = C^6H^{12}O^6.$$

Genre Coménate $R^{-8}O^5$.

382. Sel unibasique. Les méconates, maintenus en ébullition en présence d'un peu d'acide, se convertissent en coménates avec dégagement d'acide carbonique (Robiquet) :

$$C^7H^4O^7 = C^6H^4O^5 + CO^2.$$

Coménate normal (acide coménique, métaméconique ou paraméconique). — $C^6H^4O^5$. — Quand on soumet l'acide méconique à une ébullition soutenue, en ayant soin de renouveler l'eau à mesure qu'elle s'évapore, il se dégage constamment de l'acide carbonique en même temps que la liqueur se colore de plus en plus ; par le refroidissement, elle dépose alors des cristaux durs et grenus de C. normal qu'on purifie en les dissolvant dans une lessive de potasse affaiblie, faisant bouillir, ajoutant de l'acide hydrochlorique et décolorant les nouveaux cristaux par du charbon animal. La transformation des méconates en coménates est plus prompte, si l'on maintient les premiers en ébullition après y avoir ajouté un acide. Enfin on parvient aussi à transformer l'acide méconique en C. normal en le chauffant jusqu'à 230° ; il développe alors de l'acide carbonique et se convertit en une poudre grise cristalline qui possède toutes les propriétés du C. normal.

Cet acide est incolore et se présente en grains cristallins très durs, peu solubles dans l'eau ; sa solution possède une saveur légèrement acide et rougit les persels de fer. Il ne renferme pas d'eau de cristallisation; quand on le chauffe à 300°, il se convertit (1) en acide carbonique et en acide pyroméconique (353) :

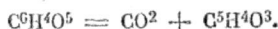

$$C^6H^4O^5 = CO^2 + C^5H^4O^3.$$

Sa solution ne précipite pas les sels de chaux, de baryte et de strontiane.

Coménate biargentique. — $C^6(H^2Ag^2)O^5$. — Quand on sature le C. normal par de l'ammoniaque et qu'on y ajoute du nitrate d'argent, il se produit un précipité jaune et volumineux qui, séché à 100°, présente la composition indiquée (Liebig).

Coménate argentique. — $C^6(H^3Ag)O^5$. — Une solution de C. normal donne, dans le nitrate d'argent, un précipité blanc et grenu de C. à 1 éq. d'argent (Liebig).

Coménate ferrique. — $C^6(H^3Fe\beta)O^5$ + aq. — Lorsqu'on ajoute du persulfate de fer à une solution concentrée et froide de C. normal, le mélange se colore en rouge de sang, et dépose peu à peu de petits cristaux entièrement noirs, brillants et durs. Ces cristaux sont fort peu solubles dans l'eau froide; ils commu-

---

(1) Lorsqu'on distille l'acide méconique ou l'acide coménique, il se sublime, après que l'acide pyroméconique a passé en plus grande partie, une petite quantité de cristaux plumeux (Gruner, Robiquet) auxquels M. Berzélius a donné le nom d'*acide pyrocoménique*. Ces cristaux ne sont qu'une modification isomère de l'acide coménique ; ils sont moins solubles à froid, dans l'eau et dans l'alcool, que l'acide pyroméconique. Ils possèdent d'ailleurs les propriétés chimiques de l'acide coménique et n'en diffèrent qu'en deux points : ils ne précipitent pas l'acétate de cuivre, tandis que l'acide coménique y détermine une précipitation vert-jaunâtre abondante ; ils précipitent légèrement l'acétate de plomb neutre, mais le précipité se redissout par l'agitation, tandis que l'acide coménique forme un précipité abondant et insoluble (Stenhouse).

niquent à l'eau bouillante une teinte rougeâtre. Si, au lieu d'o-
pérer à froid, on maintient le mélange pendant quelques heures
à 66° c., les cristaux noirs ne se déposent plus, mais on obtient
alors des cristaux jaunâtres d'un sel ferreux qui n'est plus du
coménate (Stenhouse).

Genre *Mannite* R+²O⁶.

383. *Mannite normale* (sucre de champignons, grenadine). —
$C^6H^{14}O^6$. — Ce corps se rencontre tout formé dans la manne
(exsudation de différentes espèces de *Fraxinus* et de *Pinus*),
dans la graine d'avocat (Melsens), dans le céleri ordinaire (Vogel et Hubner), dans le céleri-rave (Payen), dans le seigle ergoté
(Pelouze et Liebig), dans la racine du grenadier (Boutron-Char-
lard et Guillemette), et dans beaucoup d'exsudations végétales.

On l'obtient artificiellement, comme produit de la métamorphose du sucre et du glucose, particulièrement dans la *fermentation visqueuse* (1) (384); il a été extrait en effet du miel (Gui-
bourt) et du suc de betteraves (Kircher) fermentés. De même,
il se produit accessoirement dans la transformation de l'amidon
en glucose par l'ébullition avec l'acide sulfurique étendu
(Frémy).

La manne est généralement employée pour l'extraction de la
mannite; on y met à profit la facilité avec laquelle ce principe
cristallise dans l'alcool. On traite donc la manne par de l'alcool
bouillant; la solution dépose, par le refroidissement, des cris-

---

(1) La formation de la mannite, dans la fermentation visqueuse des
liquides sucrés, est toujours accompagnée de celle d'une matière gommeuse, soluble dans l'eau et insoluble dans l'alcool; on peut donc la
précipiter par ce dernier liquide. Desséchée au bain-marie, cette matière
est vitreuse, transparente, et ressemble entièrement à la gomme arabique. Elle a donné à l'analyse : carbone 40,9 (nouv. poids at.), hydrog.
6,1 (Kircher). Comme le sucre renferme l'hydrogène et l'oxygène dans
les proportions de l'eau et que la mannite n'offre plus ce rapport, il
serait possible que cette matière gommeuse contînt l'oxygène correspondant à l'excès d'hydrogène renfermé dans la mannite. La matière gommeuse serait, d'après cela, $C^6H^{10}O^6$. Cette formule se rapproche sensiblement des nombres obtenus par M. Kircher; elle exige en effet :
carbone 40,5 ; hydr. 5,6. On aurait donc : $C^{12}H^{22}O^{11} + H^2O = C^6H^{14}O^6$
$+ C^6H^{10}O^6$.

taux de mannite qu'il suffit de soumettre à quelques nouvelles cristallisations. Ils se présentent alors à l'état de prismes quadrangulaires, anhydres, minces, incolores, transparents et doués d'un éclat soyeux.

On peut aussi la préparer en coagulant par l'ébullition le suc de céleri, filtrant et abandonnant à cristallisation.

S'agit-il enfin d'extraire la mannite du suc de betteraves qui a subi la fermentation, on évapore celui-ci à consistance de sirop, on précipite par l'alcool la substance gommeuse à laquelle le suc doit sa viscosité, et on laisse cristalliser le liquide alcoolique.

La mannite est fort soluble dans l'eau et communique à ce liquide une saveur légèrement sucrée; sa solution ne s'altère pas en présence des ferments; elle réduit assez rapidement les sels d'argent.

Elle fond à 166° en un liquide incolore qui se prend par le refroidissement en une masse cristalline; une chaleur plus élevée la décompose.

L'acide nitrique la convertit en acide saccharique et acide oxalique sans acide mucique; l'acide arsénique la colore en rouge-brique. Sa solution aqueuse dissout l'oxyde de plomb en donnant une liqueur alcaline qui est précipitée par l'ammoniaque caustique.

La mannite se dissout dans l'acide sulfurique concentré avec dégagement de chaleur, mais sans se colorer. Le produit, étendu d'eau et saturé par de la craie, donne un sel soluble (*sulfomannitate*) qui est précipité par l'acétate de plomb et par l'acétate de baryte; le précipité qu'on obtient par l'acétate de plomb surbasique renferme (1), suivant M. Favre, $C^6(H^{10}Pb^4)O^{12}S^2,2Pb^2O$. Distillée avec huit fois son poids de chaux anhydre, la mannite dégage une grande quantité d'hydrogène et donne naissance à un produit huileux qui possède les caractères de la métacétone (370) (Favre).

Mannite quadriplombique (mannitate de plomb bibasique). — $C^6(H^{10}Pb^4)O^6$. — Lorsqu'on verse une dissolution concentrée de mannite dans une solution chaude d'acétate de plomb ammoniacal, cette dernière étant maintenue en excès, il s'y produit, par

(1) *Ann. de chim. et de phys.*, 3ᵉ série, t. XI, p. 77.

le refroidissement, de minces lamelles amiantacées qui présentent la composition indiquée. On obtient le même corps en précipitant par l'alcool une solution d'acétate de plomb ammoniacal contenant de la mannite. Il se décompose par les lavages en donnant des sels surbasiques (Favre).

Genre Lactate RO⁶.

384. Sel bibasique. Sous l'influence des ferments (191), le sucre, le glucose, l'amidon et d'autres substances neutres se dédoublent en se transformant en acide lactique :

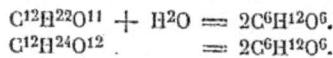

$$C^{12}H^{22}O^{11} + H^2O = 2C^6H^{12}O^6.$$
$$C^{12}H^{24}O^{12} = 2C^6H^{12}O^6.$$

On trouve en effet ce produit dans le lait aigri, dans le suc fermenté des betteraves et des navets, dans la choucroute, dans les extraits fermentés du riz et de la noix vomique, dans la jusée des tanneurs, dans l'eau sure des amidonniers, et dans beaucoup d'autres préparations.

Lactate normal (acide lactique ou nancéique). — $C^6H^{12}O^6$. — Voici comment procèdent MM. Boutron et Frémy pour se procurer cet acide : on prend 3 ou 4 litres de lait dans lequel on verse une dissolution de 2 ou 300 grammes de sucre de lait ; on abandonne la liqueur à l'air, dans un vase ouvert, pendant quelques jours, à la température de 15 à 20°. On reconnaît après ce temps que la liqueur est devenue très acide ; on la sature alors par du bicarbonate de soude. Après 24 ou 36 heures elle redevient acide ; on la sature de nouveau et ainsi de suite jusqu'à ce que tout le sucre de lait soit converti en acide lactique. Quand on juge que la transformation est complète, on fait bouillir le lait pour coaguler le caséum ; on filtre et l'on évapore le liquide à consistance de sirop, avec précaution et à une température peu élevée. Le produit de l'évaporation est repris par de l'alcool à 38°, qui dissout le L. bisodique. On verse alors dans cette dissolution alcoolique de l'acide sulfurique en quantité convenable, lequel forme du sulfate de soude qui se précipite, et la liqueur filtrée et évaporée peut donner du L. normal presque pur. Pour l'obtenir à l'état de pureté, on le sature par la craie ; il se forme du L. bicalcique qui cristallise immédiatement en mamelons tout-à-fait blancs, et dont on peut retirer le L. normal par les procédés ordinaires.

Dans cette opération, le caséum du lait agit comme ferment, au moment de se putréfier au contact de l'air, et détermine alors la transformation du sucre de lait en acide lactique.

On peut aussi obtenir ce corps en abandonnant le jus de betteraves à lui-même dans une étuve dont la température est constamment maintenue entre 25 et 30°. Au bout de quelques jours, il se manifeste dans toute la masse un mouvement tumultueux connu sous le nom de *fermentation visqueuse*, et qui est accompagné d'un dégagement de gaz très considérable. Dès qu'il est terminé, ce qui arrive ordinairement au bout de deux mois, on évapore jusqu'à consistance de sirop; on remarque alors que toute la masse est traversée d'une multitude de cristaux de mannite qui, lavés avec de petites quantités d'eau froide et comprimés, sont de la plus grande pureté; la masse contient en outre du glucose. On traite le produit de l'évaporation par l'alcool, qui dissout l'acide lactique et laisse précipiter beaucoup de matières étrangères; on reprend par l'eau l'extrait alcoolique et on le sature par du carbonate de zinc; le liquide filtré donne, par la concentration, des cristaux de L. bizincique qu'on purifie par de nouvelles cristallisations. Enfin, en les traitant successivement par la baryte et l'acide sulfurique, on en retire le L. normal qu'on concentre dans le vide; pour le purifier complétement, on l'agite avec de l'éther qui en sépare quelques traces de matière floconneuse (J. Gay-Lussac et Pelouze).

Un bon procédé consiste aussi à épuiser la choucroute par l'eau bouillante et à saturer la décoction par du carbonate de zinc (Liebig).

Le L. normal se présente à l'état d'un liquide incolore d'une consistance sirupeuse et d'une densité de 1,215 à 20°5. Il est sans odeur; sa saveur est excessivement acide. Exposé au contact de l'air, il en attire l'humidité. L'eau et l'alcool le dissolvent en toutes proportions; l'éther le dissout aussi, mais en moindre quantité.

Il dissout le phosphate de chaux des os. Quand on le fait bouillir avec l'acétate de potasse, il en dégage de l'acide acétique. Il ne trouble pas les eaux de chaux, de baryte et de strontiane. Versé à froid dans une solution concentrée d'acétate de magnésie, il y produit au bout de quelques instants un précipité blanc et grenu de L. bimagnésique, et la liqueur sent alors fortement le vinaigre. Il donne également un précipité de L. bizincique lorsqu'on le verse dans une solution concentrée d'acétate de zinc; d'un autre côté, le L. biargentique est décomposé par l'acétate de potasse, et de l'acétate d'argent se dépose en abondance.

Deux gouttes de cet acide versé dans une centaine de grammes de lait bouillant le coagulent sur-le-champ. Il jouit également, à faible dose, de la propriété de coaguler l'albumine.

L'acide lactique paraît se rencontrer dans certains liquides de l'économie animale, et particulièrement dans l'urine.

Sous l'influence de la chaleur il donne un sublimé de lactide normal (381). L'acide nitrique bouillant le convertit en acide oxalique.

Lactate bicalcique. — $C^6(H^{10}Ca^2)O^6$ + 6 aq. — C'est un sel blanc très soluble dans l'eau bouillante, d'où il se dépose par le refroidissement sous forme d'aiguilles blanches très courtes, partant d'un centre commun; souvent la cristallisation en est confuse. Il contient 29,5 p. c. d'eau de cristallisation, et est capable d'éprouver la fusion aqueuse (J. G. et P.). Une infusion aqueuse de noix vomique, après avoir fermenté pendant quelques jours, laisse déposer du L. bicalcique dont la quantité s'élève à 2 ou à 3 centièmes du poids de la noix vomique (Corriol).

Soumis à la distillation, le L. bicalcique éprouve d'abord la fusion aqueuse et donne ensuite de l'eau, de l'acide carbonique, de la métacétone (370) et un autre produit huileux (Favre).

Lactate bizincique. — $C^6(H^{10}Zn^2)O^6$ + 4 aq. — Il est peu soluble dans l'eau froide, beaucoup plus soluble dans l'eau bouillante, et se présente sous la forme de prismes à quatre pans qui se terminent par des sommets tronqués obliquement. Il est insoluble dans l'alcool, et contient 4 éq. d'eau de cristallisation qu'il perd complètement à 120°; on peut, après l'avoir desséché, le chauffer jusqu'à 245° sans qu'il perde d'eau; une chaleur plus élevée l'altère complètement (J. G. et P.).

Lactate bicuivrique. — $C^6(H^{10}Cu^2)O^6$ + 3 aq. — C'est un fort beau sel bleu cristallisant avec la plus grande facilité en prismes à quatre pans, efflorescents et insolubles dans l'alcool (J. G. et P.).

Lactate biargentique. — Il cristallise en aiguilles très fines et très longues, d'une grande blancheur. Il est très soluble dans l'eau et s'altère promptement par la lumière.

Lactate bimagnésique. — $C^6(H^{10}Mg^2)O^6 + 4$ aq. — Petits cristaux blancs, très brillants, légèrement efflorescents, et qui exigent près de 30 fois leur poids d'eau pour se dissoudre.

Lactate biferreux. — $C^6(H^{10}Fe^2)O^6 + 6$ aq. — Le L. normal attaque vivement la limaille de fer, avec dégagement d'hydrogène et production de L. biferreux qui se précipite en fines aiguilles entièrement blanches. A l'état sec il se conserve au contact de l'air, mais en dissolution aqueuse il s'oxyde rapidement en brunissant (J. G. et P.)

Genre *Tartrovinate* $R-2O^6$.

385. Sel copulé unibasique, homologue du g. tartrométhylate (360); produit de l'accouplement des tartrates avec l'alcool.

Toutes les espèces de ce g. se décomposent par l'ébullition de leur solution en tartrates et en alcool normal.

Tartrovinate normal (acide tartrovinique). — $C^6H^{16}O^6$. — Si l'on maintient pendant quelque temps de l'alcool absolu en ébullition avec de l'acide tartrique et qu'on sature ensuite le liquide, après l'avoir étendu d'eau, par du carbonate de baryte, on obtient du tartrate de baryte insoluble et une solution de T. barytique qui se dépose par la concentration à l'état cristallisé. Décomposé par une quantité convenable d'acide sulfurique, ce sel fournit le T. normal (Guérin-Varry).

Il forme des prismes allongés à bases obliques, incolores, sans odeur, et d'une saveur agréable, à la fois sucrée et acide. Il attire promptement l'humidité de l'air. Il est fort soluble dans l'alcool et insoluble dans l'éther. Sa solution aqueuse se décompose complétement, par une ébullition prolongée, en alcool et acide tartrique. Elle dissout le fer et le zinc avec dégagement d'hydrogène.

Le T. normal se décompose par la distillation sèche en donnant de l'alcool, de l'eau, de l'éther acétique, de l'acide acétique et du gaz oléfiant, de l'acide pyrotartrique, etc. L'acide nitrique le convertit en acide acétique, acide carbonique et acide oxalique.

Tartrovinate potassique. — $C^6(H^9K)O^6$ + aq. — Prismes rhomboïdaux, incolores, et peu solubles dans l'alcool.

Tartrovinate barytique. — $C^6(H^9Ba)O^6$ + aq. — Ce sel offre des groupements de beaux cristaux flabelliformes dont le système cristallin est le prisme oblique rhomboïdal ; il est incolore et d'une saveur légèrement amère.

Tartrovinate argentique. — $C^6(H^9Ag)O^6$. — Il cristallise en prismes qui sont quelquefois renflés vers le milieu ; il est un peu soluble dans l'eau froide.

Les *paratartrovinates* de M. Guérin sont isomères des sels précédents et s'obtiennent avec l'acide paratartrique (322) et l'alcool ; ils présentent d'ailleurs les mêmes propriétés chimiques que les tartrovinates, mais ils ne donnent pas d'aussi beaux cristaux, et quelques uns d'entre eux renferment plus d'eau de cristallisation que les tartrovinates correspondants.

Genre Aconitate R^6—O^6.

386. Sel tribasique. Sous l'influence de la chaleur, le citrate normal élimine H^2O et se convertit en A. normal (Dahlstroem, Berzélius) :

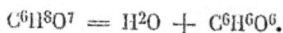

$$C^6H^8O^7 = H^2O + C^6H^6O^6.$$

L'A. tricalcique se trouve tout formé dans le suc d'*Aconitum napellus* et d'autres aconits ; il se dépose dans l'extrait de ces plantes sous la forme de grains blancs souvent assez copieux (Peschier, Buchner).

Aconitate normal (acide aconitique, pyrocitrique ou citridique). — $C^6H^6O^6$. — Pour l'obtenir par l'extrait d'aconit, on dissout dans l'eau aiguisée par de l'acide nitrique l'A. tricalcique qui se dépose dans cet extrait ; puis, après avoir filtré la solution, on la précipite par de l'acétate plombique. On décompose le précipité par l'hydrogène sulfuré et l'on évapore le liquide filtré. L'A. normal se prend alors en mamelons blancs et cristallins. Pour le purifier complétement, on le dissout dans l'éther, qui le débarrasse des sels calcaires (phosphate de chaux) qu'il pourrait encore contenir, on abandonne la solution à l'air, on reprend le résidu par de l'eau distillée et on évapore la solution dans le vide (Buchner).

Un autre procédé de préparation est basé sur la décomposition de l'acide citrique par la chaleur. On distille cet acide jusqu'à ce qu'il apparaisse des stries huileuses dans le récipient ; on retire alors le feu, et l'on dissout le résidu dans cinq fois son poids d'alcool absolu. Après avoir saturé la solution par du gaz hydrochlorique, on y verse beaucoup d'eau de manière à en séparer l'éther aconitique qui s'est formé dans ces circonstances. Avec cet éther on obtient l'A. normal en le décomposant par la potasse caustique, décomposant l'A. alcalin par un sel de plomb et l'A. triplombique par de l'hydrogène sulfuré (Crasso).

L'A. normal reste à l'état d'une croûte mamelonnée lorsqu'on abandonne sa solution éthérée à une évaporation lente ; on ne peut pas en déterminer la forme. Il est très soluble dans l'alcool et l'éther ; sa solution s'effleurit beaucoup par l'évaporation (Buchner).

Lorsqu'on le chauffe, il brunit à 130°, se liquéfie à 140° et bout déjà à 160° ; mais alors il se décompose complétement en donnant un liquide huileux qui se concrète par le refroidissement et qui n'est autre chose que le citraconate normal (357) $C^6H^6O^6 = CO^2 + C^5H^6O^4$; vers la fin de la distillation il se produit aussi une huile empyreumatique, et on finit par avoir un résidu de charbon (Crasso).

Aconitate tribarytique. — Ce sel s'obtient à l'état d'un précipité gélatineux lorsqu'on ajoute un excès d'eau de baryte à l'A. normal. Il ne cristallise pas et se présente, après la dessiccation, à l'état d'une masse amorphe.

Aconitate triplombique. — $C^6(H^3Pb^3)O^6$ + aq. — L'acétate de plomb neutre occasionne dans la solution de l'A. normal ou des A. alcalins la formation d'un précipité blanc, brillant, sans apparence cristalline. Ce précipité est peu soluble dans l'eau bouillante. Par la dessiccation à 140°, il perd 5,29 p. c. d'eau (Buchner).

Aconitate triargentique. — $C^6(H^3Ag^3)O^6$. — Le nitrate d'argent n'est pas précipité par l'A. normal (1) ; mais les A. alcalins y

(1) M. Liebig envisage l'acide aconitique comme un acide unibasique,

produisent un précipité blanc d'A. triargentique, amorphe et
fort peu soluble dans l'eau. Bouilli avec de l'eau, ce précipité se
réduit en partie à l'état métallique. Chauffé à l'état sec, il brûle
avec déflagration en produisant des efflorescences semblables à
des choux-fleurs (Crasso).

Les A. neutres à base de potassium et de sodium cristallisent
difficilement et sont très solubles dans l'eau.

Genre Citrate R^{-4}O^7.

387. Sel tribasique. Le C. normal se rencontre dans les citrons,
les oranges, les framboises, les baies d'airelle et dans beaucoup
d'autres fruits acides, où il est souvent accompagné de C. calcique et de malates.

Citrate normal (acide citrique). — C^{6}H^{8}O^7 + aq. — On emploie avec avantage, pour la préparation de cet acide, le jus des
citrons et des groseilles à maquereau. A cet effet, on abandonne
d'abord ce jus jusqu'à ce qu'il éprouve un commencement de
fermentation; de cette manière on le débarrasse presque entièrement des parties mucilagineuses qu'il tient en suspension, car
elles viennent alors se déposer et peuvent aisément être séparées
à l'aide du filtre. Quand le liquide s'est bien éclairci, on le sature à chaud par de la craie; mais comme les dernières portions
d'acide éprouvent de la difficulté à réagir sur ce carbonate, on
complète la saturation par de la chaux vive. On obtient ainsi un
sel de chaux insoluble qu'on purifie par des lavages à l'eau
chaude; en le décomposant ensuite par une quantité convenable
d'acide sulfurique employé en léger excès, on obtient une solution de C. normal qu'on concentre par l'évaporation pour l'obtenir à l'état cristallisé.

Le C. normal cristallise sous deux formes, suivant la température à laquelle on l'obtient. Une solution concentrée et saturée
à froid dépose, par l'évaporation spontanée, des prismes obliques
à quatre pans, terminés par des sommets dièdres inclinés sur les

---

ce qui le placerait à côté de l'acide acétique; mais en considérant son
mode de formation par l'acide citrique et la décomposition qu'il éprouve
lui-même par la chaleur, on est naturellement conduit à le regarder
comme polybasique. — Voyez aussi la note p. 482.

angles aigus ; ces cristaux renferment 9 p. c. $= 1$ éq. d'eau de cristallisation qu'ils perdent complétement par la dessiccation à 100°. L'acide citrique du commerce offre cette composition. Lorsqu'on dissout cet acide dans l'eau bouillante, qu'on évapore la solution en la faisant bouillir jusqu'à pellicule, et qu'on la laisse ensuite refroidir, il s'y dépose des cristaux d'une autre forme, exempts d'eau de cristallisation (1) et ayant la même composition que l'acide desséché à 100° (Marchand).

Sa solution aqueuse se décompose à la longue en se couvrant de moisissures. Elle ne précipite pas l'eau de chaux; quand on ajoute à de l'eau de chaux quelques gouttes d'acide citrique et qu'on porte à l'ébullition le liquide limpide, il se trouble et dépose peu à peu un précipité blanc de C. tricalcique, soluble dans les acides sans effervescence. Cette réaction distingue l'acide citrique de l'acide tartrique.

Le C. normal est assez soluble dans l'alcool et peu soluble dans l'éther.

Sa solution aqueuse réduit le perchlorure d'or. Les agents oxygénants la convertissent à chaud en acides acétique et oxalique.

Lorsqu'on chauffe dans une cornue l'acide citrique cristallisé, ce corps, après s'être fondu dans son eau de cristallisation, entre en vive ébullition, en même temps que cette eau de cristallisation se condense dans le récipient. Mais, au bout de quelques minutes, on remarque dans le col de la cornue des nuages blancs d'une odeur acide et spiritueuse; ils renferment de l'acétone normale C^3H^6O et sont accompagnés d'un dégagement d'oxyde de carbone. A cette époque on trouve aussi dans la cornue de l'aconitate normal $C^6H^6O^6$. Si l'on pousse plus loin la chaleur, on voit arriver dans le récipient des stries huileuses qui se concrètent en une masse cristalline de citraconate normal $C^5H^6O^4$; elles sont accompagnées d'un dégagement d'eau et d'acide carbonique. Enfin si l'on distille les derniers cristaux à plusieurs reprises,

_____

(1) M. Berzélius avait adopté l'existence d'un hydrate intermédiaire entre l'acide du commerce et l'acide desséché; mais M. Marchand a démontré que ce prétendu hydrate n'était que l'acide sec et cristallisé contenant encore de l'eau d'interposition qui s'échappe complétement dans le vide sans que les cristaux changent d'aspect.

on obtient une masse huileuse de citraconide normal $C^5H^4O^3$ qui ne se concrète plus. Robiquet a remarqué qu'en distillant l'acide citrique à une chaleur progressive, on n'obtient presque pas de résidu. Ces métamorphoses s'expliquent parfaitement par les équations suivantes :

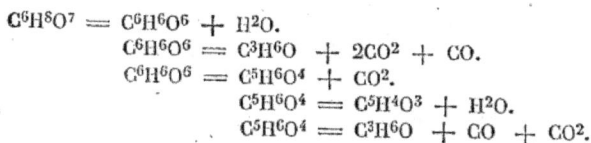

$$C^6H^8O^7 = C^6H^6O^6 + H^2O.$$
$$C^6H^6O^6 = C^3H^6O + 2CO^2 + CO.$$
$$C^6H^6O^6 = C^5H^6O^4 + CO^2.$$
$$C^5H^6O^4 = C^5H^4O^3 + H^2O.$$
$$C^5H^6O^4 = C^3H^6O + CO + CO^2.$$

Lorsqu'on chauffe l'acide citrique avec un mélange d'alcool et d'acide sulfurique, on obtient, suivant la durée de la réaction et la température du mélange, soit de l'éther citrique (Dumas, Malaguti), soit de l'éther aconitique ou citraconique (Marchand).

Il se dissout dans l'acide sulfurique concentré ; le mélange développe de l'oxyde de carbone quand on le chauffe à 90°, et renferme alors une combinaison copulée.

Citrate tripotassique. — $C^6(H^5K^3)O^7$ + aq. — En abandonnant une dissolution de carbonate de potasse saturée par de l'acide citrique, on obtient des cristaux aciculaires, transparents et groupés en étoiles, d'une saveur alcaline, fort déliquescents et insolubles dans l'alcool absolu. Ils perdent leur eau de cristallisation vers 200° (Heldt).

Citrate bipotassique. — $C^6(H^6K^2)O^7$ + aq. — Lorsqu'on neutralise une quantité pesée d'acide citrique par du carbonate de potasse et qu'on ajoute au liquide moitié autant d'acide citrique qu'il en renferme déjà, la dissolution se dessèche par l'évaporation spontanée en une croûte amorphe, d'une saveur acide agréable, et insoluble dans l'alcool absolu (Heldt).

Citrate potassique. — $C^6(H^7K)O^7$ + 2 aq. — Ce sel se produit par l'évaporation spontanée à 40° du sel tripotassique, auquel on a ajouté autant d'acide citrique qu'il en renferme déjà. Il se présente sous forme de gros cristaux prismatiques, enchevêtrés et confus. Il a une saveur acide, se dissout légèrement dans l'alcool bouillant et se conserve à l'air sans altération. A 100° il fond dans son eau de cristallisation et la perd entièrement en se transformant en un liquide gommeux qui cristallise par le refroidissement (Heldt).

Citrate trisodique. — $C^6(H^5Na^3)O^7 + 5$ aq. — Par l'évapora-tion spontanée de sa solution sirupeuse, ce sel se prend en gros prismes à base rhombe, enchevêtrés et efflorescents; ils perdent à 200° 27,8 p. c. d'eau (Berzélius, Heldt).

Citrate bisodique. — $C^6(H^6Na^2)O^7 +$ aq. — Cristaux prisma-tiques, groupés en étoiles, solubles dans l'alcool bouillant; ils perdent leur eau de cristallisation par la dessiccation sur l'acide sulfurique.

Citrate sodique. — $C^6(H^7Na)O^7 +$ aq. — Cristaux aciculaires.

Citrate biammoniacal. — $C^6H^8O^7, 2NH^3$. — Une solution d'acide citrique neutralisée par de l'ammoniaque perd une partie de ce corps par l'évaporation, et donne par la concentration un sel biammoniacal. On l'obtient souvent en prismes enchevêtrés, qui ne renferment pas d'eau et tombent en déliquescence à l'air (Heldt).

Citrate tripotassico - biammoniacal. — $C^6(H^5K^3)O^7, 2NH^3$. — Lorsqu'on sursature par de l'ammoniaque une solution de citrate bipotassique, on obtient, par l'évaporation spontanée, des prismes transparents qui se liquéfient promptement à l'air (Heldt).

Citrate tribarytique. — $C^6(H^5Ba^3)O^7 + 3$ aq. — Lorsqu'on ajoute goutte à goutte une dissolution de citrate de sodium à une dissolution de chlorure de baryum, le précipité qui se forme d'abord se redissout; mais bientôt le liquide se prend en une masse gélatineuse qui ne devient pas cristalline par l'ébullition; ce sel est plus soluble dans l'eau froide que dans l'eau chaude.

Citrate tricalcique. — $C^6(H^5Ca^3)O^7 + 2$ aq. — Il se produit comme le sel précédent; comme lui, il est moins soluble à chaud qu'à froid. Il renferme 12,5 p. c. d'eau de cristallisation $= 2$ éq. qu'il perd par la dessiccation (Berzélius, Heldt).

Citrate bicalcique. — $C^6(H^6Ca^2)O^7 +$ aq. — Le sel précédent se dissout aisément à chaud dans le C. normal; la solution donne, par l'évaporation, des feuillets brillants qui se décomposent en partie par les lavages. Ils renferment 7,3 $= 1$ éq. d'eau de cris-tallisation (Heldt).

Citrate trimagnésique. — $C^6(H^5Mg^3)O^7 + 7$ aq. — La solution du sulfate de magnésie n'est pas précipitée par le C. trisodique, même quand les liqueurs sont concentrées. Le carbonate de magnésie se dissout aisément dans le C. normal en donnant un liquide qui se prend par la concentration en une bouillie volumineuse (Heldt).

Citrate triferrique. — L'hydrate de fer récemment précipité se dissout à chaud dans le C. normal, en donnant un liquide brun-rougeâtre, d'une saveur douceâtre, et que l'alcool précipite. Le C. bisodique dissout également l'hydrate de fer.

Citrate trizincique. — $C^6(H^5Zn^3)O^7$ + aq. — Le zinc métallique se dissout dans le C. normal avec dégagement d'hydrogène; le carbonate de zinc s'y dissout également avec facilité; par l'ébullition du liquide, le C. trizincique se sépare à l'état d'une poudre grenue et cristalline (Heldt).

Citrate triplombique. — $C^6(H^5Pb^3)O^7$. — On l'obtient en précipitant le C. trisodique par de l'acétate de plomb; le précipité qui se forme d'abord se redissout au commencement; cependant il finit par persister.

Citrate biplombique. — $C^6(H^6Pb^2)O^7$ + aq. — Il se produit quand on met le sel précédent en digestion avec du C. normal; il cristallise en petits prismes transparents, fort solubles dans l'eau.

Il existe aussi différents C. surplombiques.

Citrate triargentique. — $C^6(H^5Ag^3)O^7$. — Précipité blanc qu'on obtient en mélangeant un C. soluble avec du nitrate d'argent (Liebig).

Chauffé dans l'hydrogène à 100°, ce sel devient d'un brun foncé, et la décomposition commence même déjà à la température ordinaire. Lorsqu'on traite la matière par l'eau, il s'y dissout d'abord du C. normal, et ensuite un sel d'argent qui colore la liqueur en rouge. Si l'on chauffe celle-ci, elle passe par plusieurs nuances, se décompose peu à peu et dépose enfin, à l'état métallique, la moitié de l'argent qu'elle contenait, tandis que l'autre moitié reste de nouveau en combinaison à l'état de C. triargentique ordinaire (Wœhler).

Citrate antimonico-potassique (émétique citrique). — Lorsqu'on partage en deux moitiés une solution de C. normal, qu'on en sature l'une par de la potasse, et qu'après y avoir ajouté l'autre moitié, on fait bouillir le liquide avec de l'oxyde d'antimoine, on obtient des prismes incolores, brillants, très durs et groupés en houppes. Ce sel renferme 6,7 p. c. d'eau de cristallisation qu'il perd par la dessiccation à 190°. Il renferme à cette température $C^6(H^5K^{3/2}Sb_\alpha^{3/2})O^7$. Lorsqu'on y ajoute du nitrate d'argent, il donne un composé insoluble dont la composition est représentée par $C^6(H^5Ag^2SbO)O^7 = C^6(H^5Ag^2Sb\omega)O^7$ (Thaulow). (Voyez p. 498.)

Genre *Mucate* $R^{-2}O^8$.

388. Sel bibasique, isomère du g. saccharate ; produit d'oxydation du sucre de lait et de la gomme par l'acide nitrique faible.

Mucate normal (acide mucique, muqueux ou sacchlactique). — $C^6H^{10}O^8$. — On le prépare en chauffant 1 p. de sucre de lait avec 4 ou 5 p. d'acide nitrique étendu de la moitié de son poids d'eau ; dès que l'effervescence a cessé, on abandonne le mélange qui dépose par le refroidissement le M. normal. On le purifie en le redissolvant dans la potasse, où le sucre de lait est peu soluble, et précipitant la solution par de l'acide hydrochlorique. Il ne faudrait pas pousser trop loin l'ébullition du sucre de lait avec l'acide nitrique, car on détruirait ainsi l'acide mucique.

On peut remplacer le sucre de lait par 3 p. de gomme arabique ; mais comme ce corps renferme des sels calcaires, il ne faut pas négliger de redissoudre le produit dans la potasse et de l'en précipiter par l'acide hydrochlorique.

Le M. normal se présente sous la forme d'une poudre blanche et cristalline qui craque sous la dent ; sa saveur est légèrement acide. Il est très peu soluble dans l'eau froide, un peu plus soluble dans l'eau bouillante et insoluble dans l'alcool.

Lorsqu'on le fait bouillir avec de l'eau, qu'on évapore le liquide à siccité, et qu'on reprend le résidu avec de l'alcool, on obtient par l'évaporation du liquide une croûte cristalline, où l'on distingue très bien des feuillets rectangulaires parfaitement déterminés (Laugier, Malaguti). Ces cristaux sont une modification isomère (*acide paramucique*) de l'acide mucique, ayant absolument la même composition $C^6H^{10}O^8$, mais plus solubles dans l'eau (1) et solubles dans l'alcool. Par la dessiccation des cristaux,

(1) 100 p. d'eau bouillante dissolvent 5,8 p. d'acide paramucique et seulement 1,5 p. d'acide mucique non modifié (Malaguti).

cette modification soluble se convertit de nouveau dans l'acide insoluble; elle donne des sels métalliques qui ne diffèrent des sels obtenus par l'acide ordinaire que par une plus grande solubilité. Du reste, il n'existe aucune différence chimique entre ces deux modifications; elles donnent à la distillation sèche le même acide pyrogéné (355).

L'acide sulfurique concentré dissout le M. normal en prenant une teinte rouge; le mélange brunit par l'échauffement, et renferme alors un acide copulé; si l'on abandonne ce mélange avec de l'alcool, il s'y produit des cristaux d'éther mucique (10e fam.). A chaud, l'acide nitrique convertit l'acide mucique en acide oxalique.

Fondu avec de l'hydrate de potasse, il se convertit en oxalate et en acétate avec dégagement d'hydrogène.

Sa solution aqueuse forme dans les eaux de baryte, de strontiane et de chaux, des précipités solubles dans un excès d'acide.

Les M. à base alcaline sont fort solubles dans l'eau.

Mucate biammoniacal. — $C^6H^{10}O^8$, $2NH^3$. — On l'obtient en cristaux à quatre pans, aplatis et sans saveur, en projetant des cristaux de bicarbonate d'ammoniaque dans une dissolution chaude d'acide mucique, et abandonnant la solution à elle-même (Malaguti).

Mucate biargentique. — $C^6(H^8Ag^2)O^8$. — En versant du nitrate d'argent dans une solution du sel précédent, on obtient un précipité blanc et caillebotteux, qui présente la composition indiquée (Malaguti).

Mucate biplombique. — Poudre blanche insoluble dans l'eau.

Genre Saccharate $R^{-2}O^8$.

389. Sel bibasique, isomère du g. mucate, produit d'oxydation du sucre et du glucose (12e fam.) sous l'influence de l'acide nitrique faible.

Saccharate normal (acide oxalhydrique, métatartrique ou saccharique). — $C^6H^{10}O^8$. — On dissout à chaud 1 p. de sucre dans 2 p. d'acide nitrique étendu de 10 p. d'eau, et on continue à chauffer tant qu'il y a une réaction; après avoir neutralisé la dissolution par du carbonate de chaux, on précipite la liqueur filtrée par une dissolution neutre d'acétate de plomb ; le précipité ayant été lavé, on le décompose par l'hydrogène sulfuré. Ensuite on fait bouillir la solution filtrée pour en chasser l'excédant de ce dernier; on sature par un léger excès de potasse, de manière que le liquide précipite la matière noire qui le colore, et dont on le sépare à l'aide du filtre; on sature par de l'acide acétique, puis on précipite de nouveau par l'acétate de plomb. Le précipité ayant été lavé à son tour, est décomposé par l'hydrogène sulfurique. L'acide qu'on obtient après toutes ces manipulations est évaporé et concentré jusqu'à un certain point (Thaulow).

Le S. normal n'a pas encore pu être obtenu à l'état cristallisé ; sa saveur acide est désagréable ; il rougit fortement la teinture de tournesol. Il précipite les eaux de baryte et de chaux ; le précipité disparaît par un excès d'acide. Sa solution aqueuse réduit à chaud la solution du nitrate d'argent ; si, avant de chauffer le mélange, on y verse quelques gouttes d'ammoniaque, les parois du vase où on fait bouillir le liquide se recouvrent d'un miroir d'argent métallique.

Il dissout le zinc et le fer avec dégagement d'hydrogène. L'acide nitrique le convertit, à chaud, en acide oxalique et acide carbonique ; un mélange de peroxyde de manganèse et d'acide sulfurique le convertit en acide formique.

Fondu à 250° avec de l'hydrate de potasse, il se dédouble en oxalate et en acétate (Heintz) :

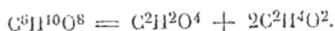

$$C^6H^{10}O^8 = C^2H^2O^4 + 2C^2H^4O^2.$$

Saccharate potassique (sel acide). — $C^6(H^9K)O^8$. — Quand on divise en deux parts égales une solution de S. normal, qu'on en sature l'une par de la potasse, et qu'on y mélange alors l'autre, on obtient un sel qui se prend, par l'évaporation spontanée, en aiguilles ou en prismes obliques à base rhombe, entièrement incolores (Thaulow).

Saccharate bipotassique. — $C^6(H^8K^2)O^8$. — Croûte cristalline, fort soluble, qu'on obtient en saturant le sel précédent par de la potasse, évaporant à consistance de sirop, et abandonnant pendant plusieurs semaines (Heintz).

Saccharate bisodique. — Sel très déliquescent.

Saccharate bibarytique. — Sel peu soluble et anhydre.

39

Saccharate ammoniacal (oxalhydrate d'ammoniaque). — $C^6H^{10}O^8$, NH^3. — Il présente le même aspect que le sel précédent.

Saccharate bizincique. — $C^6(H^8Zn^2)O^8$. — Quand on dissout du zinc métallique dans le S. normal, on obtient une poudre blanche, aisée à laver.

Saccharate biplombique. — $C^6(H^8Pb^2)O^8$. — En versant dans une solution de S. potassique une dissolution neutre d'acétate de plomb en léger excès, et évaporant le mélange à la consistance d'une bouillie épaisse, on obtient un précipité granuleux qui renferme toujours de l'acétate. Quand on fait bouillir la solution du S. normal avec de l'oxyde de plomb, on n'obtient que difficilement du S. biplombique.

En faisant bouillir une solution de nitrate de plomb avec du S. bipotassique, on obtient un sel cristallisé presque insoluble dans l'eau et renfermant $C^6(H^8Pb^2)O^8 + 2NPbO^3$. Ce produit fait explosion quand on le chauffe (Heintz).

Saccharate argentique. — $C^6(H^8Ag^2)O^8$. — On l'obtient en mélangeant une solution de S. bipotassique avec du nitrate d'argent, sous la forme d'un précipité blanc qui conserve sa blancheur par l'ébullition et qui cristallise ensuite (Heintz).

Genre Platimésitate RPt^2O.

390. Produit de décomposition de l'acétone normale (266) sous l'influence du bichlorure de platine.

Platimésitate bichloré (acéchlorplatine, chloroplatinate d'oxyde de mésityle). — $C^6(H^{10}Cl^2)Pt^2O$? — Le bichlorure de platine sec se dissout aisément dans l'acétone, avec production de chaleur ; la dissolution devient bientôt d'un brun noir ; en la soumettant à la distillation jusqu'à consistance de sirop, on recueille beaucoup d'acide hydrochlorique, et il reste une masse poisseuse, renfermant, entre autres produits, un corps jaune et cristallin qu'on peut en extraire par les lavages. On l'obtient en plus grande quantité en broyant du bichlorure de platine avec une quantité d'acétone suffisante pour former une bouillie assez épaisse, et en abandonnant celle-ci au repos en vase clos. Pendant que la masse se fluidifie, il s'y développe un corps qui irrite vivement les yeux, et l'on remarque très bien un dégagement d'acide hydrochlorique; bientôt elle se prend en cristaux. On en décante la partie encore liquide, et on lave les cristaux sur un filtre avec de l'acétone par petites portions; ils deviennent enfin d'une couleur jaune. Les liqueurs-mères en fournissent encore une certaine portion, si on les évapore à siccité, et qu'on reprenne le résidu par l'acétone. On purifie la matière en la faisant cristalliser dans l'acétone bouillante (Zeise).

A l'état sec, le P. bichloré est sans odeur; il n'est que fort peu soluble dans l'eau, l'alcool et l'éther; sa solution aqueuse rougit le tournesol. L'acide hydrochlorique n'agit sur lui qu'à l'aide de la chaleur. La potasse le dissout avec une couleur brune en le décomposant.

Une dissolution de ce corps dans l'acétone précipite en jaune par le nitrate d'argent, mais le précipité noircit très promptement. Une solution aqueuse de chlorure de potassium ou de sodium dissout le P. bichloré en plus grande quantité que ne le fait l'eau seule.

Soumis à la distillation sèche, il laisse un résidu de carbure de platine PtC.

Genre Sulfobenzidate R-^{6}SO^3.

391. Sel copulé unibasique, produit par l'accouplement du benzène normal (369) avec l'acide sulfurique.

Sulfobenzidate normal (acide sulfobenzidique, hyposulfobenzidique, sulfobenzénique ou benzosulfurique). — C^{6}H^{6}SO^3. — Pour l'obtenir, on dissout dans l'eau la dissolution du benzène normal dans l'acide sulfurique fumant; après en avoir séparé le sulfobenzide à l'aide du filtre (95), on sature par du carbonate de baryte; et comme on n'obtient le S. barytique qu'en croûtes cristallines, on filtre la dissolution et on la précipite exactement avec du sulfate de cuivre. En concentrant la solution on obtient le S. cuivrique en beaux cristaux volumineux; on décompose ensuite ceux-ci par l'hydrogène sulfuré.

Évaporé jusqu'à consistance sirupeuse, le S. normal forme un résidu cristallin; il se décompose à une température plus élevée (Mitscherlich).

Sulfobenzidate cuivrique. — C^6(H^{5}Cu)SO^3. — Il renferme de l'eau de cristallisation qu'il perd complétement à 170°.

Genre *Sulfophénate* R—⁶SO⁴.

392. Sel copulé unibasique, produit par l'accouplement du phénate normal (372) avec l'acide sulfurique. Traités par l'acide nitrique bouillant, les sulfophénates donnent de l'acide sulfurique et du phénate trinitrique.

Sulfophénate normal (acide sulfophénique). — $C^6H^6SO^4$. — Quand on verse de l'acide sulfurique sur le phénate normal, ces deux corps se combinent, et la température du mélange s'élève un peu ; si l'on a ajouté assez d'acide sulfurique, après vingt-quatre heures de contact, l'eau versée dans ce mélange n'en précipite plus rien. En saturant la dissolution par du carbonate de baryte à l'aide de l'ébullition, filtrant et évaporant, on obtient une matière cristalline que l'on purifie en la dissolvant dans l'alcool, à l'aide de la chaleur. Par le refroidissement, il se dépose une bouillie blanche de S. barytique, composée d'aiguilles microscopiques groupées en sphères ; en décomposant ce sel par une quantité convenable d'acide sulfurique, filtrant et évaporant dans le vide, on obtient le S. normal à l'état sirupeux (Laurent).

Sulfophénate barytique. —$C^6(H^5Ba)SO^4 + 2$ aq. — Ce sel dégage son eau de cristallisation à 100° ; à la distillation sèche, il donne du phénate normal.

Genre *Aniline* R—⁵N.

393. Lorsqu'on soumet à la distillation sèche l'anthranilate normal (7ᵉ fam.), après l'avoir mélangé avec deux fois son volume de verre en poudre, afin de multiplier les surfaces, il se dégage du gaz acide carbonique en même temps qu'il se condense de l'A. normal dans le récipient (Fritzche) :

$$C^7H^7NO^2 = CO^2 + C^6H^7N.$$

Au lieu d'employer de l'anthranilate, on peut prendre de l'indigo normal (8ᵉ fam.) et le soumettre à la distillation sèche après l'avoir dissous dans la potasse caustique (Fritzche).

Lorsqu'on sature par de l'ammoniaque une solution alcoolique de benzène nitrique, et qu'on traite le liquide par l'hydrogène sulfuré (71), il dépose d'abord des cristaux de soufre, puis il se concrète, par le repos et par le refroidissement à 0°, en une masse de fines aiguilles jaunes ; ce produit ayant été abandonné pendant quelque temps, puis bouilli, dépose également de l'A. normale (Zinin).

Quand on place du phénate ammoniacal (6e fam.) dans un tube de verre épais qu'on scelle ensuite à la lampe, et qu'on l'abandonne pendant quinze jours ou trois semaines dans un four, il se produit une assez grande quantité du même corps.

Enfin l'A. normale se rencontre aussi dans l'huile du goudron de houille (Runge, Hofmann).

Aniline normale (kyanole, benzidame, cristalline).— C_6H_7N.— Pour extraire cet alcaloïde de l'huile de houille, on agite celle-ci avec de l'acide hydrochlorique; après avoir décanté la solution, on l'évapore à feu nu jusqu'à ce qu'il s'en dégage des vapeurs piquantes, indiquant un commencement de décomposition ; on filtre avec soin pour enlever toute l'huile non combinée, et l'on décompose la solution limpide par la potasse caustique ou par du lait de chaux. L'huile brune qui s'en sépare alors est un mélange d'aniline et de leucole (9e fam.) impurs; on la soumet d'abord à la rectification, et on dissout le produit dans l'acide hydrochlorique, d'où on le sépare de nouveau par un alcali minéral. Pour en séparer complétement les huiles neutres, on dissout les alcaloïdes dans l'éther, et l'on y verse de l'acide hydrochlorique ou sulfurique étendu, avec lequel les alcaloïdes s'unissent, tandis que toutes les huiles neutres restent en dissolution dans l'éther. On en décante la solution acide qu'on décompose une dernière fois par la potasse caustique. Enfin on soumet l'huile alcaline à la distillation en fractionnant les produits : ceux qui passent les premiers sont les plus riches en aniline, tandis que les derniers n'en contiennent plus aucune trace et ne se composent que de leucole. M. Runge indique comme réaction caractéristique de l'aniline la manière dont elle se comporte avec une solution de chlorure de chaux, qu'elle colore en violet foncé. Cette coloration permet donc à l'opérateur d'essayer rapidement les produits de la distillation, pour voir à quelle époque il ne passe plus d'aniline, car le leucole ne présente pas cette réaction. Ces deux alcaloïdes présentent d'ailleurs une volatilité si différente qu'il est aisé de les séparer par la distillation ; si l'on fractionne les produits distillés en trois portions, on trouve que les premières renferment de l'eau, de l'ammoniaque et de l'aniline, et les moyennes, de l'aniline pure, tandis que les dernières ne contiennent que du leucole (Hofmann).

Un procédé à l'aide duquel on se procure promptement de l'A. normale consiste à dissoudre de l'indigo bleu dans une lessive concentrée de potasse à l'aide de la chaleur, à dessécher la masse saline et à la soumettre à la distillation sèche. Elle se boursoufle alors considérablement en mettant en liberté de l'A. normale qui se condense dans le récipient, en même temps qu'il s'y rend une eau ammoniacale. Le produit est d'abord brun, mais on le décolore par la rectification. On en obtient environ 18 ou 20 p. c. du poids de l'indigo (Fritzsche).

L'A. normale constitue un alcaloïde qui s'unit aisément aux acides en donnant des sels cristallisables. A l'état pur, c'est un liquide incolore, d'une densité de 1,028, réfractant beaucoup la lumière, et doué d'une forte odeur aromatique et désagréable. Elle est peu soluble dans l'eau, et se mélange en toutes proportions avec l'alcool et avec l'éther. Le contact de l'air la jaunit et finit par la résinifier. Un froid de—20° ne la solidifie pas. Elle bout à 182° degrés (Hofmann; suivant M. Fritzsche, à 228°). Elle dissout à chaud le soufre et le phosphore; elle coagule l'albumine.

La solution des hypochlorites alcalins se colore, par l'A. normale, en bleu violacé; cette couleur est cependant très fugace et passe rapidement au rouge sale, surtout au contact des acides. Une solution aqueuse d'acide chromique produit dans les solutions d'A. un précipité coloré en vert, bleu ou noir, suivant la concentration de la liqueur précipitée.

L'A. normale décompose les sels ferriques et ferreux, et en précipite des oxydes hydratés; elle précipite aussi les sels de zinc et d'alumine. Elle précipite en outre les solutions des chlorures de mercure, de platine, de palladium et d'or. Les nitrates d'argent et de mercure n'en sont pas précipités.

Les combinaisons de l'A. avec les acides sont presque toutes cristallisables, cristallisent dans l'alcool ou dans l'eau; les alcalis minéraux les décomposent avec une grande facilité en mettant de l'A. normale en liberté.

L'acide chloreux (un mélange d'acide hydrochlorique et de

chlorate de potasse) convertit cet alcaloïde en anile bichloré
(270). Le chlore gazeux, en passant dans l'A. normale, la noircit
avec dégagement de chaleur et de gaz hydrochlorique ; au bout
de quelques instants, elle est transformée en une masse résineuse,
qui donne du phénate trichloré $C^6(H^2Cl^3)O$ à la distillation sèche
(Hofmann).

On peut mêler l'A. normale avec l'acide nitrique étendu sans
qu'elle se décompose ; mais, en employant l'acide concentré et
fumant, il suffit d'en verser quelques gouttes sur l'A. pour qu'elle
se colore à l'instant même en bleu foncé ; la chaleur la plus
douce fait passer au jaune cette teinte bleue, et détermine bientôt
une réaction très vive qui a pour résultat la formation de cristaux de phénate trinitrique (acide carbazotique).

La solution de permanganate de potasse dans laquelle on verse
de l'A. se solidifie par suite d'une séparation d'hydrate de
peroxyde manganique ; la liqueur retient de l'acide oxalique
ainsi que de l'ammoniaque.

Le potassium se dissout dans l'A. avec dégagement d'hydrogène, tandis que le tout se prend en une bouillie violette.

Aniline tribromée (bromaniloïde). — $C^6(H^4Br^2)N$. — Lorsqu'on
ajoute de l'eau bromée à la solution aqueuse d'un sel d'aniline,
la liqueur se trouble et dépose des aiguilles d'A. tribromée. On
les purifie en les soumettant à la distillation sèche, et faisant
cristalliser le produit dans l'alcool bouillant. Ce sont des aiguilles
brillantes et incolores, insolubles dans l'eau, peu solubles à
froid dans l'alcool, fort solubles dans ce liquide bouillant ainsi
que dans l'éther. La potasse caustique ne les décompose pas ;
les acides sulfurique et nitrique ne les décomposent qu'à l'é-
bullition. Elles ne présentent plus les caractères d'un alcaloïde
(Fritzsche).

Aniline hydrochlorique (hydrochlorate d'aniline ou de benzidame). — C^6H^7N, HCl. — Il se sublime sans altération.

Aniline chloroplatinique (bichlorure de platine et de kyanol).
— C^6H^7N, HCl, PtCl². — Belles aiguilles déliées, d'un jaune doré.

Aniline chloromercurique (bichlorure de mercure et de kyanol).
— C^6H^7N, $3Hg Cl$. — Lorsqu'on mêle du sublimé corrosif avec
une solution alcoolique d'A. normale, il se dépose de l'A. chloromercurique sous forme d'une poudre légère, qui devient cris-

talline au bout de quelque temps. Ce sel se décompose en partie par la dessiccation à 100°.

Aniline nitrique (nitrate de kyanol). — Ce sel se sépare, après quelque temps, d'un mélange d'acide nitrique étendu et d'A. normale, en aiguilles concentriques, qu'on peut obtenir parfaitement pures en les comprimant entre des doubles de papier joseph. L'eau-mère est colorée en rouge, et les parois de la capsule se couvrent d'une belle efflorescence bleue. Chauffés doucement, ces cristaux fondent et se transforment en partie en une vapeur incolore qui se condense en cristaux très fins.

Aniline semi-oxalique (oxalate d'aniline ou de kyanol). — $(C^6H^7N)^2, C^2H^2O^4$. — Elle se présente sous la forme d'une poudre blanche, soluble dans l'eau bouillante, et qu'on peut obtenir en fort beaux cristaux.

Aniline semi-sulfurique (sulfate de benzidame ou de kyanol). — $(C^6H^7N)^2, SH^2O^4$. — Elle cristallise dans l'alcool en paillettes blanches d'un éclat argentin.

Genre *Azobenzide* $R^{-7}N$.

394. *Azobenzide normal.* — C^6H^5N. — Lorsqu'on dissout le benzène nitrique (369) dans l'alcool, et qu'on y ajoute une solution alcoolique de potasse, en chauffant doucement le mélange, il se produit un sel particulier qui n'a pas encore été examiné. La solution est rouge; si on la soumet à la distillation, il passe vers la fin un corps rouge qui se prend en gros cristaux. On exprime ceux-ci entre du papier joseph et on les fait cristalliser dans l'éther (Mitscherlich).

Ce corps est à peine soluble dans l'eau; l'alcool le dissout aisément et le dépose aussi à l'état cristallisé. Il fond à $+65°$ et bout à $+193°$, en distillant sans altération.

L'acide sulfurique et l'acide nitrique le dissolvent; l'eau le sépare de nouveau de cette dissolution.

Genre *Anilam* $R^{-7}NO^3$.

395. Amide, sel unibasique. Nous avons déjà dit (269) comment l'ammoniaque gazeuse se comporte avec l'anile bichloré. Le produit de la réaction ne paraît être autre chose que le sel am-

moniacal d'une amide acide (Laurent); c'est ainsi du moins que nous le considérerons.

Anilam bichloré (chloranilam).· — $C^6(H^3Cl^2)NO^3$. — Si l'on mélange avec de l'acide hydrochlorique ou sulfurique une solution saturée d'A. bichloro-ammoniacal, elle prend une teinte violacée, et dépose après le refroidissement des aiguilles noir foncé, d'un bel éclat de diamant et qui ont souvent plusieurs pouces de long; on les purifie par la cristallisation dans l'eau bouillante (Erdmann).

Leur solution aqueuse précipite les solutions métalliques. Traités par de la potasse caustique, ils dégagent de l'ammoniaque et se convertissent en anilate chloro-potassique (275). A froid. les acides hydrochlorique et sulfurique ne les altèrent pas, mais par l'ébullition ils en éliminent de l'anilate chloré.

Anilam bichloro-ammoniacal (anilammon bichloré, chloranilammon). — $C^6(H^3Cl^2)NO^3,NH^3 + 2$ aq. — Aiguilles aplaties, couleur châtain et assez brillantes; elles renferment 26,6 p. c. d'eau de cristallisation qui s'en dégage par la dessiccation à 120°. Elles se dissolvent dans l'eau avec une couleur pourpre, mieux à chaud qu'à froid; les acides et les alcalis leur font subir la même décomposition qu'à l'A. bichloré. Leur solution aqueuse précipite les solutions métalliques.

Anilam bichloro-argentique. — $C^6(H^2AgCl^2)NO^3$. — Le précipité occasionné par le nitrate d'argent dans les solutions des deux corps précédents possède probablement cette composition.

Genre *Euchronate* $R-^{10}NO^4$.

396. Produit de décomposition des g. mellate et paramide (4° fam.):

mellate biammoniacal.　　euchronate ammoniac.
$$3[C^4H^2O^4,2NH^3] = 2[C^6H^2NO^4,NH^3] + 2NH^3 + 4H^2O.$$

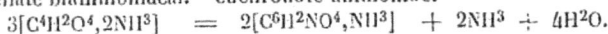

paramide normale 　　 euchron. ammoniac.　　euchron. normal.
$$3[C^4HNO^2] + 2H^2O = C^6H^2NO^4,NH^3 + C^6H^2NO^4.$$

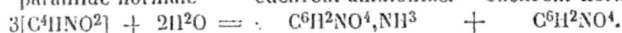

Les euchronates se décomposent aisément, sous l'influence des alcalis, en mellates (317) et en ammoniaque. On les reconnaît à la coloration bleue qu'ils communiquent au zinc métallique, en présence des alcalis.

Euchronate normal (acide euchronique). — $C^6H^2NO^4$ + aq.—
Pour l'obtenir on dissout l'E. ammoniacal dans une très petite
quantité d'eau bouillante, et l'on verse, dans la solution encore
chaude, de l'acide hydrochlorique ou nitrique. L'E. normal se
sépare par le refroidissement sous la forme d'une poudre blanche
et cristalline, qu'on purifie par une nouvelle cristallisation. Il
s'obtient alors en très petits prismes rhomboïdaux à quatre faces,
ordinairement groupés deux à deux; il est peu soluble à froid et
possède une réaction très acide. Chauffé jusqu'à 200°, il perd
10,5 p. c. = 1 éq. d'eau de cristallisation.

Chauffé jusqu'à 200°, dans un tube de verre scellé à la lampe,
avec une quantité d'eau qui ne suffit pas pour le dissoudre, il
se dissout complétement en produisant du mellate ammoniacal
et du mellate normal ; on a en effet :

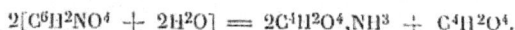

$$2[C^6H^2NO^4 + 2H^2O] = 2C^4H^2O^4,NH^3 + C^4H^2O^4.$$

Il se comporte d'une manière particulière avec le zinc métallique. Au contact de ce métal, la solution de l'E. normal se
transforme en une matière bleue qui s'y dépose. Une lame de
zinc, plongée dans une solution d'E. normal, se colore immédiatement à sa surface d'un bleu magnifique; cette couleur est si
intense qu'une goutte de la dissolution, appliquée sur une lame
de zinc, suffit pour indiquer la présence des moindres traces
d'E. normal. Cette matière bleue se détache lorsqu'on plonge le
zinc dans une dissolution très étendue d'acide hydrochlorique.
Lavée et desséchée, elle se présente sous la forme d'une masse
noire qui ne contient pas de zinc. A la moindre chaleur, même
sur le papier, elle devient aussitôt totalement blanche, et se
trouve de nouveau transformée en E. normal. Cette substance
bleue, à laquelle M. Wœhler donne le nom d'*euchrone*, se dissout dans l'ammoniaque et dans la potasse; la dissolution, qui
est d'un pourpre magnifique, se décolore promptement au contact de l'air, lorsqu'on l'agite ou qu'on la transvase.

L'euchrone peut aussi prendre naissance sous l'influence des
protosels de fer. L'addition de l'E. normal à une dissolution de
protochlorure de fer ne produit aucun changement; mais dès
qu'on y ajoute un alcali, il se produit un précipité abondant

d'un violet foncé. Ce produit remarquable n'a pas encore été analysé (Wœhler).

Euchronate ammoniacal (sel acide). — $C^6H^2NO^4,NH^3$. — Nous avons déjà dit comment ce sel s'obtient dans la décomposition du mellate biammoniacal (326). C'est probablement un produit secondaire provenant de la décomposition de la paramide normale.

Euchronate biargentique. — $C^6Ag^2NO^4$. — Poudre d'un jaune de soufre, qu'on obtient en mélangeant l'E. normal avec du nitrate d'argent; lorsqu'on la traite par de l'ammoniaque, elle devient si gélatineuse qu'elle traverse les filtres.

Genre Polycyanure $R^{.6}N^6$:

397. Nous avons dit p. 297 que certains cyanures métalliques ont la propriété de se combiner ensemble, de manière à produire des composés dans lesquels une partie du métal se trouve dissimulée et n'est plus indiquée par les réactifs ordinaires.

Nous appellerons ces composés des *polycyanures*. On peut les ramener tous au même type chimique, en tenant compte de l'état sous lequel les métaux s'y trouvent en combinaison (voyez la note p. 361).

Polycyanure biferreux (acide ferrocyanhydrique). — $C^6(Fc^2H^4)N^6$. — Ce corps s'obtient le mieux par le procédé suivant : on dissout du P. biferroso-quadripotassique dans un peu d'eau, et après avoir fait bouillir la solution pour en chasser l'air, on la laisse refroidir dans un flacon bien bouché, on la mélange avec un excès d'acide hydrochlorique privé d'air et on agite le tout avec de l'éther. Le P. biferreux se précipite alors sous forme de paillettes minces et blanches; on recueille le précipité sur un filtre, on le lave avec un mélange d'alcool et d'éther pour enlever l'eau, et, après l'avoir exprimé, on le dessèche rapidement dans le vide sur de l'acide sulfurique (Posselt).

Ce corps se présente à l'état de grains ou de petites aiguilles confuses et blanches qui bleuissent à l'air; sa dissolution aqueuse se décompose par l'ébullition en développant de l'acide prussique et en déposant un précipité blanc qui bleuit à l'air.

Polycyanure biferroso-quadriammoniacal (ferroprussiate d'ammoniaque). — $C^6(Fe^2H^4)N^6,4NH^3 + 3$ aq. — On l'obtient en chauffant un mélange de P. biferroso-quadriplombique et de carbonate d'ammoniaque, filtrant et évaporant à cristallisation. Cristaux blancs, transparents, inaltérables à l'air, très solubles dans l'eau froide et insolubles dans l'alcool. Suivant M. Bunsen, ce sel se combine avec l'hydrochlorate d'ammoniaque.

Polycyanure biferroso-quadripotassique (cyanoferrure de potassium jaune, lessive de sang, ferroprussiate de potasse, cyanure de fer et de potassium). — $C^6(Fe^2K^4)N^6 + 3$ aq. — Il se produit lorsqu'on fait fondre des matières azotées avec de la potasse et du fer; il se forme également lorsqu'une dissolution de potasse sursaturée par de l'acide prussique est mélangée avec un protosel de fer.

On se procure cette combinaison dans les fabriques en calcinant avec du carbonate de potasse, en vases clos, les matières animales telles que le sang, la corne, etc., ou bien aussi le charbon azoté provenant de ces substances. On lessive la masse avec de l'eau et l'on y ajoute du protosulfate de fer; puis on évapore à cristallisation; on peut aussi faire bouillir la lessive avec de la limaille de fer, qui s'y dissout alors avec dégagement d'hydrogène. Dans les essais sur une petite échelle, on l'obtient en faisant bouillir un mélange de bleu de Prusse et de carbonate de potasse.

Ce corps cristallise en prismes raccourcis tronqués sur les arêtes et sur les angles, ou en tables dérivées d'un octaèdre. Il est d'un jaune citron, possède une saveur à la fois salée et sucrée. Il ne s'altère pas à l'air et perd, par la dessiccation à 100°, 12,8 p. c. = 3 éq. d'eau. Il est très soluble dans l'eau et insoluble dans l'alcool, qui le précipite de sa solution aqueuse en paillettes jaunes et brillantes.

L'acide nitrique et le chlore lui enlèvent un équivalent de potassium et le convertissent en P. triferrico-tripotassique.

Par la calcination avec du peroxyde de manganèse, il donne du cyanate potassique. Pris intérieurement à haute dose, il agit comme purgatif, sans être vénéneux.

On l'emploie dans la préparation du bleu de Prusse, de l'acide prussique et d'autres cyanures. Il sert aussi de réactif pour certains métaux; ainsi, par exemple, il précipite en blanc verdâtre les protosels de fer ; en bleu foncé (bleu de Prusse) les persels de ce métal ; en brun rouge les deutosels de cuivre (1) ; en blanc les sels de chaux, de zinc et de baryte, etc. Il se produit alors des P. insolubles tels que $C^6(Fe^2KFe^3)N^6$; $C^6(Fe^2KCa^3)N^6$, etc. Dans ces réactions, il faut éviter l'emploi de liqueurs trop acides qui décomposeraient le P., ainsi que celui de liqueurs alcalines, par exemple ammoniacales, qui ne produiraient pas de précipité.

Le fer n'est point accusé dans le P. biferroso-quadripotassique ni par les alcalis caustiques, ni par l'hydrosulfate d'ammoniaque.

Polycyanure biferroso - potassico - triferreux (ferrocyanure double de potassium et de fer). — $C^6(Fe^2KFe^3)N^6$. — C'est le précipité blanc-verdâtre qui se produit par le mélange du P. biferroso-quadripotassique et d'un protosel de fer. Il bleuit à l'air en absorbant de l'oxygène.

Polycyanure biferroso-quadriferrique (bleu de Prusse, ferro-cyanide de fer). — $C^6(Fe^2Fe^4_\beta)N^6$. — Ce composé se forme toutes les fois qu'on ajoute un persel de fer à une dissolution de P. biferroso-quadripotassique ; il ne faut pas le confondre avec la combinaison de même couleur qui se produit par le mélange du P. triferrico-tripotassique avec un protosel de fer.

On le prépare avec avantage en mélangeant 6 p. de protosulfate de fer avec 6 p. de ferrocyanure de potassium dissous chacun dans 15 p. d'eau ; on ajoute ensuite au mélange, en l'agitant continuellement, 1 p. d'acide sulfurique concentré et 24 p. d'acide hydrochlorique fumant. Au bout de quelques heures, on y verse, par petites portions, une dissolution clarifiée de chlorure de chaux. Après avoir laissé reposer le précipité pendant quelques heures, on le lave et on le sèche. Toutefois, pour l'avoir parfaitement pur, il est toujours préférable d'ajouter un persel de fer à du ferrocyanure de potassium.

C'est une masse légère et poreuse, d'un bleu foncé et velouté, avec un reflet cuivré. Elle est insipide, insoluble dans l'eau et les acides étendus.

Quand on chauffe le bleu de Prusse à l'air, il s'enflamme par l'approche d'un corps en ignition, en brûlant comme de l'ama-

(1) 1/60000 de cuivre dans un liquide en est encore accusé.

dou, et en laissant du peroxyde de fer. Les alcalis le convertissent en hydrate de peroxyde de fer et en ferrocyanures solubles.

L'acide nitrique fumant le décompose ; l'acide sulfurique concentré se combine avec lui et le transforme en une masse blanche épaisse semblable à l'empois d'amidon.

Il attire rapidement l'humidité de l'air. L'acide hydrochlorique concentré le transforme en perchlorure de fer et en P. biferreux.

Polycyanure biferroso-potassico-triferrique. — $C^6(Fe^2KFe_\beta^3)N^6$. Quand on mélange le P. biferroso-quadripotassique avec un persel de fer en excès, le précipité bleu qu'on obtient renferme toujours une quantité variable de potassium, mais dont on peut le priver par des lavages prolongés. Le bleu de Prusse du commerce en renferme de 2 à 9 p. c. Si, dans sa préparation, on emploie un excès de P., il se précipite le composé $C^6(Fe^2KFe_3^3)N^6$; celui-ci se dissout par les lavages en donnant une liqueur d'un bleu foncé qu'on peut évaporer à siccité sans qu'elle se décompose. On obtient ainsi une masse brillante d'un bleu foncé ; on la précipite en ajoutant des sels étrangers à sa solution aqueuse ; mais le précipité se redissout dans l'eau pure ; l'alcool l'en sépare de nouveau.

398. *Polycyanure triferrique* (acide ferricyanhydrique). — $C^6(Fe_\beta^3H^3)N^6$. — Cet acide s'obtient quand on décompose le P. triferrico-triplombique par l'hydrogène sulfuré ou l'acide sulfurique étendu d'eau. Il forme des cristaux brunâtres fort altérables.

Polycyanure triferrico-tripotassique (ferricyanure de potassium, cyanure rouge de fer et de potassium). — $C^6(Fe_\beta^3K^3)N^6$. — On obtient ce beau sel en faisant passer un courant de chlore dans une solution diluée de P. biferroso-quadripotassique jusqu'à ce que les persels de fer n'y produisent plus de précipité. On concentre le liquide et l'on purifie le sel produit par de nouvelles cristallisations (1) ; les eaux-mères retiennent le chlorure de potassium qui s'est formé en même temps :

$$C^6Fe^2K^4N^6 + Cl = KCl + C^6Fe^2K^3N^6.$$

(1) M. Posselt conseille d'évaporer à l'aide de la chaleur, et, quand la

Or Fe^2 équivalant à $Fe_{/3}^{\ddot{2}}$, il est clair que le produit peut être dérivé du type polycyanure.

Il cristallise en prismes droits, rhomboïdaux, d'un beau rouge de sang, anhydres et inaltérables à l'air. Sa solution aqueuse précipite en bleu les protosels de fer; les persels de fer n'en éprouvent aucun changement. L'hydrogène sulfuré la transforme en P. biferroso-quadripotassique, avec dépôt de soufre et production de cyanure normal (L. Gmelin).

Polycyanure triferrico-triferreux (ferricyanure de fer, bleu de Prusse, bleu de Turnbull). — $C^6(Fe_{/3}^{\ddot{3}}Fe^3)N^6$. — C'est le précipité bleu occasionné par les protosels de fer dans une solution de P. triferrico-tripotassique.

359. *Polycyanure trichromique* (acide chromocyanhydrique). — $C^6(Cr_{/3}^{\ddot{3}}H^3)N^6$. — Cet acide se forme quand on fait passer de l'hydrogène sulfuré dans du P. trichromico-triargentique suspendu dans l'eau; il s'obtient en cristaux par l'évaporation dans le vide.

Polycyanure trichromico-tripotassique (chromocyanure de potassium). — $C^6(Cr_{/3}^{\ddot{3}}K^3)N^6$. — Lorsqu'on abandonne à l'air un mélange de potasse et d'oxyde de chrome hydraté, auquel on a ajouté de l'acide prussique, il se produit des cristaux qui présentent la composition indiquée. Leur solution précipite en blanc le nitrate d'argent, en rouge-brique les protosels de fer; elle ne précipite pas le nitrate de plomb neutre ni les persels de fer (Bœckmann).

400. *Polycyanure triplatineux* (acide platinocyanhydrique). — $C^6(Pt^3H^3)N^6$. — On l'obtient en décomposant par l'hydrogène sulfuré le P. triplatinoso-trimercureux, tenu en suspension dans l'eau; le liquide aqueux est évaporé, repris par l'alcool absolu et abandonné à l'évaporation spontanée. Il se produit ainsi de belles

dissolution est arrivée au point de cristalliser, de porter à l'ébullition et d'y ajouter quelques gouttes de potasse caustique, de manière à décomposer la combinaison verte et à précipiter le peroxyde de fer; on filtre ensuite et l'on fait cristalliser par un refroidissement très lent. Il faut avoir soin, dans cette opération, de n'ajouter que la quantité de potasse nécessaire, car un excès de cet agent décomposerait le P. qu'on veut obtenir.

aiguilles jaune-doré, groupées en étoiles et d'un reflet cuivré ; elles sont fort déliquescentes et donnent une solution très acide. Chauffées au-dessus de 100°, elles se décomposent en cyanure normal et en cyanure platineux (Dœbereiner).

Polycyanure triplatinoso-tripotassique (platinocyanure de potassium, cyanure potassico-platinique). — $C^6(Pt^3K^3)N^6 + 5$ aq. — Le procédé le plus avantageux pour l'obtenir consiste à dissoudre du protochlorure de platine $PtCl$ (préparé par l'échauffement du deutochlorure $PtCl^2$) dans une solution de cyanure potassique, concentrée et récemment préparée, de manière à maintenir le protochlorure en léger excès non dissous. On filtre et l'on évapore à cristallisation (Knop) :

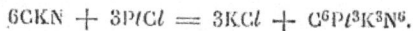

$$6CKN + 3PtCl = 3KCl + C^6Pt^3K^3N^6.$$

Un autre procédé consiste à chauffer à une température voisine du rouge un mélange de parties égales d'éponge de platine et de P. biferroso-quadripotassique bien sec. On lessive la masse calcinée avec de l'eau et on l'abandonne à cristallisation ; le sel de platine cristallise dans les dernières eaux (L. Gmelin).

Il forme de longs prismes rhomboïdaux, à quatre faces terminales, jaunes et bleus par transmission. Les cristaux s'effleurissent à l'air sec en devenant opaques et roses ; ils renferment 12,4 p. c. d'eau de cristallisation qu'on ne parvient à expulser qu'à une température à laquelle le sel se décompose.

M. Knop a obtenu un autre sel (1) en faisant passer du chlore dans le précédent ; la composition ($C^{10}N^{10}K^5Pt^4 + 5$ aq.) qu'il lui assigne ne me paraît pas exacte.

Polycyanure triplatinoso-trimercurique. — En traitant la solution du sel précédent par du protonitrate de mercure, on obtient un précipité bleu. Celui-ci blanchit, quand on le chauffe dans l'eau, en produisant du protonitrate de mercure et du P. triplatinoso-trimercurique.

401. *Polycyanure tricobaltique* (acide cobaltocyanhydrique). — $C^6(Co_2^3H^3)N^6$. — Il cristallise en fils soyeux, déliquescents et d'une saveur acide (Zwenger).

Polycyanure tricobaltico-tripotassique (cobaltocyanure de po-

(1) *Revue scientif.*, t. XI, p. 405.

tassium). — $C^6(Co_\beta^3 K^3)N^6$. — Par l'évaporation d'un mélange de carbonate ou d'oxyde de cobalt, et de potasse sursaturée par de l'acide prussique, on obtient des cristaux jaune-rougeâtre qu'on purifie par de nouvelles cristallisations. Ils sont alors incolores et possèdent la même forme que le P. triferrico-tripotassique. Leur solution est sans réaction sur les persels de fer ; elle précipite en blanc les sels d'argent (L. Gmelin).

Genre *Paracyanogène* $R^{-12}N^6$.

402. Il paraît se former par la réunion de plusieurs molécules de cyanogène.

Paracyanogène normal. — C^6N^6? — M. Johnston donne ce nom au résidu charbonneux qui se forme dans la préparation du cyanogène (1re famille); on obtient le même corps par la calcination du précipité brun qui se produit par la décomposition de la solution aqueuse du cyanogène.

Il se présente à l'état d'une poudre brun foncé soluble dans l'acide sulfurique. L'acide nitrique la dissout en la décomposant ; la dissolution est jaune et dépose une poudre jaune que M. Johnston appelle *acide paracyanique* (1).

---

(1) Voyez quelques nouveaux renseignements sur le paracyanogène, dans le Rapport annuel de M. Berzélius. 1843, p. 44, édit. franç.

ADDITIONS ET CORRECTIONS.

—

PAGE 30.

Ajoutez à la liste des acides monobasiques les deux suivants : l'acide caprique $C^{10}H^{20}O^2$ et l'acide caprylique $C^8H^{16}O^2$, et supprimez le mot *caprique* avant la formule $C^9H^{18}O^2$.

PAGE 32.

Supprimez les deux lignes : le formométhylal $C^4H^{10}O^3$ et l'acétal, etc. Voyez à cet égard, p. 412, *Genre Méthylal*.

PAGE 35.

A la troisième ligne d'en bas, après les mots : *les corps appartenant à la même famille ne sont jamais homologues*, ajoutez : *à moins d'être isomères et de remplir les mêmes fonctions chimiques.* (Exemple : l'éther formique de l'alcool et l'éther acétique de l'esprit de bois sont tous les deux $C^3H^6O^2$ et homologues.)

PAGE 54.

Dans la liste des poids atomiques on a porté l'antimoine à 403,25, de manière que l'oxyde de ce métal deviendrait Sb^4O^3; en y réfléchissant davantage, nous avons cru devoir conserver l'équivalent 806,5, généralement adopté pour ce métal, ainsi que la formule Sb^2O^3 pour l'oxyde.

PAGE 73.

Voyez la note précédente. La question des émétiques se trouve développée davantage à la page 498.

PAGE 77.

Supprimez, dans la table des acides, les acides pyrogallique et métagallique, ainsi que les deux notes. Remplacez le mot *roccellique* par *caprylique*, et la formule $C^9H^{18}O^2$ par $C^{10}H^{20}O^2$.

PAGE 85.

Ajoutez, à la table des acides homologues, l'acide caprylique $C^8H^{16}O^2$; et exprimez l'acide caprique par $C^{10}H^{20}O^2$.

PAGE 95.

Dans la liste des acides ammonigénés, l'acide parabanique et l'acide oxalurique doivent figurer parmi les acides bibasiques.

PAGE 96.

Il y a une erreur dans la formule de l'acide allanturique. Voyez à cet égard page 130.

PAGE 114.

Dans la seconde équation, il manque le coefficient 2 avant la formule C^2H^6O (alcool).

PAGE 124.

Ajoutez à la ligne 26 : M. Reiset (*Comptes-rendus de l'Acad.*, t. XVIII, p. 1103) a décrit tout récemment deux chloroplatinates obtenus avec le même alcaloïde, et qui renfermaient, l'un $A,HCl + PtCl$, et l'autre $2(A,HCl) + PtCl^2$.

PAGE 129.

Supprimez, à la cinquième ligne d'en bas, les mots : parmi lesquels on remarque l'aniline.

PAGE 144.

A la ligne 17 d'en haut, au lieu de : un seul équivalent d'eau, lisez : un seul équivalent d'alcool, et élimine un seul équivalent d'eau.

PAGE 253.

A la ligne 17, au lieu des formules $C^4H^{12}As^4$ et $C^4H^{12}As^4O$, lisez : $C^4H^{12}As^2$ et $C^4H^{12}As^2O$.

PAGE 260.

A la ligne 6 d'en bas, lisez : principes chimiquement, etc.

PAGE 325.

A l'article *Acétène iodé*, faites l'addition suivante : Quand on fait passer sa vapeur à travers un tube de porcelaine chauffé au rouge sombre, elle se décompose en éthérilène biiodé (quelquefois coloré par de l'iode), en éthérène normal et en gaz hydrogène (E. Kopp) :

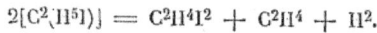

$$2[C^2(H^5I)] = C^2H^4I^2 + C^2H^4 + H^2.$$

PAGE 329.

A l'article *Éthérilène biiodé*, ajoutez : Il se forme aussi quand on fait passer l'acétène iodé (220) à travers un tube chauffé au rouge sombre (E. Kopp).

PAGE 332.

Éthérène iodé (iodure d'aldéhydène). — $C^2(H^3I)$. — Liquide incolore, d'une odeur alliacée, très forte ; insoluble dans l'eau, très soluble dans l'alcool et l'éther. Il bout à 56° ; sa densité est de 1,98. Les acides sulfurique, hydrochlorique et nitrique ne l'attaquent point à froid. L'acide nitrique fumant le décompose en dégageant de l'iode et des vapeurs rutilantes (E. Kopp).

PAGE 447.

Addition à l'article *Acétate normal*.

Suivant M. Blondeau de Carolles, le sucre de canne se transforme immédiatement en acide acétique, sous l'influence du caséum, en vertu d'un dédoublement moléculaire du genre de ceux que nous avons mentionnés page 275 :

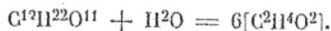

$$C^{12}H^{22}O^{11} + H^2O = 6[C^2H^4O^2].$$

Voici l'expérience : on met 500 gr. de sucre de canne en dissolution dans un litre d'eau ; puis, après y avoir ajouté 200 gr. de fromage blanc ordinaire, on introduit le tout dans un matras, auquel on adapte un tube qu'on dirige au-dessous d'une éprouvette contenant du mercure ; l'appareil ainsi disposé est abandonné à lui-même, dans un appartement dont la température doit être de 20° à peu près, pendant toute la durée de l'expérience. Si au bout d'un mois on examine les produits de la fermentation, on remarque qu'il ne s'est pas dégagé de gaz ; que le caséum surnage à l'état d'une croûte compacte et couverte de moisissures, et enfin que le liquide est chargé d'acide acétique.

Si l'on ajoute de l'alcool à ce mélange, la fermentation acétique ne s'établit pas. Ce fait est d'accord avec ce phénomène bien connu, que les boissons les plus sujettes à s'altérer, à *tourner*, sont généralement les moins riches en alcool ; tout commerçant en vins sait que, pour s'opposer à ce genre d'altération, le meilleur moyen consiste à alcooliser les liquides qui sont l'objet de son commerce. Dans ces cas, l'acide acétique n'est donc pas le résultat de l'oxydation de l'alcool, mais bien celui du dédoublement direct du sucre (Blondeau de Carolles).

PAGE 411.

M. Laurent a observé qu'en versant de l'ammoniaque et de l'alcool sur l'anile bichloré, on obtient une amide neutre renfermant $C^3(H^2Cl)NO$, c'est-à-dire $C^3Cl^2O + NH^3 - HCl$.

PAGE 468.

Addition à l'article *G. Butyrate.*

On obtient aussi de l'acide butyrique en abandonnant la fibrine à la fermentation putride (Wurtz).

Butyrate bichloré. — $C^4(H^6Cl^2)O^2$. — Un bon moyen de préparer cet acide consiste à introduire une quarantaine de grammes d'acide butyrique concentré dans le tube à boules de Liebig, et à y faire passer un courant de chlore sec. Si le soleil est ardent, le chlore est absorbé en totalité, quelle que soit la rapidité avec laquelle on le dégage ; le liquide répand d'abondantes vapeurs d'acide hydrochlorique, et après un certain temps il se colore en jaune-verdâtre. Au bout de quelques jours, l'absorption du chlore devient lente et difficile ; la liqueur conserve longtemps, même au soleil, sa couleur jaune ; si on la porte alors à une tem-

pérature de 80 à 100°, on en peut chasser tout l'acide hydrochlorique par un courant d'acide carbonique sec, et l'on obtient pour
résidu un acide chloré qui jouit des propriétés suivantes (Pelouze
et Gélis).

Il est liquide, incolore, visqueux, plus dense que l'eau, d'une
odeur particulière qui a quelque analogie avec celle du B. normal. Il est presque insoluble dans l'eau, soluble en toutes proportions dans l'alcool. La potasse, la soude, l'ammoniaque,
forment avec lui des sels très solubles dans l'eau.

Soumis à l'action de la chaleur, il distille en plus grande
partie sans altération; mais, quelque précaution qu'on prenne,
une certaine quantité s'en détruit toujours.

Dissous dans l'alcool, et traité à une douce chaleur par l'acide
sulfurique, le B. bichloré donne naissance au butyralcool bichloré.

Butyrate quadrichloré. — $C^4(H^4Cl^4)O^2$. — Sous l'influence très
prolongée de la lumière du soleil, le chlore, en agissant sur le
B. normal, produit peu à peu un autre acide blanc et solide qui
se dépose dans la liqueur et finit par la faire prendre en une masse
blanche et solide. Cette masse tout entière, étant fortement com-
primée dans du papier brouillard et dissoute dans l'éther, laisse
déposer peu à peu le B. quadrichloré (Pelouze et Gélis).

Ce corps cristallise en prismes obliques à base rhombe; il est
insoluble dans l'eau, très soluble dans l'alcool et l'éther; il
entre en fusion à 140° et distille plus tard sans altération appa-
rente.

Traité par un mélange d'alcool et d'acide sulfurique, il donne
du butyralcool quadrichloré.

PAGE 507.

A mettre avant le *G. Succinidam* :

Genre *Butyramide* R+¹NO.

Amide, homologue du g. margaramide (17ᵉ famille).

Butyramide normale. — C^4H^9NO. — Lorsqu'on agite pendant
quelque temps un mélange d'ammoniaque liquide et de butyralcool normal, ce dernier finit par se dissoudre complétement.

Si l'on introduit dans un flacon bien bouché 1 p. de butyralcool normal et 5 ou 6 p. d'ammoniaque, l'action, favorisée par de fréquentes agitations, est complète après huit ou dix jours; en évaporant alors le liquide jusqu'au tiers de son volume primitif, on voit la B. normale cristalliser par le refroidissement de la liqueur (Chancel).

Ce corps cristallise en tables nacrées, d'un blanc éclatant; il est incolore, transparent, inaltérable à l'air, d'une saveur sucrée et fraîche, suivie d'un arrière-goût amer. Il fond vers 115°, se volatilise sans décomposition, se dissout aisément dans l'eau, ainsi que dans l'alcool et l'éther.

Les alcalis hydratés le convertissent par l'ébullition en butyrate et en ammoniaque :

$$C^4H^9NO + (KH)O = C^4(H^7K)O^2 + NH^3.$$

PAGE 508.

Ajoutez à l'article *Succinidam normal :*

Le procédé le plus simple pour obtenir ce corps consiste à neutraliser une solution d'acide succinique par l'ammoniaque, à évaporer la matière jusqu'à siccité et à la soumettre à la sublimation. L'ammoniaque et l'eau s'en vont les premières ; le S. normal et un peu d'acide succinique passent à la sublimation. On enlève ce dernier par la cristallisation. Le S. normal fond à 210° (Fehling).

Succinidam plombique. — $C^4(H^4Pb)NO^2 + aq.$? (1). — L'oxyde de plomb se dissout en grande quantité dans la solution aqueuse du S. normal, et en évaporant la liqueur dans le vide, on obtient une masse tenace sans aucune apparence de cristallisation. Cette matière desséchée fond au-dessous de 100° sans perdre de son poids ; ainsi fondue elle est transparente, attire fortement l'humidité et se dissout parfaitement dans l'eau, d'où elle est précipitée par l'alcool (Fehling).

La baryte paraît se comporter avec le S. normal comme l'oxyde de plomb.

(1) M. Fehling attribue à ce composé la formule $3(C^8H^{10}O^4N^2 + H^2O) + 4Pb^2O$, qui ne présente aucune vraisemblance. (*Revue scientif.*, t. XVI, p. 461.)

PAGE 512.

A l'article *Succinamide normale* :

Ce corps est insoluble dans l'alcool absolu et dans l'éther. Chauffé à une température élevée, il développe de l'ammoniaque et donne du succinidam normal (325) :

$$C^4H^8N^2O^2 = NH^3 + C^4H^5NO^2.$$

Il reste un léger résidu de charbon (Fehling).

PAGE 544.

A l'article *Amylol sulfuré :*

Voici quelques observations sur ce corps, faites par M. Krutzsch :

On obtient l'A. sulfuré en mélangeant l'A. normal avec de l'acide sulfurique, saturant la liqueur acide par du carbonate de potasse, séparant à l'aide du filtre le sulfamilate potassique resté en dissolution, et traitant par une lessive de potasse. Ce mélange est ensuite placé dans une cornue, saturé exactement par le gaz hydrogène sulfuré et soumis à la distillation dans un bain de chlorure de calcium.

L'A. sulfuré est incolore, d'un aspect oléagineux, doué d'un pouvoir réfringent considérable, et d'une odeur d'oignon très pénétrante. Il bout à 117°. Sa densité à l'état liquide est de 0,835 à 21°; à l'état de vapeur elle a été trouvée égale à 3,631 = 2 volumes d'après notre formule.

Amylol sulfuro-mercurique (amylo-mercaptide de mercure). — $C^5(H^{11}Hg)S^2$? — L'A. sulfuré se combine vivement et avec production de chaleur avec le bioxyde de mercure. Le produit est formé de cristaux feuilletés, entièrement insolubles dans l'eau, solubles en petite quantité dans l'alcool et l'éther bouillant. Il fond au-dessus de 100° en un liquide incolore. Il n'est point attaqué par une lessive de potasse bouillante.

L'A. sulfuré donne avec l'acétate de plomb un coagulum jaune; avec le sulfate de cuivre, un composé verdâtre et poisseux.

L'oxyde de plomb ne l'attaque que lentement ; l'oxyde de cuivre paraît être sans action sur lui.

PAGE 585.

Addition au *G. Butyralcool* :

Butyralcool bichloré. — $C^6(H^{10}Cl^2)O^2$. — Liquide doué d'une odeur éthérée, et qui se produit par la réaction d'un mélange d'alcool, d'acide sulfurique et de butyrate bichloré (Pelouze et Gélis).

Butyralcool quadrichloré. — $C^6(H^8Cl^4)O^2$. — Liquide très dense qui se forme, dans les mêmes circonstances que le corps précé-dent, par l'emploi du butyrate quadrichloré.

PAGE 589.

Genre Carbamilate RO^5.

Sel copulé unibasique, homologue des g. carbométhylate (2ᵉ fam), carbovinate (3ᵉ fam.) et carbocétate (17ᵉ fam.).

Carbamilate bisulfuré (sulfo-carbonate d'oxyde d'amyle). — $C^6H^{12}(S^2O)$? — Quand on traite le C. bisulfuro-potassique par l'acide hydrochlorique étendu, le C. bisulfuré se sépare sous la forme d'un liquide oléagineux, incolore ou d'un jaune pâle, et d'une odeur pénétrante fort désagréable ; il faut le dessécher sur le chlorure de calcium pour le préserver de la décomposition.

Ce liquide rougit fortement la teinture de tournesol ; il brûle avec une flamme très lumineuse, et paraît un peu plus dense que l'eau. Il colore la peau en jaune foncé (Erdmann).

Carbamilate bisulfuro-potassique. — $C^6(H^{11}K)(S^2O)$? — Pour obtenir ce sel, on sature à froid l'amylol normal (345) par de la potasse fondue, et l'on traite la solution par le sulfure de car-bone, jusqu'à ce que la réaction alcaline cesse de se manifester. Ce mélange donne, après le refroidissement et le lavage à l'éther, des écailles cristallines d'un jaune pâle et d'un éclat nacré (Erdmann).

Ce sel est soluble dans l'eau et l'alcool ; il ne se dissout qu'en petite quantité dans l'éther.

Sa solution donne avec le sulfate de cuivre un précipité en flocons citrins. L'acétate de plomb donne un précipité blanc qui noircit par l'ébullition; le nitrate d'argent produit également un précipité blanc qui noircit à la lumière aussi bien qu'à l'ébullition. Le perchlorure de mercure occasionne aussi un précipité qui ne noircit pas sous l'influence de la chaleur.

PAGE 590.

Genre Succiméthol R−²O⁴.

Éther bialcoolique; homologue des g. oxaméthol (4ᵉ fam.), oxalcool (6ᵉ fam.), succinalcool (8ᵉ fam.), etc.; isomère des g. adipate et oxalcool.

Succiméthol normal (succinate d'oxyde de méthyle). — $C^6H^{10}O^4$. — Cet éther s'obtient en faisant réagir le gaz hydrochlorique sur une solution chaude d'acide succinique dans l'alcool normal. Il fond à 20°, et se concrète au-dessous de 16°. Il est à peine soluble dans l'eau, mais il se dissout dans l'alcool et dans l'éther; il bout à 198°. Sa densité prise à 20° est de 1,179; à l'état de vapeur, elle a été trouvée égale à 5,24, correspondant à 2 vol. (Fehling).

PAGE 589.

Genre Alcosuccinol R−⁴O .

Éther unialcoolique, produit par l'action du potassium sur le succinalcool normal (éther succinique).

Alcosuccinol normal. — $C^6H^8O^3$. — Lorsqu'on met le succinalcool normal (8ᵉ famille) en contact avec le potassium ou le sodium, il se dégage de l'hydrogène, et si le métal est employé en quantité suffisante, il se produit, par le refroidissement, une matière tenace d'un jaune foncé. En y ajoutant de l'eau, et en chauffant rapidement jusqu'à l'ébullition, on obtient une liqueur jaune, limpide, sur laquelle nage une couche huileuse, et qui se concrète, par le refroidissement, en une masse molle et pultacée. On la sépare à l'aide du filtre; le liquide qui passe présente une réaction alcaline, et contient du succinate de potasse (Fehling).

On fait cristalliser la matière dans l'alcool bouillant; on l'obtient alors blanche et d'un aspect velouté. 100 parties d'éther succinique ont donné avec le potassium de 5 à 10 parties de ce produit cristallin.

Cette substance fond à 133° et se volatilise complétement à 206°. Elle est très peu soluble dans l'alcool froid ; l'éther la dissout en toutes proportions. Chauffée avec un alcali fixe, elle donne de l'alcool normal et du succinate bipotassique :

$$C^6H^8O^3 + 2(KH)O = C^2H^6O + C^4(H^4K^2)O^4.$$

Elle donne avec l'ammoniaque un corps d'un jaune clair, cristallisé en aiguilles.

La production du nouveau corps que nous venons de décrire offre le premier exemple de la transformation d'un éther bialcoolique en un éther unialcoolique, et vient entièrement à l'appui des vues développées au commencement de cet ouvrage sur la composition des éthers. Comment concevoir l'action du potassium ?

Le corps de M. Fehling ne diffère du succinalcool normal que par les éléments de 1 éq. d'alcool, car :

$$C^8H^{14}O^4 = C^6H^8O^3 + C^2H^6O.$$

Il paraît dès lors que le potassium commence par déplacer de l'hydrogène :

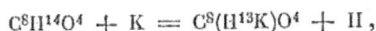

$$C^8H^{14}O^4 + K = C^8(H^{13}K)O^4 + H,$$

et que, pendant la dissolution du produit, celui-ci se dédouble en potasse caustique, alcool normal et le nouveau corps :

$$C^8(H^{13}K)O^4 + H^2O = (KH)O + C^2H^6O + C^6H^8O^3.$$

FIN DU TOME PREMIER.

www.ingramcontent.com/pod-product-compliance
Lightning Source LLC
Chambersburg PA
CBHW060819220326
41599CB00017B/2227